Das

Preußische Staatsgrundgesetz

und

die Kirche.

Studien und Urkunden

zur

Verfassungsfrage der evangelischen Landeskirche in Preußen.

Von

Th. Woltersdorf,

Prediger in Greifswald.

Berlin.

Druck und Verlag von Georg Reimer.

1873.

Inhaltsverzeichniß.

*

Anhang.

Vorwort.

Die Bezeichnung als Studien und Urkunden zur Verfassungsfrage der evangelischen Landeskirche in Preußen ist für die vorliegende Arbeit insofern zu eng, als ich im dritten und vierten Buche die Entstehung unserer staatsgrundgesetzlichen Bestimmungen über die Religion und die Religionsgesellschaften überhaupt behandelt habe. Diese Abschnitte würden auch für sich allein ihren Werth haben, und ich hoffe, daß sie gerade jetzt auch solchen willkommen sein werden, die sich unsrer kirchlichen Verfassungsfrage gegenüber gleichgiltig verhalten. Ihre Subsumtion unter das zweite Titelwort will besagen, daß sie bei mir im Dienste des Interesses an derselben stehen. Dieses Interesse aber ist nicht nur ein historisches, sondern zugleich ein praktisch-kirchliches: ich habe den lebhaften Wunsch, mit dem Stückchen geschichtlicher Darstellung, das ich gebe, irgendwie unsere kirchliche Verfassungsbildung zu fördern, wäre es auch nur, daß ich anderen in handlicher Weise das Material darböte, dessen genauere Kenntniß zur Aufführung eines tüchtigen Verfassungsbaues unentbehrlich scheint. Die Skizze eines Bauplans, welche ich dem Buche angehängt, soll nur ein bescheidener Versuch sein, endlich einmal, nach immer neuem Theoretisiren auf diesem Gebiete, die praktischen Aufgaben klarzustellen.

Allen Förderern meiner Arbeit spreche ich auch hier den herzlichsten Dank aus. Die freundliche Weise, in der ich jederzeit auf der hiesigen Universitäts-Bibliothek unterstützt wurde, hat mir große Erleichterung gewährt. Die Notizen über Konfession und Parteistellung der einzelnen Abgeordneten verdanke ich größtentheils der Güte des Herrn Geh. Regierungsrath Dr. Baumstark. Mit mancherlei, namentlich auch juristischem, Beirath hat mir mein Freund Herr Kreisrichter Eccius treulich zur Seite gestanden.

Greifswald, den 22. November 1872.

Th. Woltersdorf.

Berichtigungen.

Seite 56, Textzeile 13 von unten; S. 137, Anm. 27; S. 144, Anm. 51 und S. 174, Textzeile 4 von unten lies: Schultz statt: Schulz und Schultze.

Seite 70, Zeile 1 von unten lies: S. 74 statt: 75.

Seite 81, Zeile 1 f. lies: zuvörderst Vertreter jeder einzelnen Gemeinde zu gewinnen, darauf die Gemeindevertreter u. s. w.

Auf derselben Seite Zeile 14 von oben lies: die Gemeindevertreter zu gewinnen, statt: die Gemeindevertretung zu bilden

Seite 82, Zeile 4 von unten und S. 127, Zeile 4 von unten lies: Rodbertus statt: von Rodbertus.

Seite 224, Anm. 4, Zeile 2 lies: Gförer statt: Gförder.

Seite 246, Zeile 12 von oben lies: ordnet und verwaltet ihre Angelegenheiten u. s. w.

Seite 365, Anm. 5 lies: S. 343 statt: 443.

Seite 381, Zeile 15 von unten lies: zugleich statt: gleich.

Seite 463 in der Buchüberschrift lies: 29. Juni statt: 12. Juni.

Abkürzungen.

Allg. Kztg. (Darmst.)	Allgemeine Kirchenzeitung. Von Zimmermann. Darmstadt.
A. L. R.	Allgemeines Landrecht für die preußischen Staaten.
Allg. Preuß. Ztg.	Allgemeine Preußische Zeitung. Berlin.
Berl. Allg. Kztg.	Berliner Allgemeine Kirchenzeitung. Von Dr. Th. Bruns (früher Rheinwald). Berlin.
Bruns und Häfners N. R. . . .	Neues Repertorium für die theologische Wissenschaft und kirchliche Statistik. Von Dr. Th. Bruns und Dr. C Häfner. Berlin.
Deutsche Vierteljahrs-Schr. . . .	Deutsche Vierteljahrs-Schrift. Stuttgart und Tübingen, Cotta.
Evang. Kztg.	Evangelische Kirchenzeitung. Von Dr. E. W. Hengstenberg. Berlin.
Ev. K.- u. Schulblatt	Evangelisches Kirchen- und Schulblatt. Zunächst für Schlesien und die benachbarten Provinzen. Von Konf.-R. Wachler und Dr. Ruthardt. Breslau.
Ges.-Samml.	Gesetz-Sammlung für die Königlich Preußischen Staaten.
Kab.-O.	Kabinets-Ordre.
Minist.-Bl..	Ministerial-Blatt für die gesammte innere Verwaltung der Königl. Preußischen Staaten. Berlin.
Monatsschr. v. Kling	Monatsschrift für die evangelische Kirche der Rheinprovinz und Westphalens. Von Dr. C. F. Kling und Lic. M. Göbel. Bonn.
Monatsschr. v. Otto	Monatsschrift für die evangelisch-lutherische Kirche Pommerns. Von Superintendent Otto. Stettin.
N. F.	Neue Folge.
Preuß. Staats-Anz.	Preußischer Staats-Anzeiger.
Prot.	Protokolle.
Reuters Rep.	Allgemeines Repertorium für theologische Wissenschaft und kirchliche Statistik. Von Lic. Herm. Reuter. Berlin.

Rhenius' Monatsschr.	Kirchliche Monatsschrift, herausgegeben von mehreren evangelischen Geistlichen und Nichtgeistlichen in der Provinz Sachsen, redigirt von Rhenius, Pastor. Magdeburg.
S.	Seite.
Schneiders N. krit. Jahrbb.	Neue kritische Jahrbücher für deutsche Rechtswissenschaft. Von Dr. Robert Schneider. Leipzig.
Samml. sämmtl. Drucksachen d. I. K.	Sammlung sämmtlicher Drucksachen der Ersten Kammer. Berlin 1849.
Samml. sämmtl. Drucksachen d. II. K.	Sammlung sämmtlicher Drucksachen der Zweiten Kammer. Berlin 1849.
Sitz.-Prot. d. I. K.	Sitzungs-Protokolle der Ersten Kammer. Berlin 1849.
Sitz.-Prot. d. II. K.	Sitzungs-Protokolle der Zweiten Kammer. Berlin 1849.
Sp.	Spalte.
Sten. Ber.	Stenographische Berichte. Im dritten Buche immer: Stenographische Berichte über die Verhandlungen der deutschen konstituirenden Nationalversammlung zu Frankfurt a M, herausgegeben auf Beschluß der Nationalversammlung durch die Redaktionskommission und in deren Auftrag von Prof Franz Wigard, Leipzig 1848/49.
Stimmen	Stimmen aus und zu der streitenden Kirche. Evangelische Monatsschrift zur Besprechung kirchlicher Zeitfragen. Von E. F. Ball und G. D. Müller, Pastoren. Barmen.
Theol. Stud. u. Krit.	Theologische Studien und Kritiken. Eine Zeitschrift für das gesammte Gebiet der Theologie. Von Dr. C. Ullmann und Dr. F. W. C. Umbreit. Hamburg.
Verhh. d. I. K.	Verhandlungen der durch das Allerhöchste Patent vom 5. Dezember 1848 einberufenen Ersten Kammer. Berlin 1849.
Verhh d. I. K. N. F.	Dieselben. Neue Folge. Berlin 1849
Verhh. d. II. K.	Verhandlungen der durch die Allerhöchste Verordnung vom 30. Mai 1849 einberufenen Zweiten Kammer. Berlin 1849.
Verhh. v. Haßler	Verhandlungen der verfassunggebenden deutschen Reichsversammlung zu Frankfurt a M., herausgegeben auf Beschluß der Nationalversammlung durch die Redaktionskommission und in deren Auftrage von dem Abgeordneten Prof. Dr. K. D. Haßler. Frankfurt a. M., 1848/49.

Volksblatt	Volksblatt für Stadt und Land. Von v. Tippelskirch, später von v Florencourt. Halle.
Ztblatt f. d. ev. luth. K. Meklenburgs	Zeitblatt für die evangelisch-lutherische Kirche Meklenburgs, in Gemeinschaft mit der Meklenburgischen Geistlichkeit herausgegeben von Karsten, Kliefoth, Krabbe, Delitzsch. Rostock.
Ztschr f. d. unirte ev. K. . . .	Zeitschrift für die unirte evangelische Kirche. Von Eltester, Jonas, Krause, Pischon, Sydow. Potsdam.
Ztschr. f. Prot. u. K.	Zeitschrift für Protestantismus und Kirche. Von Dr. G. Chr. Ad. Harleß, Dr. J. W. Fr. Höfling, Dr. Gottfr. Thomasius, Dr. J. Chr K. Hofmann. Erlangen.

Einleitung.

Mit dem Worte, daß alle gläubigen Christen wahrhaft geistlichen Standes und Priester seien, erinnerte Luther die deutsche Christenheit, daß alle Gewalt in geistlichen Dingen nicht einem besondern Priesterstande angehöre, sondern den gläubigen Christen insgemein. Indem er, so den Bann der Priesterherrschaft brechend, allen Gläubigen die gleichen Rechte in geistlichen Dingen zuschrieb, legte er auch allen die gleiche Pflicht auf, je nach ihrem Amt und Beruf den andern zu dienen und zu nützen: alle sind nach ihm bestimmt, wie verschieden ihre besonderen Berufsarten auch sein mögen, zu einer Gemeinschaft vereinigt Leib und Seele zu fördern, ähnlich wie die Glieder des Leibes trotz der Verschiedenheit ihrer besonderen Funktionen doch gemeinsam einem Zwecke leben. Wie indeß am Leibe einzelne Glieder durch die Wichtigkeit ihrer Funktionen vor den anderen ausgezeichnet sind, so heben sich nach Luthers ursprünglicher Anschauung auch im Gesammtorganismus der Kirche zwei Stände durch ihre Berufsart vor den übrigen besonders hervor, nämlich der Lehrstand und die Obrigkeit, deren Aufgabe es ist, als Auge und Hand Gott und einander zu dienen, beide von Gott geordnet, jener das Wort Gottes und die Sakramente zu handeln, diese die Bösen zu strafen und die Frommen zu schützen; nicht einander entgegengesetzt als geistlich und weltlich, sondern einander beigeordnet als christlicher Lehrstand und christliche Obrigkeit.[1])

[1]) Ich folge hier hauptsächlich dem Aufsatz von Schenkel: Ueber das ursprüngliche Verhältniß der Kirche zum Staate auf dem Gebiete des evangelischen Protestantismus, in den Theol. Stud. u. Krit. 1850, Bd. I. S. 204 ff.

Diese Anschauung von der Obrigkeit als einem Gliede im Organismus der Kirche und einer Mitträgerin der geistlichen Gewalt trat jedoch bei Luther, wohl nicht ohne den Einfluß seiner leidigen Erfahrungen von der hemmenden Gegenwirkung mancher Fürsten gegen das Reformationswerk, sehr bald in den Hintergrund zurück, und schon vom Jahre 1522 an zeigte sich bei ihm das entschiedene Bestreben, die Fürsten und Obrigkeiten von jeder unmittelbaren Einwirkung auf die Gestaltung der kirchlichen Verhältnisse möglichst fern zu halten und ihnen auch prinzipiell das Recht dazu abzusprechen. Bezeichnet er die Obrigkeiten 1523 auch noch immerhin als Gottes Diener und Handwerksleute, so unterscheidet er ihr Regiment doch schon ganz bestimmt als das weltliche, welches den Unchristlichen und Bösen wehre, von dem geistlichen, welches Christen und fromme Leute mache durch den heiligen Geist unter Christo, und beschränkt die Wirksamkeit des weltlichen Regimentes auf Leib und Gut und was äußerlich ist auf Erden, indem er ausdrücklich hervorhebt, daß wo dasselbe sich vermisset, der Seele Gesetze zu geben, da greife es Gott in sein Regiment und verführe und verderbe die Seelen. Ja Luther verlangt nicht nur, daß die weltliche Obrigkeit sich jeder unmittelbaren Einwirkung auf das Glaubensleben ihrer Unterthanen durchaus enthalte, da es um den Glauben ja doch etwas freies sei, wozu niemand gezwungen werden könne, sondern er räumt dem Staate auch nicht einmal das Recht ein, dem Eindringen falscher Lehre durch äußere Vorkehrungen zu steuern, denn Ketzerei sei ein geistlich Ding, das man mit keinem Eisen hauen und mit keinem Feuer verbrennen und mit keinem Wasser ertränken, sondern einzig mit dem Worte Gottes überwinden könne. Je mehr Luther nun aber dieses letztere als die einzige Macht anerkannte, mit welcher des Menschen Seele regiert und gefaßt sein wolle, desto höhere Bedeutung mußte ihm im Unterschiede von der weltlichen Obrigkeit der Lehrstand gewinnen, doch hütete er sich, denselben in unevangelischer Weise über die Gemeinde zu erheben. Vielmehr beruhte ihm das Recht des Lehrstandes wesentlich auf der Autorisirung durch die Gemeinde, welcher er auch das Recht und die Macht zuschrieb, die vorgetragene Lehre zu beurtheilen, und als Ideal der rechten christlichen Ordnung schwebte ihm eine ganz auf dem Prinzip der Freiwilligkeit und der Autonomie beruhende Gemeindeverfassung vor Augen. Aber von dem zuchtlosen Treiben der Wiedertäufer und der Bauern hatte er auch gelernt, daß die Zeit zur Verwirklichung dieses Gedankens noch nicht reif sei, und in seiner deutschen Messe vom Jahre 1526 bekannte er, daß er noch nicht Leute und Personen dazu hätte, auch nicht Viele sähe, die dazu drängten.

Während also Luther selbst auf die Realisirung seines kirchlichen Verfassungsideals verzichtete, nahmen auch die Ereignisse in Deutschland einen Gang, der die Verfassungsbildung der evangelischen Kirche nach einer ganz anderen Seite hin lenkte. Der Reichsabschied von Speier (1526) nämlich gab es jedem einzelnen Reichsstande anheim, „in Sachen, so das wormser Edikt belangen möchten, für sich also zu leben, zu regieren und zu halten, wie ein jeder solches gegen Gott und kaiserliche Majestät hoffe und vertraue zu verantworten." Damit stellte er die Sache der Reformation in Bezug auf äußere kirchenpolitische Begründung ganz unter die Aufsicht und Fürsorge der Landesobrigkeiten, und veranlaßte so, daß diese von nun ab immer mehr und mehr auf entscheidende Weise in die Ordnung der kirchlichen Dinge eingriffen. Das so geschaffene Verhältniß des Staates zur Kirche entsprach aber in dem Maße dem damaligen Bedürfniß, daß auch Luther nicht umhin konnte, es durch sein eigenes Verhalten zu stützen. Schon im Jahre 1526 forderte er den Kurfürsten von Sachsen auf, sich durch eine Kirchenvisitation ordnend und organisirend des kirchlichen Wesens in seinem Lande anzunehmen. Doch war weder er noch der Kurfürst selbst gemeint, durch diese Aufforderung und deren Befolgung jenes Verhältniß als das eigentlich normale anzuerkennen. Denn nicht nur begründete Luther von vornherein den Beruf des Kurfürsten zu solchem kirchlichen Handeln damit, daß sichs sonst Niemand annimmt noch annehmen kann und soll, in solchem Fall aber Gott den Kurfürsten dazu gefordert und mit der That befället, sondern es wurde auch in dem die beiderseitigen Anschauungen zum Ausdruck bringenden „Unterricht der Visitatoren an die Pfarrherren" vom Jahre 1528, nachdem der Verfall des Bischofsamtes geschildert worden, ausdrücklich gesagt: „demnach . . . . . hetten wir auch dasselbige recht Bischoflich und besucheampt, als auffs höhest von nöten, gerne widder angericht gesehen, aber weil unser keiner dazu beruffen odder gewissen befelh hatte, und S. Petrus nicht wil yn der Christenheit etwas schaffen lassen, man sey denn gewis, das Gottes gescheffte sey, hat sichs keiner für dem andern thüren unterwinden, da haben wir des gewissen wollen spielen, und zur liebe ampt (welchs allen Christen gemein und gepoten) uns gehalten, und demügtiglich mit bitten angelangt, ... unsern gnedigsten herren, als den landsfürsten, und unser gewisse weltliche öberkeit, von Gott verordenet. Das S. K. F. G. aus Christlicher liebe (denn sie nach weltlicher öberkeit nicht schüldig sind) und umb Gottes willen, dem Evangelio zu gut und den elenden Christen ynn S. K. F. G. landen, zu nutz und heil, gnediglich wolten etliche tüchtige personen zu solchem ampt foddern und ordenen, Welchs denn S. K. F. G. also gnediglich, durch Gottes wolgefallen gethan und angericht haben." [2]) Hier wird also hervorgehoben, daß der Kurfürst nach weltlicher Obrigkeit nicht schuldig sei, die Ordnung der kirchlichen Dinge zu übernehmen, daß er dieses vielmehr aus freier, allen Christen gebotener Liebe thue, und es wird überdem auch noch ausdrücklich betont, daß die Reformatoren ihn hiezu eben nur im Drange der Noth aufgefordert, da sie sich nicht getrauen, das schmerzlich vermißte Bischofsamt aus eigener Machtvollkommenheit wieder aufzurichten. Wie hierdurch die Uebertragung der kirchenregimentlichen Funktionen auf die weltliche Obrigkeit sehr bestimmt als ein Nothbehelf gekennzeichnet wurde, so ließ Luther es auch sonst nicht an Aeußerungen fehlen, durch welche er aufs entschiedenste zu erkennen gab, daß er nur höchst ungern und mit andauerndem innern Widerstreben zu diesem Auskunftsmittel seine Zuflucht nahm.

Seitdem indessen die Aussicht auf eine Vereinigung mit der alten Kirche und deren Episkopat völlig verschwunden war, erlahmte auch immer mehr und mehr das in Luther und Melanchthon bis dahin so kräftig hervorgetretene Bestreben, die Selbständigkeit der Kirche neben dem Staate zu behaupten. Und zwar so sehr, daß, trotz mancher entgegengesetzter Aeußerungen Luthers auch aus der späteren Zeit, er und die andern wittenberger Theologen, Bugenhagen, Cruciger,

---

[2]) Richter, die evangelischen Kirchenordnungen des sechszehnten Jahrhunderts, Weimar 1846, I. S. 83.

Jonas und Melanchthon, in einem Gutachten vom Jahre 1536 geradezu ausführlich den territorialen Grundsatz darlegten, daß jede Staatsgewalt auf ihrem Gebiete oder da, wo ihr ein Patronatsrecht zustehe, die Pflicht habe, falsche Lehre und gottlose Kulte zu verhindern, und als über jeden Zweifel erhaben die Behauptung aufstellten, daß der Staat für Einsetzung rechtgläubiger Lehrer und Anordnung der zweckmäßigen kirchlichen Einrichtungen zu sorgen habe. Ueberhaupt machte sich seit dem Reichstage von Augsburg (1530) der Grundsatz, daß der weltlichen Obrigkeit zugleich die Kirchengewalt zustehe, immer mehr und mehr geltend, und immer deutlicher bildete sich seit jenem Zeitpunkt das Staatskirchenthum in allen protestantischen Landeskirchen Deutschlands aus. Jene ursprüngliche Begründung desselben, nach welcher es nur ein Nothbehelf war, wurde völlig verdrängt durch die andere, daß es eigentlich Gottes Ordnung sei, und die Landesfürsten und Städteobrigkeiten beriefen sich bei ihren kirchlichen Erlassen von nun ab fast ohne Ausnahme auf ihre in der heiligen Schrift begründete Berufspflicht zur Aufrechthaltung der wahren Lehre und christlicher Sitten.

Im Bewußtsein dieser obrigkeitlichen Berufspflicht machte nun auch Kurfürst Joachim II. von Brandenburg einige Jahre nach seinem Regierungsantritt von dem landesfürstlichen Reformationsrechte Gebrauch.[3]) Schon längst, so sagte er, habe er herzlich begehret, daß durch ein christliches General- oder Nationalconcilium oder auch sonst durch die geistliche Obrigkeit, denen es wohl gebühret hätte, in diesen hohen nothwichtigen Sachen nicht so lange gesäumt, sondern christliche gute Ordnung gemacht werden möchte, und sich selbst dieser Mühe zu wenig erkennend habe er sich deß oft vertröstet und versehen, weswegen er auch, nicht mit geringer Beschwerung, selbst verzogen und seine Unterthanen aufgehalten habe. Da er nun aber befinde, daß es sich noch fast in die Länge strecken wolle und Niemand wisse, wer solches noch erleben möchte, habe er mit gutem Gewissen in der Sache nicht länger Aufschub machen und nicht unterlassen mögen, Christo, dem König aller Könige, die Ehre zu geben und dessen göttliches Wort bei

---

[3]) Zum Folgenden vergl. besonders von Mühler, Geschichte der evangelischen Kirchenverfassung in der Mark Brandenburg, Weimar 1846, und Jacobson, Evangelisches Kirchenrecht des preußischen Staates, Halle 1866.

seinen Unterthanen zu fördern.[4]) Demgemäß machte er sich daran, das kirchliche Wesen in seinem Lande nach evangelischen Grundsätzen umzugestalten, und erließ zu diesem Behufe im Jahre 1540 die brandenburgische Kirchenordnung, indem er als Motiv dafür noch insbesondere geltend machte, daß er als der Landesfürst, der seine Unterthanen wie ein Vater seine Kinder liebe, sich schuldig erkenne, nicht allein ihr zeitliches Bestes an Leib und Gut, sondern vielmehr auch ihrer Seelen Seligkeit nach allem Vermögen zu fördern.[5]) Er schonte in seinem Reformationswerke das Bestehende so viel als möglich, trug auch kein Bedenken, das Bischofsamt fortbestehen zu lassen und den Bischöfen, falls sie nur seine Kirchenordnung annehmen würden, die bedeutendsten ihrer Amtsbefugnisse förmlich zu bestätigen. Doch indem er ihnen dieselben gleichsam aufs neue zutheilte, gründete er sie auf seine landesfürstliche Autorität, und stellte sich, den Landesfürsten, als denjenigen hin, in dessen Auftrage sie von nun an zu verrichten wären. Aber hierüber hinaus reservirte er sich auch einen gewissen thätigen Antheil an der Kirchenregierung und behielt das Recht, die durch ihn ins Leben gerufene Ordnung des Gottesdienstes zu verbessern, ausdrücklich sich selber vor, während kein Anderer propria autoritate etwas darinnen zu verändern sich unterstehen sollte.[6]) Ein Vorbehalt, der übrigens ebenso sehr der damals allgemein herrschenden Praxis entsprach, als er aus dem derselben zu Grunde liegenden Prinzipe ganz nothwendig folgte. Denn hatte der Landesfürst einmal den obrigkeitlichen Beruf, seiner Unterthanen Seligkeit zu fördern, so konnte er unmöglich meinen, diesem Berufe mit der einen reformatorischen That genug gethan zu haben, sondern er mußte sich verpflichtet und berechtigt fühlen, wie er die bisherigen Mißbräuche „aus fürst-

---

[4]) In dem Beschluß der brandenburgischen Kirchenordnung, bei Richter, Kirchenordnungen, I. S. 334. Ein vollständiger Abdruck der Kirchenordnung bei Mylius, Corpus Constitutionum Marchicarum, I, 1, Spalte 5—248.

[5]) Richter, Kirchenordnungen, I. S. 334. Aehnlich betonte der Kurfürst seine obrigkeitliche Berufspflicht auch in der Vorrede zur Kirchenordnung, bei Mylius a. a. O. S. 5 ff.

[6]) Richter, Kirchenordnungen, I. S. 324. Besagtes Recht will der Kurfürst mit Rath der Bischöfe, Visitatoren und Gelehrten ausüben.

licher von Gott gegebener Obrigkeit"[7]) abgeschafft, so auch in Zukunft die kirchliche Ordnung zu erhalten und sie, wenn es nöthig wäre, zu zu verbessern. Auf solche Weise geschah es im vollsten Einklange mit der Entwickelung im übrigen lutherischen Deutschland, daß durch die Reformation das oberste Regiment der Kirche in Brandenburg an den Kurfürsten gelangte, und daß von nun ab die Landesherren auch bei uns, ebenso wie anderwärts, rücksichtlich der evangelischen Kirche nicht nur die Kirchenhoheit, sondern auch die Kirchengewalt besaßen, das heißt im wesentlichen nicht nur das dem Staate über alle Religionsgesellschaften zukommende Aufsichts- und Schutzrecht (jus majestaticum circa sacra), sondern auch das dem Staate an und für sich fremdartige Recht der eigentlichen Kirchenleitung (jus in sacra).

Die Absicht Joachims II., die Bischöfe als kirchenregimentliche Organe beizubehalten, scheiterte an dem beharrlichen Widerstande, welchen die beiden Bischöfe von Havelberg und Lebus der Kirchenverbesserung entgegensetzten. Während der Bischof von Brandenburg, des Kurfürsten „besonderer Freund" und treuer Helfer bei dem Reformationswerk, sein Amt bis ans Lebensende verwalten konnte, mußten die Funktionen jener beiden Bischöfe auf andere Stellen übertragen werden. Der Kurfürst achtete es aber nicht für gehörig, die geistlichen Sachen an die weltlichen Behörden zu verweisen, sondern hielt für billig, daß dieselben wie vorhin geschehen, vor die geistlichen Gerichte remittiret würden.[8]) Er sah sich deshalb genöthigt, eine neue geistliche Behörde zu schaffen, und dieses that er, dem in Wittenberg bereits im Jahre 1539 gegebenen Beispiele folgend, durch die Gründung eines geistlichen Konsistoriums zu Köln a. d. Spree (1543). Dieses hatte fortan unter dem Vorsitz des schon früher eingesetzten Generalsuperintendenten die kirchliche Verwaltung und die geistliche Gerichtsbarkeit wahrzunehmen. Nach der Wiedervereinigung der Neumark mit der Kurmark unter Johann Georg (1571—1598) wurde dem Kölnischen Konsisto-

---

[7]) Worte Joachims II. in der brandenburgischen Kirchenordnung, mit der damals üblichen Berufung auf das Beispiel der alten löblichen Könige des israelitischen Volkes und anderer Gott angenehmer Regenten. Richter, Kirchenordnungen I. S. 329.

[8]) v. Mühler, a. a. O. S. 65; 70.

rium die oberste Aufsicht in Sachen des Glaubens auch in der Neumark überwiesen, wogegen die Jurisdiktion und die Aufsicht in anderen kirchlichen Sachen der Regierung in Küstrin verblieben: also damals schon ein Abweichen von dem Grundsatz, daß die kirchlichen Angelegenheiten durch besondere kirchliche Behörden wahrgenommen werden sollten. Durch die ziemlich gleichzeitig (1573) für beide Landestheile gemeinschaftlich erlassene Visitations- und Konsistorialordnung[9]) baute Johann Georg sodann den kirchenregimentlichen Apparat auf den von Joachim II. gelegten Grundlagen, namentlich auch durch allgemeine Einführung von Kreis-Inspektoren, des weiteren aus und später (1598) änderte er die Zusammensetzung des Konsistoriums noch insofern in einer bis auf die Gegenwart maßgebend gebliebenen Weise, als er den Vorsitz in dieser Behörde von dem Generalsuperintendenten auf einen Rechtsgelehrten übertrug.

Luther hatte lange genug gelebt, um einige Jahre vor seinem Tode noch klagend in die Worte auszubrechen: „Der Satan hört nicht auf Satan zu sein. Unter dem Papstthum hat er die Kirche mit dem Staate vermengt; in unserer Zeit will er den Staat mit der Kirche vermengen.“ Und obgleich er gelobt, seinerseits mit Gottes Hilfe Widerstand zu leisten und sich alle Mühe zu geben, um den Unterschied der Berufe des Staates und der Kirche zu erhalten, hatte er doch schon im Geiste die Zeit vorhergesehen, wo die Höfe die Kirche nach ihrem Gutdünken regieren würden. Johann Georg stand schon mitten inne in dieser Zeit. Welche Stellung er und sein Nachfolger Joachim Friedrich (1598—1608) sich, als der christlichen Obrigkeit, der evangelischen Kirche gegenüber gaben, erhellt am klarsten aus der Art und Weise, in der sie dem in Kirchen und Schulen „einschleichenden Calvinischen Irrthum“ zu wehren suchten. Schon kurz nach seinem Regierungsantritt nemlich gebot und befahl Johann Georg den Predigern „mit sonderem Ernst bei Verlust ihres Amtes und Pfarren auch Meidung seiner schweren Straf und Ungnade,“ die Bibel und Luthers Bücher fleißig zu lesen, ihre Predigten darnach zu richten, sich anderer verdächtigen Bücher oder Lehren aber gänzlich zu

[9]) Mylius Corp. Constit. March. I. 1, S. 274—340, Richter, Kirchenordnungen, II. S. 358—386.

äußern und sich in allem nach der Augsburgschen Konfession und dem der Kirchenordnung eingefügten kurzen Begriff der rechten reinen lutherischen Lehre zu verhalten,[10]) und sowohl er als Joachim Friedrich verpflichteten die Prediger später zu wiederholten Malen durch Namensunterschrift auf die Konkordienformel und die andern lutherischen Bekenntnißschriften. Sie warfen sich also geradezu zu Herren über den Glauben in ihrer Landeskirche auf. Und im wesentlichen that auch Johann Sigismund (1608—1619) das Gleiche. Denn wollte derselbe nach seinem Uebertritt zum reformirten Bekenntniß auch niemand zwangsweise nach sich ziehen, so entschied er sich doch sogleich für die kirchliche Unionspolitik, die seit jener Zeit bei den preußischen Regenten maßgebend geblieben, und in dem Bestreben, die Reformirten und die Lutheraner einander zu nähern, nahm er keinen Anstand, auch das kirchliche Bekenntniß zum Gegenstande seiner landesherrlichen Verordnungen zu machen. Hatten seine Vorgänger die Prediger an die unveränderte Augsburgische Konfession und an die Konkordienformel gebunden, so stellte er nun im Gegentheil die veränderte Augsburgische Konfession als Lehrnorm hin und verbot gleichzeitig mit dem eingerissenen Unwesen der lästernden Kontroverspredigten auch die Verpflichtung der Geistlichen auf die Konkordienformel.[11]) Freilich mußte er dem beharrlichen Drängen seiner lutherischen Unterthanen wenigstens so weit nachgeben, daß er ihnen in einem den Ständen ausgestellten Reverse (vom 5. Febr. 1615) erklärte, daß ein jeder im Lande, der da wolle, bei des Herrn Lutheri Lehre und bei der ungeänderten Augsburgischen Konfession und der Konkordienformel verbleiben solle, auch den ferneren Gebrauch der letzteren bei der Ordination der Geistlichen zugab und überdem versprach, niemandem, auch nicht vermöge des Patronatsrechts, verdächtige und unannehmliche Prediger aufzudrin-

---

[10]) Im Publikationspatent zur Kirchenordnung von 1572, bei v. Mühler a. a. O. S. 103.

[11]) Confessio Sigismundi, bei Mylius, Corp. Const. March. I. S. 466; Verordnung, daß allenthalben gute Bescheidenheit und Moderation von denen Geistlichen auf den Kanzeln und sonsten, Aergerniß, Verwirrung der Gewissen und Benachtheiligung der Kirche zu verhüten, gebrauchet und geführet werden solle," a. dems. O. S. 355.

gen.[12]) Und noch weniger als ihm gelang es seinem Sohne Georg Wilhelm (1619—1640), den Widerstand der Lutheraner gegen manche aus unionistischer Tendenz hervorgehenden kirchenregimentlichen Maßnahmen zu brechen und der landesherrlichen Autorität auf kirchlichem Gebiete die erstrebte Geltung zu verschaffen. Aber unter dem Großen Kurfürsten (1640—1688) trug die schroffe, jeden friedlichen Vergleich mit den Reformirten weit abweisende Haltung der Lutheraner nur um so mehr dazu bei, die Handhabung des landesherrlichen Kirchenregiments zu verschärfen und so die Macht des Landesherrn in der Kirche zu befestigen und zu erweitern. Denn Friedrich Wilhelm, der beim Abschluß des westfälischen Friedens den Reformirten die gleiche staatsrechtliche Stellung, wie die Katholiken und die Lutheraner sie genossen, zu erkämpfen wußte, setzte die ganze Energie seines Willens an die Ueberwindung des Zwiespalts zwischen den beiden evangelischen Konfessionen, der namentlich durch den Zelotismus der Lutheraner nachgerade auf ein unerträgliches Maaß gesteigert war. Zu dem Zwecke befahl der Kurfürst, obgleich er 1653 jenen Revers Johann Sigismunds bestätigt hatte,[13]) einige Jahre später, daß die lutherischen Ordinanden nur auf die heilige Schrift, sowie auf die mit derselben einstimmigen uralten Symbole und die Augsburgische Konfession, nicht aber auch auf die Konkordienformel verpflichtet würden,[14]) und den Reformirten gebot er, daß sie sich nur an das Bekenntniß Johann Sigismunds, sowie an das Leipziger und das Thorner Religionsgespräch halten und so namentlich bei der Lehre von der Gnadenwahl die für die Lutheraner besonders anstößige Form vermeiden sollten.[15]) Außerdem aber begnügte er sich nicht, das von Johann Sigismund gegebene Verbot gegenseitigen Schmähens auf den

---

[12]) Mylius, Corp. Const. March. VI, 1, S. 260. Der Kurfürst wahrte sein landesherrliches Recht bei diesen Konzessionen aber doch dadurch, daß er dem oben erwähnten Versprechen hinzufügte, er gebe es, ob er sich wohl sonsten der Einführung der Religion, als des höchsten Regals, frei und ohne Limitation, vermöge aller Rechte, gebrauchen könnte "

[13]) Im Landtagsrezeß vom 26. Juli 1653, bei Mylius, Corp. Const. March. VI, 1, S. 427.

[14]) Verordnung v. 3. Dezember 1656, bei Mylius, a. a. O. I, 1, S. 366.

[15]) Siehe von Mühler, a. a. O. S. 166. ff

Kanzeln zu wiederholten Malen zu erneuern, sondern er forderte überdies, anfangs nur von den neu anzustellenden, später auch von den schon angestellten Predigern beider Konfessionen einen Revers, in dem sie sich zur Befolgung jenes Verbotes verpflichten mußten,[16]) und Paul Gerhard war nicht der einzige, der die Verweigerung dieses Reverses mit dem Verluste seines Amtes zu bezahlen hatte. Aber auch sonst griff der Kurfürst persönlich ordnend und gebietend in die verschiedensten kirchlichen Angelegenheiten ein: eine große Menge von Verordnungen in Sachen der Kirchenzucht und Sonntagsfeier, der Liturgie und äußeren Kirchengebräuche, der Examina und Ordinationen und dergl. mehr erließ er unmittelbar unter seinem Namen, und wo das Berliner Konsistorium dergleichen ausgehn ließ, da hob es jedes Mal hervor, daß es die Anregung dazu von oben her erhalten habe.[17]) Dieser Abhängigkeit der obersten brandenburgischen Kirchenbehörde vom Kurfürsten selber entsprach die Aenderung der kirchlichen Ressortverhältnisse, welche derselbe in Preußen vornahm. Auch dort waren früher (1587) Konsistorien als die höchsten Organe der landesherrlichen Kirchengewalt an die Stelle der Bischöfe getreten, und bei dieser Einrichtung war es trotz des Widerspruchs der Landstände auch nach der Vereinigung mit Brandenburg geblieben. Der Große Kurfürst aber beauftragte seine vier Oberräthe — Landhofmeister, Oberburggraf, Kanzler und Obermarschall — sein fürstliches Episkopalrecht und alles, was davon dependire, fleißig zu respiciren, und stellte überhaupt die Oberregierung an die Spitze der kirchlichen Verwaltung: er überwies ihr nicht nur die Aufsicht über die Konsistorien, sondern auch manche bisher von diesen wahrgenommenen Geschäfte.[18])

Wie in solcher Weise das Staatsoberhaupt und die Staatsbehörden die Kirche verwalteten, so mußten dann auch andererseits die Diener der Kirche bei der Staatsverwaltung helfen. Schon damals wurde es Sitte, allerlei Gesetze und Polizeiverordnungen auf den Kanzeln publiciren zu lassen, wie, um von vielen nur einige anzu-

[16]) Reskripte vom 16. Februar 1660, 2. Juni 1662, 16. September 1664; bei Mylius, Corp. Const. March. I. 1, S. 369, 377 ff., 362 ff.

[17]) v. Mühler, a. a. O. S. 169 ff.

[18]) Jacobson, Kirchenrecht, S. 145.

führen, z. B. ein Edikt „wegen der Deserteurs und ohne Paß reisenden Soldaten" vom 12. August 1699 und ein anderes „von gültigen und und verrufenen Münzsorten" vom 2. Mai 1685 alle drei Monate, ein Mandat vom 13. Februar 1682 „betreffend die Contagion" aber sogar alle zwei Wochen von den Kanzeln verlesen werden mußte.[19]) Daß die Prediger aber auch noch in ganz andrer Weise für rein polizeiliche Zwecke in Anspruch genommen wurden, zeigen Bestimmungen wie die im „Edikt von Pflanzung derer Obst- und Eichelbäume" vom 5. März 1685, daß die Prediger alljährlich Anfangs März und Oktober im Namen des Kurfürsten ihre Zuhörer zur fleißigen Pflanzung anmahnen und keinen Bräutigam trauen sollen, der nicht durch einen Schein seiner Ortsobrigkeit nachweise, daß er zum wenigsten sechs Obstbäume gepfropft und sechs junge Eichen gepflanzt habe; oder gar die in der „Armen- und Bettler-Ordnung" vom 19. September 1708 enthaltene, daß neben den Magistraten, Gerichtsobrigkeiten, Schulzen, Landbereitern u. s. w. auch die Prediger auf die herumvagirenden Bettler genau Achtung haben, sie aufgreifen und in die nächste Stadt liefern sollen.[20])

Die Macht, welche das Prinzip des landesherrlichen Kirchenregiments in unserm Staat gewonnen, machte sich auch in den Cleveschen Landestheilen sehr bald nach ihrem Anfall an Brandenburg geltend.[21]) Dort besaß die kraft eigener, freier That entstandene reformirte Kirche früher die vollste Selbstständigkeit: sie übte die Kirchengewalt selbst und ganz allein aus, durch Presbyterien und Synoden. Als Pfalz-Neuburg und Brandenburg von den jülich-cleveschen Landen

---

[19]) Mylius, Corp. Const. Magdeburg. V. S. 135; IV, 123; VI, 70. Derartige Publikationen nahmen bald so überhand, daß sie durch besondere Edikte beschränkt werden mußten, so z. B. die Edikte vom 21. Januar 1716 und vom 22. Februar 1724, bei Mylius, Corp. Constit. March. I. 1, S. 525, 549. Und doch waren es 1802 nach v. Mühler, a. a. O. S. 253, nicht weniger als 46 Verordnungen, welche alljährlich durch Vorlesung auf der Kanzel erneut werden mußten — ein gewissermaßen interkonfessioneller Bestandtheil des Kultus, da diese Vorlesung auch bei den Gottesdiensten der Katholiken und Juden stattfand.

[20]) Mylius, Corp Const. March. II. 1, S. 97 f., 175.

[21]) Vergl. Heppe, Geschichte der evangelischen Kirche v. Cleve-Mark und der Provinz Westphalen, Iserlohn 1867, S. 143 ff, 161 ff., Jacobson, Kirchenrecht S. 143, 202 ff.

gemeinsam Besitz ergriffen (1608), verbürgten sie den Reformirten mit dem vorhandenen status quo auch dieses Recht der Selbstregierung, und auch der Große Kurfürst erkannte dasselbe im wesentlichen an, indem er die Kirchenordnung von 1662 bestätigte: Aber er that das letztere doch nur, nachdem er sie durchsehen, examiniren und nach Gelegenheit ändern lassen, sowie mit dem ausdrücklichen Vorbehalt, dieselbe jederzeit vermindern, vermehren, nach Gelegenheit verändern und aufheben zu wollen, und reservirte sich in der Kirchenordnung selbst gewisse Rechte, welche ihn als den obersten Hüter der guten Ordnung innerhalb der Kirche erscheinen ließen.[22]) Ganz ähnlich gestaltete sich das Verhältniß des Landesherrn zu der lutherischen Kirche: auch sie erhielt (1687) vom Großen Kurfürsten zwar die Bestätigung einer Kirchenordnung von presbyterial-synodalem Charakter, aber ebenfalls nur nach mancherlei Aenderungen der Vorlage unter dem der reformirten Schwesterkirche gegenüber aufgestellten Vorbehalte und mit Reservirung bestimmter Rechte für den Landesherrn.[23]) Ueberhaupt bildete sich auch in jener Provinz je länger desto mehr, und nicht gerade gegen den Willen der Kirche, ein maßgebender Einfluß des Landesherrn auf die inneren kirchlichen Verhältnisse, ohne daß Umfang und Stärke desselben in bestimmter Weise normirt gewesen wären. Als Organ zur Ausübung ihrer kirchlichen Rechte benutzten der Große Kurfürst und seine Nachfolger die Regierung in Cleve, während es im Ravensbergischen frühzeitig zu konsistorialen Einrichtungen kam.

Weit empfindlicher als die Evangelischen in jener Gegend mußten bald darauf die eingewanderten Fremdlinge die Erfahrung machen, daß sie die Freundschaft der weltlichen Obrigkeit mit dem Preise der Freiheit zu bezahlen hatten.[24])

---

[22]) Die Kirchenordnung ist abgedruckt bei Snethlage, die älteren Presbyterial-Synodalordnungen u. s. w., Leipzig 1837, S. 85—118. Vergl. den Schluß S. 118 und die Artikel 9, 17, 40; 18, 46—48, 61; 140; 26; 10, 35; 134; 98.

[23]) Die Kirchenordnung bei Snethlage, S. 119—172. Vergl. S. 122 und 171, und die §§ 3, 14; 8, 25; 87, 88; 106, 152; 15, 77; 66; 29; 27; 57, 58; 120. Manche der Rechte, welche an diesen und an den Anm. 22 aufgeführten Stellen genannt sind, lassen sich übrigens aus der Landeshoheit ableiten

[24]) Vergl. Jacobson, die kirchlichen Verhältnisse der Reformirten in Preußen, in Dove's Zeitschrift für Kirchenrecht, III. 1863, bes. S. 321 ff, 337 ff.

Die französischen Flüchtlinge hatten von ihren Vätern nicht nur das Kreuz, sie hatten auch die Ordnungen geerbt, in denen sich jene unter dem Kreuze völlig autonom bewegt.[25]) Bei ihrer Aufnahme in seinen Staat versprach ihnen der Große Kurfürst, ihnen in jeder Stadt einen besonderen Prediger halten und einen bequemen Ort anweisen zu lassen, woselbst das exercitium religionis reformatae in französischer Sprache und der Gottesdienst mit eben den Ceremonien und Gebräuchen gehalten werden solle, wie es bisher bei den reformirten Kirchen in Frankreich gebräuchlich gewesen.[26])

Mit Beziehung hierauf bestimmte dann einige Jahre später Friedrich I. durch eingetretene Mißhelligkeiten unter den Refugié's in Berlin veranlaßt, daß auch fernerhin die discipline ecclésiastique dem Herkommen gemäß beobachtet und gehandhabt werden solle, und zwar in seinem Namen und vorbehaltlich der ihm selbst oder den weltlichen Obrigkeiten zustehenden Strafgerechtigkeit. Von den Entscheidungen der Presbyterien (consistoires) sollte eine Appellation an die von ihm hiezu einzusetzenden Kommissarien — also nicht, wie früher, an eine Provinzialsynode — offen stehen, welche unter der Direktion der reformirten Staatsminister den Fall untersuchen und eventuell vor den Kurfürsten selber bringen würden.[27]) Im weiteren Verfolg der Sache gründete der Kurfürst zur Aburtheilung solcher Appellationen eine ständige Commission ecclésiastique und betraute dieselbe als oberste Aufsichtsbehörde zugleich mit der Behandlung aller etwa vorkommenden Unordnungen und Streitigkeiten in den Gemeinden, doch so, daß sie die wichtigeren Sachen der Entscheidung des Geheimen-Raths-Kollegiums unterbreiten mußte.[28]) Diese Commission ecclésiastique wurde endlich im Jahre 1701 ganz auf den Fuß des Kon-

---

[25]) Die auf der ersten reformirten Nationalsynode in Paris 1559 beschlossene und durch spätere Synoden weiter entwickelte discipline ecclésiastique, über welche zu vergl. Lechler, Geschichte der Presbyterial- und Synodalverfassung, Leiden, 1854, S. 71 ff. u. Jacobson, a. a. O. S. 321, Anm.

[26]) Artikel 11 des Edikts vom 29. Oktober 1685, bei Mylius Corp. Constit. March. II. 1, S. 187, (französisch VI. Anhang S. 46.)

[27]) Edikt v. 7. Dezbr. 1689, a. dems. O. VI. Anh. S. 71.

[28]) Edikt vom 4. Mai 1694, a. dems. O. I. 1, S. 417, vergl. mit dem in der folgenden Anm. anzuführenden Patent. Die Kommission bestand aus einem

sistorii in Berlin eingerichtet[29]): es wurden ihm als dem höchsten Forum ecclesiasticum und consistoriale alle Kirchen- und Konsistorialsachen überwiesen, mit alleiniger Ausnahme der zur Entscheidung des Königs verbleibenden Glaubensstreitigkeiten (de religione et capitibus fidei et credendorum); eine Appellation von dieser Behörde an den König sollte nur ausnahmsweise gestattet sein. Der Landesherr und sein Oberkonsistorium, das später (1737) in den Inspektoren der einzelnen Provinzen noch seine niederen Organe erhielt,[30]) traten also an die Stelle der einstigen Synoden: nur die presbyteriale Gemeindeordnung blieb den Schützlingen als schöne Erinnerung an die früheren Zeiten der Drangsal.

In analoger Weise wurden auch die Verhältnisse der Deutsch-Reformirten in den östlichen Provinzen geordnet. Im Jahre 1713 gab ihnen Friedrich Wilhelm I. eine Centralbehörde, indem er das reformirte Kirchendirektorium gründete und demselben die Oberaufsicht über das gesammte reformirte Kirchen- und Schulwesen im Königreich und den Provinzen übertrug;[31]) nur die Berliner Hofkirche und die reformirte Kirche in Cleve-Mark und Ravensberg sollten von der Wirksamkeit des Kirchendirektoriums ausgeschlossen sein. Die Besetzung der Stellen in dieser Oberbehörde blieb dem Könige vorbe-

---

Mitgliede des Geheimen-Raths-Kollegiums, einem Konsistorialrath und den beiden ältesten französischen Predigern in Berlin. In geeigneten Fällen sollte die Kommission mit dem Vertreter der kurfürstlichen jura episcopalia — einem Mitgliede des Geh.-Raths-Kollegiums — kommunizieren oder auch die Resolution des Kurfürsten selber einholen.

[29]) Patent vom 26. Juli 1701, bei Mylius Corp. Constit. March. I. 1, S. 423; VI. Anhang S. 191.

[30]) Edikt v. 23. Februar 1737, Art. VIII, an dems. O. VI. Anh. S. 626. Die Instruktion für die Inspektoren von demselben Datum gleich dahinter. In dem oben angeführten Edikt, Art. VIII, heißt es geradezu: „Notre consistoire supérieur françois, qui par plusieurs raisons tient par rapport aux églises françoises de nos états la place des synodes . . .“

[31]) Die Fundationsurkunde, mit welcher die Instruktion verbunden, ist abgedruckt in den Mittheilungen aus der Verwaltung der geistlichen, Unterrichts- und Medizinal-Angelegenheiten in Preußen, I, 1848, Heft 5, S. 391—400. Die Mitglieder des Kirchendirektoriums waren: ein adelicher Präsident aus den reformirten Wirklichen Geheimen Etats-Räthen, zwei weltliche und zwei geistliche Räthe.

halten; diejenigen Sachen, welche das Direktorium nicht ausmachen konnte, hatte es an den König gelangen und in dem Etats-Rath gehörig vortragen zu lassen; seine Organe in den Provinzen waren die vom Könige zu bestätigenden Inspektoren. In der Stiftungsurkunde stellte der König zugleich den ganzen Organismus des reformirten Kirchenwesens fest und beauftragte das Kirchendirektorium mit der Ausarbeitung der einzelnen Ordnungen, welche dann nach wenigen Monaten durch den König zu einem ewig währenden pragmatischen Gesetz, wonach alle evangelisch-reformirten Gemeinden und Prediger in seinem Königreich sich allergehorsamst zu achten, festgesetzt und confirmiret wurden.[32]) Hiernach erhielt nun zwar nicht nur jede Gemeinde ein Presbyterium, sondern es wurde auch die Abhaltung von Kreis- (Klassikal-) Synoden wenigstens offen gehalten. Aber man unterband diesen synodalen Einrichtungen von vornherein die Lebensadern, indem man ihnen gerade das vorenthielt, was die Grundbedingung für das Gedeihen solcher Körper ist: die freie Thätigkeit an zwingenden Aufgaben. Denn dieselben waren nicht etwa Instanzen für die Leitung und Verwaltung der Kirche, sondern sie waren nur die Gehülfen des Inspektors bei den Kirchen- und Schulvisitationen, während alle anordnende und entscheidende Thätigkeit lediglich dem Kirchendirektorium und in höchster Instanz dem Könige selber zustand.[33])

Nachdem so in den beiden reformirten Oberbehörden Centralorgane für die Uebung des landesherrlichen Kirchenregimentes in der reformirten Kirche geschaffen waren: stellte **Friedrich der Große** ein solches Centralorgan auch für die Verwaltung der lutherischen Kirchenangelegenheiten her. Er erweiterte nämlich das Berliner Konsistorium, unter Belassung seiner bisherigen Funktionen als märkisches Provinzialkonsistorium, zum **lutherischen Oberkonsistorium** und übertrug demselben die Aufsicht und Direktion über alle anderen Provinzial-

[32]) Königlich Preuß. Evangelisch-reformirte Inspektions-, Presbyterial-, Klassikal-, Gymnasial- und Schulordnung, vom 24. Oktober 1713. Mit den dazu gehörenden Anhängen bei **Mylius**, Corp. Constit. March. I. 1, S. 447—508.

[33]) In der That hörte die Abhaltung von Klassikalsynoden, mit der nicht einmal überall ein Anfang gemacht wurde, sehr bald wieder auf. Vergl. **von Mühler** a. a. O S. 227 f.; **Jacobson** in Dove's Ztschr. III., S. 342 ff.

konsistorien (1750).[34]) Den Verkehr des Landesherrn mit den nun bestehenden drei kirchlichen Centralbehörden vermittelten einzelne besonders beauftragte Minister, später das in die lutherische und die reformirte Abtheilung zerfallende geistliche Departement des Staatsministeriums.

Wie unsre ersten Könige ihr Kirchenregiment über alle evangelischen Elemente des Landes ausspannten: so griffen sie vermöge desselben auch in alle möglichen kirchlichen Angelegenheiten, der Lutheraner sowohl wie der Reformirten, auf die eigenmächtigste Weise ein. Immer neue Veranlassung hiezu ergab sich namentlich aus dem fortgesetzten Bemühen um die Vereinigung der beiden evangelischen Konfessionen. Demselben schien die Zeit allmählich günstiger zu werden, so daß Friedrich I., dessen Interesse an der Union von dem hannöverschen Hofe getheilt wurde, es der Mühe werth erachtete, durch seinen Hofprediger Jablonski Verhandlungen darüber mit Leibniz anknüpfen zu lassen, und daß er auf Jablonski's Rath versuchte, die Sache durch ein nach Berlin berufenes collegium charitativum zu fördern. Jene Verhandlungen blieben indessen ohne bestimmtes Resultat, und auch dieser Versuch scheiterte an der Aufregung, die sich erhob, als bekannt wurde, zu welchem rücksichtslosen Vorgehn der zum collegium gehörende Inspektor Winkler den König aufgefordert hatte. Von größerem Erfolge war das direkte Eingreifen Friedrichs I. und seiner Nachfolger: Beichte und Kirchenbuße, Gebet und Abendmahl, Katechisation und Predigt erhielten ihre Ordnung durch königliche Edikte. So wurde z. B. 1692 den Predigern verboten, wider die Pietisten zu predigen, 1719 und 1722 wurde ihnen die Behandlung der Materie von der Gnadenwahl untersagt, — jenes wie dieses unter Androhung harter Strafe; 1698 wurde in Berlin der Beichtzwang aufgehoben und desgl. mehr. Aber daneben wurden auch solche Anordnungen getroffen, die ohne Beziehung zu der angestrebten Union nur desto deutlicher den polizeilichen Charakter des damaligen Kirchenregiments erkennen lassen. Wurde doch z. B. 1714 angeordnet, daß die Predigt niemals länger dauern dürfe als eine Stunde: wer länger predigt, soll zwei Thaler

[34]) Die Instruktion vom 4. Oktober 1750 bei Mylius, Corp. Constit. March. Contin. IV. S. 291 ff., auch in den Anm. 31 genannten Mittheilungen, I. 5, S. 401—406.

in die Kirchenkasse zahlen, und 1717 wurde dann weiter unter Erneuerung dieses Gebotes die gleiche Strafe auch für diejenigen festgesetzt, welche etwa diese königliche Verordnung auf den Kanzeln anzapfen und sich darüber beschweren, zugleich aber wurden auch die Kirchenvorsteher beauftragt, im Interesse der Kirchenkassen auf die Beobachtung der Verordnung Acht zu geben, widrigenfalls auch sie einer Strafe von zwei Thalern unterliegen sollten.[35]) Auch unter den folgenden Königen ist das Verhältniß im wesentlichen ganz das gleiche: die Verwaltung der kirchlichen Angelegenheiten steht auf völlig gleicher Linie mit derjenigen der Staatsangelegenheiten, und jene erscheint nur als ein besonderer, aber nicht einmal überall durch besondere Behörden wahrgenommener Zweig von dieser. Seinen unverhülltesten Ausdruck fand dieses Verhältniß in dem sogenannten Wöllner'schen Religionsedikt, in welchem Friedrich Wilhelm II. neben anderem den Predigern unter Androhung der Kassation oder noch härterer Strafen befahl, sich bei ihrer Amtsthätigkeit aufs strengste an die symbolischen Bücher ihrer Konfession zu binden; nicht nur stand ein solcher unevangelischer Lehrzwang, durch den alle Unionsbestrebungen der früheren Herrscher verleugnet wurden, damals bereits im schneidendsten Gegensatz zum allgemeinen Zeitbewußtsein, sondern der Befehl wurde vom Könige auch ausdrücklich als von „dem Landesherrn und alleinigen Gesetzgeber in seinen Staaten" erlassen.[36])

---

[35]) Die betreffenden Edikte bei Mylius, Corp. Constit. March. I. 1, S. 413. 533, 547, 419, 513, 527.

[36]) Novum Corp. Constit. VIII. S. 2180, §. 8. U. A. heißt es in diesem §.: „wie Wir zur Wohlfahrt des Staats und zur Glückseligkeit unserer Unterthanen die bürgerlichen Gesetze in ihrem ganzen Ansehn aufrecht erhalten müssen und keinem Richter oder Handhaber dieser Gesetze erlauben können, an dem Inhalt derselben zu klügeln und selbigen nach seinem Gefallen abzuändern: ebenso wenig und noch viel weniger dürfen Wir zugeben, daß ein jeder Geistlicher in Religionssachen nach seinem Kopf und Gutdünken handele .... Es muß vielmehr eine allgemeine Richtschnur, Norma und Regel unwandelbar feststehen, nach welcher die Volksmenge in Glaubenssachen von ihren Lehrern treu und redlich geführet und unterrichtet werde, und diese ist in Unseren Staaten bisher die christliche Religion nach den drei Hauptkonfessionen — gewesen, bei der sich die preußische Monarchie so lange immer wohl befunden hat, und welche allgemeine Norma selbst in dieser politischen Rücksicht durch jene sogenannten Aufklärer nach ihren unzeitigen Einfällen abändern zu lassen, Wir im mindesten nicht gemeint sind."

Diese Anschauung von der Einheit des Staats- und Kirchenregimentes machte sich dann auch in dem Allgemeinen Landrecht von 1794 geltend.

Das Allgemeine Landrecht kennt überhaupt nicht die Kirche als einen einheitlichen, vom Staate unterschiedenen Organismus, sondern es kennt nur die einzelnen Gemeinden als besondere im Staate existirende Kirchengesellschaften.[37]) Indem es nun einerseits von Rechten spricht, welche dem Staate über die Kirchengesellschaften zukommen, und vom geistlichen Departement resp. dem Staatsoberhaupte selbst verwaltet werden sollen (Th. II. Tit. 11, §. 113), andrerseits aber sagt, daß die Kirchengesellschaften außerdem unter der Direktion ihrer geistlichen Oberen stehen (§. 114): unterscheidet es allerdings die Kirchenhoheit des Staates und die Kirchengewalt oder das eigentliche Kirchenregiment. Aber anstatt nun auf Grund dieser Unterscheidung reformirend in die faktischen Verfassungszustände der evangelischen Kirche einzugreifen, giebt es denselben vielmehr die gesetzliche Sanktion: es erkennt die Superintendenten (§. 150—155) und die Konsistorien (§. 143—149) als die kirchenregimentlichen Instanzen der Kreise und Provinzen an, läßt jedoch ebenso auch sämmtliche Konsistorien unter der Oberdirektion des dazu verordneten Departements des Staatsministerii verbleiben (§. 145), und bestimmt, daß ohne dessen Vorwissen und Genehmigung keine Veränderung in Kirchensachen vorgenommen, noch weniger neue Kirchenordnungen eingeführt werden können (§. 146). Daß aber durch diese Bestimmung die oberste Leitung der Kirche wirklich als ein Theil der Staatsregierung hingestellt wird, das erhellt, wie mir scheint, auch aus dem Antheil, welchen das Allgemeine Landrecht sonst eben dem Staate an der Ordnung der kirchlichen Angelegenheiten beilegt, während es ein persönliches Anrecht des Königs auf das Kirchenregiment mit keiner einzigen Silbe erwähnt.[38])

---

[37]) Vergl. Jacobson, Kirchenrecht, S. 26, 108 f, und besonders auch Laspeyres, Geschichte und heutige Verfassung der kath. Kirche Preußens, I. Halle 1840, S. 480 ff.

[38]) Bei der Revision des Allg. Landrechts hatte ein Monent anheim gegeben, „den ersten Grundsatz des protestantisch-kanonischen Rechts mit aufzunehmen, nach welchem der Landesherr das summum jus circa sacra nicht jure episcopali,

Jahrhunderte lang hatte die Kirche in immer größerer Unselbständigkeit unter der Botmäßigkeit des Staatsoberhaupts gestanden: was Wunder, daß endlich das Bewußtsein von ihrem eigenthümlichen Wesen so gut wie ganz verloren ging? In demselben Maaße aber als dies geschah, mußte auch das Bestehen besonderer Behörden für die kirchlichen Angelegenheiten als eine unnütze Zersplitterung des staatlichen Verwaltungsorganismus erscheinen. Seit der Mitte des vorigen Jahrhunderts wurden daher immer häufiger die Regierungen, d. h. die damaligen Justizbehörden, ergänzt durch einige geistliche Räthe, mit der Wahrnehmung der kirchlichen Dinge beauftragt. Friedrich Wilhelm III. fand bei seinem Regierungsantritt eine ganze Anzahl solcher Behörden vor, welche dergestalt zugleich als Konsistorien fungirten;[39]) und kurz vorher waren in Neu-Ostpreußen alle, sowohl katholische und griechische als protestantische Kirchenangelegenheiten dem Ressort der Kriegs- und Domainenkammer zugetheilt worden. Das hiermit gegebene Beispiel fand sehr bald auch in anderen Bezirken Nachfolge; nicht nur in den Gebieten, welche durch den Reichsdeputationshauptschluß als Entschädigungsländer an Preußen fielen, sondern auch in

---

sondern jure superioritatis territorialis ausübe." Hierzu aber bemerkte v. Grolman: „Ist unrichtig. Der protestantische Landesherr hat jure superioritatis territorialis keine mehreren Rechte, als jeder andere Regent. Sollte er in Absicht der protestantischen Religion mehrere Rechte haben, so müßte er sie jure episcopali haben. Ob er sie wirklich habe? adhuc sub judice lis est. Ob es gut sei, daß er sie sich anmaße oder wirklich habe, ist wohl zu verneinen, weil die protestantische Religion sonst in jedem Regenten einen besonderen Papst haben und von dessen oder seiner Ministres oder Maitressen Eigensinn und Einfällen abhängen würde." Richter, Beiträge zum preuß Kirchenrechte, herausgeg. von Hinschius, Leipzig 1865, S. 50 ff. Richter erklärt auf Grund dieser Bemerkungen, welche die ganze über diesen Gegenstand bei Entwerfung des Landrechts gepflogene Diskussion umfassen, die Haltung des Landrechts dahin, daß dasselbe der damals lebhaft verhandelten Kontroverse ausweichend die landesherrliche Kirchengewalt voraussetze. Wogegen z. B. H. Achenbach, daraus den Schluß zieht, daß die Redaktoren des Landrechts ein besonderes bischöfliches Recht des evangelischen Landesherrn, welches von der Staatsgewalt getrennt wäre, unbedingt nicht anerkannt haben; Vortrag über die rechtliche Bedeutung des Art. 15 der preußischen Verfassungsurkunde, Bonn 1862 (zusammengedruckt mit einem Vortrage von Wolters), S. 71.

[39]) s. Jacobson, Kirchenrecht, S. 151 f.

Ostpreußen und Litthauen, wo doch bis dahin ein besonderes Konsistorium bestanden hatte, und einige Jahre später auch in Westpreußen wurden die geistlichen Angelegenheiten an die Kammern verwiesen.[40])

Aber diese einzelnen Ressortveränderungen waren nur ein Vorspiel der tiefgreifenden Umgestaltung, welche in Folge unserer Niederlagen mit dem gesammten Verwaltungsorganismus vorgenommen wurde. „Wir haben beschlossen," so sagte der König in dem denkwürdigen Publikandum vom 16. Dezember 1808,[41]) „Wir haben beschlossen, den obersten Verwaltungsbehörden für das Innere und die Finanzen eine verbesserte, den Fortschritten des Zeitgeistes, der durch äußere Verhältnisse veränderten Lage des Staats und den jetzigen Bedürfnissen desselben angemessene Geschäftseinrichtung zu geben und heben daher die in dieser Hinsicht bestandenen Einrichtungen hiermit auf. Die neue Verfassung bezweckt, der Geschäftsverwaltung die größtmöglichste Einheit, Kraft und Regsamkeit zu geben, sie in einen obersten Punkt zusammen zu fassen, und die Geisteskräfte der Nation und des Einzelnen auf die zweckmäßigste und einfachste Art für solchen in Anspruch zu nehmen." Zu diesem Behufe nun wurde die gesammte Verwaltung in fünf Departements vertheilt und deren jedem je ein Minister vorgesetzt. Die Kirchen- und Schulangelegenheiten, zu welchen letzteren auch das Theater zählte, wurden dem Departement des Innern überwiesen und zwar so, daß für dieselben eine eigene Sektion in diesem Ministerium errichtet wurde, welche ihrerseits wieder in die beiden Unterabtheilungen für den Kultus und für den öffentlichen Unterricht zerfiel. Die Abtheilung für den Kultus, unter der speziellen Direktion eines vorsitzenden Staatsraths stehend, erhielt alle Rechte der obersten Aufsicht und Fürsorge des Staats in Beziehung auf Religionsübung (jus circa sacra) gemäß dem Allgemeinen Landrecht II., 11, §. 113 ff. ohne Unterschied der Glaubensverwandten; ferner auch die Konsistorialrechte (jus sacrorum) nach Maßgabe der, den

---

[40]) Das Nähere s. a. dems. O. S. 155 f., wo auch die betr. Edikte nachgewiesen sind.

[41]) Publikandum betr. die veränderte Verfassung der obersten Staatsbehörden der preuß. Monarchie, in Beziehung auf die innere Landes- und Finanzverwaltung. Nov. Corp. Constit. XII. S. 527.

verschiedenen Religionsparteien zugestandenen Verfassung, namentlich in Absicht der Protestanten nach II., 11, §. 143 des Allg. Landrechts; weiter die Beurtheilung wegen Tolerirung einzelner Sekten sammt der Aufsicht über den Gottesdienst der Juden und endlich die Aufsicht wegen des Religionsunterrichts bei der Erziehung. Dieser Ministerial-Sektion für den Kultus und den Unterricht unterstanden als die niederen Instanzen der kirchlichen Verwaltung die Deputationen für geistliche und Schulsachen in den Kammern oder, wie sie von nun ab hießen, Regierungen; und insoweit es sich um die Wahrung des staatlichen Hoheitsrechtes über die katholische Kirche und die tolerirten Sekten handelte, die Deputationen der Kammern für die Landeshoheitsgegenstände.[42])

So hatten denn die Konsistorien nicht minder als die kirchlichen Centralbehörden ihr Ende gefunden: die Verwaltung der evangelischen Kirche war mit der des Staates ganz und gar verschmolzen und auch der letzte Schein, als ob die Kirche ein eigenthümlicher vom Staate unterschiedener Organismus wäre, war verschwunden.

Doch nicht lange war es, daß man sich an dieser Ordnung der Dinge genügen ließ. Zwar die auf Einführung von Predigersynoden gerichteten Bestrebungen, welche damals die Gemüther der Besten beschäftigten, bezweckten zunächst nicht sowohl eine neue Kirchenverfassung, als vielmehr eine innere Hebung des geistlichen Standes und seiner amtlichen Wirksamkeit.[44]) Aber die Verhandlungen hierüber lenkten die Blicke sehr bald auf jene umfassendere Aufgabe hin. Eine Anzahl von Superintendenten bewog den König durch ihre Bitte zur Berufung der sogenannten liturgischen Kommission (Herbst 1814),[45]) welche alle der Verbesserung bedürftigen Zweige des evange-

[42]) In dem angeführten Publikandum 4, 9, 12 u. 13; a. dems. O. S. 530, 534, 535.

[44]) Vergl. hierüber und zum folgenden außer v. Mühler a. a. O. S. 298 ff. namentlich auch Richter's Einleitung zu seiner Darstellung der Verhandlungen der preuß. Generalsynode von 1846, Leipzig 1847, u. Dove, „Ueber Synoden in Preußen," in seiner Zeitschrift für Kirchenrecht II. 1862, S. 154 ff.

[45]) Die Kommission bestand aus den Geistlichen Sack, Ribbeck, Hanstein, Hecker, Offelsmeier und Eylert.

lischen Kirchenwesens in den Kreis ihrer Berathungen zog und namentlich auch die Verfassungsfrage einer eingehenden Erörterung unterwarf.

Die Vorschläge, welche die Kommission in dieser Beziehung dem König unterbreitete, waren der Hauptsache nach folgende.

Auf der Grundlage des Prinzips, daß dem Landesfürsten neben den Hoheitsrechten auch die Verfügung über alle Externa des Kirchenwesens, der Kirche selbst aber die freie Leitung in allen inneren Beziehungen zustehe, soll in jeder Gemeinde unter dem Vorsitz des Pfarrers ein zuerst durch die Hausväter gewähltes, dann durch Kooptation sich ergänzendes Presbyterium bestehen, und die Aufsicht über die durch besondere Diakonen zu vollbringende Armenpflege, die Zucht in den bezeichneten Grenzen und das Vorschlagsrecht für die Besetzung der niederen Kirchenämter ausüben. Ueber dem Presbyterium soll die Kreissynode aller Geistlichen des Kreises stehen, unter dem Vorsitz des Superintendenten, der mit thunlicher Berücksichtigung der von der Synode geäußerten Wünsche vom Landesherrn ernannt wird. Aufgabe dieser Kreissynoden aber ist die Hebung des geistlichen Standes, sowie die Berathung der kirchlichen Angelegenheiten und die Theilnahme an der Disciplin über die Geistlichen. Weiter sollen dann alle Superintendenten jeder Provinz von Zeit zu Zeit zu einer Provinzialsynode zusammentreten, um das Wohl der Kirche zu berathen, während die gesammte Verwaltung der Provinzialkirche Sache des Konsistoriums ist. Dieses aber soll unter dem Vorsitz des Generalsuperintendenten aus geistlichen und weltlichen Räthen bestehen, jene auf einen Dreivorschlag der Provinzialsynode, diese auf den Vorschlag des Konsistoriums vom Könige zu ernennen; die letzteren nur in Rechts-, Rechnungs- und Bausachen stimmfähig. Ueber den konfessionell geschiedenen Konsistorien endlich soll sich die Verwaltung in einer kollegialisch organisirten geistlichen Centralbehörde mit einem weltlichen Chef, dem Oberkonsistorium oder Ministerium der geistlichen Angelegenheiten, vereinigen.

Die Kommission hatte ausdrücklich bemerkt, daß alle ihre Vorschläge im genauesten Zusammenhange ständen, und daß daher nach ihrer besten Einsicht die so nöthige Verbesserung des protestantischen Kirchenwesens nicht würde zu Stande gebracht werden, wenn von den in ihren Vorschlägen berührten Gegenständen etwa nur der eine oder der andre herausgehoben und berücksichtigt würde. Dieses aber hielt den König nicht ab, dennoch solch eine Auswahl unter ihren Vorschlägen zu treffen, und zwar so, daß er auch von diesen auf die Verfassung bezüglichen nur einen Theil genehmigte. Durch Kabinetsordre vom 27. Mai 1816 ordnete er die Einrichtung von Presbyterien, Kreis- und Provinzialsynoden wesentlich in der ihm vorgeschlagenen Weise an, verwarf dagegen ebensowohl die beantragte Bildung einer obersten Centralkirchenbehörde als die Betheiligung der Synoden an der Besetzung der Superintendenturen und der Konsistorien. Rücksichtlich dieser letzteren sollte es vielmehr bei der Organisation verbleiben, welche bereits ein Jahr früher ins Leben getreten war. Durch die unterm 30. April 1815 ergangene königliche Verordnung wegen verbesserter Einrichtung der Provinzialbehörden[46]) waren nämlich wieder Konsistorien geschaffen worden, aber in einer Gestalt, welche nicht nur von der ursprünglichen, sondern auch von der seitens der Kommission gewünschten sehr verschieden war. Denn diese neuen Konsistorien, unter dem Vorsitz der Oberpräsidenten stehend, waren nicht etwa nur Verwaltungsbehörden für die evangelischen Kirchensachen, sondern außer der Leitung dieser letzteren und des gesammten Schulwesens lag ihnen auch die Wahrnehmung aller derjenigen Rechte ob, welche dem Staate der katholischen Kirche und den andern Religionsparteien gegenüber zustanden. Hatte man den Konsistorien so Funktionen übertragen, welche mit einer evangelischen Kirchenbehörde schlechterdings nichts gemein haben: so nahm man ihnen auf der andern Seite sehr bald wieder einen Theil derjenigen Befugnisse, welche durchaus zu der Kompetenz einer solchen Behörde gehören. Man vollzog nämlich im Herbste 1817 die Scheidung von inneren und äußeren

[46]) §§. 15—18 u. 42 der genannten Verordnung, Gesetzsammlung 1815, S. 88 f. 92. Die Kab.-O. vom 27. Mai 1816 ist abgedruckt bei Richter, a. eb. a. O. S. 13 ff. und in den Aktenstücken aus der Verwaltung des Evang. Oberkirchenraths, Heft 4, 1852, S. 90 ff. Eine weitere Kab.-O. vom 16. Nov. 1816 verhieß, daß die Vorschläge der Kreis- und Provinzialsynoden zur Verbesserung des evangelischen Kirchenwesens nach Ablauf von 5 Jahren von einer Generalsynode berathen werden sollten. Zu einer solchen ist es indessen nicht gekommen. Richter a. a. O. S. 19.

Kirchen- und Schulangelegenheiten, und indem man die äußeren den Regierungen übertrug, beschränkte man in dieser Beziehung die Aufgabe der Konsistorien darauf, in reingeistlicher und wissenschaftlicher Hinsicht die allgemeine Leitung des evangelischen Kirchenwesens und der Schulangelegenheiten in der Provinz zu besorgen.[47]) Gleichzeitig wurde bei Gelegenheit einer Umgestaltung der Ressortverhältnisse bei den verschiedenen Ministerien das Departement für den Kultus und öffentlichen Unterricht dem Minister des Innern abgenommen und für dasselbe in Herrn von Altenstein ein besonderer Minister ernannt; eine Maßregel, welche lediglich damit motivirt wurde, daß die Würde und Wichtigkeit der geistlichen und der Erziehungs- und Schulsachen es räthlich mache, sie einem eigenen Minister anzuvertrauen.[48])

An dieser Organisation wurden dann später noch einige Aenderungen vorgenommen, die wohl praktischen Werth, aber durchaus keine prinzipielle Bedeutung hatten: 1825 wurde die Wahrnehmung des jus circa sacra der römischen Kirche gegenüber den Konsistorien als evangelisch geistlichen Behörden abgenommen, auch eine Theilung der letzteren in eine geistliche und eine Schulabtheilung vollzogen[49]) und 1828 die allgemeine Anstellung von Generalsuperintendenten angeordnet.[50])

Zu einem glücklicheren Ergebniß führten die gleichzeitigen Reformbestrebungen auf dem kirchlichen Verfassungsgebiet in den westlichen Provinzen des preußischen Staats.[51]) In den 1814—1815 zur Rheinprovinz und Provinz Westfalen vereinigten preußischen

---

[47]) Dienstinstruktion für die Oberpräsidenten v. 23. Oktober 1817, §§. 2 u. 11; Dienstinstruktion für die Provinzialkonsistorien von dems. Dat. und Instruktion zur Geschäftsführung der Regierungen von dems. Dat. §. 2 sub 6, 18, 31; Gesetzsamml. 1817, S. 230, 235; 237—245; 250, 259, 269.

[48]) Kab.-O. v. 3. November 1817 wegen der Geschäftsführung bei den Oberbehörden in Berlin, Gesetzsamml. 1817, S. 290 sub III.

[49]) Instruktion für die Oberpräsidenten vom 31. Dezember 1825, §. 2 sub 6. 3; Kab.-O. von dems. Dat., betreffend eine Aenderung in der bisherigen Organisation der Provinzial-Verwaltungsbehörden, B. D II. 1, 2, Gesetzsamml. 1826, S. 2, 5—7.

[50]) Bekanntmachung des geistl. Ministeriums v. 2. Jan. 1829 in v. Kamptz Annalen XIII. S. 67. Die Instruktion v. 14. Mai 1829 a. dems. O. S. 279—288.

[51]) Das Nähere hierüber bei Jacobson, Kirchenrecht, S. 95 ff., 211 ff.; Heppe, a. a. O. S. 310 ff, 348 ff.

Besitzungen bestanden verschiedene kirchliche Verfassungsformen nebeneinander, da jene alten, theils presbyterial-synodalen theils konsistorialen, auf einigen Gebieten erhalten, auf anderen dagegen unter oder auch unmittelbar nach der Fremdherrschaft durch neue verdrängt waren. Es mußte nun ebenso sehr der Regierung darum zu thun sein, diese verschiedenen evangelischen Kirchenkörper zu einer Einheit zu verbinden, als diesen selber darum, die alten freien Ordnungen zu bewahren oder wieder zu gewinnen. Diesem Interesse der Kirche stand aber die Anschauung der Staatsregierung anfangs in ziemlich schroffer Weise gegenüber; denn nach ihren schon 1817 und 1818 vorgelegten Entwürfen einer Synodal- und einer Kirchenordnung sollte der Schwerpunkt der kirchenregimentlichen Thätigkeit durchaus in die königlichen Behörden fallen, den Synoden dagegen nur eine berathende Theilnahme eingeräumt werden. Doch die beiderseitigen Interessen fanden endlich nach vielfachen Verhandlungen der Synoden und der Staatsregierung einen vorläufigen Ausgleich in der „Kirchenordnung für die evangelischen Gemeinden der Provinz Westfalen und der Rheinprovinz“, welche durch die Kabinetsordre vom 5. März 1835 bestätigt und unter Aufhebung aller entgegengesetzten früheren Bestimmungen gesetzeskräftig eingeführt wurde. Diese Kirchenordnung, welche mit den ihr 1853 hinzugefügten Zusätzen noch gegenwärtig in Geltung ist, enthält eine Verschmelzung der Konsistorial- mit der Presbyterial-Synodalverfassung, der Art, daß neben und über dem sich in größeren Gemeinde-Repräsentationen und Presbyterien, Kreis- und Provinzialsynoden aufbauenden synodalen Organismus derjenige der geistlichen Staatsbehörden steht, welcher sich bei Erlaß der Kirchenordnung in dem, unmittelbar dem Könige untergebenen Ministerio der geistlichen Angelegenheiten und den Konsistorien und Regierungen darstellte.[52])

---

[52]) Die Kirchenordnung in der Fassung von 1835 ist abgedruckt in v. Kamptz Annalen, XIX. S. 105—31, auch bei Snethlage, Kirchenordnungen S. 175—208; die Zusätze von 1853 wurden veröffentlicht im Ministerialblatt f. d. gesammte innere Verwaltung, 1853, S. 229 ff, und finden sich sammt der Kirchenordnung bei Dove: Sammlung der wichtigeren neuen Kirchenordnungen, Tübingen 1865, S. 1—49.

Von weit größerer Bedeutung, als alle diese Neugestaltungen war die That, durch welche **Friedrich Wilhelm III.** das Streben seiner Vorgänger seit zwei Jahrhunderten zum Ziele führte: die Vereinigung der lutherischen und der reformirten Kirche in Preußen zu **Einer evangelischen Landeskirche.** Der Gegensatz zwischen den beiden Konfessionen war allmählich ebensowohl durch die intellektuelle als durch die religiöse und sittliche Entwickelung unseres Volkes dem Bewußtsein desselben entschwunden, so daß der König hoffen konnte, das gottgefällige Werk, welches von seinen Vorgängern erstrebt „in dem damals unglücklichen Sektengeiste unüberwindliche Schwierigkeiten gefunden", nun „unter dem Einfluß eines besseren Geistes" in seinem Staate zu Stande zu bringen. Er erklärte deshalb in seiner Kabinetsordre vom 27. September 1817,[53]) daß er wünsche, bei der bevorstehenden Säkularfeier der Reformation mit „solch einer wahrhaft religiösen Vereinigung der beiden, nur noch durch den äußeren Unterschied getrennten protestantischen Kirchen," „in welcher die reformirte nicht zur lutherischen und diese nicht zu jener übergeht, sondern beide eine neubelebte evangelisch-christliche Kirche im Geiste ihres heiligen Stifters werden," den Anfang gemacht zu sehen. Die Rechte und Freiheiten beider Kirchen achtend, sei er weit davon entfernt, in dieser Angelegenheit etwas verfügen und bestimmen zu wollen; habe doch die Union auch nur dann einen wahren Werth, wenn sie ohne daß Ueberredung oder Indifferentismus an ihr einen Theil hätten, aus der Freiheit eigener Ueberzeugung rein hervorgehe. Aber wie er selbst das Säkularfest in der Vereinigung der reformirten und lutherischen Hof- und Garnisongemeinde zu Potsdam zu einer evangelisch-christlichen Gemeinde feiern und mit derselben das heilige Abendmahl genießen werde, so hoffe er, daß dieses sein eigenes Beispiel wohlthuend auf die protestantischen Gemeinden in seinem Lande wirken und eine allgemeine Nachfolge im Geiste und in der Wahrheit finden werde. Diese Hoffnung des Königs wurde alsbald von vielen Gemeinden erfüllt, doch ließ auch er es nicht

---

[53]) v. **Kamptz** Annalen I., Heft 3, S. 64—66. Abgedruckt bei **Vogt**, Kirchen- und Eherecht, Breslau 1857, II, S. 297; auch bei **Boche**, der preußische legale evangelische Pfarrer, 4. Ausgabe von **Altmann**, Braunschweig 1869, S. 160 ff.

an weiteren Maßregeln zur Förderung der Union fehlen,[54]) namentlich bemühte er sich die Einführung der neuen Agende als allgemeiner Landesagende durchzusetzen. Nachdem er bei Veröffentlichung einer abermaligen Bearbeitung derselben im Jahre 1829 an das pflichtmäßige Gebühren treuer Unterthanen appellirt hatte, um die Beförderung seiner landesväterlichen Absichten von den Geistlichen zu erlangen,[55]) schien es ihm angemessen, an die bevorstehende Jubelfeier der Augsburgischen Konfession die weiteren Schritte zu knüpfen, durch welche das heilsame Unionswerk im Geiste des Erlasses vom 27. September 1817 der Vollendung näher geführt werden könnte. Um die Unionssache also durch einen neuen und allgemeinen Impuls im großen und ganzen weiter zu führen, wurde den Generalsuperintendenten und Konsistorien aufgegeben, nicht nur auf angemessene Weise dahin zu wirken, daß bei der Feier des heiligen Abendmahls überall das Brechen des Brotes, welches als der symbolische Ausdruck des Beitritts zur Union zu betrachten sei, baldmöglichst in Anwendung komme, sondern ihr Augenmerk und ihren Einfluß auch dahin zu richten, daß das Aufgeben der, den beiden evangelischen Konfessionen eigenthümlichen Unterscheidungsnamen „reformirt“ und „lutherisch“ und deren Vertauschung gegen die schon früher amtlich eingeführte Benennung „evangelisch“ von den Geistlichen und Gemeinden erfolge. Rücksichtlich der Liturgie aber wurde ganz einfach auf die Agende verwiesen, als in welcher die Form derselben bereits angeordnet sei, und außerdem wurde den Regierungen noch anempfohlen, bei Besetzung evangelischer Pfarrstellen landesherrlichen Patronats, soweit es ohne Unzufriedenheit bei den Gemeinden zu erregen geschehen könne, die reformirte oder lutherische Konfession nicht weiter zu berücksichtigen, endlich auch Vorsorge getroffen, daß der Union nicht etwa aus der Verschiedenheit der Stolgebühren und Abgaben bei den verschiedenen Gemeinden ein Hemmniß erwachse, und gesetzlich festgestellt, daß niemand befugt sein solle, einer reformirten oder lutherischen Gemeinde ingleichen einer geistlichen oder weltlichen Kirchen- oder Schulstelle

[54]) Siehe dieselben bei Jacobson, Kirchenrecht, S. 12.

[55]) In der Ausgabe für Pommern S. VII.

den Genuß ihrer an die reformirte oder lutherische Konfession geknüpften Stiftungen, Schenkungen oder auf andere Weise erworbener Vortheile aus einem, von dem Beitritte zur Union hergeleiteten Grunde vorzuenthalten oder zu entziehen.[56])

Der Hartnäckigkeit lutherischer Pfarrer und Gemeinden, welche die Union als ein Werk des Unglaubens und die Agende als eins mit der Union verwarfen, setzte der König die Kabinetsordre vom 28. Februar 1834 entgegen.[57]) Er gab ihnen darin zunächst die Versicherung, daß die Union kein Aufgeben des bisherigen Glaubensbekenntnisses bedeute und bezwecke, auch die Autorität, welche die Bekenntnißschriften der beiden evangelischen Konfessionen bisher gehabt, durch sie nicht aufgehoben sei. „Durch den Beitritt zu ihr," so hieß es, „wird nur der Geist der Mäßigung und Milde ausgedrückt, welcher die Verschiedenheit einzelner Lehrpunkte der andern Konfession nicht mehr als den Grund gelten läßt, ihr die äußerliche kirchliche Gemeinschaft zu versagen." Im weiteren aber bezeichnete der König die Meinung, als ob an die Einführung der Agende nothwendig auch der Beitritt zur Union geknüpft sei, als eine irrige; denn dieser sei Sache des freien Entschlusses, jene dagegen beruhe auf den vom Könige erlassenen Anordnungen, und indem er deshalb daran festhielt, daß auch in nicht unirten Kirchen der Gebrauch der Landesagende unter den für jede Provinz besonders zugelassenen Modifikationen stattfinden müsse, sagte er endlich, am wenigsten dürfe gestattet werden, daß die Feinde der Union im Gegensatze zu den Freunden derselben, als eine besondere Religionsgesellschaft sich konstituirten. Die Kabinetsordre vermochte indessen nicht, diese Feinde umzustimmen und zur Annahme der Agende zu bewegen. Der König griff deshalb zu vermeintlich kräftigeren Mitteln. Wenigstens in einem Falle ward der Gebrauch der Agende durch Militärgewalt erzwungen; widerspenstige Pfarrer wurden ihrer Aemter entsetzt und

---

[56]) Kab.-O. vom 4. April und vom 30. April 1830; Circular-Rescripte des Ministeriums d. geistl. Angel. vom 5. Mai und 8. Mai 1830, sämmtlich in v. Kamptz Annalen XIV. S. 321—331; Kab.-O. vom 30. April 1830, Gesetzsamml. 1830, S. 64.

[57]) v. Kamptz Annalen, XVIII. S. 74 f. Bei Vogt a. a. O., I, S. 278, bei Boche—Altmann, a. a. O. S. 170 f.

da sie anfingen, Gemeinden zu sammeln, sammt diesen mit Gefängniß und Polizeistrafen verfolgt. Allein es gelang nicht, den Widerstand zu brechen, und Friedrich Wilhelm IV. überkam von seinem Vater neben der unirten evangelischen Landeskirche eine Anzahl solcher sich von derselben separirt haltender Altlutheraner. Er machte gleich nach seinem Regierungsantritt ihrer Verfolgung ein Ende und ertheilte ihnen als den „von der Landeskirche sich getrennt haltenden Lutheranern" durch die Generalkonzession vom 23. Juli 1845[58]) das Recht, zu besonderen Kirchengemeinden zusammen zu treten und einen Verein dieser Gemeinden unter einem gemeinsamen, dem Kirchenregimente der evangelischen Landeskirche nicht untergebenen Vorstande zu bilden. Gleichzeitig gewährte er ihren Gemeinden die Rechte der moralischen Person und legte ihren Predigern die Befugniß bei, geistliche Amtshandlungen und Aufgebote mit voller Rechtskraft zu vollziehen, und Auszüge aus den von ihnen geführten Personenstandsregistern mit öffentlichem Glauben auszufertigen.

Friedrich Wilhelm IV. faßte nach seiner Thronbesteigung alsbald die Nothstände in der evangelischen Landeskirche ins Auge und forderte den Kultusminister Eichhorn auf, ihm Vorschläge zu ihrer Abhülfe zu unterbreiten. Dieser aber sprach sich dahin aus, daß die evangelische Kirche, wenn ihr wahrhaft und dauernd geholfen werden solle, nicht nur von Seiten des Kirchenregiments geleitet, sondern vornämlich aus eigenem, innerm Leben und Antrieb erbaut sein wolle, und daß mithin eine gründliche Abhülfe der ihr beiwohnenden Mängel nicht sowohl durch die Darreichung von Staatsmitteln und durch eine anordnende Thätigkeit seitens der Kirchenbehörden erwartet werden könne, als vielmehr von der allgemeinen Anerkennung des Uebels und von der Vereinigung gemeinsamer Kräfte, besonders aber von den Gemeinden ausgehen müsse. In dieser Beziehung aber seien vornämlich die Synoden, wenn auch zur Zeit nur aus geistlichen Mitgliedern bestehend, als diejenigen kirchlichen Organe zu betrachten, von welchen die Vorschläge für eine bessere Gestaltung und Entwickelung der kirch-

---

[58]) Gesetzsamml. 1845, S. 516; bei Vogt a. a. O., II, S. 231.

lichen Verhältnisse zunächst angeregt und verbreitet werden könnten.[59]) Demgemäß wurden nun in den östlichen Provinzen im Sommer 1843 Kreissynoden und dann im Herbste 1844 Provinzialsynoden versammelt; jene sämmtliche Prediger der einzelnen Ephorien unter dem Vorsitz der Superintendenten umfassend, diese unter dem des Generalsuperintendenten je ein deputirtes Mitglied der theologischen Fakultät, sämmtliche Superintendenten der Provinz einschließlich des Militär-Oberpredigers und die Abgeordneten der Geistlichkeit, welche je einer für jede Ephorie von den Predigern derselben aus ihrer Mitte gewählt waren. Endlich erfolgte 1846 die Berufung einer evangelischen Generalsynode, nicht nur für die östlichen Provinzen, sondern für die ganze evangelische Landeskirche. Ihre Mitglieder, wie man treffend gesagt hat, zwar nicht Vertreter aber doch Notabeln der Kirche, waren die Generalsuperintendenten, der Bischof Eylert, die vier Hofprediger, der Feldpropst, die sechs Assessoren und die sechs Scribä der Provinzialsynoden von 1844, die beiden Präsides und die beiden Assessoren der rheinischen und der westfälischen Provinzialsynode, sowie sechs von den theologischen Fakultäten deputirte Professoren der Theologie; ferner die acht Präsidenten der Provinzialkonsistorien, sechs evangelische von den Fakultäten deputirte Professoren des Rechts und endlich noch aus jeder der acht Provinzen drei Laienmitglieder, diese letzteren aus der durch die Oberpräsidenten und Generalsuperintendenten gemeinsam aufgestellten Vorschlagsliste von den Mitgliedern der vorhergegangenen Provinzialsynoden erwählt; die Gesammtzahl aller Theilnehmer 75, 37 geistliche und 38 weltliche.[60])

Den Kreissynoden war zunächst die Aufgabe gestellt worden, sich über die Mittel, durch welche die segensreiche Verwaltung des Predigt-

---

[59]) Reskript des Ministers vom 10. Juli 1843, in dem amtlichen Abdruck der Protokolle der im Jahre 1844 gehaltenen Provinzialsynoden, Berlin 1845, S. VII.; auch bei Richter, die Verhandlungen der preußischen Generalsynode, Leipzig 1847, S. 25.

[60]) Die Mitgliederliste s. im amtlichen Abdruck der Verhandlungen der evangelischen Generalsynode zu Berlin, Berlin 1846, S. 4; bei Richter a. a. O. S. 35 Anm. Die Synode tagte vom 2. Juni bis zum 29. August und hatte in dieser Zeit 56 Sitzungen.

amts und der Seelsorge am wirksamsten gefördert werden möchte, gutachtlich zu äußern.[61]) Der unauflösbare Zusammenhang dieser Aufgabe mit einer Reihe anderer wichtiger Fragen hatte sie jedoch von selbst über die bezeichnete Grenze zur umfassenderen Erwägung der kirchlichen Bedürfnisse geführt. Die Resultate ihrer Berathungen, ihre Anträge und Vorschläge, waren dann den Provinzialsynoden in einer kurzen Zusammenstellung als Grundlage der weiteren Verhandlungen unterbreitet, diesen Synoden dabei aber anheimgegeben worden, nach freiem Ermessen auch über andere kirchliche Gegenstände ihre Wünsche vorzutragen.[62]) Diese letzteren wurden dann wiederum, in verschiedenen Denkschriften zusammengefaßt, der Generalsynode zur Berücksichtigung bei ihren Berathungen vorgelegt, so daß also eine gewisse Continuität der Verhandlungen die verschiedenen Synodalstufen mit einander verknüpfte. Unter den Angelegenheiten nun, mit welchen diese Synoden sich befaßten, nahm die Kirchenverfassung eine der bedeutendsten Stellen ein. Nachdem schon die Kreissynoden manche weitgreifende Reformvorschläge in dieser Hinsicht gemacht hatten, thaten eben dasselbe die Provinzialsynoden in viel größerem Maßstabe.[63]) Allgemein erkannten sie das Bedürfniß einer organischen Fortbildung der evangelischen Kirchenverfassung an, und zwar so, daß sie Zweck und Aufgabe dieser Fortbildung dahin bestimmten, einestheils in den Gemeinden eine innigere Verbindung zwischen dem Geistlichen und den Gemeindegliedern herzustellen, anderntheils breitere und umfassendere Formen zur Aeußerung und Belebung des kirchlichen Gemeingeistes ins Dasein zu rufen. Als den zur Erreichung dieses Zieles führenden

---

[61]) In dem Anm. 59 angeführten Reskripte.

[62]) Reskript des Ministers der geistlichen Angelegenheiten vom 21. Septbr. 1844, in den Protokollen der Provinzialsynoden S. X.; die erwähnte Zusammenstellung a. dems. O. S. XII. ff.

[63]) Die Resultate ihrer desfalligen Berathungen sind zusammengefaßt in der die Kirchenverfassung betreffenden Denkschrift, welche der Generalsynode übergeben wurde: Verhandlungen der Generalsynode, Abtheilung II., S. 103 ff., bes. 111--113; dieser letzte Abschnitt, dem ich in der obigen Darstellung folge, auch bei Richter, a. a. O. S. 470 ff.; neuerlich wieder abgedruckt in dem empfehlenswerthen Büchlein von F. A. Wolter, Zur Geschichte und Verfassung der evangelischen Kirche in Preußen, Berlin 1869, S. 39 ff.

Weg beantragten aber im ganzen nur die Minoritäten der Synoden eine völlige Neubildung der kirchlichen Verfassung nach der Idee einer reinen Synodalverfassung, der Art, daß nach ihnen auch die Handhabung des Kirchenregiments auf Ausschüsse der Synoden übergehen sollte; während die überwiegende Majorität in den Synoden sich für die Fortbildung der Kirchenverfassung in dem durch die geschichtliche Entwickelung der letzten 30 Jahre bezeichneten Wege aussprach. Die Anträge, welche sie zu diesem Behufe vorlegte, begehrten dreierlei, nämlich: a) die Wiederherstellung der evangelischen Konsistorialverfassung in ihrer ursprünglichen reformatorischen Bedeutung, b) die Einrichtung regelmäßiger Synoden, und c) die Heranziehung helfender Organe aus den Gemeinden zu den verschiedenen Stufen der kirchlichen Einrichtungen, und zwar erachteten die meisten Synoden einen gleichmäßigen Fortschritt der Entwickelung nach allen drei Richtungen hin für wünschenswerth. Was aber diese drei Punkte im einzelnen betrifft, so lauteten die Anträge rücksichtlich des ersten fast einstimmig dahin, den Provinzialkonsistorien wieder die ungetheilte Leitung der zwischen ihnen und den Regierungen getheilten Kirchen- und Schulsachen zurückzugeben; diejenigen der Posenschen Provinzialsynode erstreckten sich auch auf die Organisation der Konsistorien und einer Centralkirchenbehörde, indem sie die Errichtung eines Oberkonsistoriums, die Gestattung eines Vorschlags der Provinzialsynode bei Besetzung der Stellen im Konsistorium und die Uebertragung des Vorsitzes in letzterem auf den Generalsuperintendenten in Anregung brachten. In Betreff des Synodalwesens waren die Provinzialsynoden im allgemeinen über folgende Prinzipien einverstanden: a) Gliederung desselben in Kreis- und Provinzialsynoden, wozu nach den Vorschlägen einiger noch eine Landessynode hinzutreten sollte; b) Zuziehung nicht geistlicher Mitglieder zu den verschiedenen Stufen synodaler Berathung; c) Freiheit der Berathung über alle, das Interesse der Kirche berührenden Gegenstände, sowohl auf Veranlassung des Kirchenregiments (propositionsweise), als auch auf eigene Veranlassung (petitionsweise). Rücksichtlich der kirchlichen Gemeindeeinrichtungen endlich waren alle Synoden darin einverstanden, daß es der Bildung eines helfenden Organs aus der Mitte der Gemeinden bedürfe, welches, mit einem amtlichen Charakter bekleidet, im allgemeinen an dem gesammten Kirchen-, Schul- und Armenwesen der Gemeinde, die inneren, seelsorgerischen Bedürfnisse mit inbegriffen, sich mitthätig beweise, und in höherer Stufe durch seine Abgeordneten an den Synodalversammlungen theilnehme, daß aber dieses Organ nicht lediglich aus den zur Zeit bestehenden Kirchen- und Schulvorständen heraus entwickelt werden könne, sondern eine besondere Bildungsweise dafür ermöglicht werden müsse. Ueber diese letztere selbst aber wurden auf allen Synoden Anträge im Sinne der in der reformirten Kirche üblichen Presbyterialeinrichtungen gestellt, doch erhielten diese Anträge die Majorität nur auf den Provinzialsynoden von Sachsen und Posen, welche das in Rede stehende Gemeindeorgan aus einer Wahl der Gemeinden hervorgehen lassen wollten. Während sich die Brandenburger Synode über diese Frage nicht speziell aussprach, entschieden sich die Provinzialsynoden von Preußen, Pommern und Schlesien dagegen für eine Benutzung der den Geistlichen aus den Gemeinden sich freiwillig darbietenden Hilfskräfte, zugleich aber unter Mitwirkung der Gemeinden, etwa in der Form eines Veto. Das Institut der größeren Gemeindevertretung in der Weise, wie es in der rheinisch-westfälischen Kirchenordnung angeordnet ist, fand nirgends Anerkennung. Eine Erweiterung der Gemeindevertretung wurde vielmehr auch in denjenigen Synodalbeschlüssen und Kommissionsberichten, welche sich für die Presbyterialordnung entschieden, entweder durch Anlehnung an die Diakonie im Sinne des apostolischen Zeitalters oder durch ein Zurückgehen auf die successive ausgeschiedenen Presbyter gesucht. Ueber die Art der Einführung des intendirten Gemeindeorgans sprachen die Provinzialsynoden von Pommern, Preußen und Schlesien den Wunsch aus, daß dieselbe nicht durch eine allgemeine Anordnung von oben herab ins Werk gesetzt, sondern mit sorgfältiger Schonung lokaler und individueller Interessen mehr durch gütliche Einwirkung der einzelnen Geistlichen erwirkt werden möchte.

Diese Anträge der Provinzialsynoden wurden vom Minister in einer ausführlichen Denkschrift der Generalsynode mitgetheilt und von dieser einer besonderen Kommission zur Bearbeitung überwiesen. Die Kommission unterbreitete der Generalsynode demnächst in einem von Dr. Julius Stahl verfaßten Gutachten eine Reihe von bestimmten Anträgen nebst „Grundzügen einer Kirchenverfassung für die evangelische Kirche in den sechs östlichen Provinzen der Monarchie", welche Vorlagen dann den betreffenden Verhandlungen der Synode selbst zu Grunde gelegt wurden.[64]) Das Resultat dieser Verhandlungen aber war ein Entwurf der Kirchenverfassung, der sich im ganzen an die „Grundzüge" der Kommission anschließend doch in manchen einzelnen Bestimmungen auf erhebliche Weise von denselben abwich.[65])

Der Grundgedanke der Kommissionsvorschläge war die Ergänzung der bestehenden Konsistorialverfassung, welche nach dem Ausdruck des „Gutachtens" zugleich ihres territorialistischen Charakters entkleidet werden sollte, durch presbyteriale und synodale Einrichtungen, und dieser Grundgedanke wurde auch von der Generalsynode selber festgehalten. Nach ihren Vorschlägen sollte nämlich der bestehende Organismus landesherrlicher Kirchenbehörden nicht nur erhalten, sondern „seiner Zeit" auch noch durch die Errichtung eines Oberkonsistoriums vervollständigt, daneben aber ein presbyterialer Organismus, von Presbyterien durch Kreis- und Provinzialsynoden zu einer Landessynode aufsteigend, neu geschaffen werden. Jenen landesherrlichen Behörden, deren kirchlicher Charakter durch die Verpflichtungsform ihrer Mitglieder deutlich bezeichnet werden sollte, sollten im wesentlichen ihre bisherigen kirchenregimentlichen Funktionen verbleiben, Sache der Synoden aber eine gewisse Theilnahme an der kirchlichen Aufsicht und Disciplin, die Begutachtung der von den Kirchenbehörden gemachten Vorlagen, sowie die Beschlußfassung über ihrerseits an die Behörden zu richtende Anträge sein. Die Beschlüsse der Synoden sollten zu ihrer Ausführung der Bestätigung des Landesherrn oder seiner kirchlichen Organe bedürfen, dagegen die Einrichtungen, welche die eigenthümliche und rechtlich anerkannte Grundverfassung einer Provinz in Lehre, Kultus oder organischen Einrichtungen ausmachen, nicht abge-

[64]) Das vollständige Gutachten s. in den Verhandlungen der Generalsynode, II. S. 114—134; Richter, a. a. O. S. 473 ff.

[65]) Der Entwurf, wie er aus den Berathungen der Generalsynode hervorging, findet sich bei Richter, a. a. O. S. 553—563; auch bei Wolter, a. a. O. S. 45—56.

ändert werden können ohne Zustimmung der betreffenden Provinzialsynode, und ebensowenig Abänderungen in den Fundamenten der Landeskirche, was Lehre, Liturgie und Verfassung betrifft, ohne die Zustimmung der Landessynode statthaft sein. Insbesondere sollten die Provinzialsynoden auch durch Abgeordnete aus ihrer Mitte an der Prüfung der Kandidaten mit Stimmrecht theilnehmen. Rücksichtlich der Zusammensetzung von Presbyterien und Synoden waren folgende Bestimmungen vorgeschlagen. Das Presbyterium besteht aus dem Pfarrer als Vorsitzendem resp. sämmtlichen Geistlichen der Kirche, und mindestens vier weltlichen Mitgliedern, welche von sämmtlichen christlichen Hausvätern der Gemeinde, die unbescholtenen Rufes sind und nicht von Almosen leben, nach absoluter Stimmenmehrheit gewählt werden; das Presbyterium liefert zu dieser Wahl unverbindliche Vorschläge, wählbar sind nur solche, deren Wandel unsträflich ist und die durch Theilnahme am Gottesdienst und heiligen Abendmahl ihre kirchliche Gesinnung bewähren. Die Kreissynode besteht aus dem Superintendenten als Vorsitzendem, sämmtlichen ein selbständiges Amt bekleidenden Geistlichen des Kreises einschließlich der Anstaltsgeistlichen, und einem weltlichen Abgeordneten aus jeder Gemeinde, welcher von dem Presbyterium aus den fungirenden, beziehentlich den in Funktion gewesenen Ehrenältesten gewählt wird; außerdem werden die Elementarlehrer durch einen aus ihrer Mitte vertreten. Der Superintendent wird vom Landesherrn aus dreien ernannt, welche die Kreissynode auf den nur leitenden Vorschlag des Moderamens der Provinzialsynode als Kandidaten zu diesem Amte präsentirt. Zur Provinzialsynode gehören der Generalsuperintendent der Provinz als Vorsitzender, sämmtliche Superintendenten einschließlich des Militäroberpredigers, je ein Geistlicher und ein Aeltester für jeden Kreis, die von den Kreissynoden, und ein Professor der Theologie und ein solcher der Jurisprudenz, die von den betreffenden Fakultäten gewählt werden; ferner ein Direktor des theologischen Seminars, ein Schulseminardirektor und ein von sämmtlichen evangelischen Gymnasialdirektoren der Provinz zu wählender Gymnasialdirektor. Der Generalsuperintendent wird vom Könige ernannt, aber vorher der Provinzialsynode bezeichnet und deren Gutachten über ihn vernommen. Die Landessynode endlich ist gebildet aus den Präsidenten der Konsistorien, den General- und Vicegeneralsuperintendenten sammt dem Feldpropst, den vier Hofpredigern nach der Entschließung des Königs, je drei geistlichen und drei weltlichen Mitgliedern aus jeder Provinz, welche von der Provinzialsynode aus ihrer Mitte gewählt werden, und endlich je einem Mitgliede der theologischen und juristischen Fakultät einer jeden Landesuniversität. Den Vorsitzenden der Landessynode ernennt der König innerhalb oder außerhalb derselben.

Es genügt ein flüchtiger Blick auf diese Hauptbestimmungen, um zu erkennen, ein wie großer Fortschritt es gewesen wäre, wenn der Verfassungsentwurf der Generalsynode damals wäre verwirklicht worden. Denn bewahrte derselbe auch dem Landesherrn und seinen Behörden ein sehr bedeutendes Uebergewicht über die Gemeinden und deren Organe: so eröffnete er doch auch diesen ein Feld zur kirchlichen Thätigkeit, das weit genug war, um ihnen Roum zu vielseitiger Verwerthung ihrer Kräfte zu gönnen, und er räumte ihnen ein Maß von kirchlichen Rechten ein, das groß genug war, um sie im wesentlichen gegen eine dem Gemeindebewußtsein widersprechende Handhabung des Kirchenregiments zu schützen. Die Einführung einer Kirchenverfassung nach dem Entwurfe der Generalsynode würde, damals vollzogen, unsere evangelische Landeskirche in einen Zustand versetzt haben, der ein durchaus angemessenes und naturgemäßes Uebergangsstadium zu der ihr später durch das Staatsgrundgesetz gewährten Selbständigkeit gebildet haben würde.

Die Generalsynode selbst ließ es nicht an der dringenden Mahnung zur rüstigen Inangriffnahme des kirchlichen Verfassungswerkes fehlen. Nachdem sie ihre desfalligen Verhandlungen zum Abschluß gebracht, vereinigte sie sich einstimmig in dem Wunsche, daß möglichst bald zur Einführung einer neuen Gemeindeverfassung geschritten werden möchte, und dieser Wunsch bildete als das letzte Votum der Synode vor ihrer Auflösung gleichsam das Testament, welches sie dem Könige zurückließ. Doch Friedrich Wilhelm IV. fand sich nicht zur Ausführung dieses letzten Willens veranlaßt. Gerade für die Bildung einer neuen Gemeindeverfassuug that er gar nichts, sondern griff aus dem als Ganzes dargebotenen Verfassungsentwurf der Generalsynode nur den Vorschlag einer Ergänzung der landesherrlichen Behörden durch ein Oberkonsistorium heraus, obgleich derselbe von der Synode doch ausdrücklich nur als ein „seiner Zeit" d. h. nach der Errichtung eines presbyterialen Organismus auszuführender gemacht worden war.

Nachdem der König nämlich bereits im Jahre 1845 eine Reihe derjenigen kirchenregimentlichen Funktionen, die bis dahin den Regierungen zugestanden, auf die Konsistorien übertragen, und damit den Schwerpunkt der kirchlichen Verwaltung innerhalb der Provinzen in diese Behörden verlegt hatte,[66]) ordnete er nunmehr etwa anderthalb Jahre nach dem Schluß der Generalsynode, unterm 28. Januar 1848, die Errichtung eines Evangelischen Oberkonsistoriums an.[67]) Dasselbe sollte, unter dem Vorsitz des Kultusministers kollegialisch arbeitend, für alle evangelisch-kirchlichen Angelegenheiten aus dem amtlichen Wirkungskreise der Provinzialkonsistorien die oberste kirchliche Behörde bilden und auch in den Disciplinarsachen die bisherigen Befugnisse des Kultusministers übernehmen. Seine Errichtung brachten die „Materialien", welche zur Erläuterung der betreffenden Verordnung in der „Allgemeinen Preußischen Zeitung" veröffentlicht wurden, in bestimmten Zusammenhang mit jener Ressortveränderung vom Jahre 1845, indem sie sagten, der beherrschende Gedanke dieser letzteren sei gewesen, daß die Verwaltung der kirchlichen Angelegenheiten, welche bisher in Folge der eines festen Prinzips entbehrenden Scheidung zwischen den Konsistorien und Regierungen getheilt gewesen, in allen wesentlichen Beziehungen auf rein kirchliche Behörden zurückkehren müsse, und die Absicht sei gewesen, die territorialistische Auffassung, welche den Verfassungsänderungen vom Jahre 1808 zu Grunde gelegen, aus-

[66]) Verordnung, betreffend die Ressortverhältnisse der Provinzialbehörden für das evangelische Kirchenwesen vom 27. Juni 1845, Ges.-Samml. 1845, S. 440—443. Vogt, a. a. O. I, S. 7.

[67]) Verordnung wegen Errichtung eines Evangelischen Oberkonsistoriums vom 28. Januar 1848, Ges.-Samml. 1848, S. 27; Mittheilungen aus der Verwaltung der geistlichen u. s. w. Angelegenheiten, I, 1848, Heft 5, S. 381 ff. An dems. O. S. 385—390 die „Materialien", u. Heft 6, S. 417—432 die Geschäftsordnung; die Ernennung der Mitglieder in der Allg. Preuß. Ztg. vom 13. Februar 1848, N. 44, S. 365, Sp. 1. Die Mitglieder waren außer dem Minister Eichhorn: Neander, Ehrenberg, Roß, Ribbeck, Bollert, Strauß, Twesten, Eilers, Nitzsch, Snethlage, Stubenrauch, Mühler, Stahl, Richter.

zuschließen. Dieses Ziel hätte jedoch nicht erreicht werden können, so lange das Amt eines höheren Staatsbeamten, seit dem Jahre 1817 des Ministers der geistlichen Angelegenheiten, die Spitze der kirchlichen Verfassung gebildet, mithin die von den verschiedensten Seiten her hervortretende Klage, daß der Staat die Kirche beherrsche, einen Schein des Rechts und immer neue Nahrung empfangen hätte. Deshalb sei die Errichtung einer höchsten kirchlichen Verwaltungsbehörde als eine nothwendige Ergänzung der im Jahre 1845 getroffenen Anordnungen erschienen, und schon damals sei dieselbe fest im Auge behalten worden. Zugleich aber habe es sich von selbst verstanden, daß sich eine solche Maßregel nur im Zusammenhange mit der geschichtlichen Entwickelung verwirklichen könne. Diese habe in den deutschen Landeskirchen überall die Kirchengewalt in die Hände der Landesherren gelegt; sie habe aber auch nicht minder den Grundsatz ausgebildet, daß das kirchliche Regiment nicht mit dem bürgerlichen vermischt, sondern unter Beirath und Mitwirkung kirchlich erfahrener Männer geistlichen und weltlichen Standes geführt werden solle. Hiermit sei die vorerst noch zu lösende Aufgabe bezeichnet gewesen. Sie habe darin bestanden, eine kirchliche Behörde für die oberste Verwaltung und für die Berathung des Landesherrn bei der Ausübung der ihm selbst vorbehaltenen Rechte zu bilden, und dadurch den an der bisherigen Verfassung noch haftenden Schein des Territorialismus zu beseitigen, und das geschichtlich entwickelte Prinzip der Verfassung wiederum zur Wahrheit werden zu lassen. Diese Auffassung nun, zu der im wesentlichen auch die im Jahre 1846 versammelte Generalsynode, abgesehen von andern gleichzeitig gemachten Vorschlägen, gelangt sei, habe in der Errichtung des Oberkonsistoriums ihren Ausdruck gefunden.

Der Gedanke, als ob die Klage über Beherrschung der Kirche durch den Staat ihr Recht verlöre, wenn der Landesherr das Kirchenregiment hinfort anstatt durch den königlichen Minister durch eine kollegialisch verfaßte königliche Oberbehörde ausübte, konnte unserm evangelischen Volke indessen so wenig einleuchten, daß die Gründung des Oberkonsistoriums ohne diejenige einer neuen Gemeindeverfassung ganz allgemein die ungünstigste Aufnahme fand und bei Vielen die größeste Mißstimmung hervorrief. Man erblickte in der Maßregel so wenig ein Vorgehn auf dem von der Generalsynode empfohlenen Wege, daß zwei hervorragende Mitglieder der letzteren, der Graf Schwerin und Herr v. Auerswald, geradezu glaubten, der Sache und sich selbst eine öffentliche Verwahrung gegen jene in den „Materialien" enthaltene Berufung auf die Generalsynode schuldig zu sein.[68]) Der Unzufriedenheit, von welcher die neue Behörde sich empfangen sah, begegnete dieselbe beim Beginn ihrer Wirksamkeit am 16. März mit der Versicherung, daß ihre Mitglieder es als ihre Aufgabe erkannten, im Geiste evangelischer Wahrheit und Freiheit den Interessen der Kirche zu dienen, den kirchlichen Institutionen zu einer freien geordneten Entwickelung förderlich zu sein und überall in der Leitung der kirchlichen Angelegenheiten den evangelischen Brüdern sich nicht als Herren ihres Glaubens sondern als Gehülfen ihrer Freude zu erweisen.[69]) Dieser Versicherung bestätigende Thaten folgen zu lassen, fand das Oberkonsistorium bei der Kürze seiner Dauer keine Gelegenheit; den bloßen Worten aber konnte es um so weniger gelingen, das Mißtrauen gegen die neue Schöpfung zu beseitigen, je weniger die Zusammensetzung des Oberkonsistoriums irgendwie genügende Bürgschaft für eine dem Geiste der Zeit entsprechende Handhabung des Kirchenregimentes zu gewähren schien.

Der kirchenregimentliche Organismus hatte nun also diese Gestalt erhalten: an der Spitze der evangelischen Landeskirche der Landes-

---

[68]) Vossische Zeitung, 1848, N. 39. Sie hoben darin hervor, daß die Generalsynode ausdrücklich nur als Ergänzung für die von ihr beantragte Presbyterial- und Synodalverfassung die Errichtung eines Oberkonsistoriums für wünschenswerth erklärt habe, weil, wenn durch solche Verfassung der Kirche die ihr nothwendige Freiheit der Entwickelung gesichert sei, auch die landesherrlichen Rechte durch eine oberste kollegialisch formirte Behörde verwalten zu lassen wohl für entsprechend erachtet werden könne. Diese Auffassung aber sei eine wesentlich andere, als die in den Materialien ausgesprochene, wenn man sich auf die Generalsynode als Autorität berufen wolle, dürfe man eben nicht absehen „von anderen gleichzeitig gemachten Vorschlägen." Die hiergegen gerichtete Rechtfertigung von dem Verfasser der Materialien, Professor Dr. Richter, s. a. dems. O. N. 40.

[69]) Das betreffende Rundschreiben des Oberkonsistoriums vom 16. März, in welchem es den Konsistorien von dem Beginn seiner Wirksamkeit Kenntniß gab, ist abgedruckt bei M. Göbel, die evangelische Kirchenverfassungsfrage, Coblenz 1848, S. 64.

herr, seine kirchenregimentlichen Organe: auf der höchsten Stufe für die äußeren Kirchenangelegenheiten das Kultusministerium, für die inneren das Oberkonsistorium, dieses jedoch eben erst im Begriff, seine Thätigkeit zu beginnen; auf der mittleren Stufe die Regierungen und die Konsistorien, auf der untersten endlich die Superintendenten. In diesem Verfassungszustande fand die Märzrevolution im Jahre 1848 die evangelische Landeskirche vor. Bei ihrem engen Zusammenhange mit der gesammten Staatsordnung war es unmöglich, daß nicht auch die Kirche von der Erschütterung der letzteren ergriffen und in die Nothwendigkeit einer gründlichen Umgestaltung hineingezogen wurde. Wie und in welchem Maße dies geschehen, will ich im Folgenden beschreiben.

Werfen wir zuvor noch einen Blick auf das Verhältniß des Staates zu den übrigen Religionsgesellschaften und zur Religion seiner einzelnen Angehörigen, wie es, hauptsächlich durch das Allgemeine Landrecht und durch das Religionspatent vom 30. März 1847 gesetzlich fixirt, vor der Umwälzung vom Jahre 1848 in Preußen rechtliche Geltung hatte.[70])

Im Einklange mit dem in Preußen schon lange heimischen Geiste der Gewissensfreiheit und der Toleranz, den selbst das Wöllner'sche Religionsedikt nicht völlig hatte verleugnen können,[71]) stellt das Allgemeine Landrecht als Grundsatz auf, daß die Begriffe der Staatsangehörigen von Gott und göttlichen Dingen, der Glaube und der innere Gottesdienst kein Gegenstand von Zwangsgesetzen sein können, und daß

---

[70]) Vergl. Heinrich Simon, das preußische Staatsrecht, I. Breslau 1844, S. 353 ff.; v. Rönne, das Staatsrecht der preußischen Monarchie, 3. Auflage, Leipzig 1870, Band I. 2. Abtheilung, §. 97, 189—192.

[71]) Nachdem dasselbe (§. 1) erklärt, daß die drei Hauptkonfessionen der christlichen Religion, die reformirte, lutherische und römisch-katholische, in ihrer bisherigen Verfassung aufrecht erhalten und geschützt werden sollen, bestimmt es (§. 2), daß „daneben die den preußischen Staaten von jeher eigenthümlich gewesene Toleranz der übrigen Sekten und Religionsparteien ferner aufrecht erhalten und niemandem der mindeste Gewissenszwang zu keiner Zeit angethan werden soll, so lange ein jeder ruhig als ein guter Bürger des Staates seine Pflichten erfüllt und sich sorgfältig hütet, solche nicht auszubreiten oder andere dazu zu überreden und in ihrem Glauben irre und wankend zu machen." Novum Corp. Constit. VIII. S. 2176.

jedem Einwohner im Staate eine vollkommene Glaubens- und Gewissensfreiheit gestattet werden muß. Niemand ist schuldig, über seine Privatmeinungen in Religionssachen Vorschriften vom Staate anzunehmen, und niemand soll wegen seiner Religionsmeinungen beunruhigt, zur Rechenschaft gezogen, verspottet oder gar verfolgt werden. Auch der Staat kann von einem einzelnen Unterthan die Angabe, zu welcher Religionspartei sich derselbe bekenne, nur alsdann fordern, wenn die Kraft und Giltigkeit gewisser bürgerlichen Handlungen davon abhängt, doch selbst in diesem Falle können mit dem Geständniß abweichender Meinungen nur diejenigen nachtheiligen Folgen für den Gestehenden verbunden werden, welche aus seiner dadurch, vermöge der Gesetze, begründeten Unfähigkeit zu gewissen bürgerlichen Handlungen oder Rechten von selbst fließen. Wohl aber ist der Staat berechtigt, jeden Einwohner zur Beobachtung der äußeren Kirchengebräuche und Einrichtungen derjenigen Religionspartei, zu der er sich bekennt, in so weit anzuhalten, als davon, vermöge der Gesetze, die Bestimmung oder Gewißheit bürgerlicher Rechte abhängt. Jedem Bürger des Staats, welchen die Gesetze fähig erkennen, für sich selbst zu urtheilen, soll die Wahl der Religionspartei, zu welcher er sich halteu will, freistehen; eine Bestimmung, der indessen in der Praxis für den Uebertritt zum Judenthum keine Folge gegeben ward, denn dieser wurde faktisch nicht gestattet oder wenigstens indirekt verhindert.[72])

Neben dieser Freiheit des Glaubens gewährt das Allgemeine Landrecht eine beschränkte Freiheit des Kultus und der religiösen Vereinigung.

Jeder Hausvater kann seinen häuslichen Gottesdienst nach Gutbefinden anordnen, ohne aber Mitglieder, die einer anderen Religionspartei zugethan sind, zur Beiwohnung desselben wider ihren Willen anhalten zu dürfen. Zweifel, welche über die Ausdehnung dieser Freiheit des häuslichen Gottesdienstes entstanden, löste eine, übrigens nicht als Gesetz publizirte, Kabinetsordre vom 9. Mai 1834 dahin, daß zu

---

[72]) A. L. R. Th. II, Tit. 11, §. 1—6; 112; 40. Rücksichtlich des Uebertritts zum Judenthum s. Jacobson, Ueber die Arten der Religionsgesellschaften u. s. w., in Dove's Ztschr. f. Kirchenrecht, I, 1861, S. 411 f.

dem häuslichen Gottesdienste nur den Mitgliedern der Familie des Hausvaters und den bei ihm wohnenden, seiner Hauszucht unterworfenen Personen der Zutritt gestattet, dagegen jede diese Grenze überschreitende Zusammenkunft zu außerkirchlichen Religionsübungen, welche ohne obrigkeitliche Genehmigung erfolge, verboten sei.[73]) Diese Entscheidung aber entsprach nicht nur der seit lange geltenden Praxis, sondern auch den Bestimmungen des Allgemeinen Landrechts über das religiöse Vereinigungsrecht. Denn hienach sollen heimliche Zusammenkünfte, welche der Ordnung und Sicherheit des Staates gefährlich werden könnten, auch unter dem Vorwande des häuslichen Gottesdienstes nicht geduldet werden, wohl aber können mehrere Einwohner des Staates, unter dessen Genehmigung, sich zu Religionsübungen verbinden oder, mit andern Worten, zu Religionsgesellschaften vereinigen. Die Grundbedingung, der die Neubildung und der Bestand solcher Religionsgesellschaften unterworfen sind, ist in dem Grundsatz ausgesprochen, daß jede Kirchengesellschaft verpflichtet ist, ihren Mitgliedern Ehrfurcht gegen die Gottheit, Gehorsam gegen die Gesetze, Treue gegen den Staat und sittlich gute Gesinnungen gegen ihre Mitbürger einzuflößen, Religionsgrundsätze aber, welche dem zuwider sind, im Staate nicht gelehrt, und weder mündlich noch in Volksschriften ausgebreitet werden sollen. Der Staat hat das Recht, dergleichen Grundsätze, nach angestellter Prüfung, zu verwerfen und deren Ausbreitung zu untersagen; jede Kirchengesellschaft aber, die als solche auf die Rechte einer geduldeten Anspruch machen will, muß sich beim Staate gebührend melden und nachweisen, daß die von ihr gelehrten Meinungen nichts derartiges enthalten. Uebrigens müssen sich alle Religionsgesellschaften in allen Angelegenheiten, die sie mit anderen bürgerlichen Gesellschaften gemein haben, nach den Gesetzen des Staates richten.[75])

Indem das Allgemeine Landrecht mit diesen Bestimmungen dem Staate, ihm in vollem Umfange das sogenannte Reformationsrecht

---

[73]) A. L. R. II, 11, §. 7 u. 8. Die K.-O. vom 9. Mai 1834 in v. Kamptz Annalen XVIII, S. 76; bei Simon a. a. O. S. 357.

[74]) Siehe hierüber Jacobson, a. a. S. 407 f.

[75]) A. L. R. II, 11, §. 9, 10, 13—15, 21, 27.

während, die Befugniß beilegt, zu prüfen und zu beschließen, ob eine neue Religionsgesellschaft zuzulassen sei oder nicht, unterscheidet es dann weiter rücksichtlich der Art und Weise dieser Zulassung zwischen vom Staate ausdrücklich aufgenommenen und geduldeten Kirchengesellschaften, eine Unterscheidung, welche indessen die schon damals faktisch vorhandenen Unterschiede nicht völlig erschöpft, insofern nämlich die Brüdergemeinden nach ihrer Berechtigung eine mittlere Stellung zwischen den ausdrücklich aufgenommenen privilegirten und den geduldeten Kirchengesellschaften einnahmen und sich als aufgenommene konzessionirte nicht privilegirte Kirchengesellschaften verhielten.[76]) Diese Kategorien um eine neue vermehrend, erklärte Friedrich Wilhelm IV. in dem Patent, die Bildung neuer Religionsgesellschaften betreffend, vom 30. März 1847,[77]) daß, sowie er einerseits entschlossen sei, den geschichtlich und durch Staatsverträge bevorrechteten Kirchen nach wie vor seinen kräftigsten landesherrlichen Schutz angedeihen zu lassen und sie in dem Besitz ihrer besonderen Gerechtsame zu erhalten, es andrerseits ebenso sein unabänderlicher Wille sei, seinen Unterthanen die im Allgemeinen Landrechte ausgesprochene Glaubens- und Gewissensfreiheit unverkümmert zu erhalten, auch ihnen nach Maßgabe der allgemeinen Landesgesetze die Freiheit der Vereinigung zu einem gemeinsamen Bekenntnisse und Gottesdienste zu gestatten. Demgemäß bestimmte er in dem genannten Patent, daß diejenigen, welche in ihrem Gewissen mit dem Glauben und Bekenntniß ihrer Kirche nicht in Uebereinstimmung zu bleiben vermögen und

---

[76]) A. L. R. II, 11, §. 17, 20. Ueber das Ungenügende in der vom A. L. R. aufgestellten Eintheilung s. Jacobson, a. a. O. S. 394 ff., und die Materialien, betreffend die rechtliche Entwickelung der Religionsverfassung in Preußen, Mittheilungen, I, 1, 1847, besonders S. 28 ff.

[77]) Ges.-Samml. 1847, S. 121. Dem Patent waren beigefügt eine vom Staatsministerium überreichte Zusammenstellung der im A. L. R. enthaltenen Bestimmungen über Glaubens- und Gewissensfreiheit und die Verordnung, betreffend die Geburten, Heirathen und Sterbefälle, deren bürgerliche Beglaubigung durch die Ortsgerichte erfolgen muß, vom 30. März 1847. Alle diese Aktenstücke: Mittheilungen I, 1, 1847, S. 1—11. Vogt a. a. O. I, S. 51, II, S. 228. Die in voriger Anm. genannten Materialien sind ein Extrakt aus den Motiven zum Patente. Das letztere mit der Zusammenstellung auch bei Boche — Altmann a. a. O. §. 13 u. 14.

sich demzufolge zu einer besonderen Religionsgesellschaft vereinigen oder einer solchen anschließen, nicht nur volle Freiheit des Austritts genießen, sondern auch, soweit ihre Vereinigung vom Staate genehmigt ist, jedoch unter Berücksichtigung der §§. 5, 6, 27—31, 112 Tit. 11, Th. II. des Allgemeinen Landrechts,[78]) im Genuß ihrer bürgerlichen Rechte und Ehren bleiben sollen. Durch diese Bestimmung aber wurde insofern ein außerordentlicher Schritt über den bisherigen Zustand hinaus gethan, als jener Satz des Allgemeinen Landrechts, daß jedem Bürger die Wahl der Religionspartei freistehe, eben nur den Uebertritt von einer zu einer anderen schon bestehenden, nicht aber auch den Austritt aus einer solchen ohne Anschluß an eine andere gestattete. Indem das Patent dann weiter dem Staate das Recht wahrt, neuen Religionsgesellschaften die Genehmigung zu ertheilen oder zu versagen, verheißt es zugleich, daß, wenn eine solche sich in Hinsicht auf Lehre und Bekenntniß mit einer der durch den westfälischen Frieden in Deutschland anerkannten christlichen Religionsparteien in wesentlicher Uebereinstimmung befindet und ein Kirchenministerium eingerichtet hat, diesem letzteren bei der Genehmigung der Gesellschaft die Berechtigung werde zugestanden werden, pfarramtliche, die Begründung oder Feststellung bürgerlicher Rechtsverhältnisse betreffende Handlungen mit voller rechtlicher Wirkung vorzunehmen, und außerdem behält das Patent in Betreff dieser Religionsgesellschaften es dem Könige vor, ihnen eventuell noch einzelne besondere Rechte zu verleihen. In allen anderen Religionsgesellschaften dagegen bleiben nach dem Patent die zur Feier ihrer Religionshandlungen bestellten Personen von der Be-

---

[78]) Die dem Patente beigegebene Zusammenstellung faßt diese §§. erheblich abweichend von ihnen selber so zusammen: „Durch Berufung auf abweichende Glaubensansichten kann jedoch der einzelne sich gegen die durch die allgemeinen Landesgesetze bedingten civil- und strafrechtlichen Folgen seiner Handlungen nur dann schützen, wenn das Gesetz zu Gunsten seiner Glaubensgenossen eine Ausnahme von einzelnen allgemeinen Bestimmungen nachgelassen hat, und insoweit als er durch seine eigenthümlichen Religionsansichten verhindert wird, diejenigen Rechtshandlungen vorzunehmen, deren Form nach den Gesetzen durch bestimmte religiöse Ueberzeugung bedingt ist, muß er sich die daraus folgende Verminderung seiner bürgerlichen Rechtsfähigkeit gefallen lassen."

fugniß ausgeschlossen, Amtshandlungen der bezeichneten Art mit civilrechtlicher Wirkung vorzunehmen: diese letzteren soll bei den betreffenden Gegenständen nach Maßgabe der gleichzeitig erlassenen Verordnung durch eine vor der Gerichtsbehörde erfolgende Verlautbarung sicher gestellt werden.

Hiernach gab es nun folgende Kategorien religiöser Gesellschaften:[79])

1. Oeffentlich aufgenommene privilegirte Religionsgesellschaften: die „geschichtlich und nach Staatsverträgen bevorrechteten Kirchen“, nämlich die evangelische und die römisch-katholische. Sie haben nach dem Allgemeinen Landrecht die Rechte privilegirter Korporationen und für ihre Gemeindebezirke die rechtlichen Eigenschaften von Parochien, besitzen die Freiheit des öffentlichen Gottesdienstes und genießen rücksichtlich ihrer gottesdienstlichen Gebäude, denen allein der Name „Kirchen“ zukommt, ihrer Pfarr- und Küstergüter, ihres Vermögens und auch der bei ihnen zur Feier des Gottesdienstes und zum Religionsunterricht angestellten Personen bedeutende Vorrechte.[80])

2. Aufgenommene konzessionirte nicht privilegirte Kirchengesellschaften: die Religionsgesellschaften, welche „in Hinsicht auf Lehre und Bekenntniß mit einer der durch den westfälischen Friedensschluß in Deutschland anerkannten christlichen Religionsparteien sich in wesentlicher Uebereinstimmung befinden,“ nämlich die evangelischen Brüdergemeinden und die von der Landeskirche sich getrennt haltenden Lutheraner.[81]) Auch sie haben vermöge besonderer Konzessionen die Freiheit des öffentlichen Gottesdienstes, die Befugniß zur Vollziehung von pfarramtlichen Handlungen mit civilrechtlicher Wirkung, sowie zur Ausstellung von Zeugnissen mit öffentlichem Glauben und gewisse andere ihnen verliehene Rechte; befinden sich dagegen nicht im Besitz der den Kirchengesellschaften der ersten Kategorie gesetzlich eingeräumten Privilegien.

---

[79]) Jacobson, a. a. O. S. 416 ff.

[80]) A. L. R. II, 11, §. 17, 237, 260, 261, 418; 18, 174; 165; 774—777; 228—234, 629—632; 19, 96—97.

[81]) Nach ihrer Konzession vom 24. November 1849 auch die reformirte niederländische Gemeinde (Kohlbrüggianer) in Elberfeld.

3. **Ausdrücklich geduldete Religionsgesellschaften**: die schon früher vom Staate förmlich als geduldet anerkannten Mennoniten, Quäker, Philipponen, unirten Griechen und Juden; durch die Konzession vom 13. Januar 1848 auch die sogenannte freie Gemeinde in Magdeburg.[82]) Ihnen ist nach dem Allgemeinen Landrecht die freie Ausübung ihres Privatgottesdienstes verstattet, d. h. die Anstellung gottesdienstlicher Zusammenkünfte in gewissen dazu bestimmten Gebäuden und die Ausübung der ihren Religionsgrundsätzen gemäßen Gebräuche, sowohl in diesen Zusammenkünften als in den Privatwohnungen der Mitglieder. Sie können aber das Eigenthum gottesdienstlicher Gebäude ohne besondere Erlaubniß des Staates nicht erwerben, dürfen sich weder der Glocken bedienen noch öffentliche Feierlichkeiten außerhalb ihres Versammlungshauses vornehmen. Die von ihnen zur Feier ihrer Religionshandlungen bestellten Personen genießen, als solche, keine besonderen persönlichen Vorrechte, und haben auch nicht die Befugniß, Atteste mit öffentlichem Glauben auszufertigen oder pfarramtliche Handlungen mit civilrechtlicher Wirkung zu vollziehen. Während das Allgemeine Landrecht deshalb für die, in diesen Religionsgesellschaften vorkommenden Geburten, Heirathen und Sterbefälle anordnet, daß dieselben dem Pfarrer des betreffenden Kirchspiels zur Eintragung in das Kirchenbuch angezeigt werden müssen, erhalten sie nach dem Patent vom 30. März 1847 ihre Beglaubigung durch die Aufnahme in die vom Gerichte geführten Civilstandsregister. Im übrigen haben diese Religionsgesellschaften die Rechte erlaubter Privatgesellschaften, wie dieselben §. 11 ff. Titel 6, Theil II. des Allgemeinen Landrechts festgestellt sind, werden also im Innern wesentlich

---

[82]) Die Juden nahmen in mehrfacher Beziehung, namentlich rücksichtlich der Personenstandsregister, eine, übrigens öfter wechselnde, Sonderstellung ein. Das Nähere über die Verhältnisse der Juden und der andern oben genannten Religionsgesellschaften s bei Simon a. a. O. I, S. 504 ff., vergl. Jacobson a. a. O. S. 400 ff. Durch das weiter unten noch zu erwähnende Gesetz vom 23. Juli 1847 wurde die bürgerliche Beglaubigung der Geburten, Heirathen und Sterbefälle auch bei den Juden durch Eintragung in gerichtlich zu führende Register angeordnet. — Die der freien Gemeinde in Magdeburg ertheilte Konzession wurde bereits 1853 wieder aufgehoben. — Die im Folgenden angezogenen Stellen des Allgemeinen Landrechts sind: II, 11, §. 20–26; 498.

nach dem bei der Errichtung geschlossenen Vertrage, gegen Dritte aber als Theilnehmer gemeinsamer Rechte und Verbindlichkeiten betrachtet.

4. Faktisch geduldete Religionsgesellschaften: Dissidentengemeinschaften, die noch nicht, wie die unter 3. genannten, die ausdrückliche Anerkennung des Staates als selbständige Religionsgesellschaften erlangt haben. Ihre Mitglieder werden trotz ihrer Absonderung in rechtlicher Beziehung als Angehörige derjenigen Religionspartei angesehn, zu der sie bis dahin gehört haben, erlangen aber nach der Verordnung vom 30. März 1847 die Beglaubigung der bei ihnen vorkommenden Geburten, Heirathen oder Sterbefälle gleichfalls durch deren Eintragung in die vom Gericht geführten Personenstandsregister, und sind bei der Eheschließung befreit von der Vollziehung des religiösen Aktes, der bei den Mitgliedern der ausdrücklich geduldeten Religionsgesellschaften dem gerichtlichen stets vorangehn muß.[83])

5. Verbotene Religionsgesellschaften: eine Kategorie, welche auch das Patent vom 30. März 1847 festhält, indem die demselben beigegebene „Zusammenstellung" unter Anziehung von §. 9—10 Titel 11, Theil II, sowie §. 1—4 Titel 6, Theil II. des Allgemeinen Landrechts ausdrücklich hervorhebt, daß es den einzelnen freisteht, mit Genehmigung der Obrigkeit, sich zu Religionsübungen zu verbinden und gemeinschaftliche Zusammenkünfte zu halten, „insoweit dadurch nicht die gemeine Ruhe, Sicherheit und Ordnung gefährdet wird," und daß der Staat solche Verbindungen wieder „verbieten kann, sobald sich findet, daß sie andern gemeinnützigen Absichten und Anstalten hinderlich oder nachtheilig" sind.

Wie die vormärzliche Gesetzgebung dem Staate in Beziehung auf die Zulassung der Religionsgesellschaften weitgehende Befugnisse sichert, so wahrt sie ihm auch ein Oberaufsichtsrecht über dieselben. Das Allgemeine Landrecht bestimmt in dieser Beziehung im allgemeinen, daß die Privat- und öffentliche Religionsübung einer jeden Kirchengesellschaft der Oberaufsicht des Staates unterworfen und daß der Staat berechtigt ist, von demjenigen, was in den Versammlungen der Kirchengesellschaft gelehrt und verhandelt wird, Kenntniß einzuziehen,

---

[83]) Verordnung vom 30 März 1847 §. 16; dazu die „Zusammenstellung" sub N. 2; vergl. Jacobson a. a O. S. 421 f.

sowie daß das Kirchenvermögen unter der Oberaufsicht und Direktion des Staates steht und daß dieser berechtigt ist, darauf zu sehen, daß die Einkünfte der Kirchen zweckmäßig verwendet werden. Außer diesen allgemeinen Bestimmungen enthält das Allgemeine Landrecht dann aber viele andere, durch welche es dem Staate für eine Reihe von einzelnen Fällen ein Genehmigungs- und Bestätigungsrecht vorbehält. So für die Einführung und Veränderung von Kultus- und Kirchenordnungen, wie überhaupt für die Veränderungen und Neuerungen in Kirchensachen; für die Publikation und Vollstreckung der päpstlichen Bullen oder Breven, der Verordnungen auswärtiger Obern und der Beschlüsse von Kirchenversammlungen; für die Berufung solcher Versammlungen im Inlande und die Theilnahme an denselben im Auslande; für die Anstellung der Superintendenten und Erzpriester, die Erbauung neuer Kirchen, die Veräußerung kirchlicher Geräthschaften, Grundstücke und Gerechtigkeiten, die Erwerbung liegender Gründe, die Annahme von größeren Geschenken und Vermächtnissen, die Errichtung neuer und die Aufhebung bestehender Parochien u. desgl. mehr.[84]) Manche hierher gehörige Bestimmungen des Allgemeinen Landrechts erlitten nun freilich durch die Spezialgesetzgebung größere oder geringere Abänderungen, aber dieselben waren nicht der Art, daß sie das Oberaufsichtsrecht des Staates über die Religionsgesellschaften irgendwie in prinzipieller Weise berührt oder in erheblichem Maaße geschmälert hätten.

Ebenso bestand auch das Schutz- und Schirmrecht des Staates über die Religionsgesellschaften im Jahre 1848 noch wesentlich in der Gestalt, die es durch das Allgemeine Landrecht erhalten hatte. Wie jenes Recht überhaupt die Befugniß und Verpflichtung des Staates in sich begreift, die Kirche und die Religionsgesellschaften in den ihnen gewährten Rechten zu erhalten, ihnen den weltlichen Arm zu leihen, wo sie desselben bedürfen, und in streitigen nicht anders zu erledigenden Fällen selbst Entscheidung zu treffen: so enthält das Allgemeine Landrecht eine Anzahl von Bestimmungen, welche eben diese Befugnisse des Staates in ihrer Anwendung auf einzelne Angelegenheiten

---

[84]) A. L. R. II, 11, §. 32, 33, 161, 162; 47—49, 117, 146; 118, 141, 142; 151; 176; 180, 219, 648; 194; 197; 238, 306.

sicher stellen. So muß z. B. die Verfügung äußerer Strafen, die etwa zur Aufrechthaltung der Ordnung, Ruhe und Sicherheit in der Kirchengesellschaft nothwendig werden, der vom Staate gesetzten Obrigkeit überlassen werden, und dem Staate gebührt die Entscheidung über die Rechtmäßigkeit der Ausschließung eines Mitgliedes aus der Kirchengesellschaft; durch Errichtung neuer Kirchen sollen die Rechte oder vom Staate genehmigten Verfassungen anderer schon vorhandener Kirchengesellschaften nicht beeinträchtigt werden; Kirchengesellschaften dürfen so wenig als einzelne Mitglieder derselben einander verfolgen oder beleidigen; dem Staate kommt es zu, dafür zu sorgen, daß nützliche Anstalten der Kirchen aus Mangel des Vermögens nicht zu Grunde gehn u. s. w.[85])

Was nun endlich die Beziehung zwischen dem religiösen Bekenntniß und dem Genuß der bürgerlichen und staatsbürgerlichen Rechte betrifft, so bestanden im Jahre 1848 nur noch sehr wenige Beschränkungen, die in jenem ihren Grund hatten.

Für die Mitglieder der öffentlich anerkannten Religionsparteien herrschte in Preußen die völlige bürgerliche und staatsbürgerliche Rechtsgleichheit schon lange bevor die deutsche Bundesakte vom 8. Juni 1815 ausgesprochen hatte, daß die Verschiedenheit der christlichen Religionsparteien in den Ländern und Gebieten des deutschen Bundes keinen Unterschied in den bürgerlichen und politischen Rechten begründen könne. Wohl aber erhielten sich auch nach diesem Zeitpunkte gewisse Beschränkungen für die Mitglieder einzelner nur geduldeter Religionsgesellschaften. Diejenigen Mennoniten und Quäker nämlich, welche die Leistung der Militärdienste verweigerten, blieben theils nach früheren, theils nach neu ergehenden Bestimmungen manchen Beschränkungen namentlich in der Fähigkeit zum Erwerb von Grundeigenthum unterworfen; die in Brandenburg und den westlichen Provinzen ansässigen waren nach der Kabinetsordre vom 16. Mai 1830 im gleichen Falle auch von der Anstellung im Staatsdienste, nicht aber von der

[85]) A. L. R. II, 11, §. 53, 56; 178; 37; 163. Siehe auch II, 20, §§. 214 — 228: „von Beleidigungen der Religionsgesellschaften." Vergl. v. Rönne a. a. O. §. 192.

in Kommunalämtern ausgeschlossen.[86]) Während diese Ausnahmestellung der Mennoniten und Quäker in Beziehung auf den Genuß der Rechte nur ein Aequivalent für ihre Befreiung von gewissen Pflichten war, blieb den Juden die volle Rechtsgleichheit mit ihren christlichen Mitbürgern auch dann noch versagt, als sie zur völligen Gleichheit der Lasten herangezogen wurden. In der Bundesakte vom 8. Juni 1815 war ihnen zwar nicht die Rechtsgleichheit mit den christlichen Religionsparteien, wohl aber die Erhaltung der ihnen von den einzelnen Bundesstaaten bereits eingeräumten Rechte garantirt. Deren Umfang war jedoch in den verschiedenen Gebieten, welche nun den preußischen Staat bildeten, ein sehr verschiedener, so daß in Beziehung auf die Rechtsverhältnisse der Juden hinfort eine große Mannichfaltigkeit in Preußen herrschte. Derselben wurde 1847 durch das unterm 23. Juli vollzogene Gesetz über die Verhältnisse der Juden ein Ende gemacht. Nach diesem Gesetze sollten, soweit es selbst nicht ein anderes bestimmte, den jüdischen Unterthanen im ganzen Umfange der Monarchie neben gleichen Pflichten auch gleiche bürgerliche Rechte mit den christlichen Unterthanen zustehen. Die von dem Gesetze hierin gemachten Ausnahmen bestanden aber darin, daß die Juden von denjenigen Aemtern, zu welchen die Ausübung einer richterlichen, polizeilichen oder exekutiven Gewalt gehörte, sowie von der Leitung und Beaufsichtigung christlicher Kultus- und Unterrichtsangelegenheiten und von gewissen Lehrfächern und Aemtern an den Universitäten, und endlich von der Ausübung der ständischen und Patronatsrechte ausgeschlossen blieben. Für das Großherzogthum Posen wurde überdies die Unterscheidung von naturalisirten und weniger berechtigten nicht naturalisirten Juden beibehalten.[87])

Daß das Patent vom 30. März 1847 den Mitgliedern der

---

[86]) Das Nähere s. bei Simon a. a. O. I, S. 505 ff., 512; v. Rönne a. a. O. I, 2, S. 85 f.

[87]) Das Gesetz vom 23 Juli 1847: Ges.-Samml. 1847, S. 263—278. Ueber die frühere rechtliche Stellung der Juden s. Simon a. a. O. I, S. 515 ff., nnd ausführlicher: Simon und v. Rönne, die früheren und gegenwärtigen Verhältnisse der Juden in den sämmtlichen Landestheilen des preußischen Staates. Breslau 1843.

neu entstehenden Religionsgesellschaften den Fortgenuß ihrer bürgerlichen Rechte und Ehren zusicherte, „soweit ihre Vereinigung vom Staate genehmigt" sei, habe ich schon oben erwähnt. In einem gleichzeitigen „Befehl" an das Staatsministerium erläuterte der König diese Zusicherung dahin, daß die Auslegung, „als ob der Beitritt zu einer vom Staate noch nicht genehmigten Religionsgesellschaft ohne weiteres den Verlust jener Rechte und Ehren zur Folge habe", seiner Absicht ganz entgegen sein würde; er machte hierbei insbesondere darauf aufmerksam, daß kein Militär- und Civilbeamter blos deshalb, weil er sich von seiner Kirche getrennt und einer bisher noch nicht genehmigten Religionsgesellschaft angeschlossen, in den mit seinem Amte verbundenen Rechten, sofern nicht das Amt selbst, wie z. B. bei den Schullehrern u. s. w., durch eine bestimmte Konfession bedingt sei, eine Schmälerung erleiden dürfe.[88]) So war also nicht nur für die Mitglieder der vom Staate genehmigten neuen Religionsgesellschaften, sondern für die Dissidenten überhaupt die Rechtsgleichheit mit den übrigen Unterthanen als Grundsatz ausgesprochen. Und für eines der wichtigsten bürgerlichen Verhältnisse wurde sofort auch ganz ausdrücklich die Konsequenz dieses Grundsatzes gezogen, nämlich für die Eheschließung. Ueber diese bestimmt das Allgemeine Landrecht: Eine vollgiltige Ehe wird durch die priesterliche Trauung vollzogen; zwischen Personen fremder im Staate geduldeter Religionen wird die Vollziehung einer vollgiltigen Ehe lediglich nach den Gebräuchen ihrer Religion beurtheilt; ein Christ kann mit solchen Personen keine Heirath schließen, welche nach den Grundsätzen ihrer Religion sich den christlichen Ehegesetzen zu unterwerfen gehindert werden.[89]) Nach diesen Bestimmungen waren also von der Eingehung einer Ehe überhaupt alle diejenigen ausgeschlossen, welche sich nicht in der Lage befanden, dieselbe durch die priesterliche Trauung oder falls sie, wie die Juden, einer fremden Religion angehörten, nach deren Gebräuchen abzuschließen, und die gemischte Ehe mit Christen war für alle diejenigen unmöglich, welche

---

[88]) Siehe den in der Gesetzsammlung nicht publizirten Befehl vom 30. März 1847 in den Mittheilungen, I, 1847, 1, S. 11. bei Vogt, a. a. O. I, S. 52.
[89]) A. L. R II, 1, §. 136, 137, 36.

nach den Grundsätzen ihrer Religion sich den christlichen Ehegesetzen nicht unterwerfen konnten. Die unterm 30. März 1847 erlassene Verordnung über die bürgerliche Beglaubigung der Geburten u. s. w. eröffnete nun einen Ausweg aus diesen Beschränkungen, indem sie für diejenigen Personen, welche aus ihrer Kirche ausgetreten sind und noch keiner vom Staate genehmigten Religionsgesellschaft angehören, den gerichtlichen Abschluß der Ehe ohne Vollziehung eines religiösen Aktes festsetzt.[90])

[90]) §. 16 der genannten Verordnung.

Erstes Buch.

Offizielle Maßnahmen und Kundgebungen vom 18. März bis zum 14. Juli 1848.

1. Das Kultusministerium des Grafen Schwerin.

In dem „Patent wegen beschleunigter Einberufung des Vereinigten Landtags“ vom 18. März 1848 erkannte König Friedrich Wilhelm IV. als nothwendig an, daß alle deutschen Länder konstitutionelle Verfassungen erhielten,[1]) und wenige Tage darauf bezeugte er vor seinem Volke und der ganzen deutschen Nation, daß neben anderem nur solche Verfassungen mit Verantwortlichkeit der Minister in allen Einzelstaaten, sowie die Gleichheit der politischen und bürgerlichen Rechte für alle religiösen Glaubensbekenntnisse im Stande sein würden, die angestrebte Einheit Deutschlands zu bewirken und zu befestigen.[2]) Diesen königlichen Worten folgend sprach sich das Staatsministerium in einem Berichte vom 30. März dahin aus, daß es den Absichten Sr. Majestät zu begegnen glaube, indem es sich sofort für alle Maßnahmen der künftigen Volksvertretung verantwortlich und den dieserhalb zu erlassenden Gesetzen unterworfen erkläre; der König aber erwiderte hierauf in einer Ordre von demselben Tage, er werde, einverstanden mit den im erwähnten Berichte ausgesprochenen Ansichten und Vorschlägen, von jetzt an die in Verfassungsangelegenheiten an ihn gelan-

---

[1]) Extra-Blatt zur Allg. Preuß. Ztg. 1848, d. 18. März, Mittags.

[2]) Allg. Preuß. Ztg. 1848, N. 82, vom 22. März, S. 757, Spalte 1: Aufruf an mein Volk und an die deutsche Nation.

genden Anträge an das Staatsministerium verweisen, und er ermächtige dasselbe, die Bittsteller auf solche Anträge mit Bescheid zu versehen.[3]) Und während nun die Maßnahmen zur gesetzlichen Herstellung der verheißenen konstitutionellen Verfassung ihren Fortgang nahmen, wurde am 6. April in der durch die Gesetzsammlung veröffentlichten „Verordnung über einige Grundlagen der künftigen preußischen Verfassung" gesetzeskräftig festgestellt:[4])

„§. 5. Die Ausübung staatsbürgerlicher Rechte ist fortan von dem religiösen Glaubensbekenntnisse unabhängig."

„§. 6. Den künftigen Vertretern des Volks soll jedenfalls die Zustimmung zu allen Gesetzen, sowie zur Festsetzung des Staatshaushaltsetats, und das Steuerbewilligungsrecht zustehen."

Der Regierung stand von vornherein fest, daß die Umgestaltung Preußens zu einem konstitutionellen und die staatsbürgerlichen Rechte nicht an ein bestimmtes religiöses Bekenntniß bindenden Staate mit zwingender Nothwendigkeit eine Aenderung in dem bisherigen Verhältniß zwischen dem Staate und der evangelischen Kirche und damit auch in der Verfassung dieser letzteren bedinge. In dieser Beziehung bot sich nun für das bestehende Regiment nach einer Mittheilung aus dem Kultusministerium ein doppelter Weg dar: nämlich „entweder alles der freien Association zu überlassen, oder aber der Kirche durch Berufung eines konstituirenden Organs die Hand zu bieten, um sie in den neuen Rechtszustand hinüberzuleiten."[5]) Beide Maßregeln wurden nach derselben Mittheilung der ernstesten Prüfung unterworfen, zuletzt aber entschied für die zweite die Erwägung, daß sie allein der Kirche

---

[3]) Allg. Preuß. Ztg. 1848, N. 92 vom 1. April, S. 801, Spalte 1.

[4]) Ges.-Samml. 1848, S. 88. Beide Paragraphen waren unverändert nach der Regierungsvorlage von dem Vereinigten Landtage in seiner zweiten Sitzung am 4. April angenommen. Zu §. 5. war weder in der Kommission noch im Plenum irgend etwas zu erinnern gewesen. Siehe die Verhandlungen bei Bleich, Verhandlungen des zum 2. April 1848 zusammenberufenen Vereinigten Landtags. Berlin, 1848, S. 73 ff, und bei Rauer, Verhandlungen des Vereinigten Landtags von 1847, des Vereinigten Ausschusses und des Vereinigten Landtages von 1848, Berlin, 1848, S. 774 ff.

[5]) Preuß. Staats-Anz. 1848, N. 72 vom 15. Juli, S. 392, Spalte 2.

die Gefahr des Zerfallens in Parteien zu ersparen geeignet sein werde. Gelegentlich sprach der Kultusminister, Graf Schwerin, auch ausdrücklich aus, daß nach Lage der Dinge das Band nur allmählich gelöst werden könne, das seit langer Zeit die kirchlichen Angelegenheiten mit dem Staatsregiment in einer zu engen Verknüpfung gehalten habe.[6]) Aber er zögerte nicht, diese Lösung sofort durch die geeigneten Maßregeln vorzubereiten. Denn schon zehn Tage nach der am 19. März erfolgten Uebernahme des Kultusministeriums durch den Grafen Schwerin meldete die offizielle Allgemeine Preußische Zeitung:[7])

„Der Minister der geistlichen Angelegenheiten, durchdrungen von der Ueberzeugung, daß der in der evangelischen Kirche seit geraumer Zeit mit großer Lebhaftigkeit geführte Streit am besten geschlichtet und der gestörte Friede am einfachsten hergestellt werden könne, wenn man für das Bestehen und die gedeihliche Entwickelung der Kirche lediglich die Kraft ihrer innern Wahrheit zu Hilfe nehme und dem lebendigen und lebendig machenden Geiste des Evangeliums vertraue, hat bereits Fürsorge getroffen, daß die von den evangelischen Glaubensgenossen in den östlichen Provinzen der Monarchie längst gewünschte Presbyterial- und Synodal-Verfassung möglichst bald ins Leben treten könne. Es ist eine Kommission ernannt worden, welche unter dem Vorsitz des gedachten Ministers aus dem Ministerialdirektor von Ladenberg, den Bischöfen Neander und Roß, dem Wirklichen-Oberkonsistorialrath Ribbeck, dem Oberkonsistorialrath Nitzsch, dem Superintendenten Schulz, dem Professor Richter und den Predigern Sydow und Jonas besteht, um das bereits in reichem Maße gesammelte Material zusammen zu stellen, und auf Grund desselben den Entwurf zu einer Verfassung auszuarbeiten, welcher demnächst veröffentlicht werden wird, damit vor definitiver Festsetzung derselben sowohl sämmtlichen Genossen der Kirche, als auch deren Organen Gelegenheit gegeben werde, sich darüber zu äußern."

War in dieser Kundgebung noch nichts gesagt weder über die Stelle, von welcher die definitive Festsetzung der neuen Kirchenver-

---

[6]) In einem Bescheide an Wislicenus in Halle, Berl. Allg. Kztg, 1848, N. 56, S. 527.

[7]) a. a. O. 1848, N. 89 vom 29. März, S. 87, Spalte 1.

fassung getroffen werden, noch auch über das Verhältniß, in welchem die neuverfaßte Kirche zu der Staatsregierung stehen sollte: so ließen andere Erklärungen des Ministers über diese Punkte keinen Zweifel.

Bereits am 4. April erklärte der Kultusminister vor dem Vereinigten Landtage: „Sr. Majestät der König hat den Grundsatz ausgesprochen für seine Regierung, daß fortan die gleiche Berechtigung aller Glaubensbekenntnisse stattfinden soll, und es kann demnach von einer staatlichen Leitung irgend einer Kirchengesellschaft nicht mehr die Rede sein, vielmehr wird der Staat nur sein Recht den Religionsgesellschaften gegenüber wahrzunehmen haben.“[8])

Und als Graf Schwerin die erste (und einzige) Sitzung der erwähnten Kirchenverfassungskommission am 11. April mit Darlegung der Grundsätze eröffnete, welche künftig für das Verhältniß des Staates zur Kirche maßgebend sein würden: da hob er insbesondere hervor, „daß der Staat in Zukunft jeder Einmischung in die inneren Angelegenheiten der Kirche sich zu enthalten haben werde, und daß es bezüglich der evangelischen Kirche daher zunächst darauf ankomme, ihr durch eine aus ihr selbst hervorgegangene Verfassung die Selbständigkeit zu sichern, die sie befähige, ihre Freiheit nach allen Seiten hin zu wahren. Natürlich könne ein solcher Organismus der Kirche nicht von außen her gegeben werden, sondern nur darauf könne es ankommen, und nur dies könne Aufgabe der jetzigen Berathung sein, derselben die Möglichkeit zu gewähren, durch freigewählte Organe diejenige Verfassung zu begründen, welche sie zu ihrem dauernden, selbständigen Bestehen für nothwendig und ersprießlich erachte. Dabei werde aber der Begriff der evangelischen Kirche nicht zu enge gefaßt, namentlich die Union nicht als die Grenze oder Bedingung der neuen Verfassung festgehalten werden dürfen. Es werde vielmehr rathsam sein, allen Gemeinden, welche sich als Angehörige der evangelischen Kirche betrachten, insbesondere auch denjenigen, welche sich, wie die Altlutheraner und die in neuerer Zeit entstandenen sogenannten

---

[8]) Bleich, Verhandlungen u. s. w. S. 74; auch Allg. Preuß. Ztg. N. 97, S. 845, Spalte 2.

freien Gemeinden, einstweilen von der Landeskirche getrennt haben, die Gelegenheit zu geben, an der Berathung der neuen Verfassung theilzunehmen, um so, wenn irgend möglich, den Frieden und die Einheit in der Kirche wieder herzustellen." [9])

Während der Minister in dieser Sitzung die Vorlegung eines Verfassungsentwurfes an die zu berufende evangelische Landessynode sich vorbehielt, gab er doch an anderer Stelle aufs. bestimmteste zu erkennen, daß er die Beschlußfassung über die neue Kirchenverfassung lediglich dieser Synode selbst anheimgegeben wissen wollte. In dem auf eine von Breslauer Predigern ihm zugegangene Eingabe unterm 18. April ertheilten Bescheide äußerte er sich nämlich dahin:

„Sollte der Synode ein Verfassungsentwurf vorgelegt werden, oder sollten ihr auch nur gewisse Grundlinien der künftigen Verfassung angegeben werden, so wird dies doch nur geschehen, um der Berathung einen festeren Halt zu geben, und dahin zu wirken, daß kein wesentlicher Punkt bei derselben übergangen werde. Der Synode wird es demnach völlig freigestellt werden, ob und wie weit sie den Vorlagen ihre Zustimmung ertheilen oder versagen und einen andern Entwurf ausarbeiten will. Das Ministerium hat nur dahin Bedacht zu nehmen, daß der Organismus der Kirche ein solcher sei, daß dadurch den Rechten des Staates nicht zu nahe getreten werde." [10])

Daß die Regierung aber den von ihr in Aussicht genommenen Weg, der Kirche zu einer neuen Verfassung zu verhelfen, als den bei der eingetretenen Umgestaltung des Staates trotz seiner keineswegs verkannten Schwierigkeiten einzig möglichen ansah, zeigt der unterm 31. Mai an den Prediger Ebeling gerichtete Bescheid des Grafen Schwerin, in welchem es heißt:

„Seit das Prinzip der Trennung der Kirche vom Staate gesetzlich feststeht, ist die evangelische Kirche in die unabweisbare Nothwendigkeit versetzt worden, über ihre künftige Verfassung selbst Bestimmung zu treffen. Der Lösung dieser Aufgabe stellen sich allerdings wesentliche, in der bisherigen geschicht-

---

[9]) Allg. Preuß. Ztg., 1848, N. 104 vom 13. April, S. 895, Spalte 2.

[10]) Berl. Allg. Kztg, 1848, N. 38, S. 342.

lichen Entwickelung begründete Schwierigkeiten entgegen. Dennoch verzichte ich nicht auf die Hoffnung, daß die Kirche Kraft genug besitze, dieselben zu überwinden, und daß es ihr gelingen werde, auf dem Grunde des Evangeliums sich zu einer lebensvollen Gemeinschaft zu gestalten, in welcher die verschiedenen Bekenntnisse und Richtungen als berechtigte Entwickelungen aus demselben Prinzip gegenseitige Anerkennung und Achtung finden werden. Zu dieser wahren Selbständigkeit und Freiheit der Kirche, soweit es von meiner Seite geschehen kann, zu verhelfen, ist mein Ziel.“[1])

Hier sehen wir zugleich, welches Bild von der zukünftigen Gestalt der Kirche Graf Schwerin vor Augen hatte. Echt protestantisch soll weder die Einheit der Kirche die verschiedenen Bekenntnisse und Richtungen, welche aus demselben evangelischen Prinzipe sich entwickelt haben, unterdrücken, noch auch soll die Verschiedenheit der aus demselben hervorgegangenen Bekenntnisse und Richtungen die Einheit der Kirche zerreißen. Aber so sehr stand der Regierung die völlig freie Selbstbestimmung der Kirche als oberster Grundsatz fest, daß auch die Einheit der Kirche lediglich auf dem Willen der Kirche selbst beruhen und in keiner Weise durch den Staat erzwungen werden sollte. Hierüber äußerte sich der Preußische Staats-Anzeiger folgendermaßen:

„Es sind bei Gelegenheit der sehr erwünschten Kritik des Entwurfs der Wahlordnung für die Synode von verschiedenen Seiten Befürchtungen laut geworden, als handele es sich wieder um eine Territorialkirche und als könne dem Glauben Zwang angethan werden, indem man nach dem Gesetz der Majorität über den Bekenntnißinhalt und die äußere Gestaltung des kirchlichen Organismus entscheiden lassen wolle. Nichts liegt der Staatsregierung ferner. — Indem sie aber, nach Lage des bisher bestandenen Verhältnisses den Anstoß zur Neubildung geben mußte, vermochte sie dies nur zu thun in derjenigen äußeren Begrenzung, in der die Kirche ihrer Leitung bisher anvertraut war. Sie wird jedoch ihre Stellung nicht so mißverstehen, der Kirche weder den Raum beschränken, noch auch das innerlich Auseinander-

[1]) Preuß. Staats-Anz. 1848, N. 36 vom 7. Juni, S. 200, Spalte 2.

gehende durch äußere Mittel zusammenhalten zu wollen, wohl wissend, daß die wahre Einigung, wenn irgendwo, so auf dem Gebiete der evangelischen Kirche, nur in der Freiheit möglich ist.[12])

Und gleichzeitig, unterm 26. Mai, schrieb der Minister an den Prediger Baltzer:

„Indem ich Ew. Wohlgeb. für die Mittheilung in Ihrem Schreiben vom 10. d. M. meinen Dank ausspreche, bemerke ich zugleich, daß die Absichten, welche ich durch die Berufung einer Landessynode zu erreichen wünsche, völlig unrichtig würden aufgefaßt werden, wenn man annehmen wollte, sie seien der Errichtung einer sogenannten Staatskirche zugewendet. Meine Intention geht vielmehr dahin, die grundsätzlich bereits anerkannte Trennung der Kirche vom Staate praktisch durchzuführen und für die Kirche diejenigen aus ihr selbst hervorgegangenen Organe zu gewinnen, deren sie zur Ausübung der ihr zurückgegebenen Autonomie bedarf, dagegen aber zugleich dem Grundsatz der Religionsfreiheit und der freien Religionsübung überall volle Gerechtigkeit widerfahren zu lassen.“[13])

Hiermit stimmte auch das Verhalten überein, welches der Graf Schwerin den auf die Reorganisation der lutherischen Kirche in Pommern abzielenden Bestrebungen gegenüber einschlug. Denn auf die bereits unterm 29. März an ihn gerichtete Eingabe des Superintendenten Otto und Genossen, in welcher um eine Erklärung des Kirchenregimentes gebeten wurde, daß die lutherische Kirche zu vollem Recht bestehe und volle Befugniß haben solle, sich auf ihren Bekenntnißgrundlagen zu organisiren, antwortete derselbe unterm 18. April folgendes:

„Ew. Hochwürden und den unterzeichneten H. H. lutherischen Pastoren der evangelischen Landeskirche eröffne ich hiermit auf die Vorstellung vom 29. v. M., daß die von des Königs Majestät zugesagte Gleichstellung aller Bekenntnisse in vollem Umfange auch auf dasjenige Anwendung finden wird, dem Sie und Ihre Gemeinden zugethan sind. Es wird demnach staatlicherseits nichts mehr entgegenstehen,

---

[12]) a. a. O. 1848, N. 25 vom 27. Mai, S. 141, Spalte 3.

[13]) Berl. Allg. Kztg. 1848, N. 55, S. 515.

daß sich die lutherische Kirche in Kultus und Regiment in der Weise organisire, wie es ihrem religiösen Bedürfniß am entsprechendsten ist. Nur das wird vom Staate verlangt werden müssen, daß durch solche Organisation nicht andern Kirchen oder Gemeinden zu nahe getreten und deren Rechte gekränkt werden. Von diesem Gesichtspunkte aus sieht das Ministerium etwanigen weiteren Anträgen entgegen."[14])

In demselben Sinne antwortete der **Minister** auf eine in **Gnadau** von lutherischen Pastoren beschlossene Eingabe unterm 15. Mai, daß er zwar die Union nicht aufheben könne, daß es aber den Gemeinden lutherischen Bekenntnisses frei stehe, sich unter einander zu vereinigen; er versäumte jedoch nicht, bei dieser Gelegenheit die Hoffnung auszusprechen, daß die Geistlichen und Gemeinden lutherischen Bekenntnisses sich von der Gestaltung einer neuen Verfassung der gesammten evangelischen Kirche nicht zurückziehen, vielmehr ihren Glaubensbrüdern zur Herstellung einer segensreichen Einheit der Kirche hülfreiche Hand bieten und jedenfalls vor entscheidenden Schritten zur Trennung an der in Aussicht gestellten Verfassung mitwirken würden.[15])

Könnte nach diesem allen noch ein Zweifel darüber obwalten, wie die Selbständigkeit der evangelischen Kirche damals von der Regierung verstanden wurde, so würde derselbe völlig beseitigt werden durch die **Auflösung des eben erst errichteten Evangelischen Oberkonsistoriums**, welche unterm 15. April durch folgende, in die Gesetzsammlung aufgenommene Bekanntmachung des Königlichen Staatsministeriums zur öffentlichen Kenntniß gebracht wurde:

„Se. Majestät der König haben auf den Antrag des Staatsministeriums die Allerhöchste Sanktion dazu ertheilt, daß das durch Verordnung vom 28. Januar d. J. (Ges.-Sammlung S. 22) errichtete, bis jetzt jedoch nicht in Wirksamkeit getretene Oberkonsistorium wieder aufgelöst werde, und die vor Errichtung desselben gültigen Bestimmungen über das Ressortverhältniß der Kirchenbehörden bis dahin wieder in Kraft treten, daß die neue Kirchenverfassung begründet ist. Das Staats-

---

[14]) A. dems. O. N. 43, S. 396. Dokumente, die Reorganisation der evangelisch-lutherischen Kirche in Pommern betreffend. Als Manuskript gedruckt, Naugard 1848, S. 32. An diesem Orte, S. 29 ff., findet sich auch die erwähnte Eingabe, über welche zu vergl. unten Buch II, 14.

[15]) Evang. Kztg. 1848, N. 48, S. 449. Die Eingabe a. dems. O. N. 41, S. 385. Vergl. unten Buch II, 14.

ministerium bringt diese Allerhöchste Anordnung hierdurch zur öffentlichen Kenntniß. Die weiteren, die Ausführung derselben betreffenden Verfügungen werden durch den Minister der geistlichen Angelegenheiten erfolgen."[16])

Hatte die Gründung des Oberkonsistoriums wesentlich den Zweck gehabt, die Verfassung der Kirche wesentlich auf Grund des Konsistorialprinzips zu gestalten:[17]) so war die schleunige Auflösung jener Behörde das thatsächliche Bekenntniß, daß dieses Prinzip bei den jetzt eingetretenen Umständen die Grundlage für die Gestaltung der Kirche nicht mehr bilden könne. Es war damit ausgesprochen, daß die Regierung ein Verhältniß, in welchem die Kirche von dem Landesherrn durch besondere, nur diesem Zwecke dienende Behörden regiert wird, weder schon als die der Kirche jetzt verheißene Selbständigkeit betrachtete, noch als den Zustand ansah, der wenigstens bis zur wirklichen Uebernahme des Kirchenregimentes seitens der Kirche fortbestehen dürfte. In letzterer Beziehung insbesondere wurde durch die Auflösung des Oberkonsistoriums angezeigt, daß in der nunmehrigen Zwischenzeit das Kirchenregiment wie vorher als ein Zweig der Staatsregierung zu üben sei. Wären nicht Gedanken dieser Art für die Auflösung des Oberkonsistoriums maßgebend gewesen, so ließe sich dieselbe gerade in dem Zeitpunkte, in dem soeben das Recht der Kirche auf ihre Selbständigkeit ausgesprochen worden, schlechterdings nicht erklären: die große Mißstimmung, welche im Publikum gegen das Oberkonsistorium verbreitet war, hätte wohl Anlaß zu durchgreifenden Aenderungen in seinem Personalbestande, schwerlich aber zu seiner völligen Beseitigung geben können.

Was im weiteren die kirchliche Verwaltung während des Provisoriums bis zur Einführung einer neuen Kirchenverfassung betrifft, so richtete der Kultusminister unterm 24. April an sämmtliche Konsistorien einen Erlaß des Inhaltes:

„Mit Bezugnahme auf meinen Erlaß vom 19. d. M., die Auflösung des Oberkonsistoriums betreffend, finde ich mich veranlaßt, zu bemerken, daß das Ressortverhältniß und der Wirkungskreis der königlichen Konsistorien, bis die neue Verfassung der Kirche begründet sein

[16]) Ges.-Samml. 1848, S. 114.

[17]) Vergl. oben S. 38.

wird, keine Aenderung erleiden werden. Ich muß aber den königlichen Konsistorien zugleich dringend empfehlen, sich auch schon vòr spezieller gesetzlicher Regulirung dieser wichtigen Angelegenheit fortan in ihrer Verwaltung die von der Regierung Sr. Majestät angenommenen Grundsätze der Religionsfreiheit und der freien Religionsübung zur Richtschnur dienen zu lassen, und sorgfältig Alles zu vermeiden, was mit diesen Grundsätzen nicht vereinbar erscheinen könnte, indem es die Bevorzugung irgend einer dogmatisch-theologischen Richtung von Seiten des Staats involvirte; vielmehr wird überall der Freiheit der Lehre Raum zu geben und in der Beaufsichtigung der Geistlichen und Lehrer nur darauf zu halten sein, daß überall im Geiste echt evangelischer Liebe und Duldsamkeit christliche Wahrheit auf dem Grunde des göttlichen Wortes gefördert werde."[18])

Gegen diesen Erlaß legte das Konsistorium der Provinz Sachsen in gewisser Weise Verwahrung ein und rief dadurch einige weitere Aeußerungen des Ministers hervor, welche dessen Auffassung der kirchlichen Verhältnisse in mehrfacher Beziehung aufs klarste herausstellen.[19])

Auf den ersten Bericht nämlich, welchen das Konsistorium jenem Erlaß des Grafen Schwerin entgegenstellte, antwortete der letztere unterm 15. Mai neben anderem auch folgendes:

„Ich habe nur beabsichtigt, dem Konsistorium diejenigen Grundsätze anzudeuten, nach welchen die Regierung Sr. Majestät des Königs fortan die instruktionsmäßigen Funktionen der Konsistorien ausgeübt wissen will. Die gewissenhafte Beherzigung dieser Grundsätze muß

---

[18]) Berl Allg. Kztg. 1848, Nr. 38, S. 337.

[19]) Der ganze Schriftwechsel zwischen dem Konsistorium und dem Minister wurde mit Erlaubniß des letzteren veröffentlicht in der Schrift: Die Verwaltungs-Grundsätze des Konsistoriums der Provinz Sachsen in ihrem Verhältnisse zur Gegenwart, unter Mittheilung amtlicher Verhandlungen dargestellt von D. Johann Friedrich Möller, General-Superintendenten. Ein Rundschreiben. Magdeburg 1848 Die Erlasse des Ministers sind auch abgedruckt in der Berl. Allg. Kztg. 1848, Nr. 56, S. 525—527. Zwei Mitglieder des Konsistoriums — Große und Sondermann — theilten die von demselben vertretenen Anschauungen nicht und machten ihren abweichenden Standpunkt in Separatvoten geltend, welche auf Anordnung des Ministers in der angeführten Schrift, S. 23—28, mit abgedruckt werden mußten.

die Regierung von ihren Organen fordern und ich erwarte mit Bestimmtheit, daß das königliche Konsistorium dieser Forderung vollständig zu genügen sich angelegen sein lassen werde. Wenn dasselbe aber in dem Bericht vom 27. v. M. zugleich die Ansicht ausspricht, daß es im ruhigen Hinblick auf seine bisherige Verwaltung aus meiner mehrerwähnten Verfügung keine Veranlassung entnehmen könne, das bisherige Verfahren zu ändern, so kann ich mich hiermit nicht einverstanden erklären. Der von der Regierung Sr. Majestät angenommene Grundsatz der Religionsfreiheit und der freien Religionsübung bedingt nothwendig eine freiere Auffassung der Stellung und der Befugnisse der Kirchengemeinden gegenüber der Staatsregierung und den von ihr eingesetzten kirchlichen Aufsichtsbehörden. Dieser Grundsatz darf nicht blos in Beziehung auf die das dermalige Kirchenregiment nicht anerkennenden Gemeinden zur Anwendung gebracht werden, sondern verpflichtet auch die zur Zeit noch mit der Handhabung des Kirchenregimentes betrauten Behörden, innerhalb ihres Wirkungskreises eine weit größere Duldsamkeit in liturgischer und dogmatischer Beziehung gegen die einzelnen Geistlichen und Gemeinden zu üben, als solche bisher mit Zustimmung der Regierung, namentlich von dem königlichen Konsistorium, geübt worden ist. Insbesondere wird die früher allerdings mehrfach vorgekommene Begünstigung einer bestimmten dogmatisch-theologischen Richtung gänzlich zu vermeiden sein."[20])

Und in der unterm 10. Juni erlassenen Antwort des Ministers auf den zweiten Bericht des Konsistoriums heißt es dann weiter:

„Wenn nun das königliche Konsistorium sich nicht nur dagegen verwahrt, daß es als Organ der Staatsregierung anzusehen und verpflichtet sei, seine Verwaltung nach den Grundsätzen der letzteren zu führen, sondern auch als evangelische Kirchenbehörde eine völlige Unabhängigkeit von der gegenwärtigen Staatsregierung in Anspruch nimmt,[21]) so vermag ich eine solche Auffassung als richtig nicht anzu-

---

[20]) Berl. Allg Kztg. 1848, N. 56, S. 525. Möller, Die Verwaltungs-Grundsätze, S. 15.

[21]) Aehnlich sprach sich übrigens auch der Generalsuperintendent Sartorius von Königsberg in einer Vorstellung vom 23. Mai gegen den Minister aus, und die Gnadauer Pastoralkonferenz votirte dem Konsistorium ihren ehrerbietigen und

erkennen. Worin auch der Ursprung und der Rechtsgrund des von dem evangelischen Landesherrn in der evangelischen Kirche ausgeübten Kirchenregiments gefunden werden mag, worüber verschiedene Ansichten bestehen, so muß ich doch das als feststehend betrachten, daß die Konsistorien nur im Auftrage des Landesherrn an dem Kirchenregiment Theil nehmen, daß sie demzufolge den Anordnungen des Landesherrn und der von ihm bestellten höheren kirchlichen Aufsichtsbehörde nachzukommen haben, daß ferner in Preußen bereits seit 1808 das Ministerium der geistlichen Angelegenheiten als die oberste Behörde zur Ausübung des landesherrlichen Kirchenregiments bestellt, daß hierin, nach Aufhebung des Oberkonsistoriums, bis jetzt nichts geändert worden ist, daß aber auch die Konsistorien in Preußen, da sie ohne alle Mitwirkung seitens der Kirche nur von dem Landesherrn und dem Ministerium eingerichtet und besetzt sind, nicht als rein kirchliche, vielmehr wesentlich auch als Staatsbehörden angesehen werden müssen. Diese Lage der Sache und daß die den Konsistorien zur Beherzigung empfohlenen Grundsätze von Sr. Majestät Allerhöchst anerkannt sind, hat das königliche Konsistorium bei seiner Argumentation unbeachtet gelassen. Auch kann ich nicht zugeben, daß die Kirchenleitung, welche den Konsistorien obliegt, also nur die Art der Ausübung des landesherrlichen Kirchenregiments, etwas seiner Natur nach ewiges, von den Ansichten des jedesmaligen Landesherrn und seiner Kirchenorgane unabhängiges sei, und sich der Einwirkung einer Umgestaltung der politischen Verhältnisse im Staat entziehen könne. Die Geschichte, namentlich des preußischen Staats lehrt das Gegentheil. Wäre es richtig, daß in Folge der angebahnten und in der Ausführung begriffenen konstitutionellen Verfassung Preußens aller Einfluß der Staatsregierung auf das Kirchenregiment schon jetzt aufgehört habe, so würde daraus nicht die Unabhängigkeit der Konsistorien von der Staatsregierung, nicht die Befugniß derselben, das Kirchenregiment lediglich nach ihrer auf dem

---

freudigen Dank für die treue Festigkeit und Entschiedenheit, mit welcher dasselbe in jenem Berichte die gefährdeten Rechte und Freiheiten der Kirche vertheidigt habe. Evang. Kztg. 1848, N. 74, S. 724; N. 58, S. 573.

Evangelium gegründeten Ueberzeugung zu handhaben, sondern nur das folgen, daß die Konsistorien den ihnen von dem Landesherrn und der obersten kirchlichen Aufsichtsbehörde ertheilten Auftrag als erloschen anzusehen und demgemäß die gegenwärtigen nicht von der Kirche bestellten Mitglieder derselben ihre Funktionen niederzulegen haben. Das königliche Konsistorium wird, wie ich hoffe, bei näherer Erwägung dieser Verhältnisse die Unhaltbarkeit seiner Verwahrung erkennen, und die der bestehenden Ordnung nicht entsprechende Stellung, welche es gegen das Ministerium einnehmen zu wollen scheint, aufzugeben um so mehr bereit sein, als dasselbe einerseits die bedenklichen Konsequenzen welche hieraus gegen seine eigene Autorität von den Gemeinden und Geistlichen leicht würden gezogen werden können, nicht verkennen wird, und andererseits sich überzeugt halten darf, daß die vorgesetzte Behörde keine Vorschriften ertheilen und keine Verfügungen erlassen werde, welche mit dem Evangelium unvereinbar sind."[21])

Wie der Kultusminister die Konsistorien daran erinnerte, daß der von der Regierung Sr. Majestät des Königs angenommene Grundsatz der Religionsfreiheit und freien Religionsübung nothwendig eine freiere Auffassung der Stellung und der Befugnisse der Kirchengemeinden gegenüber der Staatsregierung und den von ihr eingesetzten kirchlichen Aufsichtsbehörden bedinge, und daß namentlich fortan eine größere Duldsamkeit in dogmatischer und liturgischer Beziehung geübt werden müsse: so zeigte er auch durch eine Reihe von Maßregeln, wie sehr er selbst bei seiner Verwaltung sich von dieser Ueberzeugung leiten ließ. So wurde z. B. dem vom Magistrat in Magdeburg zum Stadtsuperintendenten erwählten Pastor Erler die Bestätigung ertheilt, die ihm vorher um seiner freien theologischen Richtung willen versagt worden; der Prediger Detroit in Königsberg, der seiner Funktionen enthoben worden, weil er den liturgischen Gebrauch des apostolischen Glaubensbekenntnisses im Gottesdienste verweigert hatte, ward in dieselben wieder eingesetzt, und der Konsistorialrath David Schulz in Breslau, der im Jahre 1845 wegen seiner Theilnahme an einer öffentlichen Erklärung gegen

---

[21]) Berl. Allg. Kztg. 1848, N. 56, S. 526; Möller, Die Verwaltungs-Grundsätze, S. 21 f.

das unevangelische Gebahren der orthodoxen Partei aus dem Breslauer Konsistorium entlassen war, wurde zum Wiedereintritt in diese Behörde aufgefordert.

Auch die Dissidentenfrage erfuhr durch den Grafen Schwerin eine Behandlung in dem Sinne der Freiheit und Duldsamkeit. Denn in einer Verfügung vom 11. April[23]) bestimmte der Minister, „um die königliche Zusage [der Religionsfreiheit] in vollem Maße zu erfüllen und die Gemeinden von jeder nicht durchaus nothwendigen Beschränkung in der Verfügung über ihre Kirchen zu befreien," daß fortan den evangelischen und katholischen Dissidentenvereinen die Mitbenutzung der evangelischen Kirchen zu gestatten sei, sobald der Patron und die Gemeinde resp. die verfassungsmäßigen Vertreter der letzteren, ihre Zustimmung erklärt hätten. Zugleich wurde verordnet, daß die patronatliche Zustimmung bei den Kirchen landesherrlichen Patronats, wenn die Gemeindevertreter den Dissidenten die Mitbenutzung der Kirche zu gestatten wünschten, nicht versagt werden dürfe. Und weiter erließ der Graf Schwerin unterm 13. Mai in Gemeinschaft mit dem Minister des Innern v. Auerswald eine Verfügung, in welcher hervorgehoben wurde, daß die polizeiliche oder gerichtliche Verfolgung dissidentischer Geistlichen wegen Vollziehung geistlicher Amtshandlungen an nicht förmlich aus der Kirche ausgetretenen Personen mit den jetzt angenommenen Grundsätzen der Regierung Sr. Majestät des Königs nicht mehr vereinbar sei, und demgemäß ein früherer, auf der entgegengesetzten Anschauung beruhender Ministerialerlaß ausdrücklich aufgehoben werde.[24])

Fassen wir nun die Gedanken zusammen, welche sich aus allen diesen Kundgebungen und Maßnahmen als die damals die Regierung leitenden ergeben, so sind es diese:

---

[23]) Minist. Blatt 1848, N. 4, S. 152. Dazu die Verfügung vom 27. April a. dems. O. S. 153.

[24]) A. dems. O. S. 152. Der Justizminister gab unterm 24. Mai von dieser Verfügung den Obergerichten Kenntniß und fügte die Bemerkung hinzu, daß er die Ansichten der beiden betreffenden Minister vollkommen theile. A. dems. O. N. 7, S. 269.

1. Wegen der grundsätzlich anerkannten Trennung der Kirche von dem Staate muß jede Einmischung des Staates in die inneren Angelegenheiten der Kirche aufhören.

2. Deshalb hat die Kirche das bisher vom Könige geübte Kirchenregiment selbst zu übernehmen.

3. Die neue Verfassung, deren die Kirche zur selbständigen Uebung dieses Regiments benöthigt ist, hat sie sich selbst zu geben.

4. Die Staatsregierung aber hat ohne Verzug diejenigen Maßregeln zu treffen, welche erforderlich sind, um die Kirche hiezu in den Stand zu setzen.

5. Sie hat deshalb möglichst bald auf Grund einer von ihr zu erlassenden Wahlordnung eine konstituirende evangelische Landessynode zu berufen.

6. Die von dieser Synode beschlossene Kirchenverfassung bedarf insofern der Genehmigung des Staates, als dieser darauf zu sehen hat, daß durch dieselbe weder seinen Rechten noch den Rechten anderer Kirchen zu nahe getreten werde.

7. Unter dieser einzigen Bedingung ist auch solchen, welche der bisherigen Landeskirche angehören, die völlige Freiheit zu gewähren, sich in eigenthümlicher Weise zu selbständigen Kirchengemeinschaften zu organisiren.

8. Bis zu dem Zeitpunkt, wo die Kirche in den Stand gesetzt sein wird, vermöge einer neuen Verfassung selbständig ihr Regiment zu führen, hat die Staatsregierung durch die bestehenden Kirchenbehörden das Kirchenregiment fortzuführen.

9. Sie hat aber bei dieser provisorischen Fortführung des Kirchenregimentes die Grundsätze der Religionsfreiheit und der Selbständigkeit der Kirche gegenüber dem Staate zu beobachten.

Hier nun drängt sich uns die Frage auf, welche Stellung wohl der König selber zu diesen Grundsätzen und den auf ihnen beruhenden Maßnahmen seiner damaligen Regierung eingenommen habe. An Aeußerungen des Königs in jener Zeit, aus denen wir die Antwort auf diese Frage schöpfen könnten, fehlt es indessen völlig, und wir sehen uns wesentlich nur auf Vermuthungen angewiesen. Für solche aber bieten sich manche ziemlich sichere Anhaltpunkte dar.

Aus den Mittheilungen, welche Professor Ludwig Richter über die eigenen Aufzeichnungen Friedrich Wilhelms IV. vom Jahre 1845 veröffentlicht hat, wissen wir zwar, daß der König schon damals eine tiefe Erkenntniß von der Unangemessenheit des landesherrlichen Kirchenregiments besaß,[25]) und allgemein bekannt sind die Worte, in welchen derselbe am 2. Oktober 1845 vor dem Berliner Magistrat bezeugte, daß er den Tag segnen werde, an dem er die Kirchengewalt wieder in die rechten Hände werde zurückgeben können.[26]) Aber wie bereits in seinen damals gemachten Aufzeichnungen so hat der König auch noch 1853 diese Aeußerung dahin erläutert, daß die „rechten Hände" allein „apostolisch gestaltete Kirchen geringen übersichtlichen Umfanges, die selbständigen zeugungsfähigen Schöpfungen seien, mit welchen als mit lebendigen Steinen die Apostel des Herrn den Bau seiner sichtbaren Kirche begannen und ihr im Feuer der Verfolgung den Sieg bereiteten";[27]) während er in jenen Aufsätzen zugleich ausgesprochen hat, daß, wenn man die Kirchengewalt entweder in die Hände von Bischöfen oder in die des Volks durch ihre Presbyterial- und Repräsentativordnung oder in die Hände unabhängiger Konsistorien legen wollte, jedes dieser drei Heilmittel siebenmal ärger sein würde, als die Krankheit selber.[28]) Und dann war er, wie wir aus derselben Quelle wissen, doch auch trotz jener Sehnsucht, die Kirchengewalt zurückgeben zu können, durchaus nicht geneigt, damit ein engeres Verhältniß zu den einzelnen Kirchen und deren Gesammtheit überhaupt aufzugeben. Sondern im Gegentheil dachte er sich den Landesherrn, nachdem derselbe aufgehört haben würde, ein Bischof zu sein, als den obersten Ordner und Schutzherrn der Kirche von Rechtswegen. Demgemäß sollten denn auch, nach seiner Meinung, neben den Synoden und der Generalsynode, als den berathenden und beschließenden, Pro-

---

[25]) Ludwig Richter, König Friedrich Wilhelm IV. und die Verfassung der evangelischen Kirche. Berlin, 1861, S. 21 ff.

[26]) Berl. Allg. Kztg. 1845, N. 86. S. 889.

[27]) Richter, König Friedrich Wilhelm IV. S. 37 ff.; K.-O. vom 13. Juni 1853 bei Dove, Sammlung der wichtigeren neuen Kirchenordnungen, Tübingen 1865, S. 3.

[28]) Richter, König Friedrich Wilhelm IV., S. 39.

vinzialkonsistorien und ein Oberkonsistorium als die vollstreckenden Organe stehen,[29]) und Richter nimmt gewiß mit vollem Rechte an, daß der Antrag der Generalsynode von 1846 auf die Errichtung eines Oberkonsistoriums eben deshalb von dem Könige erfüllt worden, weil er mit dessen Zielen übereingestimmt, dagegen die weiteren Anträge der Generalsynode auf eine Verschmelzung der Konsistorial- mit der Presbyterial- und Synodalverfassung, sowie die späteren Bestrebungen für die Hebung der Gemeindeverfassung, sich der lebendigen Theilnahme des Königs nicht erfreut haben, weil sie von seinem Ideale abzuführen schienen.[30]) Daß dem letzteren aber noch weit weniger jene Anschauungen und Pläne der nachmärzlichen Staatsregierung entsprachen liegt auf der Hand: am Maße der kirchlichen Verfassungsideale Friedrich Wilhelms IV. gemessen, konnte die Wiederauflösung des Oberkonsistoriums nur als ein Rückschritt, sowie die Berufung einer konstituirenden Landessynode und die Uebergabe der Kirchengewalt an die von derselben geschaffenen Organe nur als eine unheilvolle Maßregel erscheinen. Nehmen wir nun hinzu, in wie auffallender Weise die Auflösung des durch eine königliche Verordnung ins Leben gerufenen Oberkonsistoriums nicht etwa auch durch eine solche verfügt, sondern nur durch eine Bekanntmachung des Staatsministeriums als auf dessen Antrag vom Könige sanktionirt zur öffentlichen Kenntniß gebracht wurde: so werden wir schwerlich irren, wenn wir die Stellung des Königs dahin auffassen, daß, wie so viele damals, die vorher und nachher ganz andere Anschauungen verfochten haben, so auch er in jener Zeit die kirchlichen Maßnahmen und Pläne seines Ministeriums zwar als unvermeidlich anerkannte und deshalb nicht auf entscheidende Weise hemmte, ihnen aber innerlich fremd gegenüber stand und sie nicht als an und für sich richtige, sondern eben nur als durch die politische Entwickelung nothwendig gewordene genehmigte.[31])

---

[29]) A. dems. O. S. 94 f.

[30]) A. dems. O. S. 104 f.

[31]) Dafür, daß der König jene Maßnahmen als durch die politische Veränderung gebotene wirklich anerkannte, dürften ein gewichtiges Zeugniß auch die damals geschriebenen Worte Richters bilden, daß der gegenwärtige Träger des Regiments in der Erkenntniß dessen, was aus der Umwandlung der öffentlichen Zustände für die Kirche sich ergeben müsse, allen vorangegangen sei. s. unten S. 75.

II. Die Kirchenverfassungskommission und Richters Entwurf zu einer Wahlordnung.

Jene Gedanken nun, welche den Aeußerungen und Maßregeln der Staatsregierung und insbesondere des Kultusministers zu Grunde lagen, fanden bei der vom Grafen Schwerin berufenen Kirchenverfassungskommission die vollste Zustimmung. Denn nach dem Berichte eines ihrer Mitglieder vereinigte sich die Kommission in ihrer ersten und einzigen Sitzung am 11. April über den allgemeinen Grundsatz, daß durch die eingetretene Veränderung der Staatsform auch die gegenwärtig zu Recht bestehende Verfassung der Kirche insoweit in Frage gestellt sei, als sie auf dem Prinzipe der landesherrlichen Kirchengewalt beruhe, und zugleich erkannte sie einmüthig an, daß die hienach unabweisbar nothwendig gewordene Umgestaltung der Verfassung nur aus der eigenen That der Kirche hervorgehen könne, daß es aber die Pflicht des bestehenden Regimentes sei, diejenigen Veranstaltungen zu treffen, durch welche eine Vertretung der Kirche zum Zwecke weiterer Beschlußnahme gewonnen werden könne. Eine Differenz zwischen den Mitgliedern der Kommission zeigte sich nur rücksichtlich der Ausdehnung der von ihnen selbst zu leistenden Vorarbeit. Während nämlich die einen die Vorlegung eines Verfassungsentwurfes im praktischen Interesse befürworteten, waren die andern entgegengesetzt der Meinung, daß ein solcher Schritt um der kirchlichen Freiheit willen schlechthin zu unterlassen sein werde, und daß die Kommission vielmehr lediglich berufen sei, den Weg, auf welchem die Kirche ihre künftige Lebensform finden könne, zu bereiten, also die erforderlichen Bestimmungen über die Berufung einer konstituirenden Synode zu beantragen.[2])

Da dieses letztere auch von dem Minister als die nächste Aufgabe

---

[1]) Vortrag über die Berufung einer evangelischen Landessynode. Dem Königl. Ministerium der geistlichen Angelegenheiten zur weiteren Veranlassung überreicht von dem ordentlichen Professor der Rechte Dr. Ludwig Richter. Berlin 1848, S. 3. Berl. Allg. Kztg. 1848, N. 36, S. 324.

[2]) Allg. Preuß. Ztg. 1848, N. 116, S. 979, Spalte 3.

der Kommission bestimmt wurde, verfaßte nun der Kirchenrechtslehrer Professor Dr. Ludwig Richter als Referent der Kommission folgenden

„Entwurf zu einer Verordnung die Berufung einer evangelischen Landessynode betreffend."

„Wir Friedrich Wilhelm, von Gottes Gnaden König von Preußen ꝛc., haben wiederholt Unsere Ueberzeugung dahin zu erkennen gegeben, daß die evangelische Kirche des Landes nicht ihre Verfassung durch eine Maßregel des bestehenden Regiments empfangen, sondern sich aus sich selbst erbauen müsse. Der Zeitpunkt für die Lösung dieser Aufgabe ist gegenwärtig eingetreten, da mit der erfolgten Veränderung der Staatsverfassung die unveränderte Fortdauer der gegenwärtigen Organisation der Kirche nicht vereinbar sein würde. Wir verordnen deßhalb, nach Anhörung Unseres Staatsministeriums, was folgt:

§. 1. Zur Berathung und Beschlußnahme über die künftige Verfassung der evangelischen Kirche soll eine Landessynode versammelt werden, in welcher die einzelnen Provinzen mit Einschluß der Rheinprovinz und der Provinz Westfalen durch gewählte Abgeordnete vertreten sind.

§. 2. In der Rheinprovinz und der Provinz Westfalen erfolgt die Wahl der Deputirten durch die außerordentlicher Weise zu berufenden Provinzialsynoden nach Maßgabe der im §. 9 enthaltenen Bestimmung.

§. 3. In den östlichen Provinzen dagegen sollen zunächst Kreis- und dann Provinzialsynoden gebildet werden, aus deren Wahl die Vertreter der Kirche hervorgehen sollen.

§. 4. Wähler und wählbar hierbei sind alle Mitglieder der evangelischen Kirche des Landes, welche selbständig und unbescholtenen Rufes sind.

§. 5. Sämmtliche Wahlen geschehen nach absoluter Stimmenmehrheit.

§. 6. Die Kreissynode besteht aus dem Superintendenten, dem Pfarrer beziehentlich dem ersten Geistlichen, und je einem gewählten Mitgliede jeder Mutter- oder Tochtergemeinde des Kreises. Bei der Wahl des letzteren stimmen diejenigen, denen nach A. L. R. Th. II. Tit. 11 §. 283 ff. die Befreiung von der ordentlichen Parochie ihres Wohnortes zusteht, in dem Pfarrbezirke, in welchem sie wohnen.

§. 7. Zur Provinzialsynode wählt jede Kreisversammlung, unter Leitung des Superintendenten und unter Assistenz eines gewählten weltlichen Mitgliedes, zwei geistliche und zwei weltliche Abgeordnete aus den geistlichen und den nach §. 4 befähigten weltlichen Kirchengliedern des Kreises.

§. 8. Die Provinzialsynoden haben unter dem Vorsitze des Generalsuperintendenten und unter dem Beistande eines gewählten weltlichen Deputirten aus den geistlichen und den nach §. 4 befähigten weltlichen Gliedern der Kirche der Provinz, die Abgeordneten zur Landessynode zu wählen.

§. 9. Die Anzahl der Mitglieder der Landessynode bestimmt sich dergestalt, daß in jeder Provinz auf je drei Kreise ein weltliches, auf je vier Kreise ein geistliches Mitglied und eben so viele Stellvertreter gewählt werden. Zu denselben tritt ein Abgeordneter von jeder der sechs theologischen Fakultäten des Landes.

§. 10. Die Leitung der Verhandlungen führt ein von der Synode frei gewähltes Präsidium. Das landesherrliche Hoheitsrecht wird von Unserem Minister der geistlichen Angelegenheiten, als Unserem Kommissar, wahrgenommen werden.

§ 11. Die Beschlüsse der Landessynode bilden, vorbehaltlich der Zustimmung der Repräsentation des Landes, soweit dieselbe erforderlich sein wird, die Grundlage der künftigen Verfassung der Kirche.

§. 12. Es bleibt der Landessynode vorbehalten, denjenigen Gemeinden, welche das gegenwärtige Regiment der Landeskirche nicht anerkennen, die Theilnahme an ihren Berathungen und Beschlüssen zu gewähren.

§. 13. Unser Minister der geistlichen Angelegenheiten ist mit der Vollziehung dieser Verordnung beauftragt u. s. w. u. s. w."

Dieser Entwurf wurde unterm 26. April in der Allgemeinen Preußischen Zeitung veröffentlicht und mit folgenden Bemerkungen begleitet:

„Der Referent der Kommission, welche unter dem Vorsitze des Ministers der geistlichen u. s. w. Angelegenheiten zusammengetreten ist, um die erforderlichen Einleitungen zu einer neuen, aus der evangelischen Kirche sich selbst entwickelnden Verfassung derselben zu treffen, hat folgenden, von der gedachten Kommission jedoch bis jetzt noch nicht berathenen Entwurf einer Verordnung, die Berufung einer evangelischen Landessynode betreffend, vorgelegt. Es kann nur gewünscht werden, daß vor der Berathung dieses Entwurfs von Seiten der Kommission derselbe einer vielseitigen Kritik unterworfen und dadurch der Kommission Gelegenheit gegeben werde, ihre Berathungen auch auf diejenigen Vorschläge und Aeußerungen zu erstrecken, welche aus jener Kritik hervorgegangen sind. Nach einer vorläufigen Berechnung würde die durch diesen Wahlmodus zusammengesetzte Landessynode etwa 237 Mitglieder enthalten und darunter 98 Geistliche."[3])

Zugleich wurde auch dem Verfasser des Entwurfes wohlwollend gestattet, den Standpunkt, welchen er festgehalten hatte, öffentlich darzulegen, damit die erwartete und erwünschte Diskussion vor Mißverständnissen und Abwegen möglichst bewahrt bliebe. Er suchte dieser Aufgabe durch die Veröffentlichung von „Erörterungen" zu genügen, welche ich ihrer Wichtigkeit wegen vollständig mittheile.[4])

[3]) Allg. Preuß. Ztg. 1848, N. 116 vom 27. April, S. 979, Spalte 3.

[4]) Die Veröffentlichung geschah in der Berl. Allg. Kztg. 1848, N. 36 (vom 6. Mai), S. 321 ff.

Richter's Erörterungen zu dem Entwurfe.

„Es war der beherrschende Gedanke, daß die bisherige Form des Regiments der evangelischen Kirche in Preußen von dem Augenblicke an ihre Berechtigung verloren habe, wo das konstitutionelle Prinzip und die von ihm untrennbare Verantwortlichkeit der Minister die Grundlage des öffentlichen Lebens geworden sei. Zwar enthalten die Verfassungsurkunden der deutschen Staaten einstimmig auch ein Anerkenntniß der landesherrlichen Kirchengewalt, und es ist, wenn wir uns recht erinnern, in einer Ständeversammlung ausdrücklich zugegeben worden, daß auch die Regierung der Kirche unter Verantwortlichkeit gegen die Stände geführt werde. Der näheren Betrachtung kann es jedoch nicht entgehen, daß in jenem Anerkenntniß nur ein bewußtloses Festhalten an den gewohnten Zuständen, und in diesem Zugeständniß nur eine mangelhafte Erwägung der Konsequenzen des Prinzipes und der Lebensbedingungen der Kirche zu Tage tritt. Es war gewiß ein mannigfach bedenklicher Zustand, daß bisher in Preußen die obere Leitung der Kirche allein in die Hand eines höheren Staatsbeamten gelegt war, und es darf zur Ehre der Wahrheit gesagt werden, daß dieses nicht nur von der Kirche empfunden, sondern von dem Regiment selbst anerkannt worden ist. Die unveränderte Fortdauer jenes Zustandes aber würde mit dem Recht der Kirche auf selbstständiges Dasein unter den gegenwärtig eingetretenen Verhältnissen noch viel weniger vereinbar sein. Um dieses zu beweisen dürfen wir nur daran erinnern, daß seit die Freiheit der Religionsübung und die Gleichheit der bürgerlichen und politischen Rechte für die Bekenner aller Religionen gesetzlich ausgesprochen worden ist, die Volksvertretung ihre Glieder aus Christen aller Bekenntnisse und aus Nichtchristen sammeln wird. Soll nun ihr der Minister der geistlichen Angelegenheiten für die Leitung der evangelischen Kirche zu Recht und Rede stehen? Soll er diejenigen, welche nicht auf dem Grunde der Kirche stehen, doch sich als Wächter gegenüber haben? und soll die Kirche ihre Verwaltung abhängig sein lassen von den Wechselfällen des politischen Lebens? In der That ist hier die Antwort außer Zweifel, so lange nicht alles, was wir bis jetzt festgehalten haben,. für eine Täuschung erklärt und der evangelischen Kirche das Recht auf selbständiges Dasein förmlich abgesprochen worden ist. Vorläufig hat es jedoch mit diesem Territorialismus nicht nur keine Gefahr, sondern wir dürfen es mit aufrichtig dankbarem Herzen sagen, daß der gegenwärtige Träger des Regiments in der Erkenntniß dessen, was aus der Umwandlung der öffentlichen Zustände für die Kirche sich ergeben muß, uns allen vorangegangen ist. Verhält es sich nun so, so ergiebt sich das Weitere schon von selbst. Bisher haben wir uns in allerhand Theorien über das Verhältniß der Kirche zu dem Staate versucht. Aber die Gedanken der Menschen sind geduldiger als die Thatsachen, denn mit ungeahnter Schnelligkeit ist der alte Grenzstreit entschieden, und das was die einen ersehnt, die anderen befürchtet haben, verwirklicht worden: das Band des Regiments, welches Jahrhunderte lang die evangelische Kirche mit dem Staat verbunden hat, ist gelöst. Wir sagen: das Band des Regiments ist gelöst, in der lebendigen Hoffnung, daß sich um so fester ein anderes knüpfen werde, in welchem die Kirche dem Staate in freier Weise dient, und den Schatz, zu dessen Bewahrerin sie bestellt ist, zu seinem Heil verwendet.

Die Kirche jedoch, welche solchergestalt frei geworden, ist nicht organisirt für die Freiheit, und hierin kommt die Schuld der vergangenen Jahrhunderte zu Tage. In den östlichen Provinzen sind die Gemeinden nur Aggregate von einzelnen Personen, nicht lebensvolle Glieder der Kirche, und die Kirche selbst bietet nur das Bild einer Masse von Parochien, welche in den Superintendenten und Konsistorien einen äußerlichen Zusammenhang haben. Darum also muß das Erste und Nächste sein, daß die Kirche zu rechtlicher Gestaltung gelange, eine Ansicht, mit der auch diejenigen übereinstimmen werden, welche die gegenwärtige Zeit nicht als sonderlich geeignet für Aufrichtung einer Kirchenverfassung betrachten möchten. Das müssen wir zugeben, daß die Verfassungsbestrebungen in der Kirche nicht der Nachklang der Bewegungen auf dem Boden des politischen Lebens sein sollen, und für einen verwerflichen Irrthum müßten wir es erachten, wenn in den Resultaten der letzteren der Kanon auch für die Organisation der Kirche gesucht werden sollte. Auf der anderen Seite ist es jedoch mit allgemeinen Stichworten nicht gethan, und das Verlangen nach Presbyterien und Synoden darf nicht blos als ein demokratisches Gelüste abgewiesen und verdächtigt werden. Vielmehr müssen wir ihm an sich seine Berechtigung zugestehen, und wenn es auch gewünscht werden dürfte, daß seine Verwirklichung in eine andere Zeit fiele, werden wir nicht um der blos möglichen Gefahr etwaiger Fehlgriffe willen die Kirche der sicheren Gefahr des Auseinanderfallens überliefern dürfen. Müssen wir aber die in den Thatsachen selbst begründete Nothwendigkeit einer Umgestaltung der Kirchenverfassung selbst anerkennen, so haben wir in gleicher Weise das als entschieden zu bezeichnen, daß die Hülfe nicht von dem gegenwärtig bestehenden Regiment erwartet und gewährt werden kann. Eine Organisation aus den Händen der Regierung würde, das verhehlen wir uns nicht, weder überhaupt noch unter den gegebenen Verhältnissen des entgegenkommenden Vertrauens sich so vollständig erfreuen, daß sie als eine feste Grundlage betrachtet werden dürfte. Es muß vielmehr die Verfassung aus der eigenen That der Kirche hervorgehen, und zur Wahrheit werden was durch ein noch jetzt in vielen Herzen wiederklingendes königliches Wort einst verkündigt worden ist. Auf diesem Standpunkte haben die Mitglieder der zur Berathung über die Verfassungsfrage verordneten Kommission sich einstimmig begegnet, weshalb denn auch die Abfassung eines Verfassungsentwurfes im eigentlichen Sinne von ihnen nicht als ihre Aufgabe erkannt worden ist. Ebenso einmüthig aber haben sie die Ueberzeugung ausgesprochen, daß es die Pflicht des bestehenden Regimentes sei, diejenigen Veranstaltungen zu treffen, durch welche eine Vertretung der Kirche zum Zwecke weiterer Beschlußnahme gewonnen werden kann. Hiermit ist der Standpunkt des Entwurfes und zugleich der Umfang, welcher in ihm dem zu schaffenden Organe gegeben worden ist, zur Genüge bezeichnet.

Es ist die dem Regiment untergebene Landeskirche, an welche sich zunächst die Verordnung richtet. Es ist mithin ausdrücklich ausgesprochen, daß die künftige Landessynode auch Vertreter der westlichen Provinzen in sich begreifen solle. Zwar besteht in den letzteren zum Theil auf alter geschichtlicher Grundlage die Synodal- und Presbyterialverfassung in gesetzlicher Kraft, und es konnte nicht entfernt daran gedacht werden, ihnen ein Gut zu schmälern, auf das sie mit Recht großen Werth legen. Auf der andern Seite aber erschien als wünschenswerth, alle Theile der Landeskirche zu gemeinsamer Bestrebung zu vereinigen und insbesondere die heilsame Mitwirkung der Provinzen, in denen sich das kirchliche Leben vorzugsweise eine heimathliche Stätte bereitet hat, nicht verloren gehen zu lassen. Hier bot sich nun der Ausweg dar, zwar die westlichen Provinzen an der Berathung zu betheiligen, zugleich aber die Annahme der Beschlüsse von der Entscheidung ihrer Synoden abhängig zu machen. Bei näherer Erwägung erschien derselbe jedoch nicht als annehmbar, weil er ein offenes Mißverhältniß bei der Fassung der Beschlüsse und eine Benachtheiligung der östlichen Provinzen in seinem Gefolge haben würde. Deshalb ist im Entwurf vorgeschlagen worden, die Provinzialsynoden von Rheinland und Westfalen als die zu Recht berufenen Vertreterinnen der dortigen evangelischen Gemeinden zu versammeln und zur Wahl von Abgeordneten zum Zwecke gemeinsamer Berathung und Beschlußnahme zu veranlassen, eine Maßregel, durch welche nicht nur das verfassungsmäßige Recht derselben gewahrt, sondern auch den Verhandlungen der Landessynode eine festere Haltung und Richtung gegeben werden würde. Einer neuen Wahl bedarf es zur Ausführung in den westlichen Provinzen deshalb nicht, weil die Permanenz der dortigen Synoden insofern anerkannt ist, als die Mitglieder bis zur nächsten ordentlichen Versammlung auch außer der Regel sich zu versammeln verbunden sind. (Bescheid auf die rhein. Synodalanträge v. J. 1835 d. d. 19. Sept. 1836 bei Hermens Kultusgesetzgebung Bd. III. S. 680.).

Eine zweite hier einschlagende Frage, welche die Beziehungen zu den Lutheranern und den sg. freien Gemeinden betrifft, gewinnt von dem oben festgestellten Standpunkte aus ebenfalls ihre Lösung. Es muß zunächst zugestanden werden, daß das Regiment nur diejenigen berufen kann, von denen es selbst anerkannt wird, und daß eine Verordnung, welche diese Grenze überschritte, über die Schranken ihrer Berechtigung hinausgehen würde. Dem Verfasser des Entwurfes sind weder die großen Streitigkeiten unbekannt, welche über den Begriff der Kirche bis auf die neueste Zeit geführt worden sind, noch ist er uneingedenk der Ungunst, welche sich, verdient und unverdient, auf den Begriff der Landeskirchen gelegt hat. Ebenso gewiß aber ist es ihm, daß das Regiment bei der jetzt in Frage stehenden Maßregel sich nur an den letzteren zu halten haben wird, wenn es anders nicht in die Lage kommen will, den praktischen Boden gänzlich zu verlieren. Hieraus folgt von selbst, daß die Berufung zur Synode zunächst und unmittelbar nur an die engeren und weiteren Kreise innerhalb der Landeskirche ergehen kann. Vielleicht könnte hier eingeworfen werden, daß, wenn auch dieses der Fall sei, wenigstens doch die Berechtigung der getrennten Gemeinden zur Beschickung der Synode ohne weiteres anzuerkennen sein werde. Indessen scheint auch auf diesem Wege die zweifelhafte Frage nicht gelöst werden zu können, weil das Kirchenregiment schwerlich eine Entscheidung zu fällen berechtigt sein möchte, welche nach der Natur der Sache allein von der Kirche ausgehen kann, und noch viel weniger ist es statthaft anzunehmen, daß die Berechtigung der getrennten Gemeinden zur Theilnahme an dem Verfassungswerke schon durch die erfolgte Verkündigung der freien Religionsübung gesetzlich gegeben sei. Die Religionsfreiheit gewährt das Recht ungehinderter Vereinigung und Entfaltung. Dagegen hat sie nicht die Kraft, geschehene Trennungen aufzuheben, sondern hierzu wird es stets eines Aktes freier Vereinigung bedürfen, wenn nicht das, was auf der einen

Seite Freiheit ist, auf der anderen in unzulässigen Zwang verkehrt werden soll. Von diesem Standpunkte aus ist der §. 12 des Entwurfes gefaßt worden, welcher es der Synode vorbehält, denjenigen Gemeinden, welche das Regiment der Landeskirche nicht anerkennen, die Theilnahme an den Berathungen und Beschlüssen zu gewähren. Daß es an Geneigtheit hierzu nicht fehlen werde, davon ist der Verfasser des Entwurfs überzeugt, weil er weiß, daß Tausende mit ihm den Wunsch hegen, daß es gelingen möge, die Getrennten wieder zu brüderlicher Vereinigung heranzuziehen, altes Unrecht zu versöhnen und neue Mißverständnisse zu berichtigen. Den Vorwurf der Intoleranz wenigstens glaubt er in der vorstehenden offenen Erklärung von sich abgelehnt zu haben

Nach dieser allgemeinen Betrachtung ist es nöthig, zu den konkreten Zuständen der östlichen Provinzen überzugehen. In diesen besteht, wie bereits bemerkt, keine Repräsentation der Kirche, es ist also die Aufgabe, eine Vertretung zuvörderst zu begründen. Hierzu ist eine direkte Wahl in einem willkürlich gebildeten Kreise ohne Zweifel schon von dem praktischen Standpunkt aus nicht geeignet, selbst wenn man von dem Prinzip ganz abzusehen, und die unendliche Differenz zwischen den Verhältnissen der Kirche und denen des Staates nicht anzuerkennen geneigt sein möchte. Es ist deshalb in Gemäßheit des von der Kommission gefaßten Beschlusses in dem Entwurf die geschichtliche Gliederung nach Kreisen und Provinzen festgehalten und folglich vorgeschlagen worden, zunächst aus den Gemeinden die Kreissynoden, aus diesen die Provinzialsynoden, endlich aus diesen die Vertreter der Kirche hervorgehen zu lassen (§. 3). Der Gesichtspunkt, von welchem aus die Qualifikation für die hiernach erforderlichen Wahlen bestimmt worden ist, entspricht im wesentlichen dem, was bisher schon über das Stimmrecht in kirchlichen Angelegenheiten in den östlichen Provinzen gegolten hat, nur so, daß das Recht der Hausväter auf alle bürgerlich selbständigen und unbescholtenen Glieder der Gemeinde übertragen worden ist (§. 4). Die rheinisch-westfälische Kirchenordnung hat zwar gleich andern Synodalordnungen für die Wählbarkeit noch engere Vorschriften, indem sie die Theilnahme am Gottesdienst und Abendmahl zur Bedingung macht. Abgesehen jedoch davon, daß durch die Aufnahme dieses Grundsatzes, der im übrigen selbst in den Gebieten der genannten Kirchenordnung in der Praxis nur mittelbar zur Anwendung kommt (vgl. das Reskr. v. 10. Mai 1835 bei Hermens a. a. O. S. 650), eine Reihe eben so schwieriger als anstößiger Untersuchungen nothwendig geworden sein würde, konnte es nicht als zulässig erscheinen, eine dem bestehenden Rechte fremde Beschränkung durch die gegenwärtige Verordnung einzuführen. Von selbst versteht es sich übrigens, daß die Frage, ob ein Glied der Gemeinde die erforderliche Unbescholtenheit nicht besitze, im Falle erhobener Einrede nur von der Versammlung der Gemeinde selbst entschieden werden kann.

Bei der näheren Bestimmung über die Bildung der Kreissynoden (§. 6) sind zwei Grundsätze festgehalten worden, welche als unbestritten angesehen werden dürfen, und durch die entsprechenden Vorschriften aller Synodalordnungen ihre Bestätigung empfangen. Zunächst sind die Gemeinden als gleichberechtigte Einheiten gefaßt und ferner ist angenommen worden, daß der Geistliche unabhängig von jeder Gemeindewahl zur Synode gehöre. In der ersten Beziehung genügt es darauf hinzuweisen, daß sich die Kirche aus den Gemeinden als ihren organischen Gliederungen erbaut, und daß folglich alle Gemeinden da, wo es gilt über allgemeine kirchliche Fragen zu entscheiden, auch eine gleiche Berechtigung haben müssen, ohne daß die Zufälligkeit der größeren oder geringeren Seelenzahl einen Unterschied begründen kann. Soviel dagegen die zweite Bestimmung anlangt, so muß zwar entschieden die Ansicht abgelehnt werden, welche in einer längst vergessenen Zeit den Geistlichen eine Herrschaft über die Gemeinde beigelegt hat, auch glaubt der Verfasser des Entwurfes schon früher bewiesen zu haben, daß er den Gemeinden nichts zu vergeben geneigt ist. Eben so gewiß aber ist es ein Grundsatz des evangelischen Kirchenrechts, daß der Träger des geistlichen Amtes überall mitzuwirken berufen sei, wo die Gemeinde als solche thätig wird, denn wie es kein geistliches Amt giebt ohne Gemeinde, so kommt auch die Gemeinde nur durch das Amt zu ihrem Begriffe. Ob es dagegen im übrigen nicht angemessen sein möchte, sämmtliche festangestellte Geistliche der einzelnen Gemeinden und eben so viele weltliche Abgeordnete auf der Synode erscheinen zu lassen, dies ist eine freie Frage, welche in der Kommission zur Berathung kommen, und von ihr im unverwandten Hinblicke auf das, was das Heil der Kirche fordert, entschieden werden wird. Einer kurzen Rechtfertigung bedarf zuletzt nur noch das, was über die Filialgemeinden in dem Entwurf bestimmt ist. Die Erwägung, daß das Filialverhältniß an sich das selbständige Gemeinderecht nicht aufhebt, hat zu der Ueberzeugung geführt, daß den Tochtergemeinden das Recht zur Wahl eines Abgeordneten nicht entzogen werden dürfe. Daß hierdurch den weltlichen Gliedern der Kreissynode das Uebergewicht gegeben wird, hat um so weniger Veranlassung bieten können, diesen Standpunkt zu verlassen, als dadurch selbstredend auch nicht entfernt ein Recht der Geistlichen gekränkt wird. — Aus den Kreissynoden welche nach den bisher erörterten Grundsätzen zu bilden sein dürften, sollen die Provinzialsynoden hervorgehen. Diese bestehen in den Gebieten der rheinisch-westfälischen Kirchenordnung aus den Superintendenten und je einem Pfarrer und Aeltesten jedes Kreises, und es kam mithin in Frage, ob nicht eine analoge Bestimmung auch für die östlichen Provinzen in Anwendung zu bringen sein möchte. Bei näherer Erwägung ergab sich jedoch die Nothwendigkeit mehrfacher Modifikationen. Es mußte nämlich zuvörderst anerkannt werden, daß die Verhältnisse der Superintendenten in den östlichen Provinzen nicht mit denen in Rheinland und Westfalen in Vergleichung gesetzt werden dürfen, weil hier dieses Amt aus der Wahl der Kreissynoden hervorgeht, während dort die Bestellung allein durch das Regiment erfolgt. Schon aus diesem Grunde konnte es nicht als angemessen erscheinen, die Wahl der Kreissynoden zu beschränken, und es ist deshalb in dem Entwurfe völlig davon abgesehen worden. Weiter aber war auch eine Verstärkung des weltlichen Elementes durch Gründe, welche keiner Erörterung bedürfen, geboten. So ist denn der Vorschlag entstanden, die Provinzialsynode aus zwei Geistlichen und zwei weltlichen Abgeordneten jedes Kreises bestehen zu lassen (§. 7). Hierbei ist im Interesse der Freiheit die Beschränkung der Wahl auf die Mitglieder der Synode vermieden und die Wählbarkeit aller befähigten, geistlichen oder weltlichen Kirchenglieder des Kreises ausgesprochen worden. Eben so wird es Billigung finden, daß der Entwurf nicht eine Wahl nach Kurien in Vorschlag gebracht hat. Hierin würde das Anerkenntniß eines Lehrstandes als einer besonders berechtigten Ordnung, und folglich die Annahme eines Grundsatzes gelegen haben, der, wie oft er auch vertheidigt worden sein mag, dennoch weder in den Prinzipien des evangelischen Kirchenrechts überhaupt, noch in denen des preußischen insbesondere seine Unterstützung findet. — Zuletzt ist nun die Bildung der Landessynode selbst (§. 8, 9) in nähere Betrachtung zu stellen. Für diese mußte es zunächst als entscheidender Grundsatz gelten, daß die Zahl der Mitglieder weder so groß sein dürfe, daß durch sie der ordnungsmäßige Gang der Berathungen erschwert, noch so gering, daß das Bewußtsein der Kirche zu vollständigem Ausdruck zu gelangen verhindert würde. Ein weiterer wesentlicher Gesichtspunkt war, das Zahlenverhältniß der geistlichen und weltlichen Mitglieder entsprechend zu bestimmen. Die Synodalordnungen lassen meist die ersteren in der Mehrzahl erscheinen, und die rheinisch-westfälische Kirchenordnung hat, wie bereits bemerkt, für die Provinzialsynode dieselbe Einrichtung. Für die gegenwärtig zu berufende Versammlung hat jedoch ein anderer Standpunkt festgehalten werden müssen, indem es zwar schlechthin erforderlich war, den Schatz der Erfahrung, den die Geistlichen besitzen, für die Berathung möglichst zu sichern, auf der andern Seite aber zugleich vermieden werden mußte, dem Verfassungswerke durch das Ueberwiegen eines besonderen Standes das Vertrauen zu entziehen, in welchem es allein gedeihen kann. Unter Festhaltung aller dieser Rücksichten ist also vorgeschlagen worden, in jeder Provinz auf drei Kreise ein weltliches, auf je vier ein geistliches Mitglied wählen zu lassen. Da nun in dem ganzen Umfange des Landes 387 Kirchenkreise bestehen, so würde sich ungefähr eine Zahl von 129 weltlichen und 98 geistlichen, mithin ein Gesammtbetrag von 227 Mitgliedern ergeben. Das Prinzip der freien Wahl ist aus dem bereits angedeuteten Grunde auch hier festgehalten worden, und nur zu Gunsten der theologischen Fakultäten des Landes ist eine Ausnahme als angemessen erschienen, um der theologischen Wissenschaft ihre Vertretung zu sichern. Von selbst verstand sich übrigens, daß die Wahl auch hier nicht auf die Glieder der Synode zu beschränken, sondern in dem ganzen Umkreise der Provinz freizugeben war. Daß endlich der Synode das Recht der Wahl ihres Präsidiums zugestanden worden ist, entspricht eben so sehr der Natur der Sache, als die weitere Bestimmung, welche dem Minister der geistlichen Angelegenheiten die Wahrung des landesherrlichen Hoheitsrechtes gegenüber der Landessynode überweist (§. 10). — In dem Vorstehenden hat der Verfasser den Standpunkt dargelegt, welchen er bei der Abfassung des Entwurfes festgehalten hat. Er bescheidet sich gern, daß hier, wo es galt aus den vorhandenen losen Elementen ein Organ für den wichtigsten und folgenreichsten Akt der Kirche zu schaffen, von ihm bei weitem nicht alle Schwierigkeiten überwunden worden seien, und es wird ihm genügen, wenn ihm in der zu erwartenden öffentlichen Debatte und dann in den Verhandlungen der verehrten Mitglieder der Kommission wenigstens das Zeugniß nicht versagt wird, daß er mit Besonnenheit und Treue bemüht gewesen sei, die ihm gestellte Aufgabe ihrer Lösung näher zu führen."

Also beherrscht von dem Gedanken, daß das bisherige Kirchenregiment des Landesherrn mit der Aufnahme des konstitutionellen Prinzipes in das preußische Staatswesen seine Berechtigung verloren habe, und daß die somit frei gewordene Kirche sich durch ihre eigene That eine neue Verfassung geben, das annoch bestehende Regiment indessen diejenigen Veranstaltungen treffen müsse, durch welche eine für diesen Zweck legitimirte Vertretung der Kirche gewonnen werden könne: von diesem Gedanken beherrscht, suchte Richter in dem „Entwurfe" eben den Weg festzustellen, welchen nach seiner Ueberzeugung das bestehende Kirchenregiment zur Gewinnung einer solchen Vertretung der Kirche würde einzuschlagen haben. Dabei stand ihm zunächst nun dieses fest, daß die Verpflichtung und die Berechtigung des Kirchenregiments in dieser Angelegenheit sich einerseits auf das ganze Gebiet der demselben unterstehenden evangelischen Kirche, andererseits aber nicht über dieses hinaus erstrecke. Und hieraus ergab sich dann sofort, daß das Kirchenregiment eine Vertretung eben der evangelischen Landeskirche Preußens zu erzielen, die betreffenden Maßregeln also auch auf die rheinisch-westfälische Kirche auszudehnen (§. 1), die separirten Lutheraner und die freien Gemeinden dagegen von denselben auszuschließen hätte; während das Recht der Kirche und dieser losgetrennten Theile, sich wieder zu Einem Körper zu vereinigen, es zu erheischen schien, daß die Vertretung der Kirche den letzteren die Theilnahme an dem Werke der kirchlichen Neugestaltung freistellen dürfte (§. 12).

Die rheinisch-westfälische Kirche hatte bereits ihre legale Repräsentation an der auf der Presbyterialordnung beruhenden Provinzialsynoden und Richter achtete es daher dem verfassungsmäßigen Rechte dieses Kirchentheils entsprechend, eben durch sie im Wege der Wahl diejenigen Männer bestimmen zu lassen, welche als Vertreter der rheinisch-westfälischen Kirche gemeinsam mit der Vertretung der Kirche in den östlichen Provinzen die neue kirchliche Organisation berathen und beschließen sollten (§. 2). Viel schwieriger mußte es erscheinen, zu dieser Kirchenvertretung in den östlichen Provinzen zu gelangen, in denen noch gar keine kirchliche Repräsentation vorhanden war. Der Verfasser des Entwurfes glaubte zu diesem Behufe zunächst auf die einzelnen Provinzen und Kreise (Superintendenturen) als die geschichtlichen Gliederungen und sodann weiter auf die einzelnen Gemeinden, und zwar Tochter- und Muttergemeinden, als die gleichberechtigten Einheiten der Kirche zurückgehn zu müssen. Hieraus ergab sich ihm der Vorſchlag, zuvörderſt je eine Vertretung jeder einzelnen Gemeinde zu bilden, darauf die Gemeindevertretungen jedes Kreiſes unter dem Superintendenten zu einer Kreisſynode zu vereinigen (§. 3, 6) und dann weiter durch die Kreisſynoden jeder Provinz aus den qualifizirten Perſonen der betreffenden Kreiſe eine Provinzialſynode wählen zu laſſen (§. 3, 7), um durch die Provinzialſynoden unter dem Vorſitz der Generalſuperintendenten endlich aus den qualifizirten Perſonen jeder Provinz diejenigen Männer bezeichnet zu erhalten, welche mit den Vertretern der rheiniſch-weſtfäliſchen Kirche vereinigt eine konſtituirende Landesſynode bilden ſollten (§. 8).

Hing die Beſchaffenheit der Landesſynode ſomit zum guten Theile davon ab, daß gleich auf der unterſten Vertretungsſtufe ein möglichſt hohes Maaß von kirchlicher Lauterkeit und Einſicht ſeine Stelle fände: ſo war eben die Art, die Gemeindevertretung zu bilden, von der allergrößten Wichtigkeit. In dieſer Beziehung erkannte Richter einerſeits als das Subjekt der Gemeindethätigkeit die Geſammtheit der ſelbſtändigen und unbeſcholtenen Gemeindeglieder an, andrerſeits hielt er an dem Grundſatz feſt, daß überall da, wo die Gemeinde als ſolche thätig wird, auch der Träger des geiſtlichen Amtes mitzuwirken berufen ſei. Und demgemäß ſchlug er vor, daß in jeder ſowohl Mutter- als Tochtergemeinde die ſelbſtändigen und unbeſcholtenen Gemeindeglieder eines aus ihrer Mitte erwählen ſollten (§. 4), welches gemeinſam mit dem Pfarrer die betreffende Gemeinde auf der Kreisſynode zu vertreten hätte (§. 6). Wobei er übrigens die Frage offen ließ, ob nicht auch den übrigen feſtangeſtellten Predigern dieſelbe Kompetenz wie dem Pfarrer einzuräumen wäre, den Gedanken an eine engere Beſchränkung des Gemeindewahlrechts dagegen durch den Hinweis auf die beſtehenden Rechtsverhältniſſe ausdrücklich zurückwies. Demſelben Grundſatze von dem nothwendigen Zuſammenwirken der Gemeindeglieder und der Amtsträger folgte Richter in ſeinem Entwurfe dann auch bei den Vorſchlägen für die Zuſammenſetzung der Provinzialſynoden und der Landesſynode. Zu den erſteren wollte er je zwei geiſtliche und zwei weltliche Deputirte aus jedem Kreiſe, und zwar alle nach völlig freier Wahl, abgeordnet ſehen (§. 7), indem er beſonders darauf hinwies, daß die in Rheinland-Weſtfalen geltende Berechtigung der Superintendenten als solcher zur Theilnahme an den Provinzialsynoden in den östlichen Provinzen bei der wesentlich anderen Stellung der Superintendenten zur Kreisgemeinde nicht statuirt werden könne. Zu der Landessynode brachte er, nicht sowohl um eines Prinzips willen als vielmehr um dem Werke das öffentliche Vertrauen zu sichern ein numerisches Uebergewicht der weltlichen Mitglieder empfehlend, auf je drei Kreise die Wahl eines weltlichen und auf je vier Kreise die eines geistlichen Vertreters in Vorschlag (§. 9). Zu diesen aus der freien Wahl der Kirche hervorgegangenen Mitgliedern der Landessynode sollte dann noch, um der theologischen Wissenschaft ihre Vertretung zu sichern, je ein Abgeordneter von jeder theologischen Fakultät des Landes hinzukommen (§. 9), während das landesherrliche Hoheitsrecht auf der, unter frei gewähltem Präsidium verhandelnden, Synode von dem Minister der geistlichen Angelegenheiten als königlichem Kommissar wahrgenommen werden sollte (§. 10). Wie durch diese letztere Bestimmung das Recht des Landesherrn, so wurde in dem Entwurfe dann endlich auch noch dasjenige der Landesvertretung gewahrt, indem deren Zustimmung zu den Synodalbeschlüssen, soweit dieselbe erforderlich sein würde, ausdrücklich vorbehalten wurde, wogegen auch andererseits noch insbesondere der konstituirende Charakter der Landessynode betont und hervorgehoben ward, daß die Beschlüsse derselben die Grundlage der künftigen Kirchenverfassung bilden sollten (§. 11, vergl. §. 1).

III. Herr von Ladenberg.

Dem Grafen von Schwerin war es nicht vergönnt, die nothwendig gewordene Reform der Kirche über diese ersten Vorbereitungen hinauszuführen. Bereits im Juni 1848 sah er sich durch die politischen Verhältnisse veranlaßt, mit dem gesammten Ministerium Camphausen die Entlassung zu nehmen. An seine Stelle trat zunächst Herr von Rodbertus, als dieser aber schon nach wenigen Tagen das Portefeuille niederlegte, wurde Anfangs Juli die Leitung des Kultusministeriums interimistisch dem Ministerialdirektor von Ladenberg übertragen. Kaum war dieses geschehen, so brachte der Staats-anzeiger unterm 14. Juli folgende Mittheilung aus dem Ministerium der geistlichen Angelegenheiten:[1])

„Die evangelische Kirche des Landes ist durch die erfolgte Umwandlung des öffentlichen Rechtszustandes in die Nothwendigkeit versetzt worden, an die Umgestaltung ihrer Verfassung Hand anzulegen. Die enge Verbindung mit dem Staat, in welcher sie bisher hauptsächlich ihren äußeren Haltpunkt gefunden hat, geht ihrer Auflösung entgegen; der Kirche steht die Aufgabe bevor, sich aus eigner Kraft selbständig zu gestalten. Für das bestehende Regiment bot sich nun unter diesen Verhältnissen ein doppelter Weg dar. Entweder nämlich konnte dasselbe alles der freien Association überlassen, oder es konnte der Kirche durch die Berufung eines konstituirenden Organes die Hand bieten, um sie in den neuen Rechtszustand hinüberzuleiten. Beide Maßregeln sind der ernstesten Prüfung unterworfen worden. Zuletzt aber hat für die zweite die Erwägung entschieden, daß sie allein der Kirche die Gefahr des Zerfallens in Parteien zu ersparen geeignet sein werde. Die Einleitungen, welche hiernach getroffen worden, sind bekannt. Von dem Minister der geistlichen Angelegenheiten ist eine Kommission zur Berathung der ebenso schwierigen als wichtigen Angelegenheiten ernannt, und der von dem Referenten derselben vorgelegte Entwurf einer Verordnung wegen Berufung einer evangelischen Landessynode ist der Oeffentlichkeit zur freiesten Begutachtung übergeben worden, noch ehe er in der Kommission zur Verhandlung gelangt war. Diese Maßregel hat denn auch vielfältigen Anklang gefunden. Es ist mit Beifall anerkannt worden, daß man die Berathung nicht blos auf den engeren Kreis habe beschränken wollen, und von allen Seiten her haben sich urtheilende Stimmen vernehmen lassen. Nicht weniger als sechszig Eingaben von Konsistorien und Synoden, Geistlichen und Gemeinden liegen dem Ministerium vor, und außerdem hat auch die Presse sich angelegentlich mit dem Gegenstande beschäftigt. Das Resultat dieser Debatte wird später der Oeffentlichkeit nicht vorenthalten werden. Es kann jedoch schon jetzt gesagt werden, daß, wenn auch die Nothwendigkeit der Berufung einer Synode, ebenso wie das Streben des Ministeriums im allgemeinen anerkannt worden ist, dennoch im einzelnen, neben manchem Irrthümlichen und Mißverständlichen, nicht wenige der Beachtung würdige Bedenken und Vorschläge laut geworden sind, welche nunmehr der ernstesten Erwägung zu unterziehen sein werden. Es liegt in der Natur der Sache, daß solchergestalt das Verlangen nach einer Umgestaltung der Verfassung noch einige Zeit auf Befriedigung wird warten müssen. Das Ministerium hofft indessen gerade dadurch seiner Pflicht zu genügen, daß es, anstatt eine der bedeutsamsten Fragen der Gegenwart zu überstürzen, vielmehr dieselbe einer besonnenen Lösung entgegenführt, und es würde diesen Weg selbst dann gewählt haben, wenn nicht ihm hier die Wünsche vieler wohlwollender und freisinniger Männer entgegengekommen wären. Hiezu tritt ferner der Umstand, daß das Ministerium gegenwärtig sich in einem Zustande interimistischer Verwaltung befindet, und ferner die Erwägung, daß bis jetzt auch der erforderliche Rechtsboden noch nicht gegeben ist, insofern die Bedingungen und Modali-

[1]) Preuß. Staats-Anz. 1848, N. 72, S. 392, Sp. 2.

täten der Trennung der Kirche vom Staat noch nicht gesetzlich feststehen. Erst wenn dieses der Fall sein wird, wird es an der Zeit sein, mit den weiteren Maßregeln hervorzutreten, während gegenwärtig die Aufgabe nur die sein kann, die nöthigen Vorbereitungen zu treffen, damit die Berathung diejenige Sicherheit und Allseitigkeit erhalte, welche ihr im wohlverstandenen Interesse der Kirche gewünscht werden muß."

Herr von Ladenberg hielt also daran fest, nicht nur daß die bisherige enge Verbindung der Kirche mit dem Staate aufgelöst und eine neue Verfassung geschaffen werden, sondern auch daß dieses letztere von der Kirche selbst und zwar durch eine konstituirende Synode geschehen müsse. In der Hauptsache stellte er sich somit ganz auf den vom Grafen Schwerin eingenommenen Standpunkt. Nur insofern zeigte seine Kundgebung eine von der seines Vorgängers verschiedene Auffassung der Dinge, als darin mit geflissentlicher Absichtlichkeit betont wurde, daß zu dem Werke der kirchlichen Neuverfassung ein längerer Zeitraum erforderlich sein werde, als es nach den Aeußerungen des Grafen Schwerin hatte angenommen werden müssen, und daß namentlich mit den weiteren, nicht nur vorbereitenden Maßregeln werde gewartet werden müssen, bis die Bedingungen und Modalitäten der Trennung von Kirche und Staat gesetzlich festgestellt sein würden. Diese Abweichung mußte jener wesentlichen Uebereinstimmung gegenüber so unbedeutend erscheinen, daß wir uns nicht wundern können, wenn man kaum Notiz davon nahm und wenn vereinzelte Aeußerungen des Mißtrauens gegen den angekündigten Aufschub als unbeachtete Warnungsstimmen erfolglos verklangen.[2]) Und doch kündigte sich in den

---

[2]) Z. B. die Warnung, mit welcher die (orthodoxe) Redaktion der „Stimmen aus und zu der streitenden Kirche" die ministerielle Kundgebung begleitete: „So dürften wir denn vorläufig noch eine ziemliche Zeit in einem interimistischen Zustande bleiben, in welchem zum Theil alles noch seinen alten Gang fortgeht, zum Theil ein neuer Zustand angebahnt wird. Seien wir aber nicht zu sicher, sondern wachsam. Die Interims haben sich immer als gefährliche Feinde der Kirche bewiesen, und unter ihrem Deckmantel haben offene und geheime Gegner der Kirche ihr gefährliche Wunden geschlagen; jetzt gilt es von den Kindern dieser Welt Klugheit lernen, und zu wirken so lange es Tag ist." A. a. O. 1848, S. 268 f. — Uebrigens war auch die Neue Preußische (Kreuz-) Zeitung mit diesem Anfangsakte des Herrn v. Ladenberg nicht zufrieden: „wir fürchten das allmähliche, unvermerkte Hineinziehen der Kirche in die Revolution mehr als gewaltsamen Angriff." A. a. O. 1848, N. 15, Beilage, S. 89, Spalte 3.

Worten des Herrn v. Ladenberg ein Umschwung in der Behandlung der kirchlichen Verfassungsfrage an, welcher für die Lösung derselben von der folgenschwersten Bedeutung ward: der Umschwung nämlich von der muthig anfassenden, kräftig dem Ziele zustrebenden Thätigkeit zu einer ängstlich zögernden und fort und fort nur vorbereitenden.

Zweites Buch.

Die Kritik des Richter'schen Entwurfes zu einer Wahlordnung.

1. Allgemeiner Charakter der öffentlichen Diskussion.

Als eine der nächsten Aufgaben in Beziehung auf die Neugestaltung der Kirche bezeichnete, wie wir gehört haben, die mitgetheilte Veröffentlichung aus dem geistlichen Ministerium die ernsteste Erwägung der Bedenken und Vorschläge, welche aus Anlaß des Richter'schen Entwurfes zu einer Wahlordnung laut geworden waren. Diese Aufgabe mußte natürlich vor allen dem Verfasser des Entwurfes zufallen, und derselbe unterzog sich ihr mit ebenso großer Umsicht als Unbefangenheit. Die Resultate seiner Prüfung faßte er gegen Ende des Sommers in einem „Vortrage über die Berufung einer evangelischen Landessynode" zusammen, welchen er dem Ministerium der geistlichen Angelegenheiten „zur weiteren Veranlassung" überreichte.[1]) Dieser Vortrag ist in doppelter Beziehung von dem größten Interesse. Denn einerseits legt er mit seinen Ausführungen und Vorschlägen ein gewichtiges Zeugniß von den Ansichten ab, welche damals in den leitenden Kreisen herrschten, und andererseits liefert er in seinen Mittheilungen aus den 78 schriftlich an das Ministerium gerichteten Eingaben, welche seinem Verfasser vorlagen, einen überaus schätzenswerthen Beitrag zu unserer Kenntniß der dem Entwurfe zu

[1]) Erschienen im Verlage der Decker'schen Geh. Ober-Hofbuchdruckerei, Berlin 1848 (47 Seiten Octav).

Theil gewordenen Kritik und damit zu unserer Kenntniß der verschiedenen Strömungen, welche damals rücksichtlich der Verfassungsfrage die evangelische Kirche in Preußen bewegten. Denn in den verschiedenen Beurtheilungen des Entwurfes gaben sich mit Klarheit die verschiedenen Auffassungen der ganzen Kirchenverfassungsfrage zu erkennen.

Ich werde mich bemühen, die Kritik, welche der Richtersche Entwurf in jenen Eingaben und in den gleichzeitigen Broschüren und Zeitschriften gefunden, mit möglichster Genauigkeit zu verzeichnen, und zwar so, daß ich in der Anordnung des Stoffes ganz dem Vortrage von Richter folge, und die Erörterungen, welche der letztere in dieser Schrift niedergelegt hat, gleich in meine Darstellung mit aufnehme.

Was nun zunächst den allgemeinen Charakter der über den Entwurf gefällten Urtheile betrifft, so macht Richter die durchaus zutreffende Bemerkung, daß die verschiedenen Richtungen und Standpunkte, welche damals in der Kirche nach Anerkennung rangen, sich in den Resultaten der Aufforderung vom 26. April mit großer Schärfe abspiegeln, und er bezeichnet die beiden äußersten Pole, zwischen denen die Beurtheilungen des Entwurfes sich bewegen, ganz richtig, indem er sagt: „Von der einen Seite, welche alle positiven Elemente, so der Verfassung wie der Lehre, der Vergessenheit übergeben möchte, ist der Entwurf als ein deutliches Zeichen reaktionärer Tendenzen gerichtet worden, während die anderen ihn als eine verwerfliche Akkommodation an die herrschende politische Stimmung[2]) und bald als einen Versuch bald als einen Weg zur Auslieferung der Kirche an den Unglauben[3])

---

[2]) Hatte doch die Evangelische Kirchenzeitung schon gleich nach Berufung der Kommission erklärt, daß „auch das Streben nach freier Presbyterial- und Synodalverfassung der Kirche in seinem untersten Grunde, wenn auch vielen Anhängern selbst unbewußt, nichts anderes ist als demokratisches Gelüste, nichts anderes als Antinomismus." A. a. O. 1848, N. 29 S. 263. Vergl. S. 327 f. Krabbe, Die evangelische Landeskirche Preußens und ihre öffentlichen Rechtsverhältnisse erörtert in den Maßnahmen ihres Kirchenregiments, Berlin 1849 (die Vorrede vom 14. September 1848), S. 441, betrachtete die ganze Inangriffnahme der kirchlichen Verfassungsangelegenheit durch den Grafen Schwerin als eine Nachahmung der politischen Verfassungsbestrebungen. Vergl. über den Entwurf a. dems. O. S. 449.

[3]) Die Synodalen der ersten Frankfurter Diözese z. B. waren „mit eigentlichem Entsetzen erfüllt über die furchtbare, das lautere Evangelium ebenso sehr als

verurtheilt hat.[4]) So viel ich übersehen kann, war die Anzahl derer, welche, freilich, wie auch Richter hervorhebt, mit den verschiedensten Schattirungen, diese letztere Stellung zum Entwurf einnahmen, ungleich größer, als die Anzahl derer, welche jene andere behaupteten. In welchem Zahlenverhältniß die Vertreter dieser beiden Richtungen aber zu den vielen standen, die dem Entwurf im wesentlichen zustimmten, läßt sich schon um deswillen nicht mit Sicherheit beurtheilen, weil diese letztgenannten naturgemäß viel weniger Veranlassung hatten als jene, ihre Ueberzeugung öffentlich auszudrücken.

Daß in der öffentlichen Debatte auch Mißverständliches und Irrthümliches mit unterlaufen würde, war, wie Richter bemerkt, im voraus zu erwarten gewesen; nicht minder aber auch das Schlimmere, daß es gerade bei dieser Gelegenheit an Ausbrüchen der Leidenschaft und Parteistimmung nicht würde fehlen können. Und auch diese Erwartung wurde durch die Presse reichlich erfüllt. Richter sagt darüber: „Anonyme Zeitungsartikel wiesen mit Geschäftigkeit auf die Persönlichkeit des Vorsitzenden und bestimmte Mitglieder der Kommission, und begründeten aus ihnen die Weissagung eines Attentats der Schleiermacher'schen Schule gegen die Bekenntnisse.[5]) Wo aber anderen Mitgliedern eine nähere Beziehung zu Schleiermacher nicht nachgewiesen werden konnte, griff man zu dem Mittel sittlicher Verdächtigung, von der besonders der Referent sein Theil zu tragen gehabt hat."[6]) Dieses traurige Zeugniß aber hat derselbe dennoch mit dem Bekenntniß begleitet, „daß in den ihm vorliegenden Materialien auch ein reiches Maaß von Zeugnissen der Gerechtigkeit, evangelischer Gesinnung und gründlicher Einsicht zu finden sei."

---

den Bestand der evangelischen Kirche hochgefährdende Ueberstürzung, wie sie durch den Entwurf der Kirche drohte." Berl. Allg. Kztg. 1848, N. 72, S. 678.

[4]) Vortrag S. 8

[5]) Die Evangelische Kirchenzeitung erwartete von vornherein von dem neuen Ministerium „daß es die Kirche nicht nach dem Worte Gottes und ihrem eigenen Bekenntnisse, sondern nach Schleiermacherschen Reminiscenzen leiten" würde, und bereits nach zwei Wochen schrieb sie, daß ihre Erwartungen schon begännen, in Erfüllung zu gehen. A. a. O. 1848, N. 27 v. 1. April, S. 242; N. 31 vom 15. April, S. 273.

[6]) Vortrag S. 9.

2. Das landesherrliche Kirchenregiment.

Mit der Erwägung einiger Präjudizialfragen beginnend, erinnert Richter in seinem Vortrage daran, wie er bei Abfassung des Entwurfes von dem Grundsatze ausgegangen, daß durch die Einführung der konstitutionellen Staatsform auch die bestehende Verfassung der Kirche wesentlich berührt worden sei. Und gegen diesen Grundsatz ist nach Richters Zeugniß, „wenn man von einer mißverständlichen Negation absieht, welche sich zur Widerlegung auf die unveränderte Fortdauer der katholischen Kirchenverfassung beruft,[1]) wenigstens insoweit kein Einwurf erhoben worden, als aus ihm die Unverträglichkeit der Leitung durch einen verantwortlichen Minister mit dem Rechte der Kirche abgeleitet wird. Der vollendete Territorialismus, der in einer solchen Einrichtung liegen würde, hat nicht einen einzigen Vertheidiger gefunden."[2])

Dagegen wurde von einigen der Gedanke ausgesprochen, daß, wenn auch die ministerielle Verwaltung ihr Ende erreichen müsse, nichts desto weniger die Stellung des Landesherrn zu der Kirche unverändert ihr Recht behalte. So hieß es z. B. in Hengstenbergs „Evangelischer Kirchenzeitung" vom 7. Juni: „Die Kirchengewalt des evangelischen Landesherrn ist an Bedingungen und Beschränkungen geknüpft, welche von veränderten Staatsregierungsprinzipien völlig unabhängig sind: sie bleibt daher ausschließlich in den Händen des Landesherrn und der verordneten Kirchenbehörden, wenn auch die Staatsregierungsgewalt zum Theil an eine Landesrepräsentation abgetreten wird; sie ist mithin durch die Bewilligung einer politischen Konstitution in keiner Art alterirt, wenn auch die davon verschiedene Staatsaufsicht über die Kirche, welche sich auf staatsgefährliche Ausartungen beschränkt, andere und mehrere Wächter erhält."[3]) Und gleichzeitig äußerte sich der frühere Konsistorialpräsident C. F. Göschel in ganz ähnlicher Weise gegen den Präses der Gnadauer Pastoralkonferenz,

[1]) Eingabe von elf Geistlichen aus der Diözese Jakobshagen in Pommern: Berl. Allg. Kztg. 1848, N. 57, S. 538.

[2]) Vortrag S. 10.

[3]) A. a. O. 1848, N. 46, S. 433.

indem er dabei noch mit besonderem Nachdruck an die „Pflichten“ des Königs gegen die evangelischen Kirchen im Lande erinnerte.[4]) Ein Gesichtspunkt, den dann Herr von Gerlach in den Vordergrund stellte, indem er geradezu sagte: „Das obrigkeitliche Kirchenregiment ist mehr eine Pflicht als ein Recht. Was man auch von seinem Ursprunge halten mag — der König hat dieses Amt als Glied der Kirche überkommen und ist schuldig, es im Dienst der Kirche und ihres Hauptes, dem er einst Rechenschaft zu geben haben wird, treu auszuüben. Er darf die Zügel dieses Regimentes nicht in den Straßenkoth werfen, am wenigsten am Tage der Schlacht, wenn die Kirche von innen und außen bedrängt ist.“[5]) Der Mecklenburgische Professor und Hofprediger Krabbe aber suchte nicht nur das unveränderte Recht des landesherrlichen Kirchenregimentes damit zu begründen, daß er sagte, es sei dem Landesherrn der Episkopat zwar übertragen, weil er Landesherr sei und als praecipuum membrum ecclesiae das Schutzrecht über die Kirche zu üben habe, aber die Kirchengewalt sei nicht aus den weltlichen Hoheitsrechten herzuleiten, ruhe also auch nicht in seiner Eigenschaft als Landesherr; sondern er bemühte sich, dann auch weiter darzuthun, daß für die Kirche das Aufhören des landesherrlichen Episkopats durchaus nicht wünschenswerth sei, wie auch auf der andern Seite in der künftigen Stellung des Königs als eines konstitutionellen Fürsten keine Rechtsgründe lägen, welche die Verzichtleistung auf den Episkopat für ihn selber als wünschenswerth und geeignet erscheinen lassen könnten.[6])

---

[4]) A. dems. O. N. 57, S. 545. Aehnliche Ausführungen desselben Verfassers a. dems. O. N. 63, S. 625 ff., N. 64, S. 633 ff., und in Rhenius' Monatsschr., 1848, Novemberheft S. 581—593, wo übrigens eine Verbindung des konsistorialen Prinzips mit dem presbyterialen und synodalen Element als wünschenswerth wenigstens in Frage gezogen wird, so aber, daß das erstere eben Prinzip bliebe und das hinzutretende Gemeindeelement von allen demokratischen und demagogischen Gelüsten fern gehalten würde, dagegen desto gründlicher in der Diakonie Wurzel schlüge, aus dem Liebesdienste in der Gemeinde hervorsproßte und in der Kirchenzucht gipfelte.

[5]) Verhandlungen der Wittenberger Versammlung für Gründung eines deutschen evangelischen Kirchenbundes im September 1848. Berlin 1848, S. 18.

[6]) Die evangelische Landeskirche Preußens u. s. w. S. 513—520; 521—526. Vergl. S. 464.

Herr von Gerlach, Göschel und Krabbe standen mit dieser Behauptung von dem unveränderten Recht des landesherrlichen Kirchenregiments indessen sehr vereinzelt da. Allerdings gab es neben ihnen noch manche, die für den Fortbestand des landesherrlichen Kirchenregiments eintraten, aber die Art und Weise, in der sie dasselbe zu retten suchten, zeigt unzweideutig, daß der Rechtstitel, auf dem es bisher beruht hatte, von ihnen aufgegeben war. So räumte der Kirchenrechtslehrer Jacobson offen ein, daß die noch in den Händen des Königs befindlichen jura in sacra an die Landessynode würden abgegeben werden müssen; aber er gab dann weiter zu bedenken, daß der Landesherr ja jedenfalls ein praecipuum membrum ecclesiae bleibe, und er meinte, daß eine Vereinbarung darüber, in welchem Umfange die Kirche ihn auch für die Zukunft als solches für ihre Zwecke mit besonderen Prärogativen, Rechten und Pflichten zu bekleiden wünsche, würde erforderlich werden. Die Episkopalrechte würden ja wohl in der Gestalt eines protestantischen Majestätsrechtes auch ferner geübt werden können.[7]) Also nach Jacobson hatte das landesherrliche Kirchenregiment nicht etwa ohne weiteres ein Recht, fortzubestehen, sondern die Kirche sollte nach ihrem freien Ermessen und durch die Rücksicht auf das ihr selber Wünschenswerthe geleitet, den Landesherrn mit gewissen kirchenregimentlichen Attributen bekleiden. Ganz ähnlich dachten sich auch die süddeutschen Theologen Ullmann und Grüneisen[8])

---

[7]) Schneiders N. krit. Jahrbb., XIV, 1848, S. 794, 819.

[8]) Ullmann, Die bürgerliche und politische Gleichberechtigung aller Konfessionen u. s. w., Stuttgart 1848, S. 68—77 fand „den in sich selbst unangemessenen" Begriff des obersten Bischofs auf den Landesherrn nicht mehr anwendbar, wollte aber daß der letztere nicht nur das Aufsichts- und Schutzrecht der Kirche führen, sondern von dieser auch zu gewissen Thätigkeiten in ihr bevollmächtigt werden sollte; nämlich zur Sanktionirung resp. Rückverweisung der von der Landessynode gefaßten Beschlüsse, zur Verkündigung und Ueberwachung der so zu Stande gekommenen kirchlichen Gesetze und Ordnungen, zur Anstellung aller Kirchenbeamten und Geistlichen, und endlich zur Einsetzung einer obersten Behörde von nicht politischem, sondern kirchlichem Charakter, die daher nicht wieder einer Staatsstelle unterzuordnen wäre, mit der Aufgabe, die Durchführung der kirchlichen Ordnungen im einzelnen zu leiten und zu beaufsichtigen, während eine Behörde von politischem Charakter das äußere Verhältniß des Staates zur Kirche, überhaupt zu den Religionsgesellschaften wahrzunehmen, also namentlich den Staat gegen alle Uebergriffe von kirchlicher Seite

und manche andere[9]) die Sache, und auch die Kommission, welche zur Vorberathung einer Württembergischen Kirchenordnung von dem dortigen Oberkonsistorium berufen, im November 1848 zu Stuttgart tagte, gründete ihre Vorschläge auf eben diese Auffassung.[10]) Der

---

zu sichern hätte. Bei dieser Gestaltung der Dinge sollte aber zweierlei nicht nur nicht ausgeschlossen, sondern aus dem Wesen der christlichen, der evangelischen Kirche und vermöge der Selbständigkeit derselben nothwendig anzustreben sein: erstlich eine Betheiligung der Gemeinden an der Wahl ihrer Geistlichen, der Diöcesansynoden an der Wahl der Dekane oder Superintendenten, und der Landessynode an der Wahl der obersten Kirchenbeamten, und zweitens eine Verantwortlichkeit der mittleren und obersten Kirchenbeamten gegenüber den Versammlungen, die zu ihrer Wahl mitgewirkt haben. Vergl auch desselben Verfassers Aufsatz: Einiges für Gegenwart und Zukunft, Theol. Studien und Kritiken, 1848, S. 793 ff. (auch separat Hamburg 1848). Dieser Ullmann'sche Vorschlag erfuhr von verschiedenen Seiten eine sehr ungünstige Beurtheilung. Christoph Hoffmann z. B. meinte u. a., daß die Gemeinden mit solcher Uebertragung kirchlicher Gewalt an den König sehr unrecht und gegen das Wort Gottes handeln würden, die erbliche Uebertragung eines Kirchenamts laufe dem innersten Wesen der Kirche Christi zuwider: Aussichten für die evangelische Kirche Deutschlands in Folge der Beschlüsse der Reichsversammlung in Frankfurt. Stuttgart 1849, S. 35—37, 59; und in Bruns und Häfners N. Rep XVI, 1849, S. 269 f. hieß es, Ullmann suche statt des alten, naturwüchsigen ein neues, übertragenes Episkopat einzuschmuggeln. — Grüneisen: Ueber die Fortdauer des landesherrlichen Episkopats in der deutschen evangelischen Kirche, Deutsche Vierteljahrs-Schr. IV, 1, 1848, S. 67—96. Daß Grüneisen Verfasser dieses Aufsatzes ist, entnehme ich einer Notiz von v. Bethmann-Hollweg in der Monatsschr. v. Kling 1849, I, S. 37 Anm.

[9]) Z. B. Verwahrung von acht evangelisch-protestantischen Landgeistlichen aus dem vierten Wahlkreise des Großherzogthums Sachsen-Weimar gegen die Aeußerungen des Parlamentsdeputirten Vogt aus Gießen bei den Verhandlungen über die Kirchenfrage. Im Auftrage der mitunterzeichneten Amtsgenossen verfaßt und im Verein mit denselben dem Hohen Nationalparlamente vorgelegt von Chr. Kraft. Neust. a. d. Orla 1848, S. 10.

[10]) Entwurf einer neuen Ordnung für die evangelische Kirche von Württemberg. Stuttg. u. Tübing. 1849. Nach Feststellung der dem evangelischen Könige zu übertragenden Befugnisse, §§. 102—103, bestimmt §. 104, daß der König unmittelbar nach dem Regierungsantritt der Landessynode das Gelöbniß auf die Kirchenordnung abzulegen habe, und daß er von da an in die Ausübung seiner Befugnisse eintrete, und §. 105 setzt fest, daß, wenn der König nicht dem evangelischen Bekenntnisse angehöre, seine Befugnisse auf einen Rath von drei durch die Landessynode zu wählenden Männern übergehen. Vergl. die Motive zu diesen Bestimmungen a. a. O. S. 51 ff.

Mecklenburgische Kliefoth aber wußte sich nicht anders zu helfen, als daß er rieth, den Landesherrn in eben das Verhältniß zum Landeskonsistorium und zur Landessynode zu setzen, in welchem derselbe auf politischem Gebiet zu seinem verantwortlichen Ministerium und zu den Volkskammern stände.[11])

In andrer Weise redete etwas später auch der ebenso freisinnige als fromme Philosoph Christian Hermann Weiße in Leipzig der Fortdauer des landesherrlichen Kirchenregiments das Wort, ja erklärte dieselbe geradezu für eine Lebensfrage unsrer evangelischen Kirche und behauptete, daß das Kirchenregiment dem Staate, falls er sich desselben weigern sollte, nöthigenfalls mit allen Mitteln religiöser und wissenschaftlicher Ueberredung sogar aufgedrungen werden müßte. Aber Weiße wollte das landesherrliche Kirchenregiment weder in der Weise Jacobsons und Ullmanns gleichsam neu aufrichten, noch auch durch die von Krabbe vertretene Theorie erhalten. Indem er diese letztere vielmehr als eine Spitzfindigkeit bezeichnete, leitete er seinerseits die Berechtigung und die Nothwendigkeit des landesherrlichen Kirchenregiments, welches ihm eben staatliches Kirchenregiment war, aus dem Wesen der wahren evangelischen Kirche ab, als welche ebenso wenig ihrem Rechte an den Staat entsagen, als soviel an ihr sei dulden könne, daß der Staat seinem Recht an ihr entsage, da er hiermit auch seiner Pflicht gegen sie entsagen würde. Weil sie nämlich in ihrer Eigenschaft als unsichtbare Kirche den ganzen Bereich der sittlichen Existenz des Menschengeistes umfasse, so könne sie es nicht ohne Widerspruch geschehen

---

[11]) Ztschr. f. Prot. u. K., N. F., XVI, 1848, S. 264 ff.; vergl. Bruns und Häfners N. Rep. XVIII, 1849, S. 142 f. und die Erklärung von Kliefoth in dem Ztblatt f. d ev. luth. K. Mecklenburgs, I, 1848, N. 6, S. 52. Weiter ausgeführt ist derselbe Gedanke, den Kliefoth in seinen für die lutherische Augustkonferenz zu Leipzig aufgestellten Thesen und in der darüber gepflogenen Debatte ausgesprochen hatte, in der Ztschr. f. Prot. u. K. N. F XVII, 1849, S. 200 ff. — A. dems. O. XV, 1848, S. 376 wurde betont, daß die weltliche Macht aufgehört habe, zugleich auch Haupt der Kirche zu sein, und daß statt jener eine andere letzte Stelle gefunden werden müsse; indessen wurde doch zugegeben, daß wo ein Fürst der Kirche angehöre, derselbe möglicher Weise auch ferner ihr Haupt sein könne, aber nicht vermöge seiner Fürstenstellung, sondern vermöge seiner Gemeindegliedschaft.

lassen, daß sich ein sittlicher Organismus neben ihr erhebe, der sich gegen sie gleichgiltig verhalten wolle, und weil sie ferner nach der Seite ihres äußeren und sichtbaren Daseins nicht selbst dürfe eine Macht sein wollen, wie die mittelalterliche Kirche, doch aber in Bezug auf dieses ihr Dasein in der Außenwelt einer leitenden und schützenden Macht bedürfe: so finde sie in der Unterordnung unter den Staat eine Bürgschaft für ihr irdisches Bestehen, die durch keine andere ersetzt werden könne.[12])

Außer den angeführten Stimmen ließen sich nur noch ganz wenige für den Fortbestand des landesherrlichen Kirchenregiments vernehmen,[13]) und auch unter diesen Fürsprechern desselben gaben manche

---

[12]) Ueber die Zukunft der evangelischen Kirche. Reden an die Gebildeten deutscher Nation. Zweite unveränderte Auflage, Leipzig 1849, S. 444 ff., 460 ff. Uebrigens soll nach Weiße dem staatskirchlichen Regiment gegenüber die Gemeindebefreiheit der Kirche durch Presbyterien und Synoden gewährt, geschützt und praktisch bethätigt werden. Seite 464. Neben Weiße trat damals auch Karl Hase in Jena für die Erhaltung einer gewissen organischen Verbindung der evangelischen Kirche mit dem Staate ein, doch so, daß er als die Form für diese Erhaltung die mehr oder minder förmliche Vertragschließung beider Theile annahm und sich ausdrücklich dagegen aussprach, daß die dem Staate über die Kirche einzuräumenden Befugnisse dem Fürsten persönlich übertragen würden. „Indeß dürfte doch zweifelhaft sein, ob der konstitutionelle Staat solch eine von der Volksrepräsentation unabhängige Machtübung des Fürsten ertragen könne. Und was kann die christliche Anschauung, der keine weltliche Hoheit als solche imponirt, so großes an einem Fürsten haben, der ihr wie jeder andre Sterbliche doch nur ein armer, der göttlichen Gnade bedürftiger Sünder ist, außer wiefern die höchste Einheit und Macht des Staates persönlich in ihm dargestellt, also das Schwert Gottes in seine Hand gelegt ist; diese Macht ist aber in den allgemeinen gesetzlichen Formen zu üben, und der Staatsgewalt, nicht der Individualität des Fürsten, vertraut die evangelische Kirche einen Theil ihrer Macht." Es solle daher das Ministerium des Innern eine Sektion für evangelische Kirchensachen enthalten, welche die betreffenden kirchlichen Funktionen wahrzunehmen hätte. Die evangelisch protestantische Kirche des Deutschen Reichs. Eine kirchenrechtliche Denkschrift. Leipzig Februar 1849, S. 72 ff., 85 ff.

[13]) So der Domprediger Dr. August Schröder in der Schrift: Die Kirche und ihre Verfassung im Verhältniß zum Volk, Staat und Pietismus aus dem Standpunkte des gebildeten Nationalbewußtseins betrachtet. Zur Begrüßung der verheißenen preußischen evangelischen Landessynode. Potsdam 1848. Schröder erblickte, ohne die Rechtsfrage zu beachten, in der 1846 von der Generalsynode empfohlenen Vereinigung des landesherrlichen Kirchenregiments mit synodaler Ver-

bestimmter oder unbestimmter die Ueberzeugung zu erkennen, daß der König entschlossen sei, sich dieses Regimentes zu begeben.

Während an diesem Entschluß des Königs damals überhaupt niemand gezweifelt zu haben scheint, waren die weitaus meisten auch von seiner Nothwendigkeit überzeugt. Denn die Ansicht, daß das landesherrliche Kirchenregiment nunmehr sein Ende finden müsse, beherrschte die öffentliche Meinung in den weitesten Kreisen, nicht nur in Preußen sondern auch im übrigen Deutschland. In welcher Weise diese Ansicht aber von den Verschiedenen begründet wurde und mit welchen Gefühlen dieselben dem erwarteten Ende der altüberkommenen Stellung des Königs zur evangelischen Kirche entgegensahen: das mögen uns die Aeußerungen der hervorragendsten kirchlichen Wortführer aus jenen Tagen zeigen.

Der Kirchenrechtslehrer Otto Mejer, damals Professor in Königsberg, sagte in einem, der Vertheidigung und Empfehlung des Richterschen Entwurfes gewidmeten Aufsatze, mit der gegenwärtig sich vollziehenden Lossagung des Staates von der Kirche sei das Kirchenregiment des Landesherrn an sich noch keineswegs auch zu Ende, doch werde ihm die Wurzel abgeschnitten. Und dieses führte er dann weiter so aus:

„Der Landesherr besaß sein Regiment als praecipuum membrum eccle-

---

fassung die Höhe der Bildung unsrer Zeit, die Erkenntniß dessen, was Noth thue, und was der Geist der Zeit fordere. A. a. O. S. 89. Vergl. S. 43, 45 f. 84 f. — Auch der rudolstädtische Kirchenrath Dr. Joh. Friedr. Theod. Wohlfarth in den Schriften: Die Trennung der Kirche vom Staate und der Schule von der Kirche, Weimar 1848, S. 50 ff., und: die Gefahren der Kirche gegenüber den Paragraphen 14—20 der Grundrechte des deutschen Volks, Weimar 1849, S. 52, 56 f. — Siehe ferner: Ztblatt f. d. ev. luth. K. Mecklenburgs, I, 1848, N. 9, S. 80 f.; N. 10, S. 90.; II, 1849, N. 2, S. 9 ff.; N. 5, S. 34 ff.; N. 8, S. 65 ff. und öfter; Allg. Kztg. (Darmstädter) 1848, N. 89, S. 731; Ztschr. f. Prot. u. K., N. F. 1849, XVII, S. 1 ff.; 151; Evang. Kztg., 1848, N. 59, S. 577 ff.; N. 60, S. 590; N. 66, S. 650 ff.; N. 80, S. 791 f.; N. 93, S. 916 ff.; N. 94, S. 928 ff. In diesem Hauptorgan der orthodoxen Partei findet sich aber zur Zeit des Kultusministeriums von Schwerin auch die Ansicht, daß die Stellung des Königs abhängig sei von seinem Glauben: „Der Fürst kann als vorzügliches Mitglied vorzüglichen Einfluß gewinnen, und — wenn er ungläubig wird, auch wieder verlieren.“ A. a. O. 1848, N. 39, S. 368.

siae, was er natürlich nicht durch Rang und Geburt, sondern durch die reelle Macht war, mit welcher er die Kirche schützte. Im konstitutionellen Staate behält er diese Macht zwar nur theilweis, aber er behält sie doch, und kann daher auch das Kirchenregiment, den geistlichen Minister und die Konsistorien behalten, nur daß dieser Minister natürlich für seine kirchenregimentlichen Amtshandlungen den Kammern nicht verantwortlich sein kann, denn am Kirchenregiment haben die Kammern niemals Theil. Allein andrerseits (abgesehen davon, daß die Stellung eines solchen unverantwortlichen Ministers schwer zu normiren sein würde) sobald die Trennung zwischen Staat und Kirche ausgesprochen, der Kirche also jener Staatsschutz, durch den der Landesherr ihr praecipuum membrum war, aufgekündigt ist, schwindet auch der besonders bevorrechteten Stellung des Landesherrn in der Kirche ihr Grund, und nur aus historischer Pietät könnte sie ihm fernerweit anerkannt werden, eine Pietät, die unstreitig vielen Kirchenmitgliedern abgehen würde. Indeß wir bedürfen ihrer nicht, denn schon vor Jahren hat der König seinen Willen erklärt, das Regiment in die Hände der Kirche zurückzugeben."[14])

Weit mehr als Mejer würdigte Herr von Bethmann—Hollweg die Schwierigkeiten, welche sich aus der Einführung der konstitutionellen Staatsform für die Fortdauer des landesherrlichen Kirchenregiments ergeben mußten, und so kam es, daß er sich mit immer steigender Gewißheit für den Wegfall desselben aussprach. Nachdem er im Mai den ferneren Einfluß des Königs auf die inneren kirchlichen Angelegenheiten nur erst als „kaum möglich" bezeichnet,[15]) erklärte er etwas später schon unumwunden: er sei mit Richter darin einig, daß mit der Trennung des Staates von der Kirche das Kirchenregiment nicht mehr in der Hand des Staatsoberhauptes ruhen könne;[16]) und zu Anfang des folgenden Jahres vertheidigte er diese Ansicht mit großer Entschiedenheit gegen die laut gewordenen Einwendungen. Dem Einwurfe, daß dem Könige zwar nicht als Inhaber der Staatsgewalt, wohl aber als einem ausgezeichneten Mitglied der Kirche (praecipuum membrum ecclesiae) auch fernerhin das Kirchenregiment gebühre, setzte er die Frage entgegen: was ist es, das diese ausgezeichnete Stellung in der Kirche begründet, als eben der Besitz der Staatsgewalt, wenn auch nicht blos die äußere Macht, doch seine Eigenschaft als „christliche Obrigkeit"? „Zwei verschiedene Persönlichkeiten,"

[14]) Berl. Allg. Kztg. 1848, N. 52, S. 483.
[15]) Monatsschr. v. Kling, 1848, II, S. 29.
[16]) A. dems. O. S. 46, Anm.

so sagte er dann weiter, „eine staatliche und eine kirchliche, in dem Landesherrn zu unterscheiden und der kirchlichen das Oberältestenamt zu reserviren, scheint mir daher ebenso sehr gegen den Begriff der Sache, als gegen die ursprüngliche Vorstellung der Reformatoren.“ Und Herr von Bethmann-Hollweg erklärte dann nicht nur, daß er den politischen Grund, welcher aus der Stellung des Landesherrn als konstitutionellen Königs gegen das landesherrliche Kirchenregiment geltend gemacht worden, auch nach den gegnerischen Einwendungen für entscheidend halte, sondern er wies auch darauf hin, daß die landesherrliche Kirchengewalt von den Reformatoren als ein Provisorium aus Noth zugelassen worden, und als man es rationell zu rechtfertigen suchte alsbald in kirchenzerstörenden Territorialismus umgeschlagen sei; während für die Zukunft die Sorge wohl gerechtfertigt sei, ob der Fürst in den Konflikten mit der Volksvertretung, die seine kirchliche Stellung ihm bereiten könne, jederzeit standhaft widerstehen und nicht die kirchlichen Interessen den politischen opfern werde? Drängten nun überhaupt die Zeitumstände unverkennbar auf Lösung dieser Diktatur und Entwickelung einer selbständigen Verfassung, so dürfe die Kirche seines Erachtens ohne Impietät dieses Vortheils gebrauchen.[17])

Mit besonderer Ausführlichkeit behandelte Julius Stahl auf der Berliner Pastoralkonferenz die Frage nach dem Fortbestande des landesherrlichen Kirchenregiments. Nachdem er zunächst ausgeführt, wie völlig unangemessen es sein würde, wenn der König das Kirchenregiment nach konstitutioneller Weise, d. h. unter Mitwirkung des verantwortlichen Ministers und der konfessionell gemischten Volksvertretung handhaben sollte, wandte auch er sich gegen die Meinung, daß der König dasselbe eben ohne diese Mitwirkung, als eine von seinem anderweiten Verhältniß zu Staat und Volk geschiedene Sphäre, in seiner Hand behalten könnte. Er sagte in dieser Beziehung:

„Eine solche Exemtion von der Ministerverantwortung, wie sie allerdings den kirchenrechtlichen Grundsätzen entsprechend wäre, giebt eben das heutige konstitutionelle Staatsrecht nicht zu und kann sie nicht zugeben. Denn es ist sein innerstes Prinzip, daß das gesammte königliche Recht nicht ohne Ministerver-

[17]) A. dems. O. 1849, I. S. 37 f.

antwortung ausgeübt werden und der König schlechterdings keinen rein persönlichen Einfluß in irgend einer öffentlichen Sphäre haben darf. Nun wäre das aber in der That unverantwortliche Ausübung eines königlichen Rechts, da der König das Kirchenregiment nicht etwa als ein vornehmer Privatmann und über eine Privatgesellschaft, sondern kraft und in seiner staatsoberhauptlichen Stellung und als über eine öffentliche Anstalt besitzt, und würde auch dadurch der König unstreitig einen bedeutenden politischen Einfluß persönlich gewinnen, wenn er ohne verantwortliches Mittelorgan die Kirche, der ein großer, ja der größte Theil der Bevölkerung angehört, regierte. Ob er die Kirchenbehörden und Kirchenämter mit Männern der oder jener religiösen, ja politischen Gesinnung besetzte, ob er durch die Konsistorien anordnen ließe, die Prediger sollen die Sünde der Revolution strafen oder aber darüber schweigen, ob er die Feiertage vermehrte oder verminderte u. dergl., in allem dem liegt ein mächtiger Einfluß auf den politischen Zustand, den im heutigen konstitutionellen Staate die Volksvertretung unmöglich von ihr unabhängig durch einen unverantwortlichen König ausüben lassen kann.[18])

So redete Stahl im Juni 1848 auf der Berliner Pastoralkonferenz. Und diese stimmte seinen Ausführungen so sehr bei, daß sie auf seinen Antrag eine Eingabe an das Ministerium beschloß, deren Anfang folgendermaßen lautete:

„Die Ankündigung des abgetretenen Ministers der geistlichen Angelegenheiten, des Grafen Schwerin, daß die evangelische Kirche von nun an eine freie, von der Staatsgewalt unabhängige Verfassung erhalten soll, hat uns in diesem ihrem allgemeinen Ziele mit Dank erfüllt. Wir sehen mit Befriedigung, daß die Kultusbehörde selbst es erkennt, wie bei den veränderten Staatsverhältnissen die Kirche statt des bisherigen Kirchenregiments des Landesherrn ein in ihrer eigenen Mitte ruhendes Kirchenregiment haben müsse.“ [19])

Die gleiche Nothwendigkeit suchte das „Comité für die evangelisch-lutherischen Kirchenangelegenheiten in Pommern“ dadurch zu beweisen, daß es sagte:

„Nun aber ist die Spitze der Vereinigung [nämlich vom Staats- und Kirchenregiment] eben die Person des Landesherrn gewesen. Soll also die Trennung von Kirche und Staat eine Wahrheit werden, so muß sie nicht blos in untergeordneten Verwaltungsorganismen, sondern auch in der Person des Landesherrn vor sich gehen. Als konstitutioneller Landesherr kann er nichts anderes wollen, als was der Staat will. Nun aber will der Staat von der Kirche getrennt sein.

---

[18]) Evang. Kztg. 1848, N. 55, S. 525 ff. Vergl. auch Stahls etwas später erschienene Schrift: Die Revolution und die konstitutionelle Monarchie, Berlin 1848, S. 68 und 76.

[19]) A. a. O. S. 534.

Folglich kann der Landesherr mit derselben nicht verbunden bleiben wollen. Gedenkt er dessen ungeachtet ein Separatverhältniß zur Kirche zu unterhalten, so kann er diesen Separatwillen nicht als Landesherr haben, sondern als Privatperson. Einer Privatperson als solcher gebührt aber nicht die oberste Kirchengewalt, es sei denn, die Gesammtkirche wolle ihr dieselbe ausdrücklich beilegen, in welchem Falle das Sonderbare herauskommen würde daß der Landesherr nach seinem politischen Charakter die Kirche aus allen ihren bisherigen Vorrechten im Staate herausdrängen und auf sich selber verweisen, nach seinem kirchlichen Charakter aber wiederum fördern und zu einer Macht im Staate und für den Staat erheben müßte." [20])

Die hiemit berührte Frage, ob es angemessen sein würde, dem Fürsten des konstitutionellen Staates eine von seinem Ministerium und der Staatsregierung unabhängige bischöfliche Macht in der Kirche anzutragen, unterzog der so maßvolle Theologe Lücke in Göttingen einer eingehenden Erwägung; auf Grund deren er von jedem derartigen Versuch wenigstens für die Gegenwart entschieden abrathen zu müssen glaubte. Und zwar nicht nur im Hinblick auf die mancherlei Bedenken, welche in politischer Beziehung gegen solch ein Verhältniß des Königs zu der Kirche sprächen, sondern auch im Hinblick darauf, daß das bischöfliche Regiment der Fürsten in der Kirche, gerade wenn es an dem staatlichen Regiment kein Gegengewicht, keine Schranke habe, einen persönlichen Einfluß der Fürstenmacht in die Kirche bringen werde, der, je mehr er mit den Personen der Fürsten wechsele, zu den schwersten Konflikten in der Kirche selbst Veranlassung geben könne.[21])

Noch mehr als Lücke in diesen Worten stellte sein Kollege Ehrenfeuchter das Interesse der Kirche in den Vordergrund, indem er sagte:

„Allerdings scheint mir bei vorwiegend juristischer Betrachtungsweise in der veränderten Stellung der Kirche zum Staat noch kein zwingender Grund zu liegen, warum das Verhältniß des Fürsten zur Kirche als solcher geändert werden müsse; anders freilich stellt sich schon die Sache, wenn man sie vom politischen Gesichtspunkt betrachtet. Entscheidend aber scheint mir der Grund, daß durch die Episkopalrechte des Landesherrn (die freilich nur Aeltestenrechte sind) eine solche Verflechtung politischer und kirchlicher Interessen sich ergiebt, daß der Kirche ihre missionirende und pädagogische Einwirkung auf die Welt gehemmt und getrübt wird."[22])

---

[20]) Sätze, welche die Reorganisation der evangelisch-lutherischen Kirche in Pommern betreffen. Naugard 1848, S. 9 f.

[21]) Bedenken und Wünsche an die Wittenberger Versammlung, Rhenius Monatsschr. III, 1848, S. 525 f. Derselbe Aufsatz erweitert in den Theol. Stud. u. Krit., Jahrg. 1849, I, S. 243—263.

[22]) Vierteljahrschrift für Theologie und Kirche, mit besonderer Berücksichtigung

Wenn Ehrenfeuchter dann im Folgenden auch mit Recht sagen mochte, an dieser vom rein evangelischen Standpunkt ausgehenden Opposition gegen das landesherrliche Episkopat fehle es noch sehr: so gab es doch immerhin noch manche andere, deren Widerspruch gegen den Fortbestand des landesherrlichen Kirchenregiments wesentlich aus dem kirchlichen Motiv hervorging. Michael Baumgarten stellte es der Kirche als dringende Pflicht hin, ihre Autonomie, welche ihr seit lange in ihrer eigenen Unklarheit abhanden gewesen, nunmehr, nachdem Gott gewaltig zu ihr geredet, kraft der von ihrem Herrn ihr anvertrauten suveränen Würde wiederum in Anspruch zu nehmen;[23]) ebenso wie bei ihm war aber auch bei Wilhelm Löhe die Rücksicht auf das Wohl der Kirche die weit überwiegende.[24]) Und das von Konsistorialrath Wachler und Dr. Ruthardt redigirte „Evangelische Kirchen- und Schulblatt", ein Organ der lutherischen Orthodoxie besonders in Schlesien, erklärte nicht nur, daß mit dem Sturz der absoluten Monarchie und mit der Verleihung gleicher Berechtigung an alle Religionsparteien im Staat die Stellung des evangelischen Landesherrn als kirchlichen Oberhauptes unhaltbar geworden sei, sondern es meinte auch, unstreitig begrüßten alle, welche der evangelischen Kirche von Herzen und in lebendigem Glauben an ihr unsichtbares Haupt angehörten, freudig die Befreiung der Kirche von jedem weltlichen Schutze ihrer innern Heiligthümer und von der,

der Hannoverschen Landeskirche, herausgegeben von Dr. Lücke und Dr. Wieseler, IV, Göttingen 1848, S. 416, Anm. Im nächsten Jahre erklärte sich Ehrenfeuchter in der Monatsschrift für Theologie und Kirche u. s w, von Lücke, Wieseler, Ehrenfeuchter und Hildebrandt, N. F. I, 1849, S. 110 ff. auch gegen den landesherrlichen Episkopat: es sei unmöglich, in einer und derselben Persönlichkeit die staatliche Suveränetät und den kirchlichen Episkopat zu vereinigen, die eine Seite müsse der andern nothwendig zum Opfer fallen. Aber er fügte hinzu, daß die Aufhebung des landesherrlichen Kirchenregiments erst erfolgen könne, wenn eine bis zur Generalsynode aufsteigende Gemeindeorganisation vorhanden sei; doch wäre es erwünscht, wenn von vornherein in dem Verfassungsentwurf die Hindeutung auf einen provisorischen Zustand aufgenommen würde.

[23]) Zwölf Thesen über Gegenwart und Zukunft der Kirche. Schleswig 1848, S. 30 f.

[24]) Aphorismen über die neutestamentlichen Aemter und ihr Verhältniß zur Gemeinde. Zur Verfassungsfrage der Kirche. Nürnberg 1849, S. 123 ff. Löhe fand Zustimmung bei seinem Rezensenten Münchmeier in Reuters Rep., Band 65 (N. F. 18), 1849, S. 258 f.

von jenem Schutze unzertrennlichen Bevormundung, welche ihr oft die Vortheile der Staatsstütze sehr verkümmert habe.[25])

Während auch der unionsfreundliche Theologe Johann Peter Lange wenigstens hervorhob, daß die kirchliche Selbständigkeit der Gemeinden bei der Auflösung des bisherigen Verhältnisses fortan eben sowohl interessirt sein werde als die Politik der Fürsten:[26]) beschränkten sich andere, wie der Pastor Rhenius in seiner „kirchlichen Monatsschrift" auf den Nachweis, daß die königliche Macht, welche auch zur Zeit der Reformation nur ein Nothdach gewesen, gegenwärtig der Kirche keinen sichern Schluß- und Deckstein mehr gewähre.[27])

Also nicht nur von bedeutenden Kirchenrechtslehrern, sondern auch von vielen Theologen und Geistlichen wurde die Ueberzeugung getheilt, daß dem landesherrlichen Kirchenregiment durch die politischen Umwälzungen der Boden seiner Existenz genommen sei. War das bei uns in Preußen aber schon in den östlichen Provinzen der Fall, so noch vielmehr in Rheinland und Westfalen. Dort hatte der Fortbestand des landesherrlichen Kirchenregiments so gar keine Fürsprecher, daß noch Anfangs 1849 selbst einem Manne wie Herrn von Bethmann-Hollweg, der doch von Bonn aus den kirchlichen Dingen die aufmerksamste Theilnahme schenkte, auch nicht ein einziger in jenen Provinzen bekannt geworden war,[28]) während die vielen kirchlichen Konferenzen, welche sich im Laufe des Jahres 1848 versammelten, alle stillschweigend oder ausgesprochenermaßen zu der Ueberzeugung standen, daß der Wegfall des landesherrlichen Kirchenregimentes durchaus nothwendig und eine ausgemachte Sache sei.[29]) Um eine der gewichtigsten

---

[25]) A. a O. 1848, N. 20, S 339. Unterzeichnet: A. W.

[26]) Ueber die Neugestaltung des Verhältnisses zwischen dem Staat und der Kirche. Heidelberg 1848, S. 27.

[27]) A. a. O. III, 1848, S 426.

[28]) Monatsschr. v. Kling 1849, I, S. 37, Anm.

[29]) Die Bonner Konferenz vom 11. Mai 1848, an welcher 111 Mitglieder, meist Geistliche, theilnahmen, erklärte einstimmig: „Die Trennung des Staats von der Kirche ist grundsätzlich durch die neueste preußische und deutsche Gesetzgebung als entschieden anzusehen. Diese Trennung muß von der Kirche unbeschadet ihrer Rechte als feststehender Grundsatz anerkannt werden. Ebendaher muß

theologischen Stimmen aus jenen Kreisen anzuführen, so warf Professor Dorner in Bonn die Frage auf, ob nicht der Landesherr, als bisheriger Inhaber des Kirchenregimentes in der evangelischen Kirche dieses sein Recht fortan durch einen der Kirche und ihren Synoden verantwortlichen Minister und obersten Rath ausüben könnte? Und er beantwortete diese Frage dahin, er glaube, daß dieses höchstens hier und da eine Uebergangsform werde sein können, die keine Festigkeit verspreche, weil sie mit einem innern Widerspruch behaftet sei. Und diese seine Meinung begründete er folgendermaßen:

„Denn eine landesherrliche Kirchengewalt könnte ja jetzt nur noch territorialistisch aus dem Staate abgeleitet und als Theil der Staatsgewalt angesehen werden, sei er christlich oder atheistisch. Nun ist aber hinfort das Staatsoberhaupt in allen seinen staatlichen Akten an die Zeichnung seiner Dekrete durch die Minister gebunden, die einer politischen Körperschaft verantwortlich sind, und es fände sich also bei dieser Deduktion keine Stelle für einen solchen im Kreise der übrigen Räthe der Krone völlig selbständigen Minister für Kirchensachen, noch für eine Synode, der er verantwortlich wäre. Ueberdem wird nicht leicht ein Evangelischer zu finden sein, der dem Staate als solchem, also auch z. B. dem heidnischen, das Recht auf die innere Kirchengewalt zuzuschreiben vermöchte; ihm kann nur das Veto und Placet, letzteres mit oder ohne sanktionirende Kraft, zukommen. Ein Mehreres ergiebt sich freilich von selbst, wenn der Staat das Prinzip des Christenthums sich angeeignet hat: aber unser Staat hat es ja viel mehr fallen lassen und sich das Prinzip des Indifferentismus angeeignet, wird sich also mit dem Veto und Placet zu begnügen haben.[30]) Ja, wir müssen noch einen Schritt weiter gehen. Der Staat hat durch seine neueste

---

ihr fortan Autonomie nicht bloß in der Gesetzgebung, sondern auch in der Verwaltung zukommen, und sie erhält die Aufgabe aus ihrer Mitte eine stehende Kirchenleitung hervorgehen zu lassen, die in den geeigneten Fällen sich mit den Staatsbehörden zu benehmen hat." Monatsschr. v. Kling 1848, II, S. 4. Ueber eine Anzahl anderer Konferenzen und Kreissynoden in Rheinland und Westfalen siehe namentlich den Bericht von Kling a. dems. O. 1849, I, S. 65—118 u. 123—145.

[30]) Auf der am 8. November gehaltenen zweiten Konferenz zu Düsseldorf vertheidigte Dorner das staatliche Recht des Veto und Placet gegen andere, welche selbst dieses nicht zugestehen wollten; er hob dabei hervor, daß aber vor allem auf einen die Selbständigkeit der Kirche gesetzlich regelnden Grundvertrag mit dem Staate hinzuarbeiten sei, und zwar in der Richtung, daß der Staat einmal für immer die Beschlüsse der Kirche in ihren innern Angelegenheiten voraus anerkenne, und sich verpflichte, ein Veto nur aus bürgerlichen und staatlichen Rücksichten geltend zu machen. Monatsschr. v. Kling, 1849, I, S. 101.

grundgesetzliche Umwandlung die Religion seines Volkes als etwas für ihn Indifferentes bezeichnet, die christliche Kirche mithin, wie die Religion überhaupt, für eine bloße Privatsache erklärt. Wollte er nun gleichwohl unter irgend welchem Titel die Kirche wie bisher zu regieren fortfahren, also nicht als bloße Privatangelegenheit behandeln, so träte er dadurch mit seinem neuen Grundgesetz in den schroffsten Widerspruch. Wie ich auch die Sache wende, der Rechtsquell, daraus das bisherige Kirchenregiment des Landesherrn als Staatsoberhauptes floß, oder doch abgeleitet wurde, ist versiegt."[31])

Die Ansicht, daß das bisherige landesherrliche Kirchenregiment nunmehr nothwendig erlöschen müsse, wurde für die rheinisch-westfälische Kirche sogar in offizieller Weise zum Ausdruck gebracht. In Folge einer Aufforderung des Moderamens der westfälischen Provinzialsynode hatten nämlich die Mitglieder der letzteren eine Kommission gewählt, welche mit dem Moderamen der rheinischen Provinzialsynode unter dem Vorsitz des westfälischen Synodalpräses am 14. September zu einer Konferenz in Dortmund zusammentrat, um zu erwägen, welche Vorlagen über die, durch die veränderte Staatsverfassung nothwendig gewordenen Veränderungen der Kirchenordnung einer demnächst zu berufenden außerordentlichen Provinzialsynode zu machen sein würden. Diese Dortmunder Synodalkonferenz[32]) nun entwarf eine Vorlage, welche den Fortbestand des landesherrlichen Kirchenregiments verneinte,[33]) indem sie unter anderen auch folgende Sätze enthielt:

1. „Die Kirche erkennt das weltliche Schutz- und Aufsichtsrecht der Staatsregierung im Aeußern (Jus majestaticum circa sacra), mit der Verpflichtung, die Kirche in ihren Rechten gegen jede Beeinträchtigung zu schützen, und mit der Berechtigung, möglichen Verletzungen der Staatsgesetze und Beeinträchtigungen des Staatszweckes seitens der Kirche entgegenzutreten, fortwährend an. Wenn indessen der Staat, außer dem Jus circa sacra, bisher, und auch nach der Rheinisch-Westfälischen Kirchen-Ordnung vom 5. März 1835 und nach den Dienst-Instruktionen für

---

[31]) Sendschreiben über Reform der evangelischen Landeskirchen im Zusammenhang mit der Herstellung einer evangelisch-deutschen Nationalkirche; an Herrn D. C. J. Nitzsch in Berlin und Herrn D. Julius Müller in Halle. Bonn 1848, S. 43 f. Anm.

[32]) Die Theilnehmer waren: die Pfarrer Albert und Wiesmann, die Superintendenten König, Huhold, Wiesmann und Schmidtborn und Archivrath Dr. Ehrhard, vergl. unten S. 110 Anm. 9.

[33]) Daß die Vorlage dieses implicite thue, hob auch Herr v. Bethmann-Hollweg hervor in der Monatsschr. v. Kling, 1849, I, S. 37.

die Königlichen Regierungen, Konsistorien und Generalsuperintendenten, wesentliche Rechte in der eigentlichen Kirchen-Gesetzgebung und Verwaltung (Jus majestaticum in sacra) ausübte, so kann letzteres nach den neueren Umgestaltungen der Staats-Verfassung, nicht mehr stattfinden. —

2. Die Kirche nimmt hiernach die ihr ursprünglich zustehenden und zur Erreichung ihres Zweckes nothwendigen Rechte in Ansehung der kirchlichen Gesetzgebung und Leitung, in Lehre, Kultus und Verfassung, selbständig und mit Ausschluß aller Staatsmitwirkung in Anspruch. Hiernach sind diejenigen Paragraphen der Kirchenordnung, welche dem Staate in jenen Gegenständen eine Mitwirkung oder Entscheidung zusprechen, abzuändern. —

3. Als gesetzgebendes Organ der Kirche ist für unsere Provinz, durch §. 49 der Kirchen-Ordnung, die Provinzialsynode bereits aufgestellt, welche mit den Kreissynoden und durch diese mit den Presbyterien der Gemeinden in verfassungsmäßiger organischer Verbindung steht. Hierbei behält es sein Bewenden, mit der Modifikation, daß die Beschlüsse der Provinzialsynode zu ihrer Giltigkeit der Staatsgenehmigung nicht bedürfen, außer in dem Falle, wo sie in weltliche Staatsrechte eingreifen. —

4. Als vollziehende und verwaltende Behörde wird von der Provinzialsynode ein permanentes Kollegium unter dem Namen eines Konsistoriums gewählt, auf welches, mit Ausschluß der eigentlichen kirchlichen Gesetzgebung, alle diejenigen kirchlichen Rechte übergehen, welche die Kirchenordnung den Konsistorien, Regierungen und anderen Staatsbehörden beilegt. Das Konsistorium empfängt seine Dienst-Instruktion von der Provinzialsynode."[34])

Diese Sätze der Dortmunder Konferenz aber wurden ihrem wesentlichen Inhalte nach ein halbes Jahr später (März 1849) von den außerordentlich versammelten Provinzialsynoden der rheinischen und der westfälischen Kirche zum Beschluß erhoben.[35])

Wie alle diese Vielen der gewissen Ueberzeugung waren, daß die sich vollziehende Umwandlung der staatlichen Verfassungsformen den Wegfall des landesherrlichen Kirchenregiments nothwendig im Gefolge haben müsse: so vertheidigte nun auch Professor Richter in seinem Vortrage diese, dem Entwurf zu Grunde liegende Ansicht aufs allerwärmste und entschiedenste.[36]) Denn er sagte: jene Auffassung, als ob die Stellung des Landesherrn zu der Kirche unverändert ihr Recht behalte, leide an einem zwiefachen Man-

[34]) A. dems. O. S. 20 ff.

[35]) Die Beschlüsse dieser beiden Synoden a. dems. O. S. 262 ff. und S. 267 ff.; Berl. Allg. Kztg. 1849, N. 46, S. 449 ff., N. 44, S. 433 ff.

[36]) A. a. O. S. 10 f.

gel, indem sie nicht nur die geschichtlichen Bedingungen des fürstlichen Episkopalrechtes, sondern auch das Wesen der konstitutionellen Monarchie verkenne. Und er legte dieses dann ausführlicher dar, indem er sagte:

„Im ersten Bezuge braucht nur an die keines Beweises bedürftige Thatsache erinnert zu werden, daß die Reformatoren die Kirchengewalt den Landesfürsten nur deshalb zugeeignet haben, weil sie bei denselben allein den Schutz der äußern Macht und Rettung vor dem Verfall der Kirche finden konnten. Die Kirchengewalt war die Schwester der Monarchie und zwar in dem Sinne, welchen die Reformatoren selbst in der Reaktion gegen die Widertäufer und den Bauernaufruhr entwickelt hatten. Gegenwärtig hat aber dieser Begriff aufgehört, die Basis des öffentlichen Lebens zu sein, und der Landesherr befindet sich nicht mehr in der Lage, seine Macht zum Besten der Kirche nach freiem Ermessen verwenden zu können; der innere Grund seines Verhältnisses zur Kirche ist also nicht mehr vorhanden. Selbst aber, wenn man von dieser Seite der Betrachtung absehen wollte, würde doch ein unübersteigliches Hinderniß aus dem Wesen der konstitutionellen Monarchie hervorgehen, welches, wie z. B. von Stahl in der Evangelischen Kirchenzeitung Nr. 55 überzeugend dargethan ist, nun und nimmer gestattet, daß der Regent eine selbständige, von der Mitwirkung des Volkes unabhängige Macht ausübe. Hierzu tritt dann noch die folgende Erwägung: Es läßt sich zwar erwarten, daß die Verfassungsurkunde das Verhältniß der kirchlichen Genossenschaften zu dem Staate in der freiesten Weise ordnen, und daß das Hoheitsrecht des Staates, wie es bis jetzt geübt worden ist, einer wesentlichen Beschränkung unterliegen werde. Immer aber wird dem Staate das Recht verbleiben müssen, die Kirchen seiner Kontrole zu unterwerfen, und gegen sie erforderlichen Falles die äußere Macht in die Wagschale zu legen. Ist nun dieses der Fall, so würde, wenn die hier in Frage stehende Ansicht zur Ausführung gelangen sollte, unter Umständen die Möglichkeit eintreten, daß der Minister, welchem die künftige Verfassung die Aufsicht über die kirchlichen Korporationen beilegen wird, gegen eine von dem Könige erlassene kirchliche Verordnung sein Veto einzulegen hätte. Es fällt in die Augen, daß dies eine völlig unzuläßige Anomalie sein würde. Ferner, die Grenze zwischen den Konfessionen ist bisher durch die weltliche Macht gezogen und geschützt worden, während es künftig zunächst der eigenen Kraft der Kirchen überlassen sein wird, ihre Sphäre zu sichern. Wer nun irgendwie die Stimmungen und Richtungen kennt, muß sich dessen klar werden, daß die evangelische Kirche Ursache genug haben wird, sich zusammenzuraffen, und anstatt des Schutzes, den ihr bisher der Staat gewährt hat, ihre eigene Lebenskraft aufzubieten. In der That würde aber dann der König, der über allen Parteien erhaben sein soll, in das Getriebe konfessioneller Streitigkeiten herabgezogen und der katholischen Bevölkerung des Staates gegenübergestellt werden. Es könnte ferner geschehen, daß der König als Vertreter der verletzten Kirche bittend vor der Thür des Ministers oder der Nationalversammlung stünde, und dadurch in eine Lage versetzt würde, in der er ohne Frevel nicht gedacht werden kann. Wie es scheint, ist hiermit die praktische

Unmöglichkeit jener Ansicht dargethan, und wenn dennoch die Verfassungsurkunden einzelner deutscher Länder wirklich dem Monarchen die Gewalt über die evangelische Kirche beilegen, so wird man berechtigt sein, dieses eben nur als ein Zeichen bewußtlosen Festhaltens an einem unter ganz anderen Bedingungen und Verhältnissen entwickelten Rechte zu bezeichnen.[37]) In der That ist denn auch der von der Kommission angenommene Grundsatz in der Mehrzahl der eingegangenen Beurtheilungen ausdrücklich oder stillschweigend gebilligt worden."

3. Die Kompetenz des bestehenden Kirchenregiments.

Ja so sehr war man damals von der Unverträglichkeit des landesherrlichen Kirchenregiments mit der neuen Ordnung der Dinge überzeugt, daß es sogar nicht an solchen fehlte, die dasselbe als bereits erloschen ansahen, und ihm deshalb die Kompetenz bestritten, die zur Neuverfassung der Kirche nothwendigen Maßregeln einzuleiten. Selbst Stahl sagte in dem schon erwähnten Vortrage: „Eine grundsätzlich rechtmäßige Gewalt, die evangelische Kirche zu regieren, besteht für den Augenblick überhaupt nicht. Der Landesherr ist unter der veränderten Staatsverfassung keine solche mehr aus den angeführten Gründen."[1]) Und auch Mejer erklärte, daß die bisherige leitende Gewalt, da sie aufgehört habe, streng rechtlich begründet zu sein, nur noch einen „freiwilligen Gehorsam" ansprechen könne: „sie fordert auf, sie befiehlt nicht mehr; vollziehende Gewalt geht ihr gänzlich ab."[2]) Indessen beide waren doch fern davon, die Kirche ohne weiteres auch

---

[37]) Vergl. Dr. H. Hellmar, Die Zukunft der evangelischen Kirche vom rechtlichen Standpunkt aus beleuchtet, Halle 1848, S. 1: „Der König von Preußen beschließt, während er im vollen Besitz der Kirchengewalt sich befindet, freiwillig diesen schönsten Edelstein aus der Krone für alle Zeiten herauszunehmen. Keine äußere Nothwendigkeit liegt vor; die andern Fürsten Deutschlands haben längst Konstitutionen gegeben, und dennoch die Kirchengewalt behalten; es ist bei Friedrich Wilhelm IV. ein reiner Akt der Liebe und der tieferen Einsicht. Denn bei einem aufrichtigen Anschluß an die konstitutionelle Regierungsweise ist allerdings die Kirchengewalt mit der Krone unvereinbar."

[1]) Evang. Kztg. 1848, N. 55, S. 531.

[2]) Berl. Allg. Kztg. 1848, N. 52, S. 484; 487.

faktisch von dem landesherrlichen Kirchenregiment losreißen zu wollen, ehe sie noch durch eine neue Verfassung in den Stand gesetzt war, von der ihr zukommenden Selbständigkeit Gebrauch zu machen. Aber nicht alle hatten diese Besonnenheit. Die Synodalen der ersten Frankfurter Diözese z. B. erklärten, der Staatsumschwung habe nach ihrem Dafürhalten der evangelischen Kirche in den preußischen Landen das bisherige Haupt genommen, das Kirchenregiment entbehre demnach in diesem Augenblick einer einheitlichen Spitze, eines Centralorgans; und indem sie beklagten, daß das Oberkonsistorium, in welchem nach ihrer Meinung der Centralpunkt gegenwärtig hätte gefunden werden können, „in fast illegaler Weise“ aufgehoben worden, trugen sie die also herrenlose Kirchengewalt wenigstens für's erste den bestehenden Provinzialkonsistorien an: „Wir erachten die bisher königlichen Konsistorien — die einzigen rein kirchlichen Behörden, welche in der Kirche unserer Lande vorhanden, — für vom Herrn der Kirche berufen und verpflichtet, mit festem Muth und starkem Glauben jetzt die Vertretung der kirchlichen Interessen selbständig zu übernehmen.“[3]) In ganz ähnlicher Weise sprachen acht Geistliche der Diözese Jakobshagen gegen das Konsistorium der Provinz Pommern ihre Ansicht dahin aus, daß, da der königliche Schirmherr der Kirche in ihrer Trennung vom Staatsregimente nicht habe folgen können, bis zur Vollendung der neuen Kirchenverfassung die Konsistorien als die alleinigen Inhaber und Organe der noch übrigen Kirchengewalt erschienen und berufen seien, wie die friedliche Stellung der Kirche zum Staate zu vermitteln, so die unvermeidlichen

---

[3]) In einer Eingabe an das Konsistorium der Provinz Brandenburg, a. dems. O. N. 72, S. 676 ff. Göbel, Die evangelische Kirchenverfassungsfrage, Koblenz, 1848, S. 47 fand die Lage der Kirche durch die Aufhebung des Oberkonsistoriums so bedenklich, daß er wenigsteus meinte, man könne es der Kirche wahrlich nicht verdenken, wenn sie unter solchen Umständen mit ihren Provinzialkonsistorien und Synoden sich selber zu helfen und sich von unten herauf neu zu gestalten und zu kräftigen suche. Und als Herr v. Bethmann-Hollweg an der Möglichkeit einer Landessynode irre geworden, den Gedanken an eine provinzielle Erledigung der Kirchenfrage faßte, da sah auch er die Konsistorien als diejenigen Organe an, welche, sich von der Abhängigkeit von Berlin losmachend, die Initiative zu ergreifen hätten, ohne daß er indessen den König als bereits der Kirchengewalt entkleidet betrachtete. Monatsschr. v. Kling, 1848, II, S. 153 ff. (Septemberheft).

Neubildungen der Kirche einzuleiten und einzuführen; und demgemäß baten sie das Konsistorium unterm 18. August, aufs schleunigste die in letzterer Beziehung ihnen nothwendig erscheinenden Maßregeln zu ergreifen.[4]) Sieben Geistliche der Franzburger Synode aber zogen daraus, daß es der evangelischen Kirche im preußischen Staate gänzlich an einem ihr selbst angehörigen Mittelpunkte fehle, von dem aus das „bekanntlich ohnehin sehr in Zweifel gezogene" oberbischöfliche Recht des Landesfürsten angewendet werden könnte, die Folgerung, daß die einzelnen Gemeinden einerseits, sofern sie das Bedürfniß einer bischöflichen Leitung und Fürsorge empfänden, jetzt mit gesteigerter Erwartung auf die Thätigkeit der Provinzialkonsistorien sehen, andererseits aber auch in sich selbst einen Ersatz für das suchen müßten, was sie an der Fürsorge des Staates verloren hätten, und dem entsprechend baten sie unterm 1. August das pommersche Konsistorium, dem Ministerium gegenüber eine freiere Stellung als bisher einnehmen und zugleich gestatten zu wollen, daß sich in den einzelnen Kirchspielen den örtlichen Verhältnissen angemessene Gemeindevertretungen bilden dürften.[5])

Auch in der Evangelischen Kirchenzeitung wurde, und zwar durch den für die Einheit von Staat und Kirche begeisterten Dr. Wilhelm Klee,[6]) dem bisherigen Kirchenregiment jedes Recht zu irgend einem Handeln in der Kirche abgesprochen; doch so, daß dieser in das Kirchenrecht tiefer als jene Pastoren eingeweihte Schriftsteller folgerichtig lediglich die Gemeinden selbst ihr weiteres Schicksal bestimmen

---

[4]) Monatsschr. v. Otto, 1848, N. 4, S. 33 f. Diese Maßregeln waren keine anderen, als die Berufung der Spezialsynoden zur Vorberathung über eine Presbyterial- und Synodalverfassung und zur freien Wahl eines Deputirten aus ihrer Mitte für die Provinzialsynode; die Einberufung dieser Deputirten unter Beziehung der Mitglieder des Konsistoriums zur weiteren Beschließung über diese Verfassung, und die Anregung der übrigen Konsistorien des Landes zu dem gleichen Schritte, sowie die Verhandlung mit denselben behufs einfacher Bildung einer Landessynode aus dem Schoße der Provinzialsynoden.

[5]) A. dems. O. S. 34. Vergl. die Aeußerungen des Franzburger Superintendenten v. Willich auf der am 12. und 13. September zu Putbus gehaltenen Versammlung evangelischer Kirchenfreunde, Allg. Kztg. (Darmst.) 1848, N. 163, S. 1343.

[6]) Damals Regierungsrath in Posen. In seinem Werke: das Recht der

lassen wollte, indem er sich überzeugt hielt, daß dieselben kraft des freien Associationsrechts und der Freiheit der Presse sich schon aneinander anschließen und ein Gesetz der Ordnung unter sich und in ihren nächsten Kreisen aufrichten würden, und daß aus diesen Grundsätzen sich dann auch weiterhin eine Einheit des Organismus bilden würde.[7])

Wie von den Genannten in den östlichen, so wurde auch in den westlichen Provinzen dem bisherigen Kirchenregiment bereits der

---

Einen allgemeinen Kirche Jesu Christi aus dem in der heiligen Schrift gegebenen Begriff entwickelt, I, Magdeburg 1839, S. 352—372, hatte Klee die Nothwendigkeit des landesherrlichen Kirchenregiments begrifflich zu begründen gesucht.

[7]) Evang. Kztg., 1848, N. 41, S. 386 ff., vergl. auch desselben Verfassers Broschüre: Ueber den Abfall des Staates vom Christenthum, zugleich ein Erweis der Nichtbefugniß des religionslosen Staates zur Einsetzung einer konstituirenden Versammlung für die evang. Kirche, Berlin 1849, besonders S. 14 ff. Klee fand Zustimmung für sein Prinzip der kirchlichen Selbsthülfe bei seinem Rezensenten in Bruns und Häfners N. Rep. XVIII, 1849, S 272 ff, vergl. S. 259 f. Die Ansicht, daß „der Staat", d. h. das bisherige staatliche Kirchenregiment, sich der Initiative enthalten und ruhig den Gemeinden die fernere Entwickelung der kirchlichen Dinge, auch die Bildung der Kirchenverfassung überlassen solle, wurde in der Haude- und Spener'schen Zeitung, welche auch den oben angezogenen Aufsatz von Klee mittheilte, schon gleich nach Berufung der Kirchenverfassungskommission ausgesprochen. Der Staat, hieß es, dürfe sich um die kirchlichen Dinge jetzt nicht mehr kümmern; er müsse sich jeder Einwirkung auf Verfassung und Verwaltung der Gemeinden enthalten; der summus episcopus sei nicht mehr denkbar. A. a. O. 1848, N. 88, Beilage; N. 94, Hauptblatt. — Eine Ansicht, welche zwischen der des Dr. Klee und jener der im Text erwähnten Pastoren gewissermaßen in der Mitte lag, wurde von Christoph Hoffmann vertreten in der schon erwähnten Broschüre: Die Aussichten für die evangelische Kirche Deutschlands, Stuttg. 1849. Indem Hoffmann nämlich die Kompetenz des staatlichen Kirchenregiments für erloschen ansah, betrachtete er auch diejenige der Konsistorien als rechtlos geworden; verlangte aber doch, daß diese letzteren das Kirchenregiment fortführen, die Gläubigen ihren Anordnungen indessen nur soweit Gehorsam leisten sollten, als dieselben das Gewissen nicht verletzen würden, und mit dem Vorbehalt der vollen Freiheit für die Zeit, wo der göttliche Ruf zur Sammlung der Gläubigen ergehen würde. Eine direkte Initiative zur Neugestaltung der Kirche gestand Hoffmann den Konsistorien eben so wenig zu, als irgend einer andern Stelle; er wollte von einer solchen überhaupt nichts wissen, obgleich er es doch ungewiß ließ, ob Gott in der jetzigen letzten Zeit der Kirche wieder, wie in der ersten, auf eine wunderbare Weise die Anfänge bezeichnen und zum Fortschritt verhelfen werde oder nicht. A. a. O. S. 30; 37—40; 46; 56—60; 75—79.

Todtenschein ausgestellt. Wenn an die Moderamina der westfälischen und der rheinischen Provinzialsynode der Antrag gestellt wurde,[8]) von den Gliedern der vorigjährigen Provinzialsynode eine Kommission wählen zu lassen, deren Aufgabe es sein solle, die Kirche aus dem alten in den bevorstehenden neuen Zustand überzuführen, und zwar so, daß die Vorschläge dieser Kommission, nach vorangegangener Begutachtung durch die Presbyterien und Kreissynoden, von den Provinzialsynoden zum Beschluß erhoben den einzelnen Gemeinden zur Annahme vorgelegt würden; wenn die Moderamina auf diesen Antrag eingehend die Aufforderung zur Wahl der Kommissionen erließen, und wenn der Präses des westfälischen, sowie der Präses und der Assessor des rheinischen Moderamens mit der in Westfalen zu Stande gekommenen Kommission[9]) sich zu der schon erwähnten Dortmunder Konferenz vereinigten: so lag dem allen die Voraussetzung zu Grunde, daß die Provinzialsynoden schon jetzt berechtigt seien, ungehindert durch die Schranken des bisherigen landesherrlichen Kirchenregiments in autonomer Weise mit der Neugestaltung der Kirche vorzugehen. Wie denn auch ein Fürsprecher dieser bei den beiden Moderamen beantragten

---

[8]) Von einer Minorität der am 11. Mai in Hamm gehaltenen Versammlung und von der am 5. Juni in Burg versammelten Predigerkonferenz der Kreissynoden Solingen und Lennep. Berl Allg. Kztg. 1848, N. 58, S. 546. Stimmen, 1848, S. 199 f. Der Grund des Antrages wurde an der angeführten Stelle der Berl. Allg Kztg. in der Absicht der hierarchisch-orthodoxen Partei gefunden, die Ausschließlichkeit ihrer Herrschaft zu bewahren und deshalb mit einer von ihr oktroyirten Kirchenverfassung für Rheinland-Westfalen fertig zu werden, ehe die schreckliche Landessynode käme und den Gemeinden das Bewußtsein darüber aufginge, daß es sich darum handle, sich selbst eine Verfassung zu geben. in welcher sie besser vertreten wären und lebenskräftiger sich gestalten könnten, als unter der bisherigen Bevormundung der Staats- und Geistlichkeits-Kirche möglich gewesen. Aehnlich auch a. dems. O. N. 77, S. 718. Vergl. dagegen a. dems. O. N. 62, S. 587.

[9]) In der Rheinprovinz unterblieb die Bildung der Kommission, weil ein großer Theil der zur Wahl Aufgeforderten die Maßregel nicht billigte. s. z. B. das Schreiben an den Synodalpräses a dems. O. N. 77, S. 718 f., in dem ebensowohl Rechts- als Zweckmäßigkeitsgründe dagegen geltend gemacht werden. Auch der Superintendent Consbruch lehnte die in Westfalen auf ihn gefallene Wahl ab, weil er Zweifel gegen die Rechtsgültigkeit der Maßregel hegte, Monatsschr. v. Kling, 1849, I, S. 20.

Maßregel in der Neuen Preußischen (Kreuz-) Zeitung es geradezu aussprach, daß die rheinisch-westfälische Kirche ebenso reif wie befugt und hoffentlich entschlossen sei, den Zügel des Kirchenregimentes selbst zu ergreifen.[10]) Daß sie vermöge des ihr zustehenden Rechtes dieses zu thun sich entschließen möchte, dazu drängten, unzufrieden mit dem ihnen zu langsamen Gange der kirchlichen Verfassungsentwickelung, Anfangs August auch die „Stimmen aus und zu der streitenden Kirche",[11]) nachdem sie schon einige Wochen früher behauptet hatten, ob die Provinzialsynode von oben herab zusammen berufen werde, das brauche man jetzt, da faktisch aller Zusammenhang des Staates mit der Kirche gelöst sei, nicht erst abzuwarten, das Moderamen der Provinzialsynode sei dazu jetzt das befugte Organ.[12])

Diese Ansicht, daß das Recht des bisherigen Kirchenregimentes bereits erloschen sei, wurde indessen doch nur von verhältnißmäßig wenigen getheilt, während die meisten, namentlich in den östlichen Provinzen, sich überzeugt hielten, daß das bisherige landesherrliche Kirchenregiment, so wenig es auch bestehen bleiben könne, doch gegenwärtig noch nicht aufgehört habe; rechtlich zu bestehen und zum Handeln in der Kirche und für die Kirche berechtigt und verpflichtet zu sein. Denn man konnte sich nicht verhehlen, daß die Fest-

---

[10]) A. a. O. 1848, N 7, Beilage, S. 37.

[11]) A. a. O. 1848, S. 263. Vergl. auch die dort angezogene Korrespondenz in der Berl. Allg. Kztg., 1848, N. 59, S. 553, in welcher neben der Ueberzeugung, daß die rheinische Kirche jetzt von dem Vollgenuß ihrer Autonomie Besitz ergreifen müsse, auch die bestimmte Erwartung ausgesprochen ist, daß wenn jene Aufforderung zur Wahl einer Kommission von der Provinzialsynode abgelehnt werden sollte, die letztere selbst dann doch unverzüglich aus eigener Machtvollkommenheit zusammentreten werde.

[12]) A. a. O. 1848, S. 198. Die Predigerkonferenz in Barmen, den 24. und 25. August, nahm einstimmig folgende Erklärung an: Die Konferenz erklärt in Erwägung der bei längerem Verzuge immer dringender werdenden Gefahr für die Verfassung der Kirche es als ihren dringenden Wunsch und wohlbegründete Bitte an den Präses der Provinzialsynode, daß möglichst bald die Synode zur Beschlußnahme über die Verfassung zusammenberufen werden möge. A. dems. O. 1848, S. 284 f. Zu der Konferenz gehörten u. a. Sander, Jaspis, Kling, Dorner. Ueber des letzteren Stellung s. aber auch gleich unten.

stellung der Trennung von Staat und Kirche als Prinzip doch nicht auch die faktische Trennung sei, daß also, wie Dorner sagte, das neue Prinzip noch nicht vollständige Rechtswirklichkeit,[13]) oder, daß, wie Heinrich Krause es schärfer ausdrückte, die Selbständigkeit der Kirche eine Verheißung, aber noch nicht Thatsache sei.[14]) Darin freilich waren die verschiedensten Parteien einig, daß der Umfang von Recht und Pflicht des bestehenden Kirchenregiments zum Handeln in der Kirche durch den nur noch provisorischen Charakter desselben bestimmt abgegrenzt sei. Wenn Stahl dem Kirchenregiment das kanonische: ne aliquid innovetur als Richtschnur der Thätigkeit vorzeichnete,[15]) wenn Bethmann-Hollweg darlegte, daß der Minister nur zu administrativen, keineswegs aber zu konstitutiven und legislativen Maßregeln berechtigt sei,[16]) oder wenn Eltester sagte, alle organische Veränderungen in Lehre, in Bekenntniß, in Kultus, ja selbst alle nicht unumgänglich gebotene Disciplin würden vom Uebel sein:[17]) so sprachen sie damit nur aus, was von fast allen als selbstverständlich angenommen wurde, daß nämlich der Staat, seitdem die Selbständigkeit der Kirche im Prinzip festgestellt worden, sich keine den Bestand der kirchlichen Verhältnisse alterirenden Eingriffe in dieselben mehr erlauben dürfe. Und zwar wurden auf Seiten der orthodoxen Partei die Grenzen der dem bisherigen Kirchenregiment noch zustehenden Thätigkeit so enge gezogen, daß z. B. nicht nur die Auflösung des Oberkonsistoriums, sondern sogar auch einige in liberalem Sinne getroffene Personalveränderungen im Magdeburger Konsistorium und die Wieder-

---

[13]) Monatsschr. v. Kling 1848, II, S. 57.

[14]) Ztschr. f. d. unirte ev. K, 1848. N. 1, S. 11.

[15]) Evang. Kztg. 1848, N. 55, S. 531. Vergl. die Aeußerung eines anderen Anhängers der orthodoxen Partei im Ev. K.- u Schulblatt, 1848, N. 32, S. 504 und die von der Breslauer Konferenz des evangelisch-lutherischen Provinzialvereins am 27. September beschlossene Eingabe an den Minister betreffend die Ordination des Pastor Löschke, a. dems. O. N. 42, S. 577 ff.

[16]) Monatsschr. v. Kling, 1848, II, S. 5.

[17]) Ztschr. f. d. unirte ev. K. 1848, N. 6, S. 95. Vergl. H. Krause a. dems. O. N. 1, S. 12, und auch das von Eltester, Jonas, Krause, Pischon und Sydow gezeichnete Vorwort auf den folgenden Jahrgang dieser Zeitschrift, a. dems. O. 1849, N. 3, S. 87.

einsetzung des Predigers Detroit aufs heftigste als unberechtigte Eingriffe der Staatsgewalt verurtheilt wurden.[21]) Aber als eben so selbstverständlich sah man fast allgemein auch das andere an, daß der Staat nicht plötzlich die Verwaltung der, der eigenen Organe noch entbehrenden, Kirche einstellen und diese so in einen chaotischen Zustand hineinstoßen dürfe, daß er vielmehr die Verwaltung so lange fortführen müsse, bis die Kirche sie selbst zu übernehmen im Stande sei, und daß er der Kirche es ermöglichen müsse, sich auf geordnete Weise hiezu in Stand zu setzen. Von diesem Gesichtspunkt aus legten die meisten dem bisherigen Kirchenregimente nicht nur die Berechtigung, sondern auch die Verpflichtung bei, die zur Neuverfassung der Kirche nothwendigen Vorbereitungsmaßregeln zu treffen, wenn der Umfang derselben auch von den verschiedenen in verschiedener Weise bestimmt wurde.[22]) Dieses that auch Richter in seinem Vortrage, indem er

---

[21]) Siehe z. B. Monatsschr. v. Kling, 1848, II, S. 190; Berl. Allg. Kztg. 1848, N. 64, S. 603; Evang. Kztg. 1848, N. 52, S. 491; Ev. K. u. Schulblatt 1848, N. 32, S. 504; Monatsschr. v. Otto, 1848, N. 5, S. 45; u. s. w Dagegen H. Krause, Ztschr. f. d. unirte ev. K. 1848, N. 1, S. 12. — Auch in der Neuen Preußischen (Kreuz-) Zeitung 1848, N. 20, S. 122, Spalte 2, wurde geklagt, daß das Ministerium Schwerin in die interna et sacra der Kirche auf unerhörte Weise eingegriffen habe.

[22]) Besonders nachdrücklich wurde diese Ansicht behauptet von Heinrich Krause und seinen Freunden. Krause nannte jenes an die Konsistorien gestellte Ansinnen der Frankfurter Synodalen, die Vertretung der kirchlichen Interessen selbständig zu übernehmen, geradezu „eine offenbare Aufforderung zur Rebellion," Ztschr. f. d. unirte ev. K. 1848, N. 12, S. 198 f. Vergl. a. dems. O. N. 1, S. 10 ff., N. 6, S. 91; N. 9, S. 147 Eltester; N. 17, S. 301 Zarnack; N 21, S. 372 Dankwardt; N. 12, S. 209 Löwenstein. Beispielsweise seien als Vertreter dieser weitaus von den meisten getheilten Ansicht ferner genannt: v. Bethmann-Hollweg, Monatsschr. v. Kling 1848, II, S. 5, 127; Dorner a. dems. O. S. 57; Jacobson, Schneiders N. krit. Jahrbb. XIV, 1848, S. 802 ff.; Julius Müller mit einer Gnadauer Konferenz, Berl. Allg. Kztg. 1848, N. 55, S. 513; die theologische Fakultät in Halle a. dems. O. S. 373; die Breslauer Konferenz des schlesischen evangelisch-lutherischen Provinzialvereins, Ev. K.- u. Schulblatt 1848, N. 42, S. 577. — Auch das Comité der Lutheraner in Pommern erkannte zwar das bestehende Kirchenregiment noch an und verwahrte sich ausdrücklich dagegen, kirchenregimentlich aufzutreten, wenngleich von ihm vorgesehen würde, daß möglicherweise aus ihm selbst eine kirchenregimentliche Gliederung heraustreten könnte und müßte, falls der Umsturz aller bisherigen kirchlichen Ordnung oder das fort-

darauf hinwies, daß das landesherrliche Kirchenregiment zur Zeit formell noch zu vollem Recht bestehe. Diejenigen Vertreter des entgegengesetzten Standpunktes, welche den Konsistorien das Recht zur Erfassung des Regiments und folgeweise zur Ergreifung der im Augenblick erforderlichen Maßregeln beilegten, erinnerte er hiebei, in Uebereinstimmung nicht nur mit Krause und Eltester, sondern auch mit Göschel und Stahl,[23]) daran, daß die Konsistorien lediglich Organe des landesherrlichen Kirchenregiments seien, und daß also, wenn der Landesherr nicht mehr in der Lage sei, die Kirche zu regieren, der Eintritt der Konsistorien in das Regiment noch viel weniger behauptet werden könne; denn es würde eine unerhörte Anomalie sein, daß die Gewalt ipso jure von

dauernde Fehlen aller Garantien für das Sonderbestehen der lutherischen Kirche seitens des Kirchenregimentes dazu treiben sollte, Monatsschr. v. Otto, 1848, N. 3, S. 30; vergl. N. 2, S. 11 und N. 1, S. 6; aber die unterm 9. August 1848 veröffentlichten „Sätze, welche die Reorganisation der evangelisch-lutherischen Kirche in Pommern betreffen", Naugard 1848, ziehen eine Initiative seitens des bestehenden Kirchenregiments nur insoweit in Betracht, als sie in dem Fall, daß aus dem Konsistorio ein oder mehrere Glieder entschieden zum evangelisch-lutherischen Bekenntnisse treten sollten, von diesen die Berufung der Provinzialsynode erwarten; andernfalls sollte die Initiative zu einer solchen von den Kirchenvorständen und Kreissynoden ergriffen werden. A. a. O. S. 15 f. Vergl. unten Buch II, 14.

[23]) Krause: Ztschr. f. d. unirte ev. K., 1848, N. 1, S. 10; Eltester: a. dems. O. N. 6, S. 91; Göschel: Evang. Kztg. 1848, N. 63, S. 625; Stahl: a. dems. O. N. 55 S. 529. Der letztgenannte sagte: „Das Konsistorium setzt immer ein an der Staatsgewalt haftendes Kirchenregiment voraus, und kann nicht wohl aus eigener Machtvollkommenheit und nach blos eigener Entschließung die Kirche verwalten, sich seine Instruktionen lediglich selbst geben. . . . Löst sich das Konsistorium von einer landesherrlichen Autorität über ihm zu eigener Autorität, erhält es so eine wirklich bischöfliche Stellung, so hat die Konsistorialverfassung ihren Grundcharakter aufgegeben und ist in eine ganz andere Verfassungsform übergegangen. Ein solches kann aber doch in der That nicht durch bloßen Zufall, ohne inneres Prinzip und ohne Anerkennung der Kirche geschehen." Stahl sah aber nichtsdestoweniger für die vorläufige Verwaltung das unbestreitbar Richtige darin, „daß sie von den eigentlichen Kirchenbehörden in einer unabhängigen Stellung nach den bestehenden Normen im herkömmlichen Gange fortgeführt werde, und der Kultusminister zwar nicht zurücktrete, aber doch so wenig als möglich sich einmische." A. dems. O. S. 531. Im Ev. K.- u. Schulblatt, 1848, N. 38, S. 551 wurde gesagt: „Die Konsistorien, in ihrer unklaren, theils staatlichen theils kirchlichen Stellung, von oben und unten her verkannt, mit ihren zum Theil sich widerstrebenden Elementen, können die Kirche nicht repräsentiren."

dem Herrn auf den Diener überginge. Gegen die von Klee vertretene Ansicht, nach der alles der freien Entschließung der Gemeinden überlassen werden sollte, wies Richter darauf hin, daß, wenn man nicht einem unpraktischen Idealismus huldigen wolle, man werde gestehen müssen, daß ihre Verwirklichung nur zu einer Spaltung in Parteiungen führen würde, nicht nur zwischen den verschiedenen Gemeinden, sondern im Innern der Gemeinden selbst. Davon aber würde die Folge sein, daß in den uneins gewordenen Gemeinden eine Reihe von Prozessen um das Kirchengut entstände, die nur durch den Spruch der Gerichte ihre Erledigung finden könnten. Diese beklagenswürdige Eventualität aber müsse vermieden werden, so lange es geschehen könne.[24])

4. Die Kompetenz des Ministers.

Nicht wenige von denen, welche dem bisherigen landesherrlichen Kirchenregimente die Kompetenz zu den behufs Einleitung der kirchlichen Neugestaltung nothwendigen Maßregeln ganz zweifellos zugestanden, erhoben indessen sehr nachdrücklichen Widerspruch dagegen, theils daß diese Maßregeln überhaupt durch den Minister, theils daß sie durch denselben ohne Hinzuziehung der bestehenden kirchlichen Organe getroffen würden.

Die Uebergehung dieser Organe, namentlich der Konsistorien und der Predigersynoden,[1]) fand man zunächst deshalb anstößig, weil man meinte, daß dieses Verfahren, wie es auf der falschen Voraussetzung einer Verfassungslosigkeit der Kirche beruhe, so auch jenen Maßregeln den Charakter der Willkürlichkeit aufpräge, dann aber auch deshalb, weil man sich überzeugt hielt, daß, wenn es nach dem Geiste der bisherigen evangelischen Kirchenverfassung dem mit dem Kirchenregiment betrauten Minister schon überhaupt gezieme, dasselbe nur unter Mitwirkung der eigentlich kirchlichen Behörden zu verwalten, dieses um so mehr jetzt

---

[24]) Vortrag, S. 12 f.

[1]) In der Monatsschr. v. Otto, 1848, N. 1, S. 6, wurde von Meinhold auch die Nichtberücksichtigung der Patrone und der Kirchenvorsteher getadelt.

verlangt werden müsse, nachdem einerseits die Verantwortlichkeit des Ministers gegen die aus allen Religionen gemischte Volksvertretung, andererseits aber auch die Trennung der Kirche vom Staate festgestellt worden. Denn die Art und Weise der Maßregeln, durch welche die Neugestaltung der Kirche eingeleitet werde, sei von bestimmendem Einfluß auf die Art und Weise dieser Neugestaltung selber, und die Organisation einer konstituirenden Landessynode entscheide mittelbar über den ganzen künftigen Zustand der Kirche; es würde also auf's entschiedenste gegen die prinzipiell festgestellte Selbständigkeit der Kirche verstoßen, wenn so tiefgreifende Anordnungen mit Umgehung der kirchlichen Organe nur von dem Minister und einer willkürlich eingesetzten, jedes kirchlichen Charakters entbehrenden Immediatkommission getroffen würden.[2]) Von diesen und ähnlichen Erwägungen geleitet verlangten die einen, daß die Wahlordnung zur Landessynode vor ihrer Erlassung den Konsistorien und Geistlichkeitssynoden zur Berathung und Begutachtung vorgelegt werde,[3]) während andere weiter gehend außerdem noch die dringende Bitte an den Minister richteten, er möge zunächst die Provinzialkonsistorien beauftragen, nach Anhörung der bestehenden Kreissynoden die zur weiteren Ausbildung der kirchlichen Verfassung nöthigen Vorschläge zu machen.[4]) Noch engere Grenzen wollten Herr

---

[2]) Siehe die Eingaben der Stettiner, Berliner und Königsberger Pastoralkonferenzen, Berl. Allg. Kztg. 1848, N. 47, S. 435; N. 51, S. 473; N. 64, S. 602; die der Gnadenberger Konferenz N. 60, S. 571; die der Demminer Kreissynode, Monatsschr. v. Otto, 1848, N. 3, S. 28; ferner v. Bethmann-Hollweg auf der Bonner Konferenz, Monatsschr. v. Kling, 1848, II, S. 34 ff, die Evang. Kztg. 1848, N. 42, S. 393 f.

[3]) Berliner und Königsberger Pastoralkonferenz und die Demminer Kreissynode, s. Anm. 2. Nach Richter, Vortrag S. 15, forderte auch das Magdeburger Konsistorium die Begutachtung durch die Konsistorien. Lehnerdt, der spätere Generalsuperintendent, sagte in einer den Entwurf beleuchtenden Predigt, so viel geschichtliche Gerechtigkeit, denselben vor der Veröffentlichung den bestehenden kirchlichen Gliederungen und Organen zur Begutachtung vorzulegen, hätte doch mindestens geübt werden sollen. Oder ob denn etwa das Publikum als solches die evangelische Kirchengemeinde sei? Oder ob diese etwa weniger gut durch ihre rechtmäßigen Organe und Gliederungen vertreten werde, als durch eine zuchtlos gewordene Presse? Acht Predigten zur Verständigung über die gegenwärtigen Lebensfragen der evangelischen Kirche und ihre heilsame Lösung, Königsberg 1848, S. 101.

[4]) Stettiner Pastoralkonferenz, s Anm. 2. 36 schlesische Geistliche

v. Bethmann-Hollweg und seine Gesinnungsgenossen der, die Neugestaltung der Kirche einleitenden Thätigkeit des Ministers stecken, indem sie sich auf der Bonner Konferenz zu der, hernach auch von den Mitgliedern der Elberfelder Kreissynode angenommenen[5]) Resolution vereinigten: „In dieser Uebergangszeit kann allerdings die Kirche von dem Staate die formelle Anregung und Sanktion annehmen, die materiellen Grundgedanken muß sie aber aus sich selbst schöpfen. Jedoch muß diese formelle Anregung sich jedenfalls darauf beschränken, die Kirche in ihren verfassungsmäßigen Organen aufzufordern, die konstitutiven Maßregeln zur Besitzergreifung der Autonomie in Gesetzgebung und Verwaltung zu treffen ....“[6]) Von diesem Gesichtspunkte aus erschien den genannten die Erlassung der Wahlordnung, ja schon die Berufung der mit ihrer Ausarbeitung betrauten Kommmission durch den Minister als eine Kompetenzüberschreitung des letzteren. Indem sie deshalb die Aufstellung und Erlassung einer solchen Verordnung als eine „konstitutive Maßregel“ ganz dem Minister entnommen und den „verfassungsmäßigen Organen der Kirche“ anheimgegeben wissen wollten,[7]) nahmen sie also in Beziehung auf die Wahlverordnung wesentlich denselben Standpunkt ein, als diejenigen, welche den Minister überhaupt von der Theilnahme an den vorbe-

---

beantragten, daß auf eine von den bisherigen kirchlichen Behörden zu bestimmende Weise eine Versammlung zur Berathung und Emanirung eines Wahlgesetzes für die konstituirende Landessynode berufen werde. Ev. K.- u. Schulblatt, 1848, N. 32, S. 103.

[5]) Monatsschr. v Kling, 1848, II, S. 169.

[6]) A. dems. O. S. 7. Vergl. Volksblatt, 1848, N. 48, S. 708 f. Herr v. Bethmann-Hollweg meinte noch, wenn der Minister die bestehenden Organe nicht in ihrer Berechtigung anerkennen wollte, so hätte er wenigstens die von der 1846er Generalsynode empfohlene Repräsentativverfassung als Norm für die Berufung einer konstituirenden Synode benutzen sollen. Monatsschr. v. Kling, 1848, II, S. 35.

[7]) A. dems. S. 5; 35; 55 f. Vergl. Stimmen, 1848, S. 162. Es fehlte auf der Bonner Konferenz übrigens nicht ganz an Widerspruch gegen diese Auffassung. Auf der Konferenz zu Hamm, den 11. Mai, wurde gesagt, daß für die östlichen Provinzen die Berufung zur Landessynode ohne Frage bindende Kraft und Geltung habe, nicht aber für die Rheinprovinz und Westfalen. Monatsschr. v. Kling, 1848, II, S. 84.

reitenden Maßregeln ausschließen wollten. Welche Gründe aber gegen diese und somit, was die Erlassnng der Wahlverordnung durch den Minister betrifft, auch gegen jene geltend gemacht wurden, werden wir weiter unten hören.

Gegen das Verlangen nun, daß der Minister zunächst von den Konsistorien auf Grund vorangegangener Synodalberathungen zu erstattende Vorschläge über die Ausbildung der Kirchenverfassung einfordern möge, erinnerte man daran, daß diesen Modus wählen doch eigentlich nichts anderes sein würde, als den in den Jahren 1844—1846 schon durchgemachten Weg noch einmal anfangen wollen.[8]) Rücksichtlich der geforderten Berathung des Entwurfes durch die Konsistorien aber gab Richter in seinem Vortrage zu, daß dieselbe, wie sie auch inzwischen durch eine Verfügung des Ministeriums vom 20. Juli angeordnet worden, allerdings völlig in der Ordnung sei, falls nur dabei der Gedanke an eine rechtliche Vertretung der Kirche ferngehalten werde, denn eine solche bildeten die Konsistorien nicht; die Betheiligung der Synoden in den östlichen Provinzen dagegen sei weder rechtlich erforderlich, denu daß deren Rath gesucht werden müsse sei nirgend vorgeschrieben, noch auch sei sie unter den obwaltenden Umständen als aus Zweckmäßigkeitsgründeu unumgänglich nöthig zu erachten.[9])

Von denjenigen, welche die Einleitung der kirchlichen Reorganisation überhaupt nicht durch den Minister wollten treffen lassen, wollten die einen dieses darum nicht, weil sie den Minister für durchaus ungeeignet hielten, jetzt noch als kirchenregimentliches Organ zu fungiren, da er ja, der politischen Repräsentation des religiös-indifferenten Staates verantwortlich, nicht mehr vermöge, unbedingt im Sinne der Kirche zu handeln; ja weil sie geradezu meinten, daß durch die Theilnahme des Ministers am Kirchenregiment einem völlig ungerechtfertigten und für die Kirche höchst verderblichen Einfluß des Staates auf die kirchlichen Angelegenheiten Thür und Thor geöffnet sein würde.[10]) Andere aber gingen weiter,

[8]) Berl. Allg. Kztg. 1848, N. 75, S. 697.

[9]) A. a. O. S. 15.

[10]) Richter, Vortrag S. 13, nennt unter vier Eingaben auch eine des Kon-

indem sie aus eben diesem Grunde, den sie durch nachdrückliche Betonung der Konfession als der Norm für die Kirchenleitung noch verstärkten, und weil der Minister als solcher nicht in, sondern außerhalb der Kirche stehe, geradezu die Berechtigung des Ministers zu irgend einem kirchenregimentlichen Handeln in Abrede stellten, und alle von ihm vermittelten Schritte in Kirchensachen als unevangelisch und nichtig bezeichneten.[11]) Und zwar wurde von den Vertretern dieser Ansicht, die besonders in der „Evangelischen Kirchenzeitung" zu Worte kamen, nicht nur behauptet, daß jene Berechtigung dem Minister als solchem nicht beiwohne, sondern es wurde sogar dem Könige das Recht abgesprochen, demselben das Kirchengebiet auch nur nebenbei durch besonderen Auftrag zu überweisen.[12]) Und ebenso wurde den Vertheidigern des Ministers die Berufung darauf, daß er ja blos im Auftrage des Königs handle, mit der Antwort abgeschnitten, dies sei nicht wahr, denn ein konstitutioneller Minister vollziehe jeden Befehl des Königs nur im Hinblick auf die Kammer, die ihn richten könne,

sistoriums zu Münster. Siehe ferner die von Jul. Müller in der Berl. Allg. Kztg. 1848, N. 55, S. 513 empfohlene Eingabe einer Gnadauer Versammlung an den König, der sich auch Konferenzen in Schippenbeil und Königsberg anschlossen, a. dems. O. N. 64, S. 605; N. 73 S. 683. Diese Eingabe wandte sich „nicht an den erhabenen konstitutionellen Monarchen, umgeben von seinem Staatsministerium, sondern an Ew. Majestät Person als den rechtmäßigen Inhaber der Kirchengewalt in der evang. Kirche Preußens."

[11]) Evang. Kztg. 1848, N. 59, S. 579, 581; N. 46, S. 434; vergl. N. 63, S. 625, C. F. G(öschel). Aehnliche Aeußerungen auf der Pastoralkonferenz zu Königsberg, a dems. O. N. 60, S. 591 f.; auf der am 27. und 28. Juni zu Wittenberg gehaltenen Konferenz von Bekennern der unveränderten Augsburgischen Konfession, a. dems. O. N. 62, S. 624; auf der Gnadenberger Konferenz, wo Kahnis die Kompetenz des Ministers wenigstens stark bezweifelte, a. dems. O. N. 57, S. 553; auf der lutherischen Konferenz in Neustadt-Eberswalde, a. dems. O. N. 70, S. 690; auf der Breslauer Konferenz des evang. luth. Provinzialvereins, Ev. K.- u. Schulblatt, 1848, N. 41, S. 571 f.; N. 38, S. 551; auf der Thüringer Pastoralkonferenz zu Mühlhausen, Rhenius' Monatsschr. 1848, S. 488 f. Volksblatt 1848, N. 67, S. 1029: „Darum hat das Ministerium, so lange es in seiner Verläugnung Christi verharrt, und sich nicht offen und frei wieder zu ihm bekennt, nicht das geringste Recht, in Sachen, die ihn betreffen, etwas mitzusprechen." Göbel, a. a. O. S. 2 ff.

[12]) Evang. Kztg. 1848, N. 46, S. 435 f.; Göschel a. dems. O. N. 57, S. 546.

er handle also nie blos im Auftrage des Königs, wie umgekehrt der durch ihn vollzogene Wille des Königs gleichfalls nur im Zusammenhange der Konstitution des Staats, nicht aber im Lichte der Konfession der Kirche und nach ihrem Recht beurtheilt werden dürfe. Weiter aber wurden jene auch gefragt: „Wie? ihr wollt schweigen, wenn der König in der evangelischen Kirche nach unevangelischen Grundsätzen verfährt? Wolltet ihr auch dann schweigen, wenn er die von ihm, wie richtig gesagt wird, nicht als Recht, sondern als Dienst, als Pflicht, als Amt ererbte Gewalt wider Gottes Wort, wider Recht und Verfassung der Kirche ausüben, wenn er durch Juden und Heiden das jus in sacra verwalten und nicht mehr anerkennen wollte, daß er nur kraft der Konfession und nach der Konfession, nach dem Rath treuer Konfitenten, nimmermehr aber nach den Beschlüssen konfessionsloser Versammlungen die Kirchengewalt üben darf? Wollt ihr so feige und treulose Diener des Königs, so elende Glieder der Kirche sein, daß ihr nicht, so euer König in solch wichtigen Stücken irre geleitet, einen Fehltritt thun wollte, eilend herzuträtet und spräche: lieber Herr, laßt ab, das ist also nicht Rechtens bei uns."[13]) Auszusprechen, daß der König, in solch wichtigen Stücken irre geleitet, gegen das Recht den Minister mit der Wahrnehmung seiner kirchenregimentlichen Funktionen beauftragt habe, mußte aber selbst den Männern der „Evangelischen Kirchenzeitung" etwas hart ankommen, und so konnte der eben von uns gehörte auch in der That den Gedanken nicht unterdrücken, es möge die Berufung auf den Auftrag des Königs wohl gar eine arge Kriegslist gewesen sein, die mit der nothwendigen Wahrhaftigkeit nicht stimmen wolle. Der frühere Konsistorialpräsident Göschel aber scheute sich nicht, das vom Grafen Schwerin verwaltete Kirchenregiment geradezu ein „usurpatorisches" zu nennen, und er erklärte es in einem an den Präses der Gnadauer Pastoralkonferenz gerichteten und von der „Evangelischen Kirchenzeitung" veröffentlichten Schreiben für „die Pflicht aller Geistlichen und aller Kirchenbehörden, einem solchen usurpatorischen Kirchenregimente den Gehorsam zu versagen und passiven Widerstand zu leisten,"

---

[13]) A. dems. O. N. 59, S. 579.

zugleich aber auch die Gemeinden über die Lage der Verhältnisse aufzuklären und ihre Theilnahme an dem Bestande der Kirche in Anspruch zu nehmen, ohne daß jedoch die Entscheidung einem Majoritätsbeschlusse unterworfen werden dürfe. Wobei er es für überaus wichtig und nothwendig hielt, „in unseren Zeiten, wo das demokratische Element wie epidemisch auch auf die Besten wirkt", „auch darauf aufmerksam zu machen, daß, wie aller gesunde Organismus in der Kirche, so auch der jetzt nicht allein erlaubte, sondern gebotene Widerstand gegen die weltliche Usurpation der Kirchengewalt, in dem Wege von oben nach unten hervortrete, d. h. von den Kirchenbehörden in den Provinzen selbst ordnungsmäßig geleitet und geltend gemacht werde." Das klang nun freilich ganz, als ob zwar nicht das demokratische, wohl aber das revolutionäre Element der Zeit sogar einen so geschworenen Feind desselben, wie Herr Göschel war, ergriffen hätte. Dieser selbst indessen suchte solcher Auffassung seiner Worte vorzubeugen, indem er auseinandersetzte: „Es gehört recht eigentlich zum Gehorsam, zur Pietät gegen die bestehende Ordnung, es gehört zur gliedlichen Treue gegen den Schirmherrn der Kirche, daß wir mit den Rechten der Kirche auch Seine Rechte wahren gegen alle unberufenen Haushalter, die nicht in das Haus gehören. Es ist Gehorsam gegen die rechtmäßige Obrigkeit, daß wir unberufenen Stellvertretern den Gehorsam standhaft verweigern und in diesem Widerstande durch keine Vorspiegelungen uns beirren lassen."[14])

Von der Beweisführung, welche auf dieser Seite gegen die Kompetenz des Ministers gebraucht ward, urtheilte Heinrich Krause wohl nicht unrichtig, indem er sagte: „alle Gedanken kommen aus dem Herzen, fides praecedit intellectum", und er hatte gewiß guten Grund hinzuzufügen: es sollte ihn auch wundern, ob man bei anderer Zusammensetzung der Konsistorien, wie sie z. B. noch vor acht Jahren gewesen, nicht gegen sie den ebenso leichten aber ebenso schlechten Beweis geführt haben würde, den man jetzt zu Gunsten der Konsistorien gegen den Minister führte. Er erinnerte daran, daß die Trennung von Staat und Kirche ja keinesweges schon vollzogen, die Kirchengewalt

[14]) A. a. O. 1848, N. 57, S. 545 ff.

vielmehr noch in den Händen des Staates sei, also rechtmäßiger Weise auch noch durch die bisherigen staatlichen Organe ausgeübt werden müsse; wären die Gründe, welche man gegen die kirchenregimentliche Kompetenz des Ministers geltend machte, wirklich berechtigt, so würden sie gerade so wie gegen diesen auch gegen die Konsistorien gelten, als welche ja ebenfalls Staatsbehörden seien. Folgt denn aber, fragte Krause weiter, daraus, daß der Minister der Nationalversammlung verantwortlich ist, daß diese Verantwortlichkeit sich auch auf seine innern kirchlichen Verordnungen, überhaupt auf andere als staatliche Thätigkeiten erstreckt? „Wäre nicht damit gerade dem, was die Nationalversammlung in Bezug auf die Stellung der Kirche festzustellen berufen, nämlich ihrer Selbständigkeit, geradezu widersprochen? Er ist in seinen kirchlichen Anordnungen der Nationalversammlung nicht verantwortlich; so wenig als er ihr verantwortlich ist für das, was er etwa als Präsident einer Missionsgesellschaft oder als Ordner eines wissenschaftlichen Vereins thäte. Und sollte diese dennoch ihn zur Verantwortung ziehen wollen oder er sich zur Verantwortung stellen: so haben wir dagegen als gegen eine Unrechtmäßigkeit zu protestiren, nicht aber die Rechtmäßigkeit der Kirchenregierung des Ministers zu bezweifeln. Die Rechtmäßigkeit bleibt bis zur vollständigen Lösung des alten Verhältnisses.“ Krause meinte sogar, wenn bei der grundgesetzlichen Feststellung des neuen Verhältnisses die evangelische Kirche noch keine neuen Organe haben und somit unfähig sein sollte, von ihrer gegebenen Selbständigkeit geordneten Gebrauch zu machen: so sei gar nicht abzusehen, warum nicht auch dann noch die alte Ordnung einstweilen fortbestehen, warum nicht auch ein in Staatsangelegenheiten verantwortlicher Minister so gut und so schlecht wie bisher noch vorläufig sollte zugleich die Kirchenregierung in sich vereinigen können und müssen.[15])

---

[15]) Ztschr. f. d. unirte ev. K. 1848, N. 1, S. 10 ff. Vergl. Mejer, Berl. Allg. Kztg. 1848, N. 52, S. 487. Ganz ähnlich sagte auch das Konsistorium der Provinz Posen in einem, im Spätherbst an die Superintendenten erlassenen Rundschreiben: „Die Konsistorien sind, nach der jetzt noch bestehenden Verfassung, königliche Behörden, aus königlicher Ernennung hervorgegangen und deshalb in nicht höherem Maße kirchliche Behörden, als das ihnen vorgesetzte geistliche Mi-

Neben Krause vertheidigten nicht nur andere Theologen, sondern auch die bedeutendsten Kirchenrechtslehrer die kirchenregimentliche Kompetenz des Ministers. Während Stahl, der, wie wir gesehen haben, eine grundsätzlich rechtmäßige Gewalt, die evangelische Kirche zu regieren, für den Augenblick überhaupt nicht anerkannte,[16]) die Kompetenz des Ministers zur Berufung der Landessynode weniger aus seiner Eigenschaft als Kirchenregiment, denn aus der als Kirchenhoheit oder Staatsgewalt herleitete,[17]) behauptete Eltester im Gegentheil, daß der Minister von dem rechtmäßigen Kirchenregiment eingesetzt und daher unzweifelhaft ein verfassungsmäßiges Organ der Kirche sei.[18]) Wie ferner Jacobson und Erbkam die Kompetenz des Ministers damit begründeten, daß er der Vertreter des Landesherrn sei,[19]) so sagte Mejer, daß so lange der Landesherr selbst einen geistlichen Minister eingesetzt habe, so lange werde auch was dieser thue als vom Landesherrn ausgehend angesehen werden dürfen.[20]) Richter endlich in seinem Vortrage führte ähnlich wie Krause aus, daß die Verantwortlichkeit des Ministers sich allerdings in das kirchliche Gebiet hinein

---

nisterium, von welchem, nach erfolgter Auflösung des kaum in Wirksamkeit getretenen evang. Oberkonsistoriums, die oberste Leitung der evangelischen Kirchenangelegenheiten nach dem Auftrage Sr. Maj. des Königs bis jetzt ausschließlich abhängig ist. Wollten die jetzigen Konsistorien sich für unabhängig vom geistlichen Ministerio erklären und in eigner Machtvollkommenheit Schritte thun, um eine selbständige Organisation der evang. Kirche anzubahnen, so wäre dies ein Akt der Auflehnung gegen die bestehende Ordnung." A. dems. O., N. 103, S. 1000.

[16]) Oben S. 106.

[17]) Evang. Kztg. 1848, N. 55, S. 532.

[18]) Ztschr. f. d. unirte ev. K. 1848, N. 6, S. 92. Vergl. die Eingabe der Geistlichen der Ephorie Zeitz, Berl. Allg. Kztg. 1848, N. 71, S. 667. Rücksichtlich der Verantwortlichkeit der Minister stimmte Eltester dem von Krause gesagten bei.

[19]) Auf der Königsberger Pastoralkonferenz, Evang. Kztg. 1848, N. 60, S. 592. Wegen der Inkonvenienzen, in welche der der Nation verantwortliche Minister des Kultus bei Maßregeln rein kirchlicher Natur leicht gerathen könne, meinte Jacobson indessen, sei es schon jetzt wünschenswerth, daß ein Organ vorhanden sei, welches außer den Konsistorien und über denselben stehend das landesherrliche Kirchenregiment unabhängig vom Volke wahrnähme. Schneiders N. krit. Jahrbb. XIV, 1848, S. 804.

[20]) Berl. Allg. Kztg. 1848, N. 52, S. 484.

erstrecke, soweit es sich eben um Verhältnisse handle, welche in die Sphäre des Staates gehören, daß dagegen im Innern der Kirche für eine Verantwortlichkeit des Ministers gar kein rechtlicher Anhaltpunkt denkbar sei, und daß, wenn sie in Anspruch genommen werden sollte, ein solches Verlangen einfach würde zurückgewiesen werden müssen, weil es über die Grenzen des rechtlich Zulässigen völlig hinausginge. Beschränke sich also die Abhängigkeit des Ministers in dieser Weise, so verschwinde die Furcht vor unzulässigen Einflüssen des staatlichen Elementes von selbst, und es sei kein Grund vorhanden, einer vom Minister eingeleiteten, allein das innere Gebiet der Kirche betreffenden Maßregel nur um ihres Ursprunges willen die Berechtigung zu versagen.[21])

5. Die Einsetzung eines Oberkonsistoriums.

Es war natürlich, daß diejenigen, welche den Minister für ungeeignet oder gar für unfähig und unberechtigt hielten, noch ferner als kirchenregimentliches Organ zu fungiren, sich nach einer andern Stelle umsehn mußten, welche als höchstes Organ des noch faktisch bestehenden landesherrlichen Kirchenregimentes dienen, und als solches sowohl die Neugestaltung der Kirche einleiten als auch einstweilen die kirchliche Verwaltung fortführen könnte. Die Blicke wandten sich zurück auf das noch vor dem Beginn einer eigentlichen Thätigkeit wieder aufgelöste Oberkonsistorium.[1]) Dieses, meinte man, wäre die zur einstweiligen Fortführung der kirchlichen Verwaltung und zur Einleitung der kirchlichen Reorganisation gewiesene Behörde gewesen. Man murrte über seine Auflösung und erhob um ihretwillen die härtesten Anklagen gegen den Grafen Schwerin. Nicht nur daß manche jene Maßregel für einen Eingriff der Staatsgewalt in den Bestand der Kirche erklärten, wie er sich nach der grundsätzlich ausgesprochenen Trennung von Staat und Kirche nicht wohl geziemt hätte, ja, daß die Frankfurter Synodalen dieselbe als fast illegal bezeichnete;[2]) sondern

[21]) A. a. O. S. 13 f.

[1]) Siehe oben S. 38 ff., 61 f.

[2]) Z. B. Berl. Allg. Kztg. 1848, N. 42, S. 377. Die Frankfurter: a.

andere stellten auch geradezu die Rechtsgiltigkeit der Maßregel in Abrede, so sehr, daß z. B. Professor **Kling** in Bonn meinte, dieselbe könnte sofort für nichtig erklärt werden,[3]) und daß ein Redner auf der lutherischen Konferenz zu **Neustadt-Eberswalde** in Uebereinstimmung mit der **Kreuzzeitung** das Oberkonsistorium als im Grunde noch zu Recht bestehend ansah.[4]) Dieses verwerfende Urtheil über den rechtlichen Charakter der Maßregel ergab sich je nach dem verschiedenen Standpunkt, den die Urtheilenden dem bestehenden Kirchenregiment gegenüber einnahmen, in verschiedener Weise. Den einen, wie **Bethmann-Hollweg** und **Kling** sammt andern Mitgliedern der **Bonner** Konferenz, daraus, daß sie dem bestehenden Kirchenregiment das Recht zu konstitutiven Maßregeln absprachen, die Auflösung des Oberkonsistoriums aber als eine solche ansahn;[5]) den anderen, wie **Göschel** und

dems. O. S. 677. Die Aufhebung des Oberkonsistoriums wurde übrigens auch von **Zarnack** in der Ztschr. f d. unirte ev. K. 1848, N. 17, S. 301 ff. getadelt; er bezeichnete sie als eine Unklugheit. Auch **Jacobson** hielt sie für eine der Kirche nachtheilige Maßregel, ohne aber ihre Rechtmäßigkeit irgendwie zu bemängeln. Schneiders N. krit. Jahrbb., XIV, 1848, S. 804.

[3]) Monatsschr. v. **Kling**, 1848, II, S. 190. **Kling** beschuldigte den Grafen Schwerin mit Beziehung auf diese Maßregel und auf sein Verhalten dem Magdeburger Konsistorium gegenüber des „cäsareopapistischen Despotismus." **Göbel**, a. a. O. S. 5, 38, 46 f. nannte die Aufhebung des Oberkonsistoriums eine unberechtigte und revolutionäre Maßregel und erhob gegen den Minister die Anklage auf Ueberschreitung der Amtsbefugnisse und Eingriff in die Rechte und Freiheiten der Kirche. Vergl. auch Monatsschr. v. **Otto** 1848, N. 5, S. 45; Ev. K.- u. Schulblatt, 1848, N. 32, S. 504.

[4]) Evang. Kztg. 1848, N. 70, S. 691. Neue Preuß. (Kreuz-) Ztg. 1848, N. 6, Beilage, S. 31, Spalte 2 f.

[5]) Monatsschr. v. **Kling**, 1848, II, S. 5, 31 ff. Vergl. das Votum der **Wetzlarer** Kreissynode, a. dems. O. 1849, I, S. 126. — Mit der Einsetzung des Oberkonsistoriums war auch **Bethmann-Hollweg** nicht zufrieden gewesen. Rücksichtlich der Auflösung machte er dem Grafen Schwerin auch besonders das zum Vorwurf, daß er die Stimme der „kirchlich-konservativen Partei in den östlichen Provinzen" nicht berücksichtigt habe, während doch „jede Leitung der Kirche auf diesen edeln Bestandtheil die zarteste Rücksicht nehmen müsse." „Durchaus keine Berücksichtigung, sagte er weiter, verdiente dagegen die große Zahl derer, die seit Jahren auf kirchlichem Gebiet ihre Oppositionslust geübt, weil ihnen das politische noch verschlossen war, die kein anderes Interesse an der Kirche nehmen, als sie sich vom Leibe zu halten oder sie sich gleich- d. h. weltförmig zu machen"; und doch sei zu besorgen, daß dieselben nicht ohne Einfluß auf den Beschluß des Ministers gewesen seien.

sonstigen Mitarbeitern der „Evangelischen Kirchenzeitung," daraus, daß sie den Minister als nicht mehr berechtigt zu kirchenregimentlichem Handeln betrachteten;[6]) den dritten, wie den Frankfurter Synodalen, daraus, daß sie das bisherige Kirchenregiment überhaupt für erloschen und rechtlos geworden hielten.[7]) Ohne sich auf derartige Gründe zu stützen nahmen endlich noch andere ihren Beweis aus dem formellen Umstande, daß für die Auflösung des Oberkonsistoriums nicht die Form einer von dem Könige selbst unterzeichneten Kabinetsordre in Anwendung gekommen, sondern die „Anordnung" des Königs nur durch das Staatsministerium bekannt gemacht worden war.[8]) Es konnte nicht schwer fallen, diesen allen gegenüber die Rechtmäßigkeit der so hart angefochtenen Maßregel zu vertheidigen. Denn den zuerst genannten war einfach mit Eltester zu antworten, daß durch die Auflösung des gegen die bisherige Verfassung, gegen den Rath aller zum Beirath berufenen Synoden, gegen den Sinn des evangelischen Volkes eingesetzten Oberkonsistoriums, welches glücklicherweise noch ohne alle amtliche Wirksamkeit erst eine vorbereitende Zusammenkunft gehabt hatte, eine organische Veränderung nicht sowohl vorgenommen, als vielmehr gerade verhütet worden sei.[9]) Die anderen aber waren, wie es durch Krause geschah, darauf aufmerksam zu machen, daß das Oberkonsistorium von dem Könige als dem noch rechtmäßigen Kirchenoberhaupte aufgelöst sei, der sich dabei des geistlichen Ministeriums als seines verfassungsmäßigen Organs bedient habe.[10])

---

[6]) Evang. Kztg. 1848, N. 57, S. 545 ff., und Rhenius' Monatsschr. 1848, Novemberheft, S. 589, wo Göschel die Auflösung des Oberkonsistoriums bezeichnet als „jene martialische Märzthat," „das non plus ultra des neuesten Territorialismus," ja geradezu „eine Schmach." Vergl. a. dems. O. S. 488; Evang. Kztg. 1848, N. 38, S. 353; N. 46, S. 434; N. 52, S. 489; N. 66, S. 648.

[7]) Berl. Allg. Kztg. 1848, N. 72, S. 677.

[8]) Neue Preuß. (Kreuz-) Ztg. 1848, N. 6, Beilage, S. 31, Spalte 2 f. Vergl. Evang. Kztg 1848, N. 62, S. 624. In der That war die ungewöhnliche Form, in welcher die Auflösung des Oberkonsistoriums geschah, keineswegs zufällig; ihr Grund lag vielmehr in einer gewissen persönlichen Abneigung des Königs gegen die auf den Antrag des Staats-Ministeriums von ihm angeordnete Maßregel. Vergl. oben S. 70.

[9]) Ztschr. f. d. unirte ev. K. 1848, N. 6, S. 95.

[10]) A. dems. O. N. 1, S. 12; N. 11, S. 197 f. Krause fand es „schmäh-

Man begnügte sich indessen auf jener Seite keineswegs damit, die geschehene Auflösung des Oberkonsistoriums zu tadeln, sondern man suchte auch die Wiederherstellung zwar nicht gerade eben dieser, aber doch einer ähnlichen Centralbehörde zu erwirken. So sprach Anfangs Juni die „Evangelische Kirchenzeitung“ den Gedanken aus, die Konsistorialverfassung, deren ungeschmälerte einstweilige Fortdauer zu erbitten sei, sei unter Entbindung des geistlichen Staatsministers von dieser Funktion durch ein Oberkonsistorium als Centralinstanz zu ergänzen, welches unabhängig von dem konstitutionellen Staatsregimente einerseits in unmittelbare Beziehung mit dem Könige zu treten habe, andererseits den Konsistorien in den geordneten Schranken vorzusetzen sei, und dann sei eine von der Staatsregierung eben so unabhängige Vorbereitung zur Auflösung der Konsistorialverfassung und zur demnächstigen Abtretung der landesherrlichen Kirchengewalt zu treffen.[11]) Einige Wochen später bestimmte dasselbe Blatt diesen Gedanken genauer dahin, der König möge nach der ihm unzweifelhaft noch zustehenden Oberkirchengewalt anordnen, daß die gegenwärtige evangelische Sektion des geistlichen Ministeriums unter einem eignen Direktor einstweilen die kollegialische Funktion einer evangelischen Oberkirchenbehörde übernehmen möge.[12]) Gleichzeitig vereinigte sich eine Versammlung des Pastoralvereins in Gnadau zu dem Antrage an den König: derselbe „wolle geruhen, für die evangelische Kirche seiner Monarchie eine centrale Behörde, bestehend aus weltlichen und geistlichen Mitgliedern zu bestellen, welche bis zu

lich, daß königliche Beamte [die Frankfurter Synodalen] eine ganz gesetzliche Handlung ihrer Oberbehörde „„fast illegal““ nennen können, blos weil sie ihren Parteiwünschen widerstreitet.“

[11]) A. a. O. 1848, N. 47, S. 444. Vergl. N. 57, S. 548 (Göschel); N. 59, S. 580; N. 60, S. 590; N. 63, S. 626; N. 80, S. 792. Göbel, Kirchenverfassungsfrage, S. 59, wollte daß die rheinisch-westfälischen Kreissynoden, da sie für die östlichen Provinzen keinen Antrag stellen könnten, die Errichtung eines rheinisch-westfälischen Oberkonsistoriums in Berlin bis auf Errichtung eines Landes-Oberkonsistorii beantragen möchten. Die Neue Preuß. (Kreuz-) Zeitung forderte Herrn v. Rodbertus, als er Kultusminister geworden war, geradezu auf, die Auflösung des Oberkonsistoriums nicht anzuerkennen und dasselbe demgemäß wieder in Wirksamkeit treten zu lassen. A. a. O. 1848, N. 6, Beilage, S. 31, Spalte 2.

[12]) A. a. O. N. 52, S. 493.

der auf rechtmäßige Weise zu Stande gekommenen neuen Organisation der Kirche die Angelegenheiten derselben als eine rein kirchliche Behörde, unabhängig vom Staatsminister, nach den Grundsätzen der evangelischen Kirche in des Königs Namen und Auftrage verwalte und zu jener Organisation die nöthigen Vorbereitungen treffe."[13]) Nachdem Professor Julius Müller die Gleichgesinnten aufgefordert hatte, die Ueberzeugung, welche diesem Antrage zu Grunde lag, auch ihres Ortes geltend zu machen,[14]) wurde derselbe Antrag dem Könige auch von manchen andern Seiten unterbreitet.[15])

Richter fand es in dem Vortrage leider als außerhalb des Kreises seiner Erörterung liegend, auf die Würdigung dieses Vorschlags einzugehen,[16]) und derselbe fand auch in der öffentlichen Diskussion nur verhältnißmäßig wenig Berücksichtigung. Indessen wurde doch von recht verschiedenen Standpunkten aus Widerspruch dagegen erhoben. Eltester bemerkte, daß es einerseits doch verkehrt erscheine, zur bloßen Ueberleitung der alten Kirchenverfassung in die neue oder vielmehr zur bloßen Uebergabe eine wesentliche Aenderung in der Verfassung selber vorzunehmen und ein ganz neues Verfassungsorgan zu schaffen; andererseits sei es für die noch Statt habende Verwicklung der staatlichen und kirchlichen Dinge gewiß gerathener, daß die Lösung und Auseinandersetzung von derjenigen Stelle ausgehe, die, das getreue Abbild dieser Verwicklung, an beiden Gebieten gleichermaßen betheiligt sei, und von Männern, welche die Interessen beider Theile genau

---

[13]) In der schon oben S. 119 Anm. 10 erwähnten Eingabe, Berl. Allg. Kztg. 1848, N. 55, S. 513.

[14]) A. dems. O.

[15]) So von einer Versammlung in Schippenbeil, a. dems. O. N. 64, S. 605; einer solchen in Königsberg, a. dems. O. N. 73, S. 683; der lutherischen Konferenz in Wittenberg, Evang. Kztg. 1848, N. 63, S. 629; der lutherischen Konferenz in Neustadt-Eberswalde, a. dems. O. N. 70, S 691; der Thüringer Pastoralkonferenz, Rhenius' Monatsschr. 1848, Septemberheft, S. 489; vergl. den Beschluß der Kreissynode Solingen, Berl. Allg. Kztg. 1848, N. 90, S. 857. Aehnlich verlangte in der Zeitschr. f. d. unirte ev. K. 1848, N. 17, S. 304 f., Zarnack die Bestellung eines besonderen Organs zur Ausübung des königlichen jus in sacra bis zu dessen Uebergabe an die Kirche selbst.

[16]) A. a. O. S. 13.

kennten und wahrzunehmen vermöchten.[17]) Zwar nicht mit denselben Gründen, aber mit nicht geringerem Nachdruck als Eltester erklärte sich Herr v. Bethmann-Hollweg gegen die Gründung eines Oberkonsistoriums. „Wer unternähme es wohl jetzt, so fragte er, eine höchste kirchliche Verwaltungsstelle zusammenzusetzen, die nicht sofort hier oder dort auf unüberwindliche Schwierigkeiten stieße? Schon die Bildung eines gemeinsamen landeskirchlichen Organs wäre die Losung zu einer Sezession von der einen oder andern Seite; noch ehe dasselbe sein Werk begönne, wäre der Gegenstand desselben, die Landeskirche, zerfallen, also wahrhaft nicht mehr vorhanden." „Und wird, so fragte er weiter, eine höchste kirchliche Verwaltungsstelle, wäre sie noch so glücklich komponirt, ausrichten, was weder das Ministerium Altenstein, noch Eichhorn, noch Schwerin vollbracht hat? Nämlich die innere Pacifikation der Kirche oder die Zusammenhaltung unaufhalsam auseinanderstrebender geistiger Richtungen unter dem Einen Hute landespolizeilicher Kirchengewalt?"[18]) Und auch Dorner verschwieg nicht, daß er die Errichtung eines provisorischen Centralorgans durch den König nicht wünsche, weil, wenn eine solche Behörde das Vertrauen der Kirche haben solle, sie aus dieser selbst hervorgehn müsse.[19])

---

[17]) Ztschr. f d. unirte ev. K. 1848, N. 6, S. 93 ff. Eltester scheute sich übrigens nicht auszusprechen, daß es denen, welche ein Oberkonsistorium verlangten, dabei eigentlich nicht auf die Verfassungsform, sondern lediglich auf bekenntnißmäßiges Kirchenregiment ankommme. Und hatte doch in der That schon am 23. April eine Gnadauer Versammlung dem Grafen Schwerin erklärt, daß ihre Mitglieder sich bei dem Ausbau der Kirche nur dann in irgend einer Weise betheiligen könnten, wenn ihnen Garantien gegeben würden, daß man nur diejenigen Christen als stimmberechtigt ansehen werde, welche sich durch ihr Bekenntniß zur Mitgliedschaft der evangelischen Kirche legitimiren, daß sie diese Garantien aber selbstverständlich nicht auf die unteren Kreise beschränkten, sondern unbeschadet ihrer persönlichen Hochachtung und Verehrung gerade jetzt es als ein zwiefaches Recht in Anspruch nähmen, daß diejenigen, welche sich als interimistisch mit dem Kirchenregiment betraut ansähen, nur soweit selbstthätig in die innere Gestaltung der Kirche eingriffen, wie sie sich von Gottes- und Rechtswegen als deren Mitglieder betrachten dürften. Berl. Allg. Kztg. 1848, N. 37, S. 331. Vergl. Evang. Kztg. 1848, N. 59, S. 579 f., und namentlich N. 60, S. 590, wo zugleich mit der Einsetzung des Oberkonsistoriums die Anerkennung der Konfession als Basis jeglicher Verfassung gefordert wird.

[18]) Monatsschr. v. Kling, 1848, II, S. 128.

[19]) Stimmen, 1848, S. 281.

In Verbindung mit dem Verlangen nach der Gründung einer provisorischen unabhängigen Oberkirchenbehörde trat auch noch der Gedanke hervor, daß als das berechtigte Organ zur Berathung der Wahlordnung allein die im Jahre 1846 berufene und vertagte Generalsynode zu betrachten sei,[20]) und der andere, daß anstatt der vom Minister bestellten eine andere „kirchliche" Kommission durch die Wahl der Konsistorien und Provinzialsynoden gebildet und derselben aufgegeben werden möge, das Erforderliche zu berathen und zu beantragen.[21]) Darauf aber erwiderte Richter in seinem Vortrage, daß in der lediglich zur Berathung des Regiments berufenen Generalsynode von 1846 nicht schon selbst eine organische Institution der Kirche geschaffen worden, und daß solch eine Kommission keineswegs durch ihren Ursprung eine „kirchliche" sein, und in rechtlichem Sinne keine andere Bedeutung haben würde, als die bereits bestehende Kommission.[22])

6. Die Bildung der Landessynode durch Gemeindewahlen; aktives und passives Wahlrecht; Synodalstufen.

Im Bisherigen haben wir gesehen, in welchem Verhältniß die öffentliche Meinung zu den allgemeinen Voraussetzungen des Entwurfes stand, daß die Bildung einer neuen Kirchenverfassung unumgänglich nöthig, und daß die bestehende Regierung zur Einleitung dieser

---

[20]) In einer Eingabe des Superintendenten Dryander und 6 anderer geistlicher und weltlicher Kirchenglieder zu Halle, zugleich im Auftrage von 24 Geistlichen der Provinz Sachsen, s. Richter, Vortrag S. 15.

[21]) In den Berichten der Konsistorien zu Münster und zu Koblenz, s. Richter, Vortrag S. 16; Berl. Allg. Kztg. 1848, N. 53, S. 492. Das Konsistorium zu Koblenz scheint die Einsetzung einer Oberkirchenbehörde aber nicht gefordert zu haben. Die Bildung der von ihm beantragten Kommission sollte so geschehen: Jede der acht bestehenden Provinzialsynoden, zu welchen in den östlichen Provinzen Laien hinzutreten könnten, wählt je vier Deputirte, zwei Geistliche und zwei Laien; zu diesen kommen hinzu der Generalsuperintendent und ein vom Konsistorium selbst gewähltes weltliches Mitglied dieser Behörde.

[22]) A. a. O. S. 15, 16.

Neubildung berechtigt und verpflichtet sei. Wenden wir uns jetzt zu den Urtheilen, welche über den Entwurf selber ausgesprochen wurden.

Hier nun stieß gleich der Gedanke einer aus „Urwahlen“ entstehenden Synode auf mancherlei Widerspruch; ja er wurde von etlichen geradezu als unzulässig und verwerflich bezeichnet. Richter nennt zwölf Eingaben, in denen dies geschah,[1]) und ihnen sekundirte mit großem Eifer die „Evangelische Kirchenzeitung.“ Diese fand, daß „unglücklicher, unkirchlicher und destruktiver wohl kein Einfall hätte sein können, als der Vorschlag förmlich sogenannter Urwahlen zur Bildung einer konstitutionellen Kirche“, und bezeichnete denselben als eine radikale Maßregel,[2]) welche eine dem Worte Gottes und der evangelischen Kirche widerstreitende Lehre von der Kirche zur Grundlage habe,[3]) das Losungswort aller Revolution: von unten auf! für die Kirche zum Prinzip erhebe,[4]) und eine Herrschaft glaubens- und zuchtloser Massen herbeiführend nicht weniger als alles in Frage stellen[5]) und auch bei engerer Beschränkung des aktiven und passiven Wahlrechts mehr einen Umsturz der Kirche fürchten, als eine Verjüngung derselben hoffen lassen würde.[6]) Sie erinnerte dem Grundsatz der Stimmenmehrheit gegenüber daran, daß der Protestantismus seinen Namen gerade einem Protest der Minorität verdanke,[7]) und berief sich auf die ganze Kirchengeschichte, in welcher eine konstituirende Kirchen-

[1]) Vortrag S. 17. Die gewichtigste der von ihm angeführten Eingaben war wohl die der Stettiner Pastoralkonferenz, s. Berl. Allg. Kztg. 1848, N. 47, S. 434 ff. Außerdem 4 von pommerschen Geistlichen, 4 von brandenburgischen, 2 von schlesischen, 1 von einem Berliner Kirchenvorstande. Nur einige trugen auch Unterschriften von Nichtgeistlichen

[2]) A. a. O. 1848, N. 46, S. 436.

[3]) A. dems. O. N. 42, S. 396; N. 60, S. 586. Ebenso auch Christoph Hoffmann, Aussichten, S. 65.

[4]) A. a. O. N. 34, S. 327 f. Vergl. N. 40, S. 375. Namentlich auch Göschel verfocht den Satz, daß die Kirche von oben nach unten sich bildet, aus dem Lehrstande in die Gemeinden bringt; z. B. a. dems. O. N. 36, S. 342; N. 57, S. 547; Rhenius' Monatsschr. 1848, S. 581–593.

[5]) A. a. O. N. 60, S. 586.

[6]) A. dems. O. N. 43, S. 404.

[7]) A. dems. O. N. 35, S. 335 f.; N. 41, S. 381 f. Vergl. die Eingabe der luth. Konferenz in Gnadenberg, a. dems. O. N. 57, S. 554.

versammlung, der nur ihr eigenes subjektives Maaß von Einsicht zur Richtschnur gegeben worden, nirgends zu finden sei.[8]) Sie sagte, die Annahme, daß das Resultat der Wahlen der Ausdruck der Mehrheit sei, sei nichts wie eine große Illusion;[9]) Urwahlen seien überall eine Thorheit, vor allem aber auf kirchlichem Gebiete; die Kirche den Zufälligkeiten der Urwahlen, den Umtrieben der Wähler preisgeben, heiße die Kirche verrathen, man kenne keine Verheißung, daß der Geist des Herrn eine in Sünde berufene preußische Synode in ihrer Majorität erleuchten werde.[10]) Und zu dem allen bedauerte man in diesem Organ die armen, unwissenden Gemeinden, denen jetzt auf einmal Rechte eingeräumt werden sollten, von denen sie nichts wüßten, Fragen aufgedrungen, worüber sie im ganzen nicht aufgeklärt werden könnten — eine Versuchung für Gemeinden und Gemeindeglieder, vor der das Gewissen zurückschaudere.[11]) Denn es sei die Verantwortung doch um so größer, als durch die täuschenden Phrasen freier Selbstregierung alle Bande der Ordnung gelöst würden, und als statt der verheißenen Freiheit die schmählichste Knechtschaft zu erwarten sei. Sei es doch auf eine Union der Massen mit allen einzelnen Gemeinschaften in Einer Verfassung unter Einem Synodalverbande abgesehen, wo überall die Zahl entscheide, die Menge herrsche, und die Aufregung das Uebel ärger, den Unverstand noch blinder mache. Freilich sei zu diesem allgemeinen kirchlichen Verbande niemand gezwungen, der Zwang reducire sich darauf, aus dem ursprünglich auf einem andern Grunde erbaut gewesenen Verbande austreten zu müssen, und dieses Unrecht möge ein Christ schon ohne Murren erdulden. „Aber desto unwiderstehlicher, desto unrettbarer verfällt diesem despotischen Glaubenszwange die bethörte Menge, die darein willigt, weil sie's nicht versteht, die sich damit der Schätze der Kirche entledigt, ohne sie zu kennen. Oder ist es nicht etwa ein herzzerreißender Zwang, wenn man — aufgeregte,

---

[8]) A. dems. O. N. 35, S. 335.

[9]) A. dems. O. N. 42, S. 399.

[10]) A. dems. O. N. 43, S. 402 f. Vergl. Volksblatt 1848, N. 48, S. 710, wo dasselbe in noch stärkeren Ausdrücken gesagt wurde, z. B. die Urwahlen auf kirchlichem Gebiet Thorheit und Schlechtigkeit zusammen.

[11]) A. a. O. N. 34, S. 328.

betrunkene Menschen mit ihrem vollen Willen, ja unter ihrer jauchzenden Akklamation in eine Höhle des Verderbens lockt, welche sie in Folge einer optischen Täuschung für ein Paradies der Freiheit und der Freude halten? Ist es etwa darum weniger Unrecht, weniger Zwang, weil die Bethörten und Getäuschten scheinbar nicht anders wollen?"[12]) Auf diesem Standpunkte mußte man denn natürlich „der guten Zuversicht sein, den ungläubigen Gliedern der evangelischen Kirche die wahre christliche Liebe zu erweisen", wenn man gegen ihr Stimmrecht in der Kirche und überhaupt gegen das Prinzip eines allgemeinen Stimmrechts, welches nur den Gläubigen zukomme und darum in der Sichtbarkeit zunächst an das Amt sich knüpfe, auf das Amt sich beschränke, fort und fort protestire.[13]) Aber auch bei solchem Protestiren ließ man es nicht bewenden: man erklärte geradezu, daß jede Betheiligung an den projektirten Wahlen Sünde sei, und unterließ auch nicht, den Umfang dieser Sünde mit beredten Worten auszumalen: „Wie ihr's auch zu mildern suchen möchtet, ihr würdet unwiderstehlich der Lüge verfallen, wenn ihr euch ihnen [den Ungläubigen] gleichstellen wolltet; ihr würdet euch einer Veruntreuung der euch anvertrauten Privilegien schuldig machen, wenn ihr sie in Feindes Hand überliefern wolltet; ihr würdet in Verläugnung verfallen, indem ihr das Bekenntniß als unwesentlich zu solcher Gemeinschaft erklären würdet; ihr würdet euch auch gegen die Ungläubigen selbst lieblos versündigen, und sie in ihrem verderblichen Irrthum vielleicht bis zur Verstockung bestärken; ihr würdet dadurch, so viel an euch ist, die Kirche selbst gefährden und den Schaden noch größer machen; ihr würdet, während ihr jetzt im Besitze seid, selbst dazu beitragen, in Folge der Beschlüsse der Mehrheit euch aus der Kirche heraus zu treiben; ihr würdet durch euern Zutritt, der sich dann auch die Ueberstimmung gefallen lassen muß, den Gegnern die Waffen in die Hände liefern, um mit einem Scheine des Rechtes die evangelische Kirche ihrer Güter und Institutionen zu berauben, und alle von dem evangelischen Bekenntnisse bedingte, nur

[12]) A. dems. O. N. 35, S. 335 f.

[13]) A. dems. O. N. 34, S. 328; N. 35, S. 335 f. Dafür, daß nur den Gläubigen das Stimmrecht zukomme, wird auf Psalm 116, 10 und 2. Korinther 3, 4. verwiesen.

darauf gegründete Stiftungen in die Hände der Ungläubigen zu überliefern."[14]) So wurde denn von dieser Seite hier und da geradezu zur Enthaltung von den Wahlen aufgefordert,[15]) ja in seinem Zorn über „dies Gebahren" der Regierung ließ ein schlesischer Pastor sich bis zu dem Ausrufe fortreißen: „den Rechtsboden der Kirche müssen wir festhalten; ja wir müssen uns nicht scheuen, trotz aller politischen Stürme, die Hülfe der Staaten anzurufen, welche den Wiener Frieden auch garantirt haben; denn besser mit Christo als Aufrührer und Uebelthäter gekreuzigt werden, als mit Judas ihn um Geld verrathen!"[16])

Der Verfasser des Entwurfes hielt trotz aller dieser Aeußerungen durchaus an seinem Standpunkt fest; er meinte, manche derselben richteten sich so sehr von selbst, daß wenigstens den Unbefangenen und durch Parteieifer nicht Geblendeten über sie gar nichts erst zu sagen sei, und dann fuhr er fort:

„Es handelt sich allein darum, den rechtlichen Grundsatz festzustellen, nach welchem die Kompetenz zur Bestimmung der Verfassung zu beurtheilen ist, und wenn dieses geschehen, ist alles weitere entschieden eben nur eine thatsächliche Frage. Die Konsistorien und Synoden der Geistlichen haben wahrlich gerade so wenig ein verbrieftes Anrecht auf den heiligen Geist, als die aus Urwahlen hervorgegangenen Synoden, sondern überall kommt es darauf an, ob diejenigen, welche die Verfassung feststellen, in dem rechten Geiste ihre Aufgabe lösen. Daß aber das konstituirende Organ auf die Wahl der Gemeinden gegründet werden müsse, und daß die Verfassung nicht allein durch „Vermittlung und Vereinbarung mit den gegenwärtigen Vertretern und Organen der Kirche, den Konsistorien, Synoden, Pfarrern, Patronen und Kirchenvorstehern",[17]) zu Stande kommen könne, das wird hoffentlich niemand bezweifeln, der da weiß, daß sich die Kirche aus den Gemeinden erbaut. Freilich die sogenannte lutherische Verfassungslehre, welche in der neuern Zeit sich wieder geltend zu machen versucht hat, enthält einen andern Grundsatz, und nach ihr würde, da die Thätigkeit des status politicus zu Ende geht, der status ecclesiasticus das Recht der Festsetzung, der status oeconomicus das Recht der Aneignung, beziehentlich der Gegenvorstellung haben. Referent muß sich indessen gestatten, wie

---

[14]) A. dems. O. N. 38, S. 360; vergl. N. 41, S. 384.

[15]) A. dems. O. N. 39, S. 366; N. 51, S. 484; N. 56, S. 542. Ohne gerade solche Aufforderung aussprechen zu wollen erklärte auch Christoph Hoffmann, Aussichten S. 66, die Wahlenthaltung für den geradesten und einfachsten Weg. Hengstenberg selbst mißbilligte übrigens jene in seiner Kztg. ausgesprochenen Aufforderungen, Evang. Kztg. 1848, N. 40, S. 375 Anm.

[16]) Volksblatt 1848, N. 48, S. 711.

[17]) Worte aus einer Vorstellung der Synode Rügenwalde.

früher so auch jetzt diese Theorie als eine Verdunklung des Prinzips der Reformation zu bezeichnen." . . . . „Nicht allein aber der Standpunkt des Rechtes, sondern auch ein anderer Grund der wichtigsten Art spricht dafür, daß den Gemeinden die vollste Theilnahme an dem Verfassungswerke nicht versagt werde. Bisher ist des Königs Majestät der Kirche mit Staatsmitteln vielfach zu Hilfe gekommen" . . . . „Die gerechte Hoffnung, daß die Kirche dieser Hilfen nicht ganz verlustig gehen werde, ist vor der Hand noch nicht gesichert; ja die Kirche kann in die Lage gesetzt werden, die Mittel ihres Bestehens auch über die Bedürfnisse der elementaren Gliederungen hinaus zum Theil oder ganz durch eine Kirchensteuer der Gemeinden aufbringen zu müssen. Hiezu wird aber künftig kein weltlicher Zwang mehr zu Gebote stehen, denn die Thür ist offen, und der unerwünschten Leistung wird jeder leicht entgehen können. Wird es mithin auf die Gesinnung der Gemeinden allein ankommen, so würde es das Allerverderblichste sein, jetzt durch das ungerechtfertigte Festhalten an einer nicht begründeten Verfassungstheorie im voraus den Widerspruch rege machen zu wollen. Man sollte es einsehen, daß die Zeit vorüber ist, wo die Gemeinden auf ein nichtssagendes Gegenvorstellungsrecht beschränkt werden konnten, und daß nur in ihrer vollen Betheiligung das Mittel zur Vermeidung der verderblichsten Eventualitäten gefunden werden kann. Also nicht die Theilnahme der Gemeinden an sich ist in Frage zu stellen, sondern nur darum handelt es sich, die Ausübung derselben näher zu bestimmen und zu begrenzen."[18])

Dieses letztere nun versuchten einzelne so, daß sie die bestehenden Kirchenvorstände mit der Wahl der Abgeordneten zur Kreissynode beauftragt sehen wollten;[19]) ein Vorschlag, welchen Richter verwarf, weil ja die Kirchenvorstände zum größten Theil nicht von den Gemeinden ernannt seien und nach dem bestehenden Rechte eine ganz bestimmt abgegrenzte, nur auf die äußeren Angelegenheiten berechnete Wirksamkeit hätten, endlich auch an vielen Orten in ihrer Sphäre gar nicht die Gemeinde, sondern die Kirchenstiftung verträten.[20])

Mit Herrn v. Bethmann-Hollweg und anderen Gliedern der rheinisch-westfälischen Kirche glaubte der Kirchenrechtslehrer Jacobson den richtigen Weg darin zu erblicken, daß zunächst und zwar sofort auch in den östlichen Provinzen Presbyterien errichtet würden, damit sich aus ihnen durch den Stufengang von Kreis- und Provinzialsynoden die Landessynode erbauen könnte. Denn, so meinte er, die zu den Synoden zu deputirenden Laien müßten den Charakter von Aeltesten haben und darum

---

[18]) Vortrag, S. 18 f.

[19]) Nach Richter, Vortrag S. 19, die havelländische Predigerkonferenz und Superintendent Dryander nebst Genossen.

[20]) Vortrag, S. 19

auch wie solche gewählt werden. Diese Presbyterien sollten dann so lange in Funktion bleiben, bis der neue Organismus durch die Landessynode ins Leben gerufen wäre, falls nicht eine Reihe von Jahren darüber hinginge, was doch nicht erwartet werden dürfe.[21]) Dieser von dem Kirchenregimente später aufgenommene und freilich in der kümmerlichsten Form verwirklichte Gedanke fand eine Berücksichtigung durch den Verfasser des Entwurfes damals nicht.

Viel mehrere suchten die nähere Bestimmung und Begrenzung für die Ausübung des Wahlrechts der Gemeinde in der Aufstellung gewisser kirchlicher Eigenschaften, an deren Besitz das aktive und das passive Wahlrecht gebunden sein sollte. Daß der Entwurf der kirchlichen Qualifikation keine Rechnung getragen, wurde von vielen Stimmen hart getadelt.

Was zunächst das aktive Wahlrecht betrifft, so hatte der Entwurf dasselbe allen bürgerlich selbständigen und unbescholtenen Mitgliedern der evangelischen Kirche des Landes beigelegt. Diese Bestimmung war vielen nicht genügend, ja ein pommerscher Lutheraner gestand, daß ihm dieselbe so vorkomme, als wenn jemand behaupten

[21]) Schneiders N. krit. Jahrbb. XIV, S. 809, 813, 818, 821. Vergl. auch Dr. A. Schröder, Berl. Allg. Kztg. 1848, N. 71, S 665, und aus Rheinland-Westfalen: Göbel, a. a. O. S. 19; die Jülicher Kreissynode, a. dems. O. S. 81; die Bonner Konferenz, Monatsschr. v. Kling, 1848, II, S. 12 ff.; die Dortmunder Konferenz, a. dems. O. 1849, I, S. 26. Herr v. Bethmann-Hollweg meinte, es würde das Angemessenste sein, wenn nach einem früher von Nitzsch ausgesprochenen Gedanken vor allem wieder die Einzelgemeinden durch Rundfrage bei den Hausvätern: ob sie auf dem Grunde des evangelischen Bekenntnisses zu Vater, Sohn und Geist bereit seien der Kirche zu dienen? gesammelt, und auf dieser Grundlage aus Männern guten kirchlichen Gerüchts eine Vertretung der Kirche gebildet würde; a. dems. O. 1848, II, S. 40. Auch die theologische Fakultät in Halle sagte: „Es wäre freilich viel zweckmäßiger gewesen, wenn diese Grundlage der [Presbyterien und Synoden] auch in den östlichen Provinzen zuvor gelegt worden und eine Zeit wirksam gewesen wäre, ehe man sich zu dem gewagten Versuch einer konstituirenden Landessynode aus so verschiedenartigen und streitenden Elementen entschlossen hätte." Berl. Allg. Kztg. 1848, N. 41, S. 371. Die Berliner Pastoralkonferenz verlangte zwar nicht ausdrücklich die Bildung von Presbyterien, empfahl aber doch für die Bildung der Generalsynode die Zugrundelegung der rheinisch-westfälischen oder der 1846 entworfenen Kirchenverfassung. Ev. Kztg. 1848, N. 55, S. 535.

wollte, der Spatz müsse eben so gut singen können wie der Kanarienvogel, weil er zum Geschlecht der Finken gehöre,[22]) und auch andere meinten, daß, wenn sie gälte, die Kirche einem offenen Weinberge gleichen würde, den die Schweine ungestört und ungestraft verwüsten dürften.[23]) Nach den einen sollte das Wahlrecht deshalb auf die Hausväter beschränkt werden,[24]) andere wollten seine Ausübung abhängig machen von der Erneuerung des evangelischen Bekenntnisses,[25]) wieder andere von dem Bekenntniß zu dem formalen und den materialen Prinzip der Kirche,[26]) und noch andere von dem Bekenntniß zur Mitgliedschaft in der evangelischen Kirche.[27]) Oder man wollte den christlichen Lebenswandel als Bedingung zur Ausübung des Wahlrechts genannt wissen,[28]) oder auch „die feste freie Stellung in dem anerkannten Bekenntniß, die Makellosigkeit in frommer Erfüllung der Sitte und Ordnung der Kirche."[29]) Die theologische Fakultät in Halle und andere sagten, die betreffenden Bestimmungen müßten ganz nach den §§. 3 und 21 der rheinisch-westfälischen Kirchenordnung getroffen werden,[30]) und im Hinblick auf dieselbe Kirchenordnung wurde auch die

---

22) Monatsschr. v. Otto, 1848, N. 1, S. 7.

23) Göbel, a. a. O. S. 13. Vergl. Volksblatt, 1848, N. 48, S. 707; Ev. K.- u. Schulblatt, 1848, N. 22, S. 372; N. 38, S. 550.

24) Nach Richter, Vortrag S. 22, Dryander und Genossen.

25) Berl. Allg. Kztg. 1848, N. 49, S. 461. Vergl. die oben S. 129 Anm. 17 citirte Gnadauer Erklärung.

26) Nach Richter, Vortrag S. 20, eine Anzahl Geistliche aus den Ephorien Artern, Sangerhausen nnd Heldrungen.

27) Nach Richter a. dems. O. Vorschlag des Korreferenten der Kommission, Superintendenten Schultze. Ebenso Göbel, a. a. O. S. 13

28) Nach Richter, Vortrag S. 23, die Kreissynode Wesel. Die von Richter angeführten Geistlichen der Ephorie Zeitz verlangten die nähere Bestimmung der kirchlichen Qualifikation nicht für die Wähler, sondern nur für die zu Wählenden, s. Berl. Allg. Kztg. 1848, N. 71, S. 668.

29) Richter, Vortrag S. 23, nennt hiefür nur den Pastor Liebetrut; s. dessen Aufsatz in d. Voßischen Zeitung 1848, N. 105, erste Beilage.

30) Die Fakultät: Berl. Allg. Kztg. 1848, N. 41, S. 371. Dorner: Monatsschr. v. Kling, 1849, I, S. 106. Andere Glieder der rheinisch-westfälischen Kirche: Volksblatt 1848, N. 46, S. 687; N. 48, S. 708; Stimmen 1848, S. 162. Ferner: Berl. Allg. Kztg. 1848, N. 42, S. 384, wo die Uebertragung jener

Formel empfohlen: „Wähler sind fromme unbescholtene selbständige Glieder der Gemeinde über 24 Jahr, die entweder ein öffentliches Amt bekleiden oder einem eigenen Geschäfte vorstehen, oder eine eigene Haushaltung führen."[31]) Hier wurde ausgesprochen, Wähler könnten nur solche sein, die wenigstens nicht äußerlich von der Theilnahme am Wort und Sakrament sich losgesagt und nicht durch offenbare Sünden ein Aergerniß in der Gemeinde gegeben hätten,[32]) und dort wurde bestimmter gefordert evangelisch-christliche Gesinnung, die sich im kirchlichen Bekenntnisse, im kirchlichen Gottesdienste und in der kirchlichen Zucht und Ehre auch äußerlich zu Tage gebe.[33]) Auch der Vorschlag wurde endlich noch gemacht, es zwar bei dem Recht der mündigen und selbständigen Glieder bewenden zu lassen, aber den Kirchenvorständen das Recht der Ausschließung mit Vorbehalt der Berufung einzuräumen.[34])

Während diese Anträge alle darauf abzielten, dem Wahlgesetze den vermißten kirchlichen Charakter aufzuprägen, fehlte es übrigens auch nicht an einzelnen, welche die Wahlberechtigung im Gegentheil ganz nach den Bestimmungen des unterm 8. April erlassenen Wahlgesetzes für die zur Vereinbarung der preußischen Staatsverfassung berufene Versammlung geregelt wissen wollten.[35]) Hiernach wäre die Forderung der Selbständigkeit und Unbescholtenheit mit der der Großjährigkeit und des Vollbesitzes der bürgerlichen Ehrenrechte zu vertauschen und

---

Bestimmungen auf die östlichen Provinzen um der Gleichheit willen verlangt wird. Das Ev. K.- u. Schulblatt, 1848, N. 20, S. 344 f., nannte es eine offenbare Rücksichtslosigkeit, ja ein schreiendes Unrecht und einen Akt der Willkür, daß in den östlichen Provinzen eine andere Wahlform als die in den westlichen gesetzlich bestehende und als heilsam anerkannte eingeführt werden sollte. Denn es werde dadurch das erste Prinzip aller Freiheit, die Gleichheit in der Behandlung aller Betheiligten, aufs gröblichste verletzt. Hier wurde namentlich auch großes Gewicht darauf gelegt, daß in Rheinland-Westfalen durch das Bestehen der größeren Gemeinde-Repräsentation die direkten Urwahlen vermieden werden.

[31]) Evang. Kztg. 1848, N. 43, S. 404.

[32]) A. dems. O. N. 50, S. 472.

[33]) Lehnerdt, in den oben S. 116 Anm. 3 genannten Predigten S. 102 ff.

[34]) Von einem Kandidaten, s. Richter Vortrag S. 23.

[35]) So Stadtrath Funck in Magdeburg, in seiner Schrift: Beitrag zur Kritik des Entwurfes u. s. w. Magdeburg 1848, s. Richter, Vortrag S. 22.

den aus öffentlichen Mitteln unterstützten Armen das Stimmrecht zu entziehen gewesen. Einige andere wünschten die erste dieser Aenderungen, nicht aber auch die zweite.[36]) Noch andere wollten die Wahlberechtigung ohne jede weitere Beschränkung allen denen zugestehen, welche an die Kirche Dezem zahlen,[37]) und auch solche endlich ließen sich hören, welche es schlechtweg allen großjährigen evangelischen Gemeindegliedern zuerkannten.[38]) Und als ob kein einziger irgendwie denkbarer Vorschlag fehlen sollte, wurde auch noch der gemacht, den selbständigen Frauen das Stimmrecht einzuräumen, jedoch nur für den Fall, daß schon die Kreissynoden als berathende Versammlungen berufen würden.[39])

Noch weit mehr Widerspruch, als gegen die Bestimmung des Entwurfes über das aktive Wahlrecht, erhob sich dagegen, daß derselbe auch für das passive Wahlrecht nur die bürgerliche Selbständigkeit und Unbescholtenheit forderte, wenngleich hinwiederum einzelnen diese Qualifikation sogar auch hier zu eng gefaßt war, denn die soeben in den Anmerkungen 35, 36 und 37 genannten Stimmen wollten dieselbe auch rücksichtlich der Wählbarkeit in der angeführten Weise geändert haben.[40])

Alle diejenigen, welche für die Ausübung des aktiven Wahlrechts eine so oder so bestimmte kirchliche Qualifikation verlangten, forderten dieselbe natürlich auch für die Wählbarkeit. Aber für diese wurden theils von denselben außerdem noch manche weitergehende Bedin-

---

[36]) Die Predigerkonferenz in Seelow, Berl. Allg. Kztg. 1848, N. 38, S. 337.

[37]) Berl. Allg. Kztg. 1848, N. 40, S. 365, Prediger Laudien in Königsberg. Die Pastoralkonferenz in Brandenburg, a. dems. O. N 76, S. 706, wollte, wie es scheint, diese Bestimmung den im Entwurf enthaltenen hinzugefügt wissen.

[38]) Die Geistlichen der Ephorie Zeitz, a. dems. O. N. 71, S. 668. Vergl. N. 42, S. 385. Prediger Klette in seiner Schrift: Der Wahlgesetzentwurf u. s. w. kritisch beleuchtet, Crossen 1848, s. Bruns und Häfner's N. Rep. XVIII, S. 267.

[39]) Prediger Alberti in der Schrift: Ueber den Entwurf zu einer Verordnung u. s. w. Marienwerder 1848, s. Bruns und Häfner's N. Rep. XVIII, S. 265.

[40]) Die Predigerkonferenz in Seelow verlangte jedoch für die Wählbarkeit das Alter von mindestens 30 Jahren.

gungen gefordert, theils auch von solchen, die sich an der Bestimmung des Entwurfes über das aktive Wahlrecht genügen ließen, nähere Festsetzungen beantragt. Während die Stimmen nur vereinzelt blieben, welche die kirchliche Gesinnung[41]) oder die Kirchlichkeit[42]) als Kriterium der Wählbarkeit vorschlugen, erhoben sich weit mehrere dafür, daß die fleißige Theilnahme an Gottesdienst und Sakrament,[43]) oder doch wenigstens das Fehlen der grundsätzlichen Fernhaltung von denselben[44]) als solches genannt werden möchte. Auch das dreißigjährige Alter wurde von verschiedenen Seiten gefordert, theils in Verbindung mit der eben genannten kirchlichen Qualifikation, theils aber auch ohne dieselbe.[45])

Nachdem schon Männer wie Eltester, Sack, Piper und Mejer die Bestimmung des Entwurfes über die Wahlfähigkeit und Wählbarkeit vertheidigt hatten,[46]) that dasselbe auch Richter in seinem

---

[41]) Nach Richter, Vortrag S. 20, das Konsistorium zu Münster.

[42]) Nach Richter, Vortrag S. 20, die Geistlichen der Ephorie Weißenfels.

[43]) Richter a. dems. O. nennt 14 Eingaben und das Gutachten der theol. Fakultät in Halle, s. Berl. Allg. Kztg. 1848, N. 41, S. 371. Unter jenen Eingaben ist eine von dem Moderamen der rheinischen Provinzialsynode; eine von v. Bethmann-Hollweg und Prof. Kling, nebst den Protokollen der Bonner und der Barmener Konferenz, deren erstere die Aufnahme jener Bestimmung zur Bedingung ihrer Theilnahme an der Synode machte, und deren andere mit durch das Fehlen jener Bestimmung im Entwurfe sich veranlaßt fand, gegen denselben Verwahrung einzulegen, s. Monatsschr. v. Kling, 1848, II, S. 12. 21; ferner eine Eingabe von dem Präses der westfälischen Provinzialsynode nebst dem Protokoll der Hammer Konferenz, s. a dems. O. S. 96; eine von der lutherischen Gemeinde zu Elberfeld; eine von der Berliner Pastoralkonferenz, s. Berl. Allz Kztg. 1848, N. 51, S. 473; eine vom Konsistorium zu Magdeburg. Ebenso votirte auch die neumärkische Pastoralkonferenz, jedoch mit dem Vorbehalt, daß nicht den Geistlichen, sondern der Majorität der Gemeindeglieder die Entscheidung über das Vorhandensein der Qualifikation zustehen solle, Berl. Allg. Kztg. 1848, N. 69, S. 643. Vergl. auch Jacobson, Schneiders N. krit. Jahrbb., XIV, S. 811 ff.

[44]) Klette, s. Richter, Vortrag S. 22.

[45]) Siehe Anm. 40; Berl. Allg. Kztg. 1848, N. 42, S. 385.

[46]) Eltester: Ztschr. f. d. unirte ev. K. 1848, N. 7, S. 106 ff.; Sack: Evang. Kztg. 1848, N. 40, S. 376 (auf der Gnadauer Konferenz); Piper: Berl. Allg. Kztg. 1848, N. 39, S. 349; Mejer: a. dems. O. N. 52, S. 485. Auch Nebepenning, Vorschläge und leitende Gedanken zu einer Kirchenordnung für das

Vortrage.[47]) Er wies zunächst darauf hin, wie die Gesinnung kein juristischer Maßstab sei, und wie mit der Bestimmung, daß nur diejenigen wählbar und wahlfähig seien, welche fromm oder von kirchlicher Gesinnung durchdrungen sind, etwas unausführbares verordnet sein würde, da die Gesinnung nur dem, der Herz und Nieren prüft, bekannt sei. Wenn man aber nur diejenigen zulassen wollte, welche sich selbst als Mitglieder der evangelischen Kirche bekennten, so würde das nur die Quelle eines höchst bedenklichen Streites sein, weil es ja Richtungen gebe, welche sich für spezifisch evangelisch hielten, während von anderen ihnen sogar die Christlichkeit bestritten werde. Und das Bekenntniß zu dem formalen und dem materialen Prinzipe der Kirche fordern gehe um deswillen nicht an, weil das Kirchenregiment offenbar keine Berechtigung habe, eine Scheidung inmitten der Symbole vorzunehmen und dadurch einen dogmatischen Spruch zu fällen. Die Bedingung der kirchlichen Unbescholtenheit, des christlichen Wandels u. dergl. aufzustellen sei bedenklich, weil das auf ein Urtheil hinausführe, welches eines objektiven Maßstabes ganz entbehren würde. Eben dieses gelte auch von dem Verlangen der fleißigen Theilnahme an Gottesdienst und Sakrament, welche zudem nicht immer ein Zeichen kirchlicher Gesinnung und gerade in den größeren Städten, für welche dieses Mittel offenbar zunächst berechnet sei, bei den gegenwärtigen ungeordneten Verhältnissen gar nicht zu kontroliren sei. Aber dieser Vorschlag sei auch mit dem bestehenden Rechte nicht wohl vereinbar.[48]) Denn bisher sei in den östlichen Provinzen die Theilnahme an Gottesdienst und Sakrament nicht als Bedingung des Stimmrechts und der Wählbarkeit betrachtet worden, und wollte man sie fordern, so würde dieses nur als eine ungerechtfertigte Beschränkung empfunden werden, doppelt ungerechtfertigt in einer Zeit, in der der Kirche die Entscheidung über die Grundfragen ihrer Existenz eben ausschließlich anheim gestellt werden solle. Wenn also diese Forderung auch als Grundsatz einer

---

protest. Deutschland, Göttingen 1848, S. 49 Anm.; er meinte indessen, man hätte gleichwohl eine Unbescholtenheit in kirchlicher Beziehung fordern können.

[47]) A. a. O. S. 20 ff.

[48]) Diesen „einfachen aber schlagenden" Grund fand auch Mejer entscheidend, Berl. Allg. Kztg. 1848, N. 52, S. 485.

Kirchenordnung an ihrer Stelle sein möge, so sei sie doch für jetzt weder ausführbar noch zulässig. Unzulässig aber sei es auch, den Kirchenvorständen das Recht der Ausschließung beizulegen, weil dafür ein rechtlicher Boden gar nicht gefunden werden könnte.

Denen gegenüber, welche die Bestimmungen des Wahlgesetzes vom 8. April auf die Kirche übertragen wollten, stimmte Richter bereitwilligst der Ansicht bei, daß irgendwie eine Garantie gegen das Eindringen unkirchlicher Elemente gefunden werden müsse, welche mit dem bestehenden Rechte vereinbar sei. Aber er wies darauf hin, daß dieses die einzige hier einschlagende Bestimmung in dem §. 365 A. L. R. Theil II. Tit. 11 enthalte, nach dem bei der Wahl des Geistlichen in der Regel jedes nicht einem mitwählenden Familienhaupte untergeordnete Gemeindeglied stimmberechtigt ist. Diesen Grundsatz habe der Entwurf zur Basis genommen, indem er zunächst die Selbständigkeit als Bedingung der Ausübung des Stimmrechts und der Wählbarkeit fasse. Eine Mißdeutung sei hier nicht wohl möglich, da offenbar nur der Zustand, in welchem jemand sein eigenes Brot ißt, verstanden werden könne; es hindere jedoch nichts, neben dieser Bestimmung noch ausdrücklich der Volljährigkeit zu gedenken. Dagegen erscheine die Erhöhung des Alters der Wählbarkeit, obschon wünschenswerth, doch mit dem bestehenden Rechte nicht wohl vereinbar, und ebensowenig würde die Beschränkung des Wahlrechts auf die Hausväter zulässig sein.

Für den Ausschluß der selbständigen Frauen, meinte Richter, stehe ihm die Geschichte hoffentlich genügend zur Seite.

Seine Widerlegung der auf Einschränkung des Wahlrechts abzielenden Vorschläge schließt Richter mit folgenden Worten:

„So wird schwerlich etwas anderes übrig bleiben, als sich an das Gewissen der Wähler zu wenden, und in dieser Berufung die Hülfe zu suchen, deren es bedarf. Wird angeordnet, daß die Wahl als kirchlicher Akt vollzogen werde, und werden vorher in einer feierlichen Ansprache die Bedeutung des Aktes, die mit der Ausübung des Wahlrechtes verknüpfte Verpflichtung gegen die Kirche, die Verantwortlichkeit und Sünde, welche mit Verletzung derselben verbunden sei, endlich die Rücksichten, welche bei der Wahl zu nehmen seien, den Anwesenden in das Gewissen gestellt, so wird sich davon sicher ein günstiger Erfolg hoffen lassen. Zwar werden durch ein solches Verfahren, das der Referent schon bei der Abfassung des Entwurfes in Form einer Instruktion an die Konsistorien vorzuschlagen beabsichtigte, nicht alle heterogenen Elemente abgehalten werden. Die Heuchler aber, die dann noch übrig bleiben, wird die Kirche gerade so zu tragen wissen, wie sie diejenigen trägt, die fleißig zum Gottesdienst und Sakrament gehen und doch sündigen Herzens sind. — Hierzu tritt dann noch die tröstliche Erwägung, daß die Beängstigung, welche schon der Gedanke einer aus Urwahlen hervorgegangenen Synode veranlaßt hat, einigermaßen auf Uebertreibung zu beruhen scheint. Bisher ist so vieles von dem wiedererwachten kirchlichen Leben gerade von geistlicher Seite her gemeldet worden Darf nun jetzt, wo es gilt, in einer neuen und unerhörten Noth der Kirche ein neues und unerhörtes Mittel anzuwenden, nicht auf dieses Leben auch einiges Vertrauen gesetzt werden, oder soll man annehmen, daß jene so oft wiederholte Nachricht eben nur eine Phrase gewesen sei? Ist wirklich die Lage der Kirche so betrübt, daß man sich vor „„den Dieben fürchten muß, die noch den Kopf auf den Schultern haben?" " oder ist nicht, wenn die Geistlichen ihre Pflicht erfüllen, auch von den Gemeinden das Verständniß für die Noth des Lebens zu erwarten, und unbegründet die Furcht, daß die Kirche zu einer Anstalt des Antichrists werden dürfte?[49]) Die Antwort auf diese Fragen hat der Referent schon früher mittelbar in dem Entwurfe gegeben, und noch gegenwärtig ist er nicht nur noch derselben Ansicht, sondern er ist sogar in ihr durch die große Anzahl der ihm vorliegenden Zeugnisse kirchlichen Geistes wesentlich bestärkt worden. Und eine weitere Bestätigung seiner so vielfach und so bitter befehdeten Ansicht ist ihm inzwischen noch von einer anderen Seite zu Theil geworden. Der soeben veröffentlichte „Entwurf einer Presbyterial- und Synodalordnung," welcher von der württembergischen Synode im Jahre 1846 ausgearbeitet, und u. a. auch von zwei geachteten Gliedern der preußischen Landeskirche, dem Oberkonsistorialrath Snethlage und dem Geheimen Ober-Regierungsrath v. Bethmann-Hollweg begutachtet worden ist, steht nämlich im wesentlichen ganz auf dem von dem Referenten angenommenen Standpunkte"[50])...... „Aus allen diesen Gründen gestattet sich der Referent zu beantragen: „daß es bei der Berufung einer aus Urwahlen hervorgegangenen Synode verbleiben, jedoch zugleich der Begriff der Selbständigkeit näher bestimmt, und die Volljährigkeit als Bedingung der Wahlfähigkeit und Wählbarkeit bezeichnet, sowie die Vornahme der Wahl in geeigneten kirchlichen Formen verordnet werden möge."

Von dem durch die Kommission aufgestellten Grundsatz aus, daß bei der Bildung der konstituirenden Synode die bestehende kirchliche Organisation im Auge behalten werden möge, war im Entwurfe angenommen worden, daß sich zunächst aus der Wahl der Gemeinden

---

[49]) Eine Besorgniß, welche die Stettiner Pastoralkonferenz, Berl. Allg. Kztg. 1848, N. 47, S. 435, und sechs pommersche Geistliche in ihren Eingaben ausgesprochen hatten.

[50]) Entwurf einer Presbyterial- und Synodal-Ordnung für die evangelische Kirche von Württemberg. Stuttgart und Tübingen 1848, S. 10.

die Kreissynode, aus der Wahl der Kreissynoden die Provinzialsynode, und aus der Wahl der Provinzialsynoden die Landessynode zu bilden haben werde. Hiegegen wurde von einigen eingewendet, daß es angemessener sein würde, die Abgeordneten zur Landessynode durch die vereinigten Wahlmänner einer beliebigen Anzahl von Superintendentursprengeln[51]) oder der Kreise[52]) oder auch der Provinz[53]) wählen zu lassen, wodurch nicht nur eine größere Einfachheit, sondern auch eine wünschenswerthe Annäherung an das System der direkten Wahlen würde erzielt werden. Richter glaubte in seinem Vortrage diesen Einwand nicht zur Berücksichtigung empfehlen zu dürfen, eben weil derselbe ohne Noth die geschichtlichen Bildungen zerreiße und die provinzielle Eigenthümlichkeit um das ihr gebührende Recht bringe, und er hielt dafür, daß, wenn man demselben Gehör geben wollte, der Vorwurf der Akkomodation an die politischen Bewegungen gewiß ein verdienter sein würde.[54])

Manche andere, mit dem Verfasser des Entwurfes die Bildung der Landessynode durch Vermittlung von Kreis- und Provinzialsynoden festhaltend, nahmen vielmehr daran Anstoß, daß diesen Zwischenstufen im Entwurfe nur die Funktion der Wahl, nicht aber auch die der Berathung zugedacht war.[55]) Und die hierüber geäußerten Wünsche fand auch Richter in alle Wege gerechtfertigt, weil es den Berathungen der Landessynode sicher eine größere Festigkeit verleihen würde, wenn sie sich auf die Verhandlungen der engeren Kreise zu stützen,

---

[51]) Nach Richter, Vortrag S. 25, der Korreferent Schultze und Funck.

[52]) Richter nennt die Eingabe eines Kandidaten. Vergl. Berl. Allg. Kztg. 1848, N. 50, S. 469 f.

[53]) Nach Richter eine Eingabe von 34 Mitgliedern der Gemeinde Schippenbeil.

[54]) Vortrag S. 25.

[55]) Richter, Vortrag S. 25, nennt nur Alberti und die Eingaben von den Predigern der Ephorie Jessen, Berl. Allg. Kztg. 1844, N. 44, S. 403, und der Ephorie Zeitz, a. dems. O. N. 71, S. 667. Außerdem s. a. dems. O. N. 40, S. 365; N. 58, S. 545. Allg. Kztg. (Darmst.) 1848, N. 113, S. 939. Auch Jacobson hielt diesen Vorschlag für sehr beachtenswerth, Schneiders N. krit. Jahrbb. XIV, 1848, S. 808. Vergl. die Eingabe aus der Synode Jacobshagen, Berl. Allg. Kztg. N. 57, S. 540.

und aus ihnen die Bedürfnisse und Wünsche der Kirche zu erkennen vermöchten, und weil solche Berathungen innerhalb der wählenden Synoden auch auf den Ausfall der Wahlen von dem günstigsten Einfluß sein würden. Der dadurch verursachte größere Zeitaufwand, meinte er, könne schwerlich in Betracht kommen, wo es sich darum handele, über die wichtigsten Lebensfragen der Kirche zu entscheiden. Demgemäß stellte er den Antrag: daß den Kreis- und Provinzialsynoden das Recht der Berathung eingeräumt werden möge.[56])

7. Die Betheiligung der rheinisch-westfälischen Kirche an der Landessynode.

Ein schwieriger Punkt für den Verfasser des Entwurfes war das Verhältniß der rheinisch-westfälischen Provinzialgemeinden zu der Landessynode gewesen. Rücksichtlich desselben war in der Kommissionssitzung zwar mehrseitig anerkannt worden, daß eine Vereinigung aller Theile der Landeskirche zu gemeinsamer That wünschenswerth sei, zu einer Beschlußnahme war es jedoch nicht gekommen. Professor Richter war nun bei den bezüglichen Bestimmungen des Entwurfs die er bei dieser Sachlage lediglich als seinen eigenen Versuch bezeichnete, von dem Grundsatze ausgegangen, daß die beiden Synodalkreise von Rheinland und Westfalen als zu Recht bestehende Organismen auch jetzt aufgefaßt werden müßten, mithin auch ohne daß es einer erneuten Wahl von Provinzialsynoden oder gar einer Wahl nach veränderten Grundsätzen bedürfe, den bestehenden Provinzialsynoden die Wahl der Abgeordneten zur Landessynode zu überlassen sei.[1]) Hierin aber erfuhr er vielfältigen Widerspruch.

Nachdem bereits eine am 3. Mai in Düsseldorf abgehaltene

---

[56]) Vortrag S. 26.

[1]) Richter, Vortrag S. 26; vergl. oben S. 75 f. In den östlichen Provinzen wurde von manchen auf die Theilnahme Rheinlands und Westfalens an der Landessynode großes Gewicht gelegt. Z. B. Ev. K.- und Schulblatt 1848, N. 20, S. 344: „In der Verbindung mit den westlichen Provinzen liegt für die östlichen fast die einzige Sicherstellung gegen die Gefahr, daß überstürzende Theorien und unevangelische Verweltlichung der Kirche nach politischen Prinzipien nicht die Oberhand gewinnen.“

kleinere Versammlung von Männern aus sieben Kreissynoden der Rheinprovinz an den Minister einen Protest gegen den Entwurf abgeschickt,[2]) und auch die am 10. Mai im Missionshause zu Barmen versammelte Konferenz Verwahrung gegen denselben eingelegt hatte,[3]) erklärte die Bonner Konferenz vom 11. Mai unter Herrn v. Bethmann-Hollwegs Vorsitz, daß sie eine konstituirende Landessynode, wenn sie nach den Grundsätzen des Entwurfes zu Stande kommen sollte, nicht beschicken könnte,[4]) und die „Stimmen aus und zu der streitenden Kirche" sagten sogar: „weder die rheinische noch die westfälische Synode kann und darf und wird eine nach solchem Wahlgesetz berufene Landessynode auch nur berathend beschicken; sie und jeder, der das Mandat annähme, beginge einen Verrath an unsrer Kirche und ihrer Verfassung."[5]) Auch das Moderamen der rheinischen Provinzialsynode richtete eine verwahrende Erklärung an den Minister, in welcher sie nicht nur sagte:

„Wollte die rheinische Provinzialkirche nach vorliegendem Gesetzentwurf ihre Deputirten zur Landessynode wählen, so müßte sie ihre bisherige Organisation fallen lassen, womit sie selbst ihr Todesurtheil ausspräche; dieses Ansinnen ist aber zu groß."

sondern auch hinzufügte:

„Wir wissen noch gar nicht, welche Verfassungsform sich die bisher noch nicht presbyterial- und synodalisch organisirte Kirche in den östlichen Provinzen geben wird,

---

[2]) Monatsschr. v. Kling, 1848, II, S. 53.

[3]) A. dems. O. S. 21 f.

[4]) A. dems. O. S. 14. Die obige Erklärung sollte übrigens nicht die Beschickung der Landessynode überhaupt unbedingt verneinen, s. a. dems. O. S. 195; Herr von Bethmann-Hollweg, auf dessen Antrag die Erklärung beschlossen wurde, sagte sogar während der Debatte, derselbe gehe nicht gegen die Beschickung einer Synode, wie sie auch beschaffen sein möge, aber der Minister werde wohl auf den Widerspruch hören und die Sache anders einrichten, a. dems. O. S. 71. — Göbel, der auch an der Bonner Konferenz theilgenommen, trat in seiner mehrfach genannten Broschüre sehr entschieden gegen die Beschickung einer nach den Grundsätzen des Entwurfs gebildeten beschließenden Landessynode seitens der westlichen Provinzen auf, während auch nach ihm dieselben die Synode, falls sie zu einer blos berathenden gemacht würde, beschicken könnten und würden, so wenig Zuversicht ihnen auch ein so lockeres Gebäude gewähre, und so überflüssig ihnen auch eine solche Berathung erscheine, nachdem die Synode von 1846 schon genug berathen habe. A. a. O. S. 36.

[5]) A. a. O. 1848, S. 162.

und wir müssen deshalb erst abwarten, was sie beschließt Wird sie im wesentlichen die in hiesigen Landen bewährten Grundsätze unter den von der Provinzialsynode im Jahre 1844 beantragten Modifikationen adoptiren, so wird die rheinische evangelische Kirche diese Neubildung mit Freuden begrüßen, in gesetzlicher Weise prüfen und sich dann der in ihren Organen neu gebildeten Landeskirche anschließen."[6])

Auf diese Eingabe ertheilte der Minister Graf Schwerin unterm 31. Mai folgende Antwort:[7])

„Ew. Hochwürden eröffne ich auf den Bericht vom 13., 16. d. M., den Entwurf einer Verordnung wegen Berufung einer evangelischen Landessynode betreffend, Folgendes:

Die Frage, unter welchen Modalitäten die evangelischen Gemeinden der Rheinprovinz und der Provinz Westfalen zur Theilnahme an der Bestrebung für eine allgemeine Verfassung der evangelischen Kirche des Landes aufzufordern seien, hat bis jetzt noch nicht der näheren Erörterung unterlegen. In jedem Falle dürfte jedoch als maßgebend der Grundsatz gelten müssen, daß jenen Gemeinden keines der Rechte entzogen werden könne, welche ihnen durch die Kirchenordnung vom 5. März 1835 gegeben sind. Es kann deshalb auch keinem Zweifel unterliegen, daß es den Provinzialsynoden, als den zu Recht bestehenden Vertreterinnen derselben, nicht verwehrt sein könne, bei der Wahl von Abgeordneten sich über diejenigen Bedingungen auszusprechen, unter denen sie zu einer einheitlichen Verfassung mit den übrigen Theilen des Landes sich zusammenschließen wollen. Wird dieser mittelbar auch schon im Entwurf angedeutete Gesichtspunkt festgehalten, so ist zu einer Besorgniß vor einer Gefährdung der bestehenden Rechte kein Anlaß vorhanden. Vielmehr wird entgegengesetzt den Abgeordneten aus den Gebieten der Kirchenordnung vom 5. März 1835 nur um so mehr Gelegenheit geboten werden, die Vorzüge einer Verfassung in das Licht zu stellen, unter deren Schutze das kirchliche Leben bisher sich so kräftig und segensreich entwickelt hat. Zugleich erledigen sich dann auch die Bedenken, welche von dem etwaigen abweichenden Modus der Wahl für die östlichen Provinzen hergenommen sind, von selbst.

---

[6]) Stimmen, 1848, S. 201 ff. Dieser Erklärung des Moderamens trat auch bei die Elberfelder Kreissynode, Monatsschr. v. Kling 1848, II, S. 168; 1849, I, S. 128; und nach Richter, Vortrag S. 27, legte auch das Presbyterium der reformirten Gemeinde und die lutherische Gemeinde zu Elberfeld in ähnlicher Weise gegen den Entwurf Verwahrung ein. Die oben S. 110 Anm. 8 erwähnte Konferenz in Burg erklärte: Dieser Wahlgesetzentwurf sei schon allein darum von der rheinischen Kirche aufs entschiedenste zu verwerfen, weil er nicht auf kirchenverfassungsmäßigem Wege zu Stande gekommen sei, und darum die Rechte unserer Kirche verletze. Stimmen, 1848, S. 204 Anm. Vergl. die ähnliche Bemerkung dieser Zeitschrift zu der Vorstellung des Moderamens, a. dems. O. und Volksblatt 1848, N. 46, S. 687.

[7]) Stimmen, 1848, S. 233.

Ew. Hochwürden ermächtige ich, diese meine Eröffnung zur Kenntniß der Synodalkreise zu bringen."

Während der Minister also annahm, daß die Sicherstellung der rheinisch-westfälischen Kirche vor einer Vergewaltigung durch die Landessynode genügen würde, um die Bedenken gegen die Beschickung der letzteren seitens jener Provinzen zu beseitigen, und daher die Eventualität, daß diese Beschickung dennoch verweigert werden könnte, nicht weiter berührte: sprach Richter in seinem Vortrage ausdrücklich aus, es verstehe sich von selbst, daß den Provinzialsynoden auch das Recht zustehen müsse, ihre Theilnahme an dem Verfassungswerke ganz zu versagen, und es sei nicht erst nöthig, dies Recht noch besonders in der Verordnung zu wahren. Doch auch er gab dabei der Hoffnung Ausdruck, daß die Provinzialsynoden die dargebotene Hand nicht in der Sicherheit des eigenen Besitzes zurückweisen, sondern bereitwillig sich einer Bestrebung anschließen würden, die gerade von ihnen wesentliche Kräftigung zu erwarten berechtigt sei.[8])

Zu dieser Hoffnung war um so mehr Grund vorhanden, als jene ablehnenden Stimmen durchaus nicht die einzigen waren, welche sich aus dem Kreise der rheinischen und der westfälischen Provinzialgemeinde vernehmen ließen. Wenn sich auch nur wenige unter Gutheißung des Entwurfes unbedingt für die Beschickung der Landessynode aussprechen mochten,[9]) so war deren doch eine beträchtliche Anzahl, welche eine bedingte Beschickung empfahlen. In diesem Sinne erklärte die Hammer Konferenz vom 11. Mai,[10]) sowie die Pfarrer der Jülicher Kreissynode,[11]) die in Aussicht stehende Landessynode möge auch seitens der westlichen Provinzialkreise beschickt werden, jedoch mit dem Vorbehalt, daß ihre Beschlüsse für die letzteren erst dann Geltung bekäme, wenn sie eventuell auf organischem Wege derselben angeeignet

---

[8]) A. a. O S. 29.

[9]) So einzelne auf der Bonner Konferenz, Monatsschr. v. Kling, 1848, II, S. 14; 67 ff. Vergl. die harten Urtheile über die reaktionäre und „sonderbündlerische" Tendenz der Bonner Beschlüsse in der Berl. Allg. Kztg. 1848, N. 42, S. 382; N. 57, S. 536; N. 58, S. 546 f.; N. 59, S. 554; N. 83, S. 776 f.; N. 94, S. 908.

[10]) Monatsschr. v. Kling, 1848, II, S. 89.

[11]) Stimmen, 1848, S. 231.

und von der Provinzialsynode angenommen und genehmigt worden. Aehnlich wollte die am 22. Juni in Büchenbeuern abgehaltene Konferenz die Landessynode unter der Voraussetzung beschickt wissen, daß durch die Beschlüsse derselben die wesentlichen Grundlagen der rheinisch-westfälischen Presbyterial- und Synodalverfassung nicht verletzt würden;[12]) während die am 28. Juni aus der Synode Altenkirchen versammelte Konferenz die provinziellen Interessen dadurch gewahrt meinte, daß die Kreis- und Provinzialsynoden den Richterschen Entwurf in gesetzlicher kirchenordnungsmäßiger Weise berathen und ihre Deputationen zur Landessynode mit besonderen Mandaten und Instruktionen versehen könnten.[13])

Gegen den Vorschlag, daß die Beschlüsse der Landessynode nicht ohne weiteres, sondern erst nach Gutheißung durch die rheinische und die westfälische Provinzialsynode in deren Gebieten Geltung haben sollten, hielt Richter in seinem Vortrage das schon früher erhobene Bedenken aufrecht, daß dieser Modus den östlichen Provinzen zu offenbarer Benachtheiligung gereichen würde, insofern die rheinischen und westfälischen Abgeordneten mit vollem Stimmrecht an Beschlüssen theilnehmen würden, die vielleicht in den von ihnen vertretenen Kreisen gar keine Geltung erhielten. Und dann sagte er weiter: „Da nun ein solches Verhältniß ganz unzulässig ist, so könnte der Gedanke entstehen, jene Deputirten auf eine berathende Stimme zu beschränken. Hiergegen würden jedoch von dem praktischen Standpunkte aus die gerechtesten Bedenken zu erheben sein. Es wird also schwerlich etwas anderes übrig bleiben, als die Gegenstände zu theilen, und danach die Wirksamkeit der Abgeordneten der Synodalkreise zu bemessen. Soweit Einrichtungen in Frage stehen, welche in den östlichen Provinzen neu zu begründen sind, würde mithin das Stimmrecht der rheinischen und der westfälischen Deputirten zu suspendiren sein, und etwaige Modifikationen der analogen Bestimmungen der Kirchenordnung blieben allein der Autonomie der verfassungsmäßigen Organe überlassen. Da-

[12]) Monatsschr. v. Kling, 1848, II, S. 195 f.

[13]) Göbel, a. a. O. S. 85. Nach der Berl. Allg. Kztg. 1848, N. 83, S 778 stimmte auch die Weseler Synode gegen die Nichtbeschickung der Landessynode.

gegen die Einrichtungen, welche auf die rechtliche Gestaltung der Landeskirche im ganzen abzwecken, würden durch gemeinsame Beschlüsse bestimmt werden. Wie es scheint, sind auf diesem Wege die erhobenen Schwierigkeiten beseitigt, indem auf der einen Seite das provinzielle Leben geachtet, und auf der andern der Weg zu einer einheitlichen Verfassung gebahnt ist."[14])

Eine weitere Frage war nun aber noch die, von wem die rheinisch-westfälischen Mitglieder der Landessynode zu wählen seien. Denn jene Annahme Richters, daß dieselben von den bestehenden Provinzialsynoden gewählt werden müßten, blieb nicht ohne Widerspruch. Einmal meinten mit dem Magdeburger Stadtrath Funck auch vereinzelte Stimmen in den westlichen Provinzen selber,[15]) daß die aus den Presbyterien und Kreissynoden hervorgegangenen Provinzialsynoden überhaupt nicht tauglich wären, die Abgeordneten zur Landessynode zu ernennen. Da, so nämlich sagte man auf dieser Seite, die letzteren in den östlichen Provinzen aus Urwahlen hervorgingen, müsse dieses auch in den westlichen Provinzen geschehen, damit diese jenen ebenbürtig erschienen; denn wenn auch die bestehenden Repräsentationen in den westlichen Provinzen ursprünglich ebenfalls aus Urwahlen von unten auf hervorgegangen seien, so seien sie doch nicht mit der Aussicht und dem Mandat auf eine Landessynode hin gebildet worden, die über die Grenzen des von der Kirchenordnung beschriebenen Kreises hinausliege und welche, weil als eine neue Stufe dazugekommen, die Neubildung der Vorstufen erheische.[16]) Sodann aber meinten weniger weit gehend andere, zwar nicht eine Umwahl oder Neuwahl der Presbyterien und Kreissynoden werde unumgänglich nöthig sein, um den Anschluß an die Landessynode gehörigermaßen zu bewerkstelligen, aber allerdings gehe die Wahl der Deputirten zur Landessynode über das Mandat der zuletzt gewählten Provinzialsynode hinaus, welche auch überdem weder in allen ihren Mitgliedern das nöthige Vertrauen genieße, da eine

[14]) A. a. O. S. 28.

[15]) Neben Funck nennt Richter nur noch eine Eingabe von 51 Einwohnern zu Lübbecke; Vortrag S. 26.

[16]) So einzelne auf der Hammer Konferenz, Monatsschr. v. Kling, 1848, II, S. 90.

Fraktion derselben zur Verschmelzung des presbyterialen und konsistorialen Prinzips hinneige, noch auch die gesetzliche Befugniß zu der Wahl besitze, da sie keine Permanenz habe. Deshalb werde also eigens für die Wahl zur Landessynode die Konstituirung einer neuen Provinzialsynode erforderlich sein.[17])

Nachdem diese Einwände gegen die rechtliche Kompetenz der Provinzialsynoden schon auf der Hammer Konferenz ihre Gegner gefunden, wurden sie auch, und zwar mit ähnlichen Gründen, von Richter ausführlich widerlegt. Nichtsdestoweniger hielt aber auch Richter die Anordnung einer Neuwahl der Provinzialsynoden für angemessen und gut. Denn er meinte, da einzelne der vorliegenden Eingaben offen darauf hindeuteten, daß es in den Provinzialgemeinden nicht an Widerspruch gegen einen Beschluß der zuletzt erwählten Synoden fehlen werde, so würde solche Anordnung, zu welcher der König ohne Zweifel berechtigt sei, zur Verhütung einer hier doppelt unerwünschten Spaltung dienen, und zugleich würde sich damit auch der Wunsch, daß die Deputirten zur Landeskirche nicht blos aus dem Schooße der Provinzialsynode, sondern aus der Gesammt-Provinzialkirche gewählt werden möchten,[19]) seine Erledigung finden. Und demgemäß schlug Richter vor: „daß eine neue Wahl der Provinzialsynoden von Rheinland und Westfalen beantragt, in der Verordnung aber die Fortdauer der durch die Kirchenordnung vom 5. März 1835 begründeten Einrichtungen sicher gestellt, und das Stimmrecht der Abgeordneten der Synodalkreise auf diejenigen Einrichtungen beschränkt werde, welche die Begründung eines organischen Verbandes aller Theile der Landeskirche zum Zweck haben."[20])

---

[17]) A. dems. O. S. 91.

[18]) Vortrag, S. 27 f.

[19]) Dieser Wunsch war von der Konferenz in Büchenbeuern ausgesprochen worden, s. Göbel, a. a. O S. 83.

[20]) Vortrag, S. 29.

8. Die Kompetenz der Landessynode; ihre Stellung zum Bekenntniß.

Was nun weiter die Aufgaben der Landessynode betrifft, so waren als solche in dem Entwurfe die Berathung und Beschlußnahme über die künftige Verfassung der evangelischen Kirche genannt worden, mit der ausdrücklichen Bestimmung, daß die Beschlüsse der Synode, vorbehaltlich der Zustimmung der Repräsentation des Landes, soweit dieselbe erforderlich sein werde, die Grundlage der künftigen Verfassung der Kirche bilden sollten (§. 1 und §. 11). Damit schien manchem der Synode eine zu weit greifende Kompetenz eingeräumt zu sein. Von Richter hören wir, daß eine ostpreußische Gemeinde dem Ministerium erklärte, der Majorität dürfe keine kirchenbildende Macht beigelegt werden, und daß später derselbe Gedanke auch in drei anderen Eingaben aus Ostpreußen wörtlich wiederholt wurde. Richter, der gewiß mit Recht bezweifeln durfte, daß dieser Gedanke den Bauern und Dienstknechten und den fast anderthalb hundert Frauen und Mädchen, in deren Mund er gelegt worden, sonderlich klar geworden sein möchte, gab zu, daß derselbe richtig sei, wenn darunter nur soviel verstanden werden solle, daß die Kirchen nicht gemacht werden, wie die Aktiengesellschaften; aber so verstanden sei er gewiß nicht zur Sache gehörig, da kein Mensch an die Bildung einer neuen Kirche gedacht habe. „Hat er dagegen, fuhr Richter fort, den Sinn, daß die Verfassung nicht durch die Majorität bestimmt werden könne, so erhält er eine offenbare Uebertreibung. Referent ist nicht geneigt, irgendwie das Element der Verfassung zurückzusetzen. Er weiß jedoch zugleich auch dieses, daß jede Verfassung nur ein menschliches Werk ist, das, abgesehen von einzelnen Kardinalpunkten, sich je nach den gegebenen Bedingungen verschieden entwickeln kann. Irrt er hierin nicht, so vermag er nicht abzusehen, was der Bestimmung der Verfassung durch eine Synode mit irgend einem erdenklichen Grunde entgegengesetzt werden könnte, falls nur der widerstrebenden Minorität keinerlei Zwang angethan, sondern auch ihr gestattet wird, sich diejenige Lebensform zu wählen, welche sie für die angemessene achtet. In der That bezieht sich jedoch jener Gedanke nicht auf die Verfassung, sondern auf das

Bekenntniß, gegen dessen Alteration von vielen Seiten Verwahrung eingelegt worden ist."[21])

Die Besorgniß nämlich, daß eine nach den Grundsätzen des Entwurfes gebildete Landessynode es als ihre Aufgabe oder doch als ihr Recht ansehen würde, sei es geradezu das Bekenntniß der Kirche zu ändern, sei es wenigstens demselben nicht entsprechende Bestimmungen zu treffen, war eine sehr verbreitete. Lag sie doch mehr oder weniger allen jenen Vorschlägen zu Grunde, welche auf eine engere Begrenzung des aktiven und des passiven Wahlrechts abzielten. Gerade diejenigen, welche vor nicht allzulanger Zeit das baldige Verscheiden des Rationalismus angekündigt hatten, waren, wie Eltester ganz richtig bemerkte,[22]) jetzt plötzlich von ihren Hoffnungen so weit zurückgekommen, daß sie die Gläubigen als ein sehr kleines Häuflein darstellten und auf der Synode bei der vorgeschlagenen Zusammensetzung eine große beinahe glaubenslose, jedenfalls rationalistische Majorität erwarteten. Zu glauben, daß die evangelische Kirche Preußens aus diesem Experiment der Landessynode unversehrt hervorgehen würde, das erschien schon einem Bethmann-Hollweg nicht als ein Glaube, der Verheißung hätte, sondern vielmehr als Verwegenheit und Untreue an dem vertrauten Gut und als ein Gott Versuchen.[23]) Die Stettiner Pastoralkonferenz aber hielt nicht für unmöglich, daß die Kirche dadurch der Gefahr ausgesetzt würde, unter der Form des Rechts eine Anstalt des Antichrists zu werden.[24]) Deshalb war man auf dieser Seite darauf bedacht, gegen alle das Bekenntniß berührenden Beschlüsse der Synode sich von vornherein sicher zu stellen. Richter nennt nicht weniger als neunzehn Eingaben, welche neben anderem auch diesen Zweck verfolgten.[25]) Es gehören zu ihnen die Eingaben der Gnadauer, Berliner und Stettiner Pastoralkonferenzen und der Gnadenberger Konferenz von Bekennern der Kirchenlehre, sowie diejenigen der Konsistorien zu Magdeburg, Breslau und Münster. Wie die theologische

[21]) Vortrag, S. 29

[22]) Ztschr. f. d. unirte ev. K. 1848, N. 7, S. 105.

[23]) Monatsschr. v. Kling, 1848, II, S. 42.

[24]) Berl. Allg. Kztg. 1848, N. 47, S. 435.

[25]) Vortrag, S. 30.

Fakultät in Halle erklärt hatte, es verstehe sich der Synode gegenüber der große Vorbehalt immer von selbst, daß sie nur dann als Vertretung der evangelischen Kirche anerkannt werden könnte, wenn sie die evangelische Kirche nicht zerstöre, sondern baue, also von dem Augenblick an nicht mehr, wo sie sich von Glauben und Lehre der evangelischen Kirche lossage:[26]) so begnügten sich auch manche jener Eingaben mit der Versicherung, daß man die Rechtskraft irgend welcher das Bekenntniß der Kirche antastenden Synodalbeschlüsse nicht anerkennen würde.[27]) Andere aber suchten solche Beschlüsse von vornherein unmöglich zu machen, indem sie den Minister baten, er möge die authentische Erklärung geben, daß die Gewalt der Generalsynode nicht so weit gehen solle, der evangelischen Kirche eine andere Grundlage des Glaubens und des Bekenntnisses und der auf Glauben und Bekenntniß beruhenden gottesdienstlichen Akte zu geben, als diejenige, auf welche hin bisher die evangelische Kirche in Deutschland und namentlich in Preußen als öffentliche Kirchengesellschaft recipirt und garantirt gewesen,[28]) oder indem sie, die Befugnisse der Synode noch enger abgrenzend, verlangten, daß alles, was das kirchliche Bekenntniß in irgend einer Weise berührt, vorweg ausdrücklich von der Berathung und Beschlußnahme der Landessynode ausgeschlossen, und bestimmt erklärt würde, daß die neue Verfassung die

---

[26]) Berl. Allg. Kztg. 1848, N 41, S. 370.

[27]) So z. B. die Gnadauer Pastoralkonferenz, a. dems. O. N. 38, S. 340, und die Gnadenberger Konferenz, a. dems. O. N. 60, S. 571. Rhenius' Monatsschr. 1848, Augustheft, S. 431, schlug vor, die Gemeinden möchten im Protokoll der Kreissynode für den Fall, daß die Generalsynode das evangelische Prinzip verwerfen sollte, Verwahrung einlegen und sich die evangelische Freiheit, d. h. eben die unverkürzte Heilslehre der evangelischen Kirche, gegen jeden Majoritätsbeschluß reserviren. Sollten die Gemeinden aber nicht hiezu zu bewegen sein, so sei es die Pflicht jedes gläubigen Pastors für seine unmündige Gemeinde auf diese Weise einzutreten. Vielleicht lasse sich auch noch mehr thun, wenn z. B. das jetzige Konsistorium oder einzelne Glieder desselben rechtzeitig dieselbe Verwahrung für ihre Person einlegten und zugleich der Provinzialgemeinde erklärten, daß sie im Nothfall, bis auf Grund der neuen Verfassung für die auf dem Evangelium bleibenden Gemeinden andere Behörden eingesetzt sein würden, ihr Amt verwalten und interimistisch einen amtlichen Mittelpunkt bilden wollten.

[28]) Berliner Pastoralkonferenz, Berl. Allg. Kztg. 1848, N. 51, S. 475.

zu Recht bestehenden Bekenntnisse der evangelischen Kirche zu ihrer festen unantastbaren Grundlage haben müsse.[29])

Derartige Kundgebungen riefen manche Erklärungen von der entgegengesetzten Seite hervor, wie z. B. mit gegnerischer Beziehung darauf der Prediger Danckwardt auf Rügen sehr vortrefflich sagte:

„Wenn nicht rechtsgültig, so ist doch thatsächlich die Kirche von dem Buchstaben der Symbole losgekommen. Man macht nun den Unterschied zwischen Wesentlichem und Unwesentlichem, und an das erstere, sagt man, sei die Kirche gesetzlich gebunden. Durch welches Gesetz? Man bedenke, daß als die Verpflichtung noch zu Recht bestand, sie eine buchstäbliche war, und daß, nachdem man davon abgewichen ist, noch kein Gesetz festgestellt hat, was das Wesentliche der Symbole sei und daß dieses nun binde. Wenigstens ist dies eine schwebende Frage, worüber nicht die landesherrliche Kirchengewalt noch eine Fraktion der Theologen, sondern die Kirche in ihrer Gesammtheit zu entscheiden hat. Und dies gehört, wenn irgend etwas, zu den Funktionen ihrer Generalsynode. Gewiß steht es ihr nicht zu, über die Wahrheit oder Glaubensgemäßheit einer Lehre abzustimmen; aber ob sie sich an irgend eine bestimmte Lehrform binden wolle oder nicht, das muß die Kirche selbst durch ihre Vertretung entscheiden; ein Zwang darf ihr darin von keiner Seite, auch nicht von Seiten der Reformatoren angethan werden. Auch sie wird niemanden zwingen, sondern den Austritt jeder Minorität freilassen, die den Beschluß der Mehrheit sich nicht frei aneignen kann.“[30])

Eben dieses letztere machte auch Eltester geltend, indem er noch hinzufügte:

„Was durch die Synode fortgenommen werden kann und wird, daß ist nur zuerst eine große Masse von Schein- und Lügenwesen, das bisher in der Kirche waltete.“ . . . „Es wird sich zeigen, daß in einer großen Zahl von Kirchengliedern ganz andere Lehren gelten, als die bisherige sogenannte geltende Kirchenlehre; es wird offenbar werden, daß die Kirche vielfach ihre Grenzpfähle eingetrieben hat, wo noch gar nicht kirchlicher Boden ist, und wo man die nunmehrige Freiheit benutzen wird, ihr die Pfähle sammt der Kirchlichkeit zurückzuschicken. Diese Scheinwirklichkeit wird genommen werden, und dazu zweitens die Möglichkeit, sie durch Staatszwang aufrecht zu erhalten oder wiederherzustellen. Es wird die Anmaßung fallen, daß einige wenige was sie für kirchlich halten den übrigen Gliedern der Kirche gegen ihren Willen aufdrängen, die Gemeinen nöthigen zu singen und zu beten, wie sie meinen daß gesungen und gebetet werden muß, die Lehrer so zu lehren, wie weder diese mit Freudigkeit lehren noch die Gemeinden es hören mögen. Summa es wird fortfallen die erzwungene Einheit und Einförmigkeit der Kirche. Wenn ihr das beklagt und dafür Bürgschaften verlangt: so habt ihr Grund. Nur mögt ihr bedenken, daß ihr

---

[29]) Stettiner Pastoralkonferenz, a. dems. O. N. 47, S. 436.

[30]) Ztschr. f. d. unirte ev. K. 1848, N. 21, S. 377.

nicht viele finden werdet, die das mit euch beklagen, und niemanden, der euch diese Bürgschaften gewähren kann. Das ist nun einmal mit der Proklamation der Religionsfreiheit für immer vorbei. Aber endlich es kann noch ein drittes fallen, und dies vor allen ist es, was ihr gern erhalten möchtet Ihr wollt niemanden hindern aus der Kirche auszutreten; aber ihr wollt die Kirche sein, ihr wollt, daß der ganze Besitzstand der Kirche euch verbleibe und von vornherein verbürgt werde. Mögen immerhin Hunderte und Tausende, ja ganze Gemeinden aus dem Gemeindeverbande mit euch austreten oder von euch ausgewiesen werden: die Kirchengebäude, die Kirchengüter, der ganze Komplexus der bisher der Kirche zustehenden Rechte sollen ausschließlich euch als den wahrhaft Kirchlichen gehören.[31]) Das nennt ihr Bürgschaft für Glaube, Lehre, Existenz der Kirche: nicht daß Glaube und Bekenntniß, sondern daß einem bestimmten Bekenntniß, welches ihr für das allein evangelische ausgebet, die Kirchengüter verbürgt werden."

Nachdem Eltester dann gezeigt, wie rechts- und aussichtslos diese Forderung sei, fuhr er fort:

„Wenn ihr also das fürchtet, daß euch durch die Generalsynode nicht der ganze Besitzstand der Landeskirche werde verbürgt werden: so ist diese Befürchtung allerdings gegründet, und kann durch nichts abgewendet werden, weil eure Forderungen gegen Recht und Billigkeit streiten. Für alle billigen Forderungen aber, daß ihr nämlich für den Fall der Sonderung einen entsprechenden Theil des Kirchenvermögens erhaltet, habt ihr von der Generalsynode, je gewissenhafter ihr sie beschickt, um so weniger zu fürchten. Im Gegentheil ist sie der Weg, auf dem eure Ansprüche besser gewürdigt werden dürften, als auf irgend einem der anderen."[32])

Während also von dieser Seite jene Anträge auf Sicherstellung des Bekenntnisses vor den Beschlüssen der Synode als ungerechtfertigt und unerfüllbar bezeichnet wurden, kam Richter in seinem Vortrage denselben vielmehr aufs bereitwilligste entgegen. Denn die Aufgabe des

---

[31]) Dies bezeichnete auch Gustav Jahn im Volksblatt 1848, N. 83, S. 1279, als die Ansicht der „Partei der bekenntnißtreuen Christen", und zwar mit Berufung auf den westfälischen Frieden. Vergl. Ev. K.- u. Schulblatt, 1848, N. 34, S. 513 f, wo die Sorge um die Rettung des Kirchengutes unter den Gründen aufgeführt wird, durch welche das entschiedene Geltendmachen der Augsburgischen Konfession geboten sei. G. Jahn, a. a. O., meinte abweichend von seinen Parteigenossen, darin, daß die Kirche den Staat dazu vermocht und auch bisher gegen solches Verfahren noch nicht protestirt habe, jeden Menschen sobald er geboren worden zur Taufe zu zwingen, und weiter, daß sie diesem Getauften, wenn er mit der Kirche zerfiel, nicht einmal einen Raum gegönnt habe, außer der Kirche existiren zu können, liege nun auch ganz nothwendig die Verpflichtung für sie, jedem von ihr Getauften einen gleichen Anspruch auf das Kirchenvermögen zuzuerkennen.

[32]) Ztschr. f. d unirte ev. K. 1848, N. 7, S. 112 ff.

Referenten anerkennend, sich über diesen Punkt mit Bestimmtheit auszusprechen, that er dieses also:

„Zunächst steht ihm das fest, daß das Bekenntniß der Kirche weiter entwickelt und verklärt werden könne, denn es ist, wenn auch ein hochehrwürdiges, doch immer ein menschliches Werk, und es ist nicht statthaft, in ihm ein unwandelbares Erzeugniß der Inspiration zu finden, wie es zu gewissen — es steht dahin, ob den besten — Zeiten der evangelischen Kirche geschehen ist. Eben so gewiß lebt er der Ueberzeugung, daß niemals die Grundsätze, welche von der Fassung der Majoritätsbeschlüsse gelten, auf das Bekenntniß übertragen werden können, wenn nicht dem allerunerträglichsten Gewissenszwange die Thür geöffnet werden soll. Immer wird vielmehr die Entwickelung nur so vor sich gehen, daß sich die Kirche in frischer lebendiger Begeisterung über einen neuen Ausdruck des Glaubens vereinigt, nicht in einer in juristischen Regeln sich bewegenden Abstimmung, sondern durch ein gemeinsames Zeugniß, welches aus den gläubigen Herzen wie ein frischer Strom emporquillt. Daß nun unserer Zeit die Bedingungen einer solchen Entwicklung fehlen, ist eben so sicher, als es gewiß ist, daß die Gefahr nahe liegt, es möge eine Entscheidung durch Majoritäten, dieses Schiboleth unseres neuesten politischen Lebens, auch hier versucht werden. Wenn aber dieses geschehen sollte, würden die Folgen sehr bedenklich sein: die Kirche, der man zu helfen gedächte, würde zerfallen. Deshalb erscheint der Antrag: „daß in der Verordnung ausdrücklich eine entsprechende beruhigende Erklärung ihre Stelle finden möge," als gerechtfertigt.[33])

9. Die Betheiligung der freien Gemeinden und Altlutheraner an der Landessynode.

Als die Quelle der Aufregung, die sich in den vielfachen Protesten gegen jede Alteration des Bekenntnisses kundgab, bezeichnete Richter nicht mit Unrecht den Paragraph 12 des Entwurfes, nach dem es der Landessynode vorbehalten bleiben sollte, denjenigen Gemeinden, welche das gegenwärtige Regiment der Landeskirche nicht anerkennten, die Theilnahme an ihren Berathungen und Beschlüssen zu gewähren. Diese Bestimmung erfuhr den heftigsten Widerspruch,[1])

---

[33]) Vortrag, S. 29.

[1]) Richter nennt 13 Eingaben, darunter die des Moderamens der rheinischen Provinzialsynode, der Herren v Bethmann-Hollweg und Kling mit dem Protokoll der Bonner Konferenz, des Präses der westfälischen Provinzialsynode mit dem Protokoll der Hammer Konferenz, des Konsistoriums zu Münster. Die anderen sind theils von Predigern, theils auch von Gemeindemitgliedern. Siehe ferner: Berl. Allg. Kztg. 1848, N. 57, S. 540, Eingabe aus

und nicht alle Widersprechenden erkannten wenigstens wie Herr von Bethmann-Hollweg an, daß der Zweck auch dieser Bestimmung des Entwurfes gut und edel sei.[2]) Die „Evangelische Kirchenzeitung", die sich schon darin nicht finden konnte, daß ein Heubner und ein Zschiesche, ein Möller und ein Sachse, ein Sack und ein Dulon in einer und derselben Kirche als Brüder in Christo Platz finden sollten,[3]) glaubte in jener Bestimmung ein subversives Unternehmen zu erkennen, das allem bisherigen Kirchenrecht widerstritte; sie meinte, die dabei intendirte Union würde eine so unwahre, unnatürliche Monstrosität babylonischer Kirchengemeinschaft geben, daß man wohl schwerlich Protestant sein könne, ohne dagegen zu protestiren, und sie erwartete von der Verwirklichung derselben nicht weniger, als eine fundamentale Destruktion der evangelischen Kirche in Preußen.[4]) Denn sie sah in der etwaigen Wiedervereinigung der Dissidenten mit der Kirche nur eine Union des Antichristenthums mit dem Christenthum: wußte sie doch, daß jene Freikirchler ungläubiger seien als die Heiden, und daß alle die Zeugen der alten Kirche, alle jene Märtyrer, die lieber starben, als Weihrauch dem Bilde des Kaisers opferten, sich einmüthig erheben müßten wider jene Anmuthung, mit der man Schlimmeres begehre, als laodicäische Lauheit, die der Herr aus seinem Munde ausspeit. Dem „Volksblatt für Stadt und Land" aber waren auch diese Sätze noch zu mild; es mußte ihnen noch die Frage hinzufügen:

„Wie kann man es wagen, Christen einzuladen mit Männern zusammen der Kirche Angelegenheiten zu berathen, über welche sie nur einen Fluch haben dürfen,

---

der Synode Jakobshagen; Evang. Kztg. 1848, N. 34, S. 327; N. 35, S. 335; N. 41, S. 384, 390; die Gnadauer Konferenz, a. dems. O. N. 42, S. 397; N. 43, S. 404, vergl. Volksblatt, 1848, N. 48, S. 710 f.; Evang. Kztg. N. 57, S. 553, Stahl; N. 60, S. 588; Konferenz in Barmen am 10. Mai, Monatsschr. v. Kling, 1848, II, S. 21; Göbel, Kirchenverfassungsfrage S. 37 ff.; Ev. K.- u. Schulblatt, 1848, N. 21, S. 358 ff.; N. 22, S. 374; Rhenius' Monatsschrift III, 1848, S. 396; Stimmen, 1848, S. 154, 160, 162; Monatsschr. v. Otto, 1848, N. 1, S. 8.

[2]) Monatsschr. v. Kling, 1848, II, S. 44 f.

[3]) A. a. O. 1848, N. 41, S. 384.

[4]) A. dems. O. N 38, S. 355 ff.

[5]) A. dems. O. N. 43, S. 402.

als über solche, die das Blut des Bundes gemein achten und den Sohn Gottes mit Füßen treten, mit welchen jede Gemeinschaft abzubrechen ihre heilige Pflicht ist? Seit wann ist denn die evangelische Kirche die Düngerstätte, die es sich gefallen lassen muß, daß aller Abfall von Unsittlichkeit auf ihr liege? In dem Augenblick, wo ein Mitglied einer solchen freien Gemeinde in eine Synode käme, müßten alle Christen sie verlassen." .... „Ja, eher als wir uns nöthigen lassen, diese Geister in die Kirchengemeinschaft aufzunehmen, wollen wir jenen Bann über sie aussprechen, der den Arius tödtete."[6])

Wenn der Protest gegen den §. 12 des Entwurfes auch nicht immer in so leidenschaftlicher Weise ausgesprochen wurde, so lag ihm im wesentlichen doch ziemlich überall die Ueberzeugung zu Grunde, daß eine kirchliche Gemeinschaft mit den Dissidenten unmöglich sei, und daß deren Theilnahme an der Landessynode zum völligen Verderben der Kirche gereichen müßte; eine Ueberzeugung, gegen welche der Umstand, daß derselbe Paragraph ja auch den separirten Lutheranern die Zulassung zur Synode in Aussicht stellte, um deswillen kein Gegengewicht in die Wagschale legen konnte, weil man gar nicht daran glaubte, daß jene einer etwaigen Aufforderung zur Beschickung der Synode entsprechen würden. Ganz fehlte es indessen auch nicht an solchem Widerspruch gegen jene Bestimmung, der aus anderen Motiven als aus der Furcht vor den freien Gemeinden hervorging. Wenigstens versicherte Göbel, daß er jenen Paragraphen vielmehr deshalb bekämpfe, weil er in den Altlutheranern und den freien Gemeinden zur Selbständigkeit berechtigte Prinzipien und Organismen anerkenne, welche man nicht mit der Landeskirche in Einen Topf zusammenwerfen dürfe, um dann aus allen dreien Einen ton- und haltlosen Guß zu machen. Man könne es ja auch weder den strenglutherischen Gemeinden in Pommern, Schlesien und Sachsen, noch den einem geordneten Organismus angehörenden Gemeinden von Rheinland und Westfalen zumuthen, eine beschließende Landessynode zu beschicken, welche ebensowohl die offenbaren Gegner des lutherischen Glaubens als die aus Feindschaft gegen die Union mit der reformirten Sektenkirche ausgetretenen Altlutheraner an ihren Beschlüssen Theil nehmen lassen könne. Außerdem aber würde mit der Erörterung dieser schwierigsten

---

[6]) A. a. O. 1848, N. 48, S. 710 f.

aller Fragen, welche doch jedenfalls in einer der ersten Sitzungen vorkommen müßte, der allergefährlichste Zankapfel in die Landessynode hineingeworfen werden.[7])

In den Tadel, der von diesen Seiten gegen den zwölften Paragraphen laut wurde, mischte sich dann weiter, wenn auch nur vereinzelt, solcher von der ganz entgegengesetzten Seite. Denn während einzelne verlangten, daß schon den Provinzialsynoden die Freiheit gegeben werde, den separatistischen Gemeinden die Theilnahme an dem kirchlichen Organisationswerk zu gestatten,[8]) nahmen andere diese Theilnahme geradezu als ein Recht für jene Gemeinden in Anspruch und wollten dieselben daher sogleich zu den Wahlen der untersten Stufe hinzugezogen wissen.[9])

Allen diesen Tadlern gegenüber fand der Paragraph indessen auch seine Vertheidiger. Die theologische Fakultät zu Halle hatte freilich nur deshalb nichts gegen denselben einzuwenden, weil sie es als selbstverständlich annahm, daß die Landessynode nicht das Recht haben könnte, auch denen, welche mit dem Regiment der Landeskirche zugleich den evangelischen Glaubensgrund verwürfen, die Theilnahme an ihren Berathungen und Beschlüssen zu gewähren.[10]) Und in ähnlicher Weise nahmen auch andere nur um deswillen keinen Anstoß an jenem Paragraphen, weil sie das Vertrauen hatten, daß die Synode nur solchen Gemeinden Aufnahme gewähren würde, die, wie man hier sagte, auf dem Worte Gottes stünden,[11]) oder die, wie man sich dort ausdrückte, ihre Uebereinstimmung mit dem kirchlichen Bekenntniß nachwiesen.[12])

---

7) Kirchenverfassungsfrage, S. 42 f.

8) Einige Mitglieder der Predigerkonferenz zu Seelow, Berl. Allg. Kztg. 1848, N. 38, S. 338.

9) Prediger Hoffheinz in Königsberg und andere dortige Prediger, a. dems. O. N. 38, S. 344; N. 64, S. 603. Alberti in einer zweiten Broschüre: Die freie evangelische Kirche und ihre Verfassung. Ein Votum der hohen Nationalversammlung zu Berlin ehrfurchtsvoll überreicht, Marienwerder 1848, S. 11.

10) Berl. Allg. Kztg. 1848, N. 41, S. 374.

11) Die Geistlichen der Ephorie Zeitz, Berl. Allg. Kztg. 1848, N. 71, S. 668.

12) Die Geistlichen der Jülicher Kreissynode, s. Göbel, Kirchenverfassungsfrage, S. 82; die Konferenz in Büchenbeuern, Monatsschr. v. Kling, 1848, II, S. 202.

Aber auch im offen ausgesprochenen Interesse für das Recht der freien Gemeinden wurde jene Bestimmung des Entwurfs vertheidigt, indem nämlich Mejer ausführte, wie ein Hauptirrthum der orthodoxen Partei darin liege, daß sie meine, man könne die Entscheidung darüber, welches denn „die Kirche" sei, der ihr Regiment eben zurückgegeben werde, mit irgend einer Tendenz treffen, während doch die Sache ganz anders stehe. Denn der Streit über die Frage, ob diejenigen, welche das Symbol negiren, vollberechtigte Kirchenglieder seien oder nicht, sei unentschieden geblieben, und das Kirchenregiment gehe in seiner bisherigen Gestalt zu Ende in einer Zeit, wo jedenfalls diese antisymbolischen Parteien aus der Kirche nicht bereits ausgeschieden worden. Sie seien demnach noch Glieder derjenigen „Kirche", welche gegenwärtig ihr Regiment in ihre eigenen Hände erhalte, es müßte dieselbige denn im gegenwärtigen Augenblick erklären, daß sie den erwähnten Ausschluß nunmehr wirklich vollziehe. Diese Erklärung aber sei in Bezug auf alle diejenigen freien Gemeinden jetzt geradezu undenkbar, welche nicht etwa das Christenthum selbst geleugnet und allein sich selber anbeten zu wollen erklärt, sondern sich nur mit der Landes-, oder, wie sie es nennten, Konsistorialkirche nicht vertragend, deren Behörden den Gehorsam aufgekündigt hätten. Denn dieselben besäßen nicht minderen evangelischen Werth als diejenigen, welche in stumpfer Theilnahmlosigkeit blos nach dem Gesetz der Trägheit noch in der Kirche geblieben seien. Wolle man sich keine Illusionen machen, so sei die Kirche, welche sich nun selbst regieren solle, der in vielem Betracht unorganische, blos gewohnheitsmäßig zusammenhaltende Körper, der in unerhörter Schlaffheit und Bornirtheit des kirchlichen, ja vielleicht des religiösen Gefühls, jeden getauften Akatholiken, der nicht ein Grieche ist, als zu sich gehörig betrachte. „Haben wir die Kirche so verderbt werden lassen, jetzt jedenfalls haben wir kein Recht mehr, ihren Körper zu reinigen, sondern mit allen verdorbenen Säften, die er enthält, steht er uns da; wir müssen ihn lediglich nehmen, wie er ist. Allein aus seiner eigenen natürlichen Kraft heraus muß er sich reorganisiren; er muß die kranken Elemente selber überwinden; das Kirchenregiment hat nichts mehr daran zu thun. Eine Tendenz in seiner Regierung giebt es nicht mehr, und so denn auch nicht in seiner

Aufforderung zu dieser Synode. Es kann dabei diejenigen Gemeinden keineswegs ausschließen, die sich seiner Obedienz entzogen hatten;[13]) aber allerdings würde es die nicht berufen können, die sich für völlig unchristlich erklären. Da es aber nun auch bei den ersteren zweifelhaft sein kann, wie die zu berufen seien, die dem Regiment schon längst den Gehorsam gekündigt, so schlägt der Entwurf den geschickten Mittelweg ein, diesen Punkt ganz in die Hände der künftigen Synode selbst zu legen."[14]) Andere endlich nahmen sich in noch wärmerer Weise als dieser Rechtsgelehrte der freien Gemeinden an, indem sie deren christlichen Charakter sowie die Berechtigung des rationalistischen Prinzips in der Kirche betonten, und es als den fast allgemeinen Wunsch der landeskirchlichen Christenheit bezeichneten, jene aus Gewissensrücksichten Ausgeschiedenen wieder aufzunehmen; nicht ohne zugleich diese freundlich zu ermahnen, daß nun auch auf ihrer Seite kein allzu reizbares Gefühl erlittener Unbill den Entschluß, mit der künftigen Landessynode in Beziehung zu treten, verzögern möge.[15])

Diese Vertheidigung des Paragraph 12 vermochte indessen nicht, die Befürchtung aufzuheben, welche die Angriffe auf denselben im Ver-

---

[13]) Jacobson war hierüber entgegengesetzter Meinung. Die evangelische Kirche des Landes sei nach Sprachgebrauch und Gesetzgebung in Preußen die evangelische Kirche, soweit sie dem landesherrlichen Kirchenregiment untergeben sei; es gehörten dagegen nicht dazu die Dissidenten, welche sich von der landesherrlichen Kirchengewalt losgesagt und ein eigenes autonomisches Regiment bei sich bereits eingeführt hätten. Deshalb hätten dieselben auch nicht zu den zunächst erforderlichen Verhandlungen des Landesherrn mit der Kirche über die Rückgabe der jura in sacra an dieselbe und seine künftige Mitwirkung bei evangelischen Angelegenheiten hinzugezogen werden dürfen; der Landesherr könne mit ihnen doch nicht über Rechte und Pflichten und deren fernere Handhabung seinerseits verhandeln, von denen sie frei seien. Daß der Entwurf diese Gemeinden nicht ohne weiteres zu der Landessynode hinzugezogen, habe also in kirchenrechtlicher Beziehung einen wohl zu beachtenden Grund. Rücksichtlich der Wiedervereinigung mit den freien Gemeinden fand Jacobson den von Dorner (Reform der evang. Landeskirchen S. 47 f.) gemachten Vorschlag sehr annehmbar, daß über dieselbe vor der Vertretung der evangelischen Nationalkirche Deutschlands die Verhandlung gepflogen werden könnte. Schneiders N. krit. Jahrbb. XIV, 1848, S. 820 f.

[14]) Berl. Allg. Kztg. 1848, N. 52, S. 484 f.

[15]) Berl. Allg. Kztg. 1848, N. 51, S. 478. Nagel auf der Bonner Konferenz, Monatsschr. v. Kling, 1848, II, S. 67 f.

fasser des Entwurfes erweckt hatten. Diese aber war keine geringere, als daß die Ausführung der ursprünglichen Absicht von der äußersten Gefahr für die Kirche begleitet sein würde; wie Richter in seinem Vortrage sich hierüber des weiteren also ausließ:

„Daß wie in den Eingaben XLIV. und LXVI.[16]) gefordert wird, die freien Gemeinden eine Erklärung abgeben werden, welche die entgegengesetzte Richtung befriedigte, ist nimmermehr zu erwarten. Will man sie also gewinnen, so wird dieses nur durch eine erweiterte Auffassung des dogmatischen Standpunktes möglich sein, an der nicht wenige voraussichtlich großen Anstoß nehmen würden. In die Verhandlungen der Synode wäre somit ein Zankapfel geworfen; der Preis der Versöhnung würde der Verlust einer nicht geringen Anzahl guter Kräfte sein, und es würde das, was ein Akt der Liebe sein sollte, als ein Schritt ungerechtfertigter Gewalt tief beklagt werden. So bleibt denn, wenn man anders das, was praktisch ist, nicht über einer wenn auch noch so löblichen Idee verlieren will, schwerlich etwas anderes übrig als daß man dem, was noch äußerlich zusammengehalten ist, die Noth des Zerrissenwerdens erspart und es der hoffentlich nicht fernen Zukunft überläßt, ob und wie die getrennten Elemente sich einigen werden. Ohnehin scheinen die freien Gemeinden, nachdem sie kaum den Ansatz zu einer Gestaltung genommen haben, schon wieder in Gestaltlosigkeit zu verschwimmen. Daß aber die Altlutheraner jeden Versuch der Annäherung zurückweisen werden, ist dem, welcher die Verhältnisse nicht blos von der Oberfläche kennt, nicht erst zu sagen, ja, wenn nicht alle Zeichen trügen, werden sie viel eher eine der Landeskirche feindliche Richtung einnehmen, um das wieder zu gewinnen, was von ihnen, nicht blos durch ihre Schuld, verloren worden ist."

Demgemäß stellte Richter den Antrag: „daß der §. 12 des Entwurfes, welcher die das Kirchenregiment nicht anerkennenden Gemeinden betrifft, in Wegfall gebracht werde."[17])

10. Vorlagen für die Landessynode; sofortige Einführung der rheinisch-westfälischen Kirchenordnung.

Wir haben bereits gehört,[1]) daß in der vom Minister berufenen Verfassungskommission die Frage, ob der Landessynode ein Verfassungsentwurf vorgelegt werden solle, von den einen bejaht, von den andern

---

[16]) Die eine Eingabe war von Geistlichen, Aeltesten und Gemeindemitgliedern aus der Rheinprovinz, die andere von der Kreissynode Pasewalk.

[17]) Vortrag, S. 31 f.

[1]) Oben S. 71.

verneint wurde. In der öffentlichen Debatte wurde diese Frage nur wenig berührt, doch in einigen Eingaben im Zusammenhange mit dem Antrage, daß den Kreis- und Provinzialsynoden das Recht zur Berathung eingeräumt würde, auch der weitere Antrag ausgesprochen: daß den Synoden geeignete Vorlagen für ihre Berathungen unterbreitet würden.[2]) Richter erkannte in dem Vortrage zwar an, daß der Widerspruch gegen die Vorlegung eines Verfassungsentwurfes nur aus der löblichsten Achtung vor der Freiheit der Kirche hervorgehe; aber wie er sich jenem anderen Antrage angeschlossen hatte, so glaubte er auch diesen aus praktischen Gründen dringendst befürworten zu müssen. Er sagte in dieser Beziehung:

„Schon früher war Referent der Ueberzeugung, daß, wenn man auch nicht einen förmlichen Entwurf vorlegen wolle, doch wenigstens den Berathungen durch Darlegung des gegenwärtigen Rechtsstandes und der von der neuesten Entwickelung berührten Punkte desselben, sowie durch entsprechende Nachweisungen über die Verfassung anderer Länder ein fester Anhaltepunkt zu geben sein werde, um den Uebelstand zu vermeiden, der nicht ausbleiben könne, wenn eine so zahlreiche Versammlung zuzusammentrete, ohne daß das weitschichtige Material ihrer Berathung vorher zurecht gelegt sei. Diese Ansicht steht ihm auch gegenwärtig noch vollkommen fest, ja er hält sie, wenn sein die Kreis- und Provinzialsynoden betreffender Vorschlag Genehmigung findet, für die einzig mögliche, wenn nicht die Verhandlungen, besonders der ersteren, sich in unerwünschter Weise zersplittern sollen, beziehentlich ihnen eine den Verhältnissen der Pfarrer zu ihren Gemeinden gerade in der gegenwärtigen, zu Abstreifung aller wohlbegründeten Verpflichtungen hinneigenden Zeit sehr gefährliche Richtung gegeben werden soll. Am wenigsten befürchtet er, daß die Ausführung in eine Verletzung der kirchlichen Freiheit umschlagen werde, theils weil es völlig in der Hand der Bearbeiter liegen wird, auch den entferntesten Schein einer Bevormundung zu vermeiden, theils weil der Kirche selbst das Recht freier Entscheidung unverkümmert verbleiben muß."

Indem Richter also, diesen Gesichtspunkten folgend, die Ausarbeitung geeigneter Vorlagen für die künftige Berathung der Synoden noch einmal beantragte, meinte er, mit der Annahme dieses Antrages werde sich zugleich der vom Korreferenten ausgesprochene Wunsch erledigen, daß in dem §. 1 der Umfang der Aufgaben der Synode näher, als

---

[2]) Richter, Vortrag S. 33, nennt drei Eingaben: von Zarnack, von 39 Predigern und Kandidaten in Hinterpommern, und von denen der Ephorie Jessen, Berl. Allg. Kztg. 1848, N. 44, S. 403. Vergl. die Eingabe der Synode Jakobshagen, a. dems. O. N. 57, S. 540.

im Entwurfe geschehen, möge bestimmt werden, um den Gemeinden die Bedeutsamkeit der von ihnen zu vollziehenden Wahlen vor Augen zu legen. Für den Fall, daß jener Antrag dagegen nicht angenommen oder die gleichzeitige Bekanntmachung der Wahlverordnung und der Vorlagen nicht ermöglicht werden sollte, glaubte Richter diesen Wunsch nur befürworten zu können; aber er erklärte es ausdrücklich für wünschenswerth, daß die Vorlagen der freiesten öffentlichen Besprechung anheimgegeben würden.[3])

Indem Richter gelegentlich der soeben mitgetheilten Erörterung bemerkte, daß die Prediger der Ephorie Jessen und auch andere auf den Verfassungsentwurf hingewiesen hätten, welcher aus den Verhandlungen der Generalsynode im Jahre 1846 hervorgegangen war, sprach er zugleich die Ueberzeugung aus, daß mit diesem Vorschlage auch diejenigen sich vereinigen würden, welche ihr Absehen auf die rheinisch-westfälische Kirchenordnung richteten. Als solche nannte er die Unterzeichner dreier Eingaben,[4]) und fügte hinzu, daß dieselben freilich zum Theil weiter gingen, indem sie die sofortige Einführung der gedachten Kirchenordnung für den besten Ausweg erachteten. Diese Meinung wurde aber von noch manchen anderen getheilt, namentlich auch von sechs Geistlichen der Schleiermacherschen Schule, welche in der Ueberzeugung, daß große Gefahr im Verzuge liege, wenn sich die bestehenden äußeren Bande lösten, ohne daß vorher ein zusammenhaltender und fortbildender Organismus begründet wäre, im Juli die dringende Aufforderung an die evangelischen Geistlichen der östlichen Provinzen richteten, sich, sei es einzeln oder sei es in Verbindung, zumal mit Gemeindegliedern, für die Einführung der rheinisch-westfälischen Kirchenordnung in den östlichen Provinzen zu erklären.[5]) Zur Motivirung dieses Vorschlages sagten sie, daß wenn sofort ein ganz neuer Bau auf breitester Grundlage für diese Provinzen begonnen werden sollte, nicht nur neue Spaltungen zu befürchten

[3]) Vortrag, S. 32, 34

[4]) Die Geistlichen der Superintendentur Potsdam II, die der Prenzlauer Diözese I, und 16 Geistliche aus der Gegend von Seelow.

[5]) Berl. Allg. Kztg. 1848, N. 62, S. 583 f. Die sechs Unterzeichner der Aufforderung waren: Droysen, Felisch, Fordan, Platz, Rosenfeld und Rütenick.

ständen, sondern sich auch während der langwierigen konstituirenden Verhandlungen ein Theil der Kirche in gänzliche Unkirchlichkeit zersetzen dürfte. Ueberdies würde sowohl das kirchliche wie das nationale Gemeingefühl darunter leiden, wenn die östlichen Provinzen den westlichen plötzlich voraus eilen sollten, während sie nach Annahme der rheinisch-westfälischen Kirchenordnung durch Vereinigung sämmtlicher Provinzialsynodalvorstände die nöthigen Schritte zum ferneren allmählichen gemeinsamen Ausbau würden thun können. Denn der Staat würde nur zu genehmigen haben, was durch die vereinten Provinzialsynodalvorstände als Beschluß der gesammten Kirchengemeinschaft successive würde ausgesprochen werden. Zuversichtlich wäre auf diesem Wege weniger ein die Organisation des Ganzen von vornherein hemmender Widerspruch zu besorgen, da derselbe eben sowohl für die konservative Fraktion beruhigend sein müßte, als er für die progressive Partei eine zufriedenstellende Zukunft gewähren würde.

Ich finde nicht, daß dieser Aufforderung in der gewünschten oder überhaupt in irgend beträchtlicher Ausdehnung Folge gegeben wäre,[6]) während der Widerspruch dagegen keineswegs ausblieb. Das freilich mochte kaum als solcher zu betrachten sein, daß dagegen bemerkt wurde, nicht die rheinisch-westfälische Kirchenverfassung sei einzuführen, sondern vielmehr die von der Generalsynode 1846 in Vorschlag gebrachte, als die ja mit spezieller Beziehung auf jene, und zwar unter Berücksichtigung der eigenthümlichen kirchlichen Verhältnisse und Bedürfnisse der östlichen Provinzen und unter Mitwirkung von Abgeordneten der rheinischen und der westfälischen Kirche entworfen sei.[7]) Denn hatten die Unterzeichner jener Aufforderung auch nicht ausdrücklich auf die Generalsynode Bezug genommen, so waren sie doch keineswegs der Mei-

[6]) Die in Anm. 4 genannte Eingabe aus der Prenzlauer Diözese war durch Aufforderung veranlaßt, Berl. Allg. Kztg. 1848, N. 70, S. 656. Während auch die in derselben Anm. genannte Seelower Eingabe, sowie die Wetzlarer Kreissynode (Monatsschr. v. Kling, 1849, I, S. 124) und ein Thesensteller auf der Gnadauer Pastoralkonferenz (Evang. Kztg. 1848, N. 86, S. 853) sich nach jener Aufforderung in dem gleichen Sinne äußerten, hatten Schröder (die Kirche und ihre Verfassung S. 134, vergl. Berl. Allg. Kztg. 1848, N. 71, S. 664 f.) und die Geistlichen der Superintendentur Potsdam dieses vor derselben gethan.

[7]) Berl. Allg. Kztg. 1848, N. 75, S. 698.

nung, daß bei Einführung der rheinisch-westfälischen Kirchenordnung die Arbeiten derselben unberücksichtigt bleiben sollten; sie waren sich vielmehr bewußt, wesentlich eben dasselbe zu wollen wie die Freunde des Entwurfes von 1846.[8]) Aber dieser somit nur scheinbare Widerspruch war nicht der einzige, welcher gegen ihren Vorschlag laut wurde. Nicht nur daß auf der Gnadauer Pastoralkonferenz eine „gewichtige Stimme" dagegen sagte, es sei immer bedenklich, mit der Presbyterialverfassung ein fremdes Element in die lutherische Kirche zu bringen, und am wenigsten sei es unter den gegenwärtigen Zeitumständen rathsam, etwas neues zu schaffen;[9]) sondern auch ein Mann wie Eltester fühlte sich gedrungen, jenen Vorschlag als eine falsche Hilfe um so schärfer zu bekämpfen, je näher er den Urhebern desselben stand.[10]) Er erinnerte diese zunächst daran, wie das bisherige Kirchenregiment ja in Kraft bleibe bis die ordnungsmäßige und rechtliche Auseinandersetzung von Staat und Kirche auch wirklich erfolgt sei, wie der Fall daher gar nicht eintreten könne, daß die Kirche ohne Leitung wäre und die Willkür Platz greifen könnte; es stehe also noch keineswegs so verzweifelt mit der Kirche, daß zu ihrer Rettung kein anderer als ein so verzweifelter Rath übrig wäre, dessen Voraussetzungen und Forderungen unverholen den Grundsätzen widersprächen, welche diejenigen, die ihn ertheilt, bisher auf das eifrigste verfochten hätten. Hätten sie doch immer gemeint, daß wenn man nur dem Geiste in der evangelischen Kirche Freiheit lasse, er, der in allen Eine, der aus allen nach Gemeinschaft mit allen rufe und verlange, eine festere Ordnung und innigere Einheit der Kirche herbeiführen werde, als sie je durch äußerliche Maßregeln und anderswoher genommene Einrichtungen herbeigeführt worden sei und herbeigeführt werden könne. Hätten sie es doch darum so tief bedauert, daß man immer nur von Regimentswegen Verfassung machen, nicht aber werden lassen wollte aus der Kirche, daß man immer nur durch Maßregeln von oben und von außen — von Staats wegen — dazwischen kam, und hätten gewollt, daß dieses Dazwischenkommen, welches

8) A. dems. O. N. 84, S. 784 f.

9) Evang. Kztg. 1848, N. 86, S. 854.

10) In der Ztschr. f. d. unirte ev. K. 1848, N. 9, S. 146 ff.

recht eigentlich ein Dazwischen d. h. bei allem Streben zu einigen ein trennendes gewesen, aufhören möge. Und nun, da endlich dieser Wunsch in Erfüllung zu gehen beginne, nun wüßten auch sie nichts klügeres und gläubigeres zu thun, als sich Hals über Kopf in den Schooß desselben Kirchenregiments, dessen Fortfall sie wünschten, zu flüchten und flehentlich zu bitten: Herr hilf uns! Im weiteren trat dann Eltester dem Vorschlage selber näher und zeigte, wie sowohl die definitive als die nur provisorische Einführung der rheinisch-westfälischen Kirchenordnung unausführbar sei: könne das bisherige Kirchenregiment selbst nicht bleiben, so könne es doch unmöglich ein anderes bleibendes einführen; nur vorschlagen könne es ein solches, die ordnungsmäßige Antwort der Kirche auf diesen Vorschlag würde nur durch eine Generalsynode, die man ja eben vermeiden wolle, gegeben werden können. Doch für den Fall auch, daß das Kirchenregiment darauf verzichten sollte, die Entscheidung der Kirche einzuholen, und daß die Kirche damit zufrieden sein sollte, daß dasselbe selbständig die neue Verfassung anordnete: so würde diese doch nicht ohne die Zustimmung der einzelnen Gemeinden eingeführt werden können. Es würden also von denselben, die doch Urwahlen vermeiden wollten, Urversammlungen gehalten werden, und es würde all der Streit entstehen, den man von der Landessynode fürchte und gern umgehen wolle. Ganz gewiß würden in vielen Gemeinden sehr viele gegen die Einführung jener Kirchenordnung stimmen, weil durch dieselbe ihnen das kirchliche Stimmrecht würde genommen werden. Aber was dann, wenn nun die Widersprechenden die Mehrzahl bildeten? oder wenn sie in der Minderzahl blieben, aber bei dem Staate auf Rechtsverletzung klagten? Der Staat würde sie wahrscheinlich an die Kirche, und die Kirche anweisen, ihre Vertretung in rechtsbeständiger Weise herzustellen, bis dahin aber sie mit allen ihren Ansprüchen abweisen. Dasselbe Resultat würde sich ergeben, wenn man, um sowohl Urversammlungen als den Streit zu vermeiden, vollends von der Umfrage bei den Gemeinden absehen wollte, und gleich die Verfassung nicht blos verordnete, sondern einführte. Nicht ein Haar breit anders aber stehe die Sache, wenn die Kirchenordnung nur als eine vorübergehende eingeführt werden solle, die nichts thue als eine künftige vorbereiten und den Kirchenbestand übernehmen. Denn auch so erhalte das auf diese Weise gebildete neue Regiment, gegen das sich dieselben Klagen der von seiner Herstellung Ausgeschlossenen erheben würden, von dem bisherigen Staats-Kirchenregiment weder das Regiment noch die Besitzthümer der Kirche ausgehändigt. Insbesondere wies Eltester noch darauf hin, welch ein heftiger Streit über die in der rheinisch-westfälischen Kirchenordnung bestehenden landesherrlichen Behörden entbrennen würde; werde doch die Frage, ob solche neben den künftig gesetzgebenden Synoden bestehen und mit welchen Befugnissen sie bestehen sollen, von den Verschiedenen in der verschiedensten Weise beantwortet; wie sei also vor einer Verständigung hierüber, d. h. vor einer Synode, allgemeine Zustimmung zu dem in Rede stehenden Vorschlage zu hoffen? Kurzum, das Kirchenregiment könne denselben nicht annehmen, und wollte es das, nicht durchführen, ohne daß mehr und länger dauernde Verwirrung entstände, als wenn es die Landessynode berufe. Diese bleibe der einzig gerade Weg, jeder andere sei ein Un- oder Umweg, auf jedem anderen werde die Kirche nur mehr zersplittert.[11])

Aehnliche Gründe waren es, durch welche sich auch Richter genöthigt sah, jenen Vorschlag zu bekämpfen. Denn er sprach sich in seinem Vortrage gegen denselben in folgender Weise aus:

„Zunächst kann nicht verkannt werden, daß die rheinisch-westfälische Kirchenordnung im einzelnen an Mängeln leidet, welche in den Synodalkreisen selbst vielfältig empfunden und zum Gegenstande oft wiederholter Anträge gemacht worden sind. Ferner wird sie, auch abgesehen von diesen Punkten, einer wesentlichen Modifikation unterliegen müssen, da die Bestimmungen, welche die „Staatsaufsicht über das Kirchenwesen" regeln (§. 148), künftig nicht mehr anwendbar, vielmehr diejenigen Anordnungen zu treffen sein werden, welche der Kirche das verfassungsmäßige Recht der eigenen Leitung sichern. Endlich aber ist auch das Recht, die Kirchenordnung ohne weiteres in den östlichen Provinzen einzuführen, dem allergrößten Bedenken ausgesetzt. Eine bekannte von des Königs Majestät gegebene Verheißung ist nicht verloren gegangen, und mit Sicherheit ist zu erwarten, daß in der beantragten Maßregel nur eine Verletzung derselben würde gefunden werden. Immer also würde es eines eigenen Beschlusses der Kirche bedürfen, welche, wie sich aus allen Anzeichen schließen läßt, von selbst aus der durch so treffliche Erfolge bewährten Ordnung das Erforderliche zu entlehnen geneigt sein wird."[12])

[11]) Rütenick hielt gegen diese Ausführungen an dem in der „Aufforderung" eingenommenen Standpunkte fest, a. dems. O. N. 13, S. 230 ff.

[12]) Vortrag S. 33.

11. Die Zusammensetzung der Synoden.

Auch die Bestimmungen des Entwurfes über die Zusammensetzung der Synoden hatten mehrfache Anfechtungen zu erleiden, deren einige von Richter als berechtigt anerkannt wurden, während er anderen gegenüber seine ursprünglichen Vorschläge aufrecht erhielt.

Abweisend verhielt er sich zunächst gegen das von etlichen gestellte Verlangen, daß nicht alle Gemeinden ohne Unterschied eine gleiche, sondern daß sie je nach ihrer größeren oder geringeren Seelenzahl auch eine größere oder geringere Anzahl von Abgeordneten zu der Kreissynode senden sollten;[1]) ein Verlangen, welches damit begründet wurde, daß gerechter Weise allen Angehörigen der Kirche ein gleicher Antheil an der Neugestaltung derselben zu gewähren sei, wogegen Richter sich darauf berief, daß der im Entwurfe zur Anwendung gebrachte Grundsatz aus dem Begriff und der Stellung der Gemeinden abfließe und in allen Synodalordnungen Anerkennung gefunden habe.[2])

Ebenso behauptete Richter den im Entwurfe eingenommenen und auch von Mejer vertheidigten[3]) Standpunkt in Betreff des numerischen Verhältnisses zwischen geistlichen und weltlichen Abgeordneten gegen die von ganz entgegengesetzten Seiten erhobenen Angriffe. Nach dem Urtheil der einen nämlich hatte der Entwurf den Geistlichen, nach dem der anderen hatte er den Weltlichen eine zu starke Vertretung zugedacht.[4])

---

[1]) Richter, Vortrag S. 35, nennt die Eingaben der Geistlichen der Superintendentur Potsdam II. und der Ephorie Zeitz, sowie des Regierungsraths Klee (vergl. dessen Bemerkungen in d. Evang. Kztg. 1848, N. 42, S. 400), ferner Alberti, Funck und Klette. Siehe auch Berl. Allg. Kztg. 1848, N. 42, S. 386 f., und Eltester, Ztschr. f. d. unirte ev. K. 1848, N. 7, S. 109. Das Zahlenverhältniß zwischen Gemeindegliedern und Abgeordneten wurde in verschiedener Weise normirt. Die Geistlichen der Ephorie Zeitz z. B. verlangten für jede noch so kleine Gemeinde einen Abgeordneten, für größere Gemeinden einen auf je 500 Wähler, Berl. Allg. Kztg. 1848, N. 71, S. 668, Klette für jede Gemeinde bis zu 1000 Seelen einen, und für größere Gemeinden auf jedes weitere Tausend Seelen noch je einen; Alberti etwa auf je 500 Seelen einen Abgeordneten.

[2]) Vortrag S. 35.

[3]) Berl. Allg. Kztg. 1848, N. 52, S. 486.

[4]) Richter nennt 18 Eingaben und das Gutachten der theologischen Fa-

In letzterem Sinne stellten z. B. die Berliner Pastoralkonferenz,[5]) die Barmener und die Bonner Konferenzen[6]) und das Moderamen der rheinischen Provinzialsynode[7]) den Bestimmungen des Entwurfes die der rheinisch-westfälischen Kirchenordnung, die zuerst genannte Konferenz auch diejenigen des Verfassungsentwurfes der Generalsynode von 1846 gegenüber, indem sie es den Thätigkeitskreisen der einzelnen Vertretungsstufen angemessen fanden, daß auf der untersten Stufe zwar die weltlichen, auf den höheren Stufen aber in steigendem Maße die geistlichen Vertreter ein numerisches Uebergewicht erhielten. Andere, wie die Büchenbeuerner und die Hammer Konferenzen,[8]) die Geistlichen der Kreissynode Jülich, die theologische Fakultät in Halle, Klee, Göbel, Jacobson u. s. w., forderten auch für die Landessynode die vom Entwurfe den Provinzialsynoden bestimmte Gleichzahl der geistlichen und weltlichen Vertreter, indem die meisten von ihnen sich für diese Forderung auf das gesammte synodale Herkommen beriefen.[9])

Während Eltester, ohne gerade entschieden für die Mehrzahl der Laien einzutreten, dagegen doch erinnerte, daß es für das Zahlenverhältniß der Geistlichen und Laien auf einer Landessynode gesetzliche Bestimmungen noch gar nicht gebe,[10]) und während Mejer darauf hinwies, daß die Bestimmung des numerischen Verhältnisses von Geist-

---

kultät in Halle, in welchen diese letztere Ansicht zum Ausdruck gekommen; unter diesen Eingaben die von Zarnack, von den Konsistorien zu Magdeburg und Münster und von den oben im Text aufgeführten Stellen, mit Ausnahme der Kreissynode Jülich, der Büchenbeuerner Konferenz und Göbels, welche drei bei Richter nicht genannt sind.

[5]) Evang. Kztg. 1848, N. 55, S. 535.

[6]) Monatsschr. v. Kling, 1848, II, S. 22 und S. 12 ff., 41; 67 ff., wo übrigens auch entgegengesetzte Aeußerungen aus der Bonner Debatte mitgetheilt werden. Vergl. auch Volksblatt 1848, N. 48, S. 708.

[7]) Bei Göbel a. a. O. S. 75 f.

[8]) Monatsschr. v. Kling, 1848, II, S. 196 ff.; 95 f.; auch hier fehlte es nicht an entgegengesetzten Stimmen.

[9]) Jülich: Göbel a. a. O. S. 82; Halle: Berl. Allg. Kztg. 1848, N. 41, S. 371 f. Klee: Evang Kztg. 1848, N. 42, S. 400; Göbel: a. a. O. S. 35; Jacobson: Schneiders N. krit. Jahrbb. XIV, S. 818.

[10]) Ztschr. f. d. unirte ev. K. 1848, N. 7, S. 110.

lichen und Laien immer willkürlich sein würde, der Entwurf aber jedenfalls geschickt und möglichst vorsichtig zu Werke gegangen sei,[11]) vertheidigte Richter mit großer Entschiedenheit den Standpunkt des Entwurfes, indem er geradezu aussprach, daß es sich bei diesen Anträgen nicht um die Stellung des geistlichen Amtes zur Gemeinde, sondern darum handele, dem Lehrstande nach Art der alten lutherischen Dogmatiker ein Recht zur Vertretung der Kirche zu vindiciren. Und den schon früher erhobenen Protest gegen diese sogenannte lutherische Verfassungslehre auch an dieser Stelle erneuernd, sprach er sich des weiteren so aus:

„Referent weiß sich völlig frei von jenem Fanatismus, der gegen das geistliche Amt seine Angriffe richtet, ja er hofft, dieses thatsächlich deutlich genug erwiesen zu haben. Dagegen hält er mit gleicher Bestimmtheit fest, daß die Geistlichen nicht im rechtlichen Sinne einen vertretenden Stand in der Kirche bilden, der eben nichts anderes als eine romanisirende Institution ist, und den Versuch, ihnen diese Eigenschaft beizulegen, würde er als ein Attentat gegen die Freiheit der Kirche betrachten. Hiermit soll begreiflich nicht gesagt sein, daß nicht den Geistlichen an der Lösung der kirchlichen Fragen ein großer Antheil zugewiesen werden solle, den vielmehr der Referent für sie mit Entschiedenheit in Anspruch nimmt, sondern der Unterschied ist der, daß die Geistlichen nicht wirksam werden sollen aus einem nun und nimmer erweisbaren göttlichen Rechte, sondern weil es sich in alle Wege ziemt, daß sich in kirchlichen Dingen die Intelligenz und Erfahrung derjenigen geltend mache, denen die kirchliche Leitung als Lebensberuf übertragen worden ist.[12]) Dieser Forderung hat der Entwurf, während er ein Recht der Vertretung negirt, doch ihr volles Genüge widerfahren lassen". . . . . „Referent seinerseits würde sich auch eine Mehrzahl geistlicher Mitglieder gefallen lassen, weil er von dem Zutrauen durchdrungen ist, daß in vielen Geistlichen ein guter treuer Wille ist, und weil er der Ueberzeugung lebt, daß eine, für ihn nicht denkbare, hierarchische Bestrebung gar keinen Boden finden würde. Er glaubte jedoch die Stimmung vieler Glieder der Kirche sattsam zu kennen, als er sich nach langer Erwägung zu dem im Entwurf enthaltenen Antrage entschloß, und da er sich durch kein entgegengesetztes dogmatisches Prinzip gebunden wußte erschien es ihm immer noch gerathener, der Lebenslage der Kirche Rechnung zu tragen, als das Vertrauen zu gefährden, in dem das in der gegenwärtigen Zeit der Noth doppelt schwere Werk allein sein Gedeihen haben kann. Bedenklich konnte hier nur sein, daß ein Uebergewicht des Laienelementes einer un-

---

[11]) Berl. Allg. Kztg. 1848, N. 52, S. 486.

[12]) In der That war es aber auch dieser Gesichtspunkt, welchen wenigstens ein Theil jener Antragsteller geltend machte. Namentlich diejenigen in Rheinland und Westfalen betonten sehr entschieden, daß jene hierarchische Auffassung ihnen fremd sei; die Presbyterialverfassung kenne gar nicht den Unterschied von weltlichen und geistlichen Mitgliedern.

kirchlichen Richtung den Sieg verschaffen, also insbesondere ein Mittel zur Zerstörung des Bekenntnisses werden könne, wie denn in Wahrheit dieser Gesichtspunkt den meisten der eingegangenen Gegenerklärungen zum Grunde liegt.[13]) Vielleicht hat hier jedoch die Gegenfrage einiges Gewicht, ob wirklich die Laien alle Feinde des Bekenntnisses und die Geistlichen alle in dem Boden der Symbole eingewurzelt sind? Es scheint, daß weder das eine noch das andere der Fall ist. Einige von geistlicher Seite ausgegangene Erklärungen[14]) haben ein besseres Zutrauen zu den weltlichen Kirchengliedern ausgesprochen, und einer Anschuldigung sich enthalten, welche offenbar, wenn sie gegründet wäre, der Verzweiflung an der Zukunft der Kirche Raum geben müßte."[15])

Mit gleicher Entschiedenheit trat Richter in dem Vortrage nun aber auch der andern Partei entgegen, welche, wie er sich ausdrückte, es für eine Errungenschaft der Zeit hielt, daß der geistliche Einfluß möglichst verkürzt würde, und der von diesem Gesichtspunkt aus die Bestimmungen des Entwurfes nicht genügten. Hier gingen zunächst mit Baltzer, dem Sprecher der freien Gemeinde in Nordhausen, auch

---

[13]) Auch die theologische Fakultät in Halle meinte, daß in der gegenwärtigen Zeit ein ultrademokratischer Schwindel diese Mehrheit der Nichtgeistlichen leicht benutzen könnte, um mit der Selbständigkeit des geistlichen Amtes die Fähigkeit desselben zu einer wahrhaft heilsamen Wirksamkeit in der Gemeinde zu zertrümmern. Berl. Allg. Kztg. 1848, N. 41, S. 372. Das Ev. K.- u. Schulblatt aber, 1848, N. 20, S. 343, erblickte in der vermeintlichen Tendenz des Entwurfs, das geistliche Amt bei der Berathung über die künftige Verfassung absichtlich in den Hintergrund zu drängen und in eine Minorität zu bringen, welche das Stimmrecht der Geistlichen mehr als zweifelhaft erscheinen lasse, sogar die Begünstigung des Planes, „alle bestehende Ordnung geradezu auf den Kopf zu stellen und durch solche Umkehrung der Verhältnisse die Revolution auch auf das Gebiet der Kirche zu verpflanzen." Auf der Gnadauer Pastoralkonferenz fand man die Bestimmung des Entwurfs im Gegentheil aus dem Grunde ganz in der Ordnung, weil ungläubige Geistliche eine größere Tyrannei üben könnten als ungläubige Nichtgeistliche, und eine geringere Zahl gläubiger Geistlicher durch ihre theologische Bildung doch immer eine Präponderanz hätten. Evang. Kztg 1848, N. 41, S. 390.

[14]) Die Eingaben vom Oberrhein und aus der Ephorie Zeitz. Vergl. auch die Erklärung der Konferenz aus der Synode Altenkirchen, bei Göbel S. 85. Redepenning, Vorschläge und leitende Gedanke zu einer Kirchenordnung u. s. w., Göttingen 1848, S. 49 Anm., sagte: daß der Entwurf den Laien ein Uebergewicht über die Geistlichen zu sichern suchte, war, da es jetzt vor allem auf die Stimme der Gemeinden ankommt, nur dankbar anzuerkennen.

[15]) Vortrag S. 35 ff.

der Stadtrath Funck[16]) und einige andere[17]) so weit, daß sie es ganz den Wählern anheimgestellt zu sehen wünschten, ob sie Geistliche auf die Synoden senden wollten oder nicht.[18]) Ihnen gegenüber sagte Richter mit einer gewissen Gereiztheit, er vermeine die Grundsätze des Kirchenrechts nicht erst heut oder gestern gelernt zu haben, mit denen aber vermöge er jene Forderung gar nicht zu vereinigen;[19]) er wisse, daß die Geistlichen noch einen andern Beruf haben, als die besoldeten Sprecher der Gemeinden zu sein, und werde ihm dies, wie durch Baltzer und einen Kandidaten geschehen, als ein Zeichen der Anhänglichkeit an das alte System ausgelegt, so sei es ihm gerade recht, weil er alsdann drei Jahrhunderte zu Genossen seiner Meinung haben würde.

Ohne mit jenen die Vertretung des geistlichen Amtes in die Willkür der Wähler stellen zu wollen, waren andere, wie der Korreferent Superintendent Schultze und Alberti,[20]) darauf bedacht, daß theils auf einzelnen theils auch auf allen Synodalstufen den weltlichen Abgeordneten ein größeres numerisches Uebergewicht über die geistlichen zu verschaffen, als denselben in dem Entwurfe zugedacht war. Aber

---

[16]) Baltzer in einer ans Ministerium gerichteten Eingabe, Funck in seiner schon genannten Broschüre, s. Richter, Vortrag S. 37.

[17]) Berl. Allg. Kztg. 1848, N. 46, S. 427 ff., N. 50, S. 468.

[18]) Die Geistlichen der Ephorie Zeitz stimmten für den Modus des Entwurfs und gaben es der Landessynode anheim, ob sie nach nochmaliger reiflicher Erwägung in Zukunft die Deputirten der Synoden aus ganz freier Wahl der Gemeinden hervorgehn lassen wolle, a. dems. O. S. 667.

[19]) Mejer sah die Sache anders an. Er sagte: „Hiebei kommen zwei Prinzipe in Kollision. Denn nach der Grundidee des evangelischen Kirchenrechts können die Geistlichen nur als zum Lehramt besonders vorbereitete und bestellte Laien angesehen werden, und deshalb keinerlei besondere Berücksichtigung auf dieser Synode ansprechen, während andrerseits, wenn wir ein Bild der heutigen Kirche in dieser Synode haben wollen, nicht zu verkennen ist, daß die Geistlichkeit, weil sie sich im Besitz eines weit größeren Antheils am kirchlichen Leben befindet, als die Laien, weil in ihr wirklich viel mehr kirchliche Kräfte ruhen als in diesen, auch auf dieser Synode weit stärker als sie vertreten werden muß." Berl. Allg. Kztg. 1848, N. 52, S. 486.

[20]) Richter nennt außer diesen beiden noch eine Eingabe der Synode Marienburg-Neuteich. Siehe ferner Berl. Allg. Kztg. 1848, N. 42, S. 387; eine Breslauer Versammlung, a. dems. O. N. 90, S. 856.

auch diese Beschränkung des geistlichen Elementes unter das von ihm angenommene Maß erklärte Richter für unzulässig, und am wenigsten, so fügte er hinzu, begreife er, wo die Grenze gefunden und warum, wie von den Verschiedenen verschieden vorgeschlagen worden, die Hälfte, ein Drittel oder ein Viertel und nicht jeder andere kleinere Bruchtheil als Norm bestimmt werden solle. Es liege auf der Hand, daß hier alles auf das reine Belieben hinauslaufen würde. Wobei er übrigens zugab, daß freilich auch der von ihm selber angenommene Maßstab ein willkürlicher sei, wie er es nach der Natur der Sache nicht anders hätte sein können; aber er meinte, derselbe würde den Vorzug haben, allen billigen Rücksichten zu genügen, während jeder andere die Berathungen der Synode auf das empfindlichste benachtheiligen müßte, weil er ihnen das, dessen sie am meisten bedürften, die Einsicht und Erfahrung, entziehen würde.[21])

Nach diesen Ausführungen stellte Richter die wichtige Frage nach dem Verhältniß des geistlichen und weltlichen Elementes auf der Landessynode lediglich anheim. Aber er versicherte, daß, falls die Voraussetzung, von welcher er bei dem Vorschlage einer ungleichen Anzahl ausgegangen, als ungenügend erkannt werden sollte, der Vorschlag, „daß zur Landessynode ebenso viele geistliche als weltliche Abgeordnete berufen werden mögen," nur seinem eigenen Wunsche genügen würde.[22])

Rücksichtlich der Kreissynoden sah sich Richter zu einigen Abänderungsvorschlägen veranlaßt. Zunächst war nämlich getadelt worden, daß nach dem Entwurfe nicht nur den Mutter-, sondern auch

---

[21]) Vortrag S. 37. Der von dem Königsberger Prediger Laudien gemachte Vorschlag, den Weltlichen auf den Kreis- und etwa auch auf den Provinzialsynoden ein bedeutendes Uebergewicht zu geben und dann den letzteren die Bestimmung von Zahl und Verhältniß der zur Landessynode abzusendenden Geistlichen und und Laien zu überlassen, Berl. Allg. Kztg. 1848, N. 40, S. 366, ist in Richters Vortrag nicht beachtet. Uebrigens hielt auch das Ev. K.- u. Schulblatt, welches die Gleichzahl der Geistlichen und Laien auf allen Synodalstufen empfahl, für den sichersten Weg den, daß die 8 Provinzialsynoden selbst über die angemessenste Zusammensetzung der Landessynode Beschluß faßten, die Wahlen nach doppeltem Modus, theils in paritätischem Verhältniß der geistlichen und weltlichen Deputirten, theils in dem Verhältniß von 3 : 4 vornähmen, und die Einberufung dann nach der Majoritäts-Entscheidung erfolgte. A. a. O. 1848, N. 21, S. 359.

[22]) Vortrag S. 40.

den Tochtergemeinden das Recht zur Wahl je eines Abgeordneten zur Kreissynode beigelegt werden sollte. Hierin wurde theils ein Unrecht gegen die Gemeinden gefunden, sofern die großen, nicht in Tochtergemeinden zerfallenden Kirchspiele nach diesem Modus gegen die kleineren, aber in mehreren Gemeinden gegliederten, im Nachtheil sein würden,[23]) theils wurde auf das Mißverhältniß zwischen der Zahl der geistlichen und der der weltlichen Abgeordneten aufmerksam gemacht, welches sich bei dieser Ordnung auf den Kreissynoden ergeben würde, wie z. B. das pommersche Konsistorium bemerkte, daß in einzelnen Kreisen in Folge dieser Bestimmung die Zahl der weltlichen Deputirten die der geistlichen um das dreifache übersteigen würde.[24]) Richter äußerte in dem Vortrage, daß in diesem Umstande für ihn noch kein Grund liegen würde, von seinem Vorschlage zurückzugehen, wenn es sich erwiese, daß das ungleiche Zahlenverhältniß eben nur eine Folge der konsequenten Anwendung eines unzweifelhaften Rechtssatzes wäre. Dieses sei jedoch nicht der Fall. In dem Entwurfe sei nämlich die landrechtliche Auffassung des Begriffs der Tochtergemeinde übersehen, und das, was unbestritten den per aequalitatem vereinigten Gemeinden (den sogenannten vereinigten Muttergemeinden, A. L. R. Th. II. Tit. 11 §. 247) zukomme, nicht mit Recht auf die Filialgemeinden erstreckt worden. In Erwägung dieses Umstandes erscheine also eine veränderte Fassung als dringend erforderlich, und demgemäß beantrage er: „daß die Anordnung einer gemeinsamen Wahl durch die Mutter- und Tochtergemeinden empfohlen werden möge."[25])

Der schon öfters genannte Regierungsrath Klee hatte auch das getadelt, daß in dem Entwurfe den Gemeinden nicht die Freiheit gegeben war, ihren Vertreter für die Kreissynode auch außerhalb ihres Schooßes aus dem ganzen Kreise zu wählen, da z. B. einer Landgemeinde es schwer werden möchte, aus ihrer Mitte einen Abgeordneten zu finden,

[23]) Monatsschr. v. Otto, 1848, N. 1, S. 7.

[24]) Richter, Vortrag S. 37 f. Von wem außer von dem Stettiner Konsistorium dieser Einwand erhoben worden, sagt Richter nicht.

[25]) Vortrag S. 38. Jacobson wies auf den bisherigen und für Rheinland-Westfalen noch neuerdings anerkannten Brauch hin, dessen Grund er darin erblickte, daß die Tochter- mit der Muttergemeinde nur Ein Presbyterium hat. Schneiders N. krit. Jahrbb. XIV, S. 815. Vergl. aber auch unten S. 178, Anm. 33.

der in Intelligenz und Fähigkeit zur Wahrnehmung des kirchlichen Rechtes solchen gleich käme, wie sie in manchen Städten in nicht geringer Zahl sich fänden.[26]) Richter stimmte diesem Bedenken bei, und meinte, es werde mithin gerechtfertigt sein, wenn „die Anerkennung der Freiheit der Wahl aus sämmtlichen qualificirten Mitgliedern der Kirche des Kreises“ ausgesprochen werde.[27])

Endlich nahmen nicht wenige daran Anstoß, daß nach dem Entwurfe von mehreren Geistlichen einer Gemeinde nur einer und zwar der erste zum Erscheinen auf der Kreissynode berechtigt sein sollte.[28]) Es wurde gegen diese Bestimmung nicht nur an die gleiche Qualifikation sämmtlicher Geistlichen, den Gebrauch aller Presbyterialkirchen und die bisherige Ordnung erinnert, welche letztere den Ausschluß der übrigen Prediger als eine verletzende Beeinträchtigung derselben erscheinen lasse, sondern es wurde auch wohl gegen die Bevorzugung gerade des ersten Geistlichen bemerkt, daß die gemeinhin durch das königliche Patronat und nicht selten wider den ausdrücklichen Willen der Gemeinden eingesetzten ersten Prediger weit weniger Garantie für den Besitz des Vertrauens der Gemeinden böten, als die gewöhnlich durch das städtische Patronat erwählten anderen;[29]) wie denn auch die „Evangelische Kirchenzeitung,“ welche diese klerikalische Aristokratie nur aus der Absicht begreifen konnte, den geistlichen Stand so tief als möglich herabzudrücken und ein öffentliches Votum des Mißtrauens gegen denselben auszusprechen, im Interesse der „niederen“ Geistlichkeit geltend machte, daß dieselbe in der Seelsorge und den

---

[26]) Evang. Kztg. 1848, N. 42, S. 400.

[27]) Vortrag S. 50.

[28]) Richter, Vortrag S. 38 f. nennt außer dem Korreferenten, Alberti und Klette noch 14 Eingaben. Siehe ferner Jacobson, Schneiders N. krit. Jahrbb. XIV, S. 814; die Eingabe aus der Ephorie Jessen, Berl. Allg. Kztg. 1848, N. 44, S. 403; Predigerkonferenz in Seelow, a. dems. O N. 38, S. 338; die Breslauer Versammlung, a. dems. O. N. 90, S. 856. Auch N. 40, S. 366; N. 42, S. 386; Ev. K.- u. Schulblatt 1848, N. 19, S. 333 f.; N. 20, S. 347 f.; Spener'sche Zeitung 1848, N. 103, 2. Beilage. Vergl. Rebepenning, Vorschläge S. 49, Anm.; Monatsschr. v. Otto, 1848, N. 1, S. 7.

[29]) So Prediger Hoffheinz, der aber nicht alle Prediger einer Gemeinde zu Mitgliedern der Kreissynode haben, sondern aus denselben einen von der Gemeinde gewählt wissen wollte, Berl. Allg. Kztg. 1848, N. 38, S. 343.

geistlichen Handlungen am meisten betheiligt sei und am meisten mit dem Volke verkehre.[30]) Der Verfasser des Entwurfs hatte schon bei der Abfassung desselben die Frage, ob es nicht angemessen sein möchte, sämmtliche fest angestellte Geistliche der einzelnen Gemeinden auf der Synode erscheinen zu lassen, keineswegs als eine abgeschlossene betrachtet;[31]) im Vortrage erklärte er nun bestimmter, daß sein Vorschlag nur so lange als gerechtfertigt erscheinen könne, so lange man die Kreissynoden eben nur als Wahlversammlungen fasse, obwohl nicht zu verkennen sei, daß die eigenthümlichen Verhältnisse mancher Geistlichen bei der Ausführung einige Zweifel bereitet haben würden. Würden aber die Kreissynoden berufen um über die Bedürfnisse der Kirche zu berathen, so erscheine es nur als ein gerechtfertigter Wunsch, daß sämmtlichen Geistlichen, welche ein festes Amt in der Gemeinde bekleiden, der Zutritt nicht versagt werde. Wenn in einigen Eingaben[32]) dieser Wunsch indessen noch weiter auf alle ordinirten Geistlichen ausgedehnt war, so stimmte Richter dem um deswillen nicht bei, weil die Ordination allein nach evangelischem Kirchenrecht kein Recht gebe, in den Angelegenheiten der Kirche ein Stimmrecht auszuüben.[33]) Um das durch den Hinzutritt sämmtlicher im Gemeindeamte stehenden Prediger zu der Kreissynode auf derselben entstehende Uebergewicht des geistlichen Elementes auszugleichen, beantragte Richter in Uebereinstimmung mit dem Korreferenten und vielen anderen, „daß jede Gemeinde eben so viele weltliche Abgeordnete zu wählen habe, als sie zur Theilnahme berechtigte Geistliche hat.“[34])

---

[30]) A. a. O. 1848, N. 43, S. 403.

[31]) Vergl. oben S. 78.

[32]) Richter nennt drei. Vergl. Ev. K.- u. Schulblatt 1848, N. 19, S. 334.

[33]) An dieser Stelle des Richterschen Vortrages, S. 39, heißt es weiter: „Dieselbe Rücksicht auf das Gemeindeamt ist es auch gewesen, welche den Referenten gehindert hat, den Anstaltsgeistlichen, deren Zuziehung der Korreferent voraussetzt, den Zutritt zu versagen.“ Es soll wohl heißen: zu gestatten, denn weder im Entwurfe noch in den Erörterungen zu demselben sind die Anstaltsgeistlichen erwähnt. Jacobson, a. d. öfter a. O. S. 815, war für deren Zuziehung und zwar so, daß eine entsprechende Anzahl von Aeltesten aus den Filialen ebenfalls hinzuträte. Vergl. Berl. Allg. Kztg. 1848, N. 42, S. 386.

[34]) Vortrag S. 39.

Was die Provinzialsynoden betrifft, so wurde hier und da die Frage aufgeworfen, was dieser langwierige Gang der dreifachen Wahl, dieser Aufwand von Zeit und Geld, den das Zusammenziehen so vieler Männer aus der Provinz veranlassen würde, denn eigentlich nützen solle, da doch eben so gut die Kreissynoden, sei es einzeln, sei es zu mehreren vereinigt, die Wahlen zur Landessynode unmittelbar vollziehen könnten.[35]) Indessen waren derartige Stimmen doch so vereinzelt, daß sie von dem Verfasser des Entwurfes gar nicht berücksichtigt wurden. Mehr Einwendungen aber als gegen die Provinzialsynoden überhaupt, wurden gegen den vorgeschlagenen Modus ihrer Zusammensetzung erhoben. Während das Konsistorium zu Koblenz darauf aufmerksam machte, daß die danach gewonnene Mitgliederzahl eine zu große sein würde, nahmen andere namentlich auch daran Anstoß, daß bei demselben die große Verschiedenheit des quantitativen Umfangs der einzelnen Sprengel unberücksichtigt bleiben würde. Diesem Uebelstande abzuhelfen machte man, wie schon für die Wahlen zur Kreissynode, nun auch hier den Vorschlag, daß die Kopfzahl für die Anzahl der Deputirten entscheidend sein möge, und zwar so, daß die Anzahl der von jeder Kreissynode zu wählenden Abgeordneten durch die, nach der Seelenzahl der Gemeinden bestimmte, Anzahl der zur Kreissynode gehörenden Mitglieder normirt werden möge,[37]) ein Vorschlag, den Klette dahin gestaltete, daß jede Kreissynode wenigstens einen geistlichen und einen weltlichen, und die größeren für jede Vollzahl von zehn Geistlichen einen geistlichen, und für jede Vollzahl von zehn Weltlichen einen weltlichen Abgeordneten wählen sollten.[38]) Richter verharrte nun zwar dem gegenüber dabei, daß die Kopfzahl nicht die entscheidende Norm abgeben könne, und bemerkte auch, daß dieser Klette'sche Vorschlag die Geistlichen in nicht zulässiger Weise als einen

[35]) Berl. Allg. Kztg. 1848, N. 50, S. 470. Eltester in d. Ztschr. f. d. unirte ev. K. 1848, N. 7, S. 110.

[36]) Richter, Vortrag S. 39. Nach der Berl. Allg. Kztg. 1848, N. 50, S. 470 würde z. B. die sächsische Provinzialsynode 364 Mitglieder gezählt haben.

[37]) Die Geistlichen der Ephorie Zeitz, a. dems. O. N. 71, S. 668, vergl. oben S. 170. Ferner a. dems. O. N. 42, S. 387.

[38]) Siehe Bruns und Häfners N. Rep., XVIII, 1848, S. 267.

besonderen Stand den weltlichen Gliedern gegenübersetze; aber er gestand doch zu, daß es einer Ausgleichung bedürfe, und die glaubte er darin zu finden, „daß die Bestimmung der Zahl der Abgeordneten nach der Zahl der Gemeinden regulirt würde.“[39])

Hatte der Entwurf den Vorsitz auf den Provinzial- und Kreissynoden den Generalsuperintendenten und den Superintendenten zugedacht, so wurde auch hiergegen mehrfacher Widerspruch laut.[40]) Man wies darauf hin, daß auf diesen Synoden ein Anwalt des Staates noch gar nicht erforderlich sei,[41]) daß sie die Leitung durch die bezeichneten Männer nur als Hemmniß empfinden, und bei dem weitverbreiteten Mißtrauen der Gemeinden gegen dieselben als Werkzeuge des alten Systems dadurch nicht wenig an Vertrauen verlieren würden. Ja der Prediger Alberti ging so weit, den Generalsuperintendenten von vornherein durch das Wahlgesetz von der Wahl zum Präses ausschließen zu wollen, so lange derselbe noch ein reiner, im Interesse des Regiments der Staatskirche erwählter und verordneter Staatsdiener sei. Doch Richter hielt diesen Ausstellungen gegenüber, die er zum Theil als Ausflüsse einer Parteistimmung betrachtete, seine bezüglichen Vorschläge aufrecht, da der erlittene Widerspruch ihn nicht in dem Wunsche wankend gemacht habe, daß die geschichtliche Ordnung in diesem Stücke erhalten und dadurch anerkannt werden möge, daß die Kirche sich nicht im Revolutionsstande befinde.[42])

Bei der Zusammensetzung der Landessynode hatte der Entwurf der verschiedenen Größe der Provinzen dadurch Rechnung getragen,

---

[39]) Vortrag S. 39. Die schon mehrfach genannte in Breslau gehaltene freie Konferenz evangelischer Geistlichen Schlesiens wollte, daß die Kreissynode einen geistlichen und zwei weltliche Abgeordnete wähle, wenn der Kreis unter zwanzig Kirchen, zwei geistliche und vier weltliche, wenn er über zwanzig Kirchen zähle, Berl. Allg. Kztg. 1848, N. 90, S. 856.

[40]) Richter nennt, Vortrag S. 40, den Korreferenten, Funck, Alberti und die Eingabe aus der Synode Marienburg-Neuteich. Siehe ferner Berl. Allg. Kztg. 1848, N. 38, S. 343; N. 51, S. 476; N. 64, S. 603.

[41]) So Hoffheinz, nach dem die Superintendenten überhaupt nicht geborne Mitglieder der Kreissynoden, sondern nur wie alle anderen Prediger wählbar sein sollten, a. dems. O. N. 38, S. 343.

[42]) Vortrag S. 40.

daß er die Zahl der von jeder Provinzialsynode zu entsendenden Vertreter durch die Anzahl der zur Provinz gehörenden Kreise bestimmt werden ließ. Aber auch so war den verschiedenen Provinzen eine sehr ungleiche Vertretung gewährt, sofern die Kreise besonders in den östlichen Provinzen bald einen größeren bald einen geringeren Umfang haben.[43]) Deshalb ließ sich mehrfach der Wunsch vernehmen, daß die Zahl der Abgeordneten aus den einzelnen Provinzen nach einem gerechteren Maßstabe normirt werden möge. Die Konferenz in Büchenbeuern z. B. wollte denselben dadurch gewonnen sehen, daß zwar die Normirung nach Kreisen festgehalten, aber bei der Neubildung der Kreissynoden in den östlichen Provinzen das Größenverhältniß der in den westlichen Provinzen bestehenden Kreissynoden zu Grunde gelegt würde.[44]) Diesen Vorschlag lehnte Richter aber mit der Bemerkung ab, daß bei seiner Ausführung die Elemente, die bis jetzt wenigstens einigermaßen eingelebt seien, zum großen Schaden würden zerrissen werden, abgesehen noch davon, daß auch in den westlichen Provinzen die Kreise nicht immer denselben Umfang hätten. Andere wollten die Normirung nach Kreisen ganz aufgegeben und statt ihrer die nach der Seelenzahl angewendet wissen,[45]) ein Modus, den Richter aus demselben Grunde nicht empfahl, aus welchem er sich gegen seine Anwendung bei der Bildung der Kreissynoden erklärte.[46]) Noch ein

---

[43]) Vergl. Richter, Vortrag S. 40; Berl. Allg. Kztg. 1848, N. 50, S. 469.

[44]) Monatsschr. v. Kling, 1848, II, S. 195.

[45]) Die Hammer Konferenz, welche die im Entwurfe angenommene Bildung der Provinzialsynode durch gleich viel Abgeordnete der verschiedenen Kreise nicht beanstandete, wünschte, daß die Zahl der Deputirten zur Landessynode nicht nach Kreisen, sondern nach der Seelenzahl der verschiedenen Provinzen normirt würde, Monatsschr. v. Kling, 1848, II, S. 95. Vergl. die Breslauer Konferenz, Berl. Allg. Kztg. 1848, N. 90, S. 856. Klette und ein Aufsatz in d. Berl Allg. Kztg. 1848, N. 42, S. 387, nach denen die verschiedenen Kreissynoden je nach ihrer, durch die Seelenzahl der Kreise bedingten, Mitgliederzahl eine verschiedene Anzahl von Deputirten auf die Provinzialsynode senden sollten, forderten, daß nun auch weiter die Zahl der von jeder Provinzialsynode zu wählenden Abgeordneten für die Landessynode nach der Mitgliederzahl der betreffenden Provinzialsynode geregelt würde, und zwar Klette so, daß auf je 10 Geistliche ein geistlicher und auf je 10 Weltliche ein weltlicher Abgeordneter käme.

[46]) Siehe oben S. 170.

anderer Vorschlag endlich ging dahin, die Zahl der Abgeordneten der Provinz nach der Zahl der zur Provinz gehörenden Gemeinden abzumessen, und diesem Vorschlage schloß sich Richter an, da auch er das bei der Normirung nach Kreisen entstehende Mißverhältniß zwischen der Größe der einzelnen Provinzen und der Anzahl ihrer Vertreter als einen Uebelstand erkannte.[47])

Eine weitere Ausstellung gegen die im Entwurfe angenommene Zusammensetzung der Landessynode betraf den Hinzutritt je eines Abgeordneten von jeder der sechs theologischen Fakultäten des Landes. Einige nämlich hielten die Zuziehung dieser Gelehrten überhaupt für überflüssig, ja auch wohl für unberechtigt, da die Fakultäten ja Institute des Staates seien;[48]) andere fanden zwar ihre Theilnahme an der Synode angemessen, wollten sie jedoch von dieser selbst gewählt wissen.[49]) Den ersteren gegenüber wies Richter in dem Vortrage auf die große Schwierigkeit der Aufgabe hin, und auf den Antheil, welchen die theologische Wissenschaft an deren Lösung zu nehmen habe. Den anderen räumte er zwar ein, daß auf den ersten Blick ihre Ansicht mehr für sich habe; aber dieselbe dennoch zurückweisend sagte er:

„Indessen ist beim rechten Lichte betrachtet auch sie weniger durch einen juristischen Gedanken, als durch die Furcht vor dem Einflusse des „alten Systems“ getragen, dessen Einfluß man beseitigen möchte. Dieser unbestimmten, durch nichts gerechtfertigten Furcht darf aber keine Rechnung getragen werden,“ .... „sondern nur darauf kommt es an, ob die Wahl der Abgeordneten durch die Fakultäten dem Recht widerspreche oder nicht. Das erste ist nun entschieden nicht der Fall, da die theologischen Fakultäten ohne Zweifel der Kirche nach der Seite ihrer Wirksamkeit hin eigenthümlich angehören. Ja, wie es scheint, wird ihr Verhältniß zu der Kirche sich demnächst noch als ein viel engeres gestalten müssen, und schon aus diesem Grunde ist es räthlich, die Auswahl der Personen der Abgeordneten ihnen selbst zu überlassen, damit das, was für sie eine Lebensfrage ist, auch unter ihrer Mitwirkung entschieden werde. Sonach glaubt der Referent bei den Anträgen des Entwurfs um so mehr verharren zu müssen, als ihm mehrfache beistimmende Erklärungen hier zur Seite stehen.“[50])

---

[47]) Berl. Allg. Kztg. 1848, N. 46, N. 431. Richter, Vortrag S. 41.

[48]) Hoffheinz, a. dems. O. N. 38, S. 344; Alberti und sein Rezensent in Bruns und Häfners N. Rep. XVIII, S. 266.

[49]) Berl. Allg. Kztg. 1848, N. 42, S. 386; die Konferenz in Breslau, a. dems. O. N. 90, S. 856; Klette; auch Alberti eventuell.

[50]) Vortrag S. 42. Wie die Resolutionen der Konferenz in Breslau

Wenn nun aber manche dieser Erklärungen weiter gingen als der Entwurf, indem sie nicht nur einen Lehrer der Theologie, sondern auch einen Lehrer des Kirchenrechts zur Synode abgeordnet zu sehen wünschten,[51]) so erkannte Richter zwar an, daß sie dazu guten Grund hätten, da es gelten werde, eine Reihe von rechtlichen Fragen zu entscheiden, welche schwerer seien, als es manchen dünken möchte. Aber er wandte doch dagegen ein, daß es an dem Titel fehle, auf welchen hin die Wahl eines solchen Berathers von den juristischen Fakultäten geschehen oder den Synoden zur Pflicht gemacht werden könnte, und daß es deshalb wohl den Provinzialsynoden zu überlassen sei, inwiefern sie einem offenbaren Bedürfniß seine Befriedigung geben wollten.[52])

Endlich wurde noch der Wunsch ausgesprochen, daß der Landessynode auch je ein Mitglied der Konsistorien und den Provinzialsynoden zwei Mitglieder des betreffenden Provinzialkonsistoriums möchten beigegeben werden;[53]) Jacobson erklärte sogar, daß eine Repräsentation der Landeskirche in den östlichen Provinzen gegenwärtig ohne Berücksichtigung der Konsistorien eigentlich in rechtlichem Sinne nicht möglich sei, wenngleich er meinte, daß ihren Vertretern allenfalls nur ein votum consultativum auf der Synode beigelegt zu werden brauche.[54]) Diese Auffassung wies Richter in

---

zeigen, fehlte es auch nicht an solchen, die zwei Mitglieder jeder theologischen Fakultät auf der Synode haben wollten; diese sollten nach jenen Resolutionen aber von den Provinzialsynoden gewählt werden, Berl. Allg. Kztg. 1848, N. 90, S. 856.

[51]) Richter nennt das Gutachten der theol. Fakultät in Halle, a. dems. O. N. 41, S. 372, und zwei Eingaben von einem Kandidaten und elf Geistlichen. Siehe ferner a. dems. O. N. 42, S. 387; Ev. K.- u. Schulblatt 1848, N. 21, S. 356, wo indessen die Justitiarien der Konsistorien für geeigneter gehalten werden, als juristische Universitätslehrer; Jacobson in Schneiders N. krit. Jahrbb. XIV, S. 813, der den Rath giebt, den Abgeordneten der Fakultäten, wenn man Bedenken trage, ihnen eine entscheidende Stimme beizulegen, nur ein votum consultativum zu geben; Klette, nach dem aber auch diese Juristen von den Provinzialsynoden zu wählen wären.

[52]) Vortrag S. 42.

[53]) Richter, Vortrag S. 42, nennt nur das Separatvotum des Konsistorialrath Sack in Magdeburg. Aber auch Bethmann-Hollweg tadelte die Nichtberücksichtigung der Konsistorien, Monatsschr. v. Kling, 1848, II, S. 38.

[54]) Schneiders N. krit. Jahrbb. XIV, S. 807 f., 818.

Uebereinstimmung mit Mejer freilich entschieden zurück, weil die Konsistorien nicht als Vertreter der Kirche anerkannt werden könnten. Aber während Mejer dafür hielt, daß das Kirchenregiment durchaus zweckmäßig handle, wenn es sich solcher absterbenden Organe, wie die Konsistorien seien, gegenwärtig nicht mehr bediene, gestand Richter zu, daß es zweckmäßig sein werde, sowohl den Provinzialsynoden als der Landessynode die Lösung ihrer Aufgabe dadurch zu erleichtern, daß man ihnen die Möglichkeit gewähre, über Fragen, welche die provinziellen Rechtsverhältnisse beträfen, zu jeder Zeit diejenige Auskunft zu erlangen, welche von dem Mittelpunkte der Verwaltung aus mit Sicherheit gegeben werden könne. Aus diesem Grunde stellte er zu erwägen anheim: „ob und unter welchen Bedingungen die berathende Theilnahme von Mitgliedern der Konsistorien an den Provinzialsynoden und der Landessynode zu empfehlen sein möchte."[56])

In hohem Grade auffallend ist es, daß Richter im Entwurfe dem Patronate schlechthin gar keine Mitwirkung bei der Landessynode eingeräumt, ja desselben auch nicht einmal in seinen Erörterungen irgendwie gedacht hat. Noch auffallender aber und für die Stellung jener Zeit zum Patronatsinstitute höchst charakteristisch scheint es mir zu sein, daß trotz der Bemerkung Bethmann-Hollwegs, den Patronen hätte ohne Rechtsverletzung wenigstens eine Mitwirkung nicht versagt werden können,[57]) dieser Punkt in der öffentlichen Debatte so sehr vernachlässigt wurde, daß Richter ihn auch in dem Vortrage mit völligem Stillschweigen übergehen konnte.

12. Die Wahrnehmung des landesherrlichen Hoheitsrechtes; die Bestätigung der Synodalbeschlüsse durch den König und die Volksvertretung.

Von Richter hören wir, daß die im §. 10 des Entwurfes enthaltene Bestimmung, nach welcher das landesherrliche Hoheits-

[55]) Berl. Allg. Kztg. 1848, N. 52, S. 487.
[56]) Vortrag S. 43.
[57]) Monatsschr. v. Kling, 1848, II, S. 38. Vergl. auch oben S. 115, Anm. 1.

recht auf der Landessynode von dem Minister der geistlichen Angelegenheiten als königlichem Kommissar wahrgenommen werden sollte, bei einigen Bedenken erregte, und von Baltzer sogar als ein gefährlicher, auf die Begründung einer Staatskirche hinauslaufender Vorschlag aufgefaßt wurde.[1]) Richter sagte nun zwar in seinem Vortrage, dieses letztere hätte nur mißverständlicherweise geschehen können; denn die im Entwurfe vorgesehene Abordnung eines weltlichen Kommissars zur Handhabung des dem Staate über alle kirchlichen Genossenschaften zustehenden Hoheitsrechtes, jus circa sacra, entspreche dem rechtlichen Zustande, wie er durch das Landrecht geordnet sei, A. L. R. Th. II, Tit. 11, §. 141; aber die Entscheidung über dies Bedenken aussetzend fuhr er fort:

„Wie es jedoch scheint, wird die Gesetzgebung über das Verhältniß des Staates zu der Kirche, auf welcher der Antrag des Entwurfes fußt, einer wesentlichen Aenderung unterliegen, und wenn nicht alle Zeichen trügen wird in konsequenter Durchführung des Begriffes der Associationsfreiheit der Begriff des Majestätsrechtes untergehen. Alsdann würde auch begreiflicherweise von der Abordnung eines Kommissars nicht mehr die Rede sein, sondern der Staat würde sich begnügen müssen, gegen jede Ueberschreitung der gebührenden Grenzen von Seiten der Kirche durch Repressivmaßregeln einzuschreiten. Bei dieser Lage der Sache wird denn auch die betreffende Bestimmung des Entwurfes bis dahin auszusetzen sein, wo ein klarer Rechtsboden gegeben sein wird."

Die theologische Fakultät in Halle war mit der in Rede stehenden Bestimmung des Entwurfes einverstanden, hielt jedoch eine Ergänzung derselben durch einen Zusatz für erforderlich, welcher die billigende Zustimmung des Königs als des mit der Kirche aus freiestem Entschlusse Paciscirenden vorbehielte. Und zwar begründete sie diese Ansicht folgendermaßen:

„Rechtmäßiger Inhaber der Kirchengewalt ist in der evangelischen Kirche Preußens bis jetzt unser König, nicht eine Repräsentation des Landes. Soll nun die Kirche hinfort diese Gewalt überkommen und selbständig ihr Regiment verwalten durch Versammlungen und Behörden, die aus ihrer Mitte hervorgehen, so kann sie dasselbe nur aus der Hand des Königs empfangen. Und wie man immer über die geschichtlichen Grundlagen dieses Rechts der protestantischen Fürsten und über seine Vereinbarkeit

[1]) Vortrag S. 43. Richter nennt eine Eingabe von 31 Geistlichen und eine von Baltzer. Göbel, Kirchenverfassungsfrage S. 9, wünschte, daß statt „Hoheitsrecht" gesagt wäre „Aufsichtsrecht."

[2]) Berl. Allg. Kztg. 1848, N. 41, S. 373.

mit dem Begriff der evangelischen Kirche urtheilen mag: kein evangelischer Christ, der es mit der neuen Entwicklung der Kirchenverfassung wahrhaft wohl meint und ihr den Segen Gottes auf ihren schweren Weg wünscht, kann dazu rathen und helfen, daß der Uebergang auf revolutionäre Weise bewerkstelligt werde. Revolutionär würde aber der Uebergang sein, wenn etwa mit dem Zusammentritt der Synode das Kirchenregiment als herrenloses Gut betrachtet würde, über welches sie, ohne der Einwilligung des gegenwärtigen Besitzers benöthigt zu sein, verfügen dürfte. Die Beschlüsse der Landessynode über die künftige Verfassung der Kirche bedürfen nicht nur der Genehmigung des Königs kraft seines landesherrlichen Hoheitsrechtes, dessen Wahrnehmung durch den Minister der geistlichen Angelegenheiten §. 10 anordnet, sondern sie können, insofern sie das Kirchenregiment in andere Hände legen, nur durch freie Einwilligung und ausdrückliche Abtretung seines bisher allein berechtigten Inhabers rechtsgiltig werden. Dieser Akt ist wesentlich verschieden von jener Genehmigung des Staatsoberhauptes, deren die Synode für ihre Beschlüsse auch unter einem katholischen Regenten in gleicher Weise bedürfen würde. Und es ist hier nicht blos von einer Wahrung eines Rechtes der Krone die Rede, sondern auch von der Erfüllung einer Pflicht gegen die Kirche, der nichts Schlimmeres begegnen könnte, als wenn ihre Vertretung die neue Bahn der Verfassungsentwicklung sich auf gesetzlose und anarchische Weise zu brechen verleitet würde."

Von einer wesentlich gleichen Auffassung der einschlagenden Rechtsverhältnisse aus machte auch der Professor Jacobson darauf aufmerksam, daß der Minister oder eine andere, dem Volke nicht verantwortliche, Person wegen der Uebernahme der noch in den Händen des Königs befindlichen jura in sacra mit der Synode zu verhandeln haben würde, und wenn dieser Gelehrte dabei auch nicht ausdrücklich, wie die Halleschen, von der königlichen Zustimmung zu den Beschlüssen der Synode sprach, so dürfte er dieselbe doch desto weniger für entbehrlich gehalten haben, je bestimmter er eine Vereinbarung der Synode mit dem Könige über die dem letzteren als membrum praecipuum auch in Zukunft einzuräumende Stellung in der Kirche als erforderlich ansah.[3])

Wenn nun auch Richter mit den genannten daran fest hielt, daß das Kirchenregiment auf ordnungsmäßigem Wege aus den Händen des Königs in die der Kirche selber übergehen müsse, so vermochte er die Nothwendigkeit der königlichen Zustimmung zu den Synodalbeschlüssen in dem von ihnen gemeinten Sinne doch nicht anzuerkennen. Er sprach sich hierüber in seinem Vortrage so aus:

---

[3]) Schneiders N. krit. Jahrbb. XIV, S. 794, 819; vergl. oben S. 91.

„Diese Frage bietet Veranlassung, den Gang der Entwicklung des Verfassungswerkes überhaupt in Erwägung zu stellen. Es ist oben schon ausgeführt worden, daß das sogenannte bischöfliche Recht, wie es sich in dem sechszehnten Jahrhundert gebildet hat, in Zukunft nicht mehr werde bestehen können, und es wird diese Konsequenz der jüngsten Entwickelung des politischen Lebens auch in der Verfassungsurkunde ihren Ausdruck finden müssen, insofern dieselbe allen Religionsgesellschaften die selbständige Ordnung und Verwaltung ihrer inneren Angelegenheiten zu verbürgen haben wird. In jedem Falle muß jedoch zugleich vorausgesetzt werden, daß irgend eine Bestimmung der evangelischen Kirche es möglich mache, in organischer Weise in ihren neuen Rechtsstand hinüberzuschreiten, weil sonst die Gewährung der Selbständigkeit ihr zum offenbarsten Verderben gereichen würde. Mit Nothwendigkeit wird also der bisherige Zustand als interimistischer so lange fortdauern, bis die Kirche aus sich selbst die Organe ihres Regiments erzeugt haben wird. Mithin wird auch das Episkopalrecht bis zu diesem Zeitpunkt fortbestehen und zwar unabhängig von irgend einer Mitwirkung der Volksvertretung, welche sich an ihm begriffsmäßig nicht zu betheiligen hat. Der Uebergang in den neuen Rechtsstand wird alsdann durch eine Verordnung geregelt werden, welche die Niederlegung des oberbischöflichen Rechts und den Uebergang der Kirchenleitung auf das von der Kirche aus sich selbst erzeugte Organ ausspricht. Hierin wird also zugleich die formelle Anerkennung der Synodalbeschlüsse von Seiten Sr. Majestät des Königs liegen. Dagegen, wenn es sich fragt, ob diesen Beschlüssen um ihres Inhaltes willen die weitere Folge auch verweigert werden könne, so ist es nicht ein Undank gegen des Königs Majestät, wenn diese Frage verneint wird. Daß dieses geschehen, daß überhaupt die Verfassungsfrage in dieser Weise zur Erledigung kommen muß, ist nicht die Schuld der Kirche, sondern der politischen Nothwendigkeit.“ [4])

Nicht weniger Anstoß als daran, daß im Entwurfe die Zustimmung des Königs zu den Beschlüssen der Landessynode nicht vorgesehen war, nahm die theologische Fakultät in Halle nun weiter auch daran, daß dagegen die Zustimmung der Repräsentation des Landes vorbehalten worden. Sie fand dieses eben um deswillen unrichtig, weil ja bis jetzt der König, nicht aber eine Landesrepräsentation rechtmäßiger Inhaber der Kirchengewalt sei.[5]) Von anderer Seite wurde dieselbe Bestimmung aber aus dem Grunde getadelt, weil sie mit der jetzt der Kirche zukommenden Freiheit und Unabhängigkeit im Widerspruch stehe,[6]) während noch andere wenigstens die Erwartung aussprachen,

[4]) Vortrag S. 44.

[5]) Berl. Allg. Kztg. 1848, N. 41, S. 373.

[6]) Richter, Vortrag S. 43, nennt zwei Eingaben von Geistlichen; vergl. Ev. K.- u. Schulblatt, 1848, N. 21, S. 357; Göbel, Kirchenverfassungsfrage S. 7 ff., meinte, wenn das Staatsoberhaupt in Ausübung seines, wie gegen jede Korporation, so auch gegen die Kirche ihm zustehenden Vetorechtes, wegen der beste-

daß diese Zustimmung der Landesvertretung nur darin bestehen würde, daß ihr die Synodalbeschlüsse zur Kenntnißnahme mitgetheilt und ihre etwaigen Bedenken und Bemerkungen der Landessynode zur nochmaligen Erwägung zugeschickt, nach der so erzielten Einigung aber die Beschlüsse der Synode ohne besondere Sanktion der Landesbehörden von der obersten Kirchenbehörde veröffentlicht werden und unter dem Schutze der Gesetze gültig sein würden.[7]) Diese Bedenken scheinen bei dem Verfasser des Entwurfes nicht ohne Eindruck geblieben zu sein. Wenigstens sprach er sich in dem Vortrage dahin aus, daß auch die Bestimmung über die eventuelle Genehmigung der Synodalbeschlüsse durch die Landesvertretung so lange ausgesetzt werden müsse, bis ein klarer Rechtsboden gegeben sein werde. Und er fügte hinzu:

„Die Zeit ist nahe, wo das so ungestüm ausgesprochene Verlangen nach Trennung der Kirche vom Staate in Erfüllung gehen wird; der Scheidebrief ist geschrieben, und die Auseinandersetzung steht bevor. Es liegt auf der Hand, daß alsdann auch erst wird entschieden werden können, ob es noch ein Gebiet gebe, auf dem beide, Staat und Kirche, zusammenwirken werden, mithin ein Beschluß der Synode einer Genehmigung der Nationalvertretung bedürfen wird." [8])

---

henden Verfassung z. B. bei Geld- und Rechtsfragen sich seinerseits nicht für ermächtigt halte, die erforderliche Genehmigung ohne Zustimmung der Landesvertretung zu geben, so möge es derselben seinerseits deshalb besondere Gesetzentwürfe über jeden einzelnen Punkt vorlegen und dann auf Annahme oder Verwerfung derselben seine Zustimmung verweigern, die kirchlichen Beschlüsse selbst aber dürften nicht als solche von der Zustimmung der Landesvertretung abhängig sein.

[7]) Die Geistlichen der Ephorie Zeitz, Berl. Allg. Kztg. 1848, N. 71, S. 668. Im Ev. K.- u. Schulblatt, 1848, N. 21, S. 358 wurde gesagt, daß eine gemeinsame kommissarische Berathung der Punkte, die gleichzeitig in das bürgerliche und kirchliche Leben eingriffen, angemessener erscheine, als daß die Synodalbeschlüsse der Kritik und Sanktion der Landesvertretung unterworfen würden; gegen einen solchen Tausch mit dem placet regium sei feierlich zu protestiren. Dagegen wurde a. dems. O. N. 22, S. 375 zugegeben, daß diejenigen Beschlüsse der Synode, welche Rechte oder Verpflichtungen der übrigen, nicht zur evangelischen Gemeinschaft gehörigen Bürger berührten, den Repräsentanten des ganzen Landes zur Begutachtung und Bestätigung vorgelegt werden müßten; aber für die nur Rechte und Verpflichtungen der Glieder der evangelischen Landeskirche betreffenden Beschlüsse wurde eine itio in partes der Landesvertretung nach den verschiedenen Konfessionen für nothwendig erklärt.

[8]) Vortrag S. 43.

13. Termin für die Einberufung der Landessynode. Streben nach einer deutschen Nationalkirche. Verlangen einer bloßen Konferenz.

Der Verfasser des Entwurfes war bei seiner Arbeit in Uebereinstimmung mit dem Minister und mit der Kommission von der Voraussetzung ausgegangen, daß ohne Verzug mit der neuen Organisation der Kirche begonnen, deshalb also auch die Landessynode sobald als möglich berufen werden müsse. Bei der Ausarbeitung seines Vortrages, im Bewußtsein von der unendlichen Bedeutsamkeit des Gegenstandes, drängte sich ihm nun wiederholt die Frage auf, ob die Zeit so geschaffen und angethan sei, daß ihr mit Beruhigung ein Werk überlassen werden könne, von welchem er überzeugt war, daß es über Wohl und Wehe der Kirche auf lange Zeit entscheidend sein werde.[1]) Denn es fehlte nicht an ihm sehr achtbaren Männern, welche diese Frage verneinten.

Zunächst waren es nicht wenige, welche jene Zeit der leidenschaftlichsten politischen Erregung überhaupt nicht für geeignet zum Beginn des kirchlichen Neubaus hielten, ja von der Inangriffnahme desselben unter den gegenwärtigen Unruhen und Gährungen wohl geradezu die größten Schädigungen, wo nicht gar die völlige Zersetzung der Kirche befürchten zu müssen glaubten.[2]) Manche unter ihnen hegten außerdem noch das Bedenken, daß doch die Kirche ihre Verfassung nicht feststellen könne, ehe nicht durch die Staatsverfassung das Verhältniß des Staates zu den Religionsgesellschaften und alle diejenigen staatlichen Angelegenheiten, zu denen dieselben eine nähere Beziehung

---

[1]) Vortrag S. 45.

[2]) Richter, Vortrag S. 45, nennt 16 Eingaben, sämmtlich von Predigern, und das Gutachten der theol. Fakultät in Halle. Aehnliche Stimmen auf der Hammer Konferenz, Monatsschr. v. Kling 1848, II, S. 86. Auch Evang. Kztg. 1848, N. 43, S. 404; Allg. Kztg. (Darmst.) 1848, N. 89, S. 729. — Ev. K.- u. Schulblatt 1848, N. 22, S. 370, wurde die Spaltung der Kirche in die verschiedensten theologischen Richtungen als Grund angegeben, weshalb die Zeit zur Bildung einer neuen Verfassung nicht geeignet sei; doch zugleich anerkannt, daß man dem Drängen der Mehrzahl nach einer solchen nicht widerstehen könne.

haben, gesetzlich geregelt wären.[3]) Und zwar begegneten sie sich in diesem Bedenken mit Anhängern der entgegengesetztesten kirchlichen Richtung, wie z. B. Baltzer, die von jeder vor Feststellung der Staatsverfassung erfolgenden Reorganisation der Kirche nur eine Beeinträchtigung der Religionsfreiheit erwarteten.[4]) In ähnlichem Sinne schrieb aber auch Heinrich Krause im Anfange des Sommers: „Die Weckung und Nährung und Reinigung des persönlichen religiösen Lebens geht seinen gewohnten Gang; aber religiöses Gemeinschaftsleben kann in diesem Augenblick nicht gestaltet oder umgestaltet werden. Dazu müssen zuvor die Grundlagen des Staates, die dermalen erschüttert sind, neu gelegt werden, und dabei auch der Räum bestimmt werden, auf dem die Kirche sich zu bauen hat, weil die Gestalt ihres Neubaus jedenfalls von der Weite und Enge und Form des Bauplatzes abhängig sein wird. Selbständigkeit in der Kirche, Selbständigkeit im ganzen Umfange: das ist das Erste und Unerläßliche was wir zu erringen haben". . . . „Wenn diese Selbständigkeit errungen: dann ist mit dem wirklichen Neubau der Kirche zu beginnen." . . . . Erst dann, so meinte Krause damals, habe der Kultusminister die Kirche in einer provisorischen Form, als welche auch er sich die in Aussicht genommene Landessynode dachte, zusammenzurufen und so ihr möglich zu machen, sich über sich selbst zu verständigen und zu erklären.[5]) Da Herr von Ladenberg bereits unterm 14. Juli ausgesprochen hatte, daß erst nach der gesetzlichen Feststellung des formellen Rechtsbodens und der Bedingungen und Modalitäten für die Trennung von Kirche und

---

[3]) Z. B. die Hallesche Fakultät, Berl. Allg. Kztg. 1848, N 41, S. 374. Die Hammer, a. d. Anm. 2 gen. O., erklärten den Zeitpunkt nach Feststellung der Staatsverfassung als denjenigen, bis zu welchem die Angelegenheit zu vertagen sein dürfte; ebenso auch die Geistlichen der Ephorie Zeitz, jedoch ohne hiefür den oben im Texte angeführten Grund geltend zu machen. Berl. Allg. Kztg. 1848, N. 71, S. 668 f.

[4]) Baltzer: A. dems. O. N. 55, S. 515; eine Versammlung in Königsberg a. dems. O. S. 516.

[5]) Monatsschr. f. d. unirte ev. K. 1848, Band V, S. 503 ff., und ebenso auch noch im Januar 1849: Ztschr. f. d. unirte ev. K. 1849, N. 3, S. 39. Vergl. auch Alberti, Die freie evangelische Kirche und ihre Verfassung, S. 9; Berl. Allg. Kztg. 1848, N. 50, S. 467.

Staat es an der Zeit sein würde, mit anderen als nur vorbereitenden Maßregeln hervorzutreten,[6]) mochte Richter für überflüssig halten, die Frage, ob die Landessynode schon vor oder erst nach Feststellung der Staatsverfassung zusammentreten solle, in seinem Vortrage zu erörtern. Indem er dieselbe also völlig unberührt ließ, hielt er aber daran fest, daß die Stürme der Zeit keinen Grund darbieten dürften, das Werk des kirchlichen Verfassungsbaus hinauszuschieben. Er gab zu, daß es freilich das Unerwünschteste sein würde, wenn die politische Erregung sich in die Kirche hinübertrüge, und die Nachbildung der modernsten Staatsverfassung für die Kirche versucht werden sollte, ein Experiment, vor dem, wie er meinte, nicht genug gewarnt werden könnte. Aber er fügte auch zur Beschwichtigung dieser Besorgniß hinzu:

„Hier ist jedoch das der Trost, daß die politischen Elemente, welche bisher in der Kirche ein freies Feld ihres Wirkens gefunden haben, nunmehr in ihrem eigenen Gebiet sattsam befriedigt sind; die Kirche, die so arm werden wird, ist kein Kampfplatz des Ehrgeizes. Thun also nur alle, die ein Herz für die Kirche haben, das, was ihnen obliegt, lassen namentlich die Geistlichen ab von der Verzweiflung an den Erfolgen ihrer eigenen Wirksamkeit, bieten sie vielmehr einer Bestrebung die Hand, welche, aller Verunglimpfungen ungeachtet, wenigstens das für sich anführen kann, daß sie aus dem redlichen Willen zu helfen hervorgegangen ist, so wird mit Gottes Hilfe diese Gefahr überwunden werden.“ [7])

Auf eine andere Seite, von welcher der Aufschub der kirchlichen Reorganisation gerathen wurde, weist uns Richter in seinem Vortrage hin, indem er sagt: „Andere wieder richten ihren Blick über die Grenzen der Landeskirche hinaus, und erinnern sich mit Schmerz, daß durch die Anlehnung an die weltliche Macht die Kirche in eine Anzahl größerer und kleinerer Kreise gespalten ist, die zuletzt ihren inneren Zusammenhang fast vergessen hatten. Deshalb dringen sie darauf, daß vorerst an die Lösung einer alten Schuld durch die Vereinigung der Landeskirchen gedacht werden soll.“ Dieser Gedanke an eine engere Vereinigung der gesammten evangelischen Kirche Deutschlands bewegte damals viele Herzen, und von verschiedenen Seiten wurde zum Streben nach seiner Verwirklichung angeregt. Schon die

---

[6]) Siehe oben S. 84.

[7]) Vortrag S. 45.

lichtfreundliche Versammlung, welche unter Uhlichs Vorsitz am 26. April in Köthen die kirchliche Verfassungsfrage debattirte, fand in ihrem vorher aufgestellten Programm einige Sätze über die Bildung einer deutschen Synode aus freigewählten Vertretern sämmtlicher Landessynoden, welche zum Austausch kirchlicher Erfahrungen und Vorschläge und als Vereinigungspunkt der deutschen Kirche dienen sollte.[8]) Zwei Wochen nach dieser Versammlung aber wies Herr v. Bethmann-Hollweg auf der Bonner Konferenz mit Nachdruck darauf hin, daß die Zeitumstände dringender wie je die Einheit der evangelischen Kirche Deutschlands forderten,[9]) und dann bestimmt das schon gegenwärtig Mögliche ins Auge fassend, machte er, zunächst in engerem Kreise bald aber auch öffentlich,[10]) den Vorschlag, etwa im Juni oder Juli eine evangelische Kirchenversammlung zu veranstalten, welche die Gesammtheit aller evangelischen Christen deutscher Nation darstellend vor allem Buße thun und beten, dann aber auch mit der Bekenntniß- und Verfassungsfrage sich beschäftigen und ihren wiederholten Zusammentritt durch bestimmte Formen sichern sollte. So sich gegenseitig die Hand bietend, sollten die Landeskirchen in ihrer Einheit einen festen Stützpunkt finden gegen die Angriffe auf ihr innerstes Lebensprinzip, welche, wie Herr v. Bethmann-Hollweg sagte, bisher schon in einzelnen deutschen Ländern mit so unseligem Erfolge durchgeführt, jetzt von Seiten des atheistischen Staates noch energischer erfolgen würden. Die Zusammensetzung dieser Kirchenversammlung dachte sich Herr v. Bethmann-Hollweg so, daß durch eine Anzahl evangelischer Männer, die das Vertrauen der Kirche hätten, ein Aufruf

---

[8]) Berl. Allg. Kztg. 1848, N. 31, S. 300. Die wenig veränderte Redaktion nach der Versammlung s. in dem, als Beilage zur „Allg. Ztg. f. Christenthum und Kirche" verbreiteten „Bericht über die Versammlung für kirchliche Berathung zu Köthen, Ostermittwoch, 26. April 1848, nebst dem dort aufgestellten Entwurf einer Kirchenverfassung." Leipzig. S. 14 f.

[9]) Monatsschr. v. Kling, 1848, II, S. 15, 48 ff.

[10]) In einem zuerst als Manuskript gedruckten, dann aber auch in der Monatsschr. v. Kling, 1848, II, S. 97—114 veröffentlichten und separat durch den Buchhandel (Bonn, Adolf Marcus) vertriebenen Aufsatz. Eine ähnliche Anregung gab auch ein bereits im März geschriebener Aufsatz in der Ztschr. f. Prot. u. K., 1848, Neue Folge, XV, S. 314 ff., 325.

an alle evangelischen Christen deutscher Nation erginge, und diese dann, sei es anknüpfend an die vorhandenen Organismen oder aus frei sich bildenden Kreisen, ihre Abgeordneten schickten. Denn auf ein rechtgültiges Mandat komme es dabei nicht an. In ähnlicher Weise nahm die am 3. Mai auf dem Sandhof bei Frankfurt a. M. versammelte Konferenz eine allgemeine deutsche Versammlung in Aussicht, deren Zweck es sein sollte, einen engeren Anschluß der treuen Glieder der Kirche aneinander, ein Schutz- und Trutzbündniß in den Tagen der Gefahr wider den in die Kirche einbrechenden Weltgeist zu Stande zu bringen.[11]) Den gemeinsamen Bemühungen Bethmann-Hollwegs und des von dieser Versammlung beauftragten Comité's gelang es, eine größere Anzahl namhafter Männer für diesen Plan zu gewinnen.[12]) Dieselben luden durch öffentlichen Aufruf diejenigen Freunde der evangelischen Kirche, geistlichen und nichtgeistlichen Standes, welche auf dem Grunde des evangelischen Bekenntnisses ständen, auf den 21. September und die folgenden Tage nach Wittenberg ein, um in einer vorläufigen freien Versammlung die Verhältnisse der evangelischen Kirche in der gegenwärtigen Zeitlage brüderlich zu berathen.[13]) In Gemäßheit der Sätze, welche der Einladung beigegeben waren, sprach sich dann dieser erste sogenannte deutsche Kirchentag für die Gründung eines evangelischen Kirchenbundes aus, welcher nicht eine die konfessionellen Kirchen aufhebende Union, sondern eine alle auf dem Grunde der reformatorischen Bekenntnisse stehenden Kirchengemeinschaften umfassende Konföderation sein sollte, und zwar so, daß jede zum Bunde gehörende Kirchengemeinschaft in Bezug auf die Anordnung ihres Verhältnisses zum Staate, ihres Regiments und ihrer innern Angelegenheiten in Lehre, Kultus und Verfassung selbständig bliebe.[14])

---

[11]) Evang. Kztg. 1848, N. 44, S. 424. Die demnächstige, den Plan feststellende Konferenz am 21. Juni: a. dems. O. N 63, S. 631 ff.

[12]) Z. B. Großmann, Grüneisen, Gen.-Sup. Hahn, Harnisch, Hengstenberg, Hupfeld, Lehnerdt, Lücke, Mallet, Julius Müller, Nitzsch, K. v. Raumer, Ritschl, Sack, Sartorius, v. Scheurl, Stahl, Stier, Vilmar, Wichern. Vorsitzender des genannten Comités war Philipp Wackernagel

[13]) Evang. Kztg. 1848, N. 73, S. 717.

[14]) Siehe: Die Verhandlungen der Wittenberger Versammlung für Gründung

Für eine innigere Vereinigung der deutschen Landeskirchen, als sie durch einen solchen Kirchenbund erreicht worden wäre, hatte schon vor den von Bethmann-Hollweg und der Sandhofs-Konferenz ausgehenden Anregungen Dr. Dorner seine Stimme erhoben, in dem schon früher erwähnten „Sendschreiben über Reform der evangelischen Landeskirchen im Zusammenhang mit der Herstellung einer evangelisch-deutschen Nationalkirche." Nicht weniger als eine solche war es, was er als das nothwendig zu Erstrebende bezeichnete. Der Weg zu diesem Ziele aber sollte der sein. Statt des für das Jahr 1848 beabsichtigten Wiederzusammentritts der Konferenz, welche 1846 von Abgeordneten der deutschen Kirchenregierungen gehalten worden, sollte eine berathende Synode zusammentreten, deren Mitglieder da, wo Organe zur Wahl von wirklichen Vertretern bereits vorhanden wären oder sich inzwischen bilden könnten, durch diese gewählt, sonst aber durch die bisherigen gesetzmäßigen Organe der Landeskirchen deputirt werden sollten. Diese Synode sollte die Mittel und Wege berathen, wie am erfolgreichsten und ohne unnöthigen Zeitverlust eine beschließende evangelisch deutsche Kirchenversammlung ins Leben zu rufen, und was in diesem Betracht nach Lage der Umstände den einzelnen Theilen der deutschen Gesammtkirche anzurathen sei. Die Pflicht der Initiative zur Berufung der ersten Synode schrieb Dorner dem württembergischen Kirchenregimente zu, da dieses es übernommen hatte, die zweite Zusammenkunft jener evangelischen Konferenz in geeigneter Weise vorzubereiten.[15]) Dorner unterschied sich in seinem Sendschreiben von den Männern, deren Bestrebungen ich eben erwähnt, nun aber weiter durch die Ansicht, daß die Reformen der Landeskirchen wohl daran thun würden, sich von dieser großen Neugestaltung der kirchlichen Dinge in Deutschland, auf die unwiderstehlich die große Strömung der Zeit hinstrebe, der Bildung einer evangelisch deutschen Nationalkirche, abhängig zu machen, nicht aber auf dem umgekehrten Wege einen vergänglichen Bau zu versuchen. Denn er meinte, daß der so

---

eines deutschen evangelischen Kirchenbundes im September 1848. Nach Beschluß und im Auftrag derselben veröffentlicht durch ihren Schriftführer Dr. Kling. Berlin 1848.

[15]) A. a. O. S. 69 ff.

tief erschütterte landeskirchliche Standpunkt für sich nicht mehr genüge, daß vielmehr gerade nach den schwierigsten und gefahrdrohendsten Seiten hin keine einzelne Landeskirche sich ordnen und reformiren könne, wenn nicht schützend und erhebend, heilend und sammelnd, die deutsch-evangelische Nationalkirche als segensreicher Faktor hereinwirke.[16]) Wie sehr dieser Gedanke aber auch von anderen getheilt wurde, zeigt z. B. die am 20. und 21. Juni in Lengerich gehaltene Konferenz, welche sich dahin aussprach, daß für den freien Ausbau der Kirche nicht sowohl durch Beschickung einer Landessynode zu wirken sei, als vielmehr durch Konferenzen, welche als ein Netz das ganze evangelische Deutschland zu überziehen hätten, um endlich zu einer großen Gesammt-Konferenz aller deutschen evangelischen Lande zu führen.[17])

Indessen wie viel man sich damals auch in den verschiedensten Kreisen mit der Idee der deutschen Kircheneinigung beschäftigte: derer, welche aus derselben einen Grund für den Aufschub des Verfassungswerkes in den einzelnen Landeskirchen herleiteten, waren doch nur wenige, während es dagegen nicht an solchen fehlte, die, wie z. B. Heinrich Krause,[18]) behaupteten, daß jeder Versuch der Kircheneinigung unzeitgemäß sei, so lange nicht die einzelnen Kirchen zu einer festen Organisation gelangt seien. So dürfte Richter wohl im Sinne der meisten gesprochen haben, wenn er sagte, daß im Hinblick auf die Bildung einer allgemeinen deutschen Kirche kein Grund längeren Zuwartens mit der Reorganisation der preußischen Landeskirche liege. Denn wenn doch niemals die Uniformirung aller Verfassungen die Aufgabe sein könne, sondern der Mannigfaltigkeit ihr Recht gewahrt werden müsse: so werde auch ohne Gefahr für eine künftige allgemeine Bestrebung in dem preußischen Vaterlande vorgeschritten werden können, falls nur dabei der Grundsatz festgehalten werde, daß jeder Beschluß vermieden werden müsse, durch welchen die Vereinigung mit den übrigen Landeskirchen verhindert werden könnte.[19])

[16]) A. dems. O. S. 79; 47.

[17]) Monatsschr. v. Kling, 1848, II, S. 167. Vergl auch Weiße, Ueber die Zukunft der evangelischen Kirche, 2. Auflage, S. 467, 475 f.

[18]) Kling, Verhandlungen d. Wittenberger Versammlung u. s. w. S. 11 f.; Ztschr. f. d. unirte ev. K. 1848, N. 15, S. 256 f.

[19]) Vortrag S. 46.

Richter hatte sich in seinem Vortrage weiter auch noch gegen solche zu wenden, die den Wunsch aussprachen, daß statt der konstituirenden Synode vorläufig nur eine berathende Konferenz berufen würde. Denn abgesehen von dem oben geschilderten Widerspruch in Rheinland und Westfalen gegen die Kompetenz der Synode, auch für diese Landestheile bindende Beschlüsse zu fassen,[20]) wurden auch von anderer Seite manche Bedenken dagegen erhoben, daß diese erste Synode sogleich als eine konstituirende berufen würde. So warfen die Geistlichen der Ephorie Zeitz die Frage auf und wünschten dieselbe den Kreis- und Provinzialsynoden zur Erwägung empfohlen zu sehen, ob es nicht besser sei, daß die Landessynode zweimal zusammentrete, zuerst um den Verfassungsentwurf zu machen und zu veröffentlichen, dann, frühestens nach Jahresfrist, um ihn mit Benutzung der gemachten Erfahrungen definitiv zu geben und damit die neue Kirchenverfassung ins Leben zu rufen.[21]) Und Stahl meinte, daß unter den obwaltenden Verhältnissen, wo ein Verträgniß zwischen den Gläubigen und Rationalisten innerhalb der Kirche nicht mehr möglich sei,[22]) eine beschließende Generalsynode eine Art gegenseitigen Vernichtungskampfes der kirchlichen Parteien sein, und alle die Uebel im Gefolge haben würde, die sich an einen solchen anschlössen: Mißtrauen, Erbitterung, Spannung der Leidenschaften, Agitation für die Wahlen, für die Abstimmungen. Selbst die stillsten innigsten Gemüther würden hievon kaum unberührt bleiben können. Dennoch würde es auch nicht der christlichen Liebe und der kirchlichen Würde entsprechen, wenn man ohne allen Versuch der Verständigung und der gegenseitigen Gesinnungsbezeugung sich trennen wollte. Deshalb scheine ihm viel zweckmäßiger als eine Landessynode eine evangelische Landeskonferenz zu sein, d. h.

---

[20]) Siehe oben S. 146 ff.

[21]) Berl. Allg. Kztg. 1848, N. 71, S. 668. Vergl. a. dems. O. N. 58, S. 545.

[22]) In seiner Schrift: Die freie evangelische Kirche und ihre Verfassung, S. 4 ff, sagte auch der freisinnige Alberti, die Hoffnung, daß auf dem Wege einer Generalsynode eine Verfassung für die ganze evangelische Kirche als eine werde gewonnen werden können, sei ihm nach den Vorgängen auf der Gnadauer und Stettiner Pastoralkonferenz entschwunden.

eine Versammlung, welche von vornherein erkenne und darauf angewiesen sei, daß sie nicht gegenseitig bindende Beschlüsse fassen könne, sondern nur den Versuch mache, sich zu vereinbaren, und falls es nicht gelinge, die Bedingungen festzustellen, unter welchen man sich trennen wolle. Diese Konferenz brauche nicht zu zahlreich besucht zu sein, nur müßten die Hauptrepräsentanten und Führer aller Fraktionen auf derselben zugegen sein; sie würde, weil sie die Minorität nicht durch die Majorität bewältigen lasse, auch nicht von jenen Leidenschaften begleitet sein. Könnte man sich über die kirchliche Gemeinschaft aufrichtig einigen, so wäre das freilich das Erfreulichste; gelänge das nicht, so käme man doch vielleicht dazu, sich über die Grundsätze und Bedingungen der Trennung zu vereinbaren, die dann gewiß die Zustimmung der Kirche und die Bestätigung des Staates erhalten würden. Zerschlüge sich selbst das, nun dann sei wenigstens keinem Rechte etwas vergeben, und der Versuch, den man schuldig gewesen, noch gemacht worden.[23]) Die Berliner Pastoralkonferenz aber gab diesem Gedanken Stahls einen Ausdruck in der Bitte, daß der Minister „die beabsichtigte allgemeine Versammlung der Evangelischen nicht mit dem Charakter einer Synode, die bindende Beschlüsse faßt, berufen möge, sondern nur mit dem Charakter einer Konferenz, in welcher sich die verschiedenen Parteien und Fraktionen der Kirche gegenseitig verständigen, entweder zu befriedigender Einigung, oder aber zu gerechter, billiger und ehrenhafter Scheidung.“[24]) Und diese Bitte fand auch große Zustimmung bei der Gnadauer Konferenz vom 28. Juni.[25])

Richter gab in dem Vortrage zu, daß die Stahl'sche Ansicht auf einer Voraussetzung beruhe, welche als richtig anzuerkennen sei, trat aber der daraus hergeleiteten Folgerung nichtsdestoweniger entgegen. Er sagte:[26])

---

[23]) Ev. Kztg. 1848, N. 55, S. 533 ff.

[24]) A. dems. O. S. 536.

[25]) A. dems. O. N. 58, S. 572. Auch Dr. August Schröder meinte im Hinblick auf die Stürme der Zeit, jener Wunsch sei der Kirche nicht zu verdenken. Die Kirche und ihre Verfassung u. s w. S. 134; Berl. Allg Kztg. 1848, N. 71, S. 665.

[26]) A. a O. S. 46.

„Es ist wahr, daß ein tiefer Riß durch die Kirche geht; es ist gegründet, daß in der letzten Zeit die dogmatischen Gegensätze sich mehr und mehr geschärft haben, vielleicht auch geschärft worden sind, und daß die Möglichkeit der Fortdauer der Union in ihrer bisherigen Fassung in Zweifel gestellt werden muß. Dieser Erkenntniß stellt sich aber die aus vielen treuen Herzen hervorklingende Frage gegenüber: ob es nicht gedacht werden könne, daß sich die konfessionellen Typen sondern und doch in einem einigenden Verbande bleiben? Nicht darum handelt es sich, wie wohl auch gesagt worden ist, ob Christus oder Belial, sondern ob in ihres Vaters Hause evangelische Brüder bei einander wohnen können. Wie und auf welcher Grundlage und in welcher rechtlichen Form dieses geschehen könne, ist nicht hier zu untersuchen. Die versammelten Vertreter der Kirche werden sich aber darüber klar werden müssen, weil davon alles weitere abhängt. Ob nun dieselben zunächst zu einer Konferenz, oder zu einer konstituirenden Synode sich vereinigen, das wird auf Eins hinausführen, denn auch die letztere kann in der evangelischen Kirche niemals die Bedeutung haben, daß die Majorität die Minderzahl zwingen könnte, wie dies im Staatsgebiete der Fall ist, sondern immer wird es auf den freiwilligen Anschluß hinauskommen. Wird derselbe von dieser oder jener Richtung verweigert, so ist ihnen das Recht, sich zu besonderem Leben zusammenzuschließen, vollständig zu gewähren. Aber es ist die Frage, ob es nicht zuvörderst zu versuchen sein möchte, diese, in eine große Reihe rechtlicher Bezüge tief einschneidende Eventualität zu vermeiden, und ob es nicht gehofft werden dürfe, daß sich die einander gegenüberstehenden Parteien auf dem Grunde, der da gelegt ist, zu einem neuen Bunde die Hände reichen werden? Jedenfalls wird dem §. 11 von diesem Standpunkte aus eine andere Fassung gegeben werden müssen, welche jedes Mißverständniß ausschließt."

Wenn der Verfasser des Entwurfes sich so genöthigt sah, den möglichst baldigen Beginn des kirchlichen Neubaus durch eine Landessynode nach verschiedenen Seiten hin zu vertheidigen: so blieben doch auch solche Kundgebungen nicht aus, die zur Beschleunigung des Werkes drängten; sei es nun, daß sie die baldige Berufung der Landessynode[27]) oder wenigstens die der Kreis- und Provinzialsynoden,[28]) oder endlich im allgemeinen die Beschleunigung der erforderlichen Einleitungen[29]) für nothwendig erklärten.

---

[27]) Die drei Diözesen Neustadt, Altstadt und Dom Brandenburg, Berl. Allg Kztg. 1848, N. 76, S. 706; die Pastoralkonferenz evangelischer Kirchenfreunde in Putbus, a. dems. O. N. 85, S. 800; die freie Konferenz evang. Geistlicher in Breslau, a. dems. O. N. 90, S. 855; jene beiden im September, diese den 1. Oktober.

[28]) Eine Pastoralkonferenz in Stettin den 16. und 17. November, a. dems. O. N. 96, S. 927.

[29]) Eine Pastoralkonferenz in Demmin, den 7. September, a. dems. O. N. 82, S. 762.

14. Das Verhältniß der Lutheraner in der Landeskirche zum Verfassungswerke.

In den eben angeführten Schlußworten seines Vortrages gedenkt Richter der möglichen Auflösung der Union, ohne jedoch die hierauf abzielenden Bestrebungen genauer zu kennzeichnen. Wir aber können nicht umhin, dieselben insoweit zu berücksichtigen, als sie zu dem Projekt der konstituirenden Landessynode Beziehung hatten und in der öffentlichen Diskussion über den Entwurf zu Tage traten.

Kaum war die gleiche Berechtigung aller religiösen Bekenntnisse von dem Könige verheißen worden, als sich auch sofort unter einem Theile der Geistlichen eine Bewegung für die „Reorganisation der lutherischen Kirche", d. h. mit anderen Worten für die Auflösung der unirten Landeskirche in konfessionelle Sonderkirchen, zu regen anfing.

Bereits unterm 29. März richteten die Superintendenten Otto, Meinhold und Mila in Pommern mit einer Anzahl anderer pommerscher Pastoren, nach ihrer Meinung damit die Sache der gesammten hinterpommerschen Kirche führend, eine Eingabe an den Kultusminister Grafen Schwerin, in welcher sie unter Bezugnahme auf die stattgehabte Proklamirung der Gleichstellung aller Bekenntnisse mit Freuden der Hoffnung Ausdruck gaben, daß die Anerkennung der lutherischen Kirche als einer selbständigen endlich gewährt worden sei, und daß aller Hader der Gemeinden, der aus der Vermischung der beiden evangelischen Konfessionen erwachsen, nun verstummen werde; zugleich aber begehrten sie eine schleunige unumwundene Erklärung des Kirchenregiments, daß die lutherische Kirche nunmehr wirklich zu Recht bestehe und volle Befugniß haben solle, sich auf ihren Bekenntnißgrundlagen zu organisiren. Womit sie übrigens nach ihrer Versicherung keineswegs dem durch die Union bezweckten Geiste der Mäßigung und Duldung entgegentreten, sondern vielmehr die Union als die Spitze und das Ziel ihres amtlichen Wirkens vor Augen behaltend nur bitten wollten, daß dieselbe aufhören möge, das organisirende Prinzip des kirchlichen Lebens und insofern ein Gegenstand administrativer Maßregeln zu sein.[1]) Nachdem sie auf diese Eingabe den von mir schon

[1]) Dokumente, die Reorganisation der evangelisch-lutherischen Kirche in Pommern betreffend. Als Manuskript gedruckt Naugard 1848, S. 29 ff.

oben Seite 60 mitgetheilten Bescheid des Ministers erhalten und ihren Bestrebungen durch die Einsetzung eines Comités einen festen Mittelpunkt gegeben,[2]) erklärte dieses dem Minister unterm 10. Mai:

„Wir bedürfen für eine organische Entwicklung unserer kirchlichen Verhältnisse Raum und Zeit, damit ein klares und deutliches Bild der unserer lutherischen Kirche nothwendigen organischen Gliederung sich gestalte und die vorhandenen Kräfte zum gemeinsamen Angriff des schweren Werkes ihre Stelle gewinnen können. Eine Ueberstürzung in dem organischen Ausbau unserer Kirche würden wir darin sehen, wenn uns schon jetzt von oben herab — sei es durch das bestehende Kirchenregiment, sei es durch eine zu berufende Generalsynode — eine fertige Verfassung der Kirche in Kultus und Regiment übergeworfen würde. Eine schon jetzt auf diesem Wege gewonnene Form des kirchlichen Lebens würde — das ist unsere tiefgehende Ueberzeugung — ebensowohl das Resultat sehr verschiedenartiger Faktoren sein, als sie darauf ausgehen würde, sehr disparate Elemente zusammenzufassen, und müßte sehr bald durch eben diese entgegengesetzten Elemente, deren Einigung sie sein sollte, zersprengt werden. Wir halten dafür, daß zunächst die einzelnen Werkstücke zugerichtet werden müssen, und man dann erst sehen könne, ob und wie diese zu einem einigen Bau sich zusammenfügen möchten. Es erscheint uns daher für das Heil der Kirche nothwendig, daß der Entwicklung zunächst in kleineren — vielleicht provinziellen — Kreisen Raum und Zeit gegeben werde, damit die organisirende Lebenskraft der Kirche von ihren Quellpunkten aus ihre Gestaltung sich erringen könne.“[3])

Indem das Comité sich dann im weiteren speziell gegen den Richter'schen Entwurf wendete, verwahrte es sich unter scharfer Betonung des kirchlichen Bekenntnißstandes gegen die Ansicht, als müsse der Bau der kirchlichen Gemeinschaft aus den elementarischen Bestandtheilen der individuellen und subjektiven Meinungen sich zusammenfügen, und als eventueller erst erwartet werden. Es sagte in dieser Beziehung:

„Einer solchen Ansicht gegenüber müssen wir festhalten, daß eine Grundlage da ist, von der wir nicht weichen können, daß Prinzipien da sind, die sich nur praktisch entwickeln wollen. Die Basis der lutherischen Kirche ist niemals die Kopfzahl gewesen, sondern das Bekenntniß, und zwar eben so sehr im dogmatischen als im rechtlichen Sinn. Diese Basis verlassen heißt daher die lutherische Kirche zerstören und ihr das Recht nehmen, was sie hat. Wir können diese Basis nicht aufgeben, ohne uns selbst aufzugeben.“ . . . . . . „Als lutherische Pastoren können wir auch nur mit und in lutherischen Gemeinden stehen. Wir können daher auch eine

[2]) Das Comité bestand aus den Superintendenten Otto und Meinhold, nebst den Pastoren Euen, Wetzel und Korth.

[3]) Monatsschr. v Otto, 1848, N. 3, S. 31 ff.

Vertretung der Gemeinde nur dann als eine rechtliche anerkennen, wenn die Vertreter auf dem Bewußtsein stehen und stehen bleiben, daß durch sie Gemeinden lutherischen Bekenntnisses vertreten werden, und ihre Thätigkeit keinen Widerspruch gegen das Bekenntniß enthält. Auch hier würden wir eine Verletzung des der lutherischen Kirche gewährleisteten Rechts darin erkennen, wenn die Vertretung abgesehen von dem Bekenntniß konstituirt würde, oder selbst ein Widerspruch der Vertretung wider das Bekenntniß als zulässig erachtet werden sollte."

Gleichzeitig schrieb der zum Comité gehörende Superintendent Otto: „Unseres Bedenkens kann es nur noch eine lutherische, reformirte, unirte und rationalistische Kirche geben, und diese werden weit friedlicher neben einander bestehen, wenn jede derselben sich ihre Verfassung selbst schafft, als wenn man sie alle in Eine Form zwingen will."[4])

Aehnlich wie in Pommern wurde von dieser lutherischen Partei auch in den anderen östlichen Provinzen das Losungswort ausgegeben: „wir wollen allein bauen!"[5])

Aus der Provinz Sachsen richtete in dieser Beziehung bereits am 3. Mai ein Theil der Gnadauer Pastoralkonferenz die Bitte an den Kultusminister:

„1) zu erklären, daß die bisherige Union des Kirchenregiments der lutherischen und reformirten Kirche als aufgehoben zu betrachten sei; 2) zu genehmigen, daß die konfessionell-lutherischen Kirchen in der Provinz Sachsen sich zu Einer lutherischen Provinzialkirche, neben der reformirten und den sich etwa um neue Bekenntnisse sammelnden Schaaren, zusammenschließe; 3) daß die Glieder dieser lutherischen Provinzialkirche mit solchen aus anderen Provinzen ihre Berathungen über ihre künftige Verfassung anzustellen haben; 4) zu befehlen, daß die Auseinandersetzung des Kirchenguts" . . . „auf historischen Grundlagen beginne, 5) zu erwirken, daß die preußische

[4]) A. dems. O. N. 1, S. 8. — Der positive Reorganisationsplan dieser pommerschen Lutheraner ist niedergelegt in der vom genannten Comité unterm 9. August 1848 veröffentlichten Broschüre: Sätze, welche die Reorganisation der evangelisch-lutherischen Kirche in Pommern betreffen. Naugard 1848. Es handelt sich darin eben um die Bildung einer lutherischen Provinzialkirche, welche dann durch eine lutherische Generalsynode mit anderen lutherischen Provinzialkirchen in Verbindung zu treten hätte. Vergl. oben S. 113, Anm. 22.

[5]) Siehe Evang. Kztg. 1848, N. 48, S. 451 ff., N. 49, S. 457 ff. Das Losungswort mit Beziehung auf den nachexilischen Tempelbau, Esra 4. — Uebrigens wurde auch in den von 2 rheinischen Pastoren herausgegebenen Stimmen schon im Mai, S. 162, der gesonderte Aufbau der lutherischen und der reformirten Kirche ganz Deutschlands empfohlen.

Krone die historisch überkommene Schirmpflicht in Beziehung auf die Kirche Augsburgischer Konfession fernerhin, womöglich, ausübe."[6])

Eine sodann am 27. und 28. Juni zu Wittenberg gehaltene Parteikonferenz richtete an den König die Bitte, er wolle eine berathende Kommission ernennen, welche zunächst die rechtliche Auseinandersetzung der einzelnen Konfessionen und darauf die Ueberleitung der obersten Kirchengewalt an die Kirche selbst bewirke; bis die Konfessionen rechtlich geschieden möge aber die Centralkirchengewalt durch eine vom König einzusetzende oberste Landes-Kirchenbehörde verwaltet werden.[7]) In Schlesien vereinigten sich die Anhänger dieser Richtung auf einer am 14. und 15. Juni zu Gnadenberg gehaltenen Konferenz zu einem Proteste gegen den Entwurf und einer Verwahrung gegen die Rechtsgültigkeit der etwa danach einberufenen Landessynode, so wie zu einer Reihe von Thesen, in deren letzter die Forderung ausgesprochen wurde, daß jede kirchliche Gemeinschaft sich auf ihrer konfessionellen Basis in der ihr eigenthümlichen Weise in Verwaltung und Kultus entwickeln solle. Das Comité dieser Versammlung hatte außerdem noch in einer andern These ausgesprochen: „daß es in der Folge zur Aufhebung der bisherigen Union und zur Zusammenschließung der bisherigen Gemeinden in Eine lutherische Landeskirche, welche wieder mit einer allgemeinen deutschen Kirche Augsburgischen Bekenntnisses sich zu vereinigen hätte, komme, halten wir im Interesse der Wahrheit und Klarheit für nothwendig." Die Versammlung ließ diese These indessen fallen, weil die Zeit nicht ausreichte, um die lebhaft darüber geführte Debatte zum Austrag zu bringen.[8]) Aus der Provinz Brandenburg aber wurde eine Anzahl von Predigern schon unterm

---

[6]) Ev Kztg. 1848, N. 41, S. 385 f. Die Antwort des Ministers s. oben S. 61.

[7]) A. dems. O. N. 62, S. 622 ff., N. 63, S. 629. Eine im Auftrage dieser Konferenz verfaßte Eingabe an das lutherische Ober-Kirchen-Kollegium in Breslau s. Berl. Allg. Kztg. 1848, N. 89, S. 839 ff.

[8]) A. dems. O N. 56, S. 542 ff., N. 57, S. 549 ff. Auf dieser Konferenz fand sich neben denen, welche absolute Aufhebung der Union und entschiedene Anbahnung der Wiedervereinigung mit den ausgetretenen Lutheranern wollten, auch eine Fraktion, welche in der Union das Recht der lutherischen Kirche nicht gefährdet sah. A. a. O. S. 552. — Einer der schlesischen Parteigenossen schrieb im Juni an die Pommern: Wir sind entschieden der Meinung, daß es ein rasches und ent-

11. Mai bei dem Minister gegen den Entwurf vorstellig, indem sie insbesondere auf die Gefahren aufmerksam machten, welche aus den projektirten Wahlen für das Bekenntniß erwachsen müßten.[9] Durch die Antwort des Ministers keineswegs befriedigt, beschlossen sie mit anderen Gesinnungsgenossen auf der lutherischen Konferenz zu Neustadt-Eberswalde am 9. und 10. August neben einer Eingabe an den König, die Einsetzung einer kirchlichen Centralbehörde betreffend, auch eine solche an das Konsistorium, welche in folgende Petita ausging:

„1) die vielfach verkannten und wohlbegründeten Rechte der lutherischen Kirche öffentlich auszusprechen und zu wahren; 2) die Entfernung alles desjenigen einzuleiten, was unser Bekenntniß und unsere Kirche bisher geängstigt und bedrückt hat," . . . . „3) bei der Wiederherstellung unserer lutherischen Kirche auch dahin zu wirken, daß wir einem dem lutherischen Bekenntniß unterworfenen Kirchenregiment unterworfen werden." [10])

Das Moderamen des evangelisch-lutherischen kirchlichen Vereins für die Provinz Posen fand indessen, daß durch alle diese Schritte der Pastoren die Sache nicht dem Ziele entgegengeführt werden könnte, und suchte deshalb mehr, als es in den andern Provinzen geschehen war, die Bewegung in die Gemeinden selbst hineinzutragen. Es forderte zu diesem Ende die Prediger auf, am Reformationsfest den Beitritt der Gemeinden zu einer Erklärung zu veranlassen, in deren viertem Alinea es also hieß:

„Wir bekennen und bekunden, wie wir, um nicht unsern Glauben, unser Bekenntniß und unser ganzes hierauf gegründetes Kirchenwesen in Gefahr der Vermengung und Verwirrung und somit in Gefahr des Unterganges zu bringen, und da nach Artikel 7 unseres Augsburgischen Väterbekenntnisses es nöthig ist zur Einheit der Kirche, daß man übereinstimme über Lehre des Evangelii und über Verwaltung der Sakramente — wie wir aus solchen Gründen, nicht aber aus irgend welchem unchristlichen Haß und Eifer, mit Kirchengemeinden oder Sekten von anderem Bekenntniß zu einer Kirchengemeinschaft uns zu vermengen oder vermengen zu lassen nicht gesinnt oder gewillt sind, und das weder mit unsern Glaubensverwandten zur Rechten, als da sind Reformirte, Römisch-Katholische, Wiedertäufer, Pietisten u. a. m.,

---

schlossenes Handeln gilt, da offenbar der Herr selbst uns dazu treibt, ehe das in Aussicht stehende Gebräu fertig ist, und uns die Unionskappe aufs neue über den Kopf geworfen wird. Monatsschr. v. Otto, 1848, N. 2, S. 15.

[9]) Preuß. Staats-Anz. 1848, N. 36, S. 200, Spalte 2. Ebendaselbst auch die Antwort des Ministers, über welche zu vergl. oben S. 58.

[10]) Evang Kztg. 1848, N. 70, S. 690.

noch auch und noch viel weniger mit unsern Glaubensfeinden zur Linken, als da sind Lichtfreunde, Neu-Katholische, Frei-Evangelische, und wie sie sonst sich sondern und nennen mögen."[12])

War es nur konsequent, daß diese exclusiv konfessionelle Richtung dem Gedanken an eine, alle Bestandtheile der bisherigen Landeskirche umfassende und für deren ganzen Umfang Verfassung gebende Landessynode sich durchaus widersetzte: so verhehlten sich doch wenigstens manche Parteigenossen nicht, daß auch sie an der allgemeinen Synode ohne Schaden würden theilnehmen können, sobald deren Beschlüsse für die abweichende Minorität keine verbindliche Kraft besitzen sollten. Das letztere für die projektirte Landessynode als selbstverständlich voraussetzend sprach sich in diesem Sinne z. B. ein Mitarbeiter des „Evangelischen Kirchen- und Schulblattes" aus, welcher meinte, es sei unvermeidlich, daß ein Organ der evangelischen Kirche gebildet werde, welches aus allen, wenn auch noch so heterogenen, Elementen der bestehenden evangelischen Kirche zusammengesetzt, unter Festhaltung des Prinzipes unbedingter Glaubens- und Gewissensfreiheit für jede evangelische Fraktion die Auseinandersetzung der Kirche mit dem Staat und die Stellung der einzelnen kirchlichen Parteien zu einander durch gemeinschaftliche Berathungen vermittle.[13]) Und nachdem der Verfasser des Entwurfes in dem Vortrage die oben Seite 198 mitgetheilte Erklärung abgegeben hatte, auch eine konstituirende Synode könne in der evangelischen Kirche niemals die Bedeutung haben, daß die Minorität dem Zwange der Majorität unterworfen wäre, sondern immer würde es auf freiwilligen Anschluß hinauskommen, schrieb auch ein hervorragendes Mitglied des lutherischen Comité's in Pommern, Superintendent Otto: „Kommt eine Landessynode den Vorschlägen

---

[12]) Die Aufforderung in d. Evang. Kztg. 1848, N. 90, S. 893 ff., N. 91, S. 904. Mit derselben Erklärung war die Gemeinde Obornik bereits am 3. Juli vorgegangen, a. dems. O. N. 65, S. 645 ff.

[13]) A. a. O. 1848, N. 20, S. 342. In einer „Nachschrift" zu dem angezogenen Aufsatz, a. dems. O. N. 21, S. 361 wurde der Gedanke an die Landessynode als das zu genanntem Zwecke unvermeidliche Organ indessen aufgegeben: es werde zu einer itio in partes kommen und an die Stelle der Landessynode eine Auseinandersetzungs- und Verständigungs-Kommission treten müssen, welche die Feststellung der kirchlichen Verhältnisse aller Parteien zur Aufgabe habe.

des Professor Richter gemäß zusammen, so tragen wir kein Bedenken, dieselbe als ein freies Konzil zu bezeichnen, wüßten auch nicht, was uns abhalten könnte, ihr beizuwohnen." Trotzdem aber hörte dieser Parteiführer nicht etwa auf, von der Berufung der Synode abzurathen. Denn er fügte hinzu, eine andere Frage sei es, ob die Landessynode für das Heil der Kirche ersprießlich sein möchte: „Versteht man unter dem Heil der Kirche die Erhaltung ihres gegenwärtigen Umfanges, ihrer gegenwärtigen kirchenregimentlichen Institutionen, ihrer innerlichen Gährungen, mit einem Worte: die Fortdauer des status quo, so halte man kein Konzil auf den proponirten Grundlagen. Denkt man bei dem Heil der Kirche an ernstliche Beseitigung ihrer tiefen Schäden — will man in der Landessynode ein concilium medicorum haben und hören, so ist die vortreffliche Absicht zu schätzen, aber man halte ja keine Landessynode. Wir haben die beweglichsten Gründe, das proponirte Konzil für die unglücklichste Methode zu halten, um der Kirche Abhilfe zu gewähren."[14])

15. Rückblick; Zusammenstellung der Richter'schen Abänderungsanträge zum Entwurfe.

Die dargestellten Verhandlungen über den Richter'schen Entwurf liefern den Beweis, daß jene Zeit der tiefsten politischen Erregung doch Muße genug hatte, auch den kirchlichen Angelegenheiten mit Ernst und Eifer nachzudenken. Freilich nahm die politische Tagespresse nur sehr geringen Antheil an der Erörterung der kirchlichen Verfassungsfrage,[1]) aber desto fleißiger ward dieselbe in den theologischen und kirchlichen Organen diskutirt, und auch auf kirchlichen Konferenzen von

---

[14]) Monatsschr. v. Otto, 1848, N. 6, S. 53.

[1]) Die „National-Zeitung" z. B. befaßte sich mit dieser Frage gar nicht. Charakteristisch für die Stellung, welche die politische Presse jener Zeit zu den kirchlichen Angelegenheiten einnahm, ist eine Aeußerung, welche die Spener'sche Zeitung, 1848, N. 94 v. 19. April, Hauptblatt, ihrem Wunsche hinzufügte, daß der Staat die kirchliche Entwicklung nunmehr, sich jeder Initiative enthaltend, ruhig der Gemeinde überlassen möchte, die Aeußerung nämlich: „Möge es für uns fortan keine Veranlassung geben, religiöse Fragen zu behandeln."

den verschiedensten Gesichtspunkten aus beleuchtet. Dabei offenbarte sich nun allerdings eine reiche Mannigfaltigkeit der Ansichten über vieles einzelne; in den wichtigsten Hauptfragen dagegen herrschte, was das Wesentliche angeht, bei den meisten große Uebereinstimmung, und zwar auf Grund der Anschauungen, welche bei der Abfassung des Entwurfes maßgebend gewesen waren.

Durchaus einmüthig war die öffentliche Meinung vor allem darin, daß durch die Einführung der konstitutionellen Staatsform und die Loslösung des Staates vom religiösen Bekenntniß tiefgreifende Veränderungen in der bestehenden Verfassung der evangelischen Kirche nothwendig geworden, weil mit jenen Neuerungen jede staatliche Leitung der Kirche schlechthin unverträglich sei, und ebenso waren fast alle, mit ganz vereinzelten Ausnahmen,[2]) auch darüber einig, daß fortan ebenso wenig als dem Staate dem Staatsoberhaupte irgendwelche kirchenregimentlichen Funktionen zuständen, falls ihm dieselben nicht, was freilich manche wünschten,[3]) von der Kirche übertragen würden. Handelte sich's nun also darum, der evangelischen Kirche einen neuen kirchenregimentlichen Organismus zu schaffen, so hielt man sich wieder fast allgemein[4]) davon überzeugt, daß hiezu nicht etwa der Staat, sondern nur die Kirche selber kompetent sei. Während aber die meisten mit dem Verfasser des Entwurfes dem bestehenden Regimente Befugniß und Pflicht beilegten, sowohl die Verwaltung der Kirche provisorisch fortzuführen, als auch ihre Reorganisation durch geeignete Maßregeln einzuleiten: wollten einzelne wenige, dem bestehenden Regimente gar keine kirchlichen Befugnisse mehr einräumend, die kirchliche Neugestaltung lediglich der Initiative der einzelnen Gemeinden,[5]) andere und zwar mehrere dagegen dieselbe sammt der kirchlichen Verwaltung den Provinzialkonsistorien, in Rheinland-Westfalen aber den Provinzialsynoden anheim gegeben wissen.[6]) Weitere Verbreitung, jedoch auch nur auf orthodoxer Seite, als dieser Widerspruch gegen die vorläufig noch andauernde Kompetenz des bestehenden Regimentes überhaupt,

---

[2]) Siehe oben S. 89 f.

[3]) Oben S. 91 f.

[4]) Vereinzelte Ausnahmen s. oben S. 165 f.

[5]) Oben S. 108.

[6]) Oben S. 107, 109 f.

hatte, wie es scheint, die Ansicht, daß der verantwortliche Minister nicht geeignet oder geradezu nicht berechtigt sei, als Organ desselben zu fungiren,[7]) und diese Ansicht führte manche zu der Forderung, daß vor allem wieder eine kirchliche Centralbehörde an Stelle des aufgelösten Oberkonsistoriums geschaffen werde;[8]) während sich daneben auf eben jener Seite auch eine mittlere Auffassung geltend machte, die den Minister von der Einleitung der kirchlichen Reorganisation zwar nicht ausschließen wollte, wohl aber verlangte, daß er dabei nur in Gemeinschaft mit den bestehenden kirchlichen Organen, nämlich den Konsistorien und den Predigersynoden, handeln solle.[9])

Alle diese Einwendungen, welche gegen die Grundvoraussetzungen des Entwurfes hier und da erhoben wurden, konnten seinen Verfasser nicht bewegen, den einmal eingenommenen Standpunkt zu verlassen: er verhielt sich ihnen gegenüber in dem Vortrage lediglich abweisend. Und das Gleiche that er auch den verhältnißmäßig doch nicht zahlreichen Geistlichen gegenüber, welche seinen Plan, als konstituirendes Organ der Kirche eine Landessynode durch Gemeindewahlen zu bilden, geradezu verwarfen, und den Gemeinden den thätigen Antheil am Werke der kirchlichen Neugestaltung ganz oder so gut wie ganz versagen wollten;[10]) aber auch den wenigen gegenüber, welche umgekehrt das Wahlrecht noch über die vom Entwurf gesteckten Grenzen hinaus erweitern wollten.[11]) Und nur wenig anders verhielt er sich zu den vielen, welche theils für die Wählbarkeit allein, theils für sie und die Ausübung des Wahlrechts, eine engere, von den einen so und von den andern so bestimmte Qualifikation erlangen wollten.[12]) Denn unter Ablehnung der meisten Vorschläge, welche in dieser Beziehung gemacht waren, verstand sich Richter nur zu dem Antrage:

„daß es bei der Berufung einer aus Urwahlen hervorgegangenen Synode verbleiben, jedoch zugleich der Begriff der Selbständigkeit näher bestimmt, und die Volljährigkeit als Bedingung der Wahlfähigkeit und Wählbarkeit bezeichnet, sowie die Vornahme der Wahl in geeigneten kirchlichen Formen verordnet werden möge."

Was die Zusammensetzung der Landessynode sowie der ihr vorher-

[7]) Oben S. 118 ff.
[8]) Oben S. 127.
[9]) Oben S. 115 ff.
[10]) Oben S. 131 ff.
[11]) Oben S. 138.
[12]) Oben S. 136 ff, 139 f.

gehenden Kreis- und Provinzialsynoden betrifft, so wurden die Vorschläge des Entwurfes von den entgegengesetztesten Seiten her bemängelt. Denn nicht nur verlangten ziemlich viele, daß das Zahlenverhältniß zwischen den geistlichen und den weltlichen Synodalmitgliedern günstiger für die geistlichen normirt werde, als im Entwurfe geschehen war,[13]) sondern etliche forderten eben dasselbe vielmehr für die weltlichen, ja einige wünschten es sogar völlig den Wählern anheimzugeben, ob sie überhaupt Geistliche abordnen wollten oder nicht.[14]) Richter bestand nun zwar im allgemeinen sowohl den einen als den andern gegenüber auf den Grundsätzen, denen er im Entwurfe gefolgt war, stellte aber in Beziehung auf die Landessynode die Frage nach dem Verhältniß des geistlichen und weltlichen Elementes lediglich anheim, jedoch nicht ohne auszusprechen, daß, falls seine Gründe für das Uebergewicht der Weltlichen als ungenügend erkannt würden, der Vorschlag

„daß zur Landessynode eben so viele geistliche als weltliche Abgeordnete berufen werden mögen"

nur seinem eigenen Wunsche genügen würde.

Größeren Eindruck machten auf Richter einige andere Ausstellungen gegen den Modus, den er für die Bildung der Synoden empfohlen hatte.

Zunächst nahmen einige wenige daran Anstoß, daß nach dem Entwurf auch jede Filialgemeinde einen eigenen weltlichen Vertreter zur Kreissynode wählen sollte,[15]) und Richter sah sich veranlaßt, zu beantragen, daß statt dessen

„die Anordnung einer gemeinsamen Wahl durch Mutter- und Tochtergemeinden empfohlen werden möge,"

und dann erklärte er sich, einem ganz vereinzelt hervorgetretenen Bedenken Rechnung tragend,[16]) weiter dafür

„daß die Anerkennung der Freiheit der Wahl aus sämmtlichen qualificirten Mitgliedern der Kirche des Kreises ausgesprochen werde;"

wie er sich drittens auch der auf den verschiedensten Seiten laut gewordenen Forderung[17]) anschloß

---

[13]) Oben S. 171 f.
[14]) Oben S. 173 f.
[15]) Oben S. 175.
[16]) Oben S. 176.
[17]) Oben S. 177 f.

„daß sämmtlichen Geistlichen, welche ein festes Amt in der Gemeinde bekleiden, der Zutritt zur Kreissynode nicht versagt werde,“

wobei er aber, um das hiedurch entstehende Uebergewicht des geistlichen Elementes wieder auszugleichen, zugleich beantragte,

„daß jede Gemeinde eben so viele weltliche Abgeordnete zu wählen habe, als sie zur Theilnahme berechtigte Geistliche hat.“

Ferner gab Richter den laut gewordenen Einwürfen theilweis noch in einem vierten Punkte nach, nämlich rücksichtlich des Modus, die Zahl der Abgeordneten für die verschiedenen Synodalstufen zu bestimmen. Zwar hielt er in Beziehung auf die Kreissynoden daran fest, daß nicht, wie manche wollten,[18]) die Seelenzahl der einzelnen Gemeinden den Maßstab für die Zahl ihrer Abgeordneten bilden könne, sondern daß alle Gemeinden gleich viele Vertreter senden müßten, und wies auch für die Provinzialsynoden und die Landessynode die vorgeschlagene[19]) Normirung nach der Seelenzahl zurück; aber er gab zu, daß rücksichtlich der von den Kreis- und von den Provinzialsynoden zu entsendenden Vertreter die Bestimmungen des Entwurfs insofern unzulänglich seien, als dieselben die große Verschiedenheit des quantitativen Umfangs der einzelnen Kreise (Ephorien) völlig unberücksichtigt lassen. Um nun zu einer größeren Gleichmäßigkeit des Verhältnisses zwischen der Anzahl der Abgeordneten aus den verschiedenen Kreisen respektive Provinzen einerseits und der Größe der durch sie vertretenen Kreise respektive Provinzen andererseits zu gelangen, machte Richter den Vorschlag,

„daß die Zahl der Abgeordneten der Kreise zur Provinzialsynode und die Zahl der Abgeordneten der Provinzen zur Landessynode nach der Zahl der Gemeinden normirt werde.“

Endlich kam er dem von einzelnen ausgesprochenen Verlangen, daß auch die Konsistorien auf den Provinzialsynoden und auf der Landessynode durch Abgeordnete aus ihrem Schooß vertreten werden möchten,[20]) wenigstens so weit entgegen, daß er zu erwägen anheimstellte,

„ob und unter welchen Bedingungen die berathende Theilnahme von Mitgliedern der Konsistorien an den Provinzialsyoden und der Landessynode zu empfehlen sein möchte.“

Hatten aber einige andere Stimmen gemeint, die Abordnung je

[18]) Oben S. 170. [19]) Oben S. 179. [20]) Oben S. 183.

eines Kirchenrechtslehrers von jeder juristischen Fakultät zur Landessynode beantragen zu müssen,[21]) so erklärte sich Richter aus rechtlichen Gründen außer Stande, dies zu befürworten, wogegen er andererseits an der Vertretung der theologischen Fakultäten auf der Landessynode durch je ein von ihnen selbst gewähltes Mitglied trotz der, allerdings nur wenigen, Gegenstimmen[22]) durchaus festhielt. Eben so wenig ließ er sich von denen an seinen Vorschlägen irre machen, welche in geringer Anzahl anstatt der von ihm beliebten Anlehnung der Wahlkörper an die bestehende kirchliche Organisation, diese oder jene andere Bildung der Wahlkörper empfahlen,[23]) während er dem hier und da geäußerten Wunsche,

„daß den Kreis- und Provinzialsynoden das Recht der Berathung ausdrücklich eingeräumt werden möge,"[24])

aufs bereitwilligste zustimmte, und sich denselben als seinen Antrag aneignete; womit ihm dann weiter auch das unmittelbar zusammenhing, im Einklange mit seinen früheren Erwägungen und dem von manchen ausgesprochenen Begehren[25])

„die Ausarbeitung geeigneter Vorlagen für die künftige Berathung der Synoden wiederholt zu beantragen."

Sehr vielfach wurde in der öffentlichen Diskussion über den Entwurf die Besorgniß laut, daß die Landessynode das Bekenntniß der Kirche alteriren, oder durch ihre Beschlüsse mit demselben in Widerspruch gerathen möchte, und diese Besorgniß gründete sich bei den meisten namentlich darauf, daß §. 12 des Entwurfes der Landessynode vorbehalten hatte, den sogenannten freien und sonstigen separirten Gemeinden die Theilnahme an ihren Berathungen und Beschlüssen zu gewähren. So verlangten denn viele die Beseitigung dieses Paragraphen[26]) und auch wohl außerdem noch irgendwelche Garantien gegen die vermeintlich dem Bekenntniß drohende Gefahr.[27]) Liberal gesinnte Theologen vertheidigten nun zwar unter Hinweis auf das Recht der Minorität, sich von der Landeskirche zu scheiden, die Freiheit der Synode auch in Beziehung auf das Bekenntniß mit allem Nachdruck,[28])

---

[21]) Oben S. 183.
[22]) Oben S. 182.
[23]) Oben S. 144.
[24]) Oben S. 144 f.
[25]) Oben S. 164.
[26]) Oben S. 157 ff.
[27]) Oben S. 153 f.
[28]) Oben S. 155 f.

und auch jener §. 12 fand seine beredten Anwälte,[29]) aber Richter entschloß sich dennoch zu den Anträgen,

„daß in der Verordnung ausdrücklich eine entsprechende beruhigende Erklärung ihre Stelle finden möge," und

„daß der §. 12 des Entwurfes in Wegfall gebracht werde."

Richter hatte bei der Abfassung des Entwurfs die Bildung einer Landessynode im Auge gehabt und demgemäß auch die geeigneten Formen für die Betheiligung der rheinisch-westfälischen Kirche an derselben zu finden gesucht. Aber es war ihm nicht gelungen, solche Bestimmungen aufzustellen, die sich des allseitigen Beifalls der Betheiligten zu erfreuen hatten. Den Wortführern aus der rheinisch-westfälischen Kirche, welche die Richter'schen Vorschläge als annehmbar bezeichneten, standen andere mit dem entschiedensten Widerspruch gegenüber, und noch andere, in der Mitte stehend, wollten jene Vorschläge wenigstens nur unter gewissen Kautelen zu Gunsten der rheinisch-westfälischen Kirche angenommen sehen.[30]) Richter verzweifelte trotzdem keinesweges an der Gemeinschaft der östlichen und der westlichen Provinzen bei dem bevorstehenden Werke des kirchlichen Verfassungsbaus, und er hoffte dieselbe durch den Vorschlag zu erreichen,

„daß eine neue Wahl der Provinzialsynoden von Rheinland und Westfalen beantragt, in der Verordnung aber die Fortdauer der durch die Kirchenordnung vom 5. März 1835 begründeten Einrichtungen sicher gestellt, und das Stimmrecht der Abgeordneten der Synodalkreise auf diejenigen Einrichtungen beschränkt werde, welche die Begründung eines organischen Verbandes aller Theile der Landeskirche zum Zwecke haben."

Einige Bestimmungen des Entwurfes wurden seinem Verfasser weniger durch die dagegen ganz vereinzelt erhobenen Bedenken,[31]) als durch eigene Reflektionen wieder zweifelhaft, ohne daß er sich doch bei Ueberreichung seines Vortrages schon im Stande sah, statt ihrer andere zu beantragen. Es waren dies die Bestimmungen über die Wahrnehmung des landesherrlichen Hoheitsrechtes auf der Synode und über die eventuelle Bestätigung der Synodalbeschlüsse durch die Volksvertretung (§§. 10 und 11 des Entwurfs), bezüglich welcher Punkte er

[29]) Oben S. 161 f. [30]) Oben S. 145 ff. [31]) Oben S. 185; 187.

die Entscheidung bis zur gesetzlichen Feststellung der dabei in Betracht kommenden staatsrechtlichen Verhältnisse aussetzen zu müssen glaubte. Ganz entschieden wies Richter dagegen die von gewichtiger Stelle[32]) vertretene Ansicht zurück, als ob dem Könige in seiner Eigenschaft als bisherigem Träger des Episkopalrechts die Befugniß beiwohne, den Synodalbeschlüssen um ihres Inhalts willen die Zustimmung zu verweigern und damit ihre Ausführung zu verhindern. Und ebenso trat er denen entgegen, welche aus mancherlei Gründen einen Aufschub des ganzen Verfassungswerks verlangten,[33]) während er denjenigen, welche behufs desselben nicht sowohl die Bildung einer konstituirenden Synode, als vielmehr nur die einer berathenden Konferenz für angemessen erachteten,[34]) zu bedenken gab, daß beides wohl auf Eins hinausführen würde, da auch bei einer konstituirenden Synode niemals die Minderzahl durch Majoritätsbeschlüsse gezwungen werden, sondern es immer nur auf freiwilligen Anschluß hinauskommen könne; aber dabei erkannte er zugleich auch an, daß von diesem Standpunkte aus

„dem §. 11 eine andere, jedes Mißverständniß ausschließende Fassung gegeben werden müsse."

Bei Erwägung dieser letztgenannten Punkte hatte der Verfasser des Entwurfes zwei große Strömungen in Betracht zu ziehen, welche auf kirchlichem Gebiete eben den Gegensatz zum Ausdruck brachten, der auch auf dem politischen das deutsche Volk auf's tiefste bewegte: den Gegensatz nämlich des nationalen Einheitsgedankens und der partikularistischen Exklusivität. Diese aber wurde dargestellt durch die Strömung, welche gegen die Union der preußischen Landeskirche ankämpfend auf die Herstellung besonderer Konfessionskirchen,[35]) jener durch die andre, welche in dem Streben, die territorialen Schranken der einzelnen deutschen Landeskirchen zu durchbrechen, auf die Bildung einer deutschen Nationalkirche hinzielte.[36])

---

[32]) Oben S. 185 f.

[33]) Oben S. 189 ff.

[34]) Oben S. 196 ff.

[35]) Oben S 199 ff.

[36]) Oben S 191 ff.

Drittes Buch.

Die Grundrechte des deutschen Volkes.

I. Der Entwurf zu den Grundrechten.

1. Die Verhandlungen des Verfassungsausschusses der deutschen Nationalversammlung.

Wir haben gesehen, wie die preußische Regierung bei den Maßregeln, welche sie gleich nach der Märzrevolution zur Anbahnung einer neuen Verfassung der evangelischen Kirche ergriff, von der allgemein getheilten Voraussetzung ausging, daß das bisherige Verhältniß dieser Kirche zum Staate durch die sich vollziehende Neugestaltung des letzteren für die Zukunft unmöglich geworden sei. Diese Voraussetzung hatte aber ihre Bestätigung von der neuen Staatsverfassung zu erwarten, welche festzustellen die dringendste Aufgabe der preußischen Staatsgesetzgebung war.

Zu derselben Zeit, in welcher die Lösung dieser Aufgabe in Berlin in Angriff genommen wurde, traten in Frankfurt am Main die Vertreter des deutschen Volks zusammen, um zwischen den Regierungen und dem Volke das deutsche Verfassungswerk zu vereinbaren. Zwar ist weder die gesammte Reichsverfassung, welche sie beschlossen, jemals verwirklicht worden, noch auch haben diejenigen Festsetzungen derselben, welche bestimmt waren, als „die Grundrechte des deutschen Volkes" den Verfassungen der deutschen Einzelstaaten zur Norm zu dienen, in Preußen Gesetzeskraft erlangt. Aber die Verhandlungen der deutschen Volksvertreter über das Verhältniß von Staat und Kirche liefern nicht nur einen höchst werthvollen Beitrag zur Kenntniß der Anschauungen und Bestrebungen, welche in dieser Beziehung damals unser Volk beherrschten, sondern sie sind auch von positivem Einfluß auf die preußische Staatsverfassung gewesen.

Die deutsche Nationalversammlung konstituirte sich am 18. Mai 1848 und beschloß bereits am 24. Mai die Bildung eines besonderen Verfassungsausschusses, die auch sofort durch die Wahl von dreißig Abgeordneten vollzogen wurde.[1]) Diese Mitglieder des Ausschusses waren:

Professor Schreiner aus Graz, Abgeordneter für Steiermark, katholisch; Professor Deiters aus Bonn, Abgeordneter für den 16. rheinpreußischen Wahlkreis, gleichfalls katholisch; Major Max von Gagern aus Wiesbaden, Abgeordneter für den 2. nassauischen Wahlkreis, damals noch evangelisch; Advokat v. Mühlfeld aus Wien, Abgeordneter für Wien, katholisch; Professor Droysen aus Kiel, Abgeordneter für den 5. schleswig-holsteinschen Wahlkreis, evangelisch; Freiherr v. Andrian aus Wien, Abgeordneter für Wiener Neustadt, katholisch; Oberappellationsgerichtsrath Schüler aus Jena, Abgeordneter für den 3. weimarischen Wahlkreis, evangelisch; Heinrich Simon, Stadtgerichtsrath aus Breslau, Abgeordneter für Magdeburg, evangelisch; Professor Mittermaier aus Heidelberg, Abgeordneter für Rastatt und Baden, katholisch; v. Beckerath, Banquier aus Krefeld, Abgeordneter für Krefeld, evangelisch; Professor Dahlmann aus Bonn, Abgeordneter für den 6. schleswig-holsteinschen Wahlkreis, evangelisch; Fürst Lichnowsky aus Ratibor, Abgeordneter für Ratibor, katholisch; Paul Pfizer, Staatsrath aus Stuttgart, Abgeordneter für den württembergischen Neckarkreis, evangelisch; Advokat Detmold aus Hannover, Abgeordneter für den 23. hannoverschen Wahlkreis, evangelisch; Geheimrath Welcker aus Heidelberg, Abgeordneter für den 14. badenschen Wahlkreis, evangelisch; Professor Georg Beseler aus Greifswald, Abgeordneter für den 13. pommerschen Wahlkreis, evangelisch; Professor Robert Mohl aus Heidelberg, Abgeordneter für Mergentheim, evangelisch; Präsident Hergenhahn aus Wiesbaden, Abgeordneter für Wiesbaden, evangelisch; Staatsrath Römer aus Stuttgart, Abgeordneter für den württembergischen Donaukreis, evangelisch; Oberlandesgerichts-Präsident Scheller aus Frankfurt a. d. O., Abgeordneter für Frankfurt a. d. O, evangelisch; Professor v. Lassaulx aus München, Abgeordneter für Abensberg in Baiern, katholisch; Prediger Jürgens aus Stadtoldendorf, Abgeordneter für den 3. braunschweigschen Wahlbezirk, evangelisch; Buchhändler Robert Blum aus Leipzig, Abgeordneter für Leipzig, deutschkatholisch; Professor Wigard aus Dresden,

[1]) Stenographische Berichte über die Verhandlungen der deutschen konstituirenden Nationalversammlung zu Frankfurt a. M., herausgegeben auf Beschluß der Nationalversammlung durch die Redaktionskommission und in deren Auftrag von Prof. Franz Wigard. Leipzig 1848, I, S. 71; 88; vergl. S. 687 Anm.

Abgeordneter für Dresden, deutsch katholisch; Professor Ahrens aus Salzgitter, Abgeordneter für den 9. hannoverschen Wahlkreis, evangelisch; Professor Tellkampf aus Breslau, Abgeordneter für den 24. schlesischen Wahlkreis, evangelisch; Professor Waitz aus Göttingen, Abgeordneter für den 4. holsteinschen Wahlkreis, evangelisch; Regierungsrath Wippermann aus Kassel, Abgeordneter für den 3. kurhessischen Wahlkreis, evangelisch; Obergerichtsadvokat v. Soiron aus Mannheim, Abgeordneter für Heidelberg, katholisch; und endlich Buchhändler Bassermann aus Mannheim, Abgeordneter für Stadtprozelten in Baiern, evangelisch, welcher zum Vorsitzenden des Verfassungsausschusses erwählt wurde.[2])

Wie bereits das sogenannte Vorparlament und die siebzehn von den Regierungen zur Bundesversammlung einberufenen Vertrauensmänner „Grundrechte des deutschen Volkes" aufgestellt hatten:[3]) so faßte auch dieser Ausschuß sofort die möglichst baldige Ausarbeitung eines Entwurfes der deutschen Grundrechte ins Auge. Und zwar hielt er in seiner Mehrheit die Ausarbeitung eines ganz neuen Entwurfes

---

[2]) Der oben genannte Jürgens bezeichnet in seinem Werke: Zur Geschichte des deutschen Verfassungswerkes 1848—1849, I. Abtheilung, Braunschweig 1850, S. 182, als die Haupturheber des Verfassungsentwurfes Dahlmann, Beseler, Droysen und Waitz. Ueber diese und die übrigen Mitglieder des Ausschusses sowie über andere Mitglieder der Nationalversammlung s. Heinrich Laube, Das erste deutsche Parlament, Leipzig 1849, besonders II, S. 31—62; Karl Biedermann, Erinnerungen aus der Paulskirche, Leipzig 1849; R. Haym, Die deutsche Nationalversammlung, Frankfurt a. M. 1848 und Berlin 1849-50; auch: Schilderungen zur Physiognomik der deutschen Nationalversammlung, in den historisch-politischen Blättern für das katholische Deutschland, von Phillips und Görres, XXII, München 1848, S. 32—52; vergl. Die Parteien in der Paulskirche, a. dems. O. S. 119—128. Ueber die das deutsche Parlament betreffende Literatur aus jener Zeit s. R. Haym, Die Literatur des ersten deutschen Parlaments, in der Allg. Monatsschr. für Literatur von Dr. L. Roß und Dr. G. Schwetschke, I, Halle 1850, S. 132—153.

[3]) In dem Entwurfe des Vorparlaments (31. März bis 4. April) hieß es rücksichtlich unseres Gegenstandes: „Gleichstellung der politischen Rechte ohne Unterschied des Glaubensbekenntnisses und Unabhängigkeit der Kirche vom Staate." In dem Entwurfe der Siebzehn (übergeben mit dem von Dahlmann verfaßten Vorworte am 27. April): „Freiheit des Glaubens und der privaten und öffentlichen Religionsübung, Gleichheit aller Religionsparteien in bürgerlichen und politischen Rechten." Verhandlungen des deutschen Parlaments, Offizielle Ausgabe, mit einer geschichtlichen Einleitung u. s. w., Frankfurt a. M. 1848, Heft I. S. 174; Heft II, S. 280. Auch bei Karl Weil, Quellen und Aktenstücke zur deutschen Verfassungsgeschichte, Berlin 1850, S. 99; 117.

für Pflicht, wies deshalb den Vorschlag, seinen Berathungen den Entwurf der Siebzehn zu Grunde zu legen, zurück, und beauftragte in seiner zweiten Sitzung, am 26. Mai, die Ausschußmitglieder Dahlmann, v. Mühlfeld und Robert Mohl mit der Aufsetzung eines vorläufigen Entwurfes. Diese Vorkommission legte ihren Entwurf in der fünften Ausschußsitzung, am 1. Juni, vor, und der Ausschuß machte ihn gleich in derselben Sitzung zum Gegenstande der Diskussion.[4])

Die Vorkommission hatte rücksichtlich der Religion und der Religionsgesellschaften keine weiteren Bestimmungen ausgesprochen, als daß sie unter den Grundrechten aufgezählt hatte:

„Freiheit des Glaubens und der privaten sowohl als öffentlichen Religionsübung; Recht zur Bildung neuer Religionsparteien, und Gleichheit aller Religionsverwandten in bürgerlichen und politischen Rechten."

Dies schien dem Verfassungsausschusse jedoch nicht genügend zu sein. Es wurden aus seiner Mitte einige sehr bedeutende Ergänzungen beantragt, indessen gerade diejenigen Anträge, welche eine prinzipielle Ordnung des Verhältnisses von Staat und Kirche bezweckten, wurden durch Abstimmung verworfen. Es waren diese:[5])

1) ausdrücklich auszusprechen die absolute Unabhängigkeit von Kirche und Staat;
2) ausdrücklich auszusprechen die relative Unabhängigkeit der Religionsgesellschaften von dem Staat in ihren inneren Angelegenheiten;
3) zu sagen: die Ordnung und Verwaltung der eignen Angelegenheiten ist Sache der einzelnen Religionsgenossenschaft ohne Einmischen des Staates.

Dagegen wurde vom Verfassungsausschuß beschlossen, daß folgende Punkte in die Grundrechte Aufnahme finden sollten:

„a. Freiheit des Bekenntnisses, vorbehaltlich die Bestrafung der Verbrechen und Vergehen, welche bei Ausübung dieser Freiheit begangen werden, sowie vorbehaltlich aller staatsbürgerlicher Pflichten.

Einer Anerkennung des Bekenntnisses durch den Staat bedarf es nicht.

b. Für die Bekenner aller Religionen Gleichheit vor dem Gesetz.

Es ist ausdrücklich die Bildung neuer Religionsgesellschaften gestattet.

---

[4]) Droysen, Die Verhandlungen des Verfassungsausschusses der deutschen Nationalversammlung, I, Leipzig 1849, S. 2 f. Der Entwurf der Vorkommission a. dems. O. S. 363 f.

[5]) A. dems. O. S. 13 f.

c. (Das Verhältniß von Kirche und Staat). Niemand kann zu einer kirchlichen Handlung oder Feierlichkeit gezwungen werden.

Die Civilehe ist ausdrücklich aufzunehmen."[6])

Beseler und Droysen, vom Verfassungsausschuß mit der Redaktion des Entwurfes nach den Ausschußbeschlüssen beauftragt, gaben diesen Punkten hiebei folgende Fassung:[7])

„Artikel III."

„§. 12. Jeder Deutsche hat volle Glaubens- und Gewissensfreiheit.

§. 13. Neue Religionsgesellschaften können sich bilden wie und wo sie wollen; einer Anerkennung ihres Bekenntnisses durch den Staat bedarf es nicht.

§. 14. Jeder ist unbeschränkt in der häuslichen und öffentlichen Uebung seiner Religion, vorbehaltlich seiner staatsbürgerlichen Pflichten.

§. 15. Verbrechen und Vergehen, welche bei Ausübung dieser Freiheiten begangen werden, sind nach dem Gesetze zu bestrafen.

§. 16. Durch das religiöse Bekenntniß wird der Genuß der bürgerlichen und staatsbürgerlichen Rechte weder bedingt noch beschränkt.

§. 17. Niemand soll zu einer kirchlichen Handlung oder Feierlichkeit gezwungen werden.

§. 18. Die bürgerliche Giltigkeit der Ehe ist durch die Vollziehung des Civilakts bedingt (bürgerliche Ehe)."

Die genannten Abgeordneten übergaben ihre Redaktion am 14. Juni dem Verfassungsausschuß, der sie dann noch in fünf Sitzungen besprach und endlich den noch einmal von Beseler und Droysen redigirten Entwurf sammt dem von Beseler verfaßten Berichte annahm.[8]) Am 20. Juni konnte der Bericht mit dem Entwurfe unter die Mitglieder der Nationalversammlung vertheilt werden.

2. Der Entwurf zu den Grundrechten und die Motive.

Auch in der schließlich vom Verfassungsausschuß angenommenen Redaktion des Entwurfes bilden die Bestimmungen über die Religion und die Religionsgesellschaften den dritten Artikel. Sie schließen sich aufs engste an diejenigen der ersten Beseler-Droysen'schen Fassung an,

[6]) A. dems. O. S. 364.

[7]) A. dems. O. S. 368.

[8]) A. dems. O. S. 54 f.

fügen ihr indessen rücksichtlich der Eheschließung eine neue und zwar praktisch wichtige Einschränkung hinzu, garantiren die Freiheit häuslicher und öffentlicher Religionsübung nicht schlechtweg jedem ohne Unterschied, sondern nur jedem Deutschen, sichern dagegen das ganze Gebiet der genannten Freiheit, indem sie das Prädikat „gemeinsam" besonders aussprechen, unterscheiden sich aber im übrigen von jener früheren Fassung nur durch einige unwesentliche redaktionelle Aenderungen. Die bezüglichen Bestimmungen lauten in dieser Redaktion nämlich so:

„Artikel III."[1]

„§. 11. Jeder Deutsche hat volle Glaubens- und Gewissensfreiheit.

§. 12. Jeder Deutsche ist unbeschränkt in der gemeinsamen häuslichen und öffentlichen Uebung seiner Religion.

Verbrechen und Vergehen, welche bei Ausübung dieser Freiheit begangen werden, sind nach dem Gesetze zu bestrafen.

§. 13. Durch das religiöse Bekenntniß wird der Genuß der bürgerlichen und staatsbürgerlichen Rechte weder bedingt noch beschränkt.

Den staatsbürgerlichen Pflichten darf dasselbe keinen Abbruch thun.

§. 14. Neue Religionsgesellschaften dürfen sich bilden; einer Anerkennung ihres Bekenntnisses durch den Staat bedarf es nicht.

§. 15. Niemand soll zu einer kirchlichen Handlung oder Feierlichkeit gezwungen werden.

§. 16. Die bürgerliche Giltigkeit der Ehe ist nur von

---

[1] Der ganze Bericht des Verfassungsausschusses: Verhandlungen der deutschen verfassunggebenden Reichsversammlung zu Frankfurt a. Main, herausgegeben auf Beschluß der Nationalversammlung durch die Redaktionskommission und in deren Auftrage von dem Abgeordneten Prof. Dr. K. D. Haßler. Frankfurt a. M. 1848/49, II, S. 47—55. Artikel III: S. 48; auch Sten. Ber. I, S. 683.

der Vollziehung des Civilaktes abhängig; die kirchliche Trauung kann erst nach der Vollziehung des Civilaktes stattfinden."[2])

Diese Paragraphen waren in dem Ausschußberichte erläutert durch folgende

Motive.[3])

„Die Unabhängigkeit der Kirche vom Staate, die Trennung beider Gewalten ist hier als allgemeines Prinzip nicht ausgesprochen worden. Der Ausschuß trug Bedenken, die konfessionellen Fragen so allgemein mit der politischen in Verbindung zu bringen; es sei schon einmal die Wiederherstellung Deutschlands dadurch verhindert worden. Auch machte sich die Ansicht geltend, daß, wenn die Kirche vom Staate ganz unabhängig sein solle, es nothwendig werden könne, diesen letzteren gegen Uebergriffe durch besondere Maßregeln zu sichern. Endlich zog man in Betracht, daß die evangelische Kirche in ihrer jetzigen Verfassung so mit dem Staate verwachsen sei, daß eine plötzliche Trennung schwierig sei; auch schließe die freiere Form der Synodal-Presbyterial-Verfassung, welche jetzt angestrebt werde, eine Betheiligung des Staates nicht unbedingt aus, und, was endlich besonders hervorzuheben sei, es komme doch wohl gerade in dieser Sache sehr darauf an, allen Betheiligten Gehör zu geben. Aus diesen Gründen beschloß der Ausschuß, in diesem Artikel einige Bestimmungen vorzuschlagen, welche die wichtigsten Konsequenzen des allgemeinen Prinzips enthalten, dieses selbst aber nicht ausdrücklich auszusprechen. Die Aufnahme

---

[2]) Die nahe Verwandtschaft dieser Paragraphen mit den Artikeln 14—16 der belgischen Verfassung von 1831 springt sofort in die Augen. Die genannten Artikel lauten:

„Art. 14. Die Glaubensfreiheit, die Freiheit der öffentlichen Ausübung der verschiedenen Religionen, sowie die Freiheit, seine Ansicht in jeder Beziehung offen an den Tag zu legen, sind verbürgt, mit Vorbehalt der Bestrafung der bei Gelegenheit der Ausübung dieser Freiheiten begangenen Vergehen.

Art. 15. Niemand kann gezwungen werden, sich in irgend einer Art an die Feierlichkeiten und Ceremonien einer Religion zu binden und deren Festtage zu beobachten.

Art. 16. Dem Staate kommt das Recht nicht zu, sich in die Ernennung oder in die Amtseinsetzung der Diener irgend einer Religion zu mischen, oder diesen zu verbieten, mit ihren Vorgesetzten zu korrespondiren und ihre Verhandlungen zu veröffentlichen, in diesem letztern Falle jedoch mit Vorbehalt der gewöhnlichen Verantwortlichkeit in Preß- und Veröffentlichungs-Angelegenheiten.

Die Civilehe muß immer der Trauung vorangehen, ausgenommen in den vom Gesetze zu bestimmenden Fällen."

[3]) Verhh. v. Haßler, II, S. 52; Sten. Ber. I, S. 685.

der bürgerlichen Ehe (§. 16) schien unerläßlich, um die religiöse Freiheit ganz und nach allen Seiten hin zu sichern und die Geistlichkeit der Führung der Civilstandsregister zu entheben. Gegen die Ansicht des Ausschusses, daß jenes Prinzip der Trennung von Kirche und Staat, die Unabhängigkeit der Kirche nicht so allgemein auszusprechen sei, sind vier Minoritätserachten eingereicht worden."

Diese Motive beschränken sich fast ganz auf die Rechtfertigung der eigenthümlichen Stellung, welche der Ausschuß in seinem Entwurfe zu dem Prinzip der Unabhängigkeit der Kirche eingenommen hatte.[4]) Damit hoben sie von vornherein den Punkt hervor, um den die Verhandlungen über den dritten Artikel sich ganz hauptsächlich bewegen mußten. Denn vornehmlich an der Beantwortung der Frage: ob dieses Prinzip verschwiegen bleiben oder ob es ausgesprochen werden solle, hing die Entscheidung über das künftige Verhältniß des Staates zu den Kirchen überhaupt, und mit ihr zugleich eine weitgreifende Entscheidung über die künftige Gestaltung der evangelischen Kirche insbesondere.

---

[4]) Die Erklärung, welche der Ausschuß hierüber in den Motiven niedergelegt hatte, erfuhr am Schluß der Debatte über §. 14 noch eine gewisse Ergänzung durch den Referenten, Professor Beseler von Greifswald. Dieser sagte nämlich, die Folgerung, daß auch die bestehenden Kirchen für unabhängig erklärt werden müßten, weil nach §. 14 die neuen Vereine die Unabhängigkeit vom Staat in Anspruch nehmen könnten, könne der Ausschuß nicht als richtig gelten lassen. Derselbe habe sich nicht prinzipiell über die Frage der Unabhängigkeit ausgesprochen; er hätte es vielleicht thun können, aber er habe, indem er den §. 14 gefaßt, konsequent gehandelt. Es sei nicht die Aufgabe, in den Grundrechten die Kirche in ihrem Verhältnisse zum Staate zu ordnen, sondern vielmehr, das Individuum in Beziehung auf die religiösen Verhältnisse, wie sie nach außen hervortreten, zu sichern, dazu gehöre auch das Recht, sich zu neuen religiösen Gesellschaften zusammen zu thun, und das habe durch den §. 14 gewährt werden sollen. Nun könne man freilich sagen, der Ausschuß hätte weiter gehen, tiefer eingreifen sollen, das sei aber eine Frage nicht des Prinzips, sondern der Zweckmäßigkeit, und namentlich von diesem Standpunkte aus habe sie der Ausschuß behandelt. Derselbe habe geglaubt, es sei doch verwegen, wenn man in einer politisch so von Grund aus aufgewühlten Zeit auch noch fordern wollte, die Grenzscheide zwischen dem Staate und der Kirche festzustellen. Das Prinzip der Unabhängigkeit der Kirche aussprechen heiße in wichtigen Beziehungen unser deutsches Staats- und Gemeindeleben ändern, damit aber würde gefordert werden, daß die Kraft der Nation, welche, wie es scheine, für deren politische Konstituirung vollauf in Anspruch genommen werde, auch für das Kirchliche sich energisch zusammennehme. In dieser Weise so viel auf einmal von der Nation zu verlangen sei dem Ausschuß gefährlich erschienen. Sten. Ber. III, S. 1952.

II. Die erste Lesung der Grundrechte in der deutschen Nationalversammlung.

1. Minoritätserachten und Verbesserungsanträge.

Wie schon im Ausschusse selber vier Minoritätserachten gestellt waren, welche jene Frage anders als der Entwurf zu lösen suchten, so wurde in derselben Absicht auch aus dem Plenum der Nationalversammlung eine Reihe von Verbesserungsanträgen zu §. 14 eingebracht, und außerdem riefen die übrigen Paragraphen gleichfalls viele Amendements hervor. Alle diese Minoritätserachten und Verbesserungsanträge, soweit sie nicht schon vor der Unterstützungsfrage wieder zurückgezogen wurden,[1]) mögen hier ihre Stelle finden.

Zu §. 11.[2])

A. Beseitigungsantrag.

1. Des Abgeordneten Karl Schwarz-Torgau aus Halle:

„Dieser Paragraph falle ganz weg." (Wurde nicht genügend unterstützt.

B. Zusatzanträge.

2. Des Abg. Grävell-Muskau aus Frankfurt a. O.

Zusatz: „einschließlich des freimüthigen Bekenntnisses seines Glaubens und der Vertheidigung seines Inhalts gegen Anfechtungen desselben." (Nicht genügend unterstützt).

3. Des Abg. für den 2. preußisch-sächsischen Wahlkreis, Plathner aus Halberstadt.

Zusatz: „Niemand ist verpflichtet, seine religiöse Ueberzeugung zu offenbaren, oder sich irgend einer religiösen Genossenschaft anzuschließen.

---

[1]) Die vor der Unterstützungsfrage zurückgezogenen Anträge theile ich nicht mit, weil ihre Kenntniß für das Verständniß der Parlamentsbeschlüsse keinen Werth hat und auch sonst kein irgendwie erhebliches Interesse darbietet. — Zur Unterstützung waren zwanzig Stimmen erforderlich. — Die im Folgenden als „Abänderungsanträge" aufgeführten Anträge bezweckten die Ersetzung der vom Ausschuß vorgeschlagenen Fassung durch die proponirte neue, während die „Zusatzanträge" dieselbe nur ergänzen wollten.

[2]) Sten. Ber. III, S. 1764 f.

Niemand darf seiner religiösen Ueberzeugung wegen benachtheiligt oder zur Verantwortung gezogen werden."

4. Des Abg. für den 5. brandenburgischen Wahlkreis, Nauwerk aus Berlin.

Zusatz: „Kein Deutscher ist verpflichtet einer Religionsgesellschaft anzugehören."

5. Des Abg. Meyer-Liegnitz-Lüben aus Liegnitz.

Zusatz: „Es ist daher, anstatt der bisher üblichen Eidesformeln eine andere feierliche Zeugenaussage mit allen rechtlichen Konsequenzen für solche zu substituiren, mit deren religiösem Bewußtsein der Eid nicht übereinstimmt."

C. Abänderungsanträge.

6. Des Abg. für den 5. schlesischen Wahlkreis, Schmidt aus Löwenberg.

„Jeder Deutsche ist berechtigt, seine eigene religiöse Ueberzeugung zu haben, sie stets und überall frei zu bekennen, und ist nicht gezwungen, irgend einer religiösen Genossenschaft anzugehören."

Eventuell wurde die Annahme dieses Satzes als Zusatz zum Paragraphen des Ausschusses beantragt.

7. Des Abg für den 3. braunschweigischen Wahlkreis, Jürgens aus Stadtoldendorf.

„Jeder Deutsche hat volle Freiheit des Glaubens, Gewissens und der gemeinsamen häuslichen Religionsübung." (Nicht genügend unterstützt).

8. Des Abg. für den 13. badenschen Wahlkreis, Zittel aus Bahlingen

„Jedem Deutschen ist die volle Freiheit des Bekenntnisses und des Kultus gewährleistet." (Nicht genügend unterstützt).

9. Des Abg. für den 4. kurhessischen Wahlkreis, Sylvester Jordan aus Marburg.

„Jedem Deutschen ist die volle Glaubens- und Gewissensfreiheit im vollen Umfange durch besonderen Staatsschutz für immer gewährleistet."

10. Des Abg. Behr-Kronach aus Bamberg.

„Jeder Deutsche hat volle Glaubens-, Gewissens- und Religionsfreiheit in ihrer privaten Uebung. Auch die Kirchen sind in Ansehung ihres innern, rein religiösen Lebens unbeschränkt, unterliegen jedoch der Aufsicht und Einwirkung des Staates, wo und so oft solche nothwendig ist, um die Staatsglieder gegen Beeinträchtigung ihrer Rechte als Menschen und Bürger durch Vorschriften der Kirchen zu wahren und seine Schutzpflicht in vollem Umfange zu erfüllen." (Nicht genügend unterstützt).

11. Des Abg. Reisinger-Freistadt aus Freistadt in Oberösterreich.

Die §§. 11 und 12 so zu fassen: „Jedem Deutschen ist die religiöse Glaubensfreiheit in Wort, Schrift und kirchlicher Uebung gewährleistet: Verbrechen und Vergehen, welche bei Ausübung dieser Freiheiten begangen werden, sind nach den Gesetzen zu bestrafen." (Nicht genügend unterstützt).

12. Des Abg Kotschy-Bielitz aus Ustron.

„Jedem auf Deutschlands Boden Ansässigen ist die Ausübung voller Glaubens- und Gewissensfreiheit durch Wort, Schrift und That gewährleistet (garantirt)."

Zu §. 12.[3])

Abänderungsanträge.

13. Der Abg. v. Nagel-bairisch Neuburg aus Oberviechtach und Genossen.[4])

„Die Freiheit jeder Gottesverehrung und ihrer öffentlichen Ausübung ist verbürgt.

Verbrechen und Vergehen, welche bei Ausübung dieser Freiheiten begangen werden, unterliegen den allgemeinen Strafgesetzen."

14. Des Abg. für den 6. hessen-darmstädtischen Wahlkreis, Karl Vogt aus Gießen.

„Niemand darf in der gemeinsamen häuslichen oder öffentlichen Uebung seiner Religion beschränkt werden.

Zum Zwecke dieser Religionsübung darf jede überhaupt erlaubte Handlung vorgenommen werden.

Eine gesetzwidrige Handlung wird dadurch nicht entschuldigt, daß sie aus religiöser Ueberzeugung hervorgeht."

---

[3]) Sten. Ber. III, S. 1765 Vom Abg. für den 1. württembergischen Wahlkreis, K. F. Rheinwald aus Rottweil, wurde zu diesem Paragraphen folgender Zusatz beantragt: „Der Orden der Jesuiten, Ligorianer, Redemptoristen ist für alle Zeiten aus dem Gebiete des deutschen Reiches verbannt." Sten. Ber. III, S. 1733. Die Nationalversammlung beschloß indessen, diesen sowie alle anderen auf Verbote bestimmter religiöser Gelübde oder Orden gerichteten Anträge zum Artikel VI. der Grundrechte, welcher vom Vereinigungsrechte handelte, zu verschieben. Sten. Ber. III, S. 1762. Die anderen verwandten Anträge (Sten. Ber. III, S. 2311 f) waren folgende:

Vom Abg. Eisenmann-Würzburg aus Nürnberg und Genossen: „Nur solche Vereine, die unter den Befehlen auswärtiger Oberen oder Vorstände stehen, sind in Deutschland nicht zulässig, oder fordern zu ihrem Bestehen eine besondere Genehmigung des Staats."

Vom Abg. für den 5. hannoverschen Wahlkreis, Wedekind aus Bruchhausen: „Alle Klöster und geistliche Orden — mit Ausnahme derer der barmherzigen Schwestern — sind aufgehoben und dürfen nie wieder eingeführt werden." (Nicht genügend unterstützt).

15. Des Abg. für den 2. preußisch-sächsischen Wahlkreis, Plathner aus Halberstadt.

„Zum Zwecke der Ausübung der Religion darf jede überhaupt erlaubte Handlung vorgenommen werden.

Eine gesetzwidrige Handlung wird dadurch nicht entschuldigt, daß sie aus religiöser Ueberzeugung hervorgeht."

16. Des Abg. für den 13. sächsischen Wahlkreis, v. Trützschler aus Dresden, und Genossen.

„Zum Zwecke der Ausübung der Religion darf jede von dem Gesetz nicht verbotene Handlung vorgenommen werden.

Eine gesetzwidrige Handlung wird dadurch nicht entschuldigt, daß sie aus religiöser Ueberzeugung hervorgeht"

17. Des Abg. Grävell-Muskau aus Frankfurt a. O

„a. Jeder Deutsche ist in der gemeinsamen häuslichen Einrichtung der Religionsübungen unbeschränkt, jedoch unbeschadet der Gewissensfreiheit eines jeden mündigen Hausgenossen, und so, daß keine gesetzlich unerlaubte Handlung durch eine ihr gegebene religiöse Beziehung unsträflich gemacht werden kann.

Vom Abg. Meyer-Liegnitz aus Liegnitz: „Jedoch sind geistliche Orden und Klöster, weß Namens sie seien, als gemeinschädlich erkannt, verboten und die bestehenden sofort aufzuheben."

Vom Abg. für den 2. pfälzischen Wahlkreis, Spatz aus Frankenthal, und Genossen: „Religiöse Gelübde, welche eine dauernde Beschränkung der persönlichen Freiheit enthalten, sind ungiltig; Genossenschaften, welche dergleichen Gelübde fordern, sind unstatthaft."

Vom Abg. für den 3. rheinpreußischen Wahlkreis, Dewes aus Losheim: „Alle Associationen und Korporationen, die zur Aufnahme solche Bedingungen und Gelübde erfordern, welche den freien Austritt erschweren oder verhindern, namentlich: Ehelosigkeit, Armuth und Gehorsam gegen andere, als die gesetzlichen Behörden, wodurch sie der allgemeinen Wohlfahrt zum Nachtheil gereichen, dürfen nie eingeführt werden, und sind alle bestehenden Gesellschaften der Art, als geistliche Orden, Brüderschaften, Klöster rc. für immer aufzuheben."

Bei der ersten Abstimmung über die Grundrechte wurde unter Verwerfung dieser übrigen Anträge der Antrag von Rheinwald und zwar ohne Debatte angenommen. Sten. Ber. III, S. 2312 f.

[4]) Lassaulx, Dieringer, Blömer, v. Radowitz, v. Ketteler, Phillips, Döllinger, v. Diepenbrock, Sepp, A. Reichensperger, Osterrath, Förster, Gförder, und andere hervorragende Katholiken; neben ihnen auch M. v. Gagern und Christoph Hoffmann. Dieser und der sub N. 47 mitgetheilte Antrag derselben Abgeordneten wurde erläutert und befürwortet in einer besonderen Broschüre: Kirche und Staat. Betrachtungen über den Artikel III. des Entwurfs der Grundrechte des deutschen Volks. Frankfurt a. M. im August 1848. (Ohne Angabe des Verlegers).

b. Die öffentliche Uebung religiöser Versammlungen, ingleichen die Verbreitung einer Religionslehre, durch welche Gotteslästerung, Unsittlichkeit, Ungesetzlichkeit und Müßiggang befördert, oder Rechtsungleichheit, Unfriede und Verketzerung unter den Staatsgenossen erzeugt und genährt wird, darf im Staate nicht gestattet werden. Ohne ein solches Verbot oder Beschränkung braucht niemand über seine Religion irgend jemanden Rechenschaft zu geben.

c. Proselytenmacherei, das heißt Werbung für eine Religionspartei durch andere Mittel, als durch freiwillig angenommene Unterweisung, soll so wenig geduldet werden, als Anstiftung von Familienzwist um des religiösen Bekenntnisses willen.

d. Insoweit, als eine Religion ihre Bekenner einer auswärtigen geistlichen Gewalt unterwirft, ist die Staatsverwaltung zu allen den Vorsichtsmaßregeln und Vorkehrungen wohl befugt und schuldig, welche zur Verhütung eines Uebergreifens derselben in die Hoheit des Staats oder einer Gewissensbeängstigung seiner Angehörigen erforderlich sind." (Nicht genügend unterstützt.)

18. Des Abg. für den 3. braunschweigischen Wahlkreis, Jürgens aus Stadtoldendorf.

„Jeder Deutsche ist unbeschränkt in der gemeinsamen öffentlichen Uebung der christlichen Religion; auch ist die öffentliche Uebung der jüdischen Religion allen Beschränkungen enthoben.

Verbrechen und Vergehen, welche bei Ausübung dieser Freiheit begangen werden, sind nach den Gesetzen zu bestrafen." (Nicht genügend unterstützt).

Zu §. 13.[5])

A. Zusatzanträge.

19. Des Abg. Martens-Danzig aus Danzig.

Zusatz: „Wegen der Befreiung vom Kriegsdienste aus Rücksichten des religiösen Glaubensbekenntnisses wird das über die Wehrverfassung zu erlassende Gesetz die näheren Bestimmungen enthalten."

20. Des Abg. Moritz Mohl-Jaxtkreis aus Stuttgart.

Zusatz: „Die eigenthümlichen Verhältnisse des israelitischen Volksstammes sind Gegenstand besonderer Gesetzgebung und können vom Reich geordnet werden. Den israelitischen Angehörigen Deutschlands werden die aktiven und passiven Wahlrechte gewährleistet." (Nicht genügend unterstützt).

---

[5]) Sten. Ber. III, S. 1765 f.

B. Abänderungsanträge.

21. Des Abg. Meyer-Liegnitz aus Liegnitz.

„Durch das religiöse Bekenntniß sowie durch den Mangel jeglicher Konfession wird“ u. s. w.

22. Des Abg. für den 3. braunschweigischen Wahlkreis, Jürgens aus Stadtoldendorf.

„Durch ein religiöses Bekenntniß wird der Genuß der bürgerlichen und staatsbürgerlichen Rechte weder bedingt noch beschränkt.

Den staatsbürgerlichen Pflichten darf dasselbe keinen Abbruch thun.“

23. Des Abg. für den 17. westfälischen Wahlkreis, v. Linde aus Mainz.

„Durch das religiöse Bekenntniß wird der Genuß der bürgerlichen und staatsbürgerlichen Rechte weder bedingt noch beschränkt.

Der Erfüllung der staatsbürgerlichen Pflichten geschieht durch dasselbe kein Abbruch.“ (Nicht genügend unterstützt).

24. Des Abg. für den 2. preußisch-sächsischen Wahlkreis, Plathner aus Halberstadt.

„Kein Recht im Staat und kein staatliches Verhältniß darf von Anerkennung irgend eines religiösen Glaubenssatzes oder von Vornahme irgend einer religiösen Handlung abhängig gemacht werden.

Wer unter Berufung auf sein Gewissen die Erfüllung einer staatsbürgerlichen Pflicht verweigert, hat keinen Anspruch auf den Genuß des vollen staatsbürgerlichen Rechts.“

25. Des Abg. für den 13. sächsischen Wahlkreis, v. Trützschler aus Dresden und Genossen.

„Kein Recht im Staat und kein staatliches Verhältniß darf von Anerkennung irgend eines religiösen Glaubenssatzes oder von Vornahme irgend einer religiösen Handlung abhängig gemacht werden.

Niemand darf durch Anwendung weltlicher Zwangsmittel zur Erfüllung religiöser Pflichten angehalten werden.

Niemand darf unter Berufung auf seine religiöse Ueberzeugung die Erfüllung einer staatsbügerlichen Pflicht verweigern.“

26. Des Abg. Backhaus-Walbeck aus Jena und Genossen.

„Die bürgerlichen und staatsbürgerlichen Rechte sind an kein religiöses Bekenntniß gebunden. Alle auf ein religiöses Bekenntniß begründeten Ausnahmegesetze sind aufgehoben.

Den staatsbürgerlichen Pflichten darf das Bekenntniß keinen Abbruch thun.“

27. Des Abg. Grävell-Muskau aus Frankfurt a. O.

„Durch das religiöse Bekenntniß werden die staatsbürgerlichen und die privatrechtlichen Gerechtsame oder Obliegenheiten in keiner Weise bedingt oder beschränkt, es sei denn, daß aus den im §. 12b. angegebenen Gründen durch Gesetz besondere einschränkende Bestimmungen eingeführt werden.

Den staatsbürgerlichen Pflichten darf durch den religiösen Glauben kein Abbruch geschehen, widrigenfalls gesetzlich zu bestimmen ist, ob die Anhänger einer solchen staatswiderrechtlichen Religion im Staatsgebiete gar nicht zu dulden, oder welchen beschränkenden Maßgaben sie zu unterwerfen sind." (Nicht genügend unterstützt).

28. Des Abg. für den 6. hessisch-darmstädtischen Wahlkreis, Karl Vogt aus Gießen.

„Niemand darf seiner religiösen Ueberzeugung wegen benachtheiligt oder zur Verantwortung gezogen werden; namentlich darf kein Recht im Staate von dem Bekenntnisse irgend eines religiösen Glaubenssatzes oder von Vornahme irgend einer religiösen Handlung abhängig gemacht werden."

29. Des Abg. Karl Kotschy-Bielitz aus Ustron.

„Den Religionsgesellschaften, als Instituten im Staate, sowie deren einzelnen Mitgliedern ist volle Gleichstellung in bürgerlichen und politischen Rechten gewährleistet (garantirt).

Unzulässig daher, daß eine Kirche das Bestehen der andern von Leistungen abhängig mache, sie irgend bevormunde oder beherrsche."

Zu §. 14.[6])

A. Zusatzanträge.

30. Minoritätserachten III a, von den Ausschußmitgliedern Wigard, Blum, Simon, Schüler.

Zusatz: „Keine Religionsgesellschaft genießt vor anderen Vorrechte durch den Staat. Es besteht fernerhin keine Staatskirche."

31. Des Abg. für den 4. kurhessischen Wahlkreis, Sylvester Jordan aus Marburg.

Zusatz: „Alle Religionsgenossenschaften sind vor dem Gesetz einander gleich, alle besonderen kirchlichen Vorrechte und Privilegien sind für immer aufgehoben."

32. Des Abg. Pötzl-Amberg aus München und Genossen.

Zusatz: „Den Mitgliedern einer jeden Religionsgesellschaft steht es frei, Gemeinden zu bilden, und diesen kommen die Genossenschaftsrechte zu."

33. Des Abg. für den 16. hannöverschen Wahlkreis, Freudentheil aus Stade.

Zusatz: „Den Kirchengemeinden und Religionsgesellschaften steht die Verwaltung, sowie die Bestimmung oder fundationsmäßige Verwendung des Kirchenvermögens

---

[6]) Sten. Ber. III, S. 1955 ff.; vergl. S. 1985 ff.

zu. Ueber die Wahl und Bestellung der Kirchenbeamten und ihre Entlassung soll ein besonderes Gesetz erlassen werden." — Eventuell beantrage ich, den letzten Satz dahin zu fassen:

„sollen besondere Gesetze von den Einzelstaaten erlassen werden." (Nicht genügend unterstützt).

34. Des Abg. für den 5. hannöverschen Wahlkreis, Wedekind aus Bruchhausen.

Zusatz: „Alles Patronatsrecht ist aufgehoben; jede Kirchengemeinde wählt und ernennt ihre Seelsorger und sonstigen Kirchenbeamten selbständig aus qualificirten Personen. — Der evangelischen Kirche wird die Presbyterial- und Synodal-Verfassung gewährleistet." (Nicht genügend unterstützt).

35. Des Abg. Künßberg-Ansbach aus Ansbach.

Zusatz: „Jedoch haben neugebildete Religionsgesellschaften keinen Anspruch auf das Kultus- und sonstige Stiftungsvermögen älterer, sofern anders diese noch im betreffenden Staate fortbestehen, und durch kirchliche Behörden vertreten sind." (Nicht genügend unterstützt).

36. Minoritätserachten IV, von den Ausschußmitgliedern Wigard, Blum, Mittermaier, Simon, Ahrens.

Zusatz: „Den neu gebildeten Religionsgesellschaften dürfen die Genossenschaftsrechte nicht verweigert werden."

37. Des Abg. für den 4. kurhessischen Wahlkreis, Jacobi aus Hersfeld.

Zusatz: „Keinem darf der Uebertritt aus einer Kirche in die andere auf irgend eine Weise erschwert werden: die aus einer Kirche Austretenden sind von allen persönlichen Verpflichtungen und Leistungen gegen diese und ihre Geistlichen frei."

38. Des Abg. für den 10. rheinpreußischen Wahlkreis, Werner aus Koblenz und Genossen.

Zusatz: „Der Verkehr jeder Religionsgesellschaft mit ihren Oberen ist frei."

39. Des Abg. für den 5. schlesischen Wahlkreis, Schmidt aus Löwenberg.

Zusatz: „Konkordate finden nicht mehr statt."

B. Abänderungsanträge.

40. Des Abg. für den 15. rheinpreußischen Wahlkreis, E. M. Arndt aus Bonn.

„Neue Religionsgesellschaften dürfen sich bilden; doch müssen sie für die Anerkennung ihr Bekenntniß dem Staate vorlegen." (Nicht genügend unterstützt).

41. Des Abg. Behr-Kronach aus Bamberg.

„Die Bildung neuer Religionsgesellschaften kann nur dadurch bedingt werden, daß ihre Dogmen nichts enthalten, was dem Zwecke des Staats zuwider ist; unter dieser Voraussetzung müssen sie anerkannt werden. — Keine Religionsgesellschaft genießt vor anderen Vorrechte durch den Staat; es besteht also keine sogenannte Staatskirche.“ (Nicht genügend unterstützt).

42. Des Abg. Grävell-Muskau aus Frankfurt a. O.

„1. Die gegenwärtigen Vorschriften finden ihre Anwendung ebenso auf die schon vorhandenen, als erst künftig noch sich neu bildenden Religionsvereine oder Kirchengemeinden, zu deren Entstehung und Errichtung es keiner besonderen Genehmhaltung der Staatsbehörden bedarf. Es ist jedoch eine Anzeige davon denselben zu erstatten, damit nicht nur nach §. 12 beurtheilt werde, inwiefern zu einer Einschreitung Veranlassung gegeben sei, sondern auch das Oberaufsichtsrecht der Staatsgewalt in Ausübung komme. Ohne solche Anzeige gehört jede kirchliche Gesellschaft zu den unerlaubten.

2. Einer jeden Kirchengemeinde, das heißt jeder Vereinigung von Religionsverwandten in einem Umkreise zur Unterweisung in derselben oder zu gemeinsamen Andachtsübungen und religiösen Handlungen, steht, ohne Beeinträchtigung der im §. 11 zugesicherten Freiheit der Einzelnen dem Staate gegenüber und unbeschadet seines Oberaufsichtsrechtes, die Berechtigung zu, in eigener Selbstbestimmung ihren Lehrbegriff, ihre Liturgie und ihre ganze gesellschaftliche Einrichtung festzustellen, nicht minder ihre Angelegenheiten selbst zu verwalten.

3. Eine jede Kirchengemeinde ist vermöge dieser ihrer Selbständigkeit hierin dem Rechte nach völlig unabhängig von jeder anderen, auch wenn sie zu einerlei Religion sich bekennen. Dasselbe gilt von den Dienern und Beamten der einzelnen Kirchen. Inwiefern der religiöse Glaube hierin Abänderungen nach sich zieht, geht das Staatskirchenrecht nichts an. Es hindert dagegen auch diese Autonomie der Gemeinden keineswegs, größere Verbände unter einander für gemeinschaftliche Zwecke und Anstalten einzugehen, namentlich zur Ausbildung und zur Disziplin ihrer Geistlichen.

4. Religionsgesellschaften, in denen

a. ein Gelübde abzulegen ist, das die Mitglieder am freiwilligen Wiederaustritte zu jeder Zeit behindert, oder

b. zum Nachtheil der Landeswohlfahrt Ehelosigkeit und Gehorsam gegen geistliche Obere ohne Berufung auf obrigkeitlichen Schutz bei unstatthafter Beeinträchtigung der Willensfreiheit angelobt wird,

sollen auf deutschem Boden nicht gelitten, noch weniger eingeführt, vielmehr sofort aufgehoben und deren Vermögen zur Volkserziehung verwendet werden.“ (Nicht genügend unterstützt).

43. Des Abg. für den 2. preußisch-sächsischen Wahlkreis, Plathner aus Halberstadt.

„Die Vereinigungen zur Erreichung religiöser Zwecke, sowohl die bereits bestehenden als die neu sich bildenden, stehen unter den allgemeinen Gesetzen über Vereinigungen.“

44. Des Abg. Becker und Genossen.

„Die Bildung neuer Religionsgesellschaften ist nach den allgemeinen Gesetzen über Vereinigungen zu beurtheilen.

Alle Religionsgesellschaften sind vor dem Gesetze gleich.

Sie sind berechtigt, ihre Angelegenheiten selbständig zu ordnen und zu verwalten.

Sie unterliegen den bürgerlichen Verpflichtungen nach Maßgabe der allgemeinen Staatsgesetze."

45. Des Abg. für den 5. brandenburgischen Wahlkreis, Nauwerk aus Berlin.

„Jede bestehende und neu sich bildende Religionsgesellschaft ordnet und verwaltet ihre Angelegenheiten selbständig, und ist dabei lediglich an die allgemein giltigen Staatsgesetze gebunden."

46. Des Abg. für den 11. badenschen Wahlkreis, Künzer aus Konstanz und Genossen.

„Jede Religionsgesellschaft — Kirche — ordnet und verwaltet ihre Angelegenheiten selbständig, bleibt aber, wie jede andere Gesellschaft im Staate, den Staatsgesetzen unterworfen."

47. Des Abg. v. Nagel-bairisch Neuburg aus Oberviechtach und Genossen.

„Die bestehenden und neu sich bildenden Religionsgesellschaften sind als solche unabhängig von der Staatsgewalt; sie ordnen und verwalten ihre Angelegenheiten selbständig.

Die Bestellung von Kirchenbeamten unterliegt keiner Mitwirkung von Seiten der Staatsgewalt, auch nicht vermöge Patronatsrechts.

Die Bekanntmachung kirchlicher Erlasse ist nur denjenigen Beschränkungen unterworfen, welchen alle übrigen Veröffentlichungen unterliegen.

Jeder Religionsgesellschaft wird der Besitz und die freie Verwendung ihres Vermögens, sowie ihrer für Kultus-, Unterrichts- und Wohlthätigkeitszwecke bestimmten Anstalten gewährleistet."

48. Des Abg. für den 17. rheinpreußischen Wahlkreis, August Reichensperger aus Köln.

Unter-Amendement zum Antrage v. Nagel und Genossen:

„Die Bestellung von Kirchenbeamten unterliegt keiner Mitwirkung von Seiten der Staatsgewalt."

49. Des Abg. für den 6. hannöverschen Wahlkreis, Zachariä aus Göttingen.

„Die bestehenden und neu sich bildenden Religionsgesellschaften ordnen und verwalten ihre Angelegenheiten selbständig und unabhängig von der Staatsgewalt."

50. Des Abg. v. Salzwedell-Gumbinnen aus Gumbinnen.

„Die bestehenden und neu sich bildenden Religionsgesellschaften ordnen und verwalten ihre Angelegenheiten selbständig."

51. Minoritätserachten I, von den Ausschußmitgliedern v. Lassaulx, Deiters, v. Lichnowsky, Jürgens, M. v. Gagern.

„Die bestehenden und die neu sich bildenden Religionsgesellschaften sind als solche unabhängig von der Staatsgewalt; sie ordnen und verwalten ihre Angelegenheiten selbständig."

52. Des Abg. für den 10. westfälischen Wahlkreis, Evertsbusch aus Altena und Genossen.

Zusatz zum Minoritätserachten I.

„Sie haben überhaupt dem Staate gegenüber nur dieselben Rechte und Pflichten, wie jede andere Gesellschaft."

53. Des Abg. Vischer-Reutlingen aus Tübingen.

„Die Kirche ist unabhängig vom Staate, jedoch unter folgenden Beschränkungen und Vorbedingungen:

Beschränkungen: Die Klöster und geistlichen Orden sind aufgehoben, die Gründung neuer ist verboten.

Der Genuß der bürgerlichen Rechte des Einzelnen und der Familie ist von den konfessionellen Handlungen der Taufe, der Konfirmation und der Trauung unabhängig; die Diener der Kirche sind der, auf den bisherigen Zusammenhang des staatlichen Verhältnisses der Kirchenmitglieder mit diesen Akten bezüglichen Geschäfte enthoben.

Vorbedingungen: Das Kirchengut wird der Kirche zur eigenen Verwaltung übergeben, jedoch nur nach vorhergegangener, gemeinschaftlich mit dem Staate festgestellter Anordnung einer gerechten Vertheilung ihrer Einkünfte, wodurch insbesondere der Zustand der niederen Geistlichkeit verbessert wird.

Ein entsprechender Theil des Kirchenguts wird ausgeschieden für die Zwecke der Schule und der Wohlthätigkeitsanstalten.

54. Des Abg. für den 3. braunschweigischen Wahlkreis, Jürgens aus Stadtoldendorf.

„Die Religionsgesellschaften sind in Anordnung und Verwaltung ihrer Gesellschaftsangelegenheiten einer Beschränkung nicht unterworfen; blos im Fall der Bewerbung neu sich bildender Religionsgesellschaften um öffentliche Religionsübung hat der Staat die Mittheilung (Vorlage) eines Bekenntnisses zu fordern.

Die Verwirklichung dieses Rechtes in Beziehung auf die bestehenden Religionsgesellschaften hat der Staat sofort durch Uebergangsgesetze anzubahnen." (Nicht genügend unterstützt).

55. Des Abg. Kohlparzer-oberösterreichisch Neufelden aus Neuhaus.

„Die bestehenden und neu sich bildenden Religionsgesellschaften sind in den wesentlichen Glaubenslehren von der Staatsgewalt unabhängig; bezüglich der übrigen kirchlichen Angelegenheiten wird die Verfügung den einzelnen Staaten überlassen. Das vorhandene Kirchenvermögen hat in Deutschland zu verbleiben." (Nicht genügend unterstützt).

56. Des Abg. für den 6. schleswig-holsteinschen Wahlkreis, Dahlmann aus Bonn und Genossen.

„Die bestehenden und die neu sich bildenden Religionsgesellschaften sind in Dogma, Kultus, Disziplin, Verfassung unabhängig von der Staatsgewalt.

Hinsichtlich des Kirchenvermögens, der kirchlichen Bildungs-Anstalten und der Bestellung der Geistlichen ist in den Einzelstaaten gesetzlich festzustellen, inwieweit bestehende Rechte des Staates zu wahren sind."

57. Des Abg. Braun-Düren aus Bonn.

„Die bestehenden und die neu sich bildenden Religionsgesellschaften sind in Dogma, Kultus, Disziplin, Verfassung unabhängig vom Staate."

Die kirchenstaatsrechtlichen Verhältnisse, insofern dieselben die katholische Kirche in Deutschland betreffen, sind von den Einzelstaaten mit dem römischen Stuhle gesetzlich zu ordnen." (Nicht genügend unterstützt).

58. Minoritätserachten II, von den Ausschußmitgliedern v. Beckerath, R. Mohl, Ahrens.

„Die bestehenden und neu sich bildenden Religionsgesellschaften sind als solche unabhängig von der Staatsgewalt; sie ordnen und verwalten ihre inneren Angelegenheiten selbständig."

59. Des Abg. für den 9. hannöverschen Wahlkreis, Ahrens aus Salzgitter. Zusatz zum Minoritätserachten II.

„Den Gemeinden ist eine Mitwirkung bei der Ernennung und Entlassung der Kirchenbeamten (Geistlichen) zugesichert. Die Art der Mitwirkung wird durch die Gesetzgebung der einzelnen Staaten bestimmt."

60. Des Abg. für den 7. schlesischen Wahlkreis, Kunth aus Bunzlau.

„Die verschiedenen Religionsgesellschaften besorgen ihre inneren Angelegenheiten selbständig; auch in die Anordnung des Kultus hat sich der Staat nicht zu mischen. Dem Staate bleibt jedoch das Recht, darüber zu wachen:

1. daß in keiner Religionsgesellschaft die Sittlichkeit gefährdet werde;
2. daß keinem Individuum seine ihm garantirte Glaubens- und Gewissensfreiheit, von wem es auch immer versucht werden möge, auf irgend eine Weise verkümmert werde;
3. daß keine Religionsgesellschaft einer andern bei Ausübung ihrer Religionsgebräuche störend oder feindselig in den Weg trete;
4. daß das Kirchenvermögen auf zweckmäßige Weise verwaltet und verwendet werde;
5. daß sich nicht kirchliche Vereine bilden, die es sich zum Zwecke setzen, den höchsten Staatszwecken entgegen zu arbeiten.

In allen diesen Fällen wird nach einem darüber zu erlassenden Gesetze en t schieden." (Nicht genügend unterstützt).

61. Minoritätserachten IIIb, von den Ausschußmitgliedern Wigard, Blum, Simon, Schüler.

„Jede Religionsgesellschaft ist berechtigt, ihre inneren Angelegenheiten unabhängig vom Staate selbst zu ordnen und zu verwalten. Die Bestellung von Kirchenbeamten bedarf keiner Bestätigung von Seiten des Staates. Das Kirchenpatronat ist aufgehoben."

62. Des Abg. Geritz-Marienburg aus Frauenburg.
Unter-Amendement zum Minoritätserachten III.

Für den Fall, daß der im dritten Minoritätserachten zum Artikel III der Grundrechte gemachte Antrag: „Das Kirchenpatronat ist aufgehoben" Unterstützung findet, stelle ich folgendes Gegen-Amendement:

„Die mit dem Kirchenpatronat verbundenen Lasten sind ablösbar. — Die Ablösung wird durch die Gesetzgebung der einzelnen Staaten geregelt. — Nach der Ablösung der Lasten erlöschen auch die Patronatsrechte." (Nicht genügend unterstützt).

63. Des Abg. für den 1. pfälzischen Wahlkreis, Umbscheiden aus Dahn und Genossen.

„Jede Religionsgesellschaft ist berechtigt, ihre inneren Angelegenheiten frei zu ordnen und zu verwalten.

Die Pfarrer oder Kirchenbeamten der Gemeinden werden von diesen, die Oberaufseher (Bischöfe) und höheren Kirchenbeamten werden von der Gesammtheit der Geistlichen und Laien der betreffenden Sprengel gewählt und ernannt, ohne daß es hierzu der Bestätigung von Seiten des Staates bedarf."

64. Des Abg. Esterle-Mezzolombardo aus Cavalese und Genossen.

„Jede Religionsgesellschaft ist berechtigt, ihre inneren Angelegenheiten frei zu ordnen und zu verwalten.

Die Pfarrer und Kirchenvorsteher der Gemeinden werden von diesen gewählt und ernannt, ohne daß es hierzu der Bestätigung von Seiten des Staates bedarf."

65. Des Abg. für den 3. bairischen Wahlkreis, v. Beisler aus München.

„Die Angelegenheiten der christlichen Kirchen Deutschlands, namentlich ihre Beziehungen zu dem Staate, werden durch eine Reichssynode geordnet."

Zu §. 15.[7])

A. Zusatzanträge.

66. Des Abg. für den 3. rheinpreußischen Wahlkreis, Dewes aus Losheim.

Zusatz: „Niemand soll gezwungen werden, die kirchlichen Ruhetage zu halten."

67. Des Abg. Riesser-Lauenburg aus Hamburg und Genossen.

Zusatz: „Die Form des Eides soll eine für Alle gleichmäßige, an kein bestimmtes Religionsbekenntniß geknüpfte sein."

68. Des Abg. für den 6. württembergischen Wahlkreis, Christoph Hoffmann aus Ludwigsburg.

Zusatz: „An die Stelle des politischen und kirchlichen Eides tritt eine feierliche Versicherung."

---

7) Sten. Ber. III, S. 2012 f.

B. Abänderungsanträge.

69. Des Abg. Teichert-Berlin aus Berlin.

„Niemand kann zu einer religiösen oder kirchlichen Handlung gezwungen werden.“ (Nicht genügend unterstützt).

70. Des Abg. für den 6. hessen-darmstädtischen Wahlkreis, Karl Vogt aus Gießen.

„Niemand kann zur Erfüllung irgend welcher religiösen Pflichten oder Handlungen gezwungen werden.“

71. Des Abg. für den 2. preußisch-sächsischen Wahlkreis, Plathner aus Halberstadt.

„Niemand darf durch Anwendung weltlicher Gewaltmittel zur Erfüllung religiöser Pflichten angehalten werden.“

72. Des Abg. Sprißler-Hohenzollern-Sigmaringen aus Empfingen.

„Niemand darf zur Erfüllung religiöser Pflichten gezwungen, und niemand kann wegen Nichterfüllung oder Verletzung derselben mit weltlicher Strafe belegt werden.“

73. Des Abg. Grävell-Muskau aus Frankfurt a. O.

„1. Das nach §. 12—14 der Staatshoheit zuständige Aufsichts- und Schutzrecht enthält überall keine Befugniß für den Staat, religiöse, kirchliche oder liturgische Thätigkeiten oder Begehungshandlungen vorzuschreiben, noch aufzunöthigen. Noch weniger darf sonst jemand sich solches gegen §. 14b. und c. anmaßen.

2. Dies hindert jedoch nicht, daß die Kirchenbeamten und Geistlichen sich nach der bei ihrer Kirchengemeinde eingeführten Ordnung in ihren Amtsverrichtungen, bei Vermeidung disziplineller Ahndung oder Entsetzung aus dem Amte, zu richten haben. Ihre eigene Ueberzeugung ermächtigt sie nur, darin ihre Gemeinde zu unterweisen, soweit sie an dem Unterrichte selbst keinen Anstoß nimmt, keineswegs dieselbe aufzubringen und damit Aergerniß zu geben. (§. 12c.)

3. Die Rechtskraft oder Rechtsgiltigkeit aller Handlungen oder Vornahmen im bürgerlichen Leben ist gänzlich unabhängig von der Beobachtung religiöser oder kirchlicher Gebräuche oder Feierlichkeiten, als welche lediglich der Gewissenhaftigkeit eines Jeden anheimgestellt bleiben. Insonderheit

4. wird die Ehe durch die dafür vorzuschreibende förmliche Erklärung vor der Obrigkeit geschlossen, und dadurch allein ihre Giltigkeit bedingt, so daß vorher keine Trauung nach kirchlichem Ritus vorgenommen werden darf.“ (Nicht genügend unterstützt).

74. Des Abg. Karl Schwarz-Torgau aus Halle.

„An religiöse Akte werden keine rechtlichen Folgen geknüpft. — Niemand kann zu ihnen gezwungen werden.“

Zu §. 16.[8])

A. Zusatzanträge.

75. Des Abg. Meyer-Liegnitz aus Liegnitz.

Zusatz: „Durch die Unterlassung kirchlicher Einsegnung wird der Genuß keinerlei bürgerlicher und staatsbürgerlicher Rechte, die Berechtigung zu jedem Staats- und Kommunalamte beschränkt." (Nicht genügend unterstützt).

76. Des Abg. für den 2. pfälzischen Wahlkreis, Spatz aus Frankenthal.

Zusatz: „Alle Ehehindernisse, welche aus einer Verschiedenheit des Glaubensbekenntnisses der Brautleute abgeleitet werden, sind aufgehoben."

77. Des Abg. Mittermaier-Rastatt aus Heidelberg.

Zusatz: „Die Religionsverschiedenheit ist kein bürgerliches Ehehinderniß. Die Standesbücher werden von bürgerlichen Behörden geführt."

78. Des Abg. für den 5. hannöverschen Wahlkreis, Wedekind aus Bruchhausen.

Zusatz: „Das Gelöbniß der Ehelosigkeit ist bürgerlich unwirksam. Alle geistliche Gerichtsbarkeit ist aufgehoben."

79. Des Abg. Richter-Lahr aus Achern.

Zusatz: „Den katholischen Geistlichen, welche ihren Kirchendienst niederlegen, steht als solchen bei Schließung einer Civilehe kein civilrechtliches Hinderniß entgegen."

B. Abänderungsanträge.

80. Des Abg Karl Schwarz-Torgau aus Halle.

„Die Civillisten für Geburt und Ehe begründen allein deren Ausweis und rechtliche Giltigkeit."

81. Des Abg. Wigard-Dresden aus Dresden.

„Die Civilregister für Geburt, Ehe und Tod begründen allein deren Ausweis und rechtliche Folgen."

82. Des Abg. Pattai-Steiermark aus Gratz.

„Die Giltigkeit der Ehe wird durch die Abschließung des Ehevertrags vor der Civilbehörde bedingt. Die Einführung der Civilstandsregister obliegt der Civilbehörde."

83. Des Abg. Grävell-Muskau aus Frankfurt a. O.

„Die Staatsgerichtsbarkeit, als ein unveräußerliches Hoheitsrecht, umfaßt auch alle und jede Rechtsstreitigkeiten in kirchlichen Angelegenheiten und Verhältnissen, sofern nicht bei der Bestätigung der Statuten nach §. 14 oder sonst Ausnahmen von dieser Regel

---

[8]) Sten. Ber. III, S. 2014 f.

auf Grund desfallsiger gesetzlicher Bestimmungen nachgegeben werden. In Betreff der auszuübenden Disziplin muß in den Statuten Vorsehung getroffen werden." (Nicht unterstützt).

2. Beurtheilende Uebersicht über die Minoritätserachten und Verbesserungsanträge.

In dieser großen Menge von Verbesserungsanträgen wurden doch nur verhältnißmäßig wenige prinzipielle und sachlich wichtige Aenderungen des Entwurfes gefordert; viele Anträge enthalten nur Redaktionsvorschläge oder weitere Ausführungen der in demselbeu niedergelegten Grundsätze.[1])

Wenn Karl Schwarz (1) den §. 11: „Jeder Deutsche hat volle Glaubens- und Gewissensfreiheit", ganz gestrichen haben wollte, so war es nur deshalb, weil er es für überflüssig und unnütz hielt, diesen Gedanken auszusprechen; wenn Grävell (2), Schmidt (6), Zittel (8), Reisinger (11) und Kotschy (12) forderten, daß in demselben Paragraphen jedem einzelnen ausdrücklich die Freiheit des Bekenntnisses und seiner Ausübung gewährleistet werde, und wenn Plathner (3) und Nauwerck (4) die Zusicherung verlangten, daß niemand seine religiöse Ueberzeugung zu offenbaren oder einer Religionsgesellschaft anzugehören brauche: so wollten sie damit nur besonders ausgesprochen wissen, was implicite in §. 11 und §. 12 des Entwurfes, wie sie vom Ausschusse selbst verstanden wurden, schon enthalten war. Aber freilich sind diese Bestimmungen von einem Gewichte, bei dem ihre ausdrückliche Sicherstellung durchaus nicht als gleichgiltig erscheinen konnte, wie ja auch die Verfassungskommission der preußischen Nationalversammlung, ähnlichen Anträgen folgend, in ihrem Entwurfe der Bekenntnißfreiheit und der Unabhängigkeit der staatsbürgerlichen Rechte von der Theilnahme an einer Religionsgesellschaft besondere Erwähnung gethan hatte.[2]) Auch der Antrag des Abgeordneten Meyer

---

[1]) Vergl. zum Folgenden die Resumé's des Referenten Beseler, Sten. Ber. III, S. 1762 f., 1951 ff.

[2]) Siehe unten im vierten Buche sub I, 2. Die betreffenden Anträge von Bauerband, Baltzer und Zenker ebendaselbst unter den Nummern 1, 2, 3.

(5), anstatt der bisher üblichen Eidesformeln eine andere feierliche Zeugenausgabe mit allen rechtlichen Konsequenzen für solche zu substituiren, mit deren religiösem Bewußtsein der Eid nicht übereinstimmt,[3]) war insofern von keiner prinzipiellen Bedeutung, als er nur eine Lösung der mit den §§. 11 und 15 des Entwurfes gegebenen Aufgabe bezweckte, das Rechtsmittel der feierlichen Bekräftigung einer Aussage mit der gewährleisteten Glaubensfreiheit in Uebereinstimmung zu bringen; eine Aufgabe, bei der es allerdings nicht unerheblich war, in welcher bestimmten Weise sie gelöst wurde. Während weiter der Antrag des Abg. Jordan zu §. 11 (9) nur eine kräftigere Fassung desselben forderte, griffen die noch erübrigenden Verbesserungsanträge zu diesem Paragraphen, nämlich die von Jürgens (7) und von Behr (10), tiefer als alle bisher genannten in die Sache ein. Beide stimmen darin überein, daß sie jedem Deutschen zwar die volle Freiheit des Glaubens, Gewissens und der gemeinsamen häuslichen oder privaten, nicht aber auch die der gemeinsamen öffentlichen Religionsübung zugestehen. Die Beschränkungen, unter welchen diese letztere nach dem Behr'schen Vorschlage gestattet werden soll, werde ich weiter unten zu würdigen haben. Nach dem Antrage von Jürgens zu §. 12 (18) soll sie nur den Anhängern der christlichen und der jüdischen Religion eingeräumt werden. Nun hatte freilich auch der Ausschuß nach der Erklärung seines Referenten bei der Abfassung der §§. 11 und 12 eben nur an die Anhänger dieser beiden Religionen gedacht, in der Meinung, daß da, wo es sich um die Rechte für das deutsche Volk handle, diese Beschränkung sich von selbst verstehe.[4]) Indessen da dieselbe in dem Entwurfe doch nicht ausgesprochen, das Hervortreten anderer Religionen als der christlichen und jüdischen, vielleicht auch, wie manche fürchteten, irgendwelcher nicht gerade Verbrechen oder Vergehen in sich schließender Ausschreitungen in Form der Religionsübung aber nicht unmöglich ist: so war die vorgeschlagene Aenderung der beiden Paragraphen doch nicht ohne sachliche Bedeutung.

---

[3]) Vergl. den verwandten von Baltzer in der preußischen Verfassungskommission eingebrachten Antrag unten im vierten Buch, I, 2, N. 25.

[4]) Sten. Ber. III, S. 1762.

Von den anderen Verbesserungsanträgen zu §. 12 beziehen sich die der Abg. Vogt (14), Plathner (15) und v. Trützschler (16) lediglich auf die Fassung, und auch der des Abg. Grävell (17) bringt trotz seiner Weitschweifigkeit kein wesentliches neues Moment hinzu. Der Antrag des Abg. v. Nagel (13) dagegen enthält zwei nicht unwichtige Abänderungen: die eine besteht darin, daß, während der Entwurf die Freiheit der Religionsübung jedem Deutschen gewährleistet, dieselbe nach diesem Antrage ohne Nennung eines Subjektes überhaupt, also auch allen Menschen, die nach Deutschland kommen, verbürgt werden soll, eine Ausdehnung, welche von Beseler in seinem Resumé als zu weit gehend bezeichnet wurde; die andere darin, daß Verbrechen und Vergehen, welche bei Ausübung dieser Freiheit begangen werden, nicht, wie der Entwurf es will, „dem Gesetze“, sondern „den allgemeinen Strafgesetzen“ unterliegen sollen, während doch, wie der Referent hervorhob,[5]) es einerseits besondere Verbrechen der Geistlichen geben kann, und andererseits manche Gesetze nur in einer sehr beschränkten Weise und nicht in ganz Deutschland oder einem ganzen deutschen Staatsgebiete gelten.

Was die zu §. 13 eingebrachten Anträge betrifft, so ist darunter nur ein einziger, welcher den in diesem Paragraphen ausgesprochenen Grundsatz antastet, daß durch das religiöse Bekenntniß der Genuß der bürgerlichen und staatsbürgerlichen Rechte weder bedingt noch beschränkt wird, nämlich der des Abg. Moritz Mohl (20), nach dem die Verhältnisse des israelitischen Volksstammes Gegenstand besonderer Gesetzgebung sein sollen. Unter den übrigen Anträgen sind die der Abgg. Meyer (21), Jürgens (22), Plathner (24), v. Trützschler (25), Backhaus (26) und Vogt (28), soweit sie ausdrücken, daß auch im Fall der Bekenntnißlosigkeit die volle staatsbürgerliche Freiheit gewährt werden solle,[6]) bloße Redaktionsvorschläge. Denn dieser, auch vom Ausschuß getheilte Gedanke ist den Worten des Entwurfes so wenig fremd, daß er vielmehr auch durch sie zur Geltung kommt. Indem

---

[5]) Sten. Ber. III, S. 1763.

[6]) Vergl. den Antrag von Zenker in der Berliner Kommission, unten im vierten Buch, I, 2, N. 3.

das Amendement Backhaus (26) außerdem, mit besonderer Rücksicht auf die Juden, die Aufhebung aller auf ein religiöses Bekenntniß begründeten Ausnahmegesetze ausspricht, hebt es nur eine Folge hervor, welche sich aus der Loslösung der staatsbürgerlichen Rechte von dem religiösen Bekenntniß ganz von selbst ergeben mußte. Anders dagegen verhält es sich mit dem Amendement des Abg. Kotschy (29), welches die Gleichstellung nicht nur der Mitglieder der verschiedenen Religionsgesellschaften, sondern zugleich diejenige dieser letzteren selbst ausgesprochen haben will. Denn dadurch wäre ein tiefgreifender Grundsatz eingeführt worden, welcher dem Entwurfe fremd war und von dem Referenten des Ausschusses ausdrücklich als unannehmbar bezeichnet wurde.[7])

Den zweiten Satz des §. 13, nach dem das religiöse Bekenntniß den staatsbürgerlichen Pflichten keinen Abbruch thun darf, sucht der Antrag des Abg. v. Linde (23) nur formell zu verbessern; das Amendement von Martens (19), welches zu Gunsten der Mennoniten die eventuelle Befreiung vom Kriegsdienste aus Rücksichten des Glaubensbekenntnisses sichern will, enthält nur scheinbar eine Beschränkung des im Paragraphen ausgesprochenen Grundsatzes, und ist deshalb überflüssig. Denn sind nach der Bemerkung Beselers[8]) die staatsbürgerlichen Pflichten eben die Pflichten, welche das Gesetz dem Staatsbürger auferlegt: so ist für diejenigen, welchen das Wehrgesetz aus Rücksicht auf ihr religiöses Bekenntniß die Wehrpflicht nicht auferlegt, dieselbe auch keine staatsbürgerliche Pflicht. Wichtiger als dieser Antrag von Martens erscheint die von Plathner (24) und Grävell (27) beabsichtigte, aber wenig korrekt ausgedrückte Bestimmung, daß da, wo in Beziehung auf das Maß der staatsbürgerlichen Pflichten Ausnahmen zugegeben werden, auch ein Abzug von dem allgemeinen Maße der staatsbürgerlichen Rechte eintreten solle.

Ungleich bedeutender als alle zu den Paragraphen 11, 12 und 13 gestellten Verbesserungsanträge sind diejenigen, welche wir bei §. 14 finden: „Neue Religionsgesellschaften dürfen sich bilden, einer Aner-

---

[7]) Sten. Ber. III, S. 1764.

[8]) A. ders. Stelle.

kennung ihres Bekenntnisses durch den Staat bedarf es nicht." Zunächst freilich auch hier einige Anträge, welche nur das besonders hervorheben, was der Ausschuß als selbstverständlich betrachtet hatte: so die der Abgg. Plathner (43), Becker (44) und Evertsbusch (52), daß die Bildung von Religionsgesellschaften und diese selbst dem allgemeinen Vereinsrecht unterstehen sollen, und die verwandten Sätze in den Amendements von Jacobi (37), Behr (41) und Grävell (42). Dann aber eine große Reihe von Anträgen, welche theils im Widerspruch mit dem Entwurfe stehen, theils demselben inhaltschwere Zusätze hinzufügen, deren meiste vom Ausschuß absichtlich vermieden worden.

Dem Entwurfe widersprechend sind die Anträge von E. M. Arndt (40) und Jürgens (54), deren einer die Bildung neuer Religionsgesellschaften überhaupt, deren anderer sie wenigstens, sobald es sich um die öffentliche Religionsübung handelt, von der Anerkennung des Staates abhängig machen will. Das vierte Minoritätserachten (36) und das Amendement von Pözl (32)[9]) verfolgen einen gerade entgegengesetzten Zweck, indem sie dem Staate sogar das wichtige Recht, die Ertheilung der Korporationsrechte an das Vorhandensein gewisser Garantien zu knüpfen, den Religionsgesellschaften gegenüber absprechen wollen, und damit gehen sie über die Tendenz des Entwurfes in sehr erheblicher Weise hinaus. Dasselbe gilt von dem dritten Minoritätserachten (30), und den Anträgen der Abgg. Jordan (31) und Behr (41), welche, wie der schon erwähnte Antrag von Kotschy zu §. 13 (29), die Gleichstellung aller Religionsgesellschaften in Beziehung auf ihre Berücksichtigung durch den Staat verlangen. Nicht unwichtig sind auch die Zusätze von Künßberg (35) und Jacobi (37), nach deren einem neugebildete Religionsgesellschaften an das Vermögen älterer neben ihnen fortbestehender keinen Anspruch haben, und nach deren anderem die aus einer Kirche Austretenden von allen persönlichen Leistungen gegen diese frei sein sollen. Ebenso enthalten auch die Anträge von Freudentheil (33) und von Werner (38) wichtige Einzelbestimmungen, indem dieser dem preußischen Re-

---

[9]) Vergl. den ähnlichen Antrag von Zenker in der Berliner Kommission, unten im vierten Buch, I, 2, N. 21.

gierungs-Entwurf folgend,[10]) den Verkehr der Religionsgesellschaften mit ihren Oberen von allen Beschränkungen befreit, jener aber die Vermögensverwaltung den Gemeinden zugesprochen und außerdem die Pfarrbesetzung durch besonderes Gesetz geregelt wissen will.

Weitaus die größte Bedeutung unter allen Verbesserungsanträgen haben diejenigen, welche das vom Ausschuß absichtlich verschwiegene Prinzip der Selbständigkeit der Kirche zum Ausdruck bringen. Je nach der Art und Weise, in der sie dieses thun, zerfallen sie in mehrere Gruppen. Denn einige wollen die Selbständigkeit oder Unabhängigkeit der Kirche ganz allgemein und unbedingt aussprechen: das erste Minoritätserachten (51) und die Amendements von v. Nagel (47), Zachariä (49), v. Salzwedell (50) und Jürgens (54), welches letztere noch die sehr bedeutsame Bestimmung enthält, daß der Staat die Verwirklichung der Selbständigkeit in Beziehung auf die bestehenden Religionsgesellschaften sofort durch Uebergangsgesetze anzubahnen hat; andere dagegen verlangen die kirchliche Selbständigkeit nur mit näherer Bestimmung ihres Wesens und Umfangs, unterscheiden sich aber in der Art und Weise dieser Bestimmung auch wieder mehrfach von einander. Die einen nämlich heben die Unterordnnng der Religionsgesellschaften unter die allgemeinen Staatsgesetze ausdrücklich hervor: die Anträge der Abgeordneten Becker, Nauwerck und Künzer (44, 45, 46), denen sich in gewisser Beziehung auch der Zusatz von Schmidt (39) anschließt, daß Konkordate nicht mehr stattfinden: die andern beschränken die Selbständigkeit der Kirche auf deren innere Angelegenheiten, theils mit, theils ohne nähere Angabe, welche Angelegenheiten als solche zu achten seien: das zweite Minoritätserachten (58) und die Anträge von Kohlparzer, Dahlmann und Braun (55, 56, 57);[11]) noch andere endlich suchen den etwaigen Gefahren der kirchlichen Sebständigkeit dadurch vorzubeugen, daß sie, und zwar mit Ausnahme des Vischer'schen Antrages auch unter Beschränkung derselben auf die inneren Angelegenheiten, entweder be-

---

[10]) Siehe denselben unten im vierten Buche, unter Abschnitt I, 1.

[11]) Vergl. den ähnlichen Antrag von Bauerband in der Berliner Kommission unten im vierten Buche, I, 2, N. 5.

stimmte Vorbehalte im Interesse der Freiheit und Sittlichkeit machen — die Anträge von Vischer (53) und Kunth (60), sowie das von Behr zu §. 11 eingebrachte Amendement (10) —, oder den Gemeinden gewisse Rechte in Beziehung theils auf die Verwaltung der kirchlichen Dinge überhaupt, theils wenigstens auf die Ernennung der Geistlichen zusichern — das dritte Minoritätserachten (61) und die Anträge von Ahrens, Umbscheiden und Esterle (59, 63, 64). Das dritte Minoritätserachten verlangt zu diesem Behufe ausdrücklich die tief in die Ordnung der katholischen und evangelischen Kirche eingreifende Aufhebung des Patronats; es begegnet sich in dieser Forderung mit dem Amendement von Wedekind (34), welches im übrigen zwar nicht die Selbständigkeit der Kirche ausgesprochen, aber doch der evangelischen Kirche die Presbyterial- und Synodalverfassung gewährleistet haben will. Auf eigenthümliche Weise bemüht sich der Abg. Grävell in seinen Anträgen (42) die Beziehungen des Staates zu den Religionsgesellschaften und theilweis auch die inneren Verhältnisse der letzteren zu ordnen.

Einen ganz eigenen Weg, ebenso abweichend von dem des Entwurfes als von dem der übrigen Anträge, geht endlich der Antrag des Abg. v. Beisler (65), nach dem die Angelegenheiten der christlichen Kirche Deutschlands, namentlich ihre Beziehungen zum Staate, durch eine Reichssynode geordnet werden sollen. —

§. 15 des Entwurfes bestimmt, daß niemand zu einer kirchlichen Handlung oder Feierlichkeit gezwungen werden soll. Unter den hiezu gestellten Anträgen suchen die von Dewes, Teichert und Vogt (66, 69, 70) dem zu Grunde liegenden Prinzip eine weitere Anwendung zu geben, indem der erste den kirchlichen Handlungen die Haltung der kirchlichen Ruhetage hinzufügt, die andern aber ihnen die religiösen Handlungen oder Pflichten überhaupt substituiren. Die Anträge von Plathner und Sprißler dagegen (71, 72) enthalten, obgleich sie dieses letztere auch thun, eine Einschränkung des im Entwurfe ausgesprochenen Grundsatzes, da sie nur die weltlichen Zwangsmittel ausschließen. Von den auf den Eid bezüglichen Amendements der Abgg. Riesser und Hoffmann (67, 68) gilt das schon vorher von mir zu dem Meyer'schen Antrage (5) Gesagte, während von viel größerer Bedeutung die Sätze von Schwarz (74) und Grävell (73) sind, nach denen an religiöse Handlungen keine rechtlichen Folgen geknüpft werden, und die Rechtsgiltigkeit aller Handlungen im bürgerlichen Leben gänzlich unabhängig von der Beobachtung religiöser Gebräuche sein soll. Denn diese Sätze enthalten ein Prinzip, dessen Konsequenz für die Eheschließung zwar vom Entwurfe angenommen, dessen Tragweite aber mit diesem einen Stücke keineswegs erschöpft ist.

Unter den zu §. 16 gestellten Anträgen ist kein einziger, der denselben in prinzipieller Weise veränderte oder ergänzte. Der erste Theil des Antrages von Pattai (82) enthält nur eine redaktionelle Aenderung des ersten Satzes: „die bürgerliche Giltigkeit der Ehe ist nur von der Vollziehung des Civilaktes abhängig.“ Sein zweiter Theil, sowie die Amendements von Spatz und Mittermaier (76, 77), fügen dem Paragraphen Bestimmungen hinzu, welche der Ausschuß nur deshalb nicht aufgenommen, weil er allein die Prinzipien hinstellen, die Folgerungen aber der weiteren Gesetzgebung überlassen wollte. Nichts anderes als solche zum Theil allerdings bedeutsame Folgerungen aus den im Entwurf ausgesprochenen Prinzipien bieten auch die Amendements der Abgg. Meyer, Wedekind, Richter, Schwarz und Wigard (75, 78, 79, 80, 81). Die Streichung der bei Schwarz, Wigard und Pattai (82) fehlenden Bestimmung, daß die Trauung erst nach Vollziehung des Civilaktes stattfinden kann, wäre zwar nicht in prinzipieller, aber doch in praktischer Beziehung nicht unerheblich gewesen.

3. Die Beschlüsse.

Die erste Lesung des dritten Artikels der Grundrechte beschäftigte die Nationalversammlung in neun Sitzungen: der dreiundsechszigsten bis achtundsechszigsten, sowie der vierundsiebzigsten bis sechsundsiebzigsten, den 21. 22. 24. 25. 28. 29. August und den 8. 11. und 12. September.[1]) Die drei ersten dieser Sitzungen waren der General-

[1]) Die Protokolle über diese Sitzungen siehe in Band I. der Verhandlungen von Haßler.

debatte gewidmet, in den zwei folgenden wurden die §§. 11, 12 und 13 des Entwurfs erledigt, in den drei nächsten der §. 14, und endlich in der letzten die §§. 15 und 16. Ueber §. 15 fand eine Diskussion nicht statt, sondern unter Verzichtleistung der Versammlung auf eine solche wurde sogleich zur Abstimmung über diesen Paragraphen und die dazu gestellten Anträge geschritten.

Aus diesen Verhandlungen ging der Artikel in folgender Fassung hervor:

„**Artikel III.**“

„§. 11. Jeder Deutsche hat volle Glaubens- und Gewissensfreiheit.

Niemand ist verpflichtet, seine religiöse Ueberzeugung zu offenbaren oder sich irgend einer religiösen Genossenschaft anzuschließen.

§. 12. Jeder Deutsche ist unbeschränkt in der gemeinsamen häuslichen und öffentlichen Uebung seiner Religion.

Verbrechen und Vergehen, welche bei Ausübung dieser Freiheit begangen werden, sind nach dem Gesetze zu bestrafen.

§. 13. Durch das religiöse Bekenntniß wird der Genuß der bürgerlichen und staatsbürgerlichen Rechte weder bedingt noch beschränkt.

Den staatsbürgerlichen Pflichten darf dasselbe keinen Abbruch thun.

§. 14. Jede Religionsgesellschaft (Kirche) ordnet und verwaltet ihre Angelegenheiten selbständig, bleibt aber, wie jede andere Gesellschaft im Staate, den Staatsgesetzen unterworfen.

Keine Religionsgesellschaft genießt vor anderen Vorrechte durch den Staat; es besteht fernerhin keine Staatskirche.

Neue Religionsgesellschaften dürfen sich bilden; einer Anerkennung ihres Bekenntnisses durch den Staat bedarf es nicht.

§. 15. Niemand soll zu einer kirchlichen Handlung oder Feierlichkeit gezwungen werden.

Die Form des Eides soll eine für Alle gleichmäßige, an kein bestimmtes Religionsbekenntniß geknüpfte sein.

§. 16. Die bürgerliche Giltigkeit der Ehe ist nur von der Vollziehung des Civilaktes abhängig; die kirchliche Trauung kann nur nach der Vollziehung des Civilaktes stattfinden.

Die Religionsverschiedenheit ist kein bürgerliches Ehehinderniß.

Die Standesbücher werden von den bürgerlichen Behörden geführt."

Vergleichen wir diese Paragraphen mit denen des Ausschuß-Entwurfes, so finden wir die einzelnen Sätze desselben darin vollständig wieder: die Aenderungen, welche die Nationalversammlung bei der ersten Lesung mit dem Artikel vorgenommen, bestehen, abgesehen von einer redaktionellen Verbesserung im §. 16, in der Hinzufügung von Zusätzen zu den Paragraphen 11, 14, 15 und 16. Unter diesen Zusätzen enthält der auf Plathners Antrag[2]) zu §. 11 gemachte zwar nur eine weitere Ausführung des im ersten Gliede ausgesprochenen Gedankens, daß jeder Deutsche volle Glaubens- und Gewissensfreiheit hat; aber indem er den konkreten Inhalt dieser Freiheit nach zwei wichtigen Seiten hin ausdrücklich herausstellt, fügt er der Gewährung der Freiheit eine nicht unerhebliche Garantie gegen deren Beeinträchtigung hinzu. Die auf Veranlassung der Abgeordneten Riesser und Mittermaier den §§. 15 und 16 angehängten Sätze[3]) ergänzen dieselben durch Bestimmungen über Eid, Ehe und Standesbuchführung auf eine in praktischer Beziehung bedeutsame Weise, doch so, daß sie damit auf dem Boden der vom Ausschuß angenommenen Prinzipien bleiben. Die nach dem Antrage von Künzer und dem Minoritätserachten IIIa[4]) zu §. 14 gemachten Zusätze

[2]) Oben S. 221, N. 3.

[3]) Oben S. 233, N. 67 und S. 235, N. 77.

[4]) Oben S. 230, N. 46 und S. 227, N. 30.

gehen dagegen über diese Prinzipien weit hinaus, indem sie bestimmen, daß jede Religionsgesellschaft ihre Angelegenheiten selbständig ordnet und verwaltet, und daß keine vor anderen Vorrechte durch den Staat genießt. Damit stellen sie für das Verhältniß des Staates zu den Religionsgesellschaften Grundsätze auf, welche von viel größerem Gewichte sind, als alle übrigen Bestimmungen des dritten Artikels.

III. Die Debatte über die Selbständigkeit der Kirche.

1. Die Gegner der Selbständigkeit.

Die Mitglieder der Nationalversammlung legten keinem anderen Zusatze zu dem Ausschuß-Entwurfe eine so große Bedeutung bei, wie dem als erstes Alinea des §. 14 beschlossenen: „Jede Religionsgesellschaft (Kirche) ordnet ihre Angelegenheiten selbständig, bleibt aber wie jede andere Gesellschaft im Staate den Staatsgesetzen unterworfen.“ Dieses zeigte sich schon in der Thatsache, daß der weitaus größte Theil der Diskussion über den dritten Artikel sich um die Frage bewegte, ob die Trennung der Kirche vom Staate ausgesprochen werden solle oder nicht, und, wenn das erstere, in welcher Weise es geschehen solle. Die ganze Generaldebatte über Artikel III. war fast nichts, als eine Erörterung eben dieser Frage, und auch bei Berathung der einzelnen Paragraphen wurde dieselbe vielfach erwogen. Was aber den Charakter dieser Verhandlungen betrifft, so bestätigen die stenographischen Berichte durchaus die Wahrheit des Bildes, welches uns ein Augenzeuge von ihnen entworfen, indem er noch unter dem frischen Eindruck der Debatten schrieb: „Mehrere Tage hindurch ward die Frage über die Trennung der Kirche vom Staat mit unermüdlicher Ausdauer und mit allem Aufwand von Geist und Beredtsamkeit durchgesprochen. Alle Schattirungen kirchlicher und religiöser Ansichten waren in der Debatte sichtbar. Neben dem ultramontanen Katholicismus sprach sich der modernste Protestantismus aus, der Pietismus gleich sehr wie der Rationalismus durfte seine Stellung zu dieser Frage entwickeln, und neben dem Ausdruck tiefsinniger Religiösität ward noch das Bekenntniß frivoler Glaubenslosigkeit angehört. Die ganze Versammlung hatte ihr Kleid gewechselt. Die Hallen der Kirche, so lange durch Politik profanirt, schienen auf einmal ein Concilium frommer Väter zu umschließen, und doch wieder war es der Geist humaner Staatsbildung, welcher friedlich vereinte, was sonst auf konfessionellem Boden sich flieht. Kaum aber war je bei einer politischen Frage ein so hingegebenes Interesse sichtbar, als jetzt bei der kirchlichen. War es doch das Parlament des deutschen Volkes, welches den Ruf bewähren mußte, daß es ein theologisches Volk sei."[1])

Wir haben gehört, aus welchen Gründen der Verfassungsausschuß es vermieden hatte, das Prinzip der Trennung von Kirche und Staat als das maßgebende auszusprechen, obgleich er doch selber die einzelnen Bestimmungen des Entwurfes als die wichtigsten Konsequenzen desselben bezeichnete. Er hatte es bedenklich gefunden, dem schwierigen Werke der Neugestaltung Deutschlands sogleich auch noch die weitgreifende Arbeit einer neuen Regelung des Verhältnisses zwischen dem Staate und der Kirche hinzuzufügen, ja er hatte gefürchtet, daß durch solche Verbindung der kirchlichen Fragen mit der politischen die Wiederherstellung Deutschlands in ernstlicher Weise möchte gefährdet werden. Aber nicht nur solche, der augenblicklichen Zeitlage entnommenen Gründe hatten den Ausschuß abgehalten, die Unabhängigkeit der Kirche zu proklamiren, sondern zu ihnen waren noch Bedenken gegen die Sache selbst hinzugekommen. Und zwar ebensowohl rücksichtlich des Staates, sofern man meinte, es möchte bei der Unabhängigkeit der Kirche besonderer Maßregeln bedürfen, um ihn gegen Uebergriffe seitens der Kirche zu sichern,

---

[1]) R. Haym, Die deutsche Nationalversammlung bis zu den Septemberereignissen. Ein Bericht aus der Partei des rechten Centrums. Frankfurt a. M. 1848, S. 64. Vergl. August Ludwig v. Rochau, Die verfassunggebende deutsche Reichsversammlung, Deutsche Vierteljahrs-Schrift (Stuttgart und Tübingen, Cotta) 1849, III, S. 180, wo es unter anderm heißt, diese Debatte sei wohl ohne Zweifel eine der reichsten und anziehendsten gewesen, von denen die parlamentarische Geschichte zu erzählen wisse.

als auch rücksichtlich der evangelischen Kirche, sofern man die Schwierigkeiten erwog, mit denen bei dem engen Verwachsensein dieser Kirche mit dem Staate die plötzliche Trennung beider verknüpft sein würde; während doch, wie man glaubte, weder die angestrebten Reformen der evangelischen Kirchenverfassung diese Trennung nothwendig erheischten, noch auch gerade in dieser Sache vorgegangen werden dürfe, ohne allen Betheiligten Gehör zu geben.[2])

Das Resultat, welches der Verfassungsausschuß aus allen diesen Erwägungen gezogen hatte, fand in der Nationalversammlung nur wenig Beifall. Unter den dreißig Rednern in der Generaldebatte über Artikel III, und den dreizehn in der Spezialdebatte über §. 14 sprachen nicht mehr als acht für den Vorschlag des Ausschusses, die Selbständigkeit der Kirche nicht zu proklamiren. Von diesen acht Rednern waren außer dem Ausschußmitgliede Welcker der Prediger Bauer aus Bamberg, der Amtsassessor Wedekind aus Bruchhausen und der Oberpräsident Flottwell aus Münster Protestanten; Professor Sylvester Jordan aus Marburg, Pfarrer Tafel aus Zweibrücken, Karl Giskra aus Wien und der bairische Kultusminister v. Beisler aus München zwar Katholiken, aber entschiedene Feinde des Ultramontanismus.[3])

Wie diese Redner sämmtlich einem politisch und kirchlich liberalen Standpunkt angehörten, so ging bei ihnen auch der Widerspruch gegen die in einer Fluth von Petitionen[4]) verlangte Unabhängigkeit der Kirche gerade aus dem Bestreben hervor, die Freiheit im staatlichen und kirchlichen Leben vor feindlichen Einflüssen sicher zu stellen. Zwei

---

[2]) Siehe oben S. 219 f.

[3]) Auch der Abgeordnete Pfeiffer sprach zwar gemäß seinem nicht zur Unterstützung gestellten Antrage (Sten. Ber. III, S. 1723) für den Vorschlag des Ausschusses und gegen „die Phrase von der Unabhängigkeit der Kirche vom Staate,“ ging aber doch selbst über den Ausschußentwurf hinaus, indem er den Religionsgesellschaften die selbständige Verwaltung ihrer innern Angelegenheiten zugesichert haben wollte. Sten. Ber. III, S. 1781 ff.

[4]) Gfrörer berief sich auf 1100 Petitionen mit den Unterschriften von 300,000 Familienvätern aus der katholischen Kirche. Von protestantischer Seite scheinen solche Petitionen wenigstens in nennenswerther Anzahl nicht eingegangen zu sein. Sten. Ber. III, S. 1783 f.

Gründe waren es vornehmlich, welche bei den meisten von ihnen als die entscheidenden hervortraten: einmal, daß der Kirche mit ihrer Unabhängigkeit eine dem Staatswohl gefährliche Macht gegeben werden, und sodann, daß die Kirche vom Staate unabhängig machen nur heißen würde, die Gemeinden desto abhängiger machen von dem Klerus.

In ersterer Beziehung sagte Welcker, der Ruf nach der Unabhängigkeit der Kirche sei bei vielen nichts anderes, als ein Ruf nach Souveränetät der Kirche über den Staat und nach der Freiheit, die Jesuiten zurückzuführen und Klöster einzurichten;[5]) und Tafel meinte, was die Münchener historisch-politischen Blätter als Grundsatz aufgestellt, daß nämlich die Kirche dem Staate nicht koordinirt sein könne, sondern prädominiren müsse, das sei es, was mit jenem Rufe jetzt verwirklicht werden solle.[6]) Herr v. Beisler aber warf die Frage auf, ob die Trennung von Staat und Kirche wohl naturgemäß sei? Wenn es doch eine Aufgabe des Staates sei, dafür zu sorgen, daß die Menschheit einem edleren Zwecke zustrebe, so könne er sich nicht denken, daß das Christenthum, welches seit mehr als tausend Jahren alle Verhältnisse des menschlichen Lebens, das ganze Staatsleben durchdringe, dem Staate gleichgültig sein und wie eine Kasinogesellschaft bestehen solle, deren der Staat sich in nichts anzunehmen habe. Und er führte dann weiter aus, daß, während die Staaten die bisherigen unumschränkten monarchischen Formen gegen demokratische Institutionen eintauschten, werde die Trennung der Kirche vom Staate wenigstens

---

[5]) Sten. Ber. III, S. 1651. Außerhalb der Nationalversammlung sprach sich ähnlich Freiherr v. Wessenberg, der ehemalige Bischof von Konstanz, aus, indem er sagte: „Wem wäre das rastlose Streben einer gewissen Partei unbekannt, welche uns die goldenen Zeiten des Mittelalters zurückbringen möchte, und durch ihr Eifern für diesen edlen Zweck den Zunder und die Brandfackel der Zwietracht neuerdings in die Kirche geschleudert hat, und ihre Gluth unaufhörlich zu schüren bemüht ist? Warum schreien sich denn diese ewigen Feinde des Lichtes jetzt so heiser nach unumschränkter Kirchenfreiheit, nach Beseitigung alles Staatseinflusses in Kirchensachen, als damit ihre Partei ganz ungehindert das Reich der Geistesfinsterniß oder des pharisäischen Buchstabenchristenthums aufbauen und sich selbst die Wissenschaft für diesen Zweck dienstbar machen könne?" Deutsche Vierteljahrs-Schr., 1849, I, S. 252; vergl. auch die Anm. a. dems. O.

[6]) Sten. Ber. III, S. 1654.

auf einer Seite lediglich aus der Tendenz gefordert, theils den absoluten Monarchismus der Kirche rein von den demokratischen Einrichtungen der weltlichen Institute zu bewahren, theils durch den Monarchismus der Kirche wieder auf die demokratischen Einrichtungen des Staates zurückzuwirken. Diesem Verlangen Folge leisten wenn die Verfassung der Kirche unverändert bliebe, der Staat aber demokratische Einrichtungen erhielte, würde heißen, die Priesterherrschaft fertig machen, und dem Christenthum eine Wunde schlagen, wie sie ihm seit achtzehn Jahrhunderten nicht geschlagen worden. Die Trennung der Kirche vom Staate, weit entfernt, den Frieden zwischen beiden herbeizuführen, würde vielmehr den Kampf verewigen, oder es dahin bringen, daß die Kirche den Staat oder der Staat die Kirche unterjochte.[7]) Die verlangte Unabhängigkeit der Kirche, sagte weiter Giskra,[8]) widerspreche der Natur des Staates; die Kirche sei nichts anderes als ein Verein im Staate, und kein Verein könne begehren, daß er die Gesetzgebung, die entscheidende und vollziehende Gewalt unabhängig und getrennt vom Staate und in allen inneren und äußeren Dingen des Vereins übe. „Verlangt eine Kirche überhaupt die Unabhängigkeit vom Staate, so greift sie den Staat in seinem Wesen an, und dann will man ihn vernichten." Und ähnlich Welcker: wir müssen ein Staatsgebäude haben, wo es nur eine souveräne höchste Gewalt giebt. „Freiheit", so rief er aus, „sei unser herrlichstes Prinzip; aber frei soll doch auch unsere ganze Staatsgesellschaft sein!" Er trage kein Bedenken, die größte Freiheit in kirchlicher Beziehung zu geben, wenn man ihm die Bürgschaft gebe, daß diese Freiheit im patriotischen deutschen Sinne ausgeübt werde; wir hätten indessen eine Kirche, die unsere höchste Gewalt gefährdet habe, und wie sollte es nicht bedenklich sein, mit einem Schlagwort eine Kirche als unabhängig hinzustellen, die nicht zunächst im deutschen Standpunkt und Interesse, sondern nach monarchischen und hierarchischen, nicht nach geistlichen, sondern nach weltlichen Prinzipien sich leiten lassen wolle? Einer solchen Kirche gegenüber müsse beibehalten werden, was unser bisheriges Kirchenstaatsrecht als Schutzwehr gegen dieselbe aufgestellt habe.[9]) Der pro-

[7]) Sten. Ber. III, S. 1663.

[8]) Sten. Ber. III, S. 1791.

[9]) Sten. Ber. III, S. 1651.

testantische Pfarrer **Bauer** aber erinnerte warnend an die Bedrückungen der bairischen Protestanten unter dem Ministerium Abel, und meinte, die ultramontane Partei wolle in der Paulskirche die Freiheit gesetzlich festgestellt sehen, welche sie damals durch die Gunst der Staatsgewalt genossen habe, die ihr aber jetzt von der bairischen Regierung nicht mehr freiwillig zugestanden werde; eine Freiheit, neben der die Koexistenz einer gleichberechtigten, aber nicht mit gleichen Waffen kämpfenden Kirche schlechthin nicht möglich sei. Gewährte man die Unabhängigkeit der Kirche, so würde es keinen Schiedsrichter mehr für die Grenzstreitigkeiten der beiden vom Staate gleich unabhängigen Kirchen geben: denn der Staat würde sicherlich als unbefugter Richter perhorrescirt und sein Einschreiten zurückgewiesen werden, und so würde denn nichts anderes übrig bleiben, als nach den Regeln des Faustrechts das Recht von der Stärke der Parteien abhängig zu erklären. Dieses könne und dürfe der Staat aber doch nicht wollen; er dürfe nicht zugeben, daß jetzt bei seiner Neugestaltung eine solche nimmer versiegende Quelle des religiösen Zwiespalts und der konfessionellen Kämpfe mitten in seinem innersten Herzen und auf seinem eigenen Lebensgebiete sich aufthue.[10])

Fast noch mehr als diese Gefahren für das Staatswohl wurden die Gefahren betont, welche man auf dieser Seite für die Kirchengenossen selber aus der Unabhängigkeit der Kirche fürchten zu müssen glaubte. Wollte man, so etwa sagten die Katholiken **Tafel**[11]) und **Giskra**,[12]) jetzt die Kirche frei machen so wie sie faktisch sei, so würde die Kirchen**gesellschaft** nichts weniger als frei werden, sondern die Kirchenverwaltung würde nur ganz in die Hände des Klerus übergehen und die einzelnen Gemeinden in ihrem Willen mehr beschränkt werden als bisher. Sollten mit der Trennung der Kirche vom Staate wirklich die Gemeinden frei werden, so müßte zu diesem Zweck die ganze hierarchische Ordnung umgestaltet werden; dazu aber sei die Nationalversammlung nicht befugt und niemand könne ihr Garantien für eine solche Umgestaltung geben. Denn dieselbe würde

---

[10]) Sten. Ber. III, S. 1683.
[11]) Sten. Ber. III, S. 1655.
[12]) Sten. Ber. III, S. 1794.

nach der Ordnung der Kirche nur von der Hierarchie vollzogen werden können, diese aber werde sich doch nicht selbst zerstören. Bauer sagte noch schärfer, die verlangte Freiheit würde nur ein Deckmantel für die Tyrannei sein, die dann nur um so ungehinderter das individuelle Gewissen würde knechten können,[13]) und auch Welcker legte großes Gewicht darauf, daß durch die Unabhängigkeitserklärung der Kirche die Bürger des Staatsschutzes gegen die vielleicht despotische und aristokratische Kirchengewalt verlustig gehen würden, welchen anrufen zu müssen sowohl Katholiken als Protestanten doch manches Mal in der Lage gewesen wären. Von solchen und ähnlichen Bedenken erfüllt erinnerte er daran, daß die kirchlichen Verhältnisse, welche die Nationalversammlung zunächst vom staatsmännischen Gesichtspunkt aus in's Auge zu fassen habe, historische Verhältnisse seien, und als solche tief zusammengewachsen und verschmolzen mit dem staatsgesellschaftlichen Leben. Wollte man dieses bestehende Verhältniß nicht achten, sondern vom idealen Standpunkt aus ein allgemeines Prinzip aufstellen, so würde man dadurch eben sowohl das bestehende Leben der protestantischen und der katholischen Kirche als auch die bestehenden Rechte der Bürger verletzen. Man habe nur die Wahl, entweder ein Prinzip gar nicht an die Spitze zu stellen oder zugleich ein Kirchenstaatsrecht mit allen positiven Bestimmungen in die Grundrechte aufzunehmen, in welche solche Bestimmungen aber, eben weil sie Organisationen seien, doch durchaus nicht hineingehörten.[14])

Während in der Begründung ihres Widerspruchs gegen die Unabhängigkeit der Kirche auch Jordan und v. Beisler mit den zuletzt genannten Abgeordneten im wesentlichen übereinstimmten, ließen sie sich doch nicht wie diese an den Vorschlägen des Ausschusses genügen. Jordan nämlich meinte die einzige glückliche Lösung der Kirchenfrage darin zu sehen, daß die Kirche als Kirche, d. h., wie er es erklärte, als eine äußere Gewalt, die über die Einheit und Reinheit des Glaubens wacht, überhaupt falle, und übergehe in Religionsgesellschaften ohne äußere Kirchengewalt im bisherigen Sinn: so allein werde die Glaubens- und Gewissensfreiheit zur Wahrheit und damit die Religion ein

---

[13]) Sten. Ber. III, S. 1683. [14]) Sten. Ber. III, S. 1650 f.

Inneres der Menschen werden.[15]) Der bairische Kultusminister v. Beisler aber suchte das Heilmittel für den Unfrieden zwischen Staat und Kirche und in der Kirche selber in der Einführung einer Synodalverfassung mit der Vertretung des Klerus und der Gemeinden, und zwar so, daß die Synoden die Gegenstände vorzubereiten, dann aber die Reichsgewalt im Vereine mit der Reichsvertretung die nöthigen Gesetze zu geben hätte. Die Herbeiführung dieses Zustandes sollte nach ihm indessen nicht unmittelbar durch die Nationalversammlung bewerkstelligt werden, sondern diese sollte nur unter Beseitigung des §. 14 des Ausschuß-Entwurfes bestimmen, daß die Angelegenheiten der christlichen Kirche Deutschlands, namentlich ihre Beziehungen zu dem Staate, durch eine Reichssynode geordnet würden.[16]) Einem ähnlichen Ziele auf näherem Wege zustrebend beantragte der Abgeordnete Wedekind, der die Trennung von Staat und Kirche zwar als Ideal gelten ließ, aber doch als faktisch unmöglich bekämpfte, daß mit dem Staate auch die Kirche von der Nationalversammlung in die Hand genommen und auf demokratischen Grundlagen verfaßt würde, indem er das Recht der Nationalversammlung hierzu wunderlich genug aus dem der Staatsgewalt eignenden jus circa sacra ableitete.[17])

Von einem ganz andern Standpunkt aus, als alle diese Abgeordneten, bekämpfte Flottwell die Aufnahme des Prinzipes von der Unabhängigkeit der Kirche in die Grundrechte. Er nämlich meinte, daß der Streit über die Nothwendigkeit oder Ausführbarkeit der Trennung von Staat und Kirche in der Nationalversammlung gar nicht zu einer erschöpfenden und befriedigenden Erledigung gebracht werden könne: derselbe würde, auch wenn die Nationalversammlung darüber abstimmte, doch noch lange der Gegenstand eines wissenschaftlichen Kampfes bleiben, jener aber gezieme es, wie von derartigen theoretischen Diskussionen überhaupt, so insbesondere von allen Prinzipienfragen über das Verhältniß der Kirche zu dem Staat sich fern zu halten. Denn diese müßten auf einem anderen Gebiete, nämlich auf dem der Gesetzgebung in den einzelnen Ländern zur Entscheidung kommen,

---

[15]) Sten. Ber. III, S. 1646 f.

[16]) Sten. Ber. III, S. 1664 f. Der Antrag oben S. 232, N. 65.

[17]) Sten. Ber. III, S. 1649 f. Der Antrag oben S. 228, N. 34.

da ja die staatsrechtlichen Verhältnisse der katholischen wie der protestantischen Kirche in jedem Lande anders gestaltet seien und nur im Wege der Vereinbarung zwischen Regierung und Volksvertretern durch Aufhebung bestehender Verträge und anderer Akte geändert oder gelöst werden könnten.[18])

2. Die Widerlegung der Gegner.

Diesen Rednern und dem Ausschuß gegenüber verfocht nun eine große Anzahl von Abgeordneten die ausdrückliche Anerkennung der Unabhängigkeit oder Selbständigkeit der Kirche. Hier begegneten sich die Vertreter der verschiedensten politischen Parteien nicht nur, sondern auch der entgegengesetztesten kirchlichen Richtungen, und zwar innerhalb des Katholicismus ebenso als des Protestantismus. Zunächst eine lange Reihe ultramontaner Katholiken, wie Döllinger, Sepp, Phillips, Dieringer, Förster, Gförer, v. Lassaulx, Blömer, v. Bally, v. Linde und andere, an ihrer Spitze Herr von Radowitz, sie alle aber unter einander so verschieden, daß man auf den Gedanken kommen konnte, sie zu sondern als grobe, feine uud langweilige Ultramontane.[1]) Neben ihnen Dekan Künzer aus Konstanz als freimüthiger Bekenner josephinischer Ideen, und als Vertreter der neuesten Reformbewegung ein deutschkatholischer Prediger Schmidt aus Löwenberg. Dann eine große Anzahl von Protestanten, durch die Mannigfaltigkeit ihrer kirchlichen und religiösen Anschauungen das Wesen unserer Kirche als der Kirche des Gewissens und der Freiheit in schöner Weise vor Auge stellend: Karl Schwarz und Jürgens, v. Beckerath und Zittel, Paur und v. Salzwedell, Löwe-Kalbe, Zimmermann, Karl Biedermann, Plathner, Wei-

[18]) Sten. Ber. III, S. 1730 f.

[1]) Karl Biedermann in seinen Erinnerungen aus der Paulskirche, Leipzig 1849, S. 191. Döllinger, Sepp, Phillips und v. Lassaulx waren Professoren in München, Dieringer Professor in Bonn, Förster Domherr in Breslau (später Fürstbischof), Blömer, Landgerichtsrath in Aachen, v. Bally Geheimrath und Hüttenbesitzer in Beuthen, v. Linde Geh. Staatsrath in Mainz. Außerhalb der Nationalversammlung traten namentlich auch die Münchener „historisch-politischen Blätter“ sehr entschieden für die Unabhängigkeit der Kirche ein.

ßenborn u. a. m.[2]) Zu diesen gesellte sich nicht nur der aufgeklärte Buchhändler Schwetschke von Halle, der eifrigen Antheil an der lichtfreundlichen Bewegung genommen, sondern auch der Schwärmer Christoph Hoffmann von Ludwigsburg, der feststehend auf dem Boden urchristlicher Weissagung des Entscheidungskampfes zwischen Welt und Kirche harrte, um die letztere zwar bange für die Gegenwart, doch für die Zukunft des Sieges gewiß, und neben diesem fand auch der Materialist Karl Vogt noch eine Stelle, der, wie er frivoler Weise rühmte, fast ohne Standpunkt wirklich erhaben über den kirchlichen Parteien stehend, sich schon über den ersehnten Untergang der Kirche freute, gleichfalls bei nothgedrungenem Verzicht auf die Gegenwart der Zukunft sicher. Auch der Berliner Demokrat Nauwerck fehlte nicht, er, dem zwanzig Jahre später die Friedrich-Werdersche Synode in Berlin das Zeugniß gegeben hat, daß auch ein Freigeist zum Propheten werden kann. Denn als er mit vielen andern als die nothwendige Konsequenz der Trennung von Staat und Kirche die Trennung der Schule von der Kirche forderte, da sprach er in die Zukunft schauend: „Wenn die Schule Domäne der Kirche werden soll, dann, meine Herren, dekretiren wir nur gleich hier: die Sonne geht und die Erde steht still — denn dahin würde es dann wieder kommen.“[3])

Diese Männer, alle darin einig, daß sie die Selbständigkeit der Kirche ausgesprochen wissen wollten, zerfielen insofern wieder in zwei verschiedene Gruppen, als die einen verlangten, daß dieselbe ganz allgemein und unbedingt hingestellt,[4]) die anderen dagegen

---

[2]) Karl Schwarz Professor in Halle (später Ober-Hofprediger in Gotha), Jürgens Pfarrer in Stadtoldendorf, v. Beckerath Banquier in Krefeld, Zittel Pfarrer in Bahlingen (später in Heidelberg), Paur Oberlehrer in Neiße, v. Salzwedell Regierungs-Präsident in Gumbinnen, Löwe Dr. med. in Kalbe, Zimmermann Professor in Stuttgart, Biedermann Professor in Leipzig, Plathner Oberlandesgerichtsassessor in Halberstadt (später Obertribunalsrath in Berlin), Weißenborn Professor in Eisenach.

[3]) Sten. Ber. III, S. 1694 f.

[4]) So namentlich die Ultramontanen, aber auch Weißenborn, Biedermann, Zittel, Jürgens, Zimmermann, v. Salzwedell und Hoffmann. Vergl. die Uebersicht über die entsprechenden Gruppen der Anträge oben S. 241 f.

forderten, daß sie nach Wesen und Umfang näher bestimmt und abgegrenzt würde. Diese letzteren aber gingen auch wieder mehrfach auseinander, indem sie entweder die Unterordnung der Religionsgesellschaften unter die allgemeinen Staatsgesetze hervorheben, oder die Selbständigkeit der Kirche auf deren innere Angelegenheiten beschränken, oder endlich, theils mit theils ohne diese Beschränkung, durch besondere Festsetzungen den etwaigen Gefahren dieser Selbständigkeit vorbeugen wollten.

Diese vielen nun, welche im Gegensatz gegen jene Redner und den Ausschuß die Aufnahme des Prinzips der kirchlichen Selbständigkeit verlangten, ließen es sich angelegen sein, ebensowohl die gegnerischen Argumente zu entkräften, als auch die eigene Forderung in positiver Weise zu begründen.

Die durch Herrn v. Beisler ausgesprochenen Bedenken gegen die Möglichkeit der Trennung von Staat und Kirche beantwortete Karl Vogt mit dem leichten Witzworte, der Staat und die Kirche hätten sich in der That sehr geliebt, aber etwa wie der Haifisch den Hering oder wie der Fuchs das Huhn, und solche Liebe könne man doch ohne Gefahr für die Liebe überhaupt etwas beschneiden;[5]) Döllinger aber suchte an dem auch durch andere Redner vielfach angezogenen Beispiel von Belgien und Amerika klar zu machen, daß für alle Religionsgesellschaften gleiches Maß und Gewicht in ihren Beziehungen zum Staate einführen durchaus nicht heiße, sie dem Staate gegenüber in die Lage von Kasinogesellschaften bringen.[6]) Andere gingen tiefer und bemühten sich, die Möglichkeit der geforderten Selbständigkeit der Kirche aus dem Wesen des Christenthums und des Staates nachzuweisen. So sagte Herr v. Salzwedell, es liege die Verbindung des Staates und der Kirche keineswegs in der Natur der christlichen Religion, denn diese sei die Religion der individuellen Freiheit, das Christenthum sei weder durch den Staat entstanden noch habe es sich durch denselben entwickelt, wie das Judenthum und der Muhamedanismus,[7]) und ganz ähnlich betonte Weißenborn, die Bildung der Staatskirchen als eine

[5]) Sten. Ber. III, S. 1668.
[6]) Sten. Ber. III, S. 1674 f.
[7]) Sten. Ber. III, S. 1949 f.

Verleugnung des protestantischen Prinzips bezeichnend, daß die evangelische Kirche auf das Prinzip der Freiheit des Individuums, der Verantwortlichkeit eines jeden vor seinem eigenen Gewissen gegründet sei, ein Prinzip, das doch im Staate keineswegs vollständig geltend geworden.[8]) Hinwiederum von einem anderen Gesichtspunkte aus die Sache beleuchtend hob Christ von Bruchsal hervor, daß nur das sittliche Moment es sei, worauf der Staat gebaut werden und ruhen müsse; aber es sei nicht nothwendig, daß er in sein Wesen und in seine Ideen zugleich auch die positive Religion aufnehme,[9]) und Biedermann meinte, die Ansicht, als ob Staat und Kirche eins und eng verbunden sein müßten, weil die Religion die höchsten Güter und Ideen der Menschen repräsentire und der Staat ebenfalls deren höchste Zwecke verfolge, beruhe auf der Täuschung, daß man die sittlichen Ideen, die allerdings in allen Religionen mehr oder weniger, reiner oder unreiner enthalten seien, mit demjenigen vermische, was spezifisch der Religion als solcher eigen sei. Die sittlichen Ideen der Religion seien dieselben, welche auch dem Staate zu Grunde lägen; aber eben weil sie beiden gemeinsam, nicht etwa der Religion ausschließlich, weil sie die allgemeinen Grundlagen des Menschen und des menschlichen Wesens seien, könne und müsse der Staat sich auf diese Grundlagen selbständig stellen, ohne sie erst von einem anderen Gebiete zu entlehnen.[10])

Hatte der Ausschuß sich gescheut, durch das Aussprechen des Prinzips der Unabhängigkeit der Kirche die konfessionellen Fragen mit der politischen in Verbindung zu bringen, weil schon einmal die Wiederherstellung Deutschlands dadurch verhindert worden sei: so wurde ihm dagegen von Jürgens zu bedenken gegeben, daß das Hinderniß der Wiederherstellung Deutschlands nicht in der Unabhängigkeit der Kirche, sondern gerade in deren Abhängigkeit gelegen habe; darin, daß der Staat sich mit der Kirche identificirend, Konfessions- und im falschen Sinne christlicher Staat gewesen sei;[11]) und während Weißenborn in den großen Wunden, welche eben die Vereinigung der politischen

[8]) Sten. Ber. III, S. 1641.
[9]) Sten. Ber. III, S. 1680. Christ war Gerichtsdirektor in Bruchsal.
[10]) Sten. Ber. III, S. 1643. [11]) Sten. Ber. III, S. 1672.

und konfessionellen Rechte seit Jahrhunderten ganz Europa geschlagen, die Aufforderung fand, die Unabhängigkeit des einen Theils der Interessen von dem anderen ganz entschieden auszusprechen,[12]) wiesen Zittel und v. Radowitz warnend darauf hin, daß nur hierdurch der Zwist der Konfessionen von dem deutschen Verfassungswerke fern gehalten werden könne.[13])

Der letztere suchte überdem auch die Furcht vor den Jesuiten zu beschwichtigen, indem er die Versicherung gab, daß er und seine katholischen Kollegen gegen die Wiedereinführung des Jesuitenordens in irgend einem deutschen Lande, falls dieselbe von irgend einer Seite vorgeschlagen werden sollte, aus höherem Interesse der katholischen Kirche sich mit vollster Entschiedenheit aussprechen würden. Und nicht minder bemühte er sich die Besorgnisse um die protestantische Kirche zu entkräften, mit denen man auf der anderen Seite dem Verlangen nach der Unabhängigkeitserklärung der Kirche begegnet war. Was könnte, so fragte er, die protestantischen Genossenschaften im Ganzen oder in einzelnen deutschen Ländern abhalten, den Regierungen gewisse Vollmachten zu ihrem eigenen Besten oder im Interesse des Friedens und der Einheit zu übertragen? Wenn das Bekenntniß, die Lehre, der Gottesdienst, die eigentliche Autonomie der Kirche den geistlichen Vertretern der Kirche überlassen bliebe, so würde doch nichts entgegenstehen, daß den Regierungen ein gewisses Schutz- und Aufsichtsrecht, selbst eine Mitwirkung bei der Besetzung der Kirchenämter übertragen würde. Nur daß diese Befugnisse nicht wie bisher aus einer vorausgesetzten bischöflichen Gewalt des Landesherrn fließen, sondern die Frucht freiwilliger, selbst revokabler Verträge sein würden. Ebenso wenig aber als die eigene würde die Unabhängigkeit der katholischen Kirche den protestantischen Religionsgesellschaften zum Schaden gereichen können. Denn diese würden zu ihrer Ausbreitung ganz ebenso wie jene die freie Presse und das freie Vereinsrecht benutzen; ja, da sie innigere Beziehungen mit dem Staate einzugehen vermöchten, als die katholische, so würden sie sich eines

[12]) Sten. Ber. III, S. 1640.

[13]) Zittel Sten. Ber. III, S. 1668; v. Radowitz S. 1695 f.

größeren Schutzes und wirksamerer Hilfe zu erfreuen haben. Ohne solch' einer Verheißung zu bedürfen setzte mit anderen Zittel dem Kleinmuth der vor der Uebermacht des Katholicismus Besorgten echt protestantische Zuversicht entgegen, indem er trotz der eigenthümlichen Ueberzeugung, daß der Sieg der Demokratie zugleich der Sieg des Katholicismus sei, dennoch die Furcht vor letzterem für unwürdig erklärte und sich freute, daß der Protestantismus, anstatt sich bequem in den Schooß der Polizei niederzulegen, einmal sich regen und zusehen müsse, welche Stellung er sich gewinne; erst dadurch, so vertraute er, werde der Protestantismus stark werden in und durch sich selbst.[14]) Biedermann aber bezichtigte diejenigen, welche auf dem Standpunkte der sogenannten Aufklärung aus Furcht vor Rückschritten der protestantischen oder vor Uebergriffen der katholischen Kirche der kirchlichen Selbständigkeit widerstrebten, jenes beschränkten Liberalismus, der, eins mit dem überwundenen Standpunkte des alten Polizeistaats, nur für sich selbst die Freiheit wolle, dieselbe anderen aber nicht gönnend was ihm eben recht sei mit äußerer Gewalt durchsetzen, was ihm dagegen nicht recht sei durch eine fremde Macht, und wäre es auch die der Polizei, ferngehalten und unterdrückt wissen wolle, und er stellte ihnen das Bild der wahren Freiheit vor Augen, die sich selbst genügend nicht bei dem Polizeistaat Hilfe suche, sondern durch die innere Macht der Entwickelung alle widerstrebenden Elemente von sich auswerfe.[15]) Nauwerck endlich ermahnte die in solcher Weise Besorgten nicht nur mit einiger Ironie, doch etwas mehr Zutrauen zur Vorsehung zu haben, und dieselbe nicht mit Polizeivorschriften meistern zu wollen, sondern er suchte sie auch durch die nüchterne Erinnerung zu beruhigen, daß als Grenzstein zwischen den beiden Kirchen das Gesetz stehe, das Gesetz in seiner Erhabenheit über alle einzelnen Gebiete und Bestrebungen, die innerhalb des Staates sich entwickeln und frei bewegen könnten.[16])

Mit diesem Hinweis auf die Herrschaft des Gesetzes trat Nauwerck auch dem Bedenken entgegen, daß die Unabhängigkeit der Kirche

[14]) Sten. Ber. III, S. 1666.
[15]) Sten. Ber. III, S. 1643.
[16]) Sten. Ber. III, S. 1694.

dem Staate gefährlich werden möchte. Den, wie er meinte, vielfach mißbrauchten Ausdruck „Unabhängigkeit der Kirche“ erläuternd, hob er hervor, daß im Staate unmöglich irgend etwas unabhängig sein könne: alles, auch was die einzelnen als das Heiligste ausgäben für sich, müsse unter dem Gesetze stehen und folglich auch dem Staate untergeordnet sein. Die Unabhängigkeit der Kirche vom Staate könne also weiter nichts bedeuten, als die Selbständigkeit, die freie eigene Verwaltung innerhalb des Staates. In demselben Sinne sprachen sich nicht nur die Protestanten Plathner, Zittel, Jürgens, Hagen, Schwarz, Löwe-Kalbe, Salzwedell und die freisinnigen katholischen Geistlichen Vogel und Künzer aus,[17]) sondern auch Förster, Döllinger und v. Radowitz erkannten die bleibenden Rechte des Staates über die Kirche ausdrücklich an. Der Staat, sagte Förster, hat in seinem Gebiete feste und unveräußerliche Rechte, die ihm nicht genommen werden sollen, am wenigsten von der Kirche. Er hat solche Rechte auch über die Kirche, sofern sie eine von ihm anerkannte Korporation ist, er hat z. B. das Recht der Verwahrung, das sogenannte jus cavendi, um die Kirche in ihrer Wirksamkeit nicht über ihre Grenze hinausschreiten zu lassen, um nicht zuzugeben, daß sie seinem Staatszweck irgendwie schadet u. s. w. Aber diese Rechte hindern nicht, daß nun die Kirche auch in ihrem Gebiet ihre festen unveräußerlichen Rechte hat, daß sie sich als eine gesetzgebende, richtende, leitende Gewalt offenbare, daß sie die Angelegenheiten ihrer Lehre, ihres Kultus, ihres Gottesdienstes, ihrer Verwaltung selbständig ordne, ohne die Einmischung irgend einer fremden Macht, und darin liegt die Unabhängigkeit der Kirche, die wir fordern, eine andere begehren wir nicht.[18]) Herr v. Radowitz äußerte sich dahin, daß bei der Sonderung beider Gebiete weder der Staat von seinen Rechten aufgeben,

---

[17]) Plathner Sten. Ber. III, S. 1649; Zittel S. 1665; Jürgens S. 1672; Hagen (Professor in Heidelberg) S. 1698; Schwarz S. 1706; Löwe S. 1946; v. Salzwedell S. 1950; Vogel (Dekan in Dillingen) S. 1653; Künzer S. 1709. Einige von diesen Rednern wiesen ausdrücklich auf das Schiefe in dem Ausdruck „Unabhängigkeit der Kirche“ hin; Löwe meinte geradezu, derselbe sei nichts weiter als ein Mißverständniß.

[18]) Sten. Ber. III, S. 1704.

noch die Kirche einen Theil dieser Rechte an sich erwerben würde. Es handele sich lediglich darum, daß der Staat das Präventivsystem verlasse und hier wie überall sich auf das Repressivsystem beschränke, das ihm niemand streitig mache, dieses aber sei nach §. 12 des Ausschuß-Entwurfes vollkommen vorgesehen; übrigens dürfe doch nicht in diesem Punkte allein der mögliche Mißbrauch einer Freiheit deren rechtliche Anerkennung hindern.[19]) Döllinger endlich versicherte, daß mit der Unabhängigkeit der Kirche gerade ein Verhältniß begehrt werde, in welchem die Kirche keine weltliche, politische Macht ausüben könne und solle, und er sprach die Erwartung aus, daß die Staatsgewalt um so stärker, fester und entschlossener sein werde, jeden Eingriff und Uebergriff in ein fremdes, nicht konfessionelles Gebiet von Seiten einer Kirche oder der Geistlichkeit irgend einer Gesellschaft zurückzuweisen, wenn einmal die bisher für alle Seiten nachtheiligen und drückenden Verhältnisse aufgehört und besser geworden sein würden. Wäre wirklich, so meinte er, mit dem Streben nach Unabhängigkeit der Kirche zugleich ein solches nach Obergewalt über den Staat oder eine Lust zu Eingriffen in das Gebiet der Politik und des Staates verbunden, so müßte die Stellung des Staates viel einfacher, die Abwehr solcher Eingriffe viel leichter sein, wenn der Staat den Gegner außer sich hätte, statt daß er jetzt in allen Beziehungen des Lebens mit ihm zusammen gewachsen sei.[20]) Während übrigens Christ der Ueberzeugung war, daß mit dem Aufhören der Uebergriffe von Seiten des Staates, welche bisher die Kirche feindlich gegen denselben gestimmt hätten, auch alles Feindliche von Seiten der Kirche gegen den Staat hinwegfallen würde,[21]) deuteten andere zur Beschwichtigung derer, welche von der selbständigen Kirche Gefahren für den Staat befürchteten, etwas vertrauensselig auf den heilsamen Einfluß hin, den die politische Freiheit auch auf die Kirche üben würde. So sagte z. B. Weißenborn: wo die volle politische Freiheit gegeben ist, da wird allmählich auch im übrigen Leben die Freiheit durchdringen, und es werden auch im konfessionellen und kirchlichen Leben alle Fesseln und Schranken abgeworfen und der Staat

[19]) Sten. Ber. III, S. 1695.
[20]) Sten. Ber. III, S. 1674 ff.
[21]) Sten. Ber. III, S. 1681.

gesichert werden gegen alles das, was ihm drohend entgegen treten könne.[22]) Zimmermann aber nahm aus den in dieser Debatte von v. Radowitz, Döllinger und Sepp gehaltenen Reden den Beweis, daß die Kirche bereits jetzt in einer Umwandlung durch die Macht des Zeitgeistes begriffen sei.[23]) Und erwartete Zittel, daß von einem Kampf zwischen Kirche nnd Staat in der neuen Zeit um deßwillen keine Rede sein werde, weil jetzt beide, Staat und Kirche, das Volk seien und dieses doch nicht mit sich selber Streit anfangen werde:[24]) so glaubte Christ die wohl auch gefürchtete Ausübung eines Verdummungssystems durch die unabhängige Kirche mit der Erinnerung an den Einfluß der Presse, der Philosophie, des Schulwesens und auch der Eifersucht zwischen den verschiedenen Konfessionen als eine absolute moralische Unmöglichkeit darthun zu können.[25])

Was nun endlich die laut gewordene Besorgniß betrifft, daß die Unabhängigkeit der Kirche nur eine um so größere Beschränkung der Freiheit innerhalb derselben zur Folge haben würde, so machte Zittel in wesentlicher Uebereinstimmung mit Hagen dagegen geltend, daß, indem die Freiheit der Kirche ausgesprochen werde, dieses rücksichtlich der protestantischen Kirche deren vollständige Demokratisirung bedeute; rücksichtlich der katholischen sei aber zu bedenken, einmal, daß die unbedingte Freiheit des Austrittes aus derselben das sicherste Mittel sein werde, sie vom Mißbrauch ihrer Gewalt zurückzuhalten, und sodann, daß die Hierarchie ein Ende habe, sobald das Volk sie nicht mehr wolle.[26]) Daß dieses sie aber in der That bald nicht mehr wollen werde, sprach Nauwerck als bestimmte Hoffnung aus. Denn wie er überhaupt die Macht der Hierarchen als dadurch gebrochen ansah, daß dieselben nicht mehr im Bunde mit anderen Mächten ständen, sondern allein, und zwar freien, vollberechtigten Staatsbürgern gegenüber: so hielt er sich überzeugt, daß auch die katholische Kirche sich demokratisiren und synodalisch verfassen, und daß die Gemeinden ihr ursprüng-

[22]) Sten. Ber. III, S. 1640; vergl. Vogt S. 1669; v. Salzwedell S. 1949.

[23]) Sten. Ber. III, S. 1702 f. [24]) Sten. Ber. III, S. 1666 f.

[25]) Sten. Ber. III, S. 1681 f.

[26]) Sten. Ber. III, S. 1666; Hagen S. 1697 f.

liches Recht der Beamtenernennung zurücknehmen würden;[27]) eine Erwartung, welche bei aller Kühnheit doch einen Schein der Berechtigung darin finden mochte, daß sogar ein katholischer Geistlicher, der sich offen zur josephinischen Richtung bekennende Künzer aus Konstanz, als die Folge von der Unabhängigkeit der Kirche den Sieg freisinniger Grundsätze und Einrichtungen, insbesondere auch eines wirklich repräsentativen Synodalwesens, sowie überhaupt die Auferstehung der wahren alten ursprünglichen katholischen Kirche vorhersagen zu dürfen glaubte.[28])

3. Die positive Begründung des Verlangens nach Selbständigkeit der Kirche.

Zur Begründung ihres Verlangens nach Selbständigkeit der Kirche wurde von etlichen — Jürgens, Döllinger, Förster, Lassaulx, Gfrörer und Friedrich,[1]) — mit Nachdruck geltend gemacht, daß dasselbe eine unvermeidliche Konsequenz der Stellung sei, welche der Ausschuß im §. 14 seines Entwurfes mit Recht den neu entstehenden Religionsgesellschaften dem Staate gegenüber angewiesen habe. Denn es würde doch, so sagten sie, die empfindlichste Ungerechtigkeit sein, wenn die neuen Religionsgesellschaften die vollste Freiheit und Unabhängigkeit genießen, die seit Jahrtausenden bestehenden Kirchen dagegen in der alten Knechtschaft gehalten werden sollten. Dadurch würden nicht nur diese jenen gegenüber in eine gar zu üble Lage kommen, sondern es würde darin auch ein beständiger Keim des Unwillens und der Unzufriedenheit liegen, ja der Grund zu einem ganz neuen Aufschwung der religiösen Erbitterung. Werden nicht, so fragte Döllinger, dadurch Verwickelungen herbeigeführt, die am Ende viel größere Anstrengungen von Seiten der Staatsgewalt zur Beilegung und Ausgleichung erfordern, als alles, was jetzt an Aufgebung und Opfern der Staatsgewalt zugemuthet wird?

---

[27]) Sten. Ber. III, S. 1693 f. [28]) Sten Ber. III, S. 1708.

[1]) Jürgens Sten. Ber. III, S. 1670 f.; Döllinger S. 1677 f.; Förster S. 1704; Lassaulx S. 1780; Gfrörer S. 1783; Friedrich (Domprobst in Bamberg) S. 1790.

Aber noch in anderer Beziehung wurde die Selbständigkeit der Kirche als eine nothwendige Konsequenz der auch von ihren Gegnern anerkannten Grundsätze bezeichnet. Indem nämlich Weißenborn hervorhob, daß das Prinzip des neuen Staats im Unterschiede von dem überwundenen Polizeistaat der Gedanke der Selbstregierung sei, deutete er auf den Widerspruch hin, dessen das Parlament sich schuldig machen würde, wenn es in den materiellen Verhältnissen des Lebens die Selbstregierung gelten lassen und gerade in den heiligsten, wo jeder nur sich selbst verantwortlich sei, die Macht, die Gesellschaft zu leiten, nicht dieser selbst überlassen wollte.[2]) Und während in ähnlicher Weise auch Dieringer, Christ, Nauwerck, Hagen, Zimmermann und v. Salzwedell an die Konsequenz und Gerechtigkeit der Versammlung appellirten,[3]) behauptete Lassaulx geradezu, nachdem die Polizei- und Beamtenherrschaft im Staate gebrochen und an ihre Stelle die Selbstregierung des freien Volkes getreten sei, würde es eine doppelte Schmach und Schande und ein Beweis von der Lügenhaftigkeit dieser ganzen Bewegung des deutschen Lebens sein, wenn man jene Bureaukratie, die man im Staate zerstört habe, in der Kirche fortbestehen lassen wollte; nach Abschaffung der Censur das sogenannte placetum regium beibehalten, das, so fügte er hinzu, würde ein logischer Widerspruch und eine moralische Falschheit sein.[4]) Döllinger aber vereinigte sich mit Karl Vogt in der eindringlichen Warnung, daß, wenn man hinsichtlich der Kirchen und Religionsgesellschaften die Ordnung des bisherigen Polizeistaates noch beibehalten wollte, man damit sicher die Thüren öffnen würde, durch welche derselbe nach und nach das ganze verlorene Gebiet wieder erwerben würde.[5])

---

[2]) Sten. Ber. III. S. 1640.

[3]) Dieringer Sten. Ber. III, S. 1656; Christ S. 1681; Nauwerck S. 1693; Hagen S. 1697; Zimmermann S. 1702; v. Salzwedell S. 1949.

[4]) Sten. Ber. III, S. 1780. — Freiherr v. Wessenberg machte hiegegen darauf aufmerksam, daß amtliche Kundmachungen von Bischöfen und Konsistorien doch eine eigene, mit andern nicht zu vermengende Kategorie von Schriften bilden, und daß es für kirchliche Vorsteher doch ehrenhafter ist, wenn ihnen die Staatsregierung ihre Einwendungen gegen Hirtenbriefe u. dergl. vor ihrer Veröffentlichung mittheilt, als wenn sie dieselben nachher für gesetzwidrig zu erklären sich bemüßigt sieht. Deutsche Vierteljahrs-Schrift 1849, I, S. 245 Anm.

[5]) Sten. Ber. III, S. 1673; Vogt S. 1669.

Endlich von einem dritten Gesichtspunkt aus wollten Herr v. Radowitz, Sepp und der Ludwigsburger Hoffmann die Selbständigkeit der Kirche als eine Folgerung anerkannt wissen, der man ohne die größeste Inkonsequenz sich unmöglich entziehen könne. Denn nach Herrn v. Radowitz wären früher den Kirchengesellschaften gegen den erdrückenden Einfluß der weltlichen Botmäßigkeit immerhin zwei Bürgschaften übrig geblieben: die eine in dem damaligen Staatsprinzip, welches neben der centralen Staatsgewalt eine Mannigfaltigkeit von sonderthümlichen Rechtsverhältnissen bestehen lassen und wirksam geschützt hätte, die andere in dem christlichen Charakter der Regierungen, den sie als Grundlage der Staatsgesetzgebung bekannt hätten. „Eben diese Bürgschaften aber sind es, die seit geraumer Zeit untergraben, jetzt auch formell untergegangen sind." Worüber Herr v. Radowitz dann weiter sagte:

„Der neue Staat ist absolut, er hat die Schranken des gewordenen Rechtes und der hierin wurzelnden Sonderrechte gebrochen und sich als alleinigen Quell alles dessen hingestellt, was innerhalb seiner Grenzen gelten soll; gleichzeitig auch hat er den christlichen Charakter abgelegt, indem er die Gleichberechtigung aller Religionen zum obersten Satze seiner Verfassung erhoben hat. Ob man darüber jubelte oder trauerte, darauf kommt es nicht an, es ist Thatsache. Dann aber wolle man auch die nothwendigen Folgerungen nicht abweisen. Man wolle erkennen, daß das bisherige Verhältniß zwischen Kirche und Staat vollständig gelöst, seine Fortsetzung unter anderer Form unmöglich und eine neue Schöpfung unerläßlich sei. Das ist hier unsere Aufgabe. Sie läßt keine andere Lösung zu, als daß man Religionsgesellschaften, bestehende wie neue, vom Staat unabhängig erkläre und ihnen überlasse, wie anderen Vereinen, ihre eigenen Angelegenheiten zu ordnen."[6])

Dasselbe Argument gebrauchend erklärte Sepp in seiner Jungfernrede es für eine Inkonsequenz, die aufs äußerste gehe, wenn da, wo der Getaufte wie der Ungetaufte, der Maurer wie der Schlosser Minister sein könne, die Verleihung kirchlicher Präbenden und die Besetzung theologischer Lehrstühle von solchen obersten Staatsmännern abhänge.[7]) Hoffmann aber sagte, er und seine Parteigenossen könnten dem Staate, der sich seines religiösen Charakters entkleidet habe, um deßwillen nicht mehr den geringsten Theil der Leitung ihrer religiösen Angelegenheiten überlassen, weil sie sich sonst jener Lossagung

[6]) Sten. Ber. III, S. 1696 f.

[7]) Sten. Ber. III, S. 1691.

vom Christenthum mit theilhaftig machen würden, die sie nur als einen beklagenswerthen Abfall von der Quelle alles Heiles für Völker wie für einzelne Menschen betrachten könnten.[8])

Wie von den genannten die Konfessionslosigkeit des neuen Staates so wurde von Vogel[9]) und Döllinger[10]) seine konstitutionelle Verfassung als Grund für die Selbständigkeit der Kirchen geltend gemacht, indem von beiden an das Mißverhältniß erinnert wurde, das in der Theilnahme der konfessionell gemischten Volksvertretung an der Ausübung der staatlichen Kirchengewalt liegen würde. Beide hoben die Gefahren hervor, welche hieraus für die religiöse Freiheit resultiren würden, und deuteten dann weiter auf den verderblichen Einfluß hin, den die, je nach den herrschenden Majoritäten die eine oder die andere Religionsgesellschaft treffende Bevorzugung oder Unterdrückung zum Schaden des Friedens und der Einheit im Volke würde ausüben müssen. Damit aber berührten sie einen Punkt, der auch von vielen andern Rednern, wie Phillips, Zittel, Christ, Sepp, Nauwerck, Müller, Förster, Lassaulx, Gfrörer, in der nachdrücklichsten Weise betont wurde.[11]) Ohne erst an die konfessionell gemischten Kammern zu denken, warnten diese alle, daß man mit dem Eingreifen des Staates in die kirchlichen Angelegenheiten die fruchtbarste Ursache des Unfriedens und der gegenseitigen Verbitterung im Volke, ja ein unüberwindliches Hinderniß der politischen Einheit Deutschlands fortbestehen lassen würde. Indem z. B. Förster daran

---

[8]) Sten. Ber. III, S. 1701. Hoffmann sprach sich wenig später an einem andern Orte dahin aus, daß die Herrschaft des religiös indifferenten Staates über die Kirche deren christlichen Charakter dem Prinzip nach auch dann aufheben würde, wenn der Staat ihn in der wirklichen Verwaltung jener Herrschaft nicht antastete. Der Staat würde also nicht mehr blos unchristlicher, sondern antichristlicher Staat sein. Daraus erkläre sich die Thatsache, daß gerade diejenigen Mitglieder der Reichsversammlung, welche vor 1848 die Verbindung der Kirche mit dem Staat in kirchlichem Interesse vertheidigt, jetzt für die völlige Trennung beider gesprochen hätten. Aussichten für die evangelische Kirche Deutschlands u. s. w. Stuttgart 1849, S. 4 f.

[9]) Sten. Ber. III, S. 1653. [10]) Sten. Ber III, S. 1676.

[11]) Phillips Sten. Ber. III, S. 1642; Zittel S. 1667 f.; Christ S. 1681; Sepp S. 1690; Nauwerck S. 1693; Müller (Professor in Würzburg) S. 1699; Förster S. 1705; Lassaulx S. 1780; Gfrörer S. 1785.

erinnerte, wie gerade die religiösen Spaltungen der Einheit unseres Vaterlandes am meisten geschadet hätten, sagte er dann weiter: „was wir können ist nicht, daß wir die Wunde zuheilen, daß sie wäre als nicht dagewesen, sondern daß wir machen, daß sie weniger schmerzlich und schädlich werde, und das können wir durch eine gleiche Unabhängigkeit der bestehenden Kirchen. Verweigern Sie diese gerechte Forderung, dann treten wir an die Grenzen einer Gefahr, welche die furchtbarste ist, daß nämlich den politischen Bewegungen der Zeit ein konfessioneller Charakter aufgeprägt werde, und es kann geschehen, daß uns Deutschland statt der Einheit, an der wir bauen, ein Bildniß der traurigsten Zerrissenheit zeigt." Sepp, welcher meinte, daß der Staat seine eigene Existenz auf das Spiel setze, wenn er sich in das kirchliche Gebiet einmische, weil er immer von der Hälfte seiner Unterthanen sich die Zuneigung verscherze, rief mit großer Entschiedenheit aus: „Lassen Sie die Kirche frei, wenn es in Deutschland wieder zu einiger Vereinbarung kommen soll!" und wie Lassaulx, so sprach auch Zittel es unumwunden als die traurige Lehre der letzten Jahrzehnte aus, daß alles Eingreifen des Staates in die religiösen und kirchlichen Verhältnisse nicht nur Neid und Zwietracht unter den Konfessionen, sondern auch eine tiefe Erbitterung gegen die Staatsgewalt zur Folge habe: er beschwor die Versammlung im Interesse der politischen Einigung und in dem eines wirklich gesegneten Zusammenwirkens der religiösen Genossenschaften mit der Staatsgewalt dieselben freizugeben.

Während der Gedanke, daß gerade durch die Unabhängigkeitserklärung der Kirche am sichersten der Friede zwischen dieser und dem Staate würde herbeigeführt werden, in anderer Wendung auch noch insbesondere von Geritz und Sepp als Argument benutzt wurde,[12]) machten Phillips, Vogel und Nauwerck die Rücksicht auf das politische Wohl weiter insofern geltend, als sie zu zeigen suchten, daß auch um der politischen Freiheit willen die Unabhängigkeit der Kirche nicht verweigert werden dürfe. Zu diesem Behufe schilderte Nauwerck die bisherige Einheit von Staat und Kirche dahin, daß sie beide Hand

---

[12]) Geritz (Bischof von Frauenburg) Sten. Ber. III, S. 1680; Sepp S. 1688.

in Hand gearbeitet hätten, um das Volk in der gehörigen Einfalt und im feigen Gehorsam zu erhalten: der Staat hätte die Bürger geknechtet im Namen der Erde und die Kirche hätte es gethan im Namen des Himmels.[13]) Und Vogel, indem er die innige Verbindung von Staat und Kirche den inneren Czaaren nannte, der zu fürchten sei für die politische Freiheit, wies darauf hin, wie der Staat die Ernennung der Bischöfe und theologischen Professoren u. s. w. als Hebel zur Unterdrückung eben dieser Freiheit mißbrauchen und durch Verleihung einträglicher kirchlicher Ehrenstellen die edelsten Köpfe für die Zwecke des Absolutismus ködern und korrumpiren könne.[14]) Gfrörer aber glaubte geradezu, den Mittel- und Schwerpunkt aller der verderblichen Mächte, welche seit etwa 350 Jahren Schmach und Erniedrigung des deutschen Namens und die Herrschaft fürstlicher Willkür in deutschen Ländern herbeigeführt hätten, in den oberbischöflichen Rechten der Fürsten aufdecken zu können,[15]) während Phillips in denselben wenigstens den Grund des fürstlichen Despotismus in den letzten zwei Jahrhunderten suchte; wobei er nicht vergaß, auch daran zu erinnern, daß die konfessionelle Geschiedenheit der deutschen Mächte stets von den auswärtigen Feinden benutzt und daß sogar durch die bloße Politik gerade auch auf die religiösen Verhältnisse eingewirkt worden sei.[16])

Ferner wurde dann noch mit großem Nachdruck und zum Theil mit ergreifender Wärme für die Selbständigkeit der Kieche der Grund geltend gemacht, daß nur wenn sie bewilligt werde die Kirche einen gedeihlichen Zustand gewinnen und das religiöse Leben einen neuen Aufschwung nehmen könne. Nicht nur daß Dieringer in dieser Beziehung sagte, wenn der Staat dominire, werde die Kirche eine Kirche des Zufalls und der Beamtenhierarchie,[17]) und daß Sepp den Staat den ersten und vorzüglichsten Jesuiten nannte, der nur Zwecke ohne ein bestimmtes Ziel verfolgend auch die Religion zum Mittel mache:[18])

---

[13]) Sten. Ber. III, S. 1693.
[14]) Sten. Ber. III, S. 1653.
[15]) Sten. Ber. III, S. 1784 f.
[16]) Sten. Ber. III, S. 1642.
[17]) Sten. Ber. III, S. 1656.
[18]) Sten. Ber. III, S. 1691. Vergl. Hagen, der den Polizeistaat der letzten 33 Jahre beschuldigte, er habe die Religion in der Regel nur als Polizeimittel benutzt und die religiöse Freiheit mit Füßen getreten, S. 1697.

Zittel führte auch aus, daß es ohne die Selbständigkeit der kirchlichen Genossenschaften weder eine Religionsfreiheit im vollen Sinn des Wortes gebe, noch auch eine kräftige innere Entwickelung dieser Genossenschaften möglich sei. Kann es, so fragte er, in der Kirche so bleiben wie es ist? Und der verneinenden Antwort aller gewiß versicherte er, es werde nicht anders werden, so lange nicht die Religionsgenossenschaften auf ihrem eigenen Boden frei und innerlich kräftig eine Reorganisation zu Stande bringen könnten. Sei doch eben die Staatsgewalt es gewesen, die allen Kampf gegen die kirchlichen Mißstände vergeblich gemacht und allen Aufschwung niedergedrückt. Nur mit Unrecht klage man jetzt so viel über religiösen Indifferentismus. Freilich habe das Volk kein Interesse mehr am theologischen Hader; wohl aber sei Leben und Bewegung da. Möge auch der allgemeine demokratische Strom der Zeit daran seinen Antheil haben, daß diese Bewegung auf die Organisation des religiösen Gemeinlebens hingerichtet sei, so liege dem doch das viel tiefere Bewußtsein zu Grunde, daß die Kirche gegenwärtig eben hierin ihre Aufgabe habe. Denn

„wie soll die soziale Frage anders gelöst werden? die rothe Fahne auf den Barrikaden löst sie nicht" ... „und auch das kalte Gesetz wird das Band der Einigung nicht zu weben im Stande sein. Die Liebe ist es, die heilige Gottes- und Menschenliebe allein, welche im Stande ist hier das Rechte zu finden und das Rechte zu schaffen. Jenes gegenseitige Nehmen und Geben nicht blos etwa in materieller, sondern vielmehr in geistiger und sittlicher Beziehung, jenes erhabene Gemeinleben, welches die erste Form der Erscheinung des Christenthums war und immer das Endziel desselben bleibt, ist der Rettungsanker unserer Zeit. Und dieses Gemeinleben zu organisiren, ist jetzt die große Aufgabe unserer religiösen Genossenschaften und nur in dem Maße, als sie diese Aufgabe lösen, werden sie einen gesicherten Fortbestand haben. Wenn aber das geschehen soll, dann müssen Sie eine freie Entwicklung des religiösen Lebens überall gestatten."[19])

In gleichem Sinn mahnte Weißenborn, daß gerade jetzt die Zeit gekommen sei, dem Bedürfniß nach einer Verfassung der protestantischen Kirche zu genügen, welches diese selber erst gefühlt habe, als es zu spät gewesen und der Staat sie daran verhindert habe, sie zu befriedigen; und er warnte, doch nicht, sich aufs neue in die kaum gebrochenen Fesseln gebend, die Zeit zu versäumen, wo eine freie Ver-

[19]) Sten. Ber. III, S. 1667.

fassung der protestantischen Kirche gewonnen werden könne.[20]) Biedermann aber berief sich auf die Erfahrung, daß in den Ländern, wo der Staat die Kirche freigegeben, sich nicht nur das politische Leben in seiner höchsten Entwicklung, in seiner freiesten Bewegung und tiefsten Kräftigkeit darstelle, sondern ebenso auch das religiöse Leben in seiner größten Innigkeit, in seiner wahrsten und unverfälschtesten Gestalt. Und dagegen gab er zu bedenken, was denn die Bestrebungen jenes „christlichen Staates", wie sie sich in der letzten Zeit so scharf ausgeprägt, für die Religion gewirkt hätten? „Haben sie wahre Innigkeit der Religion gefördert? oder vielmehr zu einem immer weiteren Umsichgreifen des Indifferentismus, zur Frivolität im Religiösen geführt, andererseits aber zu einer Versumpfung und Verdumpfung in lauter einseitigen Extremen der religiösen Richtung? Ich glaube, die Antwort kann nicht zweifelhaft sein."[21]) Diese Antwort auszusprechen trug Paur kein Bedenken: er bezeugte, daß dieser „christliche Staat," nach seinen Handlungen zu urtheilen, ihm von je als ein wahrhaft unchristlicher erschienen sei.[22]) Und Karl Schwarz gab seinem tiefen Schmerze darüber Ausdruck, daß die protestantische Kirche durch ihre Versetzung mit dem Staate ihr bestes Leben und ihre frischesten Kräfte, ja sogar ihr gutes Gewissen und ihren Wahrheitssinn so gut wie ganz verloren habe; auch er verlangte die Unabhängigkeit der Kirche eben deshalb, weil nur darin die Möglichkeit liege, ein wahrhaft gesundes Leben in der religiösen Sphäre herbeizuführen, indem er ähnlich wie Paur und v. Beckerath,[23]) betonte, daß mit dem Wesen der Religion, als dem Innerlichsten und Eigenthümlichsten im Menschengeiste, das Eingreifen des Staates schlechthin unverträglich sei.[24]) Gfrörer und Lassaulx aber verurtheilten mit noch schärferen Worten die Wirkungen des bisherigen Staatskirchenthums[25]) und nachdem der letztere auf die verhältnißmäßig weite Herrschaft des religiösen Skepticismus hingewiesen hatte, fuhr er fort: „wo immer in dem ganzen Verlauf

[20]) Sten. Ber. III, S. 1641. [21]) Sten. Ber. III, S. 1643.
[22]) Sten. Ber. III, S. 1646.
[23]) Paur, Sten. Ber. III, S. 1644; v. Beckerath S. 1678.
[24]) Sten. Ber. III, S. 1706.
[25]) Gfrörer Sten. Ber. III, S. 1786; Lassaulx S. 1781.

der europäischen Kulturgeschichte wir ein gesundes politisches Volksleben finden, da war die Religion die innere Lebensflamme desselben. Wenn wir daher eine politische Wiedergeburt unseres einst großen und starken, vielleicht noch einmal aus langem Schlafe wieder erwachenden Vaterlandes hoffen durch die Kraft der Freiheit, dann wird und muß diese politische Wiedergeburt unseres Vaterlandes nur gegründet sein können auf eine religiöse Wiedergeburt desselben in Kraft derselben Freiheit des Geistes." Ein Gedanke, den schon vorher Zimmermann berührt hatte, als er in zündender Rede sprach:

„Die Kirche wird vielleicht sterben müssen und zu Grabe gehen, aber nicht um vernichtet zu werden, wie mein Freund Vogt meinte, sondern um verklärt wieder zu erstehen. Der zerrüttende Widerstreit zwischen den Glaubensstücken, welche unhaltbar geworden sind, und zwischen dem Nichtglauben, welcher eines größeren Opfers nicht fähig ist, wird sich auflösen in eine hellere Ansicht der ewigen Wahrheiten. Die Religion des Geistes ist im Anzuge, die Zeit des rein innerlichen Gottesreiches ist im Anbruch. Um aber dahin zu gelangen, daß die Kirche diese glückliche Entwicklung an sich macht, muß sie zuvor frei gemacht werden; nur die freie Kirche wird übergehen in eine Religion des Geistes. Und eine Religion des Geistes braucht sehr nothwendig das deutsche Volk. Kein Volk hat Großes geleistet, kein Volk ist groß geworden, das zeigt die Geschichte, dem die höhere Weihe gefehlt hat. Auch die Freiheit bedarf einer anderen Begeisterung noch, als diejenige ist, welche sie für sich selber erweckt, und besonders in dem nahen großen Entscheidungskampfe, an den auch ich glaube. Denn hier wird die Freiheit des Volkes gerade derjenigen Begeisterung bedürfen, welche im Stande und bereit ist, Gut und Blut, ja das Theuerste selbst aufzuopfern, die im Stande ist, für Freiheit und Vaterland freudig die Todeswunde zu empfangen, weil das Auge über sich den Himmel offen sieht."[26])

Zu allen diesen Gründen für die Unabhängigkeitserklärung der Kirche warfen manche — Gerit, Müller, Förster[27]) — endlich auch noch das dringende Verlangen der Nation nach derselben in die Wagschale: würde diesem Verlangen nicht gewillfahrt, dann würde das Volk, so drohten sie, an der empfindlichsten Seite verletzt und in den theuersten Hoffnungen getäuscht, dem Werke der Nationalversammlung schwerlich Beifall geben.

26) Sten. Ber. III, S. 1703.

27) Gerit, Sten. Ber. III, S. 1679; Müller S. 1701; Förster S. 1705.

4. Die verschiedenen Grade der verlangten Selbständigkeit.

Ich habe schon bemerkt, daß die Redner, welche in solcher Weise gemeinsam für die Selbständigkeit der Kirche eintraten, keineswegs alle ein und dieselbe Stellung in dieser Sache einnahmen, daß sie vielmehr rücksichtlich der Modalitäten, unter denen das Prinzip der kirchlichen Selbständigkeit ausgesprochen werden sollte, mehrfach auseinandergingen.

Während die Mehrzahl der genannten Redner die ganz allgemeine und unbeschränkte Anerkennung dieses Prinzips vertheidigte, hatten Becker, Nauwerck und Künzer Anträge eingebracht, welche dahin abzweckten, daß die Unterordnung der Religionsgesellschaften unter die allgemeinen Staatsgesetze ausdrücklich hervorgehoben würde.[1]) Doch weder die Antragsteller selbst noch andere Redner machten in der Debatte diesen Punkt zum Gegenstande besonderer Erörterungen: nach dem Ausfall der Abstimmung zu urtheilen, bei welcher, nach Verwerfung des ersten Minoritätserachtens mit 357 gegen 99 Stimmen, der Künzer'sche Antrag die Majorität erhielt, wohl aus dem Grunde, weil sie ihr Verlangen erst noch zu motiviren und für dasselbe zu überzeugen für überflüssig halten mochten.

Mehr Berücksichtigung fand in der Debatte die im zweiten und dritten Minoritätserachten und anderen Amendements beantragte Beschränkung der kirchlichen Selbständigkeit auf die inneren Angelegenheiten der Religionsgesellschaften.[2]) Dieselbe hatte unter den Rednern ihre Vertreter an v. Beckerath, Paur, Ahrens, Wigard,

---

[1]) Siehe die Anträge oben S. 229 N. 44—46; vergl. den Antrag von Plathner N. 43. Uebrigens trat zwischen den Vertretern dieser einschränkenden Fassung und den Gegnern derselben bei den Verhandlungen so wenig ein materieller Unterschied hervor, daß der Referent Beseler in seinem Schlußresumé sagte: „Darüber scheint bei keiner Partei irgendwie Zweifel zu sein, daß der Staat seine Autorität selbständig geltend machen könne, und wenn das bestimmt ausgesprochen wird, so ist es wohl nur als eine Kautel anzusehen, damit nicht von Seite der Kirche behauptet werden kann, sie sei durch ihre Unabhängigkeit dem Staate entzogen." Sten. Ber. III, S. 1953. Das Mißtrauen, daß dieses von Seiten der katholischen Kirche wirklich behauptet werden möchte, war aber bei vielen vorhanden.

[2]) Siehe oben S. 231 ff. N. 55—64.

Rösler, Schwarz und Kunth,[3]) welche als Motiv dafür die Nothwendigkeit geltend machten, Vorsorge zu treffen, daß die den Religionsgesellschaften zugesicherte Unabhängigkeit oder Selbständigkeit nicht etwa in dem Sinne verstanden und benutzt würde, als ob dieselben der Autorität des Staates dadurch auf absolute Weise entzogen wären. So erklärte z. B. Kunth, die beantragte Beschränkung solle ein Gehege sein, durch welches der Staat vor Uebergriffen der Kirche geschützt und die Kirchengewalt verhindert würde, das ihr zustehende Gebiet zu überschreiten, und v. Beckerath sagte, er lege deshalb einen Werth auf die Unterscheidung der äußeren und inneren Angelegenheiten, damit man nicht in den Schein des Irrthums verfalle, als ob man die Kirche von dem Staate gänzlich losreißen wollte. Ging das Verlangen nach dieser Beschränkung der kirchlichen Unabhängigkeit also wesentlich aus dem Mißtrauen hervor, daß die unbedingt ausgesprochene Unabhängigkeit seitens der Kirche, namentlich der katholischen, gemißbraucht werden möchte: so wurde demselben das vielleicht nicht weniger berechtigte Mißtrauen entgegengestellt, daß die Unterscheidung von äußeren und inneren Angelegenheiten seitens des Staates in verderblicher Weise ausgebeutet werden dürfte. Zittel, Geritz, v. Lassaulx und v. Salzwedell wiesen zunächst darauf hin, wie unangemessen dem kirchlichen Gebiete überhaupt diese Unterscheidung sei: der letztere berief sich auf die Erfahrung, daß die Grenzen, welche man zwischen äußeren und inneren Angelegenheiten wohl theoretisch auf dem Papiere zeichnen könnte, in der Praxis noch niemals haltbar gewesen,[4]) und Zittel betonte, daß die Angelegenheiten einer Genossenschaft immer ihre eigenen inneren seien, während da, wo sie nach außen mit der Staatsgewalt oder mit den ihr nicht angehörenden Individuen in Berührung komme, die allgemeinen Landesgesetze entschieden;[5]) Lassaulx machte geltend, wie ja das gerade das Eigenthümliche der Religion sei, daß ihr Aeußeres und Inneres fortwährend verbunden sei,[6]) und Geritz

---

[3]) v. Beckerath, Sten. Ber. III, S. 1679; Paur S. 1645, Ahrens S. 1778; Wigard S. 1788; Rösler (Gymnasiallehrer in Oels) S. 1796; Schwarz S. 1705; Kunth (Lehrer in Bunzlau) S. 1947.

[4]) Sten. Ber. III, S. 1950.

[5]) Sten. Ber. III, S. 1667.

[6]) Sten. Ber. III, S. 1781.

suchte an einzelnen Beispielen zu zeigen, wie vermöge dieses Verschmolzenseins des Inneren und Aeußeren in vielen Fällen die Freiheit der inneren Angelegenheiten unkräftig und unwirksam gemacht werden könne, wenn nicht auch die Freiheit der äußeren gestattet sei.[7]) Aber weiter wurde dann von Lassaulx und Zittel hervorgehoben, daß bei dieser Sachlage die Beschränkung der kirchlichen Selbständigkeit auf die inneren Angelegenheiten fortwährenden Anlaß zu Konflikten zwischen dem Staate und der Kirche darbieten würde, welche, wie Zittel hinzufügte, doch nur von dem ersteren als dem Inhaber der materiellen Macht und natürlich in seinem Interesse würden entschieden werden. Eine Warnung, die endlich Gfrörer und Blömer geradezu dahin verschärften, die Unterscheidung der äußeren und inneren Angelegenheiten würde als eine Hinterthüre und als eine Handhabe für den bösen Willen durch List und Gewalt in einer Weise ausgebeutet werden, welche alle Arbeit des Parlaments vergeblich machen dürfte;[8]) wie auch Biedermann, der doch nicht solchen Argwohn eines geradezu bösen Willens aussprach, warnend prophezeite, wenn man das geringste Theilchen des gemischten Systems beibehalte, so werde alles verloren sein, und man werde immer in den alten Zustand der trüben Mischung zurückfallen.[9])

Neben der Beschränkung der kirchlichen Unabhängigkeit auf die inneren Angelegenheiten waren in mehreren Amendements einige weitere Bestimmungen beantragt worden, durch welche unsittlichen oder der öffentlichen Wohlfahrt schädlichen Gestaltungen innerhalb der Religionsgesellschaften vorgebeugt werden sollte.[10]) Der Standpunkt, von dem diese Anträge ausgegangen waren, fand in der Debatte seine Vertretung durch Karl Schwarz, Kunth und Rheinwald. Die Religion, sagte Schwarz, strebe ihrem Wesen nach in das ganze Gebiet der Sittlichkeit hinüber; deshalb bildeten sich hier Uebergänge und der Staat als Bewahrer und Vertreter der Sittlichkeit habe darum ein

---

[7]) Sten. Ber. III, S. 1679.

[8]) Gfrörer, Sten. Ber. III, S. 1786; Blömer S. 1796.

[9]) Sten. Ber. III, S. 1643.

[10]) Siehe oben S. 231 N. 53; S. 232, N. 60; S. 222, N. 10, und die in Anm. 3 S. 223 f. angeführten Anträge von Rheinwald und anderen gegen das Ordens- und Klosterwesen.

Recht, an der Grenze zu stehen im Namen der Sittlichkeit. Daß er dieses thue sei aber jetzt um so mehr nothwendig, da ja ohne Zweifel die Religion weit zurückgeblieben sei hinter der freien Sittlichkeit und noch eine mönchische Sittlichkeit aus dem Mittelalter hereinrage in unser Jahrhundert der That, der Arbeit und des Fleißes, und da die Kirche noch eine geschlossene hierarchische Anstalt sei, welche diesen Mechanismus so festhalte, daß selbst die von vielen als etwas ganz Leichtes erwartete Demokratisirung noch in geraumer Zeit nicht werde vollzogen werden. Auch er sei freilich der Ueberzeugung, daß die Wissenschaft über den Autoritätsglauben, der Geist über die Geistlichen und das Pfaffenthum den Sieg davon tragen würden. Aber hier komme alles an auf das Wann, auf die Verwicklungen, welche wir bis dahin erst durchzumachen hätten, und es frage sich: ob man unserm Vaterlande nicht die neuen geistigen und sittlichen Verwirrungen ersparen wolle, wie sie Frankreich nach der Revolution und Belgien nach seiner Losreißung von Holland durchgemacht hätten. Jetzt allerdings sei die Zeit großer demokratischer Erregung, aber die Geschichte lehre, daß auf solche Anspannungen die Zeiten der Depression kommen, und gerade diese seien die geeignetsten für die geistlichen Minirer. So lange also aus der Geistlichkeitskirche nicht eine wahre Volkskirche geworden und die Kirche vom Volksleben nicht durchdrungen sei, bedürfe es, namentlich mit Rücksicht auf die große willenlose Masse, die unmündige Jugend, welche noch in den Händen der Geistlichkeit ruhe, als eines Provisoriums einer Kautel, daß dem Staate ein Veto zustehe gegen alle diejenigen Institute, welche der Sittlichkeit und dem Gemeinwohl Gefahr drohen, und damit fordere er nichts anderes, als daß die mönchische Sittlichkeit, das ganze Klosterwesen und die Erziehungskongregationen vom Staate in ihre Schranken gewiesen würden.[11]) Rheinwald, der weniger weitgreifend es nur auf den Ausschluß des Jesuiten- und Redemtoristen-Ordens abgesehen hatte, begründete seinen dahin gehenden Antrag indem er ein düsteres Gemälde von den Grundsätzen und dem

[11]) Sten. Ber. III, S. 1706 f. Auch Schwarz hatte ein, vor der Unterstützungsfrage aber zurückgezogenes Amendement eingebracht, in welchem es hieß: Doch steht dem Staate ein Veto zu gegen alle kirchlichen Anordnungen, die der Sittlichkeit oder dem Staatswohl Gefahr drohen. Sten. Ber. III, S. 1639.

Treiben der Jesuiten entrollte und auf die Gefahren hinwies, welche die Wirksamkeit dieses Ordens für Staat und Kirche in sich schlösse.[12])

Da die Verhandlung über den Antrag Rheinwalds und die anderen auf Ausschließung bestimmter religiöser Genossenschaften gerichteten Anträge von der Nationalversammlung auf die Debatte über Artikel VI. verschoben wurde, erfuhren dieselben in der Debatte über den dritten Artikel nur gelegentlichen Widerspruch.[13]) Herr v. Radowitz und August Reichensperger erhoben solchen im Namen des freien Associationsrechtes,[14]) Nauwerck im Namen der Gerechtigkeit, welche nöthige, jedermann die Freiheit zu gewähren, nicht ohne die Hoffnung, daß gerade die Freiheit der Tod der Jesuiten sein werde, während im Gegentheil das Martyrium sie erst recht gefährlich machen würde.[15]) Eine ähnliche Hoffnung ließ es Biedermann unnöthig erscheinen, im Interesse der Sittlichkeit oder des Staatswohles Beschränkungen der kirchlichen Freiheit festzustellen: er glaubte, daß die Freiheit kräftiger sei, als alle Beschränkungen, daß aber auch mit der Gestattung der Selbstverwaltung der Religionsgesellschaften und mit der vollen Anerkennnng des Associationsprinzips auf religiösem Gebiete keineswegs zugleich gegeben sei noch gegeben zu werden brauche dasjenige, was allein eine Gefahr von Seiten jener Vereine herbeiführe, nämlich die Anerkennung derselben als berechtigter oder gar privilegirter Korporationen.[16]) Herr v. Salzwedell dagegen, der die Jahre der Unheimlichkeit, welche Rheinwald und Schwarz dem Vaterlande so gern sparen wollten, als gewiß voraussah, meinte, in solchen Dingen lasse sich einmal nichts ersparen: es müsse alles durchgemacht werden, wie es auch in anderen Ländern habe durchgemacht werden müssen. Die Gewährung der Freiheit auf die Zeit zu verschieben, wo das demokratische Element sich in den Religionsgesellschaften befestigt und die befreite Schule alle die Wirkungen ausgeübt, welche man von ihr erwarte, das gehe nicht an; denn die demokratischen Elemente könnten sich ja in den Religionsgesellschaften nicht

---

[12]) Sten. Ber. III, S. 1759 ff.

[13]) Bei der Berathung des Artikels VI fand eine Debatte über diese Anträge überhaupt nicht statt. Vergl. oben S. 224, Anm. 3.

[14]) v. Radowitz, Sten. Ber. III, S. 1696; Reichensperger S. 1734.

[15]) Sten. Ber. III, S. 1693. [16]) Sten. Ber. III, S. 1644.

festsetzen und bilden, ehe diese nicht frei seien von der Einmischung des Staats, und ebensowenig könne ja die Schule freigegeben werden von der Einmischung der Religionsgesellschaften und Aufsicht der Geistlichen, ehe diese nicht selbst befreit seien.[17])

In einigen von den Amendements, welche die Unabhängigkeit der Religionsgesellschaften auf deren innere Angelegenheiten beschränken wollten, war endlich noch für die Gemeinden das Recht beantragt worden, die Pfarrer zu bestellen, oder wenigstens bei deren Bestellung mitzuwirken; außerdem sollte nach dem Antrage von Umbscheiden, Rösler und Genossen die Ernennung der höheren Geistlichen den Geistlichen und Laien der betreffenden Sprengel, nach dem dritten Minoritätserachten aber überhaupt die Ordnung und Verwaltung ihrer innern Angelegenheiten den Gemeinden selber zugesprochen werden.[18]) Diese am weitesten gehende Forderung wurde in der Debatte durch Hagen, Nauwerck und Wigard vertreten,[19]) während für das Gemeinderecht der Pfarrbesetzung außer ihnen auch Ahrens, Rösler und Löwe-Kalbe eintraten.[20]) Und zwar suchten diese Redner nicht nur die Nothwendigkeit der bezüglichen Forderungen darzulegen, sondern manche von ihnen bemühten sich auch, den von Döl-

---

[17]) Sten. Ber. III, S. 1949.

[18]) Oben S. 223 f., N. 59, 61, 63, 64. In dem angedeuteten Sinne interpretirte Wigard selbst das dritte Minoritätserachten, indem er sagte: „Wir haben, indem wir sagen: jede Religionsgesellschaft — durchaus nicht daran gedacht, damit sagen zu wollen: jede Priesterschaft einer Kirche ist berechtigt, — sondern jede Religionsgesellschaft, also die Gesellschaft selbst, die Mitglieder dieser Gesellschaft sind berechtigt, ihre inneren Angelegenheiten selbst zu ordnen.“ Sten. Ber. III, S. 1788. Wigard betonte auch, daß eben hierin ein prinzipieller Unterschied zwischen seinem und seiner Freunde Bestrebungen einerseits und denen der Ultramontanen andererseits liege, welche letztere eben nur die Freiheit der Kirche verlangten — „was darum eine ganz andere Freiheit ist, als wir sie wollen, weil es in Deutschland Kirchen giebt, welche dem Volke diejenigen Rechte versagen, die ihm gebühren.“ S. 1786.

[19]) Hagen, Sten. Ber. III, S. 1698 f.; Nauwerck S. 1693 f.; Wigard S. 1786 f.

[20]) Ahrens, Sten. Ber. III, S. 1778 f.; Rösler S. 1797 f.; Löwe S. 1946 f.

linger, Blömer und Künzer erhobenen Einwendungen gegenüber,[21]) die Kompetenz der Nationalversammlung zu derartigen Festsetzungen über die innere Ordnung der Kirchen nachzuweisen. Wogegen dann Beseler als Referent in seinem Schlußvortrage daran erinnerte, daß die Nationalversammlung doch kein Konzil sei, um über die streitige Frage entscheiden zu können, ob nach den Grundsätzen der katholischen Kirchenverfassung die Gemeinden eine Mitwirkung bei der Anstellung ihrer Geistlichen haben dürfen oder nicht, und daß sie doch nur solche Regeln aufstellen wolle, die für jede Kirchengemeinschaft gelten können. Hieran aber knüpfte er auch noch die Mahnung rücksichtlich des Patronats, die Gesetzgebung in dieser Hinsicht den einzelnen Staaten zu überlassen, da die rechtlichen Beziehungen des Patronats in den verschiedenen deutschen Staaten sehr verschiedenartig gestaltet seien, und es sehr unvorsichtig sein würde, an diesem Institute, dessen gründliche Neuordnung auch er für nothwendig halte, ohne eine sehr durchgreifende und detaillirte Gesetzgebung zu rütteln.[22])

5. Das landesherrliche Kirchenregiment in der evangelischen Kirche.

Nachdem wir uns die Gedanken der deutschen Volksvertreter über das Verhältniß der Kirche zu dem Staate vergegenwärtigt, wollen wir nun noch insbesondere zusehn, was für eine Meinung diejenigen, welche die Selbständigkeit der Kirche forderten, über das Verhältniß der als selbständig erklärten evangelischen Kirche zu dem Staatsoberhaupte hegten:

[21]) Döllinger, Sten. Ber. III, S. 1676; Blömer S. 1795; Künzer S. 1708; vergl. Friedrich S. 1791. — Uebrigens meinte auch Freiherr von Wessenberg, daß, wenn die Synoden wieder ins Leben träten und mit Zuziehung von Vertrauensmännern des Laienstandes zweckmäßig organisirt würden, der Staat ihnen die Wahlen der Oberhirten und die Bestätigung der Wahlen von Unterhirten und auch die Oberaufsicht der kanonischen Verwaltung und Verwendung des Kirchenguts mit Zuversicht würde überlassen können. Deutsche Vierteljahrs-Schrift 1849, I, S. 244 f. Anm. Vergl. den Aufsatz über die Bisthums-Synode a. dems. O. III, S. 71—73, und die Reformvorschläge von J. B. Hirscher, Die kirchlichen Zustände der Gegenwart, Tübingen 1849.

[22]) Sten. Ber. III, S. 1954.

ob ihnen in der Forderung jener Selbständigkeit auch die mit eingeschlossen war, daß das landesherrliche Kirchenregiment ein Ende nehme, oder ob dasselbe nach ihrer Ansicht trotz der Selbständigkeitserklärung der Kirche nach wie vor sollte fortbestehen können?

Die meisten Redner schwiegen gänzlich über diesen Punkt, alle diejenigen aber, welche ihn berührten, gaben aufs klarste zu erkennen, daß für sie die Selbständigkeitserklärung der protestantischen Kirche mit der Beseitigung des landesherrlichen Kirchenregimentes durchaus gleichbedeutend war.

Die Katholiken Phillips, Gfrörer und Sepp, sämmtlich Unterzeichner des v. Nagel'schen Antrages,[1]) richteten ihre Ausführungen geradezu gegen den Summepiskopat der Fürsten. Phillips sagte nämlich:

„Ich halte es insbesondere für eine äußerst wichtige Sache, daß wir gerade von der Staatsgewalt die Kirche unabhängig stellen. Denn wenn wir in den letzten zwei Jahrhunderten uns beklagt haben über den Despotismus der Fürsten, so fragen wir uns, worin eigentlich der Grund dieses Despotismus liegt? Liegt dieser Despotismus nicht gerade in der Vereinigung zweier Gewalten, die von einander getrennt sein müssen? Liegt er nicht darin, daß die Landesherren die Kirchengewalt usurpirt haben? Ich spreche hier nicht von der katholischen Kirche allein, sondern dies geht die protestantische Kirche ebenso gut an. Diejenigen, welche im sechszehnten Jahrhundert diese neue Kirche stifteten, haben keineswegs den Landesherrn die Kirchengewalt eingeräumt; nichts weniger als das. Luther selbst hat sich über diesen Punkt deutlich genug ausgesprochen. Er hat die Landesherrn zum Schutze, zur Vertheidigung herbeirufen wollen; in diesem Sinne sagt er: Wohlan, lieber Herzog Johann, sei Du mein Gönner! Er hat ihm aber nicht die Kirchengewalt anvertraut, sondern die Landesherrn haben im sechszehnten Jahrhundert die Kirchengewalt usurpirt, und erst später sind einige Fürstendiener damit aufgetreten und haben gesagt, die Kirchengewalt sei ein Ausfluß der landesherrlichen Gewalt. So also hat sich diese Kirchengewalt auf dem Gebiet des Protestantismns gebildet. Es ist aber auf eine ganz ähnliche Weise auch der katholischen Kirche gegenüber aus einer Vermischung der allerverkehrtesten Theorien" . . . „diese Ausgeburt hervorgegangen, die landesherrliche Kirchengewalt. Diese können wir in diesem Umfange unmöglich für die fernere Zeit in Deutschland bestehen lassen, denn diese landesherrliche Kirchengewalt greift bis in das Innerste der Gewissen ein, und wir müssen in dieser Beziehung alle Konfessionen ohne Unterschied völlig freistellen."[2])

Gfrörer aber äußerte sich so:

---

[1]) Oben S. 230, N. 47.

[2]) Sten. Ber. III, S. 1642.

„Die in Deutschland seit Jahrhunderten bestandenen" . . . „Kirchen, die katholische, die calvinische und die lutherische, wollen in allem Ernste frei sein von dem Joch der Kronen, und nachdem Sie dieses eifrig begehrte Gut Sekten bewilligt haben, können Sie dasselbe alten und mächtigen Kirchen nimmermehr verweigern." . . . . „Aber auch dann, wenn der Artikel III. nicht in Ihrem Entwurf der Grundrechte stände, wäre die Scheidung jenes unnatürlichen Bundes zwischen deutschem Fürstenthum und der Kirche" . . . „unabwendbar." . . . . „Ich behaupte, jene verderblichen Mächte, welche einzudämmen unsere Pflicht ist, haben und hatten ihren Mittel- und Schwerpunkt in den oberbischöflichen oder, wenn Sie wollen, in den landespäpstlichen Rechten, welche die deutschen Fürsten sich allmählich über die Kirche ihrer Gebiete und über die Gemüther ihrer Unterthanen anmaßten."[3])

Und Sepp rief aus:

„Wohin führt es denn, wenn die Fürsten summi episcopi sind? wir wollen die Polizeimacht abschaffen, wir hofften, die Polizeikonfessionen, die Kabinetstheologien und Staatsreligionen los zu werden, und jetzt sollen wir wieder ihnen in die Hände arbeiten, jetzt also den noch immer in Anwendung gebrachten verderblichen Grundsatz wieder begünstigen: cujus regio, illius religio! Das ist im kirchlichen Gebiete nichts anderes, als auf dem politischen das verhängnißvolle: l'état c'est moi; dann werden wir zu gewärtigen haben, daß die Regierungen fortan wieder bestimmen: heute soll eine bestimmte Konfession einen episkopalen Zuschnitt haben, morgen einen presbyterialen, übermorgen eine Synodalverfassung erlangen. Der Staat soll weder binden noch lösen, er soll die Konfessionen nicht zusammenbinden, wie dieses in der sogenannten und allbekannten Agende geschehen ist, um statt einer Union derselben vielmehr eine Konfusion herzustellen."[4])

Mögen diese Ausführnngen über die Entstehung des landesherrlichen Episkopates und über dessen Verhältniß zum Territorialismus richtig oder falsch sein: das geht aus ihnen jedenfalls hervor, daß die genannten Redner, welche zu den bedeutendsten Vertretern der kirchlichen Unabhängigkeit auf katholischer Seite gehörten, unter der Feststellung derselben zugleich die Beseitigung des landesherrlichen Kirchenregiments in der protestantischen Kirche verstanden. Wie sehr aber auch Herr von Radowitz eben dasselbe that, zeigte er aufs deutlichste durch die Art, in welcher er die Besorgnisse zu beschwichtigen suchte, die der Verfassungsausschuß aus der etwaigen Gewährung der kirchlichen Unabhängigkeit für das gesicherte Bestehen dieser Kirche hergeleitet hatte. Denn er machte dagegen nicht etwa geltend, daß die protestantische Kirche trotz jener Gewährung ja doch

[3]) Sten. Ber. III, S. 1784. [4]) Sten. Ber. III, S. 1690.

das landesherrliche Kirchenregiment behalten würde, sondern vielmehr nur dieses, daß die protestantischen Genossenschaften im Ganzen oder in einzelnen deutschen Ländern nicht würden verhindert sein, den Regierungen gewisse Vollmachten zu ihrem eigenen Besten zu übertragen, und er fügte überdem noch, jeden Zweifel über den Sinn dieser Aeußerung abschneidend, ausdrücklich hinzu: „nur würden diese Befugnisse nicht wie bisher aus einer vorausgesetzten bischöflichen Gewalt des Landesherrn fließen, sondern die Frucht freiwilliger, selbst revokabler Verträge sein.“[5])

Der Abgeordnete Behr, der im Unterschiede von den genannten Rednern nur eine bedingte Unabhängigkeitserklärung der Kirche befürwortete, sprach sich dahin aus, daß in der katholischen Kirche, welche ihre eigene Hierarchie habe, die Trennung vom Staate schon bestehe, und fuhr dann fort:

„In der protestantischen Kirche möchte eine Trennung rathsamer sein, denn hier besteht mehr Abhängigkeit vom Staate, inwiefern das Staatsoberhaupt, als zugleich Inhaber der Kirchengewalt, in Versuchung kommen könnte, davon Gebrauch zu machen zu seinem Zwecke.“

Und dann bezeichnete er das Maß von Selbständigkeit, welches er für diese Kirche in Anspruch nahm, indem er sagte:

„Wenn nun das Staatsoberhaupt die Kirchengewalt abgiebt, aus Laien und Priestern zusammengesetzte Synoden die Angelegenheit der Kirche behandeln, so würde gewiß die protestantische Kirche zufriedengestellt sein.“[6])

---

[5]) Sten. Ber. III, S. 1695. Vergl. oben S. 91, Anm. 8. die Ausführungen von Ullmann, auf welche Hr. v. Radowitz auch hindeutete. — Dafür, daß die Unterzeichner der v. Nagel'schen Anträge die Unabhängigkeit der Kirche nicht ohne den Wegfall des landesherrlichen Kirchenregiments in der evangelischen Kirche dachten, liefert auch die oben S. 224 Anm. 4 angeführte Broschüre, welche ihren Ursprung offenbar im Kreise dieser Antragsteller selber hatte, den Beweis. Denn die Einrichtung, wo der König die Kirche mit Ausschluß der Minister und der Volksvertretung durch ein von ihm ernanntes Oberkonsistorium regieren würde, wird darin (S. 6, Anm.) als widersinnig und mit der gegenwärtigen Form der konstitutionellen Monarchie unverträglich bezeichnet, und dagegen auf Stahl hingewiesen, der (Evang. Kztg. 1848, N. 55; s. oben S. 97) erkenne, daß auch für die protestantische Kirche die volle Freiheit und Unabhängigkeit unabweisbares Bedürfniß geworden sei.

[6]) Sten. Ber. III, S. 1726.

Daß aber auch die Unterzeichner und Befürworter des dritten Minoritätserachtens — Wigard, Blum, Simon, Schüler, Päur, Nauwerck, Hagen — durch die Erklärung der Unabhängigkeit der Kirche vom Staate dem landesherrlichen Regimente in der evangelischen Kirche ein Ende zu machen gedachten, geht aus der Interpretation hervor, welche Wigard selbst von dem Minoritätserachten gab.[7]) Denn sollte dasselbe hienach das Recht, die inneren kirchlichen Angelegenheiten zu ordnen und zu verwalten, den Mitgliedern der Religionsgesellschaften beilegen, so sprach es dieses Recht nicht nur der Priesterschaft, wie Wigard ausdrücklich hervorhob, sondern ebenso auch den Landesherren ab, und der Umstand, daß Wigard, der doch gerade das Streben nach der Selbständigkeit des Individuums und der Gemeinden als das eigenthümliche Merkmal seiner Partei bezeichnete, nicht auch diese Bedeutung des Erachtens besonders hervorhob, ist nur noch ein neuer Beweis, wie fern ihm und seinen Parteigenossen der Gedanke lag, daß die Unabhängigkeitserklärung der Kirche nicht auch zugleich das Todesurtheil des landesherrlichen Kirchenregimentes sei; zumal er doch sonst nicht hätte sagen können, man brauche nur die Unabhängigkeit der protestantischen Kirche vom Staate auszusprechen, um in derselben auch sofort die Presbyterial- und Synodalverfassung eingeführt zu sehen.[8])

Während Zittel durch die ähnliche Aeußerung, daß mit der Freiheit der Kirche vom Staate zugleich auch die vollständige Demokratisirung der protestantischen Kirche würde ausgesprochen werden,[9]) den Beweis lieferte, daß auch er von der Berechtigung des landesherrlichen Kirchenregiments nach der Befreiung der Kirche vom Staate nichts wußte: sprach sich endlich Jürgens in der schriftlichen Motivirung seines Amendements zu §. 14[10]) folgendermaßen aus:

„. . . Eine Religionsgesellschaft aber, die bei Anordnung und Verwaltung aller ihrer Angelegenheiten einer Beschränkung nicht unterworfen ist," . . . „kann aus freiem Antriebe vermöge ihrer Unbeschränktheit auch mit dem Staate allerdings sich in Beziehung setzen, wechselseitige Verhältnisse mit demselben vereinbaren, vermöge deren beide auf gewisse Weise miteinander verknüpft werden, eine absolute

---

7) Siehe oben S. 227, Anm. 18.
8) Sten. Ber. III, S. 1786.
9) Sten. Ber. III, S. 1666.
10) Oben S. 231, N. 54.

Trennung also nicht stattfindet, und unter welchen doch die Unabhängigkeit beider, z. B. schon durch die Widerruflichkeit solcher Verhältnisse, gewahrt bleibt. Die Unabhängigkeit, d. h. das self-government, hier nicht unerwähnt zu lassen, ist schon darum nöthig, um dringende Ansprüche und Wünsche der Anhänger sowohl der katholischen als der protestantischen Kirche zu befriedigen, um die protestantische Kirche, was diese insbesondere betrifft, nicht ferner auf eine bedenkliche Weise den Folgen des bisherigen Episkopalrechts der Fürsten preiszugeben, das unter den jetzigen Verhältnissen unmöglich länger von ihnen geübt werden kann. Andererseits könnte es gerade im Interesse dieser Kirche liegen, sich bei ihrer noch mangelhaften Organisation eine angemessene Verbindung mit dem Staat auf einer andern Basis, als der des unstatthaft gewordenen Episkopalrechtes, offen zu erhalten. Aus diesem Grunde habe ich mich des grundsätzlichen Aussprechens der Unabhängigkeit der Kirche vom Staate nicht enthalten zu dürfen geglaubt." [11])

Gegen alle diese unzweideutigen Aeußerungen war in jenen Debatten nicht eine einzige zu vernehmen, welche sich zu Gunsten der Fortdauer des landesherrlichen Regimentes in der evangelischen Kirche deuten ließe.[12]) Ergiebt sich demnach schon aus den Debatten selber, daß vom deutschen Parlamente in der Selbständigkeit der Kirche das

---

[11]) Sten. Ber. III, S. 1635. Vergl. auch die von Bernhardi, Jürgens und Löw herausgegebenen Flugblätter aus der deutschen Nationalversammlung (Frankf. a. M. 1848) N. 24, S. 106. Nachdem Art. III. der Grundrechte in der Nationalversammlung beschlossen war, wurde N. 34, S. 162 dieser Blätter gesagt, das bisher bestandene Verhältniß, daß die protestantischen Fürsten, als oberste Bischöfe, für die Bedürfnisse der protestantischen Kirche sorgten, werde sich nun ändern, und es habe diese Kirche deshalb keine dringendere Pflicht, als sich sobald als möglich in jedem einzelnen Lande mit der betreffenden Staatsregierung auseinanderzusetzen, und durch ein gemeinschaftliches Organ für ganz Deutschland als Eine Bundeskirche aufzutreten, und als solche auch diejenigen Interessen wahrzunehmen, welche früher dem Corpus Evangelicorum zustanden.

[12]) Der Abgeordnete Friedrich, Mitunterzeichner des v. Nagel'schen Antrags, behandelte zwar die fernere Möglichkeit des landesherrlichen Regimentes in der evangelischen Kirche als eine offene Frage, indem er sagte: „Ich weiß nicht, ob in der protestantischen Kirche der Episkopat, welcher bisher mit der Krone verschmolzen war, auch ferner noch mit der Krone wird verschmolzen bleiben können, entweder der Centralgewalt oder der einzelnen Staatsgewalt, von dem jetzigen Zeitpunkte an, von welchem der Staat sich überhaupt von der Kirche getrennt hat." Aber indem er nun unmittelbar fortfuhr: „Wenn der Staat sich überhaupt von der Kirche getrennt hat, so kann man auch der Kirche nicht verargen, wenn sie sich von dem Staate unabhängig und selbständig stellen will;" so zeigte er damit wohl, daß auch ihm das Selbständigwerden der Kirche und das Wegfallen des landesherrlichen Episkopats ein und dasselbe war. Sten. Ber. III, S. 1791.

Ende des bestehenden landesherrlichen Kirchenregimentes mit beschlossen wurde: so leidet dies Ergebniß vollends keinen Zweifel, wenn wir bedenken, wie allgemein in jener Zeit das landesherrliche Kirchenregiment für unvereinbar mit den neuen politischen Zuständen erachtet wurde.

IV. Die zweite Lesung der Grundrechte.

1. Die Vorlage des Verfassungsausschusses.

Beim Beginn der Verhandlungen über die Grundrechte hatte die Nationalversammlung auf den Antrag des Verfassungsausschusses beschlossen, daß eine zweimalige Berathung und Abstimmung über jeden Paragraphen der vorgeschlagenen Grundrechte stattfinden, und daß die zweite beginnen solle, sowie die erste über das Ganze zu Ende geführt, und die neue Redaktion so, wie sie aus der ersten Abstimmung sich bilde, durch den Ausschuß vorgelegt sein werde.[1]) Am 13. Oktober aber, noch ehe die erste Lesung der Grundrechte ganz beendigt war, wurde auf den weiteren Antrag des Verfassungsausschusses beschlossen, denjenigen Theil der Grundrechte, welcher laut Beschluß vom 11. September[2]) nach der zweiten Berathung ohne Verzug verkündigt werden ollte, zur schleunigen Vornahme der Revision behufs der zweiten Lesung sund zur gleichzeitigen Vorlage eines Einführungsgesetzes an den Ausschuß zurückzuverweisen.[3]) Der Verfassungsausschuß[4]) beendigte die ihm

[1]) Sten. Ber. I, S. 708 f. [2]) Sten. Ber. III, S. 1983.

[3]) Sten. Ber. IV, S. 2604.

[4]) Im Personalbestande des Ausschusses waren inzwischen folgende Veränderungen eingetreten: statt der ausgeschiedenen Mitglieder Pfizer, Robert Mohl, v. Andrian, Bassermann und v. Beckerath waren am 7. September gewählt: Compes, Advokatanwalt aus Köln, Riesser, Notar aus Hamburg (Jude), v. Rotenhan, Gutsbesitzer aus München, Zell, Advokat aus Trier, Briegleb, Advokat aus Koburg. Darauf war am 18. September eine neue Lücke entstanden durch die Ermordung des Fürsten v. Lichnowsky; für ihn und den Mitte Oktober wieder ausgeschiedenen Compes wurden am 18. November gewählt: Gülich, Obergerichtsadvokat aus Schleswig, und Freiherr Somaruga, Landrath aus Wien. An Robert Blums Stelle († 8. November) trat am 27. November Reh, Advokat aus Darmstadt. Vorsitzender wurde nach Bassermanns Austritt v. Soiron.

hiemit aufgetragene Arbeit in den letzten Tagen des November, und am ersten Dezember gelangte seine Vorlage gedruckt in die Hände der Abgeordneten. Der uns angehende Abschnitt dieser **Vorlage für die zweite Lesung der Grundrechte** lautete folgendermaßen:[5])

„Artikel V."

„§. 14. **Jeder Deutsche hat volle Glaubens- und Gewissensfreiheit.**

Der zweite Absatz des nebenstehenden §. 11[6]) hat vielfach Anstoß gegeben. Da das, was er ausspricht, in dem ersten Absatze, sowie im §. 15 (18) schon eingeschlossen ist, also kein Bedürfniß vorliegt, den in Rede stehenden Satz noch besonders auszusprechen: so hat er als eine Art Proklamirung des Indifferentismus das religiöse Gefühl vieler Deutschen verletzt, die sich in vielen Eingaben geäußert. Um auch diesem Gefühle Rechnung zu tragen, ohne daß irgendwie das Prinzip der Freiheit verletzt wird, hat der Ausschuß beantragen zu sollen geglaubt, den Satz zu streichen.

§. 15. **Jeder Deutsche ist unbeschränkt in der gemeinsamen häuslichen und öffentlichen Uebung seiner Religion.**

Verbrechen und Vergehen, welche bei Ausübung dieser Freiheit begangen werden, sind nach dem Gesetze zu bestrafen.

§. 16. **Durch das religiöse Bekenntniß wird der Genuß der bürgerlichen und staatsbürgerlichen Rechte weder bedingt noch beschränkt. Den staatsbürgerlichen Pflichten darf dasselbe keinen Abbruch thun.**

§. 17. **Jede Religionsgesellschaft ordnet und verwaltet ihre Angelegenheiten selbständig, bleibt aber den allgemeinen Staatsgesetzen unterworfen.**

Der zweite Theil des nebenstehenden Satzes [§. 14 der früheren Fassung] hat, wie zahlreiche Petitionen zeigen, vielseitig Anlaß zur Beunruhigung gegeben, als werde die Staatsgesetzgebung die Freiheit und selbst den Bestand einzelner Religionsgesellschaften gefährden können durch besondere gegen dieselben gerichtete Bestimmungen,

---

[5]) Die ganze Vorlage: Verhh. v. Haßler, II, S. 665—685. Unser Artikel: S. 672—674. Auch Sten. Ber. V, S. 3875 f.

[6]) Hier und im Folgenden sind unter den „nebenstehenden" §§. die bei der ersten Abstimmung beschlossenen und bereits oben S. 244 f. mitgetheilten gemeint.

da doch nur hat ausgesprochen werden sollen, daß auch die Kirchen sich in ihren bürgerlichen und politischen Beziehungen den allgemeinen Staatsgesetzen nicht entziehen dürfen. Außerdem hat das unterschiedslose Zusammenwerfen der religiösen mit „jeder anderen Gesellschaft" in den Worten einen Mangel an Achtung vor dem Religiösen zu enthalten vielen geschienen. Wir beantragen daher, den Satz, wie geschehen, zu fassen.

„„Keine Religionsgesellschaft genießt vor anderen Vorrechte durch den Staat, es besteht fernerhin keine Staatskirche." "

Obgleich der Ausschuß mit dem Inhalte dieses Satzes einverstanden ist, insofern er für Gesellschaften dasselbe ausspricht, was durch §. 16 (13) für die Individuen ausgesprochen ist: so muß er doch wiederholt zu erwägen geben, daß die erste Hälfte des Absatzes leicht Mißdeutungen unterliegen kann, indem der Ausdruck „Vorrechte" auf alle Unterschiede bezogen werden könnte, die sich bei den Religionsgesellschaften, wie bei anderen Gesellschaften, von selbst aus den Umständen ergeben, nicht weil die eine diese, die andere eine andere Konfession zu Grunde hat, sondern weil die eine als Gesellschaft ausgedehnter, als die andere, durch zufällige Verhältnisse in eine besondere äußere Lage gekommen ist, vertraglich Besonderes erworben hat und dergleichen. Man könnte z. B. ein Vorrecht nennen wollen, wenn ausgedehnte, Jahrhunderte lang bestehende Religionsgesellschaften Korporationsrechte haben, oder aus der Staatskasse für ihre Bedürfnisse Beihülfe genießen, dagegen in der Bildung begriffenen, noch aus wenig Mitgliedern bestehenden, dieselben noch nicht geworden sind, obgleich doch auch andere Gesellschaften rücksichtlich dieser Punkte sehr verschieden gestellt sein können. Es wird daher rathsam sein, und wir beantragen, die erste Hälfte des Satzes fallen zu lassen, da der darin ausgedrückte Gedanke durch die übrigen Sätze völlig gesichert ist. Die zweite folgt dann passender dem nachstehenden.

Neue Religionsgesellschaften dürfen sich bilden; einer Anerkennung ihres Bekenntnisses durch den Staat bedarf es nicht. Es besteht fernerhin keine Staatskirche.

§. 18. Niemand soll zu einer kirchlichen Handlung oder Feierlichkeit gezwungen werden.

§. 19. Die Formel des Eides soll künftig lauten: „So wahr mir Gott helfe!"

Die „für Alle gleichmäßige, an kein bestimmtes Religionsbekenntniß geknüpfte" Form des Eides berührt so nahe die allen Deutschen gewährleistete Gewissensfreiheit, daß es dem Ausschusse passend schien, anstatt sie den Landesgesetzgebungen zu überlassen, dieselbe hier gleich zu normiren. Für diejenigen, denen ihr Bekenntniß Eide überhaupt abzulegen nicht untersagt, war nur der Glaube an Gott, ohne den der Eid keinen Sinn hat, als gemeinsame Grundlage anzunehmen. Auch im französischen Rechte, wo im allgemeinen die einfache Form: Je jure gilt, wird bei der Vereidung der Geschworenen hinzugefügt: Devant Dieu. (Code d'inst. cr. Art. 312). Daß aber diejenigen, welche ihrem religiösen Bekenntnisse nach gar nicht schwören, auch fernerhin zu einem Eide nicht gezwungen werden sollen, wird vorausgesetzt. Es schien nur nicht Bedürfniß, darüber eine besondere Bestimmung aufzunehmen; man glaubte, es der konkreten Gestaltung in den einzelnen Staaten überlassen zu dürfen, hier Aushilfe zu treffen.

§. 20. Die bürgerliche Giltigkeit der Ehe ist nur von der Vollziehung des Civilaktes abhängig; die kirchliche Trauung kann nur nach der Vollziehung des Civilaktes stattfinden.

Die Religionsverschiedenheit ist kein bürgerliches Ehehinderniß.

§. 21. Die Standesbücher werden von den bürgerlichen Behörden geführt."[7])

Der Verfassungsausschuß beantragte, wie wir sehen, in dieser Vorlage Abänderungen der früher beschlossenen §§. 11, 14 und 15,

[7]) Was den bei der ersten Lesung zu Art. VI, §. 24 angenommenen Satz betrifft: „Der Orden der Jesuiten, Liguorianer und Redemtoristen ist für alle Zeiten aus dem Gebiete des deutschen Reichs verbannt", so beantragte der Ausschuß in der Vorlage für die zweite Lesung dessen Streichung, weil derselbe eine Polizeivorschrift enthalte, welche sich in den Grundrechten nicht wohl ausnehme, wozu für Deutschland bei der fortgeschrittenen Bildung des deutschen Volkes kein Bedürfniß vorliege, und die augenscheinlich ihren Zweck doch nicht erreiche. Verhh. v. Haßler, II, S. 677; Sten. Ber. V, S. 3879. Dagegen wurde von dem Abg. Heubner aus Zwickau und Genossen seine Beibehaltung beantragt, dieser Antrag aber mit 262 gegen 140 Stimmen verworfen. Auch von den anderen gegen religiöse Orden gerichteten Zusatzanträgen erhielt keiner die Majorität. Es waren diese (Sten. Ber. VI, S. 4173):

Von Gulden aus Zweibrücken und Genossen: „Die Verfügung über die Errichtung und den Fortbestand von Klöstern und allen kirchlichen oder religiösen Orden, welche zu Gelübden verbinden, bleibt jedoch den einzelnen Staaten vorbehalten."

Von Reinstein aus Naumburg a. S. und Genossen: „Alle Vereinigungen jedoch, welche ihren Mitgliedern unbedingten Gehorsam gegen ihre Vorgesetzten oder Oberen auferlegen, werden von Staatswegen nicht anerkannt; ihr Korporationsrecht, wo sie dasselbe besitzen, ist aufgehoben; die solchen Vereinigungen gegenüber eingegangenen Verpflichtungen haben keine Rechtsgiltigkeit."

Von Eisenmann aus Nürnberg und Genossen: „Solche Vereine, die unter den Befehlen ausländischer Oberen stehen, dürfen nur mit besonderer Erlaubniß der entsprechenden Einzelstaaten eingeführt werden oder fortbestehen."

Von Moritz Mohl aus Stuttgart, Zusatz zu dem vorigen: „Gleiches gilt von allen Vereinen, welche das Gelübde der Ehelosigkeit ablegen."

die wir vorstehend mit den Ziffern 14, 17 und 19 bezeichnet finden. Den bei §. 11 (14) und bei dem ersten Absatze des §. 14 (17) beantragten legte er selbst keine sachliche Bedeutung bei; in §. 15 (19) wollte er den allgemeinen Grundsatz über die Beschaffenheit der Eidesformel mit einer demselben entsprechenden Feststellung dieser Formel selbst vertauschen; durch die vorgeschlagene Streichung im §. 14 (17) aber den folgenschweren Grundsatz, daß keine Religionsgesellschaft vor anderen Vorrechte durch den Staat genießt, gänzlich beseitigen.

2. Minoritätserachten und Verbesserungsanträge.

Zu dieser veränderten Fassung des Artikels waren im Ausschuß selber einige Minoritätserachten gestellt, denen sich dann noch eine Anzahl von Verbesserungsanträgen aus dem Plenum anreihte. Aber weder in jenen noch in diesen traten irgendwie bemerkenswerthe neue Gesichtspunkte hervor. Denn einige von den Vorschlägen verlangten lediglich, theils schlechtweg, theils mit redaktionellen Aenderungen, die Wiederherstellung der früheren Beschlüsse; andere nahmen, wörtlich oder dem wesentlichen Inhalte nach, Amendements wieder auf, die bei der ersten Lesung verworfen waren, und noch andere beantragten zwar selbständige Aenderungen, aber doch nur solche, die ohne jede erhebliche Bedeutung waren.

Alle diese Minoritätserachten und Verbesserungsanträge waren folgende.

Zu §. 14.[1])

1. Minoritätserachten der Ausschußmitglieder Wigard, Zell, Schreiner, Gülich, Somaruga und Römer.

Zusatz: „Niemand ist verpflichtet, seine religiöse Ueberzeugung zu offenbaren, oder sich irgend einer religiösen Genossenschaft anzuschließen.“

---

[1]) Sten. Ber. V, S. 3981.

Zu §. 15.[2])

2. Vom Abg. Kotschy-Bielitz aus Ustron.

Zusatz: „Die Mitglieder einer Religionsgesellschaft sollen, als solche, nicht gezwungen sein können, kirchliche Abgaben auch an die Beamten einer andern Religionsgesellschaft zu entrichten, zu welcher sie sich nicht bekennen."

Zu §. 16.[3])

3. Vom Abgeordneten für den 5. brandenburgischen Wahlkreis, Nauwerck aus Berlin.

Abänderung: „Durch das religiöse Bekenntniß oder die Bekenntnißlosigkeit" u. s. w.

Zu §. 17.

4. Vom Abg. Moritz Mohl-Jaxtkreis aus Stuttgart.

„In Erwägung, daß jede Religionsgesellschaft allerdings, wie jede Gesellschaft im Staate, nicht blos den allgemeinen, sondern auch den sie betreffenden besonderen Staatsgesetzen — soweit diese mit den Grundrechten nicht im Widerspruche stehen — unterworfen sein muß, beantrage ich, im §. 17 das Wort: „allgemein" wegzulassen."

5. Vom Abg. Demel-Teschen aus Teschen in Mähren.

Zusatz: „Keine Religionsgesellschaft genießt vor anderen Vorrechte durch den Staat, noch darf sie von einer anderen Religionsgesellschaft im Staate unter was immer für einem Titel Abgaben oder Gebühren beziehen."

6. Minoritätserachten der Ausschußmitglieder Wigard, Mittermaier, Schreiner, Gülich, Somaruga, Römer und Tellkampf.

Zusatz als zweiter Satz: „Keine Religionsgesellschaft genießt vor anderen Vorrechte durch den Staat."

7. Vom Abg. Nauwerck aus Berlin.

Zusatz: „Keine Religionsgesellschaft darf vor anderen durch den Staat begünstigt werden."

8. Vom Abg. für den 2. steyrischen Wahlkreis, Archer aus Rein.

Abänderung: „Jede Religionsgesellschaft (Kirche) ordnet und verwaltet ihre Angelegenheiten jeder Art selbständig und bleibt nur in sonstiger Beziehung, abgesehen von ihrer Eigenschaft als religiöse Körperschaft, den Staatsgesetzen unterworfen."

---

[2]) Sten. Ber. VI, S. 4127.

[3]) Die folgenden Anträge Sten. Ber. VI, S. 4128.

9. Vom Abg. Reinstein-Naumburg a. d. S. aus Naumburg und Genossen.

Abänderung: „Die Unterzeichneten beantragen nachstehende, bei der ersten Lesung von dem Abgeordneten Plathner vorgeschlagene Fassung: „Die Vereinigungen zur Erreichung religiöser Zwecke, sowohl die bereits bestehenden, als die neu sich bildenden, stehen unter den allgemeinen Gesetzen über Vereinigungen."

Zu §. 19.[4])

10. Minoritätserachten der Ausschußmitglieder Wigard, Schüler und Heinrich Simon.

Abänderung: „Die Form des Eides soll eine für Alle gleichmäßige, an kein bestimmtes Religionsbekenntniß geknüpfte sein."

11. Minoritätserachten der Ausschußmitglieder Schreiner, Somaruga und (eventuell) Wigard.

Abänderung: „Die Form des Eides soll eine für Alle gleichmäßige, an kein bestimmtes Religionsbekenntniß geknüpfte, aber mit der allgemeinen Berufung auf die Gottheit verbundene sein."

12. Vom Abg. Reinstein-Naumburg a. d. S. 'aus Naumburg und Genossen.

Abänderung: „Die Form des Eides soll künftig heißen: „Ich schwöre."

13. Vom Abg. für den 20. schlesischen Wahlkreis, Fuchs aus Breslau.

Abänderung: „Die Formel des Eides soll für die Mitglieder aller Religionsgenossenschaften, denen ihr Bekenntniß die Leistung eines Eides nicht verbietet, gleichmäßig dahin lauten: im Eingange: ich schwöre; am Schlusse: so wahr mir Gott helfe."

14. Vom Abg. für den 20. badenschen Wahlkreis, Damm aus Tauberbischofsheim.

Abänderung: „Der Eid ist abgeschafft, an seine Stelle tritt die feierliche Versicherung."

Zu §. 20.[5])

15. Vom Abg. Baur-Hohenzollern-Hechingen aus Hechingen.

Zusatz: „Die Gerichtsbarkeit in Ehesachen wird durch bürgerliche Gerichte ausgeübt."

---

[4]) Sten. Ber. VI, S. 4134. [5]) Sten. Ber. VI, S. 4135.

3. Die Beschlüsse.

Die zweite Lesung der Grundrechte wurde von der Nationalversammlung in der einhundertunddreißigsten Sitzung, den 6. Dezember 1848, begonnen, und schon in der nächsten Sitzung, den 7. Dezember, war die Verhandlung so weit gediehen, daß noch der erste Paragraph des Artikels V. der neuen Vorlage, §. 14, erledigt werden konnte. Die folgenden Paragraphen, 15—21, kamen sodann in der einhundertundfünfunddreißigsten Sitzung, den 14. Dezember, auf die Tagesordnung und wurden sämmtlich in dieser einen Sitzung erledigt.[1]) Auf die Debatte wurde bei allen Paragraphen des Artikels V. verzichtet, so daß sich die ganze Verhandlung darüber auf die Abstimmung beschränkte. Durch diese wurde folgende Fassung angenommen:[2])

„Artikel V."

„§. 14. Jeder Deutsche hat volle Glaubens- und Gewissensfreiheit.

Niemand ist verpflichtet, seine religiöse Ueberzeugung zu offenbaren.

§. 15. Jeder Deutsche ist unbeschränkt in der gemeinsamen häuslichen und öffentlichen Uebung seiner Religion.

Verbrechen und Vergehen, welche bei Ausübung dieser Freiheit begangen werden, sind nach dem Gesetze zu bestrafen.

§. 16. Durch das religiöse Bekenntniß wird der Genuß der bürgerlichen und staatsbürgerlichen Rechte weder bedingt noch beschränkt.

Den staatsbürgerlichen Pflichten darf dasselbe keinen Abbruch thun.

§. 17. Jede Religionsgesellschaft ordnet und verwal-

---

[1]) Die Protokolle über diese Sitzungen befinden sich in Band I. der Verhh. v. Haßler.

[2]) Sten. Ber. VI, S. 4302.

tet ihre Angelegenheiten selbständig, bleibt aber den allgemeinen Staatsgesetzen unterworfen.

Keine Religionsgesellschaft genießt vor anderen Vorrechte durch den Staat;[3]) es besteht fernerhin keine Staatskirche.

Neue Religionsgesellschaften dürfen sich bilden; einer Anerkennung ihres Bekenntnisses durch den Staat bedarf es nicht.

§. 18. Niemand soll zu einer kirchlichen Handlung oder Feierlichkeit gezwungen werden.

§. 19. Die Formel des Eides soll künftig lauten: So wahr mir Gott helfe!

§. 20. Die bürgerliche Giltigkeit der Ehe ist nur von der Vollziehung des Civilaktes abhängig; die kirchliche Trauung kann nur nach der Vollziehung des Civilaktes stattfinden.

Die Religionsverschiedenheit ist kein bürgerliches Ehehinderniß.

§. 21. Die Standesbücher werden von den bürgerlichen Behörden geführt."

Diese Fassung des Artikels weicht von der früher angenommenen[4]) nur in den Paragraphen 14, 17 und 19 ab, und auch in diesen nur auf eine Weise, welche ohne jede prinzipielle Bedeutung ist. In §. 14 ist durch den Wegfall des Schlußgliedes: „oder sich irgend einer religiösen Genossenschaft anzuschließen" allerdings die Beschreibung der gewährten Religionsfreiheit um ein wichtiges Moment ärmer geworden, aber doch nur um ein solches, das unverkennbar in den stehen gebliebenen Worten des Paragraphen und in §. 18 mit enthalten, deshalb auch ohne erhebliche Gefahr des Mißverständnisses wohl zu entbehren ist. In §. 19 ist die bloße Bestimmung, daß die Form des Eides eine für alle gleichmäßige, an kein bestimmtes Religionsbekenntniß geknüpfte

---

[3]) Dieser Satz wurde in namentlicher Abstimmung mit 241 gegen 194 Stimmen wieder aufgenommen. Sten. Ber. VI, S. 4134.

[4]) Oben S. 244.

sein soll, mit einer solchen Formel selbst vertauscht worden; im §. 17 aber ist die Bestimmung über die Selbständigkeit der Religionsgesellschaften dem Sinne nach ganz dieselbe geblieben, als sie in der ersten Fassung war. Denn die in der letzteren enthaltenen Worte: „bleibt aber den Staatsgesetzen unterworfen“ hatten nicht etwa dem Staate das Recht vorbehalten, durch besondere gegen einzelne Religionsgesellschaften gerichtete Gesetze deren Selbständigkeit zu beschränken, sondern sie hatten, wie der Ausschuß richtig bemerkt,[5]) nur den Sinn, daß auch die Kirchen sich in ihren bürgerlichen und politischen Beziehungen den allgemeinen Staatsgesetzen nicht entziehen dürfen. Und durch die Weglassung der, in der ersten Fassung enthaltenen Worte: „wie jede andere Gesellschaft im Staate“ ist nicht etwa die Gleichstellung der Religionsgesellschaften und der anderen Gesellschaften in Rücksicht ihres Verhältnisses zu den allgemeinen Staatsgesetzen aufgehoben worden; sondern es ist diese Gleichstellung, welche in dem Satze: „bleibt aber den Staatsgesetzen unterworfen“ faktisch enthalten ist, wird bei der neuen Fassung nur nicht ausdrücklich ausgesprochen.

Dem ihm zu Theil gewordenen Auftrage gemäß hatte der Verfassungsausschuß zugleich mit seiner Redaktion der Grundrechte einen „Entwurf zu dem Einführungsgesetze“ für dieselben vorgelegt.[6]) Nachdem die Nationalversammlung am 21. Dezember in engem Anschluß daran und ohne Debatte das Einführungsgesetz beschlossen,[7]) zögerte man auch nicht länger, die nach siebenmonatiger Arbeit zu Stande gekommenen Grundrechte des deutschen Volks zu promulgiren. Sie wurden unterm 27. Dezember 1848 sammt dem Einführungsgesetze durch den Reichsverweser unter Gegenzeichnung der Reichsminister H. v. Gagern, v. Peucker, v. Beckerath, Duckwitz und Robert Mohl im Reichs-Gesetz-Blatt als Gesetz verkündet.[8]) Demgemäß

[5]) Siehe oben S. 286.

[6]) Der Entwurf sammt den Motiven: Sten. Ber. VI, S. 3886 f.; Verhh. v. Haßler, II, S 689 ff.

[7]) Sten. Ber. VI, S. 4304 ff.

[8]) A. a. O. Stück 8 vom 28. Dezember 1848, S. 49—60. In der unterm 28. März 1849 im Reichs-Gesetz-Blatt, Stück 16 vom 28. April 1849, S. 101—147, veröffentlichten „Verfassung des deutschen Reichs“ bilden die Grundrechte den VI. Abschnitt; der oben mitgetheilte Artikel ist auch hier der V., während die einzelnen §§. von 144 bis 151 zählen.

sollten die Grundrechte, wie es in ihrem Eingange hieß, den Verfassungen der deutschen Einzelstaaten zur Norm dienen, und keine Verfassung oder Gesetzgebung eines solchen sollte sie je aufheben oder beschränken können.[9])

[9]) Rücksichtlich unserer Paragraphen bestimmte das Einführungsgesetz, daß die Bestimmungen der §§. 14, 15, 16 und 18, sowie des zweiten und dritten Absatzes von §. 17 sofort in Kraft träten, daß ferner in Beziehung auf den in §. 17 ausgesprochenen Grundsatz der Selbständigkeit der Religionsgesellschaften die organischen Einrichtungen und Gesetze, welche für die bestehenden Kirchen zur Durchführung dieses Prinzips erforderlich seien, in den Einzelstaaten möglichst bald getroffen und erlassen, und ebenso die durch §§. 19, 20 und 21 gebotenen Abänderungen oder Ergänzungen der Landesgesetzgebungen durch Erlassung der erforderlichen Vorschriften über Eid, Ehe und Standesbücher ungesäumt auf verfassungsmäßigem Wege getroffen würden

Viertes Buch.

Die preußische Staatsverfassung.

I. Der Verfassungsentwurf der Staatsregierung und die preußische Nationalversammlung.

1. Der Verfassungsentwurf der Staatsregierung.

Am 22. Mai 1848, also am vierten Tage nach der Konstituirung des deutschen Parlaments, eröffnete König Friedrich Wilhelm IV. in Berlin die Versammlung, welche auf Grund des Wahlgesetzes vom 8. April zur Vereinbarung der preußischen Verfassung gebildet war, und gleich darauf ließ er ihr mittelst königlicher Botschaft vom 20. Mai einen Entwurf des „Verfassungsgesetzes für den preußischen Staat" zur Erklärung zugehn. Derselbe enthielt bezüglich der Religion und der Religionsgesellschaften folgende Bestimmungen:[1])

„§. 10. Die Ausübung der staatsbürgerlichen Rechte ist unabhängig von dem religiösen Glaubensbekenntnisse.

Allen Staatsbürgern ist die Freiheit gemeinsamer

---

[1]) Sten. Ber. über die Verhandlungen der zur Vereinbarung der preußischen Staatsverfassung berufenen Versammlung. Berlin 1848, I, S. 2. Auch bei Rauer, Protokolle der von der Versammlung zur Vereinbarung der preußischen Verfassung ernannt gewesenen Verfassungskommission. Berlin 1849, S. 2 Motive waren dem Entwurfe nicht beigegeben; nach v. Rönne, die Verfassungsurkunde für den preußischen Staat, Berlin 1850, S. VII, sind solche überhaupt nicht ausgearbeitet worden.

Religionsübung gestattet, soweit dadurch weder ein Strafgesetz übertreten, noch die öffentliche Sicherheit, die Ordnung oder Sittlichkeit verletzt oder gefährdet wird.

§. 11. Der Verkehr der Religionsgesellschaften mit ihren Oberen bleibt ungehindert.

Die Bekanntmachung kirchlicher Erlasse ist nur denjenigen Beschränkungen unterworfen, welchen alle übrigen Veröffentlichungen unterliegen.

§. 12. Die evangelische und die römisch-katholische Kirche, sowie jede andere Religionsgesellschaft, bleibt im Besitz und Genuß ihrer für Kultus-, Unterrichts- und Wohlthätigkeitszwecke bestimmten Anstalten, Stiftungen und Fonds.

§. 16. Alle Staatsbürger sind berechtigt, sich ohne vorgängige obrigkeitliche Erlaubniß zu solchen Zwecken, welche den Staatsgesetzen nicht zuwiderlaufen, in Gesellschaften zu vereinigen."

2. Die Verhandlungen und der Entwurf der Verfassungskommission.

Am 15. Juni beschloß die Nationalversammlung in ihrer sechszehnten Sitzung mit 188 gegen 142 Stimmen „eine Kommission, bestehend aus drei zu wählenden Mitgliedern jeder Abtheilung, also aus vierundzwanzig Personen, zu ernennen, und dieser unter Zufertigung des Regierungs-Entwurfs und Mittheilung aller auf die Verfassung bezüglichen Petitionen und Anträge, dessen Berathung, eventualiter dessen Umarbeitung oder die Ausarbeitung eines neuen Entwurfes aufzutragen; den solchergestalt ausgearbeiteten Entwurf dann in den Abtheilungen zu berathen und durch die Centralkommission vor das Plenum der Versammlung zu bringen." [1])

In Folge dieses Beschlusses wurden sogleich die Wahlen zur Verfassungskommission vorgenommen. Gewählt wurden:

---

[1]) Sten. Ber. I, S. 220, 223.

Prediger Baltzer aus Nordhausen (freie Gemeinde, links), Professor Bauerband aus Bonn (katholisch, rechts), Professor Baumstark, Direktor der Akademie Eldena (katholisch, rechts), Kreisphysikus Behnsch aus Breslau (evangelisch, links), Buchdruckereibesitzer Berends aus Berlin (evangelisch, links), Advokatanwalt Bloem (katholisch, links), Gymnasiallehrer Elsner (evangelisch, links), Gerichtsdirektor Evelt aus Dorsten (katholisch, rechts), Stadtsyndikus Gierke aus Stettin (evangelisch, links), Geh. Revisionsrath Jonas aus Berlin (evangelisch, rechts), Geh. Oberregierungsrath Mätzke aus Berlin (evangelisch, rechts), Professor und Direktor der Franke'schen Stiftungen Niemeyer aus Halle (evangelisch, rechts), Friedensrichter Pelzer aus der Rheinprovinz (katholisch, rechts), Oberbürgermeister Phillips aus Elbing (evangelisch, links), Landgerichtsrath Peter Reichensperger aus Koblenz (katholisch, rechts), Gutsbesitzer Rodbertus aus Jagetzow (evangelisch, links), Landrath Reuter aus Johannisburg (evangelisch, links), Gymnasiallehrer Stein aus Breslau (evangelisch, links), Geh. Obertribunalsrath Ulrich aus Berlin (katholisch, rechts), Stadtrichter Wachsmuth aus Reetz (evangelisch, links), Obertribunalsrath Waldeck aus Berlin (katholisch, links), Justizkommissarius Windhorst (katholisch, rechts), Justizkommissarius Zachariä (evangelisch, links), Stadtrichter Zenker aus Löwenberg (evangelisch, links).

Die Verfassungskommission begann unter Waldecks Vorsitz ihre Thätigkeit am 17. Juni, also gerade als der Verfassungsausschuß der deutschen Nationalversammlung mit seinem Entwurfe fertig wurde. Bereits in ihrer zweiten Sitzung, am 19. Juni, beschloß sie in Gemäßheit eines vom Abgeordneten Rodbertus am 3. Juni beim Plenum eingebrachten Antrages,[2]) daß Bestimmungen in Betreff des Verhältnisses der Kirche zum Staat in die Verfassungsurkunde aufgenommen werden sollten.[3]) Nachdem so von vornherein die prinzipiell bedeutsamste Ergänzung der betreffenden Paragraphen des Regierungs-Entwurfes als nothwendig anerkannt war, wurden dieselben von der Verfassungskommission in ihrer zehnten, elften, zwölften und dreizehnten Sitzung, den 1., 3., 4. und 5. Juli nacheinander durchberathen, und die Fassung der so gewonnenen Artikel wurde dann bei der Schlußberathung über den Verfassungsentwurf in der sechsundzwanzigsten Sitzung, am 24. Juli, endgiltig festgestellt. Hiebei erkannte die Kommission nach stattgehabter Berichtigung in einzelnen Punkten auch die von Waldeck zusammengestellten Motive an, indem sie sich mit der darin gegebenen Motivirung einverstanden erklärte.[4])

[2]) Sten. Ber. I, S. 96.

[3]) Rauer, Prot. S. 13.

[4]) Rauer, Prot. S. 105.

Nach den Sitzungsprotokollen der Verfassungskommission nahm die Berathung über die Paragraphen 11, 12 und 13 des Regierungs-Entwurfes folgenden Verlauf.

Nachdem zunächst die Abgeordneten Bauerband und Baltzer über diese Paragraphen referirt, entspann sich eine Debatte über die vorgetragenen Referate. Dieselbe hatte bei

§. 10.[5])

vorerst drei Amendements in Betracht zu ziehen, nämlich

1. Vom Abg. Bauerband.

„Der Genuß der staatsbürgerlichen Rechte ist von dem religiösen Glaubensbekenntnisse unabhängig. Allen Preußen wird die Freiheit des religiösen Bekenntnisses und gemeinsamer öffentlicher Religionsübung zugesichert.“

2. Vom Abg. Baltzer.

„Jeder Staatsangehörige hat ohne Unterschied oder Vorzug das Recht freien, öffentlichen und gemeinsamen Bekennens und Ausübens seiner Religion. Alle staatsbürgerlichen Rechte und Pflichten sind vom religiösen Bekenntniß und der Gemeinschaft mit einer Religionsgesellschaft unabhängig.“

3. Vom Abg. Zenker.

„Alle staatsbürgerlichen Rechte sind von einem religiösen Bekenntnisse oder der Gemeinschaft mit einer Religionsgesellschaft unabhängig.“

In Beziehung auf den ersten Satz des Artikels enthalten diese Abänderungsvorschläge in der Art und Weise, wie sie das Wort „die Ausübung“ ersetzen, insofern eine Erweiterung, als sie statt desselben Wendungen gebrauchen, welche nicht nur wie jenes die aktive, sondern auch die passive Theilnahme an den Rechten einschließen. Wenn Baltzer und Zenker aber auch weiter die Unabhängigkeit der Rechte von der Theilnahme an einer Religionsgemeinschaft wollen hervorgehoben wissen, so verlangen sie damit zwar nur, daß eine aus den vorhergehenden Worten sich ganz von selbst ergebende Folgerung besonders ausgesprochen werde; aber diese Folgerung ist wichtig genug, um solch ein Verlangen als durchaus gerechtfertigt erscheinen zu lassen. Zenker hebt außerdem, indem er sagt: „von einem religiösen Bekenntnisse“ auch noch ausdrücklich das Recht der Bekenntnißlosigkeit

[5]) Rauer, Prot. S. 30, 33.

hervor; doch auch dieses liegt in den vorangehenden Worten bereits mit eingeschlossen. Eine sachlich nicht unerhebliche Aenderung involvirt die Einschaltung des Wortes „Pflichten" bei Baltzer. Denn dadurch wird nicht nur der Inhalt der im Entwurfe angehängten Kautel festgehalten, sondern derselbe wird auch noch erweitert, da ja die Erfüllung der staatsbürgerlichen Pflichten über den Gehorsam gegen die Strafgesetze, sowie über die Bewahrung der öffentlichen Sicherheit, Ordnung und Sittlichkeit unzweifelhaft hinausgreift.

Dem zweiten Satz des Artikels fügen Bauerband und Baltzer mit der Erwähnung der Bekenntnißfreiheit ein recht bedeutsames Stück hinzu; mit der näheren Beschreibung der freigegebenen gemeinsamen Religionsübung als „öffentlicher" thun sie deshalb nichts überflüssiges, weil gerade dieses, vom Entwurfe wohl vorausgesetzte, Moment der Oeffentlichkeit den eigentlichen Fortschritt über den damals bestehenden Rechtszustand hinaus enthält; durch die Vertauschung des Ausdrucks „ist gestattet" mit den Wendungen: „wird zugesichert" „hat das Recht" erheben sie die gewährte Freiheit von dem Gebiete der bloßen Duldung auf dasjenige der vollen Berechtigung, und durch die Nennung nicht bloß aller Staatsbürger, sondern „jedes Preußen" oder „jedes Staatsangehörigen" als Subjekt jener Freiheit, geben sie diesem letzteren einen größern Umfang als der Entwurf gethan.

Keiner von diesen drei Verbesserungsvorschlägen fand die Zustimmung der Kommission, sondern diese vereinigte sich, einem neuen Vorschlage Bauerbands folgend, zur Annahme einer Fassung, welche sich als eine Kombination derselben mit den entsprechenden Artikeln des Frankfurter Verfassungsausschusses darstellt und also lautete:

4. Antrag vom Abg. Bauerband.

„Durch das religiöse Bekenntniß und die Theilnahme an irgend einer Religionsgesellschaft wird der Genuß der bürgerlichen und staatsbürgerlichen Rechte weder bedingt noch beschränkt. Den bürgerlichen und staatsbürgerlichen Pflichten darf dadurch kein Abbruch geschehen. Allen Preußen wird die Freiheit des religiösen Bekenntnisses und gemeinsamer öffentlicher Religionsübung zugesichert."

Auch diese Fassung erfuhr indessen bei der Schlußberathung[6]) noch

---

[6]) Rauer, Prot. S. 101.

einige Aenderungen, so daß der Artikel schließlich folgendermaßen lautete:

„Der Genuß der bürgerlichen und staatsbürgerlichen Rechte ist unabhängig von dem religiösen Bekenntnisse und der Theilnahme an irgend einer Religionsgesellschaft. Den bürgerlichen und staatsbürgerlichen Pflichten darf dadurch kein Abbruch geschehen. Die Freiheit des religiösen Bekenntnisses und der gemeinsamen öffentlichen Religionsübung wird gewährleistet."

Zu §. 11.[7])

wurden der Kommission zunächst folgende Anträge unterbreitet:

5. Vom Abg. Bauerband.

Zusatz: „Jede Religionsgesellschaft ist in Betreff ihrer innern Angelegenheiten der Staatsgewalt gegenüber frei und selbständig."

6. Vom Abg. Bauerband.

Zusatz: „Eine Mitwirkung des Staates bei Ernennung und Einsetzung der Religionsdiener findet nur auf Grund besonderer Verträge und sonstiger vollgiltiger Rechtstitel statt."

Die Kommission nahm vorweg den ersten dieser Anträge (5) an und fügte damit dem Entwurfe einen neuen, überaus bedeutsamen Grundsatz hinzu, dem sie übrigens später bei der Berathung des §. 12 noch eine Erweiterung angedeihen ließ. Die Annahme dieses ersten Bauerband'schen Amendements machte die des zweiten (6) unnöthig, da dessen Inhalt in jenem schon mit enthalten ist, und demgemäß wurde es auch wirklich als überflüssig verworfen.

Demnächst kamen einige weitere Anträge zur Berathung, und zwar

7 Vom Abg. Bauerband.

Dem Satze: „Der Verkehr der Religionsgesellschaften" u. s. w die Fassung zu geben: „Der Verkehr der Religionsdiener mit ihren verfassungsmäßigen Oberen ist unbehindert. der Erlaß und die Bekanntmachung ihrer Anordnungen keiner besonderen Beschränkung unterworfen."

8. Vom Abg Zenker.

Dem genannten Satze die Worte hinzuzufügen: „insofern sie innere Angelegenheiten betreffen."

---

[7]) Rauer, Prot. S. 33—35.

9. Von (ungenannt).

Diesen Satz ganz zu streichen.

Die Kommission fand sich durch diese Anträge nicht bewogen, die Fassung des Regierungs-Entwurfes zu verwerfen; wohl aber ließ sie ihm insofern eine Aenderung angedeihen, als sie nach Bauerbands Vorschlage (7) im zweiten Satzgliede nicht nur der Bekanntmachung, sondern auch dem Erlasse kirchlicher Anordnungen die Freiheit von besonderen Beschränkungen garantirte, so daß der betreffende Satz nach dem Kommissionsbeschlusse lautete:

„Der Verkehr der Religionsgesellschaften mit ihren Oberen ist unbehindert. Der Erlaß und die Bekanntmachung ihrer Anordnungen ist nur denjenigen Beschränkungen unterworfen, welchen alle übrigen Veröffentlichungen unterliegen."

Bei der Berathung dieses Paragraphen erfolgte dann endlich auch noch eine Diskussion über die schon im Frankfurter Ausschusse angeregte[8]) Aufhebung der Kirchenpatronate, und zwar wurden hiezu folgende Vorschläge eingereicht:

10. Vom Abg. Wachsmuth.

„Das Kirchenpatronat sowohl des Staates als der Privaten ist aufgehoben. Die darauf beruhenden Vermögensverhältnisse werden durch die Gesetzgebung regulirt."

11. Vom Abg. Behnsch.

„Das Privat- und Staatspatronat ist aufgehoben. Die Regulirnng der damit verbundenen Rechte und Pflichten bleibt der betreffenden Religionsgesellschaft überlassen."

12. Vom Abg. Hesse.

„Das Patronat ist aufgehoben. Die Regulirung der damit verbundenen Lasten, insbesondere der Kirchenbaulast, bleibt einem besonderen Gesetze vorbehalten."

13. Vom Abg. Bloem.

„Das Kirchenpatronat sowohl des Staates als der Privaten soll aufgehoben werden. Die Aufhebung regelt ein besonderes Gesetz."

14. Von den Abgg. Bauerband und Windhorst.

„Das Kirchenpatronat soll aufgehoben werden, wenn die betreffende Religionsgemeinde solches durch einen verfassungsmäßigen Beschluß verlangt."

---

[8]) Vergl. oben S. 232, N. 61 das dritte Minoritätserachten.

Alle diese Anträge verlangen übereinstimmend, daß die Aufhebung des Patronats zum Gegenstande einer Verfassungsbestimmung gemacht werde, und damit fordern sie die Bereicherung des Entwurfes um ein ganz neues und höchst gewichtiges Moment. Rücksichtlich des näheren Inhalts der vorgeschlagenen Bestimmung gehen die vier ersten Anträge (10, 11, 12, 13) beträchtlich weiter als der letzte (14). Denn jene statuiren die Aufhebung des Patronats ganz allgemein, dieser thut es nur für den Fall des ausdrücklichen Verlangens seitens der betreffenden Religionsgemeinde. Unter jenen vier Anträgen ist aber wieder der von Bloem (13) zurückhaltender als die übrigen (10, 11, 12), da er die Aufhebung des Patronats nur als etwas zu vollziehendes hinstellt, während diese, nach dem Vorgange des dritten Frankfurter Minoritätserachtens, sie selber schon vollziehen, nicht die Aufhebung selbst, sondern nur die Regulirung der mit dem Patronat verbundenen Rechtsverhältnisse der Zukunft überlassend. Was diese Regulirung betrifft, so stimmen mit Bloem die Anträge von Wachsmuth und Hesse darin überein, daß sie dieselbe der Gesetzgebung überweisen und sie nicht wie Behnsch, die Interessenten ohne jede Rechtssicherheit lassend, den einzelnen Religionsgesellschaften anheimstellen.

Die Debatte über diese Anträge hatte das Resultat, daß, nachdem Hesse den seinen (12) zurückgezogen hatte, bei der Abstimmung diejenigen von Wachsmuth und Behnsch (10, 11) verworfen wurden, das Bloem'sche Amendement (13) dagegen die Stimmenmehrheit erhielt, und dadurch zugleich das Bauerband-Windhorst'sche (14) erledigt ward.

§. 12.[9])

hatte vorerst folgende Verbesserungsanträge hervorgerufen:

15. Vom Abg. Bauerband.

„§. 12a. Die Befähigung religiöser Vereine als solcher Eigenthum zu erwerben und zu besitzen, wird durch das Gesetz bestimmt.

Den mit dieser Berechtigung bereits bestehenden Religionsgesellschaften wird das Eigenthum und der Genuß ihrer für Kultus-, Unterrichts- und Wohlthätigkeitszwecke bestimmten Anstalten, Stiftungen und Fonds, so wie die Befugniß, auch

[9]) Rauer, Prot. S. 33, 35 ff.

fernerhin für diese Zwecke, unter den gesetzmäßigen Beschränkungen, zu erwerben und zu besitzen, gewährleistet.

Jede Religionsgesellschaft verwaltet ihr Vermögen nach Maßgabe ihrer eigenen Verfassung selbständig.

§. 12b. Die für die Zwecke der einzelnen Religionsgesellschaften erforderlichen Geldmittel, welche durch deren sonstiges Einkommen nicht gedeckt werden, haben die betreffenden Religionsgenossen allein aufzubringen. Die Erhebung wird durch das Gesetz geregelt. Die dem Staate, Gemeinden, Korporationen und Privaten kraft besonderer Rechtstitel obliegenden Verpflichtungen bleiben fortbestehen.

§. 12c. Die bürgerliche Giltigkeit der Ehe wird durch deren Abschließung vor dem dazu von der Staatsgesetzgebung bestimmten Civilbeamten bedingt."

16 Vom Abg. Baltzer.

„Die Besitzthümer der religiösen Gemeinschaften sind Eigenthum der Einzelgemeinde und verbleiben ihr bei konfessionellen Veränderungen oder Trennung nach Maßgabe eines gleichzeitig zu erlassenden Gesetzes."

17. Vom Abg. Behnsch.

„Die Besitzthümer der religiösen Gesellschaften sind Eigenthum der einzelnen religiösen Vereine im Staate"

18. Vom Abg. Zachariä.

„In welchen Fällen eine Theilung des den Religionsgesellschaften gehörigen Vermögens verlangt werden dürfe, soll ein besonderes Gesetz bestimmen."

19. Vom Abg. Berends.

„Das Kirchengut ist Eigenthum der religiösen Einzelgemeinde, sofern es nicht einem größeren Verbande im Staate gemeinsam gehört."

Unter diesen Vorschlägen halten sich die beiden ersten Nummern des Bauerband'schen mit einigen Bestimmungen ganz nahe an den Regierungs-Entwurf. Dieser sichert der evangelischen und der römisch-katholischen Kirche, sowie jeder andern Religionsgesellschaft, den Fortbesitz und -Genuß der für ihre Zwecke bestimmten Anstalten u. s. w. zu. Dasselbe aber thut auch Bauerband, zwar ohne besondere Nennung der evangelischen und der römisch-katholischen Kirche (15, §. 12 a, Alinea 2), aber doch ausführlicher als der Entwurf, indem er ausdrücklich einerseits den Fortbestand der dem Staate u. s. w. kraft besonderer Rechtstitel obliegenden Verpflichtnngen, andererseits aber auch das hervorhebt, daß die Religionsgesellschaften einen weitergreifenden Anspruch auf Staatsunterstützung nicht haben, sondern die, ihre sonstigen Einnahmen überschreitenden Geldbedürfnisse allein aufbringen müssen; für welche Aufbringung er zugleich den Erlaß eines Spezialgesetzes anordnet (§. 12b.). Doch Bauerband begnügt sich nicht mit diesen Bestimmungen, sondern geht im weiteren aufs bedeutendste über den Entwurf hinaus, indem er nämlich jeder Religionsgesellschaft die selbständige Verwaltung ihres Vermögens zuspricht und außerdem ein besonderes Gesetz über die Befähigung religiöser Vereine, Eigenthum zu erwerben und zu besitzen, in Aussicht stellt (§. 12a, Alinea 3 und 1). Ebenso ist es ein großer Schritt über den Entwurf hinaus, wenn Bauerband endlich auch noch im dritten Theile seines Antrags (§. 12c.) die allgemeine Einführung der Civilehe verlangt.

Die übrigen Anträge enthalten sich solcher Vorschläge über die Civilehe sowie über Korporationsrechte und selbständige Vermögensverwaltung der Religionsgesellschaften, suchen statt dessen aber eine andere, überaus wichtige Frage in der Verfassung zu lösen oder wenigstens ihrer gesetzlichen Lösung zu versichern: die Frage, welcher Anspruch an das Kirchenvermögen den aus einer Kirche ausscheidenden Gemeinden zustehe. Und zwar stellen in dieser Beziehung Baltzer und Behnsch (16, 17) den inhaltschweren Grundsatz auf, daß das Kirchenvermögen Eigenthum der einzelnen Gemeinden sei, und auch Berends (19) wiederholt denselben, jedoch mit einer Kautel, durch welche das etwaige Besitzrecht größerer im Staate existirender Gemeindeverbände gewahrt wird. Während Behnsch und Berends sich mit dem Aussprechen dieses Grundsatzes begnügen, fügt Baltzer, unter Hinweis auf ein gleichzeitig zu erlassendes Gesetz, auch noch ausdrücklich die Konsequenz hinzu, welche sich rücksichtlich jener Frage aus dem angeführten Grundsatz ergiebt, nämlich daß der Einzelgemeinde das Kirchenvermögen auch bei konfessionellen Veränderungen oder bei stattfindender Trennung verbleibt. In weit vorsichtigerer Weise sucht Zachariä (18) dem Bedürfniß nach einer Regelung dieser Verhältnisse Genüge zu schaffen, indem er ohne einen allgemeinen Grundsatz über das Eigenthumsrecht am Kirchenvermögen auszusprechen, nur den Erlaß eines Gesetzes anordnet, welches bestimmen solle, in welchen Fällen eine Theilung des Kirchenvermögens verlangt werden dürfe.

Die Kommission entschied sich indessen für das Amendement von Zachariä ebensowenig als für die Anträge von Berends, Behnsch und Baltzer. Denn vorweg verwarf sie bei der Abstimmung des letzteren Worte: „Die Besitzthümer der religiösen Gemeinschaften sind Eigenthum der Einzelgemeinde“, und verneinte dann auch, doch nur mit Stimmengleichheit (11 gegen 11), die Frage: „ob in der Verfassungsurkunde überhaupt etwas über die Folgen konfessioneller Trennung hinsichtlich des Korporationsvermögens der betreffenden Religionsgesellschaften aufzunehmen sei?“

Hierauf aber wurde ein neuer Antrag gestellt, nämlich

20. Vom Abg. Mätzke.

Zusatz: „Rücksichtlich des Vermögens der religiösen Gemeinschaften spricht im Zweifel die Vermuthung dafür, daß dasselbe Eigenthum der einzelnen religiösen Vereine im Staate ist.“

Und dieser Zusatz wurde von der Majorität provisorisch angenommen, insofern späterhin überhaupt Dispositionen über solches Vermögen beliebt werden möchten. Hernach jedoch beschloß die Kommission, ihn wieder fallen zu lassen, und verwarf dann auch die beiden ersten Sätze vom ersten Theile des Bauerband'schen Vorschlages, (15, §. 12a: „Die Befähigung . . . . gewährleistet“), sowie alle auf dieselben gerichteten Amendements, unter ihnen auch das

21. Vom Abg. Zenker.

„Die Korporationsrechte neuer Vereine beginnen mit dem Zeitpunkte, in welchem sie sich unter Darlegung ihrer Grundsätze bei dem Staate melden,“

ein höchst bedenklicher Satz, durch dessen Aufnahme in die Verfassungsurkunde den neu gebildeten Religionsgesellschaften alle sonst bei Verleihung der Korporationsrechte geforderten Garantien durchaus wären erlassen worden.[10]) Nun aber beantragte

22. Der Abg. Hesse:

Dem §. 16 des Verfassungsentwurfes:

„Alle Preußen sind berechtigt, sich ohne vorgängige obrigkeitliche Erlaubniß zu solchen Zwecken, welche den Strafgesetzen nicht zuwiderlaufen, in Gesellschaften zu vereinigen“

folgenden Zusatz hinzuzufügen: „Die Bedingungen, unter welchen Korporationsrechte ertheilt oder verweigert werden, bestimmt das Gesetz.“

---

[10]) Vergl. oben S. 228, N. 36 das Frankfurter Minoritätserachten IV, und S. 227, N. 32 den Antrag von Pötzl.

Die Kommission beschloß die Annahme dieses Zusatzes und ergänzte jenen Paragraphen damit auf sehr gewichtige Weise. Denn die Vereinigungsfreiheit hat erst da ihren vollen Werth, wo sie gegen die Verkümmerung durch willkürliche Versagung der Korporationsrechte gesichert ist, während andrerseits das allgemeine Interesse fordert, daß diese Rechte nicht ohne gewisse Garantien bewilligt werden können.

Unter Ablehnung des von Bauerband vorgeschlagenen Satzes: „Jede Religionsgesellschaft verwaltet ihr Vermögen nach Maßgabe ihrer eigenen Verfassung selbständig" beschloß die Kommission dann ferner, nach dem Antrage

23. Vom Abg. Zenker:

dem bereits angenommenen §. 11 die Worte „und der Verwaltung ihres Vermögens" einzufügen,

diesem §. 11 folgende Fassung zu geben:

„Jede Religionsgesellschaft ist in Betreff ihrer innern Angelegenheiten und der Verwaltung ihres Vermögens der Staatsgewalt gegenüber frei und unabhängig."

Der zweite Theil des Bauerband'schen Vorschlages (15, §. 12b) wurde von der Kommission abgelehnt, der dritte (15, §. 12c) dagegen angenommen. Zu diesem waren noch zwei Zusätze beantragt, nämlich:

24. Vom Abg. Zenker.

Zusatz: „Die Abschließung der Civilehe muß der religiösen Feier vorangehen. — Die Führung der Civilstandsregister erfolgt durch Civilbeamte."[11])

25. Vom Abg. Baltzer.

Zusatz: „An Stelle des Eides tritt das feierliche Gelöbniß."[12])

Die Kommission verwarf nicht nur diesen Baltzer'schen, sondern auch den Zenker'schen Antrag, obgleich derselbe doch die angenommene Bestimmung über die Civilehe in praktisch recht erheblicher Weise ergänzt haben würde.

Bei der Schlußberathung behielten diese Artikel mit Ausnahme des achtzehnten die vorher beschlossene Fassung, und lauteten in dem schließlich festgestellten

[11]) Vergl. oben S. 219, §. 16; S. 235, N. 77.

[12]) Vergl. oben S. 233, N. 68.

Entwurf der Verfassungskommission:[13])

„Artikel 14. Alle Preußen sind berechtigt, sich ohne vorgängige obrigkeitliche Erlaubniß zu solchen Zwecken, welche den Strafgesetzen nicht zuwiderlaufen, in Gesellschaften zu vereinigen.

Artikel 15. Die Bedingungen, unter welchen Korporationsrechte ertheilt oder verweigert werden, bestimmt das Gesetz.

Artikel 18. Der Genuß der bürgerlichen und staatsbürgerlichen Rechte ist unabhängig von dem religiösen Bekenntnisse und der Theilnahme an irgend einer Religionsgesellschaft.

Den bürgerlichen und staatsbürgerlichen Pflichten darf dadurch kein Abbruch geschehen.

Die Freiheit des religiösen Bekenntnisses und der gemeinsamen öffentlichen Religionsübung wird gewährleistet.

Artikel 19. Jede Religionsgesellschaft ist in Betreff ihrer inneren Angelegenheiten und der Verwaltung ihres Vermögens der Staatsgewalt gegenüber frei und selbständig.

Der Verkehr der Religionsgesellschaften mit ihren Oberen ist unbehindert. Der Erlaß und die Bekanntmachung ihrer Anordnungen ist nur denjenigen Beschränkungen unterworfen, welchen alle übrigen Veröffentlichungen unterliegen.

Artikel 20. Das Kirchenpatronat sowohl des Staats als der Privaten soll aufgehoben werden. Die Aufhebung regelt ein besonderes Gesetz.

Artikel 21. Die bürgerliche Giltigkeit der Ehe wird durch deren Abschließung vor dem dazu von der Staatsgesetzgebung bestimmten Civilstandsbeamten bedingt."

Den Artikeln 14 und 15 wurde auf Beschluß der Kommission

---

[13]) Rauer, Prot. S. 102 f., 109 f. Auch Sten. Ber. I, S. 630 ff.

keine Motivirung beigefügt; die Artikel 18—21 aber wurden erläutert durch folgende

Motive.[14])

„Zu Artikel 18. Die Unabhängigkeit der bürgerlichen und staatsbürgerlichen Rechte von dem religiösen Bekenntnisse ist in diesem Artikel ausgesprochen. Daß dadurch die bürgerlichen und staatsbürgerlichen Pflichten nicht leiden dürfen, sagt der folgende Satz und hat damit deutlich das Gebiet beschränken wollen, auf welchem allein eine Berührung der religiösen Bekenntnisse mit dem Staate eintreten kann. Diese Begränzung ist einestheils umfassender, anderentheils weniger Mißdeutungen ausgesetzt, als diejenigen Ausdrücke, deren sich der Regierungsentwurf bedient: „So weit dadurch weder ein Strafgesetz übertreten, noch die öffentliche Sicherheit verletzt oder gefährdet wird."

In dem letzten Satze des Artikels wird nicht blos der Freiheit der gemeinsamen öffentlichen Religionsübung, sondern auch derjenigen des religiösen Bekenntnisses gedacht; denn auch letzteres ist außerhalb der Kognition des Staats zu stellen. Ferner ist es für angemessen erachtet, diese wichtigen Freiheiten nicht blos zu gestatten, sondern als verfassungsmäßiges Recht jedes Preußen zu gewährleisten.

Zu Artikel 19. Hier ist die Unabhängigkeit der Religionsgesellschaften vom Staate anerkannt, sowohl in ihren inneren, religiösen Angelegenheiten, als in der Verwaltung des Vermögens Dieser in der Theorie allein richtige und schon der Associationsfreiheit entsprechende Grundsatz ist auch in der Praxis am besten geeignet, den immer sehr nachtheiligen Konflikten des Staats mit den Religionsgesellschaften zu begegnen.

Bei der Freiheit des Verkehrs der Religionsgesellschaften mit ihren Oberen kann in unserer Zeit kein Bedenken mehr obwalten.

Wie der Regierungsentwurf im §. 12 in Ansehung des gegenwärtigen Vermögens der Religionsgesellschaften eine Bestimmung aufgenommen hat, so wurde dies auch von einem Theile der Kommission für nothwendig gehalten, wobei jedoch eine besondere Erwähnung der katholischen und evangelischen Kirche unterbleiben sollte. Dieser Gegenstand wurde in einer mehrtägigen Debatte erörtert: es kam dabei auch zur Sprache, ob eine rechtliche Vermuthung dafür, daß das Kirchengut Eigenthum der Einzelgemeinde, und ob die Folge, welche dieser Grundsatz in Bezug auf konfessionelle Aenderungen haben müsse, auszusprechen sei. Durch Majorität wurde jedoch der Wegfall aller derartigen Bestimmungen beschlossen.

Man ging davon aus, daß es keiner besonderen Bestimmung bedürfe, um den Religionsgesellschaften ihr Eigenthum zu sichern, daß es von der Beurtheilung des jedesmaligen Falles abhänge, inwiefern ein Eigenthumsanspruch begründet sei, und daß spezielle Zusicherungen und Klauseln in einer solchen Sache immer etwas bedenkliches haben, da sie der Mißdeutung leicht unterliegen können.

---

[14]) Rauer, Prot. S. 123 f.; Sten. Ber. I, S. 729 ff.

Zu Artikel 20. Das Kirchenpatronat widerspricht seinem Begriffe nach so sehr der Autonomie der Religionsgesellschaften, führt in der Anwendung zu so erheblichen Uebelständen, daß das Bedürfniß der Aufhebung dieses Instituts keiner weiteren Rechtfertigung bedarf. Dem Patrone liegen jedoch in der Regel sehr erhebliche Lasten in Betreff der Kirchenbauten u. s. w. ob. Inwiefern diese mit dem Patronatsrechte in so wesentlicher Verbindung stehen, daß der Wegfall des Patronatsrechts den Patron auch von jenen Lasten befreien würde, das kann nur nach gründlicher Erörterung der ihrem Rechtsgrunde nach nicht überall gleichartigen Verhältnisse entschieden werden. Um einer solchen Entscheidung nicht vorzugreifen, hat die Kommission nur die Zusicherung der künftigen Aufhebung jenes Rechts aussprechen wollen, nicht, wie es einige verlangten, schon die wirkliche Aufhebung. Sie hat eben so wenig der Ansicht beigepflichtet, welche die künftige Aufhebung des Patronatsrechts davon abhängig machen wollte, daß die betreffende Gemeinde solches durch verfassungsmäßigen Beschluß beantrage.

Zu Artikel 21. Die Trennung der Kirche vom Staate führt mit Nothwendigkeit dahin, daß der Staat die Form der Schließung der Ehe nicht mehr den Religionsgesellschaften überlassen kann, sondern, so viel die den Staat allein interessirenden bürgerlichen Wirkungen der Ehe anlangt, lediglich von den Staatsgesetzen abhängig sein lassen muß. Die Aufnahme dieses Grundsatzes in die Verfassungsurkunde wird durch seine große Wichtigkeit gerechtfertigt.

3. Vergleichung der Entwürfe der Staatsregierung und der Verfassungskommission untereinander und mit dem Entwurfe zu den Grundrechten.

Die so motivirten Artikel des Entwurfes der Verfassungskommission enthalten, wie wir sehen, sehr bedeutende Abweichungen von dem Regierungs-Entwurfe. Mit manchen derselben folgen sie dem Entwurfe des Frankfurter Ausschusses zu den deutschen Grundrechten,[1]) welcher der Berliner Kommission bei ihrer Arbeit bereits vollendet vorlag; mit anderen und zwar gerade den wichtigsten Abweichungen dagegen sind sie auch über diesen Entwurf hinausgegangen.

Gar nicht enthalten ist in dem Entwurfe der Verfassungskommission von allen Bestimmungen des Regierungs-Entwurfes nur die eine: „die evangelische und die römisch-katholische Kirche, sowie jede andere Religionsgesellschaft, bleibt in Besitz und Genuß ihrer für Kultus, Unterrichts- und Wohlthätigkeitszwecke bestimmten Anstalten, Stiftungen und

---

[1]) Der Frankfurter Entwurf oben S. 218, der Regierungs-Entwurf S. 295.

Fonds" (§. 12). Mit der Weglassung dieses Satzes folgte die Kommission dem Vorgange des Frankfurter Ausschusses. Sie beabsichtigte zwar keine materielle Aenderung, da sie es eben nur für unnöthig hielt, den Religionsgesellschaften ihr Eigenthum durch eine besondere Bestimmung zu sichern; aber es läßt sich nicht verkennen, daß bei der Verwicklung des Staates namentlich mit der evangelischen Kirche auch in Beziehung auf die Vermögensverhältnisse diese Kirche ohne eine derartige Klausel sehr leicht der genügenden Sicherheit entbehren dürfte.

Die übrigen Bestimmungen des Regierungs-Entwurfes sind, obgleich manche von ihnen in dem Frankfurter Entwurfe fehlen, in demjenigen den Berliner Kommission ihrem wesentlichen Inhalte nach sämmtlich beibehalten, so jedoch, daß sie manche Ergänzung und Erweiterung erfahren haben.

Der Regierungs-Entwurf spricht (§. 10) die Unabhängigkeit der staatsbürgerlichen Rechte von dem religiösen Bekenntniß aus: der Entwurf der Kommission (Art. 18) hebt nicht nur in Uebereinstimmung mit dem Frankfurter (§. 13) die Geltung dieses Prinzipes auch für die bürgerlichen Rechte ausdrücklich hervor, sondern beschreibt sodann, über den Frankfurter Entwurf hinausgehend, auch das Prinzip selbst ausführlicher, indem er noch die nicht unwichtige Konsequenz desselben hinzufügt, daß die genannten Rechte auch unabhängig sind von der Theilnahme an irgend einer Religionsgesellschaft.

Während der Regierungs-Entwurf allen Staatsbürgern die Freiheit der gemeinsamen Religionsübung gestattet (§. 10), der Frankfurter Entwurf aber erklärt (§. 12), daß jeder Deutsche unbeschränkt ist in der gemeinsamen häuslichen und öffentlichen Uebung seiner Religion: wird in dem Entwurfe der Kommission (Art. 18) die Freiheit des religiösen Bekenntnisses und der gemeinsamen öffentlichen Religionsübung gewährleistet. Derselbe ist also dem Frankfurter Entwurfe darin gefolgt, daß er die Freiheit der gemeinsamen Religionsübung genauer nach ihrem Umfange bestimmt, weicht hiebei aber, freilich nicht zum Nutzen der Klarheit, darin von ihm ab, daß er nur das bedeutendere und dem früheren Rechtszustande gegenüber völlig neue[1]) Moment

[1]) Vergl. über die schon früher gestattete Freiheit der häuslichen Religionsübung oben S. 42 f.

hervorhebt, das andere, geringere und nicht durchaus neue dagegen verschweigt. Der Kommissions-Entwurf hat ferner, ohne daß der Frankfurter ihm damit vorangegangen ist, die Freiheit der Religionsübung zum Gemeingut aller im Staate Lebenden gemacht,[3]) ihr die, nicht von selbst schon nothwendig damit verbundene, aber höchst bedeutsame Freiheit des religiösen Bekenntnisses hinzugefügt, und diese Freiheiten endlich statt sie, wie die andern Entwürfe, nur zu gestatten oder zu proklamiren, vielmehr gewährleistet.

Der Regierungs-Entwurf stellt keine Norm für das Verhältniß der Glaubensbekenntnisse zu den staatlichen Ordnungen auf, wohl aber beschränkt er (§. 10) die Freiheit der gemeinsamen Religionsübung durch den vieldeutigen Satz: „soweit dadurch weder ein Strafgesetz übertreten, noch die öffentliche Sicherheit, die Ordnung oder Sittlichkeit verletzt oder gefährdet wird.“ Der Frankfurter Entwurf bestimmt, jene Lücke ergänzend und diese Kautel beschränkend, daß das religiöse Bekenntniß den bürgerlichen und staatsbürgerlichen Pflichten keinen Abbruch thun darf (§. 13), und daß Verbrechen und Vergehen, welche bei Ausübung der Freiheit gemeinsamer Religionsübung begangen werden, nach dem Gesetze zu bestrafen sind (§. 12). Der Berliner Kommissions-Entwurf hat diese Kautel gänzlich fallen lassen, und zwar nicht jene von dem Frankfurter aufgenommene, wohl aber die ihr verwandte Ergänzung hinzugefügt, daß durch die Unabhängigkeit der bürgerlichen und staatsbürgerlichen Rechte von dem religiösen Bekenntnisse und der Theilnahme an einer Religionsgesellschaft den bürgerlichen und staatsbürgerlichen Pflichten kein Abbruch geschehen darf. So enthält der Kommissions-Entwurf einerseits, ebenso wie der Frankfurter, eine größere Sicherung der staatlichen Ordnungen als der Regierungs-Entwurf: denn dieser schließt durch seine, nur die gemeinsame Religionsübung beschränkende Klausel keineswegs auch das mit ein, daß sich niemand unter Berufung auf die Zusicherung des vollen, vom religiösen Bekenntnisse unabhängigen Rechtsgenusses um des religiösen

[3]) Auf diese Verallgemeinerung, welche darin liegt, daß gar kein Subjekt genannt wird, dem die betreffenden Freiheiten gewährleistet werden, scheint, nach den Motiven zu urtheilen, die Kommission selbst kein Gewicht gelegt zu haben.

Bekenntnisses willen der Erfüllung irgendwelcher bürgerlichen oder staatsbürgerlichen Pflichten entziehen darf. Andrerseits aber öffnet der Kommissions-Entwurf den Konflikten mit der öffentlichen Ordnung wieder Thür und Thor, indem er abweichend sowohl von dem Frankfurter als von dem Regierungs-Entwurfe gerade die Freiheit, hinter welche sich am ehesten Vergehen dagegen verbergen können, nämlich die Freiheit der gemeinsamen öffentlichen Religionsübung, ganz ohne schützende Beschränkung hinstellt.

In Beziehung auf das Verhältniß der Religionsgesellschaften zu ihren Oberen, über welches der Frankfurter Entwurf gar keine Bestimmung enthält, gewährt der Kommissions-Entwurf (Art. 19) dadurch ein größeres Maß der Freiheit, als derjenige der Regierung, daß er nicht nur wie dieser (§. 11) die Bekanntmachung, sondern zugleich auch den Erlaß ihrer Anordnungen allen besonderen Beschränkungen enthebt.

Weit bedeutender aber, als durch alle diese Abweichungen unterscheiden sich die beiden Berliner Entwürfe durch diejenigen Bestimmungen von einander, welche die Verfassungskommission dem Regierungs-Entwurfe ganz neu hinzugefügt hat.

Zum ersten hat zwar auch sie, trotz der im Frankfurter Entwurfe (§. 14) hierüber getroffenen Bestimmung, es nicht für nöthig erachtet, außer dem allgemeinen Vereinigungsrechte (Art. 14) noch insbesondere des Rechtes zur Bildung von Religionsgesellschaften zu gedenken; aber sie hat der doch implicite ausgesprochenen Gewährung dieses Rechtes eine, auch im Frankfurter Entwurfe fehlende, sehr wesentliche Garantie hinzugefügt, indem sie bestimmte (Art. 15), daß die Bedingungen, unter welchen Korporationsrechte ertheilt oder verweigert werden, durch das Gesetz bestimmt werden.

Zum andern hat sie das hochbedeutsame, aber vom Frankfurter Ausschusse ebenso als von der Regierung verschwiegene, Prinzip der Selbständigkeit der Religionsgesellschaften ausgesprochen (Art. 19), demselben zugleich die daraus für die Eheschließung folgende Konsequenz hinzufügend, welche auch schon im Frankfurter Entwurfe (§. 16) eine Stelle gefunden hat.

Zum dritten hat die Verfassungskommission, ebenfalls ohne Vorgang des Frankfurter Ausschusses, mit der Bestimmung, daß das Patronat aufgehoben werden soll (Art. 20), eine in die Verfassung der Kirche tief eingreifende Festsetzung getroffen. —

Während der Entwurf der Berliner Kommission hienach einige wichtige Bestimmungen enthält, welche in dem des Frankfurter Ausschusses fehlen, finden sich andrerseits in diesem noch einige Punkte hervorgehoben, welche, wie in dem Regierungs-Entwurfe, so auch in dem der Kommission unerwähnt geblieben sind. Nämlich diese: daß jeder volle Glaubens- und Gewissensfreiheit hat (§. 11), daß es einer staatlichen Anerkennung des Bekenntnisses neugebildeter Religionsgesellschaften nicht bedarf (§. 14) und endlich, daß die kirchliche Trauung erst nach der Vollziehung des Civilaktes stattfinden kann (§. 16). Diese letzte Bestimmung liegt in dem Kommissions-Entwurfe gar nicht, auch nicht implicite, eingeschlossen; der Inhalt der anderen Bestimmungen dagegen ist durch die Gewährung der Bekenntniß- und Vereinigungsfreiheit, sowie durch die Loslösung der bürgerlichen und staatsbürgerlichen Rechte von dem religiösen Bekenntniß mittelbarer Weise in ihm bewahrt.

Der wichtigste Schritt, welchen die Verfassungskommission über die Entwürfe der Regierung und des Frankfurter Verfassungs-Ausschusses hinaus gethan hat, besteht offenbar darin, daß sie das Prinzip der Selbständigkeit der Religionsgesellschaften proklamirt hat (Art. 19). Ob sie die gewährte Freiheit und Selbständigkeit gegenüber der Staatsgewalt rücksichtlich der evangelischen Kirche zugleich als Freiheit und Selbständigkeit gegenüber dem bisherigen landesherrlichen Kirchenregimente und mithin als dessen Wegfall bedingend gedacht hat: darüber hat die Kommission zwar weder in den Motiven noch in den Sitzungsprotokollen eine Erklärung niedergelegt, aber es scheint mir trotzdem nicht zweifelhaft zu sein.

Fast ganz allgemein wurde damals, wie wir gesehen, das landesherrliche Kirchenregiment als Kirchenregiment der Staatsgewalt aufgefaßt und sein Fortbestand für unvereinbar mit der neuen Staatsordnung gehalten: die Theorie, daß das Kirchenregiment nicht ein Theil der Staatsgewalt gewesen, sondern dem Könige persönlich eigne und trotz der stattgehabten Staatsumwälzung ihm auch fernerhin verbleiben könne, hatte nur sehr wenige, völlig vereinzelt dastehende Vertreter. Bei dieser Sachlage aber ist gewiß die Annahme geboten, daß die Verfassungskommission bei der Aufsetzung ihres Entwurfes eben auch jener herrschenden und durch die preußische Geschichte wohlbegründeten Ansicht folgte, und daß sie also, die Religionsgesellschaften der Staatsgewalt gegenüber für frei und selbständig erklärend, eben damit auch die evangelische Kirche dem Staatsoberhaupte gegenüber für frei und selbständig erklären wollte. Wäre die Verfassungskommission im Gegensatz zu der öffentlichen Meinung der Ansicht gewesen, daß das bis dahin bestandene Verhältniß des bisherigen Inhabers der Staatsgewalt zur evangelischen Kirche trotz deren jetzt ausgesprochener Selbständigkeit gegenüber der Staatsgewalt fortbestehen solle: so hätte sie jedenfalls den dringendsten Anlaß gehabt, dieses besonders kundzugeben, wenn sie den betreffenden Artikel ihres Entwurfes nicht dem unausbleiblichen Mißverständniß aussetzen wollte. Gerade das völlige Schweigen der Kommission über den Fortbestand des landesherrlichen Kirchenregiments bildet das beredteste Zeugniß dafür, daß sie an denselben schlechthin nicht gedacht hat.[5])

---

[5]) Bedürfte diese Auffassung noch einer weiteren Bestätigung, so möchte folgender Umstand nicht ohne einiges Gewicht sein. Im Auftrage der am 14. Juni in Neustadt-Eberswalde versammelten Pastoralkonferenz hatte Heinrich Krause, in Gemeinschaft mit einigen anderen, Grundsätze über die Stellung der Kirche im Staate aufgezeichnet, um dieselben den Mitgliedern der Nationalversammlung zu unterbreiten. Einer von diesen Grundsätzen lautete: „Weder dem Staate noch insbesondere dem Staatsoberhaupte steht als solchem irgend welche Gesetzgebung und Verwaltung in den kirchlichen Angelegenheiten zu", und Krause wollte mit diesen Worten gerade das landesherrliche Regiment der evangelischen Kirche beseitigen. Während nun die betreffenden Punkte in der Verfassungskommission berathen wurden, gab ein Mitglied der letzteren, der Geh. Revisionsrath Jonas, Krause und seinen Freunden die Versicherung, daß ihre Hauptgrundsätze auch dort ohne Zweifel sich Geltung verschaffen würden. Und in Folge dieser Versicherung nahmen Krause und seine Freunde „um nicht gerade was überflüssiges zu thun" von der beabsichtigten Mittheilung an die Nationalversammlung Abstand. Ztschr. f. d. unirte ev. K. 1848, N. 3, S. 33 ff. Vergl. N. 17, S. 293 f.

4. Der Bericht der Centralabtheilung.

Der von der Kommission ausgearbeitete „Entwurf der Verfassungsurkunde für den preußischen Staat" wurde unterm 26. Juli der Nationalversammlung übergeben und demnächst von deren einzelnen Abtheilungen und schließlich von der betreffenden Centralabtheilung[1]) durchberathen. Die Resultate dieser Berathungen finden wir in dem vom 31. Oktober 1848 datirten „**Bericht der Centralabtheilung über die Artikel 18 bis 25 des II. Titels der Verfassungsurkunde**" zusammengestellt.[2]) Derselbe lautet folgendermaßen:

„Die der unterzeichneten Centralabtheilung aus dem Titel II. des von der Verfassungskommission vorgelegten Verfassungsentwurfs überwiesenen Artikel 18 bis 25 beziehen sich auf das Verhältniß des Staates zur Kirche und zur Schule, und es sind daher zwei besondere, wenn gleich nahe verwandte Gegenstände, welche getrennt besprochen werden müssen.

I. Abschnitt. Kirche.

„Bisher hatten es sich die Regierungen Deutschlands zur Aufgabe gestellt, ein sogenanntes christliches Regiment zu führen, wobei sie nicht selten in das Gebiet der Religion auf das tiefste eingriffen und durch ihre polizeiliche Vormundschaft sowohl die Angehörigen der verschiedenen Konfessionen als Jene, die ihren eigenen Weg wandeln

---

[1]) Die Nationalversammlung zerfiel in acht Abtheilungen, deren jede einen oder auf Beschluß des Plenums auch mehrere Berichterstatter über den gerade zur Berathung stehenden Gegenstand zu ernennen hatte. Diese Berichterstatter bildeten sodann unter dem Vorsitze des Präsidenten oder eines von ihm beauftragten Vicepräsidenten eine Centralabtheilung, welche den Gegenstand noch einmal zu berathen und sodann eines ihrer Mitglieder mit der schriftlichen Berichterstattung zu betrauen hatte. **Die Mitglieder der oben genannten Centralabtheilung** waren: Oberbürgermeister **Phillips**, Oberlehrer **Kämpf**, Kreisphysikus **Behnsch**, Oberprokurator **Zweiffel**, kath. Pfarrer **Hansen**, Appellationsgerichtsrath **Schlink**, kath. Pfarrer **Elkemann** und Buchdruckereibesitzer **Berends**. Berichterstatter war **Schlink** (links). Von diesen 8 Männern waren **Phillips**, **Behnsch** und **Berends** Mitglieder der Verfassungskommission gewesen.

[2]) Drucksachen der Nationalversammlung N. 468. Nach einer Mittheilung von **Richter**, in **Dove's** Ztschr. f. Kirchenrecht, I, 1861, S. 102, hatte die Centralabtheilung außer dem Entwurfe der Regierung vom 20. Mai und dem der Verfassungskommission noch einen neuen, vom Kultusminister nach der Abfassung des letzteren ausgegangenen Entwurf der in die Verfassung aufzunehmenden Bestimmungen über Kultus und Unterricht zu berücksichtigen. Diesem Entwurfe waren nach derselben Mittheilung auch Motive beigegeben.

wollten, fortwährend verletzten. Konflikte aller Art mit den verschiedenen Religionsgesellschaften waren ununterbrochen an der Tagesordnung, und von oben herab wurden häufige Versuche gemacht, auf dem Verwaltungswege festzustellen, was Christenthum sei. Wer nach diesem Maßstabe außerhalb der Linie fiel, mußte sich auf Beunruhigungen, Zurücksetzungen und Verfolgungen gefaßt machen. Beinahe allerwärts nahm der Staat, im Widerspruche seiner durch Gesetze zugesicherten Verheißungen, einen eng konfessionellen Charakter an und leitete von diesem einseitigen Standpunkte aus die religiösen Angelegenheiten. Um in den Staatsdienst einzutreten oder darin befördert zu werden, mußte man servil in die Ansichten der Regierungen eingehen und deren Geist weiter zu verbreiten und zu befestigen sich bestreben. Je lebhafter und inniger das deutsche Volk während der letzten Jahrzehnte, in Ermangelung der ihm verkümmerten politischen Freiheit, seine Neigungen den religiösen Fragen zugewandt hatte, desto tiefer wurden die staatlichen Eingriffe in das lediglich der Selbstbestimmung des Menschen überlassene Gebiet empfunden, und aus allen deutschen Gauen erscholl beim Ausbruche der Märzrevolution der laute Zuruf, daß dieser Zustand verändert und allgemeine religiöse Freiheit verkündigt werden müsse.

Der von der Krone der Nationalversammlung vorgelegte Verfassungsentwurf vom 20. Mai 1848 vermochte dem Eindrucke der so entschieden und so allseitig kundgegebenen öffentlichen Meinung nicht zu widerstehen, und was er in den §§. 10—12 rücksichtlich des Verhältnisses des Staates zu dem religiösen Bekenntnisse und den vorhandenen Religionsgesellschaften vorgeschlagen hatte, enthielt im Vergleiche zu der Vergangenheit einen großartigen Fortschritt, obwohl der Vorschlag manchen zu unbestimmt, zu eng oder zu weitgehend erschien. Die an diesem Entwurfe in dem eben berührten Punkte von der Verfassungskommission beschlossenen Veränderungen und Zusätze stießen bei einem nicht unbedeutenden Theile der Nation auf entschiedenen Widerspruch und hatten Tausende von Protesten zur Folge. Als demnächst der Entwurf der Verfassungskommission in die acht Abtheilungen gelangte, entfernten sich dieselben in wesentlichen Punkten von der Anschauungsweise der Verfassungskommission, blieben hinwiederum aber auch unter sich selbst sehr uneinig. Mittlerweile waren auch Kirche und Schule bei der Deutschen Nationalversammlung zu Frankfurt an die Tagesordnung gelangt, und was dort von vielen bedeutenden Männern so gründlich entwickelt, was demnächst, wenn gleich vorläufig nur provisorisch, beschlossen worden war, konnte nicht ermangeln, auf die unterzeichnete Centralabtheilung tief einzuwirken. Dermalen legt sie das Ergebniß ihrer Berathungen, welche ebenmäßig nicht allerwärts eine gänzliche Uebereinstimmung herbeigeführt haben, der hohen Nationalversammlung zur endlichen Beschlußnahme vor, indem sie in formeller Beziehung noch bemerkt, daß sie einen jeden von der Verfassungskommission vorgeschlagenen Artikel an die Spitze setzen und die dagegen vorgebrachten Bemerkungen der Reihenfolge nach besprechen wird.

Artikel 18.

„„Der Genuß der bürgerlichen und staatsbürgerlichen Rechte ist unabhängig von dem religiösen Bekenntnisse und der Theilnahme an irgend einer Religionsgesellschaft. Den bürgerlichen und staatsbürgerlichen Pflichten darf dadurch kein Abbruch geschehen. — Die Freiheit des religiösen Bekenntnisses und der gemeinsamen öffentlichen Religionsübung wird gewährleistet.“ “

I. Die zweite Abtheilung verlangt, daß der Artikel im Eingange ausdrücke, daß Staat und Kirche getrennt seien; die dritte Abtheilung hat dagegen einen gleichen bei ihr angebrachten Antrag abgelehnt, und von den sechs anderen Abtheilungen ist diese Frage nicht entschieden worden.

Die Centralabtheilung vermochte nicht, sich dem Vorschlage der zweiten Abtheilung anzuschließen, vielmehr stimmt sie der Verfassungskommission darin vollkommen bei, daß das Wort Kirche im Gegensatze des Staates aus allen Artikeln der Verfassungsurkunde entfernt zu halten und nur Religionsgesellschaften anzuerkennen seien. Auf diese Weise kann der Begriff eines Staates im Staate nicht aufkommen, folglich auch von einer auszusprechenden Trennung keine Rede sein. Jedenfalls enthält der Satz, daß Staat und Kirche getrennt seien, zu viel und kann zu mannigfachen Mißdeutungen Veranlassung geben, so daß man also ihn vermeiden muß.

II. Die erste und sechste Abtheilung haben erinnert, daß die 3 Sätze des Artikels 18 der Art umgestellt werden müßten, daß der letzte Satz an die Spitze komme.

So wie die drei Sätze gestellt sind, bezieht sich die im zweiten Satze enthaltene Beschränkung blos auf den ersten Satz, während doch auch der dritte Satz an dieselbe Bedingung geknüpft werden muß. Aus diesem Grunde sowohl, als weil der dritte Satz ein allgemeines Prinzip enthält, beschloß die Centralabtheilung einstimmig, im Einverständnisse mit dem Vertreter des Ministeriums der geistlichen Angelegenheiten, den dritten Satz an die Spitze zu setzen.

Der Vorschlag desselben Ministerverwesers, im letzten Satze des Entwurfs hinter die Worte „des religiösen Bekenntnisses“ noch einzuschalten, „der Vereinigung zu Religionsgesellschaften (Art. 14 und 15)“ wurde mit fünf Stimmen gegen drei als überflüssig abgelehnt, weil sich das Beantragte aus den Artikeln 14 und 15 deutlich ergebe. Die Minorität glaubte dagegen, daß es immer räthlich sei, Zugeständnisse für die Freiheit in jedem einzelnen Falle wieder hervorzuheben.

III. Seitens mehrerer Abtheilungen war die Centralabtheilung darauf aufmerksam gemacht worden, daß der zweite Satz des Artikels 18 möglicherweise die Mennoniten, welche bisher vom Kriegsdienste verschont geblieben seien, gefährden könne. Weil aber von diesen Abtheilungen kein förmlicher Antrag gestellt worden war, so mußte berathen werden, ob ein Zusatz aufzunehmen sei, und die Centralabtheilung sprach sich einstimmig dagegen aus. Es wäre gefährlich, die bürgerlichen und staatsbürgerlichen Pflichten von der Beschaffenheit eines religiösen Bekenntnisses abhängig zu machen, weil dies mißbraucht werden könnte, um sich den Obliegenheiten gegen den Staat zu entziehen. Die den Mennoniten bisher vorenthaltene und dermalen zugestandene Gleichstellung mit den übrigen (christlichen) Staatsbürgern läßt erwarten, daß sie, wie schon vielfach geschehen, auch ihre Pflichten gleichförmig erfüllen werden, und wo dies vorläufig noch auf Schwierigkeiten stoßen möchte, wird die Staatsregierung aus Rücksicht der früher ertheilten Zusicherungen mit Schonung und Milde verfahren.

IV. Die zweite, vierte und sechste Abtheilung verlangen eine Bestimmung, daß der Staat allen Religionsgesellschaften gleichen Schutz gewähre; die erste und siebente Abtheilung haben dagegen den vor ihnen in gleichem Sinne gestellten Antrag abgelehnt, und dieser letztern Ansicht ist die Centralabtheilung mit überwiegender Majorität beigetreten. Es mögen die Religionsgesellschaften Korporationsrechte besitzen oder nur einfache Vereine bilden, so sind sie doch immer Institute, die ihre Existenz auf das Gesetz gründen, und daher hat der Staat die Verpflichtung, sie zu beschützen, ohne daß dies förmlich ausgedrückt zu werden braucht. Unnöthig ist es auch zu bestimmen, daß allen Religionsgesellschaften ein gleicher Schutz gewährt werde, indem der Staat sich verfassungsmäßig zu keiner Konfession bekennen, mithin unter den verschiedenen Religionen auch keinen Unterschied machen darf. Die Zusicherung des Schutzes hatte nur in den früheren Zuständen eine Bedeutung, indem danach der Staat als Schirmherr der Religionen auftrat; heute fällt dieser Begriff hinweg.

V. Nach der Meinung der vierten und achten Abtheilung ist zu bestimmen, daß niemand gezwungen werden könne, auf irgend eine Weise an den Feierlichkeiten oder Ceremonien einer Kirche Antheil zu nehmen, oder deren Festtage zu beobachten; in der ersten und zweiten Abtheilung wurde dagegen die Aufnahme einer solchen Bestimmung abgelehnt, und dieser letztern Ansicht ist die Centralabtheilung mit sieben Stimmen gegen eine beigetreten. Der erste Satz des Artikels 18 macht den Genuß der bürgerlichen und staatsbürgerlichen Rechte unabhängig von dem religiösen Bekenntnisse und der Theilnahme an irgend einer Religionsgesellschaft, und dies reicht vollkommen aus, um jedermann zu berechtigen an den Feierlichkeiten und Ceremonien einer Religionsgesellschaft keinen Antheil zu nehmen. Was die kirchlichen Festtage anbelangt, so ist aus demselben Grunde niemand zu deren Beobachtung verpflichtet.

VI. Die erste Abtheilung will die religiösen Eide durch ein besonderes Gesetz aufgehoben wissen und es jeder Religionsgesellschaft anheim geben, ihre Eidesformel zu entwerfen. Dieser Antrag hat bei der Centralabtheilung keinen Anklang gefunden, und selbst das von einem Mitgliede derselben gestellte Amendement, daß für den bürgerlichen Eid eine allgemeine, an kein Religionsbekenntniß gebundene Form festgestellt werde, hatte alle übrigen sieben Stimmen gegen sich. Man ging nämlich von der Betrachtung aus, daß beide Anträge vorläufig an der gebräuchlichen Eidesformel nichts veränderten, und es daher zweckmäßiger sei, den Gegenstand der künftigen Gesetzgebung zu überlassen.

VII. Die zweite und achte Abtheilung vermissen in dem letzten Satze des Entwurfes, hinter dem Worte „öffentlichen" die Worte „und häuslichen", und sie verlangen deren Einschaltung. Die vierte Abtheilung ist auf einen gleichen Antrag nicht eingegangen, weil sich der Zusatz von selbst verstehe, und dies war auch die einstimmige Meinung der Centralabtheilung. Ist die öffentliche Religionsübung freigegeben, so ist die häusliche, als das mindere, darin einbegriffen. Auch der Artikel 14 hebt das angeregte Bedenken.

VIII. Gegen die Aufnahme der Jesuiten haben sich die zweite und fünfte Abtheilung, und letztere noch überdies gegen die Gründung von Klöstern erklärt. Die erste und sechste Abtheilung haben den Antrag auf ein derartiges Verbot zurückgewiesen, und ihnen ist die Centralabtheilung einstimmig beigetreten. Durch den Artikel 14 werden alle Preußen berechtigt, sich ohne vorgängige Erlaubniß zu solchen Zwecken, welche den Staatszwecken nicht zuwiderlaufen, in Gesellschaften zu vereinigen; schließt man nun von diesem Rechte die geistlichen Gesellschaften aus, so verletzt man den Artikel 4, wonach alle Preußen vor dem Gesetze gleich sind. Die Vereinigung in Gesellschaften ist aber verschieden von der Gewährung des Korporationsrechtes, und was das letztere anbelangt, so ist hier nicht der geeignete Ort zur Entscheidung, vielmehr muß der Antrag beim Artikel 15, bezüglich bei dem dort in Aussicht gestellten Gesetze, vorgebracht werden.

IX. Nach dem Vorschlage der zweiten und sechsten Abtheilung soll neuen Religionsgesellschaften das Korporationsrecht um des Inhalts ihres Bekenntnisses willen, sofern dasselbe nicht den Strafgesetzen zuwiderläuft, nicht verweigert werden dürfen. Die erste Abtheilung ist in diesem Punkte entgegengesetzter Meinung gewesen, und die Centralabtheilung hat sich ebenfalls einstimmig gegen eine derartige Bestimmung erklärt. Sie ging dabei von der Ansicht aus, daß Religionsgesellschaften mit allen anderen Gesellschaften durch die Verfassung auf eine Linie gestellt worden seien, und daß, so wenig letztere in allen Fällen das Korporationsrecht beanspruchen könnten, so wenig auch ersteren eine solche Befugniß einzuräumen sei. Das Korporationsrecht kann seiner Natur nach nur im Interesse des allgemeinen Wohls oder wenigstens einer bedeutenden Anzahl von Staatsbürgern verliehen werden; eine Religionsgesellschaft ist aber auch dann schon vorhanden, wenn dieselbe zwei Mitglieder zählt.

X. Das zweite Wort „dem“ in der zweiten Zeile des Entwurfes möchte die zweite Abtheilung in „einem“ umgewandelt wissen, weil sie befürchtet, daß der Ausdruck „von dem religiösen Bekenntnisse“ die Auslegung erhalten könne, daß man sich zu irgend einer Religion bekennen müsse. Mit sieben Stimmen gegen eine hat die Centralabtheilung diese Befürchtung nicht getheilt, und sie hielt die gewählte Fassung für unzweifelhaft.

Der Artikel würde nach obiger Kritik zu fassen sein:

„Die Freiheit des religiösen Bekenntnisses und der gemeinsamen öffentlichen Religionsübung wird gewährleistet. Der Genuß der bürgerlichen und staatsbürgerlichen Rechte ist unabhängig von dem religiösen Bekenntnisse und der Theilnahme an irgend einer Religionsgesellschaft. Den bürgerlichen und staatsbürgerlichen Pflichten darf dadurch kein Abbruch geschehen.“

Artikel 19.

„ „Jede Religionsgesellschaft ist in Betreff ihrer innern Angelegenheiten und der Verwaltung ihres Vermögens der Staatsgewalt gegenüber frei und selbständig.

Der Verkehr der Religionsgesellschaften mit ihren Oberen ist unbehindert. Der

Erlaß und die Bekanntmachung ihrer Anordnungen ist nur denjenigen Beschränkungen unterworfen, welchen alle übrigen Veröffentlichungen unterliegen." "

I. Der erste Theil dieses Artikels, welcher die Religionsgesellschaften nur in Betreff ihrer inneren Angelegenheiten und der Verwaltung ihres Vermögens freigiebt, hat in allen Abtheilungen lebhafte Debatten hervorgerufen; jedoch haben sich blos die dritte und achte Abtheilung für die Streichung des Wortes „inneren" entschieden, indem die übrigen mit stärkerer oder schwächerer Majorität dem Entwurfe beigetreten sind.

Die Centralabtheilung hat sich aus folgenden Gründen einstimmig gegen die Beibehaltung des beanstandeten Wortes erklärt: 1) Nachdem durch den Artikel 18 der Genuß der bürgerlichen und staatsbürgerlichen Rechte von dem religiösen Bekenntnisse sowohl, als der Theilnahme an irgend einer Religionsgesellschaft unabhängig erklärt worden ist, würde es widersprechend sein, wenn sich der Staat noch ferner in die äußern Angelegenheiten der Religionsgesellschaften mischen wollte. 2) Aus dem im Artikel 14 zugestandenen unbedingten Associationsrechte folgt von selbst, daß die sämmtlichen Vereine, also auch die religiösen, von jeglicher Bevormundung des Staates befreit sind. 3) Von jeher war Streit darüber, was zu den inneren und was zu den äußeren Angelegenheiten der Kirche zu rechnen sei, und die durch die Verfassung für die Religionsgesellschaften verkündigte Freiheit könnte daher in nächster Zeit wieder in Gebundenheit umschlagen, wenn die Staatsregierung die ihr eingeräumte Kontrolle über die äußeren Angelegenheiten auch auf die inneren zu erstrecken den Versuch machen sollte.

Durch den Wegfall des Wortes „inneren" wurden nach der einstimmigen Meinung der Centralabtheilung auch die ferneren Worte: „und der Verwaltung ihres Vermögens" überflüssig, da die Vermögensverwaltung einen Theil der Angelegenheiten bildet, folglich nicht besonders berührt zu werden braucht. Demnächst kam folgende neue Fassung in Vorschlag:

„Jede Religionsgesellschaft ordnet und verwaltet ihre Angelegenheiten selbständig, bleibt aber, wie jede andere Gesellschaft im Staate, den Staatsgesetzen unterworfen."

Das erste Glied dieses Satzes fand eine allseitige Billigung, das zweite hingegen wurde mit sieben Stimmen gegen eine gestrichen, weil sich dasselbe von selbst verstehe und aus anderen Bestimmungen der Verfassungsurkunde unzweifelhaft hervorgehe.

II. Der §. 12 des von der Staatsregierung vorgelegten Verfassungsentwurfes lautete also:

„Die evangelische und die römisch-katholische Kirche, sowie jede andere Religionsgesellschaft bleibt im Besitz und Genuß ihrer für Kultus-, Unterrichts- und Wohlthätigkeitszwecke bestimmten Anstalten, Stiftungen und Fonds."

Aus den Motiven der Verfassungskommission erfährt man, daß sie diesen Gegenstand in mehrtägigen Debatten besprochen hat, daß ein Theil der Kommission die Aufnahme einer derartigen Bestimmung für nothwendig erachtet hatte, daß dabei aber auch zur Sprache gebracht worden war, ob eine rechtliche Vermuthung dafür, daß das Kirchengut Eigenthum der Einzelgemeinde, und ob die Folge, welche dieser Grundsatz in Bezug auf konfessionelle Aenderungen haben müsse, auszusprechen sei? daß zuletzt aber man sich durch Majorität für den Wegfall aller derartigen Bestimmungen entschieden habe, weil es derselben nicht bedürfe, um den Religionsgesellschaften ihr Eigenthum zu schützen, und weil es von der Beurtheilung des jedesmaligen Falles abhange, inwiefern ein Eigenthumsanspruch begründet sei, wogegen spezielle Zusicherungen und Klauseln in einer solchen Sache immer etwas bedenkliches hätten und der Mißdeutung leicht unterliegen könnten.

Kaum eine andere Bestimmung des Verfassungsentwurfes hat so großes Aufsehen erregt, als die von der Verfassungskommission vorgeschlagene Neuerung, und tausende von Protesten sind an die Nationalversammlung eingegangen. Auf vielen Punkten des Landes wurde das Streichen des Vorschlags der Staatsregierung so aufgefaßt, als sollte dadurch die Konfiskation sämmtlichen Kirchenvermögens angebahnt und den Konfessionen alles entzogen werden, was sie bisher unter irgend einem Titel, selbst dem bündigsten, vom Staate bezogen hätten. Die früheren Säkularisationen, das Beispiel der französischen Revolution, welche sich alles Kirchenvermögens bemeistert hatte, wurden hervorgehoben, und viele Stimmen gaben ihre Besorgnisse kund.

Von den acht Abtheilungen hatte die vierte die Wiederherstellung des Textes des ersten Entwurfs, jedoch mit veränderter Fassung verlangt; dagegen sind die zweite, fünfte und achte Abtheilung der Verfassungskommission beigetreten.

Die erste Abtheilung will gesagt wissen: „die den Religionsgesellschaften bisher vom Staate oder anderen Korporationen gewährten oder auf Rechtstiteln beruhenden Leistungen bleiben fortbestehen."

Die dritte Abtheilung schlägt folgenden Zusatz vor: „Die Verpflichtungen des Staats an einzelne kirchliche Gesellschaften werden, so weit solche privatrechtlicher Natur sind, nach dem jetzigen Stande Rechtens gewährleistet."

Die sechste Abtheilung hat die Fassung beliebt: „Zu dem Vermögen der gegenwärtig bestehenden Religionsgesellschaften (Kirchengemeinden) gehören die Anstalten, Stiftungen und Fonds, in deren Besitz und Genuß dieselben sich bisher befunden haben. — Neue Stiftungen und Fonds dürfen nicht zu kirchlichen Zwecken aus Staatsmitteln gewährt werden."

Der Vorschlag der siebenten Abtheilung lautet also: „Die bestehenden Verpflichtungen des Staats gegen die vorhandenen Religionsgesellschaften werden durch vorstehende Bestimmungen nicht verändert."

Die Centralabtheilung hat diese wichtige Frage ebenfalls einer gründlichen Berathung unterworfen, ohne daß es ihr jedoch gelungen ist, zu einer einhelligen Entscheidung zu gelangen. Bei der Abstimmung über die Vorfrage: ob überhaupt eine zusätzliche Bestimmung aufzunehmen sei? erklärten sich fünf Stimmen dafür und drei dagegen. Die Minorität machte die von der Verfassungskommission aufgestellten Gründe zu den ihrigen, und hob ferner hervor, daß wenn der Artikel 19 hinsichtlich des den Religionsgesellschaften rechtlich zustehenden Vermögens keine Bestimmung enthalte, dies um so weniger die Auslegung erhalten könne, daß der Staat befugt sei, solches an sich zu ziehen, als der Artikel 33 das Eigenthum überhaupt gewährleiste und eine Entziehung desselben nur aus Gründen des öffentlichen Wohles gegen Entschädigung gestatte, daß, was dagegen die den verschiedenen Religionsgesellschaften vom Staate bisher gewährten Leistungen anbelange, dieselben wenigstens zum großen Theile nicht auf Rechtstiteln beruhten, vielmehr nur prekarisch und bis zum Widerrufe um deswillen zugestanden worden seien, weil der Staat von der Religion die Förderung seiner Zwecke erwartet habe, daß, da nun aber jetzt die zwischen dem Staat und den Religionsgesellschaften bestandene Verbindung gänzlich gelöst werde, auch jede Verpflichtung des Staates zur Fortdauer seiner Leistungen hinwegfalle, daß jedenfalls vor genauer Ermittelung des Sachverhältnisses in den einzelnen Fällen eine allgemeine Rechtsverbindlichkeit des Staates nicht anerkannt, und demselben für immer eine im Betrage so bedeutende Last nicht aufgebürdet werden dürfe, und zwar um so weniger, als dadurch der künftigen Volksvertretung das ihr verfassungsmäßig zustehende Recht, alljährlich die Staatsausgaben festzustellen, gänzlich entzogen werde. Von der Majorität wurde dagegen geltend gemacht, daß nach der Reformation die evangelisch gewordenen Fürsten das Vermögen der aufgehobenen Abteien, Klöster und Stifter an sich gezogen, und als oberste Bischöfe die vielen ihrer Mittel zur Deckung der Kultuskosten beraubten Gemeinden durch Zuschüsse und Leistungen bisher unterstützt hätten, ohne daß dafür ein Rechtstitel bestehe, indem man denselben bei der innigen Verbindung für unnöthig gehalten habe; daß darum aber ein Ersatz bei der dermaligen Absonderung beider Anstalten nicht versagt werden könne, indem die Observanz und Verjährung die Stelle des Titels vertrete, und der Staat das Kirchenvermögen unter der ausdrücklichen oder wenigstens stillschweigenden Zusage an sich gezogen habe, den verarmten Kirchengemeinden Zuschüsse zu gewähren; daß, was aber die katholische Kirche anbelange, die Verpflichtungen des Staates auf Staatsverträgen, insbesondere auf der bulla de salute animarum, und rücksichtlich des linken Rheinufers noch speziell auf dem französischen Konkordate vom Jahre 1801, in dessen Verpflichtungen Preußen eingetreten sei, beruhten. Ferner wurde bemerkt, daß, wenn man es nach dem Vorschlage der Verfassungskommission einer jeden einzelnen Gemeinde überlassen wolle, ihre Ansprüche im Wege Rechtens näher zu begründen, zahllose Prozesse erwachsen und Aufregungen hervorgerufen werden würden, deren Folgen sich gar nicht übersehen ließen, und die jedenfalls dem Staate nur Unheil bringen könnten, weil nach alter Erfahrung religiöse Zerwürfnisse zwischen der Regierung und dem Volke die gefährlichsten seien und gewöhnlich zum Nachtheil der ersteren endigten; daß eine genaue Absonderung dessen, was im Wege Rechtens bisher geleistet worden sei, und was lediglich der fürstlichen Gnade seinen Ursprung verdanke, bei der großen Anzahl der Fälle und der Dunkelheit der thatsächlichen Verhältnisse platterdings nicht durchzuführen sei, man daher mit einem Zuge dem unübersehbaren Streite ein Ende machen und von der Voraussetzung ausgehen müsse, daß der gegenwärtige Besitzstand maßgebend sei und daß alle bisherigen Zuschüsse und Leistungen des Staates, welche einen ständigen Charakter haben, so angesehen würden, als wenn sie auf einem Rechtstitel beruhten.

Nach Entscheidung dieser Vorfrage kamen folgende Vorschläge zur Sprache:

1. „Jede Religionsgesellschaft bleibt im Besitz und Genuß der für ihre Kul-

tus-, Unterrichts- und Wohlthätigkeitszwecke bestimmten Anstalten, Stiftungen und Fonds."

2. „Das Kirchenvermögen, insoweit es nicht einem größeren kirchlichen Verbande im Staate angehört, ist Eigenthum der einzelnen Kirchengemeinde. Die Bedingungen, unter welchen bei konfessionellen Trennungen der Gemeinden eine Theilung des gemeinsamen Kirchenvermögens eintritt, regelt ein gleichzeitig mit gegenwärtiger Verfassungsurkunde zu erlassendes Gesetz."

3. „Jede Religionsgesellschaft bleibt im Besitz und Genuß ihres Vermögens."

4. „Jede Religionsgesellschaft bleibt im Besitz und Genuß ihres auf Rechtstiteln beruhenden Vermögens. Inwieweit die nicht auf Rechtstiteln beruhenden Leistungen des Staats, der politischen Gemeinden und der Privatpersonen den Religionsgesellschaften verbleiben, bestimmt ein gleichzeitig mit der Verfassungsurkunde zu erlassendes Gesetz."

Nachdem das zweite Amendement zurückgezogen worden war, wurde über das dritte zuerst abgestimmt und dasselbe mit fünf gegen drei Stimmen abgelehnt. Demnächst sprach sich dieselbe Stimmenzahl für und gegen das erste Amendement aus, so daß dasselbe also angenommen, eine bessere Fassung jedoch vorbehalten wurde.

Mit der Majorität von fünf Stimmen gegen drei wurde auch der zum ersten Amendement vorgeschlagene Zusatz: „insofern letztere auf Rechtstiteln beruhen" verworfen.

Die Minorität machte dem angenommenen Amendement, neben den oben bereits im allgemeinen hervorgehobenen Gründen, noch den besonderen Vorwurf, daß dasselbe weiter gehe als die Regierungsvorlage, indem diese die Religionsgesellschaften nur im Besitz und Genuß ihrer für Kultus-, Unterrichts- und Wohlthätigkeitszwecke bestimmten Anstalten, Stiftungen und Fonds geschützt habe, während nach der dermaligen Fassung dieser Schutz auf den Besitz und Genuß der für ihre Zwecke bestimmten Anstalten, Stiftungen und Fonds erweitert werde. Das Wort „ihrer" habe ein Eigenthumsrecht vorausgesetzt und daher einen beschränkten Sinn gehabt; die dermaligen Worte „der für ihre" könnten hingegen zu der Schlußfolge führen, daß ohne Nachweise des Eigenthums der Staat zur Fortentrichtung einer jeden von ihm bisher bewilligten Leistung verpflichtet sei. Die Majorität berief sich auf ihre früher entwickelten Gründe.

Was nun die Aufnahme einer Bestimmung für den Fall der Trennung einer Religionsgesellschaft anbelangt, so hatten die sechste und achte Abtheilung begutachtet, daß ausgedrückt werden möge, daß ein besonderes Gesetz diese Frage entscheiden würde; wogegen ein gleichlautender Antrag von der siebenten Abtheilung verworfen worden war. Die Majorität der Centralabtheilung glaubte auf den Gegenstand nicht eingehen zu dürfen, weil der Vorschlag der Minorität keine Grundsätze über die Trennung aufstelle, sondern nur ein künftiges Gesetz ankündige, ein solches aber, ohne sich dazu zu verpflichten, zu jeder Zeit in Antrag gebracht werden könne und bis zu dessen Erlassung die bestehenden Gesetze maßgebend sein müßten.

III. Die siebente und achte Abtheilung wollen gesagt wissen, daß jede Religionsgesellschaft für ihre Bedürfnisse selbst sorgen müsse und niemand zu Abgaben persönlicher Art an Religionsgesellschaften, denen er nicht angehöre, oder deren Diener, verpflichtet sei. Die Centralabtheilung ist aber mit der zweiten Abtheilung des Dafürhaltens, daß dies nicht nöthig sei, weil sich die Sache von selbst verstehe.

IV. Die von der vierten und sechsten Abtheilung beantragte Aufnahme einer Bestimmung über Beschränkungen der Vermögensanhäufung in todter Hand, wurde von der Centralabtheilung abgelehnt, weil die bestehenden gesetzlichen Beschränkungen durch die Verfassungsurkunde nicht berührt werden, und zur todten Hand nicht nur die Religionsgesellschaften, sondern auch die Schulen, Hospitäler und manche andere Anstalten gehören, mithin der Gegenstand nicht hier, sondern beim Artikel 15, bezüglich bei dem dort angekündigten Gesetze, angeregt werden müsse.

V. Dem Verlangen der sechsten Abtheilung, daß das ganze zweite Alinea des Artikels 19 gestrichen werden möge, ist die Centralabtheilung einstimmig nicht beigetreten, indem darin den Religionsgesellschaften positive Rechte eingeräumt und frühere Beschränkungen aufgehoben werden, und es sehr zweifelhaft ist, ob, wie die sechste Abtheilung meint, diese Gerechtsame sich von selbst verstehen. Dagegen glaubte die Centralabtheilung, daß in diesem zweiten Alinea die Worte „der Erlaß und" hinwegfallen könnten, weil der fernere Text alles sage, was ausgedrückt werden sollte.

VI. Ein Mitglied der Centralabtheilung hatte folgenden Zusatz beantragt:

„In welchen Fällen kirchliche Korporationen erlöschen, und was alsdann mit dem Korporationsvermögen geschehen soll, wird ein besonderes Gesetz bestimmen."

Mit sechs Stimmen gegen zwei wurde der Antrag abgelehnt, weil derselbe zum Artikel 15 gehöre.

Nach der neuen Fassung der Centralabtheilung lautet nunmehr der Artikel also:

„Jede Religionsgesellschaft ordnet und verwaltet ihre Angelegenheiten selbständig, und bleibt im Besitz und Genuß der für ihre Kultus-, Unterrichts- und Wohlthätigkeitszwecke bestimmten Anstalten, Stiftungen und Fonds.

Der Verkehr der Religionsgesellschaften mit ihren Oberen ist unbehindert. Die Bekanntmachung ihrer Anordnungen ist nur denjenigen Beschränkungen unterworfen, welchen alle übrigen Veröffentlichungen unterliegen."

Artikel 20 des Entwurfs.

„„Das Kirchenpatronat sowohl des Staats als der Privaten soll aufgehoben werden. Die Aufhebung regelt ein besonderes Gesetz.""

Alle Abtheilungen und die Centralabtheilung stimmten darin überein, daß das Patronat einen Eingriff in die Selbständigkeit der Kirchengemeinde enthalte und dessen Aufhebung ein dringendes Bedürfniß sei. Es hatte sich zwar die Ansicht geltend zu machen gesucht, daß der Staat höchstens nur das ihm selbst zustehende Patronatsrecht aufheben könne, und daß ihm über jenes der Privaten keine Verfügung zustehe, weil dasselbe auf einem Abkommen zwischen diesen und den betreffenden Kirchen beruhe, und der Staat um so weniger in Privatrechte eingreifen dürfe, als er den Religionsgesellschaften die Selbstverwaltung ihrer Angelegenheiten dermalen zugestehe, und kraft dieser Selbständigkeit auch künftig neue Patronatsrechte gegründet werden könnten. Man ging jedoch bei keiner Abtheilung, und auch nicht bei der Centralabtheilung, in diesen Gedanken ein, weil man die Nothwendigkeit einsah, das gehässige Patronat in einer Zeit aufzuheben, worin die Bande zwischen Staat und Kirche noch bestehen, und weil man glaubte, daß nach einmal erfolgter Abschaffung man vor der Wiedereinführung einer durch die Erfahrung vieler Jahrhunderte als schädlich befundenen Einrichtung zurückschrecken würde.

Während nun aber die erste, fünfte, sechste und achte Abtheilung dem Artikel 20 ihren unbedingten Beifall gezollt haben, sind von den vier andern Abtheilungen Abänderungen in Vorschlag gebracht worden, indem sie dem Artikel vorwerfen, daß er das alte Verhältniß vorläufig bestehen lasse, und daher, im Falle das in Aussicht gestellte Gesetz unterbliebe, das Patronat ewig fortleben würde. Die zweite und dritte Abtheilung wollen das Patronat aufgehoben wissen, wenn die betreffende Gemeinde solches durch einen verfassungsmäßigen Beschluß zu erkennen gebe. Noch weiter erstrecken sich die Gutachten der vierten und siebenten Abtheilung, wonach das Patronat sowohl des Staates als der Privaten sofort aufgehoben werden soll, wo dasselbe nicht mit besonderen Verpflichtungen verknüpft sei. Für alle anderen Fälle soll es auf Verlangen der Betheiligten aufgehoben und das wechselseitige Verhältniß durch ein besonderes Gesetz geregelt werden.

Nachdem in der Centralabtheilung die Vorfrage, ob in Betreff des Patronats eine Bestimmung in die Verfassung aufzunehmen sei? mit großer Majorität bejaht worden war, wurde von einem Mitgliede folgende Fassung in Vorschlag gebracht:

„Das Kirchenpatronat sowohl des Staates als der Privaten ist aufgehoben."

Fünf Mitglieder unter acht sprachen sich dagegen aus, weil in sehr vielen Fällen das Patronat den betreffenden Kirchengemeinden so bedeutende Vortheile gewähre, daß dessen unentgeltliche Aufhebung ihnen einen wesentlichen Schaden verursachen und möglicherweise ihnen alle zum Kultus erforderlichen Mittel entziehen würde.

Demnächst kam folgender Antrag zur Abstimmung:

„Das Kirchenpatronat sowohl des Staats als der Privaten wird aufgehoben, wo dasselbe nicht mit besonderen Verpflichtungen verknüpft ist. In allen anderen Fällen kann dasselbe auf den Antrag der Gemeinde aufgehoben werden, und fallen dann die Verpflichtungen des Patrons fort. Trägt der Patron auf Ablösung des Patronats an, so muß die Gemeinde zwar darein willigen, es muß aber alsdann eine Ablösung der Patronatslasten erfolgen. Die Ablösung regelt ein besonderes Gesetz."

Mit fünf Stimmen gegen drei wurde dieses Amendement vorbehaltlich der näheren Fassung angenommen, und die Majorität ging hierbei von dem Gesichtspunkte aus, daß, wo das Patronat der Gemeinde keinen Vortheil gewähre, es als ein derselben auferlegter Zwang erscheine, folglich der Gesetzgeber schützend und abwehrend einschreiten dürfe. Gewähre das Patronat der Gemeinde Rechte, wolle sie denselben aber freiwillig entsagen, so dürfe der etwa widersprechende Patronatsherr nicht gehört werden, weil er der Kirchengemeinde wider deren Willen nicht ihre unbeschränkte Religionsfreiheit für immer entziehen dürfe. Anders verhalte sich dagegen die Sache, wenn die Gemeinde das Patronat fortwähren lassen und nur der

Patron solches aufheben wolle, indem er in diesem Falle die von ihm eingegangenen Verbindlichkeiten erfüllen, das heißt die Lasten abkaufen müsse.

Der von einem Mitgliede der Centralabtheilung gestellte zusätzliche Antrag:

„Das dem Staate zustehende Vorschlags-, Wahl- oder Bestätigungsrecht bei der Besetzung kirchlicher Stellen ist aufgehoben."

wurde einstimmig angenommen, indem man von der Betrachtung ausging, daß die Verfassung den Religionsgesellschaften die freie Leitung ihrer Angelegenheiten zusichere, folglich sich auch der Staat ferner nicht mehr in die Wahl der Religionsdiener mischen dürfe.

Zu diesem Antrage war von einem anderen Mitgliede der Zusatz vorgeschlagen worden:

„unbeschadet der damit verbundenen Verpflichtungen."

Derselbe hatte Gleichheit der Stimmen zur Folge, und der Vorsitzende gab für dessen Verwerfung den Ausschlag. Die Majorität glaubte, daß, was der Zusatz bezwecke, bereits im Artikel 19 festgesetzt sei.

Der neue Artikel 20 lautet dermalen also:

„Das Kirchenpatronat sowohl des Staats als der Privaten wird aufgehoben, wo dasselbe nicht mit besonderen Verpflichtungen verknüpft ist. In allen anderen Fällen kann das Patronat auf den Antrag der Gemeinden aufgehoben werden, und fallen dann die Verpflichtungen des Patrons fort. Der Patron kann sich gegen den Willen der Gemeinde den Pflichten des Patronats nur durch Ablösung entziehen. Die Ablösung regelt ein besonderes Gesetz.

Das dem Staate zustehende Vorschlags-, Wahl- oder Bestätigungsrecht bei der Besetzung kirchlicher Stellen ist aufgehoben."

Artikel 21 des Entwurfs.

„„Die bürgerliche Giltigkeit der Ehe wird durch deren Abschließung vor dem dazu von der Staatsgesetzgebung bestimmten Civilstandsbeamten bedingt.""

Die erste, dritte, vierte, siebente und achte Abtheilung haben diesen Artikel ohne alle Bemerkungen angenommen. Seitens der drei andern wurden folgende Zusätze vorgeschlagen:

1. Die zweite und sechste Abtheilung verlangen den Vermerk, daß die Civilehe durch die Verschiedenheit des Glaubens nicht berührt werde.

2. Die fünfte Abtheilung will gesagt wissen, daß die bürgerliche Ehe der kirchlichen Trauung vorhergehen müsse.

Einstimmig erschien der erste Zusatz der Centralabtheilung unnöthig, indem der Artikel 18 den Genuß der bürgerlichen und staatsbürgerlichen Rechte von dem religiösen Bekenntnisse unabhängig mache, und hieraus von selbst folge, daß bei Schließung der Civilehe die Religion der Brautleute nicht erforscht werden dürfe. Daher würden auch häufig sowohl in Frankreich als in der Rheinprovinz bürgerliche Ehen zwischen Personen verschiedenen Glaubens eingegangen, obwohl das Gesetz dies nicht in ausdrücklichen Worten gestattet habe.

Hinsichtlich des zweiten Zusatzes wurde zwar zugegeben, daß das französische

Recht, welches die Civilehe geschaffen habe, das im Amendement ausgedrückte Gebot enthalte, daß aber dasselbe auf der Verbindung zwischen Kirche und Staat beruhe, und daß, wo dermalen sich der Staat jeglicher Einmischung in die kirchlichen Angelegenheiten enthalte, man auch die Religionsgesellschaften nicht verpflichten könne, eine rein kirchliche Handlung nicht zu begehen.

Hiernach wurde mit sechs gegen zwei Stimmen das Amendement verworfen und der Artikel 21 unverändert angenommen." [a])

5. Der Entwurf der Centralabtheilung und Vergleichung desselben mit den früheren Entwürfen.

Stellen wir die einzelnen Artikel nach den Vorschlägen des vorstehenden Berichts zusammen, so lautete der Entwurf der Centralabtheilung folgendermaßen:

Artikel 18. Die Freiheit des religiösen Bekenntnisses und der gemeinsamen öffentlichen Religionsübung wird gewährleistet. Der Genuß der bürgerlichen und staatsbürgerlichen Rechte ist unabhängig von dem religiösen Bekenntnisse und der Theilnahme an irgend einer Religionsgesellschaft. Den bürgerlichen und staatsbürgerlichen Pflichten darf dadurch kein Abbruch geschehen.

Artikel 19. Jede Religionsgesellschaft ordnet und verwaltet ihre Angelegenheiten selbständig, und bleibt im Besitz und Genuß der für ihre Kultus-, Unterrichts- und Wohlthätigkeitszwecke bestimmten Anstalten, Stiftungen und Fonds.

Der Verkehr der Religionsgesellschaften mit ihren Oberen ist unbehindert. Die Bekanntmachung ihrer Anordnungen ist nur denjenigen Beschränkungen unterworfen, welchen alle übrigen Veröffentlichungen unterliegen.

Artikel 20. Das Kirchenpatronat sowohl des Staats als der Privaten wird aufgehoben, wo dasselbe nicht mit besonderen Verpflichtungen verknüpft ist. In allen an-

---

[a]) Der weitere Theil des Berichtes handelt als zweiter Abschnitt von den auf die Schule bezüglichen Artikeln 22—25

deren Fällen kann das Patronat auf den Antrag der Gemeinden aufgehoben werden, und fallen dann die Verpflichtungen des Patrons fort. Der Patron kann sich gegen den Willen der Gemeinde den Pflichten des Patronats nur durch Ablösung entziehen. Die Ablösung regelt ein besonderes Gesetz.

Das dem Staate zustehende Vorschlags-, Wahl- oder Bestätigungsrecht bei der Besetzung kirchlicher Stellen ist aufgehoben.

Artikel 21. Die bürgerliche Giltigkeit der Ehe wird durch deren Abschließung vor dem dazu von der Staatsgesetzgebung bestimmten Civilstandsbeamten bedingt."

Die Centralabtheilung hat sich, den vielen Anträgen gegenüber, welche von den einzelnen Abtheilungen auf Abänderung des Kommissions-Entwurfes gestellt waren, ziemlich spröde verhalten. Aus allen diesen Anträgen hat sie sich neue Bestimmungen nur bei Artikel 20 angeeignet, während sie mit ihren Aenderungen des Artikels 19 theils den deutschen Grundrechten nach der ersten Lesung[1]) gefolgt, theils zum Regierungs-Entwurf[2]) zurückgekehrt ist; Artikel 21 hat sie ganz in der Fassung des Kommissions-Entwurfes[3]) beibehalten und im Artikel 18 dieselbe nur darin verlassen, daß sie den einzelnen Sätzen eine andere Reihenfolge gegeben.

Diese Aenderung des Artikels 18 hat insofern eine mehr als redaktionelle Bedeutung, als dadurch die im zweiten Satze des Kommissions-Entwurfes enthaltene Beschränkung auch auf dessen dritten — nun ersten — Satz ausgedehnt und so hervorgehoben ist, daß durch die Freiheit des religiösen Bekenntnisses und der Religionsübung den bürgerlichen und staatsbürgerlichen Pflichten ebensowenig ein Abbruch geschehen darf, als durch die Unabhängigkeit der bürgerlichen Rechte von dem religiösen Bekenntnisse und der Theilnahme an einer Religionsgesellschaft. Mit dieser Einschränkung der Bekenntniß- und Kultusfreiheit aber ist die Centralabtheilung in einem wichtigen Punkte in Uebereinstimmung mit den Entwürfen der Regierung (§. 10) und

[1]) Oben S. 244. [2]) Oben S. 295. [3]) Oben S. 307.

des Frankfurter Verfassungsausschusses (§. 12) sowie mit den deutschen Grundrechten (§. 12) getreten; doch so, daß sie die betreffenden Bestimmungen dieser Vorarbeiten um ein beträchtliches verschärft hat. Denn die Erfüllung der bürgerlichen und staatsbürgerlichen Pflichten umfaßt, wie schon die Verfassungskommission angedeutet hat,[4]) offenbar mehr, als die Nichtvollbringung von Verbrechen und Vergehen und die Nichtverletzung und -gefährdung der öffentlichen Sicherheit, der Ordnung und der Sittlichkeit.

Die Aenderungen, welche die Centralabtheilung in Artikel 19 vorgenommen, sind diese: im letzten Satze ist durch Streichung der Wörter „der Erlaß und“ die den kirchlichen Oberen rücksichtlich ihrer Anordnungen zugestandene Freiheit wieder auf das Maß reducirt worden, welches der Regierungs-Entwurf (§. 11) vorgeschlagen hatte; ferner ist die im letzteren (§. 12) enthaltene, aber weder von den Verfassungsausschüssen der Frankfurter und der Berliner Versammlungen, noch auch von dem Frankfurter Parlamente selbst beliebte Kautel über den Fortbesitz und Fortgenuß der kirchlichen Anstalten, Stiftungen und Fonds wieder aufgenommen, und damit der Rechtsunsicherheit gewehrt worden, in welche die Religionsgesellschaften und ganz besonders die evangelische Kirche sonst so leicht dem Staate gegenüber gerathen könnten. Hiebei ist es von keinem Gewichte, daß die Centralabtheilung diese Kautel ganz einfach zu Gunsten jeder Religionsgesellschaft insgemein aufgestellt hat, während der Regierungs-Entwurf außerdem die evangelische und die römisch-katholische Kirche namentlich hervorgehoben hatte; wohl aber enthält die Vertauschung des Ausdrucks: „ihrer für .... bestimmten“ mit dem: „der für ihre .... bestimmten Anstalten“ u. s. w. eine schwerwiegende Aenderung zu Gunsten der Religionsgesellschaften. Endlich hat die Centralabtheilung in dem ersten Satze, welcher von der Selbständigkeit der Religionsgesellschaften handelt, die von der Verfassungskommission vorgeschlagene Fassung mit dem ersten Gliede der in der Paulskirche beschlossenen vertauscht, indem sie das andere Glied dieser letzteren: „bleibt aber, wie jede andere Gesellschaft im Staate, den Staatsgesetzen unterworfen“ als selbstverständlich fortließ.

---

[4]) Siehe oben S. 308.

So hat die Centralabtheilung, die Beschränkung der kirchlichen Selbständigkeit auf die inneren Angelegenheiten beseitigend, in diesem Stücke einen bedeutenden Schritt über den Kommissions-Entwurf hinaus gethan. Nicht zu bezweifeln aber ist es, daß sie sich die Formel der deutschen Grundrechte in eben dem Sinne angeeignet, in welchem die deutsche Nationalversammlung dieselbe beschlossen hatte, und zwar um so weniger, als sie in ihrem Berichte ganz ausdrücklich die tiefe Einwirkung bezeugt, welche die Verhandlungen und Beschlüsse der Nationalversammlung auf sie ausgeübt.[5] Mußten wir uns daher überzeugt halten, daß die letztere in jener Formel mit der Selbständigkeit der Religionsgesellschaften auch das Ende des bestehenden landesherrlichen Regimentes in der evangelischen Kirche beschlossen: so können wir nicht ungewiß sein, daß auch die Centralabtheilung, ebenso wie vor ihr die Verfassungskommission, in Artikel 19 den Wegfall dieses landesherrlichen Kirchenregimentes auszusprechen meinte.

Bei den Bestimmungen des Artikels 20 über die Aufhebung des Patronats hat die Centralabtheilung einen wesentlich anderen Weg eingeschlagen, als die Verfassungskommission. Zwar wie diese ist auch sie dabei geblieben, solchen Bestimmungen überhaupt einen Platz in der Verfassungsurkunde zu geben, obgleich die deutsche Nationalversammlung ebensowenig als ihr Verfassungsausschuß an der analogen Stelle der Grundrechte irgend welchen Festsetzungen über diesen Gegenstand Eingang gewährt hatte. Und die Centralabtheilung hat sich hiebei auch, wie die Verfassungskommission, von der Ueberzeugung leiten lassen, daß das Patronat eine nicht mehr zeitgemäße, ja gehässige und schädliche Einrichtung sei.[6] Aber sie hat es vermieden, dieser Ueberzeugung ohne weiteres die Vortheile zum Opfer zu bringen, welche in vielen Fällen den Gemeinden aus dem Patronatsverhältniß erwachsen. Sie hat dieses dadurch gethan, daß sie nicht, wie die Verfassungskommission, ganz allgemein bestimmt hat, das Patronat solle aufgehoben werden, sondern daß sie für Fälle der genannten Art jedem von beiden Theilen, dem Patron und der Gemeinde, nur das Recht zugesprochen hat, auf sein Begehren vom Patronatsverhältnisse befreit zu werden, und zwar so,

[5] Oben S. 317.

[6] Vergl oben S. 325.

daß die Gemeinde diese Befreiung gegen Aufgabe ihrer daraus fließenden Berechtigungen, der Patron aber gegen Ablösung seiner damit verbundenen Verpflichtungen erlangt. Wo solche Verpflichtungen indessen gar nicht vorhanden, die Patronatsrechte also lediglich eine ohne jedes Aequivalent bestehende Beeinträchtigung der Gemeindefreiheit sind, da hat die Centralabtheilung deren Aufhebung noch mehr beschleunigen zu müssen geglaubt, als die Kommission, und deshalb für alle diese Fälle die Aufhebung nicht wie jene als etwas erst künftig zu vollziehendes und durch besonderes Gesetz zu regelndes hingestellt, sondern sie vielmehr ganz einfach und bedingungslos angeordnet.

Demselben Artikel hat die Centralabtheilung noch den Satz hinzugefügt, daß das dem Staate zustehende Vorschlags-, Wahl- oder Bestätigungsrecht bei der Besetzung kirchlicher Stellen aufgehoben ist. Diese Bestimmung, welche in allen früheren Aufsetzungen fehlt, enthält allerdings nur eine Konsequenz des Grundsatzes, daß jede Religionsgesellschaft ihre Angelegenheiten selbständig ordnet und verwaltet; aber ihre Aufnahme in die Verfassungsurkunde war für die Klarstellung der Verhältnisse immerhin von Bedeutung.

Dieser Entwurf der Centralabtheilung hat also keine einzige Bestimmung des Regierungs- und des Kommissions-Entwurfes ganz beseitigt, sondern die Bestimmungen derselben nur verändert und bereichert. Anders dagegen ist sein Verhältniß zu der in Frankfurt bei der ersten Lesung beschlossenen Redaktion der deutschen Grundrechte. Denn wie der Berliner Kommissions-Entwurf einige Bestimmungen vor dem des Frankfurter Ausschusses, dagegen auch dieser andere vor jenem voraus hatte: so hat auch die Centralabtheilung manche Bestimmungen festgehalten, welche keine Aufnahme in die Grundrechte gefunden, während sie sich andererseits keineswegs alle darin enthaltenen angeeignet hat. Reicher nämlich als die Grundrechte ist der Entwurf der Centralabtheilung um die mehr oder weniger wichtigen Bestimmungen über die Bekenntnißfreiheit (Art. 18), den Besitz und Genuß der kirchlichen Anstalten, Stiftungen und Fonds (Art. 19), den Verkehr und die Anordnungen der kirchlichen Oberen (Art. 19), das Patronat, sowie das Vorschlags-, Wahl- und Bestätigungsrecht des Staates (Art. 20). Dagegen fehlen ihm die in den Grundrechten enthaltenen

Bestimmungen, daß jeder volle Glaubens- und Gewissensfreiheit hat und niemand verpflichtet ist, seine religiöse Ueberzeugung zu offenbaren oder sich einer religiösen Genossenschaft anzuschließen (§. 11),[7]) daß Verbrechen und Vergehen bei Ausübung der Religionsfreiheit nach dem Gesetze zu bestrafen sind (§. 12); daß jede Religionsgesellschaft den Staatsgesetzen unterworfen bleibt, aber keine vor den anderen Vorrechte durch den Staat genießt, auch keine Staatskirche besteht (§. 14); ferner die ausdrückliche Gewährung der religiösen Vereinigungsfreiheit (§. 14), die Sicherstellung gegen Zwang zu kirchlichen Handlungen, die Loslösung des Eides von dem religiösen Bekenntniß (§. 15) und die Aufhebung des Ehehindernisses der Religionsverschiedenheit (§. 16); sowie endlich die Festsetzungen über die Zeit der Trauung und die Führung der Standesbücher (§. 16). Von diesen Bestimmungen sind diejenigen über die religiöse Vereinigungsfreiheit, über den Zwang zu kirchlichen Handlungen und über das Ehehinderniß der Religionsverschiedenheit nur deshalb nicht von der Centralabtheilung aufgenommen worden, weil ihr Inhalt in den sonstigen Beschlüssen schon genugsam gewahrt zu sein schien, wie denn auch in der That nur die Aufnahme der ersten dieser drei Bestimmungen von wirklichem Werth gewesen wäre; die Sätze über die Eidesformel und die Trauung wurden aus anderen Gründen abgelehnt, und es ist nicht zu verkennen, daß wenigstens durch die Ablehnung des letztgenannten Satzes von dem Entwurfe eine praktisch recht bedeutende Bestimmung ferngehalten wurde. Die übrigen Bestimmungen kamen in der Centralabtheilung gar nicht zur Diskussion, die meisten vermuthlich deshalb nicht, weil sie nur weitere Ausführungen der im Entwurfe niedergelegten Grundsätze enthalten. Die Bestimmung aber, daß keine Religionsgesellschaft vor den anderen Vorrechte durch den Staat genießt, ist mehr als solche Ausführung, und mit ihr würde dem Entwurfe der Centralabtheilung ein folgenreicher Satz hinzugefügt worden sein.

---

[7]) Die Worte: „oder sich einer religiösen Genossenschaft anzuschließen" wurden bei der zweiten Lesung der Grundrechte gestrichen. Durch die anderen bei derselben vorgenommenen Aenderungen (s. oben S. 292 f.) wurde das Verhältniß zwischen dem Entwurfe der Centralabtheilung und den Grundrechten nicht berührt.

II. Die Verfassungsurkunde vom 5. Dezember 1848.

1. Die Verfassungsurkunde und die Erläuterungen.

Noch ehe die Nationalversammlung in der Berathung des Verfassungsentwurfes bis zu unsern Artikeln vorgeschritten war, wurde sie am 5. Dezember 1848 durch den König aufgelöst. Gleichzeitig aber verkündete derselbe eine „Verfassungsurkunde für den preußischen Staat",[1]) welche nach einer ihr hinzugefügten Uebergangsbestimmung (Art. 112) sofort nach dem ersten Zusammentritt der Kammern einer Revision auf dem Wege der Gesetzgebung unterworfen werden sollte. Diese oktroyirte Verfassung vom 5. Dezember enthielt folgende Bestimmungen:

Artikel 11. Die Freiheit des religiösen Bekenntnisses, der Vereinigung zu Religionsgesellschaften (Art. 28 und 29)[2]) und der gemeinsamen öffentlichen Religionsübung wird gewährleistet. Der Genuß der bürgerlichen und staatsbürgerlichen Rechte ist unabhängig von dem religiösen Bekenntnisse und der Theilnahme an irgend einer Religionsgesellschaft. Den bürgerlichen und staatsbürgerlichen Pflichten darf durch die Ausübung der Religionsfreiheit kein Abbruch geschehen.

Artikel 12. Die evangelische und die römisch-katholische Kirche, so wie jede andere Religionsgesellschaft, ordnet und verwaltet ihre Angelegenheiten selbständig und bleibt im Besitz und Genuß der für ihre Kultus-, Unterrichts- und Wohlthätigkeitszwecke bestimmten Anstalten, Stiftungen und Fonds.

---

[1]) Preuß. Staats-Anz. 1848, N. 216, S. 1251—1253. Ges.-Samml. 1848, S. 375—391.

[2]) Artikel 28: „Alle Preußen haben das Recht, sich zu solchen Zwecken, welche den Strafgesetzen nicht zuwiderlaufen, in Gesellschaften zu vereinigen."

Artikel 29: „Die Bedingungen, unter welchen Korporationsrechte ertheilt oder verweigert werden, bestimmt das Gesetz."

Artikel 13. Der Verkehr der Religionsgesellschaften mit ihren Oberen ist ungehindert. Die Bekanntmachung ihrer Anordnungen ist nur denjenigen Beschränkungen unterworfen, welchen alle übrigen Veröffentlichungen unterliegen.

Artikel 14. Ueber das Kirchenpatronat und die Bedingungen, unter welchen dasselbe aufzuheben, wird ein besonderes Gesetz ergehen.

Artikel 15. Das dem Staate zustehende Vorschlags-, Wahl- oder Bestätigungsrecht bei Besetzung kirchlicher Stellen ist aufgehoben.

Artikel 16. Die bürgerliche Giltigkeit der Ehe wird durch deren Abschließnng vor dem dazu bestimmten Civilstandsbeamten bedingt. Die kirchliche Trauung kann nur nach der Vollziehung des Civilaktes stattfinden.

Die Motive zu diesen Artikeln veröffentlichte der Kultusminister v. Ladenberg unterm 15. Dezember 1848 in einer besonderen Denkschrift,[3]) welche ich, soweit sie die vorstehenden Artikel betrifft, unverkürzt hieher setze.

„Erläuterungen."

Artikel 11.

„Nach einem allgemeinen Grundsatze des deutschen öffentlichen Rechts gehört die Zulassung neuer Religionsgesellschaften zu den Hoheitsrechten des Staats, welcher das ihm vorgelegte Bekenntniß einer Prüfung unterwirft und je nach dem Ergebnisse derselben feststellt, in welchen engeren oder weiteren Grenzen das neu entstandene religiöse Leben sich zu bewegen haben soll. Die Erfahrungen, welche in der jüngsten Zeit gesammelt worden sind, haben indessen zur Genüge gelehrt, daß dieses sogenannte Reformationsrecht nicht hat ausgeübt werden können, ohne zu mannig-

---

[3]) Erläuterungen, die Bestimmungen der Verfassungsurkunde vom 5. Dezember 1848 über Religion, Religionsgesellschaften und Unterrichtswesen betreffend. Berlin 1848. Verlag der Decker'schen Geheimen Ober-Hofbuchdruckerei. In einer Vorbemerkung sagte der Minister, daß die bei der Abfassung der betreffenden Artikel benutzten Materialien in den Grundrechten nach der ersten Lesung, sowie den Entwürfen der Regierung, der Verfassungskommission und der Centralabtheilung vollständig enthalten seien.

faltigen nachtheiligen Konflikten zu führen. In allen deutschen Ländern ist da, wo der Staat von seinem Rechte gegenüber den nach Anerkennung ringenden neuen Religionsformen Gebrauch machte, die Klage über Verletzung der Gewissen erhoben worden, und überall hat sich das Verlangen kund gegeben, daß auf dem religiösen Gebiete dem Zuge der Herzen Raum zu freier Entfaltung gegeben werden möge. Die Gewährung dieser Forderung wird man zwar für bedenklich erachten können, weil die ältere und neuere Geschichte lehrt, daß sich oft genug Unsittlichkeit und Verbrechen in das Gewand der Religion gekleidet, und daß nicht selten religiöse Auffassungen die unveränderlichen Grundlagen des Staates mit Auflösung bedroht haben. Auf der anderen Seite bietet sich jedoch die Erwägung dar, daß gegen diese Erfolge auch in der Vorlegung eines Bekenntnisses und der Prüfung desselben durch den Staat nicht immer die erforderliche Bürgschaft gegeben ist, weil über den Werth oder Unwerth einer Religion nicht ein, oft nur im Drange des Augenblickes entstandenes, also nicht aus der Tiefe des religiösen Bewußtseins geschöpftes Bekenntniß, sondern nur das Leben und die That entscheidet. Ferner bestätigt es die Erfahrung, daß religiöse Verirrungen, wie die bezeichneten, zwar augenblicklich in kleineren Kreisen Anklang, niemals aber in weiterem Umfange und auf längere Dauer Geltung gefunden haben. Endlich versteht es sich von selbst, daß da, wo wirklich der angedeutete Erfolg hervortreten sollte, der Staat berechtigt ist, durch seine Macht den Mißbrauch der von ihm gewährten Freiheit zu hindern.

Auf diesen Erwägungen beruhte der Artikel 10 des von der Staatsregierung der zur Vereinbarung der Verfassung berufenen Versammlung vorgelegten Verfassungsentwurfes, nach welchem allen Staatsbürgern die Freiheit gemeinsamer Religionsübung gestattet sein sollte. Die Verfassungskommission der gedachten Versammlung hat sich im wesentlichen auf denselben Standpunkt gestellt, und nur insofern ist der von ihr ausgegangene Entwurf abweichend, als er die Freiheit des Bekenntnisses und der öffentlichen Religionsübung, welche der Regierungs-Entwurf vorausgesetzt hatte, ausdrücklich gewährleistet. Dieselbe Bestimmung endlich ist von der Centralabtheilung angenommen worden. An diese Vorgänge nun und an die inzwischen von den Vertretern des deutschen Volkes gefaßten Beschlüsse über die Grundrechte reiht sich die Verfassungsurkunde vom 5. Dezember an, indem sie allen Preußen die Freiheit des Bekenntnisses, der religiösen Association und der gemeinsamen öffentlichen Religionsübung garantirt. Um jedoch künftigen Mißdeutungen vorzubeugen, hat sie zugleich durch die Bezugnahme auf die Artikel 28, 29 die rechtliche Stellung bezeichnet, welche neu entstehende Religionsgesellschaften künftig einzunehmen haben werden.

Die Verfassungsurkunde gewährt ferner allen Staatsbürgern ohne Rücksicht auf ihren religiösen und kirchlichen Standpunkt die gleiche Theilnahme an den bürgerlichen Rechten, sie wiederholt mithin nur einen Grundsatz, der im wesentlichen schon durch die Verordnung vom 6. April d. J. ein Theil des öffentlichen Rechts geworden war, und folglich hier einer Motivirung nicht bedarf.

Gegenüber allen diesen Freiheiten bedarf es jedoch einer Schranke, um von dem Staate die Gefahren abzuwenden, welche aus dem Mißbrauche derselben hervorgehen können. Der Regierungs-Entwurf hatte deshalb die Gestattung der gemeinsamen

Religionsübung an die Bedingung gebunden, daß durch dieselbe weder ein Staatsgesetz übertreten, noch die öffentliche Sicherheit, die Ordnung oder die Sittlichkeit verletzt oder gefährdet werden dürfe. Die Nothwendigkeit einer solchen Bestimmung wurde auch von der Verfassungskommission nicht verkannt. Man erachtete jedoch die vorgeschlagene nicht für annehmbar, weil sie weder umfassend genug noch unzweideutig sei, und setzte deshalb an ihre Stelle den Grundsatz, daß durch das Bekenntniß und die Theilnahme an einer Religionsgesellschaft den bürgerlichen und staatsbürgerlichen Pflichten kein Eintrag geschehen dürfe. Indessen mußte bei näherer Prüfung auch diese Fassung als ungenügend erkannt werden. Da nämlich in dem folgenden Satze des Kommissions-Entwurfes die gemeinsame öffentliche Religionsübung ohne Beschränkung gewährt ist, so würde gerade der Punkt der schützenden Einwirkung der Staatsgewalt entzogen worden sein, an welchem vor allem ein gefährlicher Mißbrauch als möglich gedacht werden darf, ein Bedenken, welches auch von der Centralabtheilung als ein gegründetes anerkannt worden ist. Die Verfassungsurkunde hat nun mit Klarheit und Bestimmtheit die erforderliche Grenze gezogen. Sie gewährt den Staatsbürgern ohne präventive Maßnahmen die Religionsfreiheit im vollsten Umfange. Aber sie spricht zugleich aus, daß die Freiheit des Bekenntnisses, der Association und der Religionsübung nur im Einklange mit den Pflichten ausgeübt werden dürfe, welche die Bürger dem Staate schulden. Hieraus folgt zuvörderst, daß niemand sich unter dem Vorwande der Religion den positiven Leistungen entziehen kann, welche das Gesetz den Staatsgenossen auferlegt, ein Grundsatz, mit welchem die schonende Aufrechterhaltung der gegenwärtig, z. B. zu Gunsten der Mennoniten bestehenden Privilegien sich wohl vereinigen lassen wird. Ferner aber ergiebt sich, daß die Religionsfreiheit niemandem das Recht verleiht, straflos den Verboten zuwiderzuhandeln, durch welche der Staat die Grundlagen des öffentlichen Lebens, die Sittlichkeit und das Recht, gegen Verletzungen sichert. Sollte also z. B. künftig eine Religionsgesellschaft zum Verderben des heranwachsenden Geschlechts unsittliche Lehren verbreiten, sollte sie unter dem Schein der Religion die Verfassung des Staates angreifen, oder sollte sie die neben ihr stehenden Gemeinschaften in ihrem verfassungsmäßigen Rechte kränken, oder unter dem Vorwande der Religionsübung den öffentlichen Frieden stören, so würde sie sich vergeblich gegen die repressiven Maßregeln der Staatsgewalt auf die Freiheit berufen, weil eine Religion, welche sich ein solches Ziel setzt, keinen Anspruch auf den öffentlichen Schutz hat, und weil in der Gewissensfreiheit das Recht gewissenlos zu handeln nicht enthalten ist.

Artikel 12.

Der Entwurf der Verfassungskommission enthält im Artikel 19 die allgemeine Bestimmung, daß jede Religionsgesellschaft in Betreff ihrer inneren Angelegenheiten und der Verwaltung ihres Vermögens der Staatsgewalt gegenüber frei und selbständig sein solle. Diese Bestimmung ist offenbar eine ungeeignete, weil die Grenze zwischen den äußeren und inneren Angelegenheiten nirgends fest bestimmt ist, und weil es ein negatives Recht giebt, auf welches der Staat gegenüber den Religionsgesellschaften niemals verzichten kann, wenn er sich nicht selbst gefährden will. Deshalb hat die Verfassungsurkunde, in Uebereinstimmung mit dem von der Frankfurter

Versammlung gefaßten, auch von der Centralabtheilung angenommenen Beschlusse, den praktischen Gesichtspunkt festgehalten und den Religionsgesellschaften das Recht, ihre Angelegenheiten selbständig zu ordnen und zu verwalten, verheißen, wonach künftig eine positive Theilnahme von Seiten der Staatsgewalt nicht mehr stattfinden wird. Hierbei ist der evangelischen und römisch-katholischen Kirche, welche der Entwurf der Verfassungskommission gänzlich ignorirt, ausdrücklich gedacht worden, um darzuthun, daß diese Gemeinschaften in der ihnen zustehenden, feierlich verbrieften Stellung nicht beeinträchtigt werden sollen. Die nähere Regulirung der Verhältnisse auf der Grundlage des ausgesprochenen allgemeinen Prinzipes wird im geordneten Wege demnächst erfolgen. In besonderer Beziehung auf die evangelische Kirche aber versteht es sich schon nach der im Artikel 109 enthaltenen Bestimmung von selbst, daß die geschichtlich entwickelte, sich an den Staat anlehnende Verfassung derselben, mithin auch die Wirksamkeit der dermaligen Behörden fortbestehen muß, bis ein anderer Rechtszustand begründet sein wird. Die Einleitungen zu dessen Herbeiführung sind seit längerer Zeit vorbereitet, und es wird damit so schnell vorgeschritten werden, als es die hier obwaltenden höchst schwierigen Verhältnisse gestatten.

Ferner garantirt die Verfassungsurkunde allen Religionsgesellschaften den Besitz und Genuß der für ihre Kultus-, Unterrichts- und Wohlthätigkeitszwecke bestimmten Anstalten, Stiftungen und Fonds, während die Verfassungskommission die Aufnahme einer ähnlichen, bereits im Regierungs-Entwurfe enthaltenen Zusicherung theils für entbehrlich, theils für bedenklich gehalten hatte. Schon aus der großen Anzahl der Gegenvorstellungen, welche von allen Seiten aus der evangelischen wie der katholischen Kirche an die, zur Vereinbarung der Verfassung berufene Versammlung und an die Staatsbehörde eingegangen waren, konnte jedoch bemessen werden, daß es einer entsprechenden Bestimmung bedürfe, um eine weitverbreitete Besorgniß zu beseitigen, und daß es nicht zulässig sei, durch Verweigerung derselben einen Anlaß zu dauernder Unzufriedenheit gerade in dem Augenblick zu schaffen, in welchem der Friede und die gedeihliche Entwicklung des Volkes gesichert werden soll. Diese Erwägung war es, welche die Centralabtheilung bewog, zu dem Regierungs-Entwurfe zurückzukehren, zugleich aber auch dem letzteren einen schärferen, die verschiedenen hier in Frage kommenden Verhältnisse noch bestimmter bezeichnenden Ausdruck zu geben. Die hiernach gewählte Fassung ist unverändert in die Verfassungsurkunde übergegangen. Dieselbe garantirt mithin nunmehr erstens der evangelischen und römisch-katholischen Kirche, sowie den übrigen Religionsgesellschaften den Fortbestand ihrer dermaligen Eigenthumsverhältnisse in deren verschiedenen Richtungen und Gestaltungen. Sie schließt sich mithin an die übrigen deutschen Verfassungsurkunden an, welche, obschon sie ebenfalls allem Eigenthum den Schutz des Staates zusichern, dennoch im Hinblicke auf bekannte Lehren und Vorgänge den Religionsgemeinschaften noch eine besondere Garantie zu ertheilen für angemessen erachtet haben (Bayr. Verfassungsurkunde IV, 9, 10, Württemb V. U. §. 77, 82, Königl. Sächs. V. U. §. 60, Hannov. Landes-Verf. §. 75, Baden. V. U. §. 28, Kur-Hess. V. U. §. 138, Großh. Hess. V. U. §. 43, Altenburg. V. U. §. 155, Koburg. V. U. §. 29, Meining. V. U. §. 33). Hierbei braucht nicht erst bemerkt zu werden, daß es nicht die Absicht gewesen ist, einen neuen Grundsatz in Beziehung auf das Subjekt des Eigenthums aufzustellen. Vielmehr wird auch in der Folge jeder streitig gewordene Fall nach seiner besonderen Natur aufzufassen und zu entscheiden sein, während es gegenwärtig nur darauf ankam, den religiösen Genossenschaften die Zusicherung zu ertheilen, daß der Staat in Beziehung auf die Eigenthumsverhältnisse den bestehenden Zustand anerkenne und achte.

Weiter aber verbürgt die Verfassung den Religionsgemeinschaften auch die Fortdauer derjenigen Leistungen, welche bisher zu ihren Gunsten von dem Staate erfolgt sind. In diesem Bezuge erfüllt sie nur eine Forderung der Gerechtigkeit, weil jene Leistungen theils auf einer speziellen, theils auf einer allgemeinen Verpflichtung beruhen, welcher der Staat sich nicht entziehen kann, ohne das Prinzip seines eigenen Lebens zu verletzen. Um dieses zunächst für die katholische Kirche darzuthun, ist an die Schicksale des Kirchenguts in den verschiedenen Landestheilen zu erinnern. Im Jahre 1772 wurden bekanntlich in Westpreußen die geistlichen Güter in Folge der Kabinetsordre vom 1. November von den Kammern mit der Bedingung übernommen, daß funfzig Prozent des Reinertrages den Grundherrschaften, sie seien Bischöfe, Prälaten, Aebte oder andere Vorgesetzte geistlichen Ordens, gezahlt werden sollten. In ähnlicher Weise verfuhr man bei der Einziehung der geistlichen Güter in Südpreußen. Hier wurde durch die Deklaration vom 28. Juli 1796 bestimmt, daß nach Abzug der Kosten, der auf gewisse (50) Prozente bestimmten Steuern und anderen öffentlichen und gemeinen Lasten übrig bleibende Ertrag der Geistlichkeit zu ihrem Unterhalte, zur Besorgung des Gottesdienstes und Erfüllung anderer nützlichen Zwecke ausgezahlt werden solle, und ein Publikandum vom 16. September ertheilte ferner die Zusicherung, daß auf die Konservation der niederen Geistlichkeit, der Kirchen und Schulen, und auf die Verbesserung ihres Zustandes möglichst Rücksicht genommen werden würde. Als ferner durch den Reichsdeputationshauptschluß vom Jahre 1803 die geistlichen Güter säkularisirt wurden, geschah es mit der ausdrücklichen Bedingung der festen und bleibenden Ausstattung der Domkirchen, welche beibehalten würden, und hauptsächlich nur zum Behufe des Aufwandes für Gottesdienst, Unterrichts- und andere gemeinnützige Anstalten (§. 35). Die Verpflichtung, welche sich hieraus ergab, ist bei der Säkularisation in Preußen wiederholt ausdrücklich anerkannt worden. Namentlich heißt es in dem Edikt über die Finanzen des Staates vom 27. Oktober 1810 (Gesetz-Sammlung Seite 28): „Ferner haben Wir beschlossen die geistlichen Güter in Unserer Monarchie zu säkularisiren und verkaufen zu lassen, das Aufkommen davon aber gleichfalls dem Staatsschuldenabtrage zu widmen, indem Wir für vollständige Pensionirung der jetzigen Pfründner und für reichliche Dotirung der Pfarreien, Schulen und milden Stiftungen sorgen;" und ferner in dem Edikt über die Einziehung sämmtlicher geistlichen Güter vom 30. Oktober 1810 (Ges. Samml. S. 32): §. 1. „Alle Klöster, Dom- und andere Stifter, Balleyen und Commenden, sie mögen zur katholischen oder protestantischen Religion gehören, werden von jetzt an als Staatsgüter betrachtet. §. 4. Wir werden für hinreichende Belohnung der obersten geistlichen Behörden und mit dem Rathe derselben für reichliche Dotirung der Pfarreien, Schulen und milden Stiftungen sorgen." Endlich wurde für die neugewonnenen oder mit dem Staate wieder vereinigten Gebiete eine feierliche gesetzliche Zusage in Betreff der Fürsorge für die kirchlichen Anstalten ertheilt, wie aus dem Anrufe an die Rheinländer vom 5. April 1815 und an die Bewohner des Großherzogthums Posen vom 15. Mai desselben Jahres (Ges.-Samml. S. 25, 47) hervorgeht. Deshalb war es, als über die Wiederherstellung der Kirchenverfassung mit dem römischen Stuhl verhandelt wurde, nicht eine Gnade, sondern die Erfüllung einer wohlbegründeten Verpflichtung, wenn der Staat die Dotation der Bisthümer und der zu ihnen gehörigen Institute übernahm, wie denn dies auch ausdrücklich sowohl während der Verhandlungen selbst als später bei der Verkündigung des Resultates derselben, der Bulle De salute animarum vom Jahr 1821, anerkannt worden ist (Preuß. Staats-Zeitung vom 11. August 1821). Es ist bekannt, daß aus finanziellen Gründen die Radicirung der Dotationen der Bisthümer und Kapitel auf die Staatswaldungen, beziehentlich die Ausstattung dieser Institute mit Grundbesitz nicht hat erfolgen können. Um so mehr aber ist der Staat zu fortgesetzter Leistung in der bisherigen Weise durch das Recht und seine Ehre verpflichtet. Den Dotationen der Bisthümer und Kapitel der katholischen Kirche stehen für die evangelische Kirche die Kosten für die Organe der Verwaltung gegenüber. Auch diese sind nicht ein Geschenk des Staates, das beliebig widerrufen werden kann, sondern ihre Leistung beruht nicht minder auf einer Verpflichtung. Das Domanialgut des Staates ist zum größten Theil nach der Reformation aus geistlichen Gütern entstanden, und noch in diesem Jahrhundert hat dasselbe auf der Grundlage des angeführten Ediktes durch die Säkularisation einer Anzahl evangelischer Stifter einen sehr beträchtlichen Zuwachs erhalten, mit welchem zugleich die entsprechende Verpflichtung auf den Staat übergegangen ist. Endlich sind die bereits erwähnten Aufrufe auch an die evangelischen Bewohner der gedachten Landestheile erlassen worden.

Für eine andere Klasse von Leistungen, die Zuschüsse an die am geringsten besoldeten Pfarrer und zur Erhaltung der Pfarrsysteme, ist der rechtliche Grund zum Theil im Vorstehenden schon nachgewiesen. Zum Theil beruhen dieselben aber auf einem speziellen rechtlichen Titel, insofern sie aus dem Patronat hervorgehen.

Nach dieser Ausführung kann es mit Grund nicht bezweifelt werden, daß der Staat das dermalen bestehende Leistungsverhältniß nur durch einen Wort- und Treubruch hätte auflösen können, dessen Folgen auf ihn selbst zurückgefallen sein würden. Die Unterbrechung der gedachten Leistungen würde vorerst den rechtlichen Bestand der katholischen und evangelischen Kirche in Frage stellen, namentlich würden viele Pfarreien, deren Inhabern der Staat die Noth des Lebens zu erleichtern gesucht hat, in ihrem Bestehen bedroht sein, da die Fähigkeit der Gemeinden zur Deckung des Ausfalls deshalb nicht angenommen werden darf, weil eben das konstatirte Unvermögen die Veranlassung und Bedingung der Staatshilfe gewesen ist. Unmöglich kann aber das die Absicht des Staates sein, in dem Augenblicke, wo er den Kirchen ein selbständiges Leben gewährt, den Keim zu ihrem Tode zu legen. Eine solche Scheidung würde auf den Namen einer gerechten keinen Anspruch haben. Auch ist nicht erst nöthig, auf das tiefe Interesse hinzudeuten, welches sich für den Staat an das Bestehen der Religionsgesellschaften knüpft. Der Staat, indem er sich von den Religionsgesellschaften scheidet, kann sich nicht scheiden wollen von der

Religion, sondern auch in Zukunft muß er erwarten, daß ihm aus diesem Gebiete des geistigen Lebens ein Gewinn zugehen werde, der sein eigenes Gedeihen wesentlich fördert.

Artikel 13.

Als ein weiteres Recht gewährt die Verfassungsurkunde in Uebereinstimmung mit sämmtlichen Vorarbeiten den Religionsgesellschaften den ungehinderten Verkehr mit ihren Oberen. Diese Bestimmung bedarf keiner Rechtfertigung, da sie aus dem im vorigen Artikel enthaltenen allgemeinen Grundsatze von selbst hervorgeht. Auch entspricht sie nur dem, was für die katholische Kirche bereits durch die im Ministerialreskript vom 1. Januar 1841 erwähnte Kabinetsordre bestimmt ist. Bedenklich dagegen könnte die Bestimmung am Schlusse des Artikels erscheinen, welche — nach dem Vorbilde der belgischen Verfassung Art. II. §. 16 — die präventive Polizeimaßregel des sog. Placet aufhebt. Bei näherer Betrachtung ergiebt sich jedoch, daß das Recht der Placetirung von jeher nur der Anlaß zu unerwünschten Streitigkeiten gewesen ist, ohne den beabsichtigten Erfolg zu erreichen. Um so mehr hat dasselbe jetzt ohne Gefahr für den Staat aufgegeben und durch den am Schlusse des Artikels ausgesprochenen Vorbehalt ersetzt werden können.

Artikel 14.

Die Motive zu dem 20sten Artikel des Kommissions-Entwurfes bemerken, daß das Patronat seinem Begriffe nach der Autonomie der Religionsgesellschaften so sehr widerspreche, und in der Anwendung zu so erheblichen Uebelständen führe, daß die Aufhebung desselben keiner weiteren Rechtfertigung bedürfe. Von diesen Gründen giebt der erste zu einem sehr bedenklichen Zweifel Veranlassung, indem er die Frage offen läßt, ob nicht der Autonomie der Religionsgesellschaften, für welche durch die Aufhebung der im Patronat liegenden Beschränkung Sorge getragen werden soll, gerade dadurch eine empfindliche Verletzung zugefügt werden würde.[3]) Setzt man z. B. den Fall, daß die katholische Kirche den kanonischen Grundsatz beibehalten und folglich den Stiftern einer Kirche das Präsentationsrecht sammt anderen Befugnissen zugestehen wollte, so würde es sich ohne Zweifel nicht rechtfertigen lassen, wenn ihr der Staat wegen der im Präsentationsrechte enthaltenen Beschränkung des an sich zur Verleihung berechtigten Organs mit einem Verbote entgegenträte, eben weil es sich hier um eine innere, der Einwirkung des Staates entzogene Frage handelt. Dagegen ist es gegründet, daß das Patronat, wie es geschichtlich entwickelt ist, in vielen Fällen wirkliche Uebelstände in seinem Gefolge gehabt hat, und, besonders in der

[3]) Heinrich Krause hatte diese Frage bereits dahin beantwortet, daß die Bestimmung des Art. 20 des Kommissions-Entwurfes mit der Autonomie der Religionsgesellschaften unverträglich sei. „Was der Staat in der Beziehung aussprechen durfte, war lediglich dies, daß er den Religionsgesellschaften mit der Religionsfreiheit die Freiheit zuerkannte, das Joch des Patronatsrechts abzuschütteln, wenn sie wollten." Ztschr. f. d. unirte ev. K. 1848, N. 17, S. 297.

evangelischen Kirche, als ein lästiges Institut nicht nur von vielen Gemeinden, sondern auch von Patronen betrachtet wird, eine Wahrnehmung, auf welche die in der neueren Zeit an die Staatsregierung gelangten Anträge auf Gestattung des Verzichtes von Seiten der Patrone deutlich genug hinweisen. Es ist ferner nicht in Abrede zu stellen, daß das fiskalische Patronat mit der veränderten Stellung des Staates zu der Kirche nur schwer vereinbar sein wird. Gegenwärtig ist die Ausübung desselben in der evangelischen Kirche den Konsistorien übertragen und es treten in Folge dieser Einrichtung die Funktionen, welche sonst zwischen dem Patron und dem Kirchenoberen getheilt sind, nicht abgesondert hervor. Künftig würde aber die Präsentation von der Staatsbehörde, die Konfirmation von dem verfassungsmäßigen Organ der Kirche ausgehen. Es leuchtet ein, daß der Staat hierdurch in ein unangemessenes Verhältniß gesetzt, und zu fortdauernden nachtheiligen Konflikten Veranlassung gegeben werden würde. Ganz dieselbe Erfahrung ist mehrfach bei der Ausübung des Patronates über katholische Pfarrkirchen gemacht worden. Hiernach wird das Patronat allerdings einer Aenderung unterliegen müssen. Da jedoch hier sehr verschiedenartige, zum Theil schwierige Beziehungen obwalten, ist es für angemessen erachtet worden, in der Verfassungsurkunde nur im allgemeinen auf ein besonderes Gesetz hinzudeuten, welches den zunächst sich versammelnden Kammern vorgelegt werden wird. In diesem Gesetze wird die Frage, wie in gerechter Weise die Umgestaltung, beziehentlich die Aufhebung, namentlich in Betreff der dem Recht gegenüberstehenden Lasten, zu bewirken sei, näher entschieden werden. Die Centralabtheilung hat zwar spezielle Grundsätze nach dieser Richtung hin bereits angedeutet. Dieselben haben jedoch überhaupt nicht in dem Verfassungsgesetze ihre Stelle zu suchen, ganz abgesehen davon, daß sie von Gesichtspunkten ausgehen, welche mit dem Rechte der katholischen Kirche nicht wohl in Einklang zu bringen sein würden.

Artikel 15.

Die Aufhebung des dem Staate zustehenden Vorschlags-, Wahl- oder Bestätigungsrechtes bei Besetzung geistlicher Stellen ist zuerst in den Verhandlungen der Centralabtheilung beantragt worden und hat in der Verfassungsurkunde deshalb Platz gefunden, weil sie nur eine nothwendige Konsequenz des im Art. 12 ausgesprochenen Grundsatzes ist. Sie erstreckt sich jedoch selbstredend nicht auf das Patronat, welches bis zu der im Art. 14 vorbehaltenen Gesetzgebung in Kraft bleiben muß. Ferner bedarf es nicht erst der Bemerkung, daß für das Gebiet der evangelischen Kirche die aus dem Rechte der Kirchengewalt hervorgehenden Befugnisse in Betreff der Besetzung der Kirchenämter so lange fortdauern, bis die künftige Kirchenverfassung festgestellt sein wird.

Artikel 16.

Nach dem bisherigen Rechte (Allg. L. R. Th. II. Tit. 1 §. 136) wird die Ehe durch priesterliche Trauung vollzogen. Dieser, aus dem evangelischen Kirchenrechte entlehnte Grundsatz kann jedoch ferner nicht mehr aufrecht erhalten werden, weil der Staat die Begründung der Ehe, in welcher er selbst seine Wurzel hat, nicht mehr von der Mitwirkung der Religionsgesellschaften abhängig machen kann, auf welche ihm in Zukunft verfassungsmäßig kein positiver Einfluß mehr zustehen wird. Es war mithin die Einführung des Grundsatzes, daß die bürgerlichen Wirkungen der Ehe von der Abschließung vor der bürgerlichen Obrigkeit abhängen sollen, eine unabweisbare Nothwendigkeit, welche die Frankfurter Versammlung, die Verfassungskommission und die Centralabtheilung gleichmäßig anerkannt haben. Die Frankfurter Beschlüsse über die Grundrechte enthalten jedoch ferner noch eine Bestimmung, welche in die Verfassungsurkunde aufzunehmen für nothwendig erachtet worden ist. Nach den gesammelten Erfahrungen wird künftig die kirchliche Eheschließung nicht aufhören, weil sie tief in der religiösen Anschauung des Volkes begründet ist. Es wird also in Zukunft eine bürgerliche und eine kirchliche Ehe geben, und es kann der Fall eintreten, daß jene nicht von der Kirche und diese nicht von dem Staate anerkannt wird. Gegen das erstere wird sich der Staat gleichgiltig verhalten, indem er es den Betheiligten überläßt, sich mit den Gesetzen ihrer Religionsgesellschaft auszugleichen. Dagegen ist er auf das höchste dabei interessirt, daß überall, wo die kirchliche Abschließung der Ehe vollzogen wird, zuvörderst die bürgerliche Form gewahrt sei, damit sich nicht die Zahl der Verbindungen häufe, welche er von seinem Standpunkte aus als rechtlos betrachten muß. In dieser Erwägung findet die Bestimmung, daß die kirchliche Einsegnung stets nur nach der Vollziehung des bürgerlichen Aktes erfolgen dürfe, ihre volle Rechtfertigung. Dieselbe ist in dem belgischen und im französischen Recht ebenfalls enthalten, (Belg. V. U. Art. II. §. 16 — Art. organ. §. 54, Cod. pén. Art. 199 folg.) und steht in den linksrheinischen Theilen des preußischen Staates in anerkannter Geltung."

2. Vergleichung der Verfassungsurkunde vom 5. Dezember mit dem Entwurfe der Centralabtheilung.

In einer Vorbemerkung zu seinen Erläuterungen bezeichnete Herr v. Ladenberg als die vollständigen, bei der Abfassung der Artikel 11—16 der Verfassungsurkunde benutzten Materialien die von uns schon betrachteten Vorarbeiten aus dem Jahre 1848, nämlich 1) die Paragraphen 11—16 der deutschen Grundrechte nach der ersten Abstimmung;[1] 2) die Paragraphen 10—12 des Verfassungsentwurfs der preußischen Staatsregierung vom 20. Mai;[2] 3) die Artikel 18—21 des Entwurfes der Berliner Verfassungskommission[3] und 4) die Fassung, welche die Centralabtheilung diesen Artikeln gegeben hatte.[4] Namentlich an diese Redaktion der Centralabtheilung schließen sich die ent-

[1]) Oben S. 244. [2]) Oben S. 295. [3]) Oben S. 307.
[4]) Oben S. 327.

sprechenden Artikel der Verfassungsurkunde mit nur wenigen Abweichungen an.

Artikel 11 der letzteren giebt den Artikel 18 der Centralabtheilung wieder, doch so, daß er nach dem Vorgange der deutschen Grundrechte (§. 14) ausdrücklich des, in den drei anderen Entwürfen zwar auch enthaltenen, aber nicht besonders genannten religiösen Vereinigungsrechtes gedenkt, und im letzten Satze die von der Verfassungskommission und der Centralabtheilung gezogene Schranke der Religionsfreiheit bestimmter, als jene es gethan, als eine Schranke für die gesammte Ausübung dieser Freiheit hinstellt.

Artikel 12 reproduzirt den Artikel 19 der Centralabtheilung mit der einen Aenderung, daß er, über die anderen Entwürfe hinweg auf den der Staatsregierung zurückgreifend, die evangelische und die römisch-katholische Kirche durch besondere Anführung im ersten Gliede vor den anderen Religionsgesellschaften auszeichnet, um darzuthun, daß diese Gemeinschaften in der ihnen zustehenden, feierlich verbrieften Stellung nicht beeinträchtigt werden sollen.[5])

Die Artikel 13 und 15, sowie der erste Satz des Artikels 16 stimmen, abgesehn von kleinen redaktionellen Abweichungen, mit den entsprechenden Sätzen in §. 20, 21 und 22 der Centralabtheilung überein. Der zweite Satz in Artikel 16, nach dem die kirchliche Trauung nur nach Vollziehung des Civilaktes stattfinden kann, eine durch praktische Rücksichten erforderte Folgerung aus den auch von der Centralabtheilung ausgesprochenen Prinzipien, ist dem §. 16 der deutschen Grundrechte entlehnt.

Artikel 14, dem ersten Absatz des §. 20 der Centralabtheilung entsprechend, enthält statt der von dieser getroffenen Festsetzungen über die Aufhebung des Patronates nur die Bestimmung, daß über dieses und die Bedingungen, unter welchen es aufzuheben, ein besonderes Gesetz ergehen wird. Der Artikel hält also daran fest, daß in gewissen Fällen das Patronat aufgehoben werden müsse, vermeidet es

---

[5]) Nach Dove, in seiner Ztschr. f. Kirchenrecht, VII, 1867, S. 313, geschah diese namentliche Hervorhebung der beiden Hauptkirchen in Folge einer unmittelbaren Einwirkung des Königs.

aber, seinerseits diese Fälle zu bezeichnen oder überhaupt irgendwelche nähere Bestimmungen über das Patronatswesen zu geben. Vielmehr trägt er in dieser Beziehung dem veränderten Verhältniß der Kirche zum Staate und dem in der Kirche vielfach hervorgetretenen Bedürfniß nach Beseitigung des Patronates nur insoweit Rechnung, daß er eine im Wege der Gesetzgebung zu vollziehende Regelung des Patronatswesens und seiner eventuellen Aufhebung anordnet.

So hat die oktroyirte Verfassungsurkunde von dem Entwurfe der Centralabtheilung nicht nur die wesentlichen Prinzipien der Religionsfreiheit und der Selbständigkeit der Religionsgesellschaften, sondern, mit Ausnahme der einen für das Patronat gezogenen, auch alle in jenem Entwurfe aus diesen Prinzipien abgeleiteten Folgerungen beibehalten. Sie hat dem letzteren die ausdrückliche Gewährleistung des religiösen Vereinigungsrechtes (Art. 11) und die Sicherung der bürgerlichen Giltigkeit aller im Staate vollzogenen Eheschließungen (Art. 16) hinzugefügt, zugleich aber auch die von der Centralabtheilung der Religionsfreiheit gesteckte Grenze klarer bestimmt (Art. 11), und die faktische Bedeutung und rechtliche Stellung der römisch-katholischen und der evangelischen Kirche hervorgehoben (Art. 12). Sie hat dagegen endlich die im Entwurfe der Centralabtheilung theils gebotene theils freigestellte Aufhebung des Patronates, sowie die Regelung der Patronatsverhältnisse überhaupt einem besonderen Gesetze vorbehalten (Art. 14). Von jenen Bestimmungen, welche die deutschen Grundrechte vor dem Entwurf der Centralabtheilung voraus hatten,[6]) hat die oktroyirte Verfassung sich diejenige über die Zeit der kirchlichen Trauung (§. 16) wörtlich angeeignet und die über die religiöse Vereinigungsfreiheit (§. 14) der Sache nach aufgenommen, alle anderen dagegen fortgelassen.

Das landesherrliche Kirchenregiment der evangelischen Kirche wird in der Verfassungsurkunde vom 5. Dezember ebensowenig genannt, als in den vorangegangenen Entwürfen, aber gleichwohl erhellt sehr deutlich, daß auch sie durch die Gewährung der kirchlichen Selbständigkeit seinen Wegfall bestimmt hat. Denn einmal betonen die „Erläuterungen" zu Artikel 12 ganz ausdrücklich, daß derselbe die kirchliche Selbständigkeit

---

[6]) Siehe oben S. 331 f.

in Uebereinstimmung mit dem von der Frankfurter Versammlung gefaßten und auch von der Centralabtheilung angenommenen Beschlusse normirt habe, wonach künftig eine positive Theilnahme seitens der Staatsgewalt an der Ordnung und Verwaltung der kirchlichen Angelegenheiten nicht mehr stattfinden würde; und zum anderen deuten sie in bestimmter Weise an, daß eben deshalb die geschichtlich entwickelte, sich an den Staat anlehnende Verfassung der evangelischen Kirche einem andern Rechtszustande und damit die bestehenden königlichen Behörden neuen Behörden weichen müßten. Ja, dieses erschien auf dem Standpunkte der „Erläuterungen" als etwas so dringend gebotenes, daß sie es sogar für nöthig hielten, noch besonders darauf hinzuweisen, wie die Wirksamkeit der dermaligen Behörden während der Zwischenzeit durch Artikel 109 der Verfassungsurkunde gesichert sei.[7])

III. Die Revision der Verfassungsurkunde vom 5. Dezember 1848.

A. Vorbereitendes in beiden Kammern.

Die beiden Kammern, welche die Revision der oktroyirten Verfassung vollziehen sollten, wurden in Gemäßheit des Einberufungspatents vom 5. Dezember am 26. Februar 1849 eröffnet. Bei dieser Veranlassung erwähnte der König in seiner Thronrede auch der kirchlichen Frage, indem er sagte:

„Um die durch die Verfassungsurkunde ausgesprochene Selbständigkeit der verschiedenen Religionsgesellschaften zu verwirklichen, sind die erforderlichen Einleitungen getroffen, und wird damit so schnell, als es die Wichtigkeit des Gegenstandes irgend gestattet, vorgeschritten werden." [1])

---

[7]) Namentlich in dieser Stelle der Erläuterungen findet auch v. Rönne den Beweis dafür, daß zur Zeit der Emanation der Verfassungsurkunde unter der Selbständigkeit der Kirche eben deren Freiheit vom landesherrlichen Kirchenregimente verstanden wurde. Vergl. Das Staatsrecht der preußischen Monarchie, I, 2, dritte Auflage, S. 641, Anm. 3.

[1]) Verhh. d. I. K., I, S. 1.

Da beide Kammern beschlossen, die Thronrede durch Adressen zu beantworten, fanden sie schon bei deren Berathung Gelegenheit, diesen Gegenstand wenigstens flüchtig zu berühren.

Die Adreßkommission der Zweiten Kammer bezog sich in ihrem Entwurf auf den angeführten Passus der Thronrede nur in den Worten:

„Die Ordnung der Gemeindeverhältnisse, die zeitgemäße Gestaltung des Unterrichtswesens und der kirchlichen Zustände und der hierauf bezüglichen Entwürfe" .... „werden wir ohne Verzug in Betracht ziehn."

Aber die Kammer fand, daß hiermit schon zu viel gesagt sei. Denn nachdem der Abgeordnete Osterrath geltend gemacht, daß die Ordnung der kirchlichen Zustände von der Staatsgesetzgebung unabhängig sei, und auch keine hierauf bezüglichen Entwürfe vorlägen, beschloß die Kammer auf seinen Antrag, die Worte „und der kirchlichen Zustände" aus obigem Satze zu streichen.[2])

Auf die Sache selber etwas näher eingehend, empfahl die Adreßkommission der Ersten Kammer in ihrem Entwurfe den Passus:

„Die durch die Verfassungsurkunde den verschiedenen Religionsgesellschaften zugesicherte Selbständigkeit hat ein dringendes Bedürfniß befriedigt und bereits zur Heilung tiefgehender Zerwürfnisse beigetragen. Die in Aussicht gestellte baldige Verwirklichung jener Zusicherung, unter geeigneter Mitwirkung der betreffenden Religionsgesellschaften vollzogen, wird noch mehr den Gewinn darthun, der daraus sowohl für das religiöse, als für das bürgerliche Leben entspringt."

Und dieser Passus wurde auch, unter Ablehnung eines Gegenvorschlages der Abgeordneten Hülsmann, Nitzsch und Genossen, von der Kammer angenommen.[3])

Rücksichtlich des Revisionswerkes beschloß die Zweite Kammer in ihrer achten Sitzung, am 10. März, die Bildung einer aus 21 Mitgliedern bestehenden Kommission, welche dem Plenum Anträge über die zu revidirenden Punkte der Verfassung vorlegen sollte; die Erste Kammer dagegen beschloß in ihrer fünfzehnten Sitzung, am 26. März, daß die Verfassungsurkunde den Abtheilungen zur Vorberathung überwiesen, und daß, sobald der erste Titel und ein Theil des zweiten Titels in denselben vollendet und darüber von den betreffenden Centralaus-

---

[2]) Sitz.-Prot. d. II. K., S. 248; Drucksachen d. II K., Nr. 35, S. 2; Nr. 50.

[3]) Verhh. d. I. K., I, S. 70, 114 ff.

schüssen Bericht erstattet worden, die Revisionsverhandlungen in der Kammer selbst eröffnet werden sollten.

Ehe jedoch ein Resultat dieser Vorberathungen an die Plenarversammlungen gelangt war, wurde am 27. April 1849 die Erste Kammer vertagt und die Zweite aufgelöst.

Am 7. August 1849 wurden sodann beide Kammern, die vertagt gewesene Erste und die nach dem neuen Wahlgesetz vom 30. Mai 1849 gewählte Zweite, aufs neue eröffnet.[4])

Während nun in der Ersten Kammer das Mandat fortbestand,; welches rücksichtlich der Verfassungsrevision durch den Beschluß vom 26. März den Abtheilungen übertragen war, beschloß die Zweite Kammer in ihrer siebenten Sitzung, den 18. August, die im Artikel 112 der Verfassungsurkunde vorbehaltene Revision der Verfassung durch Erwählung einer Kommission von 21 Mitgliedern in den Abtheilungen einzuleiten; und diese Kommission, sofort erwählt, konstituirte sich noch an demselben Tage. Ihre Mitglieder waren folgende:

Kühlwetter-Aachen, Regierungspräsident in Aachen (evangelisch, rechts), Vorsitzender; Keller-Berlin, Professor in Berlin (evangelisch, rechts); Scherer-Elberfeld, Advokatanwalt in Düsseldorf; v. Klützow-Liegnitz, Regierungsrath in Liegnitz (evangelisch, rechts); Evelt-Borkum, Gerichtsdirektor in Dorsten (katholisch, rechts) Tellkampf-Waldenburg, Professor in Breslau (evangelisch, liberal); Pfeiffer-Wehlau, Landrath in Wehlau; Harkort-Altena, Hauptmann a. D. in Wetter (evangelisch, liberal); v. Saucken-Lötzen, Generallandschaftsrath auf Julienfelde

[4]) In die Zwischenzeit fällt die von den Regierungen Preußens, Sachsens und Hannovers getroffene Vereinbarung eines „Entwurfes der Verfassung des deutschen Reiches", welcher von der preußischen Regierung zugleich im Namen der beiden anderen unterm 28. Mai sämmtlichen deutschen Regierungen zugefertigt wurde. Dieser Entwurf enthielt unter den „Grundrechten des deutschen Volkes" als §§. 142—149, Abschnitt VI, Artikel V, die oben S. 291 f. mitgetheilten Paragraphen mit folgenden Abweichungen: §. 142 fehlt der zweite Absatz des entsprechenden §. 14; §. 145 steht im ersten Absatze statt der Worte des entsprechenden §. 17: „bleibt aber — unterworfen" der Satz: „und bleibt im Besitz und Genuß der für ihre Kultus-, Unterrichts- und Wohlthätigkeitszwecke bestimmten Anstalten, Stiftungen und Fonds";. im zweiten Absatze fehlt das erste Glied: „Keine Religionsgesellschaft genießt vor anderen Vorrechte durch den Staat"; §. 146, entsprechend dem §. 18, lautet: „Niemand soll von Staatswegen" u. s. w. Der Entwurf ist abgedruckt im Preuß. Staats-Anz., 1849, N. 147, S. 906; die den Regierungen unterm 11. Juni übersandte „Denkschrift" dazu: a. dems. O. N. 159, S. 1002.

(evangelisch, liberal); Broicher-Koblenz, Appellationsgerichtsrath in Köln (katholisch, liberal); Graf v. Schwerin-Anklam, Staatsminister a. D. auf Putzar (evangelisch, liberal); Simson-Königsberg, Appellationsgerichtsrath und Professor in Königsberg (evangelisch, liberal); v. Beckerath-Krefeld, Kommerzienrath und Banquier in Krefeld (evangelisch, liberal); v. Griesheim-Teltow, Oberst in Berlin (evangelisch, rechts); Camphausen-Krefeld, Geh. Finanzrath in Berlin (evangelisch, liberal); v. Reyher-Berlin, Generallieutenant in Berlin (evangelisch, rechts); Graf v. Arnim-Prenzlau, Staatsminister a. D. auf Boitzenburg (evangelisch, rechts), Stellvertreter des Vorsitzenden; Oppermann-Merseburg, Regierungsrath in Merseburg (evangelisch); Duncker-Halle, Professor in Halle (evangelisch, liberal), Schriftführer; Geßler-Bromberg, Kreisgerichtsdirektor in Schubin (evangelisch, liberal), Stellvertreter des Schriftführers.[5])

Zur möglichsten Beschleunigung der Verfassungsrevision wurde zwischen beiden Kammern die Vereinbarung getroffen, daß die einzelnen selbständigen Abschnitte der Verfassung nicht gleichzeitig in beiden Kammern zum Vortrage kommen, sondern zunächst in einer von beiden vollständig berathen, sodann mit den Resultaten dieser Berathung der anderen übersendet werden, und nun erst von dieser zum Gegenstand der Berathung gemacht werden sollten.[6])

Demgemäß wurden die Artikel 11—16 der Verfassungsurkunde zuvörderst in der Ersten und sodann mit Berücksichtigung der hierbei gefaßten Beschlüsse in der Zweiten Kammer durchberathen. Darauf gingen die Resultate dieser Berathung wieder an die Erste Kammer zurück, und die ganzen Verhandlungen fanden endlich in der Zweiten Kammer ihren Abschluß.

Indem wir uns anschicken, dem Gange dieser Verhandlungen zu folgen, haben wir unsere Aufmerksamkeit also zunächst auf die erste Berathung in der Ersten Kammer hinzurichten.

---

[5]) Von diesen 21 Abgeordneten hatten Tellkampf und v. Beckerath zum Verfassungsausschuß der deutschen, Evelt zur Verfassungskommission der preußischen Nationalversammlung gehört.

[6]) Mit diesem, vom Präsidenten der Ersten Kammer vorgeschlagenen Verfahren erklärte sich die Erste Kammer am 13., die Zweite Kammer am 19. September einverstanden.

B. Die erste Berathung in der Ersten Kammer.

1. Der Bericht des Centralausschusses.

Die Berathung unserer Artikel im Plenum der Ersten Kammer war nach dem Beschluß vom 26. März durch die Vorberathung in den fünf Abtheilungen und im Centralausschusse für Revision der Verfassung vorbereitet worden. Das Resultat dieser Vorarbeiten gelangte an die Kammer in folgendem, vom 20. September 1849 datirten „Bericht des Centralausschusses für Revision der Verfassungsurkunde vom 5. Dezember 1848 über Titel II. Artikel 11—23".[1])

„In weiterer Berathung über die Revision der Verfassung vom 5. Dezember 1848 hat sich der Centralausschuß der Ersten Kammer vom 20. August 1849 ab mit den Bestimmungen über das Kirchen- und Schulwesen, welche in den Artikeln 11—23 der Verfassung enthalten sind, beschäftigt. Außer den gewöhnlichen Mitgliedern des Centralausschusses haben an der Berathung die von der Kammer für diese Angelegenheiten noch besonders gewählten Abgeordneten: 1. Bornemann, 2. Frech, 3. Walter und 4. Eichmann Theil genommen. Der Ankunft des erkrankten und abwesenden Abgeordneten Brüggemann wurde von einer Sitzung zur anderen entgegengesehen, sie ist aber leider erst nach dem Schluß der Berathungen eingetreten.[2])

---

[1]) Samml. sämmtl. Drucksachen d. I. K., III, N. 231; Verhh. d. I. K., N. F., S. 503 ff., 565 f., 592 f., 595 f., 598 f.

[2]) Die gewöhnlichen Mitglieder des Centralausschusses waren: v. Ammon-Cleve, Appellationsgerichtsrath in Köln (evangelisch, Centrum), Vorsitzender; Baumstark-Greifswald, Professor und Direktor der Akademie in Eldena (katholisch, Centrum), Stellvertreter des Vorsitzenden; Kühne-Berlin, Generalsteuerdirektor in Berlin (evangelisch, Centrum); Camphausen-Bonn, Staatsminister, aus Köln (evangelisch, Centrum); v. Witzleben-Merseburg, Regierungspräsident in Merseburg (evangelisch, rechts); Graf v. Itzenplitz-Angermünde, Regierungspräsident, aus Kunersdorf (evangelisch, rechts); v. Jordan-Oppeln, Geh. Finanzrath in Berlin (evangelisch, rechts); Graf v. Rittberg, Appellationsgerichtspräsident in Glogau (evangelisch, rechts); Dahlmann-Mühlheim, Professor in Bonn (evangelisch, Centrum); Mätzke-Konitz, Geh. Oberregierungsrath in Berlin (evangelisch, Centrum). Nach einem Beschluß vom 26. März waren aber die fünf oben genannten Abgeordneten zur Verstärkung des Centralausschusses bei Berathung der Artikel 11—23 gewählt worden, nämlich: Bornemann-Görlitz, Präsident des Geh. Obertribunals in Berlin (evangelisch, Centrum); Frech-Wetzlar, Geh. Oberrevisionsrath in Berlin (evangelisch, Centrum); Walter-Cleve, Professor in Bonn (katholisch, rechts); Eich-

Außer dem Inhalte der Verfassung verdienen hier die Motive Beachtung, welche unter dem 15. Dezember 1848 vom Ministerium der geistlichen u. s. w. Angelegenheiten mitgetheilt worden sind und sich gedruckt in den Händen der Kammermitglieder befinden. Ebenso darf der bezügliche Inhalt des §. 6 des Gesetzes vom 6. April v. J.: „Ueber einige Grundlagen der künftigen preußischen Verfassung", nicht unberücksichtigt bleiben. Schon dieser §. 6 bestimmt: „Die Ausübung der staatsbürgerlichen Rechte ist fortan von dem religiösen Glaubensbekenntnisse unabhängig."

Selten werden wohl in wenigen Zeilen zweier kurzer Artikel so folgenschwere Grundsätze ausgesprochen und anerkannt, wie dies durch Artikel 11 und 12 der Verfassungsurkunde vom 5. Dezember 1848 geschehen ist; ihre Tragweite ist gewiß jetzt noch nicht klar zu übersehen, ja kaum annähernd zu berechnen. Dennoch konnte die Erörterung über dieselben fast nur eine verhältnißmäßig begränzte sein, da Zusicherungen und Zugeständnisse, wie sie in diesen Artikeln gegeben sind (mögen auch die Ansichten über deren Heilsamkeit noch theilweise auseinandergehen), jedenfalls zu den Ereignissen gehören, welche, einmal geschehen, kaum rückgängig gemacht werden können. Die Berathung hat sich daher bald zu der angemessensten Fassung der ausgesprochenen und theilweise schon in die Ausführung übergegangenen Grundsätze gewendet.

Der Artikel 11 der Verfassungsurkunde lautet:

„Die Freiheit des religiösen Bekenntnisses, der Vereinigung zu Religionsgesellschaften (Art. 28 und 29)[3]) und der gemeinsamen öffentlichen Religionsübung wird gewährleistet. Der Genuß der bürgerlichen und staatsbürgerlichen Rechte ist unabhängig von dem religiösen Bekenntnisse und der Theilnahme an irgend einer Religionsgesellschaft. Den bürgerlichen und staatsbürgerlichen Pflichten darf durch die Ausübung der Religionsfreiheit kein Abbruch geschehen."

Zu diesem Artikel hat die Mehrheit der I. Abtheilung der Kammer beantragt: a) das Allegat der Artikel 28 und 29 zu streichen, b) hinter dem Worte „gemeinsamen" die Worte „häuslichen und" einzuschalten;

die II. Abtheilung nichts zu erinnern gefunden;

die III. darauf aufmerksam gemacht, daß wohl die Fragen: a) welche Pflichten bleiben denen, welche aus ihrer bisherigen Religionsgesellschaft ausscheiden, gegen diese? und b) wie gestalten sich die Verhältnisse der Mennoniten nach den Bestimmungen des Art. 11 der Verfassungsurkunde? die Aufmerksamkeit der Kammer bezüglich der Gesetzgebung erheischen möchten;

die IV. Abtheilung ohne sonstige Erinnerungen nur beantragt, statt des bloßen Allegats der Artikel 28 und 29 die Worte zu brauchen: „nach Maßgabe der Artikel 28 und 29";

die Mehrheit der V. Abtheilung aber keine Erinnerungen erhoben.

---

mann-Elberfeld, Oberpräsident in Koblenz (evangelisch, rechts); Brüggemann-Krefeld, Geh. Regierungsrath in Berlin (katholisch, rechts).

Von diesen 15 Männern waren Baumstark und Mätzke Mitglieder der Verfassungskommission der preußischen, Dahlmann Mitglied des Verfassungsausschusses der deutschen Nationalversammlung gewesen.

[3]) S. oben S. 333 Anm. 2.

Der Centralausschuß hat zuerst die Bemerkungen der III. Abtheilung erledigt, indem er erkannt hat: daß allerdings die beiden vorerwähnten Fragen zu beachten seien und der Erledigung durch besondere Gesetze bedürften und diese so bald als thunlich finden müßten, daß aber in der Verfassungsurkunde über diese Verhältnisse nichts aufzunehmen, sondern nur der allgemeine Grundsatz auszusprechen sein werde.

Nachrichtlich wurde hierbei noch bemerkt, daß Streitigkeiten über die erste von der dritten Abtheilung angeregte Frage jetzt in der Regel dem Rechtswege zugewiesen würden.

Rücksichtlich der Mennoniten hat der Ausschuß ebenfalls anerkannt, wie auch ihnen gegenüber der Grundsatz: daß wegen der religiösen Ueberzeugung den bürgerlichen und staatsbürgerlichen Pflichten kein Abbruch geschehen dürfe, festzuhalten sei, und daher zu wünschen bleibe, daß auch die Mennoniten es mit ihren Ueberzeugungen für vereinbar erachten möchten, allen diesen Pflichten nachzukommen. Es wurde mitgetheilt, daß hierzu schon bei vielen Mennoniten Aussicht vorhanden sei.

Nach diesen Vorerörterungen sind die Grundsätze des Artikels und die weiteren Verbesserungsvorschläge in Berathung gezogen worden.

Der Grundsatz der Glaubens- und Gewissensfreiheit ist im preußischen Staate nichts neues; er ist seit mehr als hundert Jahren anerkannt worden und findet sich in bekannten Gesetzen ausgesprochen. Wohl aber gehörte die Zulassung neuer Religionsgesellschaften, die Prüfung der Grundsätze und die Feststellung der Befugnisse derselben nach dem öffentlichen deutschen Recht zu den Hoheitsrechten des Staats. Auch war der Genuß der staatsbürgerlichen Rechte theilweise von dem religiösen Bekenntniß abhängig.

Die Ausübung jenes Staatshoheitsrechtes ist aber in neuerer Zeit häufig auf Schwierigkeiten gestoßen, für Gewissenszwang gehalten und zur Aufregung gegen die Staatsregierung benutzt worden, ohne den Zweck: theilweisen Mißbräuchen vorzubeugen, zu erreichen. Ebenso hat es vielfachen Anstoß erregt, daß die, welche alle Lasten des Staates trugen, wegen ihres religiösen Bekenntnisses von manchen staatsbürgerlichen Rechten (Anstellungsfähigkeit, Vertretung in den Landtagen u. s. w.) ausgeschlossen waren, und es ist die Ansicht geltend gemacht worden, daß dergleichen Beschränkungen gegen Recht und Billigkeit verstießen.

Diese Ansichten werden dem Inhalte des Artikel 11 zum Grunde gelegen und dessen Erlaß herbeigeführt haben. Da die Mehrheit keiner Kammerabtheilung sich gegen dieselben und gegen das Wesen dieser Anordnungen ausgesprochen hat, und dieselben auch im Centralausschuß der Hauptsache nach nicht in Frage gestellt worden sind, so handelt es sich nur noch um die Ausführung der Maßregel und um die Fassung des Artikels. Daß neue Religionsgesellschaften, so lange sie nicht Korporationsrechte beanspruchen, nicht weiter als alle anderen Vereine (d. h. nur wenn sie gegen die Strafgesetze verstoßen sollten) zu beschränken sind, hat der Centralausschuß anerkannt.

Eine nähere Erwägung aber hat die Frage, in welcher Art neuen Religionsgesellschaften Korporationsrechte zu ertheilen sein würden? gefunden.

Der Artikel 11 verweist auf Artikel 29 der Verfassungsurkunde und dieser auf ein besonderes noch erst zu erlassendes Gesetz. Eine nähere Bestimmung erschein daher um so nöthiger, als bei jetziger Lage der Gesetzgebung die Staatsregierung die Korporationsrechte zu ertheilen haben wird und es angemessen erscheint, nicht die Staatsregierung allein den Religionsgesellschaften gegenüber zu stellen.

Der Centralausschuß hat erwogen, daß manche Glaubensmeinungen und Religionsvereine auftauchen und bald wieder verschwinden, oder nur unter wenigen Personen fortbestehen, oder sich in besondere Schattirungen zerspalten, daß die Sektenbildung nicht zu begünstigen ist, und daß namentlich Korporationsrechte nur den Religionsgesellschaften zu ertheilen sein werden, welche allgemeinere Theilnahme gefunden und durch Zahl und Beschaffenheit der Theilnehmer Aussicht auf dauernden Fortbestand eröffnen. Andererseits erscheint es angemessen, daß bei Beurtheilung dieser Verhältnisse die Möglichkeit jeder einseitigen oder zu beschränkten Beurtheilung ausgeschlossen wird, was am besten durch die Theilnahme der Kammern zu erzielen ist.

Diese Betrachtungen haben folgenden Zusatzvorschlag hervorgerufen: „Die Religionsgesellschaften, welche keine Korporationsrechte haben, können diese nur durch besondere Gesetze erlangen".

Nachdem noch anerkannt worden war: wie es durchaus nicht die Absicht sein könne, daß diese Spezialgesetze sich mit Regulirung der Kultusverhältnisse der betreffenden Religionsgesellschaften befassen sollten, vielmehr sie sich nur damit zu beschäftigen haben werden, ob der betreffenden Religionsgesellschaft die bürgerlichen Rechte einer moralischen Person und Korporation zu ertheilen sind — (was allen größeren und lebensfähigen Gesellschaften zur Erwerbung von Grundstücken, Anstellung von Beamten, Führung von Prozessen und Aufnahme von Darlehen u. s. w. nothwendig ist) — hat der Ausschuß vorstehenden Vorschlag, gegen eine Stimme, zum Beschluß erhoben und demzufolge weiter einstimmig anerkannt, daß dann das Allegat des Artikels 29 überflüssig wird.

Das Allegat des Artikels 28 ist dagegen der Mehrheit (gegen 4 Stimmen) als nothwendig erschienen, aber nach dem Antrage der IV. Abtheilung dahin gefaßt worden, daß, statt der bloßen Aufnahme der Zahl des Artikels 28 besser zu sagen ist: „Nach Maßgabe des Artikels 28".

Hierdurch hatten denn auch die Vorschläge der ersten Abtheilung ad a. und der vierten Abtheilung ihre Erledigung gefunden.

Der Ausschuß hat es außerdem als eine Verbesserung anerkannt, daß die völlige Freiheit der häuslichen Religionsübung noch durch einen besonderen Ausdruck sicher gestellt werde, und demgemäß nach dem Antrage der zweiten Abtheilung ad b. gegen 2 Stimmen beschlossen, hinter dem Worte „gemeinsamen" im ersten Satz des Artikels 11 noch die Worte: „häuslichen und" einzuschalten.

Ferner ist auf den Antrag eines Mitgliedes des Ausschusses (mit 9 gegen 5 Stimmen) beschlossen worden, am Schlusse des ersten Satzes statt des unbestimmteren vieldeutigen Wortes „gewährleistet" das bestimmtere und klarere „anerkannt" zu brauchen.

Zum zweiten Satze des Artikels 11 hat ein Abgeordneter folgenden Vorschlag eingebracht: Statt des zweiten Satzes: „der Genuß u. s. w. bis Religionsgesellschaft" zu setzen: „den Bekennern der bestehenden Religionsgesellschaften wird der gleiche Genuß der bürgerlichen und staatsbürgerlichen Rechte zugesichert;" derselbe ist aber, als zu eng und den ersten Satz theilweis aufhebend, mit 13 gegen 1 Stimme verworfen worden.

Ein anderer Abgeordneter hat darauf angetragen, die Worte des zweiten Satzes: „und der Theilnahme an irgend einer Religionsgesellschaft" zu streichen; ein dritter aber, nur das Wort „irgend" in dem genannten Satze wegzulassen. Für beide Vorschläge sind die gleichartigen Gründe angeführt worden: daß der ganze vorbezeichnete letzte Passus des zweiten Satzes, jedenfalls aber das Wort: „irgend" eine gewisse Indifferenz gegen die Religion an den Tag zu legen und das Bekenntniß der Religionslosigkeit zu provoziren scheine, was nicht nur unnöthig, sondern schädlich und daher zu vermeiden sei. In Erwägung dieser Betrachtungen hat der Ausschuß zwar den vorletzten Vorschlag mit 8 gegen 6 Stimmen als zu weit greifend abgelehnt, dagegen aber den letzten auf Weglassung des Wortes: „irgend" einstimmig angenommen.

Der letzte Satz des Artikels 11 ist ohne Erinnerungen beibehalten, dagegen aber der Vorschlag eines Abgeordneten, statt des Artikels 11 die Vorschriften der §§. 142 bis 144 der deutschen Verfassung:

§. 142. Jeder Deutsche hat volle Glaubens- und Gewissensfreiheit.

§. 143. Jeder Deutsche ist unbeschränkt in der gemeinsamen häuslichen und öffentlichen Uebung seiner Religion.

Verbrechen und Vergehen, welche bei Ausübung dieser Freiheit begangen werden, sind nach dem Gesetze zu bestrafen.

§. 144. Durch das religiöse Bekenntniß wird der Genuß der bürgerlichen und staatsbürgerlichen Rechte weder bedingt noch beschränkt. Den staatsbürgerlichen Pflichten darf dasselbe keinen Abbruch thun.

in die preußische Verfassung aufzunehmen, mit 11 gegen 3 Stimmen verworfen worden.

Nach den vorstehend erörterten Beschlüssen würde nun der Artikel 11 der Verfassungsurkunde dahin lauten:

„Artikel 11. Die Freiheit des religiösen Bekenntnisses, der Vereinigung zu Religionsgesellschaften, nach Maßgabe des Artikels 28, und der gemeinsamen häuslichen und öffentlichen Religionsübung wird anerkannt. Der Genuß der bürgerlichen und staatsbürgerlichen Rechte ist unabhängig von dem religiösen Bekenntnisse und der Theilnahme an einer Religionsgesellschaft. Den bürgerlichen und staatsbürgerlichen Pflichten darf durch die Ausübung der Religionsfreiheit kein Abbruch geschehen.

Die Religionsgesellschaften, welche keine Korporationsrechte haben, können diese Rechte nur durch besondere Gesetze erlangen."

Der Centralausschuß empfiehlt der Kammer, den Artikel 11 in dieser Fassung anzunehmen.

Es ist ferner geltend gemacht worden, wie es wünschenswerth sei, in der Verfassung auszusprechen, daß immer noch eine gewisse Verbindung zwischen Kirche und

Staat fortbestehen müsse, und zu diesem Zwecke beantragt, einen eigenen neuen Artikel zwischen denen 11 und 12 einzuschalten, welchem folgende Fassung: „Allen Religionsgesellschaften ist der gleiche bürgerliche Schutz des Staats zugesichert", zu geben sein würde.

Gegen eine solche Bestimmung ist aber eingewandt, daß dieselbe vielfache Ansprüche, namentlich auch auf Unterstützungen seitens des Staats, hervorrufen und Folgerungen herbeiführen würde, welche sich nicht übersehen ließen, und außerdem geltend gemacht worden, daß der Schutz des Staats auch nicht einmal für alle Religionsgesellschaften ein gleicher sein könne, da die, welche sich vielleicht dem Staate feindlich oder gefährlich erwiesen, einen solchen nicht erhalten könnten, ja vielleicht deren Mitglieder durch die Gerichte, nach den Gesetzen des Staats, angegriffen und verfolgt werden müßten. Der Ausschuß hat daher die Aufnahme eines solchen Artikels mit 13 gegen 1 Stimme abgelehnt. —

Der Artikel 12 der Verfassungsurkunde lautet:

„Die evangelische und römisch-katholische Kirche, sowie jede andere Religionsgesellschaft ordnet und verwaltet ihre Angelegenheiten selbständig und bleibt im Besitz und Genuß der für ihre Kultus-, Unterrichts- und Wohlthätigkeitszwecke bestimmten Anstalten, Stiftungen und Fonds."

Die Berathung dieses wichtigen Artikels, welcher die Selbständigkeit der Religionsgesellschaften ausspricht, hat zunächst folgende Bedenken hervorgerufen:

Es erscheine gefährlich, die Einwirkung namentlich auf die katholische und evangelische Kirche aufzugeben, man werde dadurch außer Stande gesetzt, Konflikte zwischen den Religionsgesellschaften auszugleichen; die Absonderung derselben von einander werde immer schärfer, und vielleicht feindlich, hervortreten; es könne dem Staate Nachtheil bringen, daß die Geistlichen und Religionsgesellschaften sich dem Staate nicht mehr verpflichtet fühlen würden; und es sei dies um so unbilliger, als die vorgenannten Kirchen bedeutende Mittel vom Staate bezögen, erhebliche Wohlthaten seitens desselben genossen hätten und auch künftig beanspruchen würden. Diese zu gewähren, ohne dagegen Rechte seitens des Staats geltend zu machen, erscheine für den Staat unbillig; endlich werde auch die Auseinandersetzung des Staats und der Religionsgesellschaften über diese Zeitlichkeiten zu großen Weiterungen führen und auf unendliche Schwierigkeiten stoßen.

Die Bedeutung dieser Bedenken hat der Ausschuß nicht verkannt, dagegen ist aber geltend gemacht worden: daß die versuchten Einwirkungen auf die Religionsgesellschaften in den letzten Jahrzehnten häufig nicht zu guten und erfolgreichen Resultaten geführt, und zuweilen den Religionsgesellschaften selbst geschadet, zuweilen das Ansehen der Staatsregierung nicht gehoben, zuweilen auch den Zweck: streitig gewordene Ansprüche der Religionsgesellschaften gegen einander durch Vermittelung des Staats angemessen zu begrenzen und festzustellen, nicht erreicht hätten: daß vielleicht gerade die nun gewährte Selbständigkeit der Religionsgesellschaften die Punkte hervorheben und wieder zur Anerkennung bringen werde, bei welchen Kirchen und Staat doch einander nicht entbehren können; daß, wenn auch eine besondere Verpflichtung der Geistlichen gegen den Staat vielleicht nicht mehr eintreten werde, darum doch das Verhältniß der Geistlichen als Staatsangehörige und deren Unterordnung unter die Gesetze, und namentlich auch die Strafgesetze des Staats nicht geändert werde; daß die Mittel, welche der Staat den Kirchen gewähre, diesen gebührten (da der Staat zu verschiedenen Zeiten das frühere Gut der Kirchen und Klöster eingezogen habe), daß es daher nur gerecht sei, den Kirchen das weiter zu gewähren, was sie jetzt (nach dem Rechtszustande des Jahres 1848) vom Staate bezogen hätten; und daß künftige Bewilligungen seitens des Staats keine Rechtsverbindlichkeiten sein würden, und daher nur auf Antrag des Staatsministeriums durch verfassungsmäßige Kammerbewilligungen eintreten könnten. Wenn hierdurch der Staat gegen unbegründete Ansprüche gesichert sei, werde andererseits die Möglichkeit nicht abgeschnitten, wirklichen Bedürfnissen zu Hilfe zu kommen. Durch die gegenseitige Freiheit werde das Verhältniß zwischen Kirchen und Staat kein feindliches werden: Rechtsverhältnisse aber, welche nicht auf der Verfassung, sondern besonderen Verträgen beruheten, als z. B. der Inhalt der Bulle: de salute animarum, würden auch künftig giltig bleiben, und von Kirche und Staat zu beachten und zu gewähren sein.

Was endlich die Auseinandersetzung des Staats mit den Kirchen betreffe, so werde diese formell mit der katholischen Kirche minder schwierig sein, da diese schon die nöthigen Repräsentanten und Organe besitze. Für die evangelische Kirche müßten diese allerdings erst theilweis geschaffen werden; hierzu werde aber das Nöthige seitens des Staats nicht verabsäumt, auch die Rechte desselben gebührend gewahrt werden, und über besondere Schwierigkeiten werde nöthigen Falles die Gesetzgebung zu entscheiden haben.

Bei Erwägung der vorher angeführten Ansichten hat der Ausschuß neben den Gründen, welche für den Inhalt des Artikels 12 sprechen, auch den Umstand nicht außer Acht lassen können, daß die Grundsätze desselben einmal ausgesprochen, auch hier und da schon zur Anwendung gekommen sind, und daß sich daher diese wichtige Angelegenheit schon in einer Lage befindet, bei welcher eine Zurücknahme jener Grundsätze bedenklich erscheinen muß, und es daher nun nur auf eine angemessene Feststellung und Begrenzung und die folgerechte Durchführung der einmal gegebenen Anordnungen ankommen wird.

Es sind auch weder in den Abtheilungen noch im Centralausschuß Anträge auf wesentliche Aenderungen oder auf Verwerfung der Grundsätze des Artikels 12 hervorgetreten, und es ist daher anzunehmen, daß diese auch bei der Mehrzahl der Kammermitglieder Beifall finden werden. —

Welche Unterrichtsanstalten nach dem Artikel 12 im Besitz der Kirchengesellschaften bleiben sollen, darüber ist eine Diskussion an dieser Stelle nicht eingetreten. Es ist diese bis zur Berathung der Verfassungsartikel, welche über das Unterrichtswesen handeln, vorbehalten worden. Der Ausschuß konnte daher zu den einzelnen minder erheblichen Abänderungsvorschlägen übergehen. Von solchen hat

die I. Abtheilung beantragt: a) im Eingange des Artikels nur zu sagen: „jede Kirche und Religionsgesellschaft" und b) den Zusatz anzunehmen: „sie (die Religionsgesellschaft) bleibt aber den allgemeinen Staatsgesetzen unterworfen".

Die II., III., IV. und V. Abtheilung haben Aenderungen des Artikels nicht beantragt, und die V. nur noch den Zusatz bevorwortet, hinter „Fonds" fortzufahren: „namentlich auch der von Seiten des Staats und der bürgerlichen Gemeinden ihnen bisher gewährten Unterstützungen und des gesetzlichen Rechtsschutzes für Umlagen auf ihre Genossen".

Der Abänderungsvorschlag der I. Abtheilung ad a., wonach die besondere Erwähnung der evangelischen und römisch-katholischen Kirche wegfallen würde, hat keinen Anklang in dem Ausschusse gefunden. Man hat erwogen, daß diese Kirchen thatsächlich die bei weitem bedeutendsten und verbreitetsten Religionsgesellschaften im Staate seien, daß es daher gerechtfertigt erscheine, ihrer besonders zu gedenken, und selbst den Schein zu vermeiden, als werde deren hohe Bedeutung verkannt oder verleugnet. Der Vorschlag ist daher, gegen 2 Stimmen, abgelehnt und darauf der Artikel selbst mit 12 gegen eine Stimme angenommen worden. Es blieben nun noch die beantragten Zusätze zu berathen, und der Ausschuß hat zunächst den der V. Abtheilung (siehe oben) rücksichtlich der den Religionsgesellschaften a) vom Staate, b) von den bürgerlichen Gemeinden, und c) durch Umlagen ihrer Genossen zu gewährenden Unterstützungen zur Erwägung gezogen.

Man fand hierbei, daß der Antrag der Abtheilung nicht bestimmt genug gefaßt sei und daher zu vielen Weiterungen und theils unbegründeten, theils unerfüllbaren Ansprüchen Veranlassung geben werde. Rücksichtlich des Staats sei nicht gesondert, was dieser als eine Rechtsverbindlichkeit und was derselbe bisher aus gutem Willen gegeben habe. Es sind daher mehrere andere Fassungen versucht worden.

1) Ein Abgeordneter schlug vor, zuzusetzen: „namentlich der aus Staatsmitteln bleibend zugesicherten Gehälter und Unterstützungen für den Kirchenbau".

2) Ein anderer, zu sagen: „sowie der bisher vom Staate gewährten Zuschüsse nach Maßgabe des gegenwärtigen Leistungsverhältnisses, so lange das Bedürfniß derselben besteht".

3) Ein dritter, nur zuzusetzen: „namentlich auch der von Seiten des Staates zugesicherten Unterstützungen", und endlich

4) ein vierter, statt des Vorschlages der fünften Abtheilung zu sagen: „bei den rechtlich begründeten Verpflichtungen der Gemeinden zur Fürsorge für kirchliche Bedürfnisse behält es sein Bewenden". —

Obwohl nun zur Begründung dieser Zusätze noch besonders hervorgehoben wurde, wie es nöthig sei, bestimmter auszusprechen, daß der Staat und die Gemeinden zur Fortentrichtung ihrer bisherigen Leistungen für den Kultus verpflichtet blieben, da sonst über manche bisherige Leistungen des Staates Streit entstehen, und die Gemeinden sich der bisherigen Verpflichtungen für enthoben erachten möchten, so haben doch alle Zusatzanträge keinen Anklang gefunden, da man erwog: daß die Worte des Artikels 12 nur den Grundsatz enthalten könnten und diesen hinlänglich feststellten, daß jede Spezialisirung nur größere Ansprüche hervorrufen und die Auseinandersetzung zwischen Kirche und Staat erschweren könnte, und daß die näheren Bestimmungen, namentlich auch rücksichtlich der Pflichten der bürgerlichen Gemeinden, besonderen Gesetzen, vielleicht der Gemeindeordnung vorbehalten bleiben könnten. Der Ausschuß hat daher den Vorschlag der V. Abtheilung ad a. mit 10 gegen 3 Stimmen, ad b. einstimmig, ad c. mit 9 gegen 4 Stimmen, desgleichen die vorher angeführten Vorschläge der Abgeordneten und Ausschußmitglieder und zwar: das zu 1) mit 12 gegen

1 Stimme, das zu 2) mit 11 gegen 2 Stimmen, das zu 3) mit 10 gegen 3 Stimmen, und endlich das zu 4) mit 11 gegen 2 Stimmen verworfen.

Es blieb nun nur noch der Zusatzantrag der Abtheilung I.: „Sie (die Kirchengesellschaft) bleibt aber den allgemeinen Staatsgesetzen unterworfen" übrig. — Mehrere hielten diesen Zusatz nicht für nöthig, da dessen Inhalt sich von selbst verstehe. Auch die von einer Seite geltend gemachte Hoffnung, daß dieser Zusatz auch dahin wirken werde, den für Unterricht und Wohlthätigkeit bestimmten Fonds mancher Religionsgesellschaft die angemessene Verwendung zu sichern, hat der Ausschuß nicht getheilt, und diesen Zusatz mit 10 gegen 3 Stimmen abgelehnt.

Der Centralausschuß empfiehlt daher der Kammer: „den Artikel 12 der Verfassungsurkunde ohne Abänderungen oder Zusätze in seiner jetzigen Fassung beizubehalten und zu bestätigen".

Der Artikel 13 der Verfassungsurkunde lautet:

„Der Verkehr der Religionsgesellschaften mit ihren Obern ist ungehindert. Die Bekanntmachung ihrer Anordnungen ist nur denjenigen Beschränkungen unterworfen, welchen alle übrigen Veröffentlichungen unterliegen."

Die I, II., III. und IV. Abtheilung der Kammer hat keine Abänderungen dieses Artikels beantragt, dagegen die V. Abtheilung deren zwei, welche dahin gehen: 1) im ersten Satze hinter dem Worte „Obern" einzuschalten: „oder mit auswärtigen Schwesterkirchen und deren Behörden", und 2) statt der Worte: „nur denjenigen Beschränkungen" zu setzen: „denjenigen Bestimmungen".

Den Zusatz ad 1) hält indessen der Centralausschuß für überflüssig, da der freie Verkehr mit den Schwesterkirchen sich aus der Anwendung der in den Artikeln 11 und 12 enthaltenen Grundsätze von selbst ergeben müsse, und hat denselben mit 12 gegen 1 Stimme verworfen.

Auch in der Bezeichnung „Bestimmungen" hat man eine Verbesserung nicht gefunden und auch diese mit 9 gegen 4 Stimmen abgelehnt.

Ein Abgeordneter hat versucht, die Absicht der V. Abtheilung, auch der Schwesterkirchen zu gedenken, in anderer Weise zu erreichen, indem er den Vorschlag gemacht hat: „der Verkehr der Religionsgesellschaften unter einander und mit ihren Obern u. s. w." zu sagen.

Indessen auch diese Fassung ist aus denselben Gründen, welche gegen den Vorschlag der V. Abtheilung geltend gemacht waren, mit 10 gegen 3 Stimmen verworfen worden.

Dagegen hat der Vorschlag eines anderen Abgeordneten, die Bestimmung im zweiten Satze wegen der Bekanntmachungen schärfer auf die religiöser Natur zu beschränken, und daher anstatt: „ihrer Anordnungen" zu sagen: „kirchlicher Anordnungen" Anklang gefunden und ist mit 8 gegen 5 Stimmen angenommen worden.

Der Centralausschuß empfiehlt daher der Kammer, den Artikel 13 in folgender Fassung:

„Der Verkehr der Religionsgesellschaften mit ihren Obern ist ungehindert. Die Bekanntmachung kirchlicher Anordnungen ist nur denjenigen Beschränkungen unterworfen, welchen alle übrigen Veröffentlichungen unterliegen."

anzunehmen.

Der Artikel 14 der Verfassungsurkunde lautet:

„Ueber das Kirchenpatronat und die Bedingungen, unter welchen dasselbe aufzuheben, wird ein besonderes Gesetz ergehen."

Der Inhalt dieser Anordnung ist in den Abtheilungen von zwei Seiten her angefochten worden, indem einigen die bevorstehende Aufhebung der Patronate nicht bestimmt genug ausgesprochen erschien, anderen aber diese Aufhebung durch die Fassung des Artikels 14 schon zu sicher in Aussicht gestellt war. Obwohl nun diese Ansichten theilweis in den Abtheilungen eine Mehrheit nicht erhalten, und daher die Abtheilungen III., IV. und V. Aenderungen nicht vorgeschlagen hatten, ist doch von der I. Abtheilung eine Fassung dahin beantragt worden: „Das Kirchenpatronat, sowohl des Staats als der Privaten, soll aufgehoben werden. Die Aufhebung regelt ein besonderes Gesetz."

Im entgegengesetzten Sinne aber hat die II. Abtheilung folgenden Vorschlag gemacht, statt des Wortes: „aufzuheben" zu setzen: „aufgehoben werden kann".

Bei der Erörterung im Centralausschuß hat sich ergeben, daß auch die Staatsregierung ihre Ansicht noch nicht darüber festgestellt hat, ob und in wie weit das Kirchenpatronat aufgehoben werden soll, wahrscheinlich sich aber darauf beschränken wird, die Patronate als aufzuhebende zu bezeichnen, mit welchen Lasten und Pflichten zu Unterhaltung von Kirchen, Pfarren u. s. w. nicht verbunden sind, und außerdem die Regel festzustellen, daß alle anderen Patronate aufgehoben werden können, wenn der Patron entlastet und dessen Pflichten anderweitig übernommen werden. Es ist ferner angeführt worden, daß diese Aufhebung in mehr als einer Beziehung wohl zu erwägen sei. Einmal seien die Verhältnisse des Kirchenpatronates in den Provinzen und in Beziehung auf die verschiedenen Konfessionen sehr mannigfaltig gestaltet, ferner sei dasselbe in der Regel mit sehr erheblichen Lasten und Pflichten für Kirchen- und Pfarrbau u. s. w. verbunden, welche zum Fortbestehen des Kultus erfüllt und gewährt werden müßten, und von den politischen oder kirchlichen Gemeinden nicht gern übernommen werden würden, auch theilweis nicht einmal übernommen werden könnten. Außerdem berühre die Aufhebung oder Umformung des Kirchenpatronats die Autonomie der Kirchengesellschaften, greife auch in die inneren Verhältnisse derselben wesentlich ein, und Viele seien daher der Ansicht, daß der Staat allein und ohne Zuziehung der Kirchengesellschaften gar nicht berechtigt sei, das Patronat aufzuheben, und daß er sich daher darauf zu beschränken habe, die Anträge der Kirchen abzuwarten und dann höchstens durch die Gesetzgebung vermittelnd zur Aufhebung oder Umgestaltung die Hand zu bieten. Obwohl nun hiergegen andererseits angeführt worden ist, daß das Patronat doch meistentheils ein mit erheblichen Pflichten und Lasten verbundenes Annexum der Guts- und Gerichtsherrschaft sei, und daher nach Aufhebung dieser theils fortzubestehen nicht berechtigt sei, theils auch rücksichtlich der Pflichten nicht wohl fortbestehen könne, da es nicht billig erscheine, den Gutsherren ihre Rechte zu nehmen, sie der Gemeinde einzuverleiben, ihnen die Gemeindelasten aufzuerlegen und ihnen daneben noch Lasten der Art, wie das Patronat, zu belassen: so sind doch die Bedenken über die Nothwendigkeit der Aufhebung des Kirchenpatronats bei der Mehrheit des Ausschusses vorherrschend geblieben, und es ist der vorher allegirte Vorschlag der I. Abtheilung mit 12 gegen 1 Stimme abgelehnt, dagegen aber der Antrag der II. Abtheilung: die Frage über Aufhebung des Patronats noch offen zu erhalten, mit 8 gegen 5 Stimmen angenommen worden. Dadurch ist zugleich ein Vorschlag eines Abgeordneten, statt: „Bedingungen, unter welchen dasselbe aufzuheben", zu setzen: „Bedingungen seiner Aufhebung" mit erledigt worden.

Der Centralausschuß empfiehlt daher der Kammer, den Artikel 14 in folgender Fassung:

„Ueber das Kirchenpatronat und die Bedingungen, unter welchen dasselbe aufgehoben werden kann, wird ein besonderes Gesetz ergehen."

anzunehmen.

Der Artikel 15 der Verfassungsurkunde lautet:

„Das dem Staate zustehende Vorschlags-, Wahl- und Bestätigungsrecht bei Besetzung kirchlicher Stellen ist aufgehoben."

Die Abtheilungen II., III. und IV. haben zu diesem Artikel Abänderungen nicht beantragt, dagegen aber die I. Abtheilung vorgeschlagen: hinter dem Worte „Staat" zuzusetzen: „als solchem";

und die V. Abtheilung beantragt: 1) vor dem Worte „Vorschlags-" einzuschalten: „Ernennungs-", und am Schlusse zuzusetzen: „bei der Anstellung von Geistlichen beim Militair und öffentlichen Anstalten bleibt es bei der bisherigen Verfassung".

Ein Abgeordneter schlug noch vor: „in Verbesserung dieses Zusatzes statt „Verfassung" lieber „Berufungsweise" zu sagen.

Bei der Erörterung hat sich ergeben, daß dieser Artikel, welcher aus der Redaktion der Centralabtheilung der Nationalversammlung hervorgegangen ist, zu vielen Mißdeutungen Veranlassung gegeben hat, indem namentlich daraus gefolgert worden ist, daß auch das Patronat des Fiskus aufgegeben werde. Außerdem ist aber auch seitens einiger katholischen Kirchenbehörden auf Grund dieses Artikels nicht nur das Besetzungsrecht in Anspruch genommen worden, was dem Fiskus in manchen Gegenden als Landesherrn (jure territoriali) bisher zugestanden hat, und weder auf dem Patronat, noch auf speziellem Rechtstitel beruht, sondern es haben sich jene auch veranlaßt gesehen, dem Militair und manchen Straf- und sonstigen Anstalten, ohne Theilnahme der Königlichen Behörden Geistliche zuzuweisen, und die Ertheilung der Fakultäten für andere, vom Staate Berufene zu verweigern.

Der Ausschuß hat anerkannt, daß mit dem Inhalt dieses Artikels nur das aus dem Staatshoheitsrecht hergeleitete Vorschlags-, Wahl- oder Bestätigungsrecht bei Besetzung kirchlicher Stellen aufgehoben worden ist, was mit der früher noch von manchen beabsichtigten, unbedingten Aufhebung des Patronatsrechts im Einklange war.

Die von einer Seite geschehene Anführung, wie es wünschenswerth erscheine, daß dieser Artikel gar nicht in die Verfassungsurkunde aufgenommen sein möchte, hat der Ausschuß nicht gebilligt, und noch weniger die Streichung für angemessen gehalten, indem er erwog, daß darin eine bedenkliche Zurücknahme einmal gegebener Zusagen gefunden werden würde. Es war hiernach die Aufgabe, eine Fassung zu finden, welche die Rechte des Staats sicher stellte, deren Aufgeben in der That nicht beabsichtigt worden ist. In dieser Absicht sind noch drei Fassungen vorgeschlagen worden, und zwar:

A. von einer Seite, zu sagen: „Das Ernennungs-, Vorschlags-, Wahl- oder Bestätigungsrecht bei Besetzung kirchlicher Stellen ist, so weit es dem Staate zusteht, und nicht auf dem Patronate oder besonderen Rechtstiteln beruht, aufgehoben."

B. von einer anderen, zu setzen: „Das der Staatsregierung bei Besetzung kirchlicher Stellen zustehende Wahl-, Vorschlags-, Ernennungs- oder Bestätigungsrecht, so weit es nicht auf einem besondern Rechtstitel beruht, ist aufgehoben."

C. und von einer dritten, folgenden Zusatz zu wählen: „Auf die Anstellung von Geistlichen beim Militair und an öffentlichen Anstalten findet diese Bestimmung keine Anwendung."

Bei der Abstimmung sind die oben angeführten Vorschläge der Abtheilungen I. und V., ersterer einstimmig, letzterer mit 9 gegen 5 Stimmen verworfen und die Fassung des Artikels 15 nach dem vorbemerkten Vorschlage zu A. mit 10 gegen 4 Stimmen angenommen und dadurch auch der Vorschlag zu B. erledigt worden.

Auch der Zusatzvorschlag zu C. (vorstehend) hat mit 12 gegen 2 Stimmen Annahme gefunden.

Hiernach empfiehlt der Centralausschuß den Artikel 15 in folgender Fassung anzunehmen:

„Das Ernennungs-, Vorschlags-, Wahl- und Bestätigungsrecht bei Besetzung kirchlicher Stellen ist, so weit es dem Staate zusteht, und nicht auf dem Patronat oder besonderen Rechtstiteln beruht, aufgehoben.

Auf die Anstellung von Geistlichen beim Militair und an öffentlichen Anstalten findet diese Bestimmung keine Anwendung."

Der Artikel 16 der Verfassungsurkunde lautet:

„Die bürgerliche Giltigkeit der Ehe wird durch deren Abschließung vor den dazu bestimmten Civilstandsbeamten bedingt. Die kirchliche Trauung kann nur nach der Vollziehung des Civilaktes stattfinden."

Zu diesem Artikel hat nur die V. Abtheilung den folgenden Fassungsvorschlag eingegeben, statt des zweiten Satzes desselben zu sagen: „Der Civilakt geht der kirchlichen Trauung vorher", die übrigen Abtheilungen aber Abänderungen nicht beantragt.

Ebenso wenig sind gegen den Sinn und Inhalt dieses Artikels im Centralausschusse Anträge formulirt und vertheidigt worden. Es wurde nicht bestritten, daß die Bestimmungen dieses Artikels sowohl durch die jetzigen Verhältnisse mancher Kirchengesellschaften und Sekten, als bei den durch Artikel 11 und 12 gegebenen gesetzlichen Zuständen nothwendig geworden seien. Es wurde anerkannt, daß der Staat berechtigt sein müsse, ein für ihn so wichtiges Element, wie die Ehe, und die dadurch bedingte Familie in Beziehung auf die bürgerlichen Wirkungen und Verhältnisse beider, selbstständig und ohne Theilnahme der Religionsgesellschaften zu ordnen. Und es ist daher gegen diesen Artikel nur geltend gemacht worden, daß der Civilakt in einigen Theilen der Monarchie mit einer Ungunst aufgenommen und angesehen würde, welche erst nach Jahren verschwinden dürfte, und daß, von diesen Empfindungen ausgehend, hie und da die Fassung des zweiten Satzes des Artikels 16 verletzt habe. In dem Ausspruche, daß die kirchliche Weihe nur nach dem Civilakte stattfinden dürfe, würde hie und da die Bedeutung gefunden, daß die kirchliche Weihe nachstehen und die Nebensache sein sollte. — In der Sache ist der Ausschuß darüber einig, daß der Civilakt der Zeit nach nothwendig vorangehen müsse, wenn nicht der Zweck: Konkubinate (im gesetzlichen Sinne des Wortes) zu vermeiden, verfehlt werden sollte. Um indessen in dieser Angelegenheit zarter Natur selbst Vorurtheile zu schonen und das angeblich anstößige Wort „nach" zu umgehen, sind im Centralausschuß noch andere Fassungen versucht und vorgeschlagen worden.

A. zunächst: „die kirchliche Trauung darf nicht vor der Vollziehung des Civilaktes stattfinden",

B. und ferner: „die bürgerliche Giltigkeit der Ehe ist von der Vollziehung des Civilaktes abhängig, welcher der kirchlichen Trauung vorangehen muß".

Beide aber hat der Ausschuß bei der Abstimmung, jene gegen 1, und diese gegen 3 Stimmen verworfen, und den ersten Satz des Artikels einstimmig, den zweiten mit 12 gegen 2 Stimmen angenommen.

Hierauf ist noch ein Zusatz zu dem Artikel 16 dahin beantragt worden: „die Standesbücher werden von der bürgerlichen Behörde geführt".

Zur Begründung wurde bemerkt, daß es wünschenswerth sei, diesen wesentlichen Grundsatz über die Ausführung des Artikels 16 gleich durch die Verfassung festzustellen, und dadurch die nöthige spezielle Gesetzgebung zu erleichtern und zu beschleunigen. — Der hiergegen gemachte Einwand, daß jene Bestimmung nicht in die Verfassung, sondern in das Spezialgesetz gehöre und noch wohl zu erwägen sei, hat im Ausschuß nicht Anklang gefunden, und der Zusatzartikel ist mit 8 gegen 9 Stimmen zum Beschluß erhoben worden.

Der Centralausschuß empfiehlt daher der Kammer, den Artikel 16 in folgender Fassung anzunehmen:

„Die bürgerliche Giltigkeit der Ehe wird durch deren Abschließung vor den dazu bestimmten Civilstandsbeamten bedingt. Die kirchliche Trauung kann nur nach der Vollziehung des Civilaktes stattfinden.

Die Standesbücher werden von der bürgerlichen Behörde geführt."[4])

---

[4]) Der weitere Theil des Berichtes handelt von den auf das Unterrichtswesen bezüglichen Artikeln der Verfassung.

2. Der Vorschlag des Centralausschusses und Vergleichung desselben mit der Verfassungsurkunde.

Im vorstehenden Berichte empfahl ihr Centralausschuß der Ersten Kammer folgende Fassung unserer Artikel: [1]

„Artikel 11. Die Freiheit des religiösen Bekenntnisses, der Vereinigung zu Religionsgesellschaften, nach Maßgabe des Artikels 28, und der gemeinsamen häuslichen und öffentlichen Religionsübung wird anerkannt. Der Genuß der bürgerlichen und staatsbürgerlichen Rechte ist unabhängig von dem religiösen Bekenntnisse und der Theilnahme an einer Religionsgesellschaft. Den bürgerlichen und staatsbürgerlichen Pflichten darf durch die Ausübung der Religionsfreiheit kein Abbruch geschehen.

Die Religionsgesellschaften, welche keine Korporationsrechte haben, können diese Rechte nur durch besondere Gesetze erlangen.

Artikel 12. Die evangelische und die römisch-katholische Kirche, so wie jede andere Religionsgesellschaft, ordnet und verwaltet ihre Angelegenheiten selbständig und bleibt im Besitz und Genuß der für ihre Kultus-, Unterrichts- und Wohlthätigkeitszwecke bestimmten Anstalten, Stiftungen und Fonds.

Artikel 13. Der Verkehr der Religionsgesellschaften mit ihren Oberen ist ungehindert. Die Bekanntmachung kirchlicher Anordnungen ist nur denjenigen Beschränkungen unterworfen, welchen alle übrigen Veröffentlichungen unterliegen.

Artikel 14. Ueber das Kirchenpatronat und die Bedingungen, unter welchen dasselbe aufgehoben werden kann, wird ein besonderes Gesetz ergehen.

Artikel 15. Das Ernennungs-, Vorschlags-, Wahl- und Bestätigungsrecht bei Besetzung kirchlicher Stellen ist,

---

[1] Samml. sämmtl. Drucksachen d. I. K, III., N. 231, S. 27 f.

so weit es dem Staate zusteht, und nicht auf dem Patronat oder besonderen Rechtstiteln beruht, aufgehoben.

Auf die Anstellung von Geistlichen beim Militair und an öffentlichen Anstalten findet diese Bestimmung keine Anwendung.

Artikel 16. Die bürgerliche Giltigkeit der Ehe wird durch deren Abschließung vor den dazu bestimmten Civilstandsbeamten bedingt. Die kirchliche Trauung kann nur nach der Vollziehung des Civilaktes stattfinden.

Die Standesbücher werden von der bürgerlichen Behörde geführt.

Der Centralausschuß empfahl mit diesem Vorschlage zwar nicht die unveränderte Beibehaltung der §§. 11—16 der Verfassungsurkunde, tastete aber mit seinen Gegenvorschlägen die allgemeinen Prinzipien, welche denselben zu Grunde lagen, in keinem Stücke an. Seine Abänderungen sind zum größten Theil rein redaktioneller Natur, und nur einigen von ihnen wohnt eine größere sachliche Bedeutung bei.

Wenn der Centralausschuß beantragte, im Artikel 11 an die Stelle des bloßen Allegates von Artikel 28 zu setzen: „nach Maßgabe des Artikels 28", ferner das, wie der Bericht meint, unbestimmtere vieldeutige Wort: „gewährleistet" mit dem bestimmteren und klareren Worte: „anerkannt" zu vertauschen, und in dem zweiten Satze das Wörtchen: „irgend" auszulassen: so verlangte er damit eben nur sachlich gleichgiltige Aenderungen im Ausdruck. Anders verhält es sich mit der Einschiebung der Worte: „häuslichen und" im ersten Satze und mit dem Zusatz über die Korporationsrechte am Schluß des Artikels. Jenes, nach dem Vorgange der deutschen Grundrechte (Art. V, §. 15)[2]) aufgenommene Einschiebsel hebt zwar nur das besonders hervor, was unzweifelhaft in der Verfassungsurkunde ebenso wie in den Entwürfen der Verfassungskommission und der Centralabtheilung von 1848 als etwas selbstverständliches vorausgesetzt und eben darum nicht ausdrücklich erwähnt war. Aber da die Freiheit der gemeinsamen häuslichen Religionsübung bisher nur in beschränktem Maße anerkannt gewesen[3]),

---

[2]) Siehe oben S. 291. [3]) Vergl. oben S. 42 f.

und das Schweigen der Verfassungsurkunde über die gemeinsame häusliche Religionsübung doch zu Ungunsten der letzteren hätte ausgelegt werden können: so ist in dem Antrage des Centralausschusses eine nicht unwichtige Ergänzung der betreffenden Bestimmung zu erkennen. Keine bloße Ergänzung, sondern eine, und zwar recht erhebliche, materielle Veränderung der Verfassungsurkunde enthält der vom Centralausschuß beantragte Zusatz, nach welchem Religionsgesellschaften, die keine Korporationsrechte haben, sie nur durch besondere Gesetze sollen erlangen können. Während nämlich die Verfassungsurkunde durch das Allegat des Artikels 29 [4]) die Religionsgesellschaften rücksichtlich der Erlangung dieser Rechte allen übrigen Gesellschaften völlig gleichstellt, und ihre Ertheilung an Religionsgesellschaften den allgemeinen, gesetzlich festzustellenden Bedingungen unterwirft: weist der vorgeschlagene Zusatz den Religionsgesellschaften in dieser Beziehung eine Sonderstellung an. Denn zum ersten überläßt er die Ertheilung der Korporationsrechte an neue Religionsgesellschaften nicht der Staatsregierung allein, sondern legt sie in die Hände sämmtlicher gesetzgebenden Faktoren; und zum andern bindet er diese Ertheilung nicht an ein- für allemal gesetzlich festgestellte Bedingungen, sondern giebt sie lediglich dem besonderen Ermessen der Gesetzgebung in jedem einzelnen Falle anheim. So wird dem Staate die unbedingte Macht gewahrt, durch Ertheilung oder Versagung der Korporationsrechte fördernd oder hemmend auf die Entwicklung neugebildeter Religionsgesellschaften einzuwirken. Wenn man hiemit aber nach einer Garantie dafür gestrebt hat, daß der Staat bei der Zulassung neuer Religionsgesellschaften zur Gleichberechtigung mit der evangelischen und katholischen Kirche vorsichtig verfahre: so hat man damit doch zugleich eine weitgehende staatliche Begünstigung dieser beiden Kirchen in ihrer bestehenden Verfassung ausgesprochen und durch nichts verhindert, daß der Nichtgebrauch des Rechtes, Korporationsrechte zu verleihen, nicht zum Misbrauch werde.

Zu Artikel 13 bietet der Vorschlag des Centralausschusses eine nur redaktionelle Verbesserung dar, indem er die Anordnungen kirch-

[4]) Siehe oben S. 333 Anm. 2.

licher Oberen, welche keinen besonderen Beschränkungen unterworfen sein sollen, ausdrücklich als „kirchliche“ bestimmt.

Im Artikel 14 weicht die Fassung des Centralausschusses von derjenigen der Verfassungsurkunde darin ab, daß diese als Gegenstand des verheißenen Gesetzes die Bedingungen, unter welchen das Kirchenpatronat „aufzuheben“, jene aber die Bedingungen, unter welchen dasselbe „aufgehoben werden kann“, bezeichnet. Mit dieser Aenderung beseitigt der Centralausschuß nicht etwa nur eine Zweideutigkeit im Ausdruck. Denn war der allerdings zweideutige Ausdruck der Verfassungsurkunde von der Staatsregierung selber auch nicht so gemeint, als ob alles Kirchenpatronat ohne Unterschied aufgehoben und in dem verheißenen Gesetze eben nur die Bedingungen für diese allgemeine Aufhebung festgestellt werden sollten: so hatte er doch den Sinn, daß ein besonderes Gesetz diejenigen Bedingungen feststellen sollte, bei deren Vorhandensein in jedem einzelnen Falle das Patronatsverhältniß nicht mehr fortbestehen dürfe[5]). Und eben dieses inhaltschwere Präjudiz, daß unter gewissen Umständen das Patronatsverhältniß aufgelöst werden müsse, ist in der vom Centralausschuß vorgeschlagenen Fassung ausgeschieden, und statt dessen nur die an gewisse Bedingungen zu knüpfende Möglichkeit, jenes Verhältniß in einem bestimmten Falle zu beseitigen, prinzipiell ausgesprochen.

Bei Artikel 15 beschränkt sich der Vorschlag des Centralausschusses auf eine klarere und ausführlichere Fassung der in der Verfassungsurkunde gemeinten, aber ungenau und misverständlich ausgedrückten Bestimmung[6]), während er den Artikel 16 durch Hinzufügung des auch in den deutschen Grundrechten enthaltenen Satzes, daß die Standesbücher von der bürgerlichen Behörde geführt werden, in praktisch bedeutsamer Weise ergänzt.

Gar keine Abänderungsanträge stellte der Centralausschuß gerade zu dem Artikel, in welchem die Selbständigkeit der Religionsgesellschaften ausgesprochen ist, sondern empfahl denselben der Kammer zur un-

---

[5]) Vergl. oben S. 443.

[6]) Vergl. die Erklärung des Herrn v. Ladenberg, Verhh. d. I. K., N. F., I, S. 597.

veränderten Annahme; und es ist bemerkenswerth, daß nicht einmal weder in den Abtheilungen noch im Schooße des Centralausschusses selbst Anträge auf wesentliche Aenderungen oder auf Verwerfung der Grundsätze des Artikels 12 hervortraten. Freilich wurden bei den Berathungen des Ausschusses manche Bedenken gegen die Selbständigkeit namentlich der evangelischen und der römisch-katholischen Kirche erhoben. Aber nicht nur erwog der Ausschuß, daß die Grundsätze des Artikels 12 einmal ausgesprochen, auch hier und da bereits zur Anwendung gekommen waren, und daß sich diese wichtige Angelegenheit daher bereits in einer Lage befand, bei welcher eine Zurücknahme jener Grundsätze bedenklich erscheinen mußte, sondern es wurden auch den aufgestellten Bedenken gegenüber ebenso viele Gründe geltend gemacht, welche theils dieselben entkräfteten, theils aber auch positiv für den Inhalt des Artikels sprachen. Die Frage, ob dieser letztere zugleich mit dem Regiment der Staatsgewalt auch die überkommene regimentliche Stellung des Landesherrn in der evangelischen Kirche aufhebe, oder ob er dieselbe, als von dem bisherigen Verhältniß der Kirche zu dem Staate unabhängig, nicht berühre, scheint, nach dem Berichte des Centralausschusses zu urtheilen, bei diesen Verhandlungen nicht aufgeworfen worden zu sein. Wohl aber wurde anerkannt, daß, um die Auseinandersetzung des Staates mit der evangelischen Kirche zu bewirken, für diese letztere „die nöthigen Repräsentanten und Organe erst theilweis geschaffen werden müßten". Und mit diesem Anerkenntniß wurde offenbar erklärt, daß ein Theil der Kirche überhaupt noch der Faktoren entbehre, welche kompetent wären, als deren Organe und Repräsentanten mit dem Staate zu verhandeln, und daß es, um die Auseinandersetzung vollziehen zu können, keineswegs genügen würde, den vorhandenen regimentlichen Organismus der Kirche von der Staatsregierung loszulösen und derselben gegenüber selbständig hinzustellen. Hieraus aber scheint hervorzugehen, daß an eine kirchliche Kompetenz des Königs und der königlichen Kirchenbehörden, die etwas anderes wäre, als ein Ausfluß der Staatsgewalt, und deshalb durch die Selbständigkeitserklärung der Kirche nicht berührt würde, auch nicht im entferntesten gedacht wurde.

3. Verbesserungsanträge.

Zu den Anträgen des Centralausschusses kamen theils vor, theils während der Debatten aus der Mitte der Kammer noch eine Anzahl von Verbesserungsanträgen, nämlich:

Zu Artikel 11—16.

1. Des Abg. v. Gerlach-Neustettin aus Magdeburg.[1])

An die Stelle dieser Artikel folgenden Artikel zu setzen:

„Das Verhältniß der christlichen Kirche und der übrigen Religionsgesellschaften zum Staate zu ordnen, bleibt besonderen Gesetzen vorbehalten."

Zu Artikel 11.[2])

A. Zusatzanträge.

2. Des Abg. Walter-Cleve aus Bonn.

Zusatz a.: „Jede Religionsgesellschaft, welche auf den Schutz des Staates Anspruch macht, ist verpflichtet, ihren Mitgliedern Ehrfurcht gegen Gott, Gehorsam gegen die Gesetze, Treue gegen den Staat und sittlich gute Gesinnungen gegen alle Mitbürger einzuflößen."

3. Des Abg. Bornemann-Görlitz aus Berlin.[3])

Zusatz: „Jede Gesellschaft, welche als Religionsgesellschaft auf den Schutz des Staates Anspruch macht, ist verpflichtet" u. s. w. wie im vorstehenden Antrage Walter.

4. Des Abg. vom Rath-Cleve aus Lauersforth bei Koblenz.

Zusatz am Schluß des ersten Satzes: „Jede Religionsgesellschaft ist jedoch verpflichtet, ihren Mitgliedern Ehrfurcht gegen die Gottheit, Gehorsam gegen die Gesetze, Treue gegen den Staat und Liebe gegen die Mitbürger einzuflößen."

Während der Diskussion verwandelte der Abgeordnete vom Rath diesen Antrag in ein Unteramendement zum Antrage Walter (2), indem er ihn dahin modifizirte: in dem Antrage Walter statt der Worte: „sittlich gute Gesinnungen gegen alle Mitbürger" aufzunehmen: „Liebe gegen die Mitbürger".[4])

---

[1]) Verhh. d. I. K., N. F. I, S. 509. Sitz.-Prot. d. I. K., II, S. 412.

[2]) Verhh. d. I. K., N. F. I, S. 505 ff. Sitz.-Prot. d. I. K., II, S. 410 f.

[3]) Samml. sämmtl. Drucksachen d. I. K., III, N. 263.

[4]) Verhh. d. I. K., N. F. I, S. 551 f. Sitz.-Prot. d. I. K., II, S. 428. Es wurde nur der modifizirte, nicht aber auch der ursprüngliche Antrag des Abg. vom Rath zur Abstimmung gebracht.

5 Des Abg. Walter-Cleve aus Bonn.

Zusatz b: „Die christliche Religion in ihren Hauptbekenntnissen wird als die Religion der großen Mehrzahl der Bewohner des Staates anerkannt, und als solche in den Einrichtungen desselben, unbeschadet der Religionsfreiheit der Andersglaubenden, berücksichtigt." (Wurde vor der Abstimmung zurückgezogen.)

6. Des Abg. Goldtammer-Naugard aus Berlin.

Zusatz: „Die christliche Religion in ihren Hauptbekenntnissen wird, als die Religion der großen Mehrheit des Staates, den bürgerlichen Einrichtungen desselben, unbeschadet der Religionsfreiheit der Andersglaubenden, zum Grunde gelegt."

7. Des Abg. Walter-Cleve aus Bonn.[5])

Zusatz: „Die christliche Religion in ihren Hauptbekenntnissen wird, als die Religion der großen Mehrheit der Bewohner des Staates, bei den religiös-bürgerlichen Einrichtungen desselben, unbeschadet der Religionsfreiheit der Andersglaubenden, zum Grunde gelegt."

(Diesen Verbesserungsantrag zum Amendement Goldtammer (6) brachte Walter später ein, als den sub 5. aufgeführten Antrag, und zwar mit der Bitte, ihn vor demselben zur Abstimmung zu bringen. Er wurde darauf mit dem Goldtammer'schen Antrage vereinigt, indem Goldtammer in dem seinigen statt der Worte: „bürgerlichen Einrichtungen" die Worte: „religiös-bürgerlichen Einrichtungen" aufnahm; und zur Abstimmung kam der so vereinigte Goltdammer-Walter'sche Antrag.

8 Des Abg. Stahl-Angermünde aus Berlin.

Zusatz: „Das Christenthum bleibt maßgebend für alle öffentlichen Einrichtungen, die mit der Religion in Zusammenhang stehen. Die evangelische und die römisch-katholische Kirche behalten ihr öffentlich-nationales Ansehen im Staate."

B. Abänderungsanträge.

9. Des Abg. Ritter-Münster aus Breslau.

Die Worte: „und der Theilnahme an einer Religionsgesellschaft" im zweiten Satze zu streichen.

10. Des Abg. Nitzsch-Friedeberg aus Berlin.

Den zweiten Satz des Art. 11 in folgender Weise zu fassen: „Der Genuß der bürgerlichen und staatsbürgerlichen Rechte ist vom Unterschiede des religiösen Bekenntnisses unabhängig."

11. Des Abg v. Ammon-Cleve aus Köln.

Den vom Ausschuß vorgeschlagenen Zusatz zu fassen:

„Die Religionsgesellschaften, sowie die geistlichen Gesellschaften, welche" u. s. w.

---

[5]) Verhh. d. I. K, N. F I, S. 553. Sitz-Prot. d. I. K, II, S. 428.

12. Des Abg. Wachler-Breslau aus Breslau.

Den vom Ausschuß vorgeschlagenen Zusatz dahin zu fassen und zu ergänzen:

„Neue Religionsgesellschaften können Korporationsrechte nur durch besondere Gesetze erlangen; die Bedingungen, unter welchen außerdem Korporationsrechte an religiöse und geistliche Vereine, Stiftungen und Parochien ertheilt werden können, bestimmt das Gesetz." (Der erste Satz: „Neue—erlangen" wurde während der Debatte zu Gunsten der vom Ausschuß vorgeschlagenen Fassung, und der somit verbleibende Zusatzantrag nach Annahme des v. Ammon'schen Antrages (11) zurückgezogen.)

13. Des Abg. v. Daniels-Pr.-Friedland aus Berlin.

„Artikel 11.

1) Die evangelische und die römisch-katholische Kirche haben die Rechte öffentlich aufgenommener Kirchengesellschaften.

2) Andersdenkenden steht frei, sich zu gemeinsamen Religionsübungen zu vereinigen und Religionsgesellschaften zu bilden, welche geduldet werden müssen, wenn sie es sich zur Pflicht machen, ihren Mitgliedern Ehrfurcht gegen Gott, Gehorsam gegen die Gesetze und sittlich gute Gesinnungen gegen ihre Mitbürger einzuflößen.

3) Die öffentliche Religionsübung der geduldeten Religionsgesellschaften außerhalb ihrer gottesdienstlichen Gebäude ist der landespolizeilichen Genehmigung unterworfen. (Vor der Abstimmung zurückgezogen.)

4) Körperschaftsrechte erlangen Religionsgesellschaften und religiöse Vereine nur unter den Bedingungen, welche das Gesetz bestimmt. (Zu Gunsten des Wachler'schen Antrages [12] zurückgezogen.)

5) Jeder Einwohner des Staates genießt für seine Person vollständige Glaubens- und Gewissensfreiheit.

6) Die Theilnahme an den bürgerlichen und staatsbürgerlichen Rechten ist unabhängig von dem Unterschiede des Religionsbekenntnisses, insoweit dasselbe nicht an der Erfüllung der entsprechenden Pflichten hindert."

Zu Artikel 12.[6])

A. Zusatzanträge.

14. Des Abg. Uhden-Oppeln aus Berlin und Genossen.

Zusatz hinter „Stiftungen, Fonds": „und Einkünfte".

15. Des Abg. Triest-Magdeburg aus Magdeburg.[7])

Zusatz hinter „Stiftungen, Fonds": „und auf besonderen Rechtstiteln beruhenden Einkünfte".

16. Des Abg. Hülsmann-Elberfeld aus Düsseldorf.

Zusatz: „unter paritätischer Gleichstellung der Einen mit der Anderen".

---

[6]) Verhh. d. I. K., N. F. I, S. 566 ff. Sitz.-Prot. d. I. K., II, S. 436 ff.

[7]) Verhh. d. I. K., N. F. I, S. 573.

17. Des Abg. v. Daniels-Pr.-Friedland aus Berlin.

Zusatz: „Ueber das Subjekt des Kirchenvermögens entscheiden die aus der kirchlichen Verfassung hervorgehenden Rechtsgrundsätze." (Nicht genügend unterstützt.)[8])

18. Des Abg. Milde-Reichenbach aus Breslau.

Zusatz: „In Anerkennung dieses Grundsatzes werden über die Verwaltung des den Religionsgesellschaften gehörigen Vermögens besondere Gesetze erfolgen."

19. Des Abg. v. Rönne-Schönau aus Berlin.

Zusatz: „Das Gesetz ordnet die Verwaltung des den Religionsgesellschaften gehörigen Vermögens."

20. Des Abg. Fischer-Glatz aus Breslau.[9])

Zusatz: „Zur Auseinandersetzung zwischen dem Staate und der evangelischen Kirche wird auf Kosten des Staates eine Generalsynode zusammenberufen." (Nicht genügend unterstützt.)

B. Abänderungsanträge.

21. Des Abg. Heffter-Wittenberg aus Berlin.

„Die evangelische Kirche und die römisch-katholische Kirche, sowie jede andere Religionsgesellschaft ordnet und verwaltet ihre Angelegenheiten selbständig unter Beobachtung der bürgerlichen Polizei- und Strafgesetze und bleibt" u. s. w.

22. Des Abg. v. Ammon-Cleve aus Köln.

„Die evangelische und die römisch-katholische Kirche, sowie jede andere Religionsgesellschaft, ordnet und verwaltet ihre inneren Angelegenheiten selbständig, die äußeren unter gesetzlich geordneter Mitwirkung des Staates und der bürgerlichen Gemeinden, und bleibt im Besitz und Genuß der für ihre Kultus-, Unterrichts- und Wohlthätigkeitszwecke bestimmten Anstalten, Stiftungen und Fonds, so weit sie darauf ein Anrecht hat oder erwirbt."

23. Des Abg. Benecke-Frankfurt aus Frankfurt a. O.[10])

„Jede Religionsgesellschaft[11]) ordnet und verwaltet ihre Angelegenheiten selbständig.

Was der Staat bisher einer Religionsgesellschaft für ihre Kultus-, Unterrichts- und Wohlthätigkeitszwecke geleistet hat, wird ihr auch ferner gewährt werden, so weit nicht das Bedürfniß sich mindern sollte.

Der Anspruch ausscheidender Theile der Religionsgesellschaften auf Theilnahme an solchen Leistungen des Staats wird der richterlichen Entscheidung vorbehalten."

---

[8]) Zur Unterstützung waren 25 Stimmen erforderlich.

[9]) Verhh. d. I. K., N. F. I, S. 578.

[10]) Ich stelle hier gleich den ganzen Artikel in der Fassung zusammen, die von Benecke in drei gesonderten, aber gleichzeitig eingebrachten Amendements beantragt wurde.

[11]) Diesen Anfang des Artikels beantragte auch v. Daniels zusammen mit dem oben (Nr. 17) angeführten Zusatz.

24. Des Abg. Kühne-Berlin aus Berlin.[12])

„Die evangelische und die römisch-katholische Kirche, sowie jede andere Religionsgesellschaft, ordnet und verwaltet, unter dem Schutze und in Uebereinstimmung mit den allgemeinen Zwecken des Staats, ihre Angelegenheiten selbständig und bleibt im Besitz und Genuß der für ihre Kultus-, Unterrichts- und Wohlthätigkeitszwecke bestimmten Anstalten, Stiftungen und Fonds." (Vor der Unterstützungsfrage zurückgezogen.)

Zu Artikel 14.[13])

Abänderungsantrag.

25. Des Abg. Stahl-Angermünde aus Berlin und Genossen.

„Ueber das Kirchenpatronat und die Bedingungen, unter welchen dasselbe durch Beschluß oder mit Genehmigung der verfassungsmäßigen Organe der betreffenden Kirchen aufgehoben werden kann, wird ein besonderes Gesetz ergehen."

Zu Artikel 15.[14])

26. Des Abg. Walter-Cleve aus Bonn.

Das letzte Alinea des Kommissionsvorschlages ganz zu streichen; sollte jedoch ein solcher Satz beibehalten werden, ihn so zu fassen: „Für die Anstellung von Geistlichen beim Militair und bei öffentlichen Anstalten bleibt es bei den zu Recht bestehenden Verhältnissen."

Zu Artikel 16.[15])

A. Zusatzantrag.

27. Des Abg. Ritter-Münster aus Breslau.

Zusatz zum zweiten Satz: „Ausnahmen bestimmt das Gesetz."

B. Abänderungsanträge.

28. Des Abg. Walter-Cleve aus Bonn.

Den zweiten Satz zu fassen: „Die bürgerliche Trauung muß der kirchlichen vorhergehn."

29. Des Abg. Stahl-Angermünde aus Berlin und Genossen.

„Die bürgerliche Giltigkeit der Ehe wird durch deren Abschließung vor dem dazu bestimmten Civilstandsbeamten oder durch die kirchliche Trauung der Religionsgesellschaften, die bisher hiezu berechtigt waren, begründet. Die Mitglieder der letzteren haben die Wahl zwischen den beiden Formen. Wird die Ehe durch Civilakt

---

12) Samml. sämmtl. Drucksachen d. I. K., III, Nr. 247.

13) Verhh. d. I. K., N. F. I, S. 593. Sitz.-Prot. d. I. K., II, S. 444

14) Verhh. d. I. K., N. F. I, S. 596. Sitz.-Prot. d. I. K., II, S. 445.

15) Verhh. d. I. K., N. F. I, S. 599, 606 f. Sitz.-Prot. d. I. K., II, S. 446 f.

geschlossen, so kann eine kirchliche Trauung derselben nur nach Vollziehung des Civilaktes stattfinden. Wird die Ehe durch kirchliche Trauung geschlossen, so wird die kirchliche Beglaubigung derselben in die Civilstandsbücher aufgenommen."

30. Des Abg. Buslaw-Gnesen aus Posen.

a) Den Artikel 16 zu streichen. (Wurde vor der Unterstützungsfrage zurückgezogen.)

b) eventuell demselben folgende Fassung zu geben:

„Die bürgerliche Giltigkeit der Ehe wird durch deren Abschließung sowohl in der in den christlichen Kirchen bisher üblichen Weise, als auch vor den dazu bestimmten Civilstandsbeamten bedingt.

Die Kirchenbücher behalten ihre bisherige Rechtsgiltigkeit auch für die Zukunft, doch werden Civilstandsregister für diejenigen eingeführt, die sich der Civilehe bedienen wollen."

31. Des Abg. Triest-Magdeburg aus Magdeburg.

Statt der ersten beiden Sätze zu sagen:

„Die Fälle, in welchen die bürgerliche Giltigkeit der Ehe durch den Abschluß vor den dazu geordneten Civilbeamten bedingt wird, bestimmt das Gesetz." (Nicht genügend unterstützt.)

32. Des Abg. v. Daniels-Pr.-Friedland aus Berlin.

„Die Bedingungen, von welchen die bürgerliche Giltigkeit der Ehe abhängt, werden allein durch die Staatsgesetze bestimmt." (Nicht genügend unterstützt.)

4. Beurtheilende Uebersicht über die Verbesserungsanträge.

Es bedarf nur eines flüchtigen Blickes auf diese Anträge, um zu erkennen, wie sich bei der Revision der Verfassung in der Ersten Kammer Bestrebungen geltend zu machen suchten, die zum Theil im Gegensatze zu den in der Verfassung ausgesprochenen Prinzipien standen, und zum Theil wenigstens darauf ausgingen, dieselben beträchtlich abzuschwächen.

Jenes zeigt sofort der summarische Antrag des Herrn v. Gerlach (1), der an die Stelle der Artikel 11—16 die einzige Bestimmung gesetzt haben will, daß es besonderen Gesetzen vorbehalten bleibe, das Verhältniß der christlichen Kirche und der übrigen Religionsgesellschaften zum Staate zu ordnen. Denn dieser Antrag ist nicht nur aus der offen kundgegebenen Tendenz hervorgegangen, das Verhältniß des Staates zu den Religionsgesellschaften nach anderen als nach den, in den genannten Artikeln enthaltenen und vom Antragsteller für höchst verderblich geachteten Grundsätzen geordnet zu sehen:[1]) sondern er schließt auch zugleich die Beseitigung der gewichtigen Folgerungen in sich, welche aus dem Prinzip der Religionsfreiheit, namentlich in Artikel 11, für die Einzelnen und deren Theilnahme an den staatsbürgerlichen Rechten abgeleitet sind.

Wie dieser Antrag indessen nicht einmal die nöthige Unterstützung in der Kammer erhielt, so stand er mit dem Versuche, alle Grundsätze über das Verhältniß des Staates zu den Religionsgesellschaften und zu dem Religionswesen überhaupt aus der Verfassungsurkunde zu entfernen, auch unter den übrigen Anträgen völlig vereinzelt da.

Fassen wir von diesen zunächst die zu Artikel 11 gestellten Abänderungsanträge ins Auge, so beziehen sich diejenigen der Abgeordneten Ritter und Nitzsch (9 und 10), sowie das sechste Alinea des v. Daniels'schen Antrages (13) auf den Satz, daß der Genuß der bürgerlichen und staatsbürgerlichen Rechte unabhängig ist von dem religiösen Bekenntniß und der Theilnahme an einer Religionsgesellschaft. Ihnen liegt die gemeinsame Absicht zu Grunde, dem Gedanken vorzubeugen, daß der Staat sich gleichgiltig dagegen verhalte, ob jemand überhaupt Religion habe oder nicht. Sie unterscheiden sich aber dadurch von einander, daß der Antrag Ritter, der nur die Worte: „und der Theilnahme an einer Religionsgesellschaft" gestrichen wissen will, eben damit diese Absicht in einer Weise zu erreichen sucht, bei welcher der volle Inhalt des Satzes zwar nicht ausdrücklich hervorgehoben wird, aber nichtsdestoweniger bestehen bleibt, die Anträge Nitzsch und v. Daniels dagegen, die, mit jener Streichung zugleich eine Veränderung des ersten Satzgliedes verbindend, geradezu markiren, daß das Vorhandensein eines religiösen Bekenntnisses bei jedem vorausgesetzt wird, eben hiermit das in dem Satze implicite ausgesprochene Recht der religiösen Bekenntniß- und Genossenschaftslosigkeit ausschließen.

Die Anträge der Abgeordneten v. Ammon und Wachler (11, 12) ergänzen den vom Centralausschuß vorgeschlagenen Zusatz über die Ertheilung der Korporationsrechte an Religionsgesellschaften durch

---

[1]) Vergl. die Rede des Herrn v. Gerlach, Verhh. d. I. K., N. F. I, S. 509—512

ein sehr wichtiges Moment, indem der eine geradezu die dort getroffene Bestimmung auch auf die geistlichen Gesellschaften u. s. w. ausdehnt, der andere aber, dem in dieser Hinsicht das vierte Alinea des v. Daniels'schen Antrages (13) nahe verwandt ist, die gesetzliche Feststellung der Bedingungen sichert, unter welchen die Korporationsrechte an religiöse Vereine u. s. w. ertheilt werden können.

Der erste Zusatzantrag des Abgeordneten Walter (2) und die ihm verwandten Anträge der Abgeordneten Bornemann, vom Rath (3, 4) und v. Daniels Alinea 2 (13) suchen im Anschluß an die Bestimmungen des Allgemeinen Landrechts[2]) Garantien dafür aufzustellen, daß der Titel der Religionsgesellschaften nicht zum Schutze und zur Stütze unsittlicher oder staatsgefährlicher Bestrebungen gemißbraucht werde. Zu diesem Behufe legen die Anträge v. Daniels und vom Rath den Religionsgesellschaften als Bedingung ihres Entstehens und ihres Bestehens die Verpflichtung auf, ihren Mitgliedern Ehrfurcht gegen Gott u. s. w. einzuflößen. Damit machen sie die Gründung und die Fortdauer der Religionsgesellschaften von dem Urtheile abhängig, mit welchem der Staat sich zu denselben der Erfüllung dieser Pflicht versieht oder nicht versieht, ein Urtheil, welches natürlich durch den eignen religiösen und sittlichen Standpunkt der urtheilenden Staatsbeamten mit bedingt ist. Diese Anträge stehen somit in offenbarem Widerspruch gegen die im ersten Satze des Artikels 11 gewährte religiöse Vereinigungsfreiheit.

Nicht so zweifellos ist dieser Widerspruch bei dem Antrage Walter (2) und dem nur redaktionell von ihm verschiedenen Antrage Bornemann (3), welche jene Pflicht den Religionsgesellschaften insofern auferlegen, als dieselben Anspruch auf den Schutz des Staates machen. Denn bei der Unklarheit dieses Ausdruckes können diese Amendements so verstanden werden, und wurden in der That von manchen so verstanden, als ob sie die Erfüllung jener Pflicht nicht als Bedingung für das Bestehen der Religionsgesellschaften aufstellten, sondern

[2]) Allg. Landrecht Th. II, Tit. 11, §. 13: „Jede Kirchengesellschaft ist verpflichtet, ihren Mitgliedern Ehrfurcht gegen die Gottheit, Gehorsam gegen die Gesetze, Treue gegen den Staat und sittlich gute Gesinnungen gegen ihre Mitbürger einzuflößen.

nur als Bedingung für deren besondere Unterstützung durch den Staat mittelst der Ertheilung von Korporationsrechten u. dergl. m. Aber aus den Erläuterungen, welche die Antragsteller gaben, scheint hervorzugehen, daß diese selbst den Begriff des Staatsschutzes keineswegs in diesem engeren Sinne auffaßten.[3])

Der zweite und dritte Zusatzantrag von Walter (5, 7), sowie die Zusatzanträge von Goldtammer (6) und Stahl (8), entsprangen aus der Tendenz, das Recht des Christenthums in Beziehung auf die öffentlichen Einrichtungen des Staates sicher zu stellen. Am weitesten geht hierin seinem Wortlaute nach das Amendement Goldtammer, nach dem die christliche Religion in ihren Hauptbekenntnissen den bürgerlichen Einrichtungen überhaupt zu Grunde gelegt werden soll, was genau genommen nicht weniger bedeutet, als daß jede bürgerliche Einrichtung nach den Grundsätzen dieser Bekenntnisse geregelt werden soll. Diese Bestimmung würde, trotz der damit verbundenen Kautel zu Gunsten der Religionsfreiheit der Andersdenkenden, geradezu eine Staatsreligion proklamiren, und nicht nur die in Artikel 16 enthaltene Bestimmung über die bürgerliche Legalisirung der Ehe, sondern auch das im Artikel 11 ausgesprochene Prinzip aufheben, daß der Genuß der bürgerlichen Rechte von dem religiösen Bekenntniß unabhängig ist. Das indessen beabsichtigte der Antragsteller selber nicht, und deshalb schloß er sich der, seinen Motiven[4]) entsprechenden Verbesserung an, welche sein Amendement durch Walter (7) erfuhr. Indem dieser statt der bürgerlichen Einrichtungen schlechtweg bestimmter die religiös-bürgerlichen Einrichtungen nannte, ermäßigte er nach seiner eigenen Erklärung[5]) den Anspruch dahin, daß die christliche Religion in ihren Hauptbekenntnissen nur bei denjenigen Einrichtungen zu Grunde gelegt werden solle, die vorherrschend religiöser Natur sind und auf das bürgerliche Leben zurückwirken, wobei er insbesondere an die Ord-

---

[3]) Die Motive finden sich bei den Anträgen an den angeführten Stellen; die Reden: von Walter Verhh. d. I. K., N F. I, S. 543 f., von Bornemann a. dems. O. S. 547 f.

[4]) Verhh. d. I. K., N. F. I, S. 508; vergl. Goldtammer's Erklärungen in seiner Rede, a. dems. O. S. 560.

[5]) Verhh. d. I. K., N. F. I, S. 558 f.

nung der Festtage und ähnliches dachte. Mit dieser so verstandenen Aenderung wollte er nun freilich den im ursprünglichen Goldtammer'schen Antrage liegenden Gegensatz gegen die Bestimmungen der Verfassungsurkunde beseitigen, aber die Annahme des Satzes dürfte bei der Unbestimmtheit des Ausdrucks „religiös-bürgerliche Einrichtungen" doch manchen mit der Verfassungsurkunde nicht im Einklang stehenden Forderungen erheblichen Vorschub geleistet haben.

Eine beträchtlich höhere Forderung als das so verbesserte, aber doch eine geringere als das ursprüngliche Goldtammer'sche Amendement bringt dasjenige von Stahl (8) zum Ausdruck. Denn dasselbe macht zwar nicht das Christenthum zur Grundlage für alle bürgerlichen Einrichtungen ohne Unterschied; aber indem es alle öffentlichen Einrichtungen, die mit der Religion im Zusammenhange stehen, der Maßgabe des Christenthums unterwirft, spannt es den Kreis, für welchen dieses, nach den Erläuterungen Stahls indessen nicht ausschließlich, bestimmend sein soll, doch auch um vieles weiter als das Amendement von Walter nach seiner obigen Auslegung, und zwar so, daß es sich auch in Gegensatz gegen gewisse Bestimmungen der Verfassungsurkunde, wie z. B. Artikel 16, setzt. Indem es aber jene Stellung dem Christenthume nicht nur als der faktischen Religion der Mehrheit, sondern ohne diese Beziehung auf das numerische Verhältniß der Christen zu den Nichtchristen einräumt, und indem es außerdem der evangelischen und der römisch-katholischen Kirche ihr öffentlich-nationales Ansehen im Staate verbürgt: unterscheidet sich das Stahl'sche Amendement von jenen beiden Anträgen zugleich noch in einer anderen sehr gewichtigen Weise, während darin, daß es das Christenthum überhaupt, nicht aber nur in seinen Hauptbekenntnissen als bestimmende Norm für die bezüglichen Einrichtungen macht, ein sachlicher Unterschied von jenen um so weniger enthalten ist, als es den beiden christlichen Hauptkirchen sofort ihr besonderes Ansehen im Staate verbürgt. Dadurch, daß das Christenthum schlechtweg, ohne Beziehung auf die größere Anzahl seiner Bekenner, als Norm für die öffentlichen Einrichtungen des Staates hingestellt wird, wird hervorgehoben, daß es nicht etwa nur um seiner gegenwärtigen Geltung, sondern vielmehr um seines objektiven Werthes willen, oder, wie Stahl in seiner Rede sagte, nicht als Religion der

Mehrheit, sondern als Religion der Wahrheit, zu dieser Norm gemacht wird; und durch die Verbürgung des öffentlich-nationalen Ansehens der beiden christlichen Hauptkirchen wird denselben eine solche Stellung im Staate eingeräumt, wie sie weder der ursprüngliche noch der durch Walter verbesserte Goldtammer'sche Antrag kennen. Während das Stahl'sche Amendement in einer Hinsicht sich also zwischen diese beiden Anträge stellt, geht es in anderer Hinsicht über beide gleicherweise hinaus; und zwar der Art, daß es der Verfassungsurkunde nicht etwa nur eine ergänzende Bestimmung, sondern ein ihr völlig fremdes und mit manchen ihrer Bestimmungen unvereinbares Prinzip hinzufügt, nämlich das Prinzip einer staatlichen Anerkennung des Christenthums als der wahren Religion, und der beiden christlichen Hauptkirchen als der nationalen Formen derselben.[6])

[6]) Als ein Prinzip bezeichnete Stahl selbst den Inhalt des von ihm beantragten Zusatzes. Ueber dessen Sinn und Folgen äußerte er sich folgendermaßen: „Es sollen nach wie vor die christlichen Feiertage, und nur sie, als allgemeine Landes-Feiertage gelten. Es soll nach wie vor die spezifisch christliche Form des Eides, welche die Frankfurter Beschlüsse bereits bedrohen und darum auch unsere ihnen entnommenen Grundrechte in Zweifel lassen, beibehalten werden; daneben möge eine allgemeine Eidesformel bestehen, deren sich jeder, der da will, bedienen kann. Es soll der christlichen Kirche das Recht verbleiben, die Ehe durch Trauung öffentlich zu begründen; daneben möge die Civilehe bestehen für jeden, der sie vorzieht. Es sollen an den Universitäten, die Staatsanstalten sind, dessenungeachtet die Lehrstühle für die Theologie der beiden christlichen Kirchen erhalten bleiben, dagegen die Errichtung von Lehrstühlen für die Theologie anderer Kirchen nicht zulässig sein. Es soll den öffentlichen Schulen ihr christlicher Charakter gewahrt bleiben. Das die Anwendung unseres ersten Satzes. Ferner: es sollen die Diener der Kirche auch fortan die Würde öffentlicher Diener haben. Es sollen jene beiden Kirchen eine Fähigkeit haben zu politischen Stellungen und Rechten, die deshalb keineswegs nothwendig auch den anderen Religionsgesellschaften eingeräumt werden müßten. Hierher gehört die öffentliche Beglaubigung ihrer Akte, die Vertretung in diesen Kammern u. s. w. Ich sage nicht, daß ihnen dies gewährt werden solle, sondern daß es möglich bleiben müsse, es ihnen allein zu gewähren. Es sollen diese beiden christlichen Kirchen eine Mitaufsicht üben über die öffentliche Volkserziehung im Lande. Dies Alles theils festzusetzen, theils gegen künftige Anfechtungen zu sichern, das ist der Sinn unseres Antrages. Wir verlangen damit, daß die preußische Nation in ihrer Einheit auch fortan sich zum Christenthum bekenne, und zwar nicht als zur Religion der Mehrheit, sondern als zur Religion der Wahrheit." Verhh. d. I. K., N. F. I, S. 554. Die ganze höchst interessante Rede ist auch abgedruckt in: Siebzehn parlamentarische Reden und drei Vorträge von Stahl. Berlin 1865, S. 95—107. Vergl. zu der an-

Eben dieses Prinzip sucht auch der Antrag des Abgeordneten v. Daniels (13) in die Verfassungsurkunde einzuführen, indem er den Unterschied, welchen das Allgemeine Landrecht zwischen öffentlich aufgenommenen und geduldeten Religionsgesellschaften aufgestellt hatte[7]), in derselben beibehalten wissen will. Aber indem er zugleich die Religionsübung der geduldeten Religionsgesellschaften außerhalb ihrer gottesdienstlichen Gebäude der landespolizeilichen Genehmigung unterwirft,[8]) auch jedem Staatsbürger die Glaubens- und Gewissensfreiheit nur für seine Person, d. h. ohne Bekenntnißfreiheit, einräumt: geht er viel weiter als der Stahl'sche Antrag. Denn mit diesen Bestimmungen tritt er in den schroffsten Gegensatz gegen das (von ihm natürlich auch verschwiegene) Prinzip von der Religionsfreiheit, wie es die Verfassungsurkunde im ersten Satze ihres Artikels 11 ausspricht und wie es auch Stahl bestehen läßt.

Bei Artikel 12 finden wir keinen einzigen Antrag, der in solcher Weise den Inhalt der Verfassungsurkunde geradezu zu negiren suchte. Hat dieser Artikel das Prinzip der kirchlichen Selbständigkeit ausgesprochen, so lassen einige Anträge dasselbe ganz unberührt, und die anderen begnügen sich damit, es näher zu bestimmen oder seine Anwendung enger zu begrenzen.

Wenn der Uhden'sche und der ihm ähnliche, aber in seiner vorsichtigeren Fassung weniger begehrende Triest'sche Antrag (14, 15)

---

geführten Stelle auch Stahl, Die deutsche Reichsverfassung nach den Beschlüssen der Nationalversammlung u. s. w., zweiter unveränderter Abdruck, Berlin 1849, S. 68 ff., wo der Satz: „keine Religionsgesellschaft genießt vor anderen Vorrechte durch den Staat" beleuchtet wird.

[7]) Allg. Landrecht Th. II, Tit. 11, §. 17: „Die vom Staate ausdrücklich aufgenommenen Kirchengesellschaften haben die Rechte privilegirter Korporationen." §. 20: „Eine Religionsgesellschaft, welche der Staat genehmigt, ihr aber die Rechte öffentlich aufgenommener Kirchengesellschaften nicht beigelegt hat, genießt nur die Befugniß geduldeter Gesellschaften (Tit. 6, §. 11 sequ.)." Vergl. oben S. 44.

[8]) Vergl. Allg. Landrecht Th. II, Tit. 11, §§. 22–23: „Einer geduldeten Kirchengesellschaft ist die freie Ausübung ihres Privatgottesdienstes verstattet. — Zu dieser gehört die Anstellung gottesdienstlicher Zusammenkünfte in gewissen dazu bestimmten Gebäuden, und die Ausübung der ihren Religionsgrundsätzen gemäßen Gebräuche, sowohl in diesen Zusammenkünften, als in den Privatwohnungen der Mitglieder."

den Religionsgeſellſchaften ausdrücklich den Fortbeſitz auch ihrer Einkünfte, wie z. B. der Zehnten, wollen zugeſichert wiſſen: ſo verlangen ſie damit nur etwas, das nach der Auffaſſung des Centralausſchuſſes in dem von der Verfaſſungsurkunde gebrauchten vielumfaſſenden Worte „Fonds“ ſchon zur Genüge mit ausgedrückt war.[9]) Nicht viel mehr hat es mit der von Bennecke (23) und auch von Daniels beantragten Abänderung der Anfangsworte des Artikels auf ſich. Denn mochte der erſtere zur Empfehlung des kürzeren Ausdrucks „jede Religionsgeſellſchaft“ auch immerhin geltend machen, daß die Bezeichnung „die evangeliſche Kirche“ bei dem Vorhandenſein verſchiedener evangeliſcher Sonderkirchen das Subjekt nicht klar bezeichne, und daß die katholiſche Kirche ſich weit über die Grenzen des preußiſchen Staates hinaus erſtrecke:[10]) ſo würde die beantragte Aenderung doch trotzdem viel mehr eine Aenderung der Form als des Inhalts geweſen ſein. Anders iſt es mit dem Zuſatz, in welchem nach Hülsmann (16) eine Garantie für die paritätiſche Gleichſtellung der beiden chriſtlichen Hauptkirchen rückſichtlich ihrer Dotation gegeben werden ſollte, denn hiermit würde ein neues und ſehr bedeutſames Moment in die Verfaſſungsurkunde hineingekommen ſein. Und das Gleiche gilt auch von der Kautel, welche mit den Worten: „ſo weit nicht das Bedürfniß ſich mindern ſollte“, im zweiten Alinea des Bennecke'ſchen Antrages (23) vorgeſchlagen iſt, während derſelbe überdies, indem er nur von einem ferneren „Gewähren“ des Staates ſpricht, den Gedanken an einen Rechtsanſpruch der Kirchen auf ihre Dotation abſichtlich auszuſchließen ſcheint. In entgegengeſetzter Weiſe will der Antrag des Abgeordneten v. Ammon (22) den Religionsgeſellſchaften Beſitz und Genuß der ihnen beſtimmten Anſtalten, Stiftungen und Fonds ausdrücklich nur ſo weit ſichern, als ſie darauf ein Anrecht haben oder erwerben; und zwar deshalb, um zu verhüten, daß die Religionsgeſellſchaften nicht ſolche Anſtalten u. ſ. w., welche für ihre Zwecke beſtimmt ſind ohne ihnen rechtlich zuzuſtehen, für ſich in Anſpruch nehmen können.[11])

---

[9]) Siehe die Erklärung des Berichterſtatters Grafen v. Itzenplitz, Verhh. der I. K., N. F. I, S. 583 f.

[10]) A. demſ. O. S. 566, 570.

[11]) A. demſ. O. S. 573.

Dieser Ammon'sche Antrag verlangt zugleich eine Abänderung im ersten Gliede des Artikels, und zwar eine recht weitgreifende. Denn indem er den Religionsgesellschaften nur die inneren Angelegenheiten zur selbständigen Ordnung und Verwaltung überläßt, für die Ordnung und Verwaltung der äußeren aber eine gesetzlich geordnete Mitwirkung des Staates und der bürgerlichen Gemeinden statuirt, fordert er eine sehr bedeutende Einschränkung der den Religionsgesellschaften gewährten Selbständigkeit. Ohne selbst schon solche Schranken zu ziehen folgt der gleichen Tendenz, die kirchliche Selbständigkeit rücksichtlich der Externa einzuengen, auch der Zusatzantrag des Ageordneten v. Rönne (19), nach welchem die Verwaltung des den Religionsgesellschaften gehörigen Vermögens durch das Gesetz geordnet werden soll; eine Bestimmung, mit welcher der Antragsteller außerdem noch dafür sorgen wollte, daß die Giltigkeit der zu Recht bestehenden betreffenden Gesetze nicht etwa vor deren ausdrücklicher, gesetzgeberisch vollzogener Abrogirung in Frage gestellt werden könnte.[12]) Diesem Zwecke war auch der des Milde'schen Antrages (18) verwandt, nämlich die Sicherstellung der bisherigen Staatsaufsicht über die kirchliche Vermögensverwaltung bis zu dem Zeitpunkte, wo die nöthigen anderweitigen Organe aus den betreffenden Religionsgesellschaften sich selbständig würden gestaltet haben.[13])

Nicht sowohl eine Beschränkung als nur eine nähere Bestimmung der kirchlichen Selbständigkeit empfehlen die Abgeordneten Heffter und Kühne in ihren Anträgen (21, 24): dieser will durch die hinzugefügte Klausel: „unter dem Schutze und in Uebereinstimmung mit den allgemeinen Zwecken des Staats" dem Mißverständniß vorbeugen, als solle die Kirche durch ihre anerkannte Selbständigkeit außer aller Verbindung mit dem Staate gesetzt werden, in welchem ihre Angehörigen

[12]) Verhh. d. I. K., N. F. I, S. 580.

[13]) Milde stellte seinen Antrag namentlich im Interesse der katholischen Gemeinden, um zu verhindern, daß mit dem Wegfall der Staatskontrole das katholische Kirchengut der alleinigen unbeaufsichtigten Verwaltung der Geistlichkeit anheimfalle. Die vorläufige Fortdauer der Staatsaufsicht über die Vermögensverwaltung der evangelischen Kirche sah er durch Artikel 109 der Verfassungsurkunde gesichert. Siehe die Motive zu dem Antrage Verhh. d. I. K., N. F. I, S. 567 f., und Milde's Rede a. dems. O. S. 581 f.

leben; jener will durch die Kautel: „unter Beobachtung der bürgerlichen Polizei- und Strafgesetze“, die falsche Auslegung verhindern, als ob den Religionsgesellschaften eine Ordnungsgewalt verliehen wäre, welche die Gesetze des Staates verletzen und ihre eignen Bestimmungen an deren Stelle setzen dürfte.

Um eine sehr wichtige Bestimmung würde die Annahme des v. Daniels'schen Zusatzes (17): „Ueber das Subjekt des Kirchenvermögens entscheiden die aus der kirchlichen Verfassung hervorgehenden Rechtsgrundsätze“ den Artikel bereichert haben. Wenn Herr v. Daniels zur Motivirung seines betreffenden Antrages sagte, dieser Zusatz entferne Zweifel, welche die Fassung der Regierungsvorlage veranlaßt habe, und wahre die möglichen Ansprüche der evangelischen Religionsgesellschaften, welche sich nicht zu der Landeskirche halten: so war die Tendenz des Antrages freilich wohl nur die, das etwaige Anrecht der schon bestehenden separirten evangelischen Gemeinden an das Kirchenvermögen der evangelischen Kirche zu sichern; doch schon einzig diesem Zwecke dienend würde der vorgeschlagene Zusatz von erheblicher Bedeutung gewesen sein. Aber der darin ausgesprochene Grundsatz hätte, einmal in die Verfassungsurkunde aufgenommen, noch nach zwei anderen Seiten hin von der größten Bedeutung werden müssen. Denn er würde offenbar gleich die entscheidende Norm angegeben haben, nach welcher das Anrecht ausscheidender Kirchenglieder an das Vermögen der betreffenden Kirche zu beurtheilen wäre, und außerdem würde er den Weg zur Erledigung einer, insbesondere für die evangelische Kirche überaus wichtigen Frage festgestellt haben, der Frage nämlich, welche Hände kompetent seien, bei der Auseinandersetzung des Staates mit der Kirche das Vermögen der letzteren in Empfang zu nehmen. In einer von diesen Beziehungen ist dem v. Daniels'schen das dritte Alinea des Bennecke'schen Antrages (23) verwandt, insofern dasselbe einen leitenden Grundsatz für die Regulirung derjenigen Ansprüche enthält, welche den ausscheidenden Theilen der Religionsgesellschaften an der Dotation der letzteren zustehn.

Eine ganz vereinzelte Stellung nimmt endlich der Antrag des Abgeordneten Fischer (20) ein, der allein unter allen eine Bezeichnung des Weges fordert, auf welchem die Selbständigkeit für die evangelische

Kirche verwirklicht werden solle. Die Aufnahme einer derartigen Bestimmung in die Verfassungsurkunde würde von der größten Bedeutung für die Ausführung des Artikels 12 gewesen sein. Denn sie würde, von vorn herein die Kontroverse über den Weg derselben abschneidend, der Staatsregierung eine bestimmte Richtschnur für ihr Verfahren gegeben haben. Ob nun aber gerade die von Fischer beantragte Berufung einer Generalsynode das ersprießlichste oder überhaupt ein ersprießliches Mittel zur Auseinandersetzung des Staates mit der evangelischen Kirche gewesen wäre, das freilich läßt sich nicht mit Sicherheit entscheiden. Sofern jedoch der Antrag, hierin einem unzweifelhaft richtigen Gedanken folgend, der Kirche eine Bürgschaft dafür schaffen wollte, daß sie die Fähigkeit besitzen würde, als selbsthandelndes Subjekt dem Staate gegenüber ihre Rechte geltend zu machen, enthielt er offenbar zu wenig. Denn es würde doch ganz und gar von dem unbestimmt gelassenen Bildungsmodus der Synode abgehangen haben, ob sie wirklich eine Vertretung der Kirche gewesen wäre oder nicht.

Während zu Artikel 13 gar kein Amendement eingebracht wurde, boten auch die Artikel 14 und 15 den Mitgliedern der Ersten Kammer nur wenig Anlaß zu Verbesserungsanträgen dar: es ging deren nur je einer zu jedem der genannten Artikel ein. Der vom Abgeordneten Stahl zu Artikel 14 eingebrachte (25) enthält trotz der Erklärung des Antragstellers, nur einen richtigeren Ausdruck für die Ansicht des Centralausschusses zu bezwecken,[14]) eine sehr bedeutende Veränderung des von demselben vorgeschlagenen Artikels. Denn dieser hatte als Gegenstand des zu erlassenden Patronatsgesetzes schlechtweg die Bedingungen bezeichnet, unter welchen das Patronat aufgehoben werden kann, und hatte sich seinerseits, jenem Gesetze in keiner Weise vorgreifend, jeder Bestimmung über den Modus dieser Aufhebung durchaus enthalten, wie denn auch der Bericht des Centralausschusses keine nähere Andeutung darüber enthält; der Stahl'sche Verbesserungsantrag dagegen bezeichnet als Gegenstand des betreffenden Gesetzes die Bedingungen, unter welchen das Patronat durch Beschluß oder mit

[14]) Verhh. d. I. K., N. F. I, S. 594.

Genehmigung der verfassungsmäßigen Organe der betreffenden Kirchen aufgehoben werden kann, und trifft damit schon seinerseits die schwerwiegende Bestimmung über den Modus der Patronatsaufhebung, daß dieselbe niemals der Privatübereinkunft zwischen Patron und Gemeinde anheim gegeben, auch überhaupt nicht nur in einzelnen Fällen ausgeführt, sondern daß sie nur unter Betheiligung der Kirchenbehörden, und zwar als eine für die betreffende Kirche allgemeine Maßregel, vollzogen werden könne.[15]) Der eventuelle Abänderungsantrag des Abgeordneten Walter zum letzten Satze des Artikels 15 (26) verändert nicht sowohl den Inhalt als die Fassung des Artikels; die von demselben Abgeordneten in erster Linie beantragte Streichung des betreffenden Satzes würde eine praktisch wichtige Kautel aus dem Artikel entfernt haben.

Artikel 16 hat wieder eine größere Anzahl von Amendements hervorgerufen, und meistens solche, die ihn in sehr erheblicher Weise zu verändern suchen. Den Hauptinhalt des Artikels bildet der Grundsatz, daß die bürgerliche Giltigkeit der Ehe durch deren Abschließung vor dem Civilstandsbeamten bedingt wird. Ganz unangetastet läßt diesen Grundsatz nur der Antrag des Abgeordneten Walter (28), welcher statt einer angeblich verletzenden Form der Bestimmung über die Zeit der kirchlichen Trauung eine andere in Vorschlag bringt. Dagegen hebt sogleich der Antrag Ritter (27), dieser Bestimmung die Klausel: „Ausnahmen bestimmt das Gesetz" hinzuzufügen, wenigstens die vom Centralausschuß festgehaltene ganz allgemeine Giltigkeit jenes Grundsatzes auf, und der Antrag von Stahl (29) schränkt dieselbe so weit ein, daß er die obligatorische Civilehe durch die fakultative ersetzt, indem er für die Mitglieder aller bis dahin zur rechtskräftigen Trauung berechtigten Religionsgesellschaften die Eheschließung vor dem Civilstandsbeamten und diejenige durch kirchliche Trauung zur beliebigen Auswahl der Nupturienten als rechtlich gleich bedeutend neben einander stellt. Eben diesen Sinn scheint auch der höchst unklar gefaßte Buslaw'sche Antrag (30) zu haben, nur daß er überdem Civilstandsregister bloß für diejenigen einführen will, die sich der

[15]) Siehe die Motive zu dem Antrage, a. dems. O. S. 595.

Civilehe bedienen. Viel weiter noch als Stahl und Buslaw geht Triest mit seinem Antrage (31): er will, daß die Verfassungsurkunde sich damit begnüge, die Bestimmung der Fälle, in welchen die bürgerliche Giltigkeit der Ehe durch deren Abschluß vor dem Civilbeamten bedingt wird, der Gesetzgebung zu überweisen, d. h. er will das, was der Centralausschuß als ausnahmslose Regel hingestellt hat, statt dessen zur gesetzlich geordneten Ausnahme machen. Aber auch dieser Triest'sche Antrag wird noch durch den des Herrn v. Daniels (32) überboten, der die Ordnung der bürgerlichen Ehegiltigkeit so ganz der späteren Gesetzgebung will anheim gegeben wissen, daß er, dieser letzteren völlig freien Raum lassend, der Civilehe überhaupt keine Erwähnung thut.

5. Die Beschlüsse.

Die Erste Kammer beschäftigte sich mit der ersten Berathung der Artikel 11—16 der Verfassungsurkunde in fünf Sitzungen, nämlich der siebenundvierzigsten bis einundfunfzigsten, am 1., 2., 3., 4. und 5. Oktober.[1]) Das Resultat dieser Berathungen wurde dem Centralausschuß zur Redaktion übergeben und von demselben mittelst Berichtes vom 20. Oktober 1849[2]) dem Plenum wieder zur Schlußabstimmung überreicht. Der Ausschuß empfahl aber die Annahme der Artikel in folgender Fassung:

„Vom Religions- und Unterrichtswesen."

„Artikel 11. Die Freiheit des religiösen Bekenntnisses, der Vereinigung zu Religionsgesellschaften, nach Maßgabe des Artikels 28, und der gemeinsamen häuslichen und öffentlichen Religionsübung wird anerkannt. Der Genuß der bürgerlichen und staatsbürgerlichen Rechte ist unabhängig von dem religiösen Bekenntnisse. Den bürgerlichen und staatsbürgerlichen Pflichten darf durch die Ausübung der Religionsfreiheit kein Abbruch geschehen.

---

[1]) Sitz.-Prot. d. I. K., II, S. 409—450; die stenographischen Berichte in Band I der Verhh. d. I. K., N. F.

[2]) Samml. sämmtl. Drucksachen d. I. K., III, Nr. 297. Verhh. d. I. K., N. F. II, S. 53.

Artikel 12. Jede Gesellschaft, welche als Religionsgesellschaft auf den Schutz des Staates Anspruch macht, ist verpflichtet, ihren Mitgliedern Ehrfurcht gegen Gott, Gehorsam gegen die Gesetze, Treue gegen den Staat und sittlich gute Gesinnungen gegen alle Mitbürger einzuflößen.

Die Religionsgesellschaften, sowie die geistlichen Gesellschaften, welche keine Korporationsrechte haben, können diese Rechte nur durch besondere Gesetze erlangen.

Artikel 13. Die christliche Religion in ihren Hauptbekenntnissen wird, als die Religion der großen Mehrheit der Bewohner des Staats, den religiös-bürgerlichen Einrichtungen desselben, unbeschadet der Religionsfreiheit der Andersglaubenden, zum Grunde gelegt.

Artikel 14. Die evangelische und die römisch-katholische Kirche, sowie jede andere Religionsgesellschaft, ordnet und verwaltet ihre inneren Angelegenheiten selbständig, die äußeren unter gesetzlich geordneter Mitwirkung des Staates und der bürgerlichen Gemeinden, und bleibt im Besitz und Genuß der für ihre Kultus-, Unterrichts- und Wohlthätigkeitszwecke bestimmten Anstalten, Stiftungen und Fonds, so weit sie darauf ein Recht hat oder erwirbt.

Artikel 15. Der Verkehr der Religionsgesellschaften mit ihren Oberen ist ungehindert. Die Bekanntmachung kirchlicher Anordnungen ist nur denjenigen Beschränkungen unterworfen, welchen alle übrigen Veröffentlichungen unterliegen.

Artikel 16. Ueber das Kirchenpatronat und die Bedingungen, unter welchen dasselbe aufgehoben werden kann, wird ein besonderes Gesetz ergehen.

Artikel 17. Das Ernennungs-, Vorschlags-, Wahl- und Bestätigungsrecht bei Besetzung kirchlicher Stellen ist, so weit es dem Staate zusteht, und nicht auf dem Patronat oder besonderen Rechtstiteln beruht, aufgehoben.

Auf die Anstellung von Geistlichen beim Militair und an öffentlichen Anstalten findet diese Bestimmung keine Anwendung.

Artikel 18. Die bürgerliche Giltigkeit der Ehe wird durch deren Abschließung vor dem dazu bestimmten Civilstandsbeamten bedingt. Die kirchliche Trauung kann nur nach der Vollziehung des Civilaktes stattfinden.

Die Civilstandsregister werden von der bürgerlichen Behörde geführt."

Durch die Schlußabstimmung, welche in der einundsechzigsten Sitzung am 29. Oktober stattfand, ertheilte die Erste Kammer diesem Redaktionsvorschlage ihres Centralausschusses ihre Zustimmung.[3]) Die somit angenommene Fassung unserer Artikel steht der vom Centralausschuß der Ersten Kammer empfohlenen[4]) ungleich näher, als derjenigen, welche sie in der Verfassungsurkunde selbst[5]) erhalten hatten. Denn überall da, wo der Centralausschuß eine Abänderung dieser letzteren empfohlen hat, ist die Erste Kammer seinen Vorschlägen gefolgt.[6]) Aber sie hat sich hieran nicht genügen lassen, sondern ist mit ihren Abänderungen der Verfassungsurkunde weit über das vom Ausschuß empfohlene Maß hinausgegangen.

Die vier letzten Artikel zwar, 15, 16, 17 und 18, hat die Erste Kammer ganz nach der Redaktion des Centralausschusses angenommen, und die Streichung der Worte: „und der Theilnahme an einer Religionsgesellschaft" in Artikel 11 ist insofern von keiner erheblichen Bedeutung, als diese Worte nur eine, sich eigentlich von selbst verstehende Folgerung aus den ihnen vorhergehenden zum Ausdruck bringen; wenngleich nicht zu verkennen ist, daß durch das Verschweigen dieser Folgerung der sonst ganz ausgeschlossenen Möglichkeit Raum gegeben wird, ihre bindende Giltigkeit zu bestreiten. Aber schon die Einschiebung der Worte: „sowie der geistlichen Gesell-

[3]) Sitz.-Prot. d. I. K., II, S. 537. [4]) Siehe oben S. 362. [5]) Oben S. 333.
[6]) Ueber diese s. oben S. 363 ff.

schaften" in den vom Centralausschuß zu Artikel 11 beantragten Passus von den Korporationsrechten erweitert denselben nach einer wichtigen Seite hin, und die nach dem Antrage des Herrn v. Ammon beliebte Hinzufügung der Worte: „so weit sie darauf ein Recht hat oder erwirbt" an den Schluß des 14ten, vorher 12ten Artikels bringt eine keineswegs gleichgiltige Näherbestimmung der über das Kirchenvermögen gegebenen Garantie herbei. Beträchtlich schwerer indessen als diese Aenderungen wiegt die in demselben Artikel nach dem v. Ammon'schen Antrage beschlossene Einschränkung der kirchlichen Selbständigkeit und die Einschaltung der ganz neuen Sätze, welche durch Bornemann und Walter beantragt, von der Kammer als Artikel 12, Alinea 1 und als Artikel 13 aufgenommen worden sind. Denn durch jene Einschränkung wird den Religionsgesellschaften eine wesentlich andere Stellung gegeben als die Verfassungsurkunde ihnen durch Gewährung der vollen Selbständigkeit eingeräumt hatte, und durch diese Einschaltung wird einerseits eine staatliche Ueberwachung der Religionsgesellschaften hervorgerufen, welche die in Artikel 11 gewährte religiöse Vereinigungsfreiheit sehr leicht völlig illusorisch machen könnte, andrerseits aber die sich eigentlich von selbst verstehende Berücksichtigung der christlichen Hauptbekenntnisse im öffentlichen Leben in einer Weise garantirt, die bei ihrer Unbestimmtheit wohl dazu dienen könnte, der konsequenten Durchführung des Grundsatzes, daß der Genuß der bürgerlichen und staatsbürgerlichen Rechte unabhängig ist von dem religiösen Bekenntniß, Schwierigkeiten zu bereiten oder auch geradezu Abbruch zu thun.[7])

C. Die erste Berathung in der Zweiten Kammer.

1. Der Bericht der Verfassungskommission.

Nach der Vereinbarung, welche die beiden Kammern über den Gang der Revisionsverhandlungen getroffen,[1]) konnte die Zweite Kammer die Plenarberathung unserer Artikel erst beginnen, nachdem die-

[7]) Vergl. das oben S. 374 f. über die betreffenden Anträge Gesagte.

[1]) Vergl. oben S. 348.

selben die erste Berathung in der andern Kammer durchgemacht. Dies hatte aber die Verfassungskommission der Zweiten Kammer nicht abgehalten, die Artikel schon früher zum Gegenstand ihrer Arbeit zu machen, und die Plenarverhandlung ihrerseits so weit vorzubereiten, daß sie am eilften Tage nach dem Abschluß jener Berathung, nämlich am 9. November 1849, ihren Anfang nehmen konnte. Eingeleitet wurde diese Verhandlung durch die Verlesung des von der genannten Kommission erstatteten Berichtes über Artikel 11—16 des Titels II der Verfassungsurkunde, welcher vollständig also lautete:[2])

Von dem zweiten Titel der Verfassung, welcher „von den Rechten der Preußen" handelt, bleiben nur noch die Artikel 11—23 zur Berichterstattung an die Hohe Kammer übrig, und da dieser Abschnitt in zwei natürliche Unterabtheilungen zerfällt, deren erste (Art. 11—16) die Kirche, die andere dagegen (Art. 17—23) die Schule betrifft, so glaubte die Kommission im Interesse des ungestörten Fortganges der Plenarberathung über die Verfassung auch ihren Bericht nach derselben Unterabtheilung gesondert einreichen zu dürfen.

Zu Artikel 11, welcher in der bestehenden Verfassung so lautet:

„Die Freiheit des religiösen Bekenntnisses, der Vereinigung zu Religionsgesellschaften (Art. 28 und 29) und der gemeinsamen öffentlichen Religionsübung wird gewährleistet. Der Genuß der bürgerlichen und staatsbürgerlichen Rechte ist unabhängig von dem religiösen Bekenntnisse und der Theilnahme an irgend einer Religionsgesellschaft. Den bürgerlichen und staatsbürgerlichen Pflichten darf durch die Ausübung der Religionsfreiheit kein Abbruch geschehen."
wurden folgende Abänderungsanträge gestellt:

1) den ersten Satz in folgender Weise zu fassen: „Die Freiheit des religiösen Bekenntnisses, der Vereinigung zu Religionsgesellschaften nach Maßgabe des Art. 28 und der gemeinsamen häuslichen und öffentlichen Religionsübung wird gewährleistet."

2) dem ersten Satze die Bestimmung beizufügen: „so weit dadurch weder ein Strafgesetz übertreten, noch die öffentliche Sicherheit, die Ordnung oder Sittlichkeit verletzt oder gefährdet wird."

3) in dem zweiten Satze das Wort „irgend" wegzulassen.

4) im dritten Satze statt der Worte: „durch die Ausübung der Religionsfreiheit" zu setzen: „dadurch".

5) zu dem Artikel hinzuzusetzen: „Die Religionsgesellschaften, welche keine Korporationsrechte haben, können dieselben nur durch ein besonderes Gesetz erlangen."

6) als weiterer Zusatz: „Die christliche Religion ist die Religion des Staates."

---

[2]) Samml. sämmtl. Drucksachen d. II. K., III, N. 282. Verhh. d. II. K., II, S. 276—281.

Der erste Antrag, insofern er neben der öffentlichen Religionsübung auch die ausdrückliche Erwähnung der häuslichen enthält, stützte sich auf den Zweifel, ob neben der Auffassung, nach welcher die häusliche Religionsübung als ein Minderes in der öffentlichen als dem Mehrern, so weit es sich um die Befugniß zu der einen oder andern handelt, inbegriffen ist, nicht auch eine andere denkbar sei, welche unter gewissen Umständen gerade dahin führen könnte, eine einzelne Art der Religionsübung an die Oeffentlichkeit als Bedingung ihrer Zulässigkeit binden zu wollen.

Die Mehrheit der Kommission (10 gegen 8) theilte indessen diesen Zweifel nicht, und erklärte sich daher gegen die angetragene Veränderung.

Die Weglassung des Citates von Art. 29 hängt als bloße Folge mit dem fünften Antrage zusammen.

Der zweite Antrag enthält einen Gedanken, dessen Richtigkeit an und für sich niemand bestreiten wird. Ein neuer und besonderer Ausdruck für denselben schien aber der Mehrheit der Kommission deswegen überflüssig, weil einerseits schon der eigens allegirte Artikel 28, betreffend Gesellschaften, deren Zwecke den Strafgesetzen zuwider laufen, die nöthige Vorsorge trifft, und anderseits die „Verletzung oder Gefährdung der öffentlichen Sicherheit, der Ordnung oder Sittlichkeit" stets Handlungen voraussetzt, durch welche „den bürgerlichen Pflichten Abbruch geschähe", was doch nach der ausdrücklichen Bestimmung des dritten Satzes in dem vorliegenden Art 11 niemals stattfinden darf.

Der dritte Antrag, auf Streichung des Wortes „irgend" im zweiten Satze gerichtet, wurde dagegen einstimmig angenommen, in der Absicht, selbst die Möglichkeit einer Auslegung auszuschließen, wonach die Indifferenz im Punkte der Religion und religiöser Gemeinschaft von dem Staate, wenn nicht mit Gunst, doch mit Gleichgiltigkeit angesehen würde.

Die in dem vierten Antrage dargebotene Abkürzung des Ausdrucks schien der Mehrheit deswegen nicht annehmbar, weil damit die Zusammenfassung der drei Punkte Religionsbekenntniß, Religionsgesellschaft und Religionsübung weniger deutlich als bei der jetzigen Redaktion ausgedrückt wäre.

Der fünfte Antrag wurde nicht sowohl in der Absicht gestellt, die Erlangung der Korporationsrechte und der damit verbundenen höhern staatlichen Anerkennung den Religionsgesellschaften zu erschweren und sie zu diesem Behufe schwereren Formen als andere menschliche Verbindungen zu unterwerfen, als vielmehr in der Berücksichtigung, daß die Frage, ob einer Religionsgesellschaft Korporationsrecht zu ertheilen sei, ihre eigenen und andere religiöse Interessen, ja das gesammte Verhältniß zwischen Staat und Kirche auf die mannigfaltigste und schwierigste Weise berühren kann, daß dabei nach allen Seiten hin oft die konkreteste Erwägung der gegebenen Umstände und der dadurch bedingten Erwartungen nothwendig wird, daß gerade deshalb selbst die gerechteste und umsichtigste Regierung nach ihrer persönlichen Zusammensetzung und in Folge der gegebenen Formen ihrer Wirksamkeit dem Verdachte der Parteilichkeit auf der einen oder andern Seite kaum entgehen kann, und daß dagegen die umfassende und richtige Behandlung solcher Fragen und der allseitige Glauben an die Gerechtigkeit des Staates nur durch die Mitwirkung der Kammern mit der sie umgebenden Oeffentlichkeit zu erreichen sein werde.

Die Mehrheit der Kommission (10 gegen 8) konnte sich indessen von einer dermaßen konkreten Natur der einzelnen Fälle, daß dadurch eine durchgreifende gesetzliche Bestimmung, wie solche durch Art. 29 vorbehalten ist, unmöglich würde, nicht überzeugen; und mochte daher weder die ordentliche Befugniß der Staatsregierung, innerhalb der Schranken des Gesetzes Korporationsrechte zu ertheilen oder zu versagen, exceptionell beschränken, noch durch eine solche Beschränkung von der allgemeinen Ansicht, daß das Verhältniß des Staates zu allen Korporationen als solchen, mögen dieselben religiöse oder andere Zwecke verfolgen, wesentlich gleichartig sei, abweichen.

Zur Rechtfertigung des sechsten Antrages endlich wurde angeführt, daß die Einwirkung, welche das Christenthum auf die gesammte Gestaltung des heutigen Europa überhaupt und des preußischen Staates insbesondere ausgeübt habe, durch die Anerkennung der Religionsfreiheit, wie sie die Verfassung in Beziehung auf Bekenntniß, Gemeinschaft, Gottesdienst und deren Verhältniß zu den bürgerlichen und staatsbürgerlichen Rechten ausspreche, weder ihren Folgen noch ihrer Fortdauer nach weggefallen sei, daß vielmehr noch jetzt der preußische Staat sich als einen christlichen darstelle, nicht allein durch das Bekenntniß des Christenthums von Seiten der weit überwiegenden Mehrheit seiner Bevölkerung, sondern auch in manchen äußeren Einrichtungen, welche für das bürgerliche Leben und für die Staatsverwaltung selbst mitbestimmend seien, wie dahin z. B. die christlichen Festtage mit ihrer vielfältigen Bedeutsamkeit gehören: — ein Verhältniß, das nach allgemeiner Ueberzeugung bestehe und fortbestehen solle, und das daher in einem Zeitpunkt anderweitiger tief einschneidender Veränderungen nicht mit Stillschweigen übergangen und dadurch der Mißkennung, Anfechtung und vielfachem Irrthum bloßgestellt werden dürfe.

Allein die Kommission erklärte sich in ihrer Mehrheit gegen die Aufnahme des beantragten Zusatzes, weil sie einerseits gegen die eben erwähnten Gefahren, wenn solche überhaupt vorhanden sein sollten, einen hinreichenden Schutz in der Ueberzeugung und in den Sitten der Nation zu finden glaubte, und weil anderseits mit der Aufnahme der gedachten Bestimmung in die Verfassung weit näher liegende Gefahren für die Religionsfreiheit selbst in ihrem neugewährleisteten Sinn und Umfang, insbesondere für den gleichmäßigen Genuß der bürgerlichen und staatsbürgerlichen Rechte ohne Rücksicht auf Bekenntniß verbunden sein möchten; wobei noch überdies in Berücksichtigung fiel, daß die Anerkennung des christlichen Prinzips in seiner Allgemeinheit deswegen ohne Realität wäre, weil dieses in den gegebenen Verhältnissen allenthalben in bestimmter konfessioneller Gestaltung sich darstellt, die konfessionellen Verschiedenheiten aber im Sinne der Verfassung hinsichtlich des Staatslebens vollständig indifferenzirt werden sollen.

Nach allem Bisherigen ging das Befinden der Kommission dahin, daß der Artikel 11 unter Streichung des Wortes „irgend“ sonst unverändert beizubehalten wäre.

Erst nach Erlangung dieses Resultates fand die Berathung und Beschließung der Ersten Kammer betreffend den vorliegenden Abschnitt statt, und die Kommission verfehlte daher nicht, diese Beschlüsse, auch vor ihrer amtlichen Mittheilung (welche übrigens seither erfolgt ist), in den Kreis ihrer Vorberathung zu ziehen.

Es ergeben sich dabei folgende sechs Punkte, in welchen die Beschlüsse der

Ersten Kammer sowohl von der bestehenden Verfassung als von obigem Befinden der Kommission abweichen.

1) Der obgedachte erste Antrag, so weit er neben der öffentlichen auch der häuslichen Religionsübung ausdrückliche Erwähnung thut, ist von der Ersten Kammer angenommen worden. Die Kommission, in Berücksichtigung der auch in ihrem Schooße schon früher dafür angeführten Gründe (s. oben S. 2 [389]) und in der Absicht, zu einer möglichst umfassenden Uebereinstimmung der Beschlüsse beider Kammern, so weit es nur immer mit der eignen Ueberzeugung sich vereinigen ließe, beizutragen, beschloß mit 11 gegen 7 Stimmen, dieser früher mit 10 gegen 8 Stimmen abgelehnten Veränderung beizutreten.

2) Verwandlung des Wortes „gewährleistet" in „anerkannt".

Diese Veränderung wurde von der Kommission mit 10 gegen 8 Stimmen abgelehnt, weil nach dem Befinden der Mehrheit in dem ersten Ausdruck ein positiver Schutz verheißen, in dem andern dagegen mehr nur eine negative Duldung ausgesprochen wird, und kein Grund vorliegt, die letztere an die Stelle des ersteren zu setzen.

3) Weglassung der Worte: „und der Theilnahme an irgend einer Religionsgesellschaft".

Die Kommission glaubte, daß den muthmaßlichen Motiven dieser Veränderung durch die von ihr selbst schon vorgeschlagene bloße Streichung des Wortes „irgend" das richtige Maß von Rechnung getragen sei, und daß es dagegen im Sinne wahrer Religionsfreiheit keineswegs als überflüssig erscheine, neben dem Bekenntniß auch noch die Theilnahme an einer Religionsgesellschaft ausdrücklich als einen Punkt zu bezeichnen, über welchen der Einzelne behufs Ausübung seiner bürgerlichen und staatsbürgerlichen Rechte niemandem Rechenschaft zu geben habe. Sie lehnte daher den Beitritt zu der jetzt vorliegenden größeren Veränderung mit 9 gegen 9 Stimmen ab.

Als neue Zusatzartikel hat die Erste Kammer weiter folgende Bestimmungen angenommen:

4) „Jede Gesellschaft, welche als Religionsgesellschaft auf den Schutz des Staates Anspruch macht, ist verpflichtet, ihren Mitgliedern Ehrfurcht gegen Gott, Gehorsam gegen die Gesetze, Treue gegen den Staat und sittlich gute Gesinnungen gegen alle Mitbürger einzuflößen."

Die Kommission glaubte, daß durch einen solchen Ausspruch in der Verfassung ein reeller Zweck in der That nicht gefördert werden könne, daß vielmehr in Folge desselben zu besorgen wäre, es möchte in gewissen Fällen eine Kognition über das Bekenntniß und dessen Verhältniß zu jenen Anforderungen versucht und dadurch die Religionsfreiheit in wirkliche Gefahr gesetzt werden. Sie lehnte daher den Beitritt zu dieser Veränderung mit 14 gegen 4 Stimmen ab.

5) „Die Religionsgesellschaften, sowie die geistlichen Gesellschaften, welche keine Korporationsrechte haben, können diese Rechte nur durch besondere Gesetze erlangen."

Dieser Zusatz, welcher seinem Wesen nach mit dem obgedachten fünften der schon früher im Schooße der Kommission gestellten Anträge zusammen fällt, und mit welchem sich die dort erwähnte Modifikation des Citates im ersten Satze des Art. 11

verbindet, fand auch bei wiederholter Berathung in der Kommission von der einen Seite lebhafte Unterstützung, wurde aber dennoch bei nochmaliger Abwägung der oben angeführten beiderseitigen Gründe mit 10 gegen 8 Stimmen abermals abgelehnt, und zwar um so eher, als derselbe in unverkennbarem Zusammenhang mit der von der Ersten Kammer beschlossenen Streichung des Art. 29 steht, für dessen Beibehaltung sich hingegen die Zweite Kammer erklärt hat.

6) „Die christliche Religion in ihren Hauptbekenntnissen wird, als die Religion der großen Mehrheit der Bewohner des Staates, den religiös-bürgerlichen Einrichtungen desselben, unbeschadet der Religionsfreiheit der Andersglaubenden, zum Grunde gelegt."

Auch dieser Zusatz, der Hauptsache nach dem obigen sechsten Antrage entsprechend, wurde mit denselben Gründen wie dieser bei erneuerter Berathung unterstützt und angefochten, erlangte aber am Ende nur eine Minderheit von 7 gegen 11 Stimmen.

Da hiernach von den sechs abändernden Beschlüssen der Ersten Kammer nur der erste von der Kommission angenommen worden ist, so sieht sich letztere im Falle, unter Hinzunahme der obgedachten schon bei der ersten Berathung beliebten Abänderung (s. S 2 Nr. 3 und S. 3 [389]) im Uebrigen mit unveränderter Beibehaltung des bisherigen Artikels 11 die neue Fassung in folgender Art vorzuschlagen:

„Die Freiheit des religiösen Bekenntnisses, der Vereinigung zu Religionsgesellschaften (Artikel 28 und 29) und der gemeinsamen häuslichen und öffentlichen Religionsübung wird gewährleistet. Der Genuß der bürgerlichen und staatsbürgerlichen Rechte ist unabhängig von dem religiösen Bekenntnisse und der Theilnahme an einer Religionsgesellschaft. Den bürgerlichen und staatsbürgerlichen Pflichten darf durch die Ausübung der Religionsfreiheit kein Abbruch geschehen."

Artikel 12.

„Die evangelische und die römisch-katholische Kirche, sowie jede andere Religionsgesellschaft, ordnet und verwaltet ihre Angelegenheiten selbständig und bleibt im Besitz und Genuß der für ihre Kultus-, Unterrichts- und Wohlthätigkeitszwecke bestimmten Anstalten, Stiftungen und Fonds."

Zu diesem Artikel wurden folgende Anträge gestellt:

1) den Eingang, jetzt so lautend: „Die evangelische und die römisch-katholische Kirche, sowie jede andere Religionsgesellschaft, ordnet und verwaltet ihre Angelegenheiten" u. s. w.,

dahin abzuändern: „Jede Religionsgesellschaft ordnet und verwaltet ihre Angelegenheiten" u. s. w.;

2) nach den Worten: „verwaltet ihre Angelegenheiten selbständig"

einzuschalten: „unbeschadet der Rechte Dritter, welche wegen der ihnen obliegenden subsidiarischen Verpflichtungen zur Bestreitung der Kultuskosten bei der Vermögensverwaltung betheiligt sind",

3) am Schlusse nach den Worten: „und bleibt im Besitz und Genuß der für ihre Kultus-, Unterrichts- und Wohlthätigkeitszwecke bestimmten Anstalten, Stiftungen und Fonds",

beizufügen: „sowie der jährlich wiederkehrenden Leistungen, welche bisher zu Gunsten der vom Staate anerkannten Kirchengesellschaften aus Staatsmitteln erfolgt sind."

Der erste dieser Anträge bezweckte, die gleichmäßige Unabhängigkeit aller Religionsgesellschaften auch im Ausdrucke strenge festzuhalten, und vermittelst der Unterlassung jeder besondern Erwähnung der evangelischen und der römisch-katholischen Kirche selbst die Annäherung zu dem schon bei Art. 11 verworfenen Gedanken einer Staatskirche oder Staatsreligion zu vermeiden.

Indessen konnte sich die Kommission in ihrer Mehrheit einerseits von der eben angedeuteten Gefahr nicht überzeugen, und glaubte andrerseits den bei Art. 11 behufs Unterstützung eines weitergehenden Antrages (s. oben S. 2 [388] N. 6 und S. 4 [390]) geäußerten Ansichten durch Beibehaltung der unverfänglichen Eingangsworte des Art. 12 einige Rechnung tragen zu sollen. Der Antrag wurde demgemäß abgelehnt.

Der zweite Antrag stützte sich auf die unbestreitbare Rechtsansicht, daß diejenigen Personen, welche in Folge des Patronats oder anderer auf Vertrag oder anderem Grunde beruhender Rechtsverhältnisse gegenüber einer Gemeinde oder sonstigen Religionsgesellschaft in engerem oder weiterem Umfang zur Tragung der mit dem Kultus der letztern verbundenen Kosten verpflichtet sind, in keinem Falle durch einseitige Beschlüsse, welche dieselbe, betreffend die Einrichtung ihres Kultus, fassen möchten, in die Lage versetzt werden dürfen, die ihnen obliegende und durch die bisherigen Verhältnisse und Bedürfnisse begrenzt gewesene Last ohne ihre Zustimmung erschwert zu sehen und dadurch einen pekuniären Nachtheil zu erleiden, der ihnen nach dem bisherigen Rechtszustande nicht hätte auferlegt werden können.

Allein die Kommission konnte nicht glauben, daß dieser Ansicht, zu welcher auch sie sich unzweifelhaft bekennt, bei der gegenwärtigen Fassung des Art. 12 und ohne den beantragten Zusatz irgend welche Gefahr drohe, indem von der bloßen selbständigen Ordnung und Verwaltung der eigenen Angelegenheiten durch eine Religionsgesellschaft da unmöglich mehr die Rede sein kann, wo sie mit ihren Anordnungen oder Verfügungen in die Rechtssphäre anderer, ihr als Verpflichtete oder Berechtigte gegenüber stehender Personen, also doch gewiß in fremde Angelegenheiten, mittelbar oder unmittelbar eingreifen würde.

Nur aus diesem Grunde wurde der fragliche Zusatzantrag, und zwar mit 13 gegen 6 Stimmen, abgelehnt.

Für den dritten der obigen Anträge wurde angeführt, daß es bei allen eingetretenen Veränderungen die unzweifelhafte Pflicht des Staats bleibe, den bisher anerkannten Kirchengesellschaften, so weit dieselben nicht mit eigenen Fonds ausgesteuert, sondern für ihren Bedarf auf regelmäßige Leistungen aus Staatsmitteln angewiesen seien, diese Leistungen auch fernerhin ungeschmälert zukommen zu lassen, und daß gerade in den gegenwärtigen Umständen eine dringende Veranlassung liege, ihnen die Fortdauer jener Leistungen ausdrücklich zuzusichern und dadurch auch nach dieser Seite hin eine gewisse Beruhigung zu gewähren.

Das Vorhandensein jener Pflicht wurde nun zwar im Schooße der Kommission von niemandem in Abrede gestellt: indessen fand es die Mehrheit im höchsten Grade bedenklich, eine Verpflichtung des Staates, so weit sie nicht auf Verträgen, Stiftungen oder anderen eigentlichen Rechtsgründen beruhe, sondern mehr von freien Stücken und als eine politisch-moralische Nothwendigkeit übernommen, und einerseits treulich erfüllt, andererseits aber im Einzelnen der daraus fließenden Leistungen dem billigen Ermessen und der freien Verfügung des Staates und seiner Behörden anheimgestellt geblieben sei, jetzt dermaßen in eine garantirte Rechtspflicht zu verwandeln, daß dem Staate künftig bei etwa im Interesse der Kirche selbst erforderlichen und durch veränderte Verhältnisse gebotenen Modifikationen im Einzelnen, und ohne daß von irgend einer Verkürzung der fraglichen Kirchengesellschaft im Ganzen die Rede wäre, die größten Hindernisse und die verderblichsten Hemmungen gar leicht bereitet werden könnten.

Aus diesem Grunde wurde auch dieser dritte Abänderungsantrag mit 13 gegen 6 Stimmen abgelehnt, und demnach die unveränderte Beibehaltung des Art. 12 zu beantragen beschlossen.

Zur nachträglichen Berathung kamen indessen noch folgende Abänderungen, welche von der Ersten Kammer ausgegangen sind:

1) Anstatt der Worte der bestehenden Verfassung: „ordnet und verwaltet ihre Angelegenheiten selbständig und bleibt" u. s. w.

folgende Fassung: „ordnet und verwaltet ihre innern Angelegenheiten selbständig, die äußern unter gesetzlich geordneter Mitwirkung des Staates und der bürgerlichen Gemeinden und bleibt" u. s w.

2) Zu den Schlußworten: „und bleibt im Besitz und Genuß der für ihre Kultus-, Unterrichts- und Wohlthätigkeitszwecke bestimmten Anstalten, Stiftungen und Fonds"

der Zusatz: „so weit sie darauf ein Recht hat oder erwirbt".

Für den ersten dieser Anträge wurde geltend gemacht, daß auch die vollständige Religionsfreiheit nicht eine schrankenlose Herrschaft der kirchlichen Behörden über die Externa, wie das Vermögen u. dergl., und eine absolute Machtlosigkeit des Staates in dieser Beziehung bedinge, daß vielmehr eine gewisse Kontrole der Staats- und Gemeindebehörden über diese weltlichen Angelegenheiten der Kirche durch deren eigene höhere Interessen, durch die das gesammte äußere Gemeinleben umfassende Bestimmung des Staates, durch das Beispiel der meisten anderen Staaten und durch die in dieser Beziehung erprobte und mit gleichmäßiger Beharrlichkeit stets festgehaltene bisherige Verfassung geboten sei, weshalb es unmöglich gerathen sein könne, das ganze Recht des Staates in dieser Richtung für Gesetzgebung und alles weitere jetzt durch einen einzigen Satz, der jeglichem Uebergriffe kirchlicher Behörden Raum und Anlaß böte, auf eine nur schwer widerrufliche Weise aufzugeben.

Gegen den Antrag schien aber zu sprechen die an Unmöglichkeit grenzende Schwierigkeit, unter den wirklich eigenen Angelegenheiten der Kirche die äußeren von den innern zu scheiden, — auf der einen und auf der andern Seite der Umstand, daß dem Staate jedenfalls die Macht und die Befugniß zustehe, bei denjenigen Angelegenheiten der Kirche, welche deshalb äußere genannt zu werden pflegen, weil sie den Staat und seine Interessen mit berühren, seine Stellung in angemessener Weise zu wahren, wonach denn der angetragene Zusatz nicht sowohl einen reellen Gewinn für richtige Abgrenzung der Befugnisse zwischen den kirchlichen und den Staatsbehörden, als vielmehr eine nutzlose und wohl zu vermeidende Beunruhigung der Religionsgesellschaften zur Folge haben würde.

Der Mehrheit der Kommission schienen die letzteren Gründe überwiegend, und sie erklärt sich daher gegen den Beitritt zu dieser ersten Abänderung.

Sie sieht sich aber in demselben Falle auch hinsichtlich des unter 2 erwähnten Zusatzes zu den Schlußworten des vorliegenden Artikels, indem sie sich nicht überzeugen konnte, daß unbegründete Ansprüche irgend welcher Religionsgesellschaften an den Staat oder andere juristische oder natürliche Personen, namentlich unbegründete Ansprüche der Art, wie sie oben zu dem Antrage 3 S. 7 [392] auf S. 8 [393 f.] erwähnt worden sind, in der jetzigen Fassung der fraglichen Schlußworte irgend welchen Stützpunkt finden möchten.

Und aus denselben Gründen hielt sie auch für unnöthig, die anstatt des abgelehnten Zusatzes in ihrer Mitte neu vorgeschlagene Redaktionsveränderung in dem bestehenden Art. 12, nämlich: „Genusse ihrer für Kultus-" u. s. w.,

anstatt: „Genusse der für ihre Kultus-" u. s. w. anzunehmen,

und glaubte schließlich, es überall bei dem vorgedachten Antrage auf unveränderte Beibehaltung des Artikels 12 bewenden lassen zu sollen.

Artikel 13.

„Der Verkehr der Religionsgesellschaften mit ihren Obern ist ungehindert. Die Bekanntmachung ihrer Anordnungen ist nur denjenigen Beschränkungen unterworfen, welchen alle übrigen Veröffentlichungen unterliegen."

Die einzige Abänderung, welche bei diesem Artikel vorgeschlagen wurde, bestand darin:

anstatt der Worte: „die Bekanntmachung ihrer Anordnungen" zu setzen: „die Bekanntmachung kirchlicher Anordnungen".

Die Mehrheit der Kommission erkärte sich gegen diese Veränderung, weil man einerseits schon in der jetzigen Fassung denselben Sinn und keine Gefahr von Mißverständniß fand, theils in dem Ausdrucke „kirchlich" eine zu exklusive Beziehung auf die christlichen Religionsgesellschaften erblickte.

Deswegen wurde auch bei der nachträglichen Berathung dieser Antrag, welcher inzwischen von der Ersten Kammer adoptirt worden war, nochmals, jedoch nur mit 8 gegen 8 Stimmen abgelehnt.

Artikel 14.

„Ueber das Kirchenpatronat und die Bedingungen, unter welchen dasselbe aufzuheben, wird ein besonderes Gesetz ergehen."

Hierzu wurden folgende Abänderungen vorgeschlagen:

1) „. . . Bedingungen seiner Aufhebung wird" u. s. w.

2) „Ueber die Bedingungen, unter denen das Kirchenpatronat aufzuheben ist, wird" u. s. w.

Der in der bestehenden Fassung enthaltene Ausspruch, daß das Kirchenpatronat so oder anders wirklich werde aufgehoben werden, sollte durch den ersten Antrag um etwas gemildert, durch den zweiten im Gegentheil verstärkt werden.

Die Mehrheit der Kommission fand weder für das eine noch für das andere einen hinreichenden Grund, und erklärte sich daher für unveränderte Beibehaltung des Artikels.

Noch weniger konnte die Kommission daher bei der nachträglichen Berathung sich bestimmen lassen, der von der Ersten Kammer angenommenen Veränderung, dahin lautend: „Bedingungen, unter welchen dasselbe aufgehoben werden kann" u. s. w., beizutreten, indem augenscheinlich durch diese Fassung eine noch größere Schwächung jenes Ausspruchs als in dem ersten obgedachten Vorschlage gegeben wäre.

Sie ist demnach im Falle, bei dem Antrage auf unveränderte Beibehaltung dieses Artikels einfach stehen zu bleiben.

Artikel 15.

„Das dem Staate zustehende Vorschlags-, Wahl- oder Bestätigungsrecht bei Besetzung kirchlicher Stellen ist aufgehoben."

Es kamen hierzu folgende Zusätze in Vorschlag:

1) „so weit es nicht auf dem Patronatrechte oder auf einem andern Rechtstitel beruht".

2) „Auf die Anstellung von Geistlichen beim Militair und an öffentlichen Anstalten findet diese Bestimmung keine Anwendung."

3) „Das Gesetz bestimmt das Verfahren für die Erledigung der Konflikte zwischen den Organen der Staats- und Kirchengewalt."

Der erste Antrag wurde nicht sowohl in der Absicht gestellt, die Bestimmung des geltenden Artikels enger zu begrenzen und dadurch sachlich und der Wirkung nach zu verändern, als vielmehr den wahren Sinn desselben genauer auszudrücken und gegen mögliche und nahe liegende Mißdeutungen sicher zu stellen.

Das Recht des Staates auf Ernennung, Vorschlag oder Bestätigung bei Besetzung kirchlicher Stellen beruhte nach dem bisherigen Rechtszustande theils auf der Souverainetät, theils auf besonderem Patronatrecht oder anderen besonderen Rechtstiteln.

Die erstgenannte Grundlage jenes Rechtes, die allgemeine Staatshoheit, soll nun als solche nicht länger anerkannt werden. Das ist die einzige Bestimmung des vorliegenden Artikels. Daß dieser die Patronatrechte des Staates nicht aufheben, überhaupt nicht berühren soll, geht, wie die Kommission in ihrer Mehrheit glaubt, unzweideutig aus dem Umstande hervor, daß der vorhergehende Artikel 14, welcher dem Patronat ausschließlich gewidmet ist, die Aufhebung desselben durch ein künftiges Gesetz in Aussicht stellt, nicht aber schon jetzt ausspricht, aus dem guten Grunde unter anderen, weil das Patronat aus Rechten und Verpflichtungen zusammengesetzt erscheint in einer Weise, die eine viel genauere und ins Einzelne gehende Berücksichtigung erfordert, als dies bei der einfachen Aufhebung des Patronats durch einen Verfassungsartikel möglich wäre. Dieser Grund aber trifft bei den Patronatrechten des Staates völlig ebenso wohl als bei denjenigen anderer Inhaber zu, weshalb denn auch der Art. 14 zwischen beiden keinerlei Unterschied gemacht und hiermit nur das richtige und natürliche Verhältniß festgehalten hat. Und derselbe Grund findet auf etwaige andere Spezial-Rechtstitel außer dem Patronat unzweifelhaft noch in erhöhtem Grade Anwendung, und muß daher schon hinsichtlich des in dem jetzigen Art. 15 liegenden Sinnes, vollends aber für die jetzige Gestaltung des letztern zu demselben Schlusse berechtigen.

Gerade aus den angeführten Gründen hielt indessen die Mehrheit der Kommission die Gefahr eines Misverständnisses auch bei unveränderter Gestalt des Art. 15 für so entfernt, daß sie sich gegen die Aufnahme des angetragenen Zusatzes erklärte.

Für den zweiten Antrag wurde geltend gemacht, daß, wenn auch der Staat ordentlicher Weise gegenüber den Religionsgesellschaften und Gemeinden auf sein Ernennungs-, Vorschlags- oder Bestätigungsrecht ohne Nachtheil verzichten könne, dies doch in den besonderen durch den Antrag bezeichneten Verhältnissen eine Ausnahme erleiden müsse, indem dabei die Interessen des Staates zu sehr betheiligt seien, als daß derselbe von der Mitwirkung bei Besetzung solcher geistlichen Stellen ausgeschlossen werden könnte.

Dagegen aber wurde erinnert, daß doch auch diese Stellen mit wirklicher Seelsorge verbunden seien, und daher wenigstens nach den Einrichtungen der katholischen Kirche ohne die Institutio canonica von Seiten der geistlichen Behörde nicht besetzt werden können, daß demnach eine peremtorische Ausnahme zu Verwickelungen und Schwierigkeiten führen möchte, wogegen bei unveränderter Beibehaltung der bisherigen Fassung das erforderliche Zusammenwirken der weltlichen und der geistlichen Behörden von selbst eintreten würde.

Diese letztern Gründe bestimmten die Mehrheit der Kommission, auch diesen Zusatzantrag abzulehnen.

Und dasselbe Schicksal hatte endlich der dritte der beantragten Zusätze, da bei aller Anerkennung der Möglichkeit, daß die Zukunft für Emanirung eines solchen Gesetzes dringende Veranlassung bringen könnte, doch von der jetzigen Verheißung desselben durch die Verfassung ein bestimmter Vortheil nicht ersichtlich war.

Nachdem sonach die Kommission in Folge der vorgedachten Berathungen und Abstimmungen sich für die unveränderte Beibehaltung des Art 15 ausgesprochen hatte, so fand sie indessen später sich veranlaßt, die veränderte Fassung, in welcher dieser Artikel aus den Debatten der Ersten Kammer hervorgegangen war, einer weitern und nachträglichen Berathung zu unterwerfen. Diese Fassung ist folgende:

„Das Ernennungs-, Vorschlags-, Wahl- und Bestätigungsrecht bei Besetzung kirchlicher Stellen ist, so weit es dem Staate zusteht, und nicht auf dem Patronate oder besonderen Rechtstiteln beruht, aufgehoben.

Auf die Anstellung von Geistlichen beim Militair und an öffentlichen Anstalten findet diese Bestimmung keine Anwendung."

Von den verschiedenen in dieser Fassung enthaltenen Abänderungen wurde vorerst der Zusatz des Ernennungsrechtes als eine Vervollständigung und Verbesserung unbedenklich angenommen.

Ebenso erklärte sich die Kommission nunmehr auch mit 12 gegen 4 Stimmen für die Ausnahme der auf besondern Rechtstiteln beruhenden Rechte des Staates, zumal außer den früher schon dafür angeführten Gründen jetzt der Minister der geistlichen Angelegenheiten die Nothwendigkeit einer solchen ausdrücklichen Erwähnung auch noch mit Beispielen aus der jüngsten Zeit belegt hatte.

Dagegen wurde die weitere Erwähnung des Patronates als eines einzelnen, wenn auch gerade des wichtigsten unter jenen besondern Rechtstiteln mit 11 gegen 7 Stimmen als überflüssig abgelehnt.

Endlich wurde der auf die Anstellung von Geistlichen beim Militair und an öffentlichen Anstalten bezügliche Zusatz theils aus den obgedachten Gründen, theils in Folge ähnlicher Beispiele, welche auch hier aus der neuesten Zeit von dem Kultusminister angeführt wurden, mit 9 gegen 7 Stimmen angenommen.

Die Kommission sieht sich in Folge dieser Annäherung an die Beschlüsse der Ersten Kammer im Falle, die Annahme des Art. 15 in folgender veränderter Gestalt zu beantragen:

„Das Ernennungs-, Vorschlags-, Wahl- und Bestätigungsrecht bei Besetzung kirchlicher Stellen ist, so weit es dem Staate zusteht, und nicht auf besondern Rechtstiteln beruht, aufgehoben.

Auf die Anstellung von Geistlichen beim Militair und an öffentlichen Anstalten findet diese Bestimmung keine Anwendung."

Artikel 16.

„Die bürgerliche Giltigkeit der Ehe wird durch deren Abschließung vor den dazu bestimmten Civilstandsbeamten bedingt. Die kirchliche Trauung kann nur nach der Vollziehung des Civilaktes stattfinden."

Zu diesem Artikel wurde zunächst im Schooße der Kommission ein Abänderungsantrag nicht gestellt.

Aus der Berathung der Ersten Kammer war hierauf der Zusatz hervorgegangen: „Die Civilstandsregister werden von der bürgerlichen Behörde geführt".

Derselbe fand auch in der Kommission einige Unterstützung, indem darauf hingewiesen wurde, daß es zweckmäßiger sei, diese für die Verwirklichung des Art. 16 nothwendige Vorschrift schon in die Verfassung aufzunehmen, und sie dadurch für die künftige Spezialgesetzgebung schon mit als Norm hinzustellen, als ihre Aufstellung dieser erst für die Zukunft zu überlassen.

Die Kommission nahm aber in ihrer Mehrheit das umgekehrte Verhältniß an, und lehnte daher den Beitritt zu diesem Beschlusse der Ersten Kammer mit 11 gegen 5 Stimmen ab.

Nachträglich waren bei diesem Art. 16 noch mehrere Bedenken in Erwägung zu ziehen, welche schon bei der ersten Berathung von einigen Mitgliedern angeregt, jetzt mit großem Nachdruck in einer nicht unbedeutenden Anzahl von Petitionen gegen die Civilehe selbst, insbesondere gegen die Vorschrift, daß die kirchliche Trauung nur nach der Vollziehung des Civilaktes stattfinden könne, geltend gemacht worden.

Diese Einwendungen stützen sich vorzugsweise darauf, daß:

1) in gewissen dringenden Fällen, namentlich bei nächst bevorstehendem Tode eines die Trauung Begehrenden, der katholische Priester nach den Grundsätzen seiner Kirche die Trauung nicht versagen könne, folglich in die Nothwendigkeit versetzt würde, entweder die letztere oder die Verfassung zu verletzen, und sich desfalls schwerer Strafe auszusetzen; sodann daß

2) die kirchliche Einsegnung bisher wenigstens für die evangelischen Glaubens-

genossen eigentliche Bedingung der bürgerlichen Giltigkeit der Ehe gewesen sei, jetzt aber zu einer, wenn auch religiös bedeutungsvollen, doch bürgerlich ganz indifferenten Handlung herabgesetzt werde, was namentlich in den östlichen Theilen der Monarchie mancherlei Anstoß und Aergerniß errege und hier und da zu wirklicher Beschwerung der Gewissen gereiche.

Es wurde daher von verschiedenen Seiten angeregt, entweder den vorgedachten Satz: „Die kirchliche Trauung kann nur nach der Vollziehung des Civilaktes stattfinden" aus dem Artikel 16 ganz zu entfernen, oder wenigstens nach Art der Belgischen Verfassung durch den ausdrücklichen Vorbehalt künftiger Ausnahmebestimmungen durch die Gesetzgebung demselben die nöthige Beschränkung hinzuzufügen.

Die Kommission war aber in ihrer Mehrheit der Ansicht, daß das in dem Art. 16 festgehaltene System der Civilehe sich allenthalben, wo es bisher durchgeführt worden, bewährt habe, daß auch die vorliegenden Bedenken durch die Erfahrung unzweifelhaft werden widerlegt werden, daß aber gerade der befriedigende Erfolg durch die einfache, mit Ausnahmen nicht verkümmerte noch verwickelte Aufrechthaltung des einfachen Prinzipes unabänderlich bedingt sei. Es wurde deswegen durch Stimmenmehrheit beschlossen, auf die frühere Berathung des Art. 16 nicht wieder zurück zu kommen, sondern es bei deren Resultaten einfach bewenden zu lassen.

Das Verzeichniß derjenigen Petitionen, welche durch gegenwärtigen Bericht ihre Erledigung finden, wird dem folgenden Berichte über die auf die Schule bezüglichen Artikel 17—23 beigefügt werden, weil ein großer Theil derselben sich auf die Kirche und Schule und die einschlägigen Artikel der Verfassung gemeinsam bezieht." [3])

2. Der Vorschlag der Verfassungskommission und Vergleichung desselben mit der Verfassungsurkunde.

Der vorstehende Bericht brachte folgende Fassung der Artikel in Vorschlag: [1])

„Artikel 11. Die Freiheit des religiösen Bekenntnisses, der Vereinigung zu Religionsgesellschaften (Artikel 28 und 29) und der gemeinsamen häuslichen und öffentlichen Religionsübung wird gewährleistet. Der Genuß der bürgerlichen und staatsbürgerlichen Rechte ist unabhängig von dem religiösen Bekenntnisse und der Theilnahme an einer Religionsgesellschaft. Den bürgerlichen und staatsbürgerlichen Pflichten darf durch die Ausübung der Religionsfreiheit kein Abbruch geschehen.

---

[3]) Mit Angabe des Datums ist der Bericht nicht versehen.

[1]) Samml. sämmtl. Drucksachen d. II. K., III., N. 282, S. 17 ff.

Artikel 12. Die evangelische und die römisch-katholische Kirche, so wie jede andere Religionsgesellschaft, ordnet und verwaltet ihre Angelegenheiten selbständig und bleibt im Besitz und Genuß der für ihre Kultus-, Unterrichts- und Wohlthätigkeitszwecke bestimmten Anstalten, Stiftungen und Fonds.

Artikel 13. Der Verkehr der Religionsgesellschaften mit ihren Oberen ist ungehindert. Die Bekanntmachung ihrer Anordnungen ist nur denjenigen Beschränkungen unterworfen, welchen alle übrigen Veröffentlichungen unterliegen.

Artikel 14. Ueber das Kirchenpatronat und die Bedingungen, unter welchen dasselbe aufzuheben, wird ein besonderes Gesetz ergehen.

Artikel 15. Das Ernennungs-, Vorschlags-, Wahl- und Bestätigungsrecht bei Besetzung kirchlicher Stellen ist, so weit es dem Staate zusteht, und nicht auf besonderen Rechtstiteln beruht, aufgehoben.

Auf die Anstellung von Geistlichen beim Militair und an öffentlichen Anstalten findet diese Bestimmung keine Anwendung.

Artikel 16. Die bürgerliche Giltigkeit der Ehe wird durch deren Abschließung vor den dazu bestimmten Civilstandsbeamten bedingt. Die kirchliche Trauung kann nur nach der Vollziehung des Civilaktes stattfinden."

Obgleich die Erste Kammer den Text der Verfassungsurkunde in unsern Artikeln durch viele und zum Theil tiefeingreifende Aenderungen zu verbessern für nöthig geachtet, schlug die Verfassungskommission der Zweiten Kammer solche überhaupt nur bei zwei Artikeln vor, dem eilften und dem fünfzehnten. Bei Artikel 15 empfahl sie die von der Ersten Kammer beliebte Fassung mit der einen Abweichung, daß sie im ersten Alinea neben den „besonderen Rechtstiteln" nicht auch das Patronat erwähnen wollte, weil sie dies mit Recht für überflüssig hielt. Rücksichtlich des Artikels 11 folgte die Kommission den Beschlüssen der Ersten Kammer so weit, daß sie die Worte „häuslichen und“ in die Beschreibung der freigestellten gemeinsamen Religionsübung aufzunehmen vorschlug; in dem folgenden Satze aber verstand sie sich nicht dazu, der Ersten Kammer mit der Streichung der Worte: „und der Theilnahme an irgend einer Religionsgesellschaft“ nachzufolgen, sondern glaubte, diese Worte im Interesse der wahren Religionsfreiheit beibehalten zu müssen, und das Anstößige, welches viele in denselben fanden, nur durch die Weglassung des Wortes „irgend“ mildern zu können.

3. Verbesserungsanträge.

Die Zurückhaltung, welche die Kommission mit ihren Aenderungsvorschlägen der Verfassungsurkunde gegenüber beobachtet hatte, schien vielen Mitgliedern der Zweiten Kammer doch zu groß zu sein: durch eine Reihe von Anträgen suchten sie bei der Plenarberathung noch manche recht bedeutende Abänderungen zu bewirken. Indem ich diese Anträge mittheile, bemerke ich, daß die Abgeordneten, welche die von der andern Kammer beliebte Fassung durchsetzen wollten, keine Veranlassung hatten, desfallsige Anträge zu stellen, weil dieselbe ohnehin mit zur Abstimmung gebracht wurde.

Zu Artikel 11.[1])

A. Beseitigungsantrag.

1. Des Abg. Grafen Renard-Strehlitz aus Groß-Strehlitz.[2])

Den Artikel 11 gänzlich zu streichen. (Nicht genügend unterstützt.)

B. Abänderungsanträge.

2. Des Abg. Marteus-Allenstein aus Allenstein.

„Die Freiheit des religösen Bekenntnisses, der Vereinigung zu Religionsgesellschaften (Art. 28 und 29) und jeder gemeinsamen Religionsübung wird gewährleistet. Der Genuß der bürgerlichen und staatsbürgerlichen Rechte und die Erfüllung der desfallsigen Pflichten sind von der Ausübung der Religionsfreiheit unabhängig.“

---

[1]) Verhh. d. II. K., II, S. 283 ff. Sitz.-Prot. d. II. K., I, S. 487 f.

[2]) Verhh. d. II. K., II, S. 312. Sitz.-Prot. d. II. K., I, S. 497.

3. Der Abg. Reuter-Tilsit aus Königsberg und Heinrici-Memel aus Kimten und Genossen:

Die Worte: „und der Theilnahme an (irgend) einer Religionsgesellschaft" gänzlich zu streichen.

8 Des Abg. v. Kleist-Retzow-Neustettin aus Kieckow und Genossen:

Zweiter Satz: „Die Mitgliedschaft beider Kammern, die Erlangung eines obrigkeitlichen Amtes, sowie eines Lehramtes in der Volksschule christlicher Gemeinden ist abhängig von der Theilnahme an einem gesetzlich anerkannten christlichen Bekenntnisse. Der Genuß der sonstigen bürgerlichen und staatsbürgerlichen Rechte ist unabhängig von dem religiösen Bekenntnisse."

5. Des Abg. Weihe-Herford aus Schocke-Mühle und Genossen:

„Die Freiheit des religiösen Bekenntnisses, der Vereinigung zu Religionsgesellschaften, nach Maßgabe der Art. 28 und 29, und die gemeinsame häusliche und öffentliche Religionsübung wird anerkannt. Den bürgerlichen und staatsbürgerlichen Pflichten darf durch die Ausübung der Religionsfreiheit kein Abbruch geschehen."

C. Zusatzanträge.

6. Des Abg. Weihe-Herford aus Schocke-Mühle:

Statt der Fassung der I. Kammer (Art. 12 und 13) als neuen Artikel folgende Fassung anzunehmen:

„Die christliche Religion ist die Religion des Staates, welche den religiös-bürgerlichen Einrichtungen desselben, unbeschadet der Religionsfreiheit der Andersglaubenden, zum Grunde gelegt wird."

„Diejenigen Religionsgesellschaften, sowie die geistlichen Gesellschaften, welche keine Korporationsrechte haben, können solche nur durch besondere Gesetze erlangen."

7. Des Abg. Keller-Duisburg aus Mühlheim und Genossen:

Den neuen Artikel in folgender Fassung anzunehmen:

„Die christliche Religion in ihren Hauptbekenntnissen wird den religiös-bürgerlichen Einrichtungen des Staats, unbeschadet der Religionsfreiheit der Andersglaubenden, zum Grunde gelegt."

8. Des Abg. Grafen Krassow-Franzburg aus Diewitz und Genossen.

Hinter Art. 11 der Verfassungsurkunde einen neuen Artikel einzuschalten, resp. an die Stelle des Artikels 13 nach dem Beschluß der Ersten Kammer zu setzen, des Inhalts:

„Das Christenthum bleibt maßgebend für alle öffentlichen Einrichtungen, die mit der Religion in Zusammenhang stehen. Die römisch-katholische und die evangelische Kirche behalten ihr öffentlich-nationales Ansehen im Staate."

---

[3]) Verhh. d. II. K., II, S. 307.

9. Des Abg. v. Viebahn-Minden aus Berlin.[3])

Dem Art. 11 folgenden neuen Artikel hinzuzufügen:

„Die christliche Religion wird bei denjenigen Einrichtungen des Staats, welche mit der Religionsübung im Zusammenhange stehen, unbeschadet der im Artikel 12 gewährleisteten Religionsfreiheit, zum Grunde gelegt."

Zu Artikel 12.[4])

A. Zusatzanträge.

10. Des Abg. Fubel-Halle aus Domnitz.[5])

„Transitorischer Artikel zu Artikel 12: Das landesherrliche Kirchenregiment hat die Ueberleitung der evangelischen Kirche zu einer selbständigen Verfassung herbei zu führen, damit sie die ihr im Artikel 12 überwiesenen Rechte übernehmen und ausüben könne."

11. Des Abg. Landfermann-Simmern aus Koblenz.

Zusatz: „unter Gleichstellung aller Religionsgesellschaften, welche Korporationsrechte besitzen oder erwerben. (Dieser Antrag wurde vor der Abstimmung zurückgezogen und statt seiner der folgende eingebracht)

12. Des Abg. Landfermann-Simmern aus Koblenz.

Zusatz: „unter verhältnißmäßiger Gleichstellung aller Religionsgesellschaften, welche Korporationsrechte besitzen oder erwerben, in ihren Bezügen aus Staatsmitteln."

13. Des Abg. Keller-Duisburg aus Mühlheim.

Zusatz: „Der evangelischen Kirche wird nach der Kopfzahl ihrer Glieder eine ebenso hohe Dotation vom Staate gewährleistet, als die katholische Kirche erhält." (Nicht genügend unterstützt.)

14. Des Abg. v. Jagow-Kreuznach aus Kreuznach und Genossen.

Zusatz: „Befinden sich solche Anstalten im gemeinsamen Eigenthum oder in der gemeinsamen Benutzung mehrerer Religionsgesellschaften, so verbleibt dem Staat über die ersteren ein Aufsichtsrecht, welches in seiner Ausdehnung und Einwirkung durch ein besonderes Gesetz näher bestimmt werden wird."

15. Des Abg. Riebel-Angermünde aus Berlin und Genossen.

Zusatz: „Nähere Anordnungen über die Vermögensverwaltung der Kirchen und Religionsgesellschaften bleiben einem besonderen Gesetze vorbehalten."

16. Des Abg. Contzen-Jülich aus Aachen.[6])

Zusatz: „Die den gedachten Kirchen und Religionsgesellschaften, dem Staate

---

[4]) Verhh. d. II. K., II, S. 285 f., 346 ff. Sitz.-Prot. d. II. K., I, S. 489 f., 552 ff.

[5]) Verhh. d. II. K., II, S. 307. Sitz.-Prot. d. II. K., I, S. 497

[6]) Verhh. d. II. K., II, S. 332. Sitz.-Prot. d. II. K., I, S. 499.

gegenüber, zustehenden Forderungsrechte, so weit sie etwa noch nicht befriedigt worden, bleiben ihnen vorbehalten." (Vor der Abstimmung zurückgezogen)

17. Des Abg. v. Uechtritz-Liegnitz aus Breslau.

Zusatz: „Durch die gemeinsame Bezeichnung der verschiedenen evangelischen Religionsgemeinschaften soll eine Aenderung des bisherigen Rechtssubjektes nicht bewirkt sein."

B. Abänderungsanträge.

18. Des Abg. Seiffert-Schweidnitz aus Queitsch und Genossen.

„Die evangelisch-lutherische, reformirte, unirte und die römisch-katholische Kirche, sowie jede andere Religionsgesellschaft, ordnet und verwaltet ihre Angelegenheiten selbständig und bleibt im Besitz und Genuß der für ihre Kultus-, Unterrichts- und Wohlthätigkeitszwecke bestimmten Anstalten, Stiftungen und Fonds."

19. Des Abg. Wentzel-Ratibor aus Ratibor.

Den Worten: „die evangelische und die römisch-katholische Kirche" zu substituiren: „die evangelische — d. h. die lutherische, reformirte und unirte — und die römisch-katholische Kirche".

20. Des Abg. Martens-Allenstein aus Allenstein.

Statt: „Fonds" zu setzen: „Einkünfte".

21. Des Abg. Reck-Koblenz aus Neuwied.

Die letzten Worte des Art. 12 dahin zu fassen: „Stiftungen, Fonds und Einkünfte".

22. Des Abg. Reuter-Tilsit aus Königsberg.

„Die evangelische und die römisch-katholische Kirche ordnet und verwaltet ihre Angelegenheiten selbständig und bleibt im Besitz und Genuß der für ihre Kultus-, Unterrichts- und Wohlthätigkeitszwecke bestimmten Anstalten, Stiftungen und Fonds, ebenso jede andere Religionsgesellschaft, diese wie jene jedoch nur nach Maßgabe des Art. 11."

23. Des Abg. Trendelenburg-Berlin aus Berlin.

„Die evangelische Kirche und die römisch-katholische Kirche, sowie jede andere Religionsgesellschaft, ordnen und verwalten ihre Angelegenheiten selbständig, bleiben aber den allgemeinen Staatsgesetzen unterworfen.

Sie bleiben im Besitz und Genuß der für ihre Kultus-, Unterrichts- und Wohlthätigkeitszwecke bestimmten Anstalten, Stiftungen und Fonds. Wie weit dem Staate über ihr Vermögen eine Aufsicht zustehe, bestimmt das Gesetz."

24. Des Abg. Landfermann-Simmern aus Koblenz.

„Die evangelische und die römisch-katholische Kirche, sowie jede andere Religionsgesellschaft, ordnet und verwaltet ihre Angelegenheiten selbständig unter gesetzlich geordneter Aufsicht des Staats."

25. Des Abg. v. Dewitz-Naugard aus Wussow und Genossen.

„Die evangelische und die römisch-katholische Kirche, sowie jede andere Religionsgesellschaft, ordnet und verwaltet ihre Angelegenheiten selbständig, vorbehaltlich der dem Staate nach Maßgabe des Gesetzes zustehenden Mitwirkung, und bleibt im Besitze und Genuß der für ihre Kultus-, Unterrichts- und Wohlthätigkeitszwecke bestimmten Anstalten, Stiftungen, Einkünfte und Fonds."

26. Des Abg. v. Fock-Jüterbogk aus Potsdam und Genossen.

Hinter den Worten: „ordnet und verwaltet ihre Angelegenheiten selbständig" die Worte hinzuzufügen: „ihre Vermögensangelegenheiten aber unter der gesetzlich geordneten Mitwirkung des Staats".

27. Des Abg. Schimmel-Steinfurth aus Münster.[7])

„Die evangelische und die römisch-katholische Kirche, sowie jede andere Religionsgesellschaft, ordnet und verwaltet ihre Angelegenheiten selbständig. Dem Staate bleibt dabei — nach Maßgabe des Gesetzes — nur in so weit eine Theilnahme vorbehalten, als es sich um außerordentliche (nicht fortlaufende) Ausgaben aus dem Kirchenvermögen, um Beiträge aus Staats- resp. Kommunalfonds, oder um Aufbringung von Beisteuern handelt.

Jede Kirche und Religionsgesellschaft bleibt im Besitz und Genuß der für ihre Kultus-, Unterrichts- und Wohlthätigkeitszwecke bestimmten Anstalten, Stiftungen und Fonds."

Zu Artikel 14.[8])

Abänderungsanträge.

28. Des Abg. Toobe-Graudenz aus Graudenz und Genossen.

„Das Kirchenpatronat ist aufzuheben. Die Bedingungen bestimmt das Gesetz."

29. Des Abg. Martens-Allenstein aus Allenstein.

Statt: „wird ein besonderes Gesetz ergehen" zu setzen: „bestimmt das Gesetz".

30. Des Abg. Heinrici-Memel aus Kimten und Genossen.

„Ueber das Kirchenpatronat und die Bedingungen, unter welchen dasselbe aufgehoben werden kann, wird ein besonderes Gesetz auf Grund einer Vereinbarung mit der betreffenden Kirche ergehen."

Zu Artikel 15.[9])

Abänderungsanträge.

31. Des Abg. Landfermann-Simmern aus Koblenz und Genossen.

„Das Ernennungs-, Vorschlags-, Wahl- und Bestätigungsrecht bei Besetzung

---

7) Verhh. d. II. K., II, S. 333. Sitz.-Prot. d. II. K., I, S. 500.

8) Verhh. d. II. K., II, S. 285 f., 371. Sitz.-Prot. d. II. K., I, S. 490, 557.

9) Verhh. d. II. K., II, S. 285, 287 f. Sitz.-Prot. d. II. K., I, S. 490.

kirchlicher Stellen geht, so weit es dem Staate zusteht und nicht auf dem Patronat oder besonderen Rechtstiteln beruht, an diejenigen Organe der betreffenden Kirche über, welchen es nach deren Verfassung zukommt."

32. Des Abg. Aug. Reichensperger-Krefeld aus Köln und Genossen.

„Das Ernennungs-, Vorschlags-, Wahl- und Bestätigungsrecht bei Besetzung kirchlicher Stellen ist, so weit es dem Staate als solchem zusteht, aufgehoben."

33. Des Abg. Wülffing-Siegkreis aus Siegburg und Genossen.

Das dem Staate zustehende Ernennungs-, Vorschlags-, Wahl- und Bestätigungsrecht bei Besetzung kirchlicher Stellen ist aufgehoben, mag dasselbe in der Souveränetät oder auf dem Patronate und anderen besonderen Rechtstiteln beruhen."

34. Des Abg. Rohden-Steinfurt aus Posen und Genossen.

Aus der zum Art. 15 von der Kommission vorgeschlagenen Fassung zu streichen: Alinea 1 die Worte: „und nicht auf besonderen Rechtstiteln beruht".
Das ganze zweite Alinea.

Zu Artikel 16.[10])

A. Beseitigungsantrag.

35. Des Abg. Winzler-Luckau aus Lübbenau.

Den Art. 16 der Verfassung gänzlich zu streichen.

B. Zusatzanträge.

36. Des Abg. Rohden-Steinfurt aus Posen und Genossen.

Unter die transitorischen Bestimmungen den Artikel anzunehmen: „Die Vorschrift des Art. 16 tritt in Kraft, sobald die Führung der Civilstandsregister gesetzlich ins Leben getreten ist."

37. Des Abg. Brockhausen-Münster aus Warendorf und Genossen.

Daß unter die Uebergangsbestimmungen aufgenommen werde: „Artikel 113. Die seit dem 5. Dezember 1848 durch kirchliche Trauung geschlossenen Ehen haben volle bürgerliche Giltigkeit, und hat das Gesetz über die Führung der Civilstandsregister den Zeitpunkt festzusetzen, mit welchem die Bestimmung des Art. 16 in Kraft tritt."

38. Des Abg. Rohden-Steinfurt aus Posen und Genossen.

Zusatz: „Ausnahmen bestimmt das Gesetz".

C. Abänderungsanträge.

39. Des Abg. Aug. Reichensperger-Krefeld aus Köln und Genossen.

Den zweiten Satz des Art. 16 zu streichen. Eventuell demselben zuzusetzen: „Ausnahmen bestimmt das Gesetz".

---

[10]) Verhh. d. II. K., II, S. 286 ff.; Sitz.-Prot. d. II. K., I, S. 491 ff.

40. Des Abg. Wülffing-Siegkreis aus Siegburg und Genossen.

Den zweiten Satz gänzlich zu streichen.

41. Des Abg. Brockhausen-Münster aus Warendorf und Genossen.

„Die bürgerliche Giltigkeit der Ehe wird durch deren Abschließung vor dem dazu bestimmten Civilstandsbeamten bedingt. Ein besonderes Gesetz regelt die Führung der Civilstandsregister."

42. Des Abg. Reuter-Tilsit aus Königsberg.[11])

„Die rechtliche Wirkung des Ehebündnisses ist nur bedingt durch den Civilakt, welcher vollzogen sein muß, bevor die Ehe kirchlich oder den sonstigen Religionsgrundsätzen gemäß eingesegnet werden kann Die näheren Anordnungeu trifft das Gesetz."

43. Des Abg. Gamradt-Stallupönen aus Pillukönen.

„Die bürgerliche Giltigkeit der Ehe wird durch deren Abschließung vor dem dazu bestimmten Civilstandsbeamten oder durch die kirchliche Trauung derjeuigen Religionsgesellschaften, welche bisher dazu berechtigt waren, bedingt. Die Mitglieder dieser Religionsgesellschaften haben die Wahl zwischen den beiden Formen. Wird die Ehe durch Civilakt geschlossen, so kann die kirchliche Trauung nur nach Vollziehung des Civilaktes stattfinden. Wird die Ehe durch kirchliche Trauung geschlossen, so muß die kirchliche Beglaubigung derselben in das Civilstandsregister aufgenommen werden."

44. Des Abg. Breithaupt-Ruppin aus Wittstock.

„Die bürgerliche Giltigkeit der Ehe wird durch deren Abschließung vor dem dazu bestimmten Civilstandsbeamten oder durch die kirchliche Trauung derjenigen Religionsgesellschaften, welche hierzu bisher berechtigt gewesen sind, bedingt. Die Mitglieder der letzteren haben die Wahl zwischen den beiden Formen. Der durch kirchliche Trauung stattgefundene Abschluß der Ehe wird in den Civilstandsregistern nachgetragen."

45. Des Abg. Freiherrn v. Schlottheim-Meseritz aus Wollstein und Genossen.[12])

Unteramendement zum vorigen: „Unbeschadet der in verschiedenen Landestheilen in Bezug auf die Civilehe bereits bestehenden Einrichtungen wird die bürgerliche Giltigkeit der Ehe durch deren" u. s. w.

46. Des Abg. v. Fock-Jüterbogk aus Potsdam und Genossen.

„Die bürgerliche Giltigkeit der Ehe wird bedingt nach dem Entschluß der Brautleute, entweder 1) durch kirchliche Trauung, oder 2) durch deren Abschließung vor dem dazu bestimmten Civilstandsbeamten.

Auch im ersten Falle sind die vom Gesetze vorzuschreibenden Anzeigen bei dem mit Führung der Civilstandsregister beauftragten Beamten vor Vollziehung der Trauung zu machen."

---

[11]) Verhh. d. II. K., II, S. 283.

[12]) A. dems. O. S. 376; Sitz.-Prot. d. II. K., I, S. 558.

47. Des Abg. v. Uechtritz-Liegnitz aus Breslau und Genossen.

„Die bürgerliche Giltigkeit der Ehe wird nach freier Wahl der Betheiligten durch die kirchliche Trauung oder durch den Abschluß vor dem dazu bestimmten Civilstandsbeamten bedingt.

Die Untersuchung, ob die Ehe bürgerlich zulässig sei, steht auch in dem ersteren Falle allein dem Civilstandsbeamten zu.

Das Nähere bestimmt das Gesetz."

48. Des Abg. Müller-Wohlau aus Tschiläsen und Genossen.

„Die Civilstandsbeamten haben zu ermitteln, ob die vom Staate gestellten Bedingungen zur Abschließung einer bürgerlich giltigen Ehe vorhanden sind.

Die Abschließung der Ehe selbst erfolgt auf Grund dessen entweder vor dem Civilstandsbeamten oder durch die kirchliche Trauung der Religionsgesellschaften, die dazu berechtigt sind (28), nach der freien Wahl der Betheiligten.

Die kirchliche Trauung muß auf Grund des kirchlichen Attestes in die Civilstandsregister eingetragen werden."

49. Des Abg. Wentzel-Ratibor aus Ratibor.

„Zur bürgerlichen Giltigkeit der Ehe genügt deren Abschließung vor einem dazu bestimmten Civilstandsbeamten." (Vor der Abstimmung zurückgezogen.)

50. Des Abg. Heinrici-Memel aus Kimten und Genossen.

„Die bürgerliche Giltigkeit der Ehe wird durch den Abschluß vor dem dazu beauftragten Civilstandsbeamten bedingt. Bei denjenigen Religionsgesellschaften aber, welchen der Staat Korporationsrechte verliehen hat (Art. 11. 29), tritt die civilrechtliche Wirkung der Ehe dann ein, wenn nach vorangegangenem bürgerlichen Aufgebot und dessen Bescheinigung durch den Civilstandsbeamten die Brautleute kirchlich getraut worden sind. Die Eintragung solcher Ehen in die Civilstandsregister erfolgt auf Grund eines Kopulationsscheins der betreffenden Religionsgesellschaft."

51. Des Abg. Graf Eberhard zu Stolberg-Landeshut aus Kreppelhof und Genossen.

„Die bürgerliche Giltigkeit der Ehe kann durch deren Abschließung vor den dazu bestimmten Civilstandsbeamten begründet werden. Das Nähere bestimmt das Gesetz."

52. Des Abg. Graf v. Monts-Creuzburg aus Jeroldschütz und Genossen.[13])

„In allen Landestheilen, in denen die Civilehe bisher nicht die Regel gewesen ist, soll dieselbe auch ferner nur als Ausnahme, und zwar dann erst zugelassen werden, wenn die kirchliche Trauung verweigert worden ist.

In der gesammten Monarchie werden Civilstandsregister geführt."

53. Des Abg. Tepplin-Wolmirstedt aus Magdeburg und Genossen.[14])

„Die bürgerliche Giltigkeit der Ehe wird durch deren Abschließung nach den bisherigen gesetzlichen Formen in den verschiedenen Landestheilen bedingt.

---

[13]) Verhh. d. II. K., II, S. 347. Sitz.-Prot. d. II. K., I, S. 559.

[14]) Verhh. d. II. K., II, S. 381. Sitz.-Prot. d. II. K., I, S. 559.

Zur Führung der Civilstandsregister werden besondere Beamte bestellt, welche auch die Zulässigkeit der Ehe vor der Trauung zu prüfen haben.

Ausnahmen für besondere Fälle bestimmt das Gesetz." (Nicht genügend unterstützt.)

54. Des Abg. Evelt-Borken aus Dorsten.

„Die Einführung der Civilehe erfolgt nach Maßgabe eines besonderen Gesetzes, was auch die Führung der Civilstandsregister regelt."

4. Beurtheilende Uebersicht über die Verbesserungsanträge.

Schon ein flüchtiger Blick auf die vorstehenden Anträge läßt erkennen, daß es in der Zweiten Kammer ebenso wenig als in der Ersten an dem entschiedenen Gegensatz gegen die Prinzipien fehlte, welche in den Artikeln 11—16 der Verfassungsurkunde ihren Ausdruck gefunden hatten. Gleich bei Artikel 11 finden wir neben dem rein redaktionellen Antrage von Martens (2) und neben dem, wenn auch vielleicht nicht in praktischer, so doch in prinzipieller Hinsicht bedeutungslosen von Reuter (3)[5], drei andere Anträge, die zu dem Inhalte des Artikels in direktem Widerspruche stehn. Zunächst der Antrag des Grafen Renard (3), welcher am radikalsten von allen nicht weniger verlangt als die völlige Beseitigung des Prinzips der Religionsfreiheit aus der Verfassungsurkunde; und sodann die Anträge der Abgeordneten v. Kleist-Retzow (4) und Weihe (5), deren einer die Mitgliedschaft beider Kammern u. s. w. von der Theilnahme an einem gesetzlich anerkannten christlichen Bekenntnisse abhängig macht, und deren anderer noch weiter gehend überhaupt die Unabhängigkeit der bürgerlichen und staatsbürgerlichen Rechte von dem religiösen Bekenntniß aus dem Artikel streicht. Diese beiden Anträge beschränken nicht nur die in Artikel 11 gewährte Religionsfreiheit, sondern sie negiren das Prinzip, daß der Staat sich zu dem religiösen Bekenntniß seiner Angehörigen indifferent verhält, und vindiziren dem Staate statt dessen einen bestimmten religiösen Charakter. Diesen letzteren aber bezeichnet Herr v. Kleist-Retzow mehr indirekt, indem er den Unterschied von gesetzlich anerkannten und nicht anerkannten Bekenntnissen in die Verfassung

---

[5]) Vergl. oben S. 236; 373.

einführt und einige der bedeutendsten staatsbürgerlichen Rechte an die gesetzlich anerkannten christlichen Bekenntnisse bindet; Weihe dagegen, auch in diesem Stücke weiter gehend, bezeichnet ihn ganz direkt, indem er in seinem zweiten Antrage (6) die christliche Religion geradezu für die Religion des Staates erklärt.

Dieser zweite Antrag von Weihe (6) und die Anträge der Abgeordnete Keller (7), Graf Krassow (8) und v. Viebahn (9) bilden insofern eine einheitliche Gruppe, als sie alle darauf ausgehn, dem Artikel 11 eine Bestimmung hinzuzufügen, durch welche die normative Bedeutung der christlichen Religion für gewisse bürgerliche Einrichtungen festgestellt werden soll. In dieser Tendenz mit dem von der Ersten Kammer als Artikel 13 angenommenen Zusatze übereinstimmend, unterscheiden sie sich von diesem gemeinschaftlich dadurch, daß sie jene Bedeutung der christlichen Religion nicht nur als der Religion der Mehrheit, sondern schlechtweg, ohne Rücksicht auf die Anzahl der Bekenner, zusichern, und damit, wie ich schon oben bei Besprechung des vom Grafen Krassow nur wieder aufgenommenen Stahl'schen Amendements hervorhob[2]), eine staatliche Anerkennung der christlichen Religion als der wahren in den Artikel hineintragen. Außerdem weichen die Anträge Weihe, Graf Krassow und v. Viebahn auch noch darin von dem Zusatzartikel 13 der Ersten Kammer auf gemeinsame Weise ab, daß sie die christliche Religion nicht nur in ihren Hauptbekenntnissen, sondern ganz allgemein als die Norm für die betreffenden bürgerlichen Einrichtungen aufstellen; doch dürfte diese Abweichung bei der praktischen Anwendung der Bestimmung so gut als bedeutungslos sein. Was nun weiter diejenigen Punkte betrifft, in denen sich diese Anträge untereinander, und jeder für sich von dem in der Ersten Kammer beschlossenen Artikel 13 unterscheiden: so haben wir, nachdem die eigenthümlichen Elemente des Krassow'schen Antrages schon früher aus Anlaß des gleichlautenden Stahl'schen ihre eingehende Würdigung gefunden, nur noch den Amendements von Weihe und v. Viebahn unsere Aufmerksamkeit zu schenken. Dieses letztere aber ersetzt den vieldeutigen Ausdruck „religiös-bürgerlichen Einrichtungen"

---

[2]) Oben S. 376 f.; das Stahl'sche Amendement S. 368 N. 8.

mit dem beſtimmteren und klareren: „Einrichtungen des Staats, welche mit der Religionsübung im Zuſammenhange ſtehen" und erweitert die von der Erſten Kammer beliebte Kautel für die Religionsfreiheit der Andersglaubenden zu einer Kautel für die im Artikel 11 gewährleiſtete Religionsfreiheit überhaupt; eine Wendung, durch welche es der, ſonſt allerdings möglichen, Auffaſſung vorbeugt, als ob den Anhängern der chriſtlichen Religion aus deren normativer Bedeutung für gewiſſe ſtaatliche Einrichtugen eine Schmälerung der Religionsfreiheit entſtehen dürfte. Der Antrag des Abgeordneten Weihe ſchließt ſich in dieſen beiden Punkten dem Beſchluß der Erſten Kammer an, fordert aber außer den ſchon berührten Aenderungen in deren Artikel 13 auch noch die Annahme des zweiten Alineas ihres Artikels 12, ausdrücklich ohne deſſen erſtes Alinea.

Artikel 12 der Verfaſſungsurkunde, welchen die Kommiſſion unverändert beizubehalten gerathen hatte, veranlaßte zwar eine noch größere Anzahl von Amendements als Artikel 11, fand aber in keinem einzigen derſelben einen prinzipiellen Widerſpruch.

Am unwichtigſten von allen ſind die Anträge der Abgeordneten Martens und Reck (20, 21), welche gleich dem Abgeordneten v. Dewitz (25), wie ſchon in der Erſten Kammer Uhden[3]), das bleibende Anrecht der Religionsgeſellſchaften auch auf ihre Einkünfte noch ausdrücklich ſicher ſtellen wollten. Weit bedeutender, weil eine ſchwerwiegende Beſtimmung neu in die Verfaſſung einführend, ſind die von den Abgeordneten Landfermann und Keller vorgeſchlagenen Zuſätze (11, 12, 13), deren letzter, ähnlich wie ſchon in der Erſten Kammer Hülsmann beantragt hatte[4]), die Parität der evangeliſchen und der katholiſchen Kirche rückſichtlich ihrer Staatsdotation, und deren zweiter, während der Verhandlungen an die Stelle des unbeſtimmter gehaltenen erſten geſetzte, die verhältnißmäßige Parität ſogar aller mit Korporationsrechten ausgeſtatteten Religionsgeſellſchaften in Beziehung auf ihre Staatsdotation verbürgt ſehen will. Auch der Antrag von Contzen (16) betrifft die vermögensrechtlichen Be-

[3]) Siehe oben S. 369, N 14; vergl. S. 378.

[4]) Siehe oben S. 369, N. 16; vergl. S. 379.

ziehungen zwischen dem Staate und den Religionsgesellschaften, doch scheint sich dasjenige, was er ausdrücklich hervorhebt, lediglich von selbst zu verstehen.

Wie bereits in der Ersten Kammer der Abgeordnete Bennecke den Ausdruck: „die evangelische Kirche“ unter Hinweis auf deren konfessionelle Geschiedenheit beanstandet hatte[5]): so gingen auch die Anträge der Abgeordneten v. Uechtritz, Seiffert und Wentzel (17, 18, 19) aus der Rücksichtnahme auf die abgesonderten evangelischen Konfessionskirchen hervor. Der durch Herrn v. Uechtritz beantragte Zusatz enthält nur eine Kautel welche verhüten soll, daß nicht etwa in falscher Auslegung des Artikels aus der Bezeichnung „die evangelische Kirche“ eine Beeinträchtigung der konfessionellen Sonderkirchen hergeleitet werden könne; solch eine Kautel erscheint aber um so mehr als überflüssig, weil ja durch die Worte: „sowie jede andere Religionsgesellschaft“ die Berechtigung neben der evangelischen Landeskirche bestehender Konfessionskirchen durchaus gewahrt ist. Von diesem v. Uechtritz'schen Antrage, der es ganz unentschieden läßt, welche evangelische Religionsgesellschaften etwa als Rechtssubjekte neben der evangelischen Landeskirche bestehen, unterscheiden sich die Anträge Seiffert und Wentzel dadurch, daß nach ihnen schon in der bloßen Verschweigung der evangelischen Sonderkirchen eine Beeinträchtigung liegt, und daß sie dieselben deshalb ausdrücklich namhaft machen, Wentzel indem er die Bezeichnung „die evangelische Kirche“ als gemeinsame stehen läßt und ihnen die Sondernamen nur als Erläuterung beifügt, Seiffert dagegen, indem er diese geradezu an die Stelle jener setzt und so den Begriff von der Einheit der evangelischen Kirche aus dem Artikel ganz entfernt. Durch solche besondere Hervorhebung der lutherischen und reformirten Kirche neben der unirten Landeskirche würde nun zwar in der rechtlichen Stellung weder jener noch dieser irgend etwas geändert, wohl aber das faktische Uebergewicht der letzteren verdunkelt, und insofern dem konfessionalistischen Gegensatze gegen dieselbe eine gewisse Unterstützung gegeben worden sein.

Gleichfalls auf die Bezeichnung des Subjektes bezieht sich der

---

[5]) Siehe oben S. 370, N. 23; vergl. S. 379.

Antrag von Reuter (22), der aber nicht, wie die vorhergehenden, den Gebrauch neuer Ausdrücke, ſondern nur eine andere Verbindung der alten fordert, um dadurch daß die Worte: „ebenſo jede andere Religionsgeſellſchaft" nur wie ein Anhang nachſchleppen, den Unterſchied der beiden chriſtlichen Hauptkirchen von den übrigen Religionsgeſellſchaften ſchärfer zu markiren; eine Aenderung, die übrigens ebenſo wenig von ſachlicher Bedeutung geweſen wäre, als der in Verbindung damit beantragte und lediglich etwas ſelbſtverſtändliches ausſprechende Zuſatz: „dieſe wie jene jedoch nur nach Maßgabe des Artikels 11".

Sofern durch dieſen Zuſatz die gewährte kirchliche Selbſtändigkeit näher beſtimmt wird, ſind wir mit ihm zu der Gruppe von Anträgen gekommen, welche eben dieſe zu ihrem Gegenſtande haben.

Unter dieſen Anträgen nun fügt zunächſt derjenige des Abgeordneten Trendelenburg (23) beiden Gliedern des Artikels je eine Beſtimmung hinzu; nämlich dem erſten die dem §. 17 der deutſchen Grundrechte[6]) entnommene Kautel: „bleiben aber den allgemeinen Staatsgeſetzen unterworfen", und dem zweiten den Satz: „wie weit dem Staate über ihr Vermögen eine Aufſicht zuſtehe, beſtimmt das Geſetz". Während jene Kautel die gewährte Selbſtändigkeit nicht ſowohl modifizirt, als vielmehr nur genauer beſchreibt, bringt dieſer zweite Zuſatz ein neues, ſie beſchränkendes Moment hinzu, indem er den Gedanken fixirt, daß dem Staate eine, wenn vielleicht auch noch ſo begrenzte, beſondere Aufſicht über das Vermögen der Religionsgeſellſchaften zuſtehe. Weit genügſamer fordert der Antrag des Abgeordneten v. Jagow (14) ſolche Staatsaufſicht über das Eigenthum der Religionsgeſellſchaften nicht auch als allgemeine Regel, ſondern nur als eine, unter ganz beſtimmten Verhältniſſen ſtattfindende Ausnahme, wogegen der Antrag von Landfermann (24) viel weiter greifend als der von Trendelenburg die Religionsgeſellſchaften in der Ordnung und Verwaltung nicht nur ihres Vermögens, ſondern aller ihrer Angelegenheiten der Aufſicht des Staates unterwirft. Wie verſchieden dieſe Anträge demnach auch von einander ſind, ſo ſtimmen ſie doch darin überein, daß ſie den Modus und die Ausdehnung der gewünſchten Staats-

[6]) Oben S. 292.

aufsicht nicht schon selbst bestimmen, sondern der Spezialgesetzgebung überweisen.

Neben den drei genannten Anträgen stehen, der Spezialgesetzgebung denselben Spielraum lassend als sie, drei andere Anträge, welche sich nicht mit einer Aufsicht des Staates begnügen, sondern die kirchliche Selbständigkeit geradezu durch eine Mitwirkung desselben an der kirchlichen Verwaltung einschränken wollen. Und zwar mit denselben Modifikationen, die wir bei jenen Anträgen fanden. Denn der Antrag des Abgeordneten v. Dewitz (25) statuirt die Mitwirkung des Staates ganz allgemein, der des Abgeordneten v. Fock (26) nur für die gesammten Vermögensangelegenheiten, und endlich der von Schimmel (27) blos für bestimmte Fälle der Vermögensverwaltung.

Den beiden letztgenannten Anträgen, sowie denen von Trendelenburg und v. Jagow ist, sofern er auch die kirchliche Vermögensverwaltung betrifft, der von Riedel vorgeschlagene Zusatz (15) verwandt. Indem derselbe jene Verwaltung überhaupt zum Gegenstande der Staatsgesetzgebung macht, involvirt er offenbar eine Beschränkung der kirchlichen Selbständigkeit, während er dem zu erlassenden Gesetze volle Freiheit läßt, den Religionsgesellschaften rücksichtlich ihrer Vermögensverwaltung einen recht weiten Raum zu gönnen oder auch ganz enge Fesseln anzulegen.

Wie endlich die Sorge um die Auseinandersetzung zwischen dem Staate und der evangelischen Kirche bereits in der Ersten Kammer den Abgeordneten Fischer zu einem besonderen Zusatzantrage veranlaßt hatte[7]): so bewog sie in der Zweiten Kammer den Abgeordneten Fubel, die Annahme eines transitorischen Artikels zu beantragen, laut dessen das landesherrliche Kirchenregiment die Ueberleitung der evangelischen Kirche zu einer selbständigen Verfassung herbeizuführen hat, damit sie die ihr im Artikel 12 überwiesenen Rechte übernehmen und ausüben könne (10). Fubel verlangte also nicht wie Fischer die Feststellung des Weges, auf welchem die evangelische Kirche zu ihrer Selbständigkeit gelangen soll, sondern die Bezeichnung des Subjectes,

---

[7]) Oben S. 370, N. 20.

welches die Verpflichtung hat, die evangelische Kirche zur Uebernahme und Ausübung der ihr staatsgrundgesetzlich zugesprochenen Selbständigkeit in Stand zu setzen. Und damit stellte er eine Forderung, deren Erfüllung von viel größerem Gewichte gewesen sein würde, als er selber damals ahnen konnte. Denn während Fubel mit seinem Antrage verhindern wollte, daß die evangelische Kirche nicht so, wie sie augenblicklich war, d. h. ohne selbständige Organisation, vom Staate sich selber überlassen und damit der Zersplitterung anheim gegeben würde, während er also, mit anderen Worten, nur dem bisherigen Kirchenregimente noch eine letzte Pflicht gegen die in die Selbständigkeit zu entlassende Kirche auferlegen wollte: würde die Annahme seines transitorischen Artikels darüber hinaus auch noch den späteren Versuchen, trotz der staatsgrundgesetzlichen Gewährung kirchlicher Selbständigkeit für das landesherrliche Kirchenregiment das Recht bleibender Fortexistenz in der evangelischen Kirche in Anspruch zu nehmen einen starken Riegel vorgeschoben haben.

Zu Artikel 13 wurde in der Zweiten Kammer ebensowenig ein Amendement eingebracht, als es in der Ersten geschehen war, wohl aber rief Artikel 14 wieder mehrere Anträge hervor, und zwar außer dem blos redaktionellen des Abgeordneten Martens (28) zwei sachlich nicht ganz unerhebliche. Der Antrag Toobe (29) nämlich, obgleich von seinem Urheber nur als ein Redaktionsvorschlag betrachtet, involvirt insofern eine sachliche Aenderung des Artikels, als er durch die Worte: „Das Kirchenpatronat ist aufzuheben" die ganz allgemeine Aufhebung dieses Institutes obligatorisch macht, während die entsprechende Wendung in der Verfassungsurkunde nur ausgedrückt hatte, daß dasselbe in gewissen, vom Gesetze zu bestimmenden Fällen aufgehoben werden müsse[8]). Der Antrag Heinrici (30) aber verbindet damit, daß er der Ersten Kammer folgend aus dieser Bestimmung im Gegentheil das Moment des Obligatorischen ganz entfernt, zugleich noch die Aenderung, daß er dem in Aussicht gestellten

---

[8]) Vergl. oben S. 340 f.; 343. Heinrici's Auffassung von Art. 14 der Verfassungsurkunde, als ob darin die allgemeine Aufhebung des Patronats angeordnet wäre, kann ich nicht für richtig erkennen.

Patronatsgesetze eine Vereinbarung mit der betreffenden Kirche zu Grunde legt.

Die vier Anträge, welche sich auf Artikel 15 beziehen, stimmen darin überein, daß sie nach dem Vorgange der Ersten Kammer und der Verfassungskommission auch des Ernennungsrechtes besondere Erwähnung thun. Im übrigen vertauscht der Antrag von Landfermann (31) in dem Beschluß der Ersten Kammer die Worte: „ist aufgehoben" mit dem ausführlicheren: „geht an diejenigen Organe der betreffenden Kirche über, welchen es nach deren Verfassung zukommt"; wodurch er indessen nur etwas selbstverständliches besonders hervorzuheben scheint. Ebensowenig Bedeutung dürfte die von Reichensperger empfohlene Aenderung (32) haben, durch welche besagt werden sollte, daß die Rechte, welche der Staat bisher eben als solcher und nicht als besonderes Rechtssubject besessen, aufgehoben seien, dasselbe, was auch die Verfassungsurkunde gemeint und die Verfassungskommission mit der Ersten Kammer durch den von Reichensperger beanstandeten Zwischensatz: „und nicht auf besonderen Rechtstiteln beruht" weitläufiger ausgedrückt hatte. Enthalten diese beiden Amendements also eigentlich nur Redaktionsvorschläge, so bezwecken dagegen die von Wülffing und Rohden (33, 34) eingebrachten die Beseitigung der nach dem Vorgange der Ersten Kammer auch von der Verfassungskommission besonders ausgesprochenen, in der Verfassungsurkunde aber als selbstverständlich vorausgesetzten Reservation derjenigen Betheiligung des Staates an der Besetzung kirchlicher Stellen, welche auf dem Patronate oder auf besonderen Rechtstiteln beruht. Durch Annahme des von Wülffing vorgeschlagenen Zusatzes: „mag dasselbe in der Souverainetät oder auf dem Patronate und anderen besonderen Rechtstiteln beruhen" würde dieser Zweck durchaus erreicht und damit der Sinn des Artikels in erheblicher Weise modifizirt worden sein; wogegen nach der von Rohden beantragten bloßen Streichung der Worte: „und nicht auf besonderen Rechtstiteln beruht" aus der sonst empfohlenen Kommissionsfassung doch immer noch möglich geblieben wäre, die auf derartigen Titeln beruhenden Rechte des Staates als solche zu betrachten, die selbstverständlich von der im Artikel 15 ausgesprochenen Aufhebung ausgeschlossen seien.

Die vielen Anträge, welche zu Artikel 16 gestellt wurden, lassen sich in mehrere Gruppen sondern, je nach dem Verhältniß, in dem sie zu dem wesentlichen Inhalt des Artikels stehen.

Ohne den Artikel zu modifiziren, tragen die von Rohden und von Brockhausen beantragten transitorischen Bestimmungen (36, 37) Sorge für die Legalität der Ehen, welche in der Zeit zwischen dem Erlaß der Verfassungsurkunde und der faktischen Einführung von Civilstandsregistern in der bisher rechtsgiltigen Weise abgeschlossen worden, und stellen zugleich fest, daß die Einführung und die Regelung der Civilstandsregister durch ein Gesetz zu geschehen habe, was Brockhausen übrigens laut andern Antrages (41) auch in dem Artikel selbst hervorheben wollte. Mit diesem zweiten Brockhausen'schen Antrage verlangen auch die Amendements von Reichensperger und Wülffing (39, 40) die Streichung des zweiten Satzes, nach dem die kirchliche Trauung nur nach der Vollziehung des Civilaktes stattfinden kann; und zwar thun dieses alle drei deshalb, weil sie in jener Bestimmung einen Eingriff in die Freiheit der Kirche erblicken. Aber gerade die Tendenz, den Geistlichen der katholischen Kirche die Freiheit zur kirchlichen Trauung auch ohne vorangegangenen Civilakt zu wahren, läßt nur um so deutlicher erkennen, wie wichtig es zur Verhinderung von illegalen Ehen gewesen, daß die Verfassungsurkunde dem ersten Satze des Artikels diesen zweiten hinzugefügt hatte. Mit mehr Umsicht sucht der zweite Antrag von Rohden (38), den auch Reichensperger (39) als eventuellen stellte, das Interesse der Kirche ohne Gefährdung der staatlichen Ordnung und der Rechtssicherheit der Einzelnen zu wahren, indem er den schon in der Ersten Kammer von Ritter beantragten[9]) Zusatz: „Ausnahmen bestimmt das Gesetz" angehängt wissen will.

Alle übrigen Anträge mit Ausnahme des Evelt'schen (54) gehen darauf aus, das Ansehn der kirchlichen Trauung ausdrücklich zu wahren, und zwar, abgesehn von dem bloß redaktionellen des Abgeordneten Reuter (42), geradezu dadurch, daß sie derselben ihre bisherige Rechtskraft erhalten, und die obligatorische Civilehe der Ver-

[9]) Oben S. 371, № 27; vergl. S. 383.

fassungsurkunde theils durch die fakultative, theils durch die Nothcivilehe ersetzen, theils aber auch die Civilehe überhaupt gänzlich verwerfen.

Die erste Stufe bilden diejenigen Anträge, welche die kirchliche Trauung in Beziehung auf die Rechtskraft dem Civilakte völlig gleich stellen und den Nupturienten die Wahl zwischen beiden Formen der Eheschließung anheimgeben: die Anträge von Gamradt (43), Breithaupt (44), v. Schlottheim (45), v. Fock (46), v. Uechtritz (47), Müller (48) und Wentzel (49). Von diesen Abgeordneten wiederholen Gamradt und Breithaupt das von Stahl in der Ersten Kammer eingebrachte Amendement[10]), jener mit Hinzufügung einer Kautel, durch welche die Religionsgesellschaften zur Beobachtung der staatlichen Ehegesetze verbunden werden, dieser mit Auslassung des Satzes über die Zeit der kirchlichen Trauung und mit einer geringfügigen Modifikation in der Schlußbestimmung über die Eintragung der kirchlich abgeschlossenen Ehen in die Civilstandsregister; v. Schlottheim aber beschränkt den Inhalt dieser Amendements dadurch, daß er die in verschiedenen Landestheilen bezüglich der Civilehe bereits bestehenden Einrichtungen durch die beantragte Bestimmung nicht geschädigt werden läßt. Die Anträge der Abgeordneten v. Fock, v. Uechtritz und Müller suchen, vorsichtiger als jene drei, das Interesse des Staates und der Nupturienten bei den kirchlichen Eheschließungen noch besonders dadurch zu wahren, daß die beiden letzteren der Trauung eine Prüfung über das Vorhandensein der staatlich geforderten Ehebedingungen seitens des Civilstandsbeamten, der erste aber, was auf dasselbe hinauskommt, die gesetzlichen Anzeigen bei diesem Beamten vorangehen lassen. Der Abgeordnete Wentzel endlich macht die Civilehe auch fakultativ, aber er bedient sich hierzu einer Ausdrucksweise, welche die bürgerliche Form der Eheschließung im Vergleich mit der kirchlichen gewissermaßen als die geringere und in der Regel nicht zur Anwendung kommende erscheinen läßt.

Auf einer andern Stufe als die sieben vorgenannten Anträge steht derjenige von Heinrici (50), welcher zwar zunächst in Uebereinstimmung mit der Verfassungsurkunde den Grundsatz aufstellt, daß die

---

[10]) Oben S. 371, N. 29; vergl. S. 383.

bürgerliche Giltigkeit der Ehe durch deren Abschließung vor dem Civilstandsbeamten bedingt wird, dann aber sofort diesen Grundsatz für die Mitglieder der mit Korporationsrechten versehenen Religionsgesellschaften außer Kraft setzt, indem er, ohne ihnen die Wahl zwischen bürgerlicher und kirchlicher Eheschließung frei zu stellen, die civilrechtliche Wirkung ihrer Ehen durch die dem bürgerlichen Aufgebot nachfolgende, der Eintragung in die Civilstandsregister aber vorangehende, kirchliche Trauung bedingt werden läßt.

Noch weiter von der Verfassungsurkunde entfernen sich die Amendements der Abgeordneten Graf zu Stolberg (51), Graf Monts (52) und Trepplin (53), welche die Civilehe nur als Ausnahme zulassen. Während der erste, ohne irgend welche spezielle Normen aufzustellen, die Regelung der Sache ganz einem besonderen Gesetze zuweist, stimmen die beiden anderen darin überein, daß sie die allgemeine Einführung von Civilstandsregistern fordern und die Civilehe auf ihrem bisherigen Geltungsgebiete unangetastet lassen wollen, gehen aber darin auseinander, daß Trepplin die Bestimmung der Ausnahmefälle, in welchen die Civilehe auch in den übrigen Theilen der Monarchie soll statthaben dürfen, der Spezialgesetzgebung anheimstellt[11]), Graf Monts dagegen selbst schon bestimmt ausspricht, daß sie erst nach stattgefundener Verweigerung der kirchlichen Trauung zugelassen werden dürfe.

Von dieser auf das geringste Maß eingeschränkten nothweisen Gestattung der Civilehe ist nur noch ein kleiner Schritt zu deren gänzlicher Versagung, und auch diese fand ihren Vertreter: Abgeordneter Winzler beantragte kurzweg die Streichung des Artikels 16 (35). Dem gegenüber hielt der Antrag von Evelt (54) nun zwar daran fest, daß die Einführung der Civilehe nicht aufgegeben werden könne; aber der Frage nach allen näheren Modalitäten derselben ausweichend und deren Festsetzung durchaus der Spezialgesetzgebung anheimgebend, dagegen aber den nothwendigen Zusammenhang zwischen Einführung der Civilehe und Regelung der Führung der Civilstandsregister zur

[11]) Ich nehme an, daß sich der letzte Absatz des Amendements nicht bloß auf den nächstvorhergehenden, sondern ebenso auch auf den ersten Absatz bezieht.

Geltung bringend, wollte er an Stelle des Artikels 16 der Verfassungsurkunde lediglich den Satz aufgenommen wissen, daß die Einführung der Civilehe nach Maßgabe eines besonderen Gesetzes erfolge, welches auch die Führung der Civilstandsregister regele.

5. Die Beschlüsse.

Die Zweite Kammer verhandelte über die Artikel 11—16 der Verfassungsurkunde in fünf Plenarsitzungen, der fünfzigsten bis vierundfünfzigsten am 9., 10., 12., 14. und 15. November [1]), und beschloß bei diesen Verhandlungen, den Artikeln folgende Fassung zu geben:

„Artikel 11.[2]) Die Freiheit des religiösen Bekenntnisses, der Vereinigung zu Religionsgesellschaften (Artikel 28 und 29) und der gemeinsamen häuslichen und öffentlichen Religionsübung wird gewährleistet.

Der Genuß der bürgerlichen und staatsbürgerlichen Rechte ist unabhängig von dem religiösen Bekenntnisse. Den bürgerlichen und staatsbürgerlichen Pflichten darf durch die Ausübung der Religionsfreiheit kein Abbruch geschehen.

Artikel 12. Die christliche Religion wird bei denjenigen Einrichtungen des Staats, welche mit der Religionsübung im Zusammenhange stehen, unbeschadet der im Artikel 11 gewährleisteten Religionsfreiheit zum Grunde gelegt.

Artikel 13. Die evangelische und die römisch-katholische Kirche, sowie jede andere Religionsgesellschaft, ordnet und verwaltet ihre Angelegenheiten selbständig und bleibt im Besitz und Genuß der für ihre Kultus-, Unterrichts- und Wohlthätigkeitszwecke bestimmten Anstalten, Stiftungen und Fonds.

---

[1]) Verhh. d. II. K., II, S. 276—383; Sitz.-Prot. d. II. K., I, S 485—559.

[2]) Die in der Ersten Kammer beschlossene Ueberschrift für diese und die folgenden Artikel: „Vom Religions- und Unterrichtswesen" wurde von der Zweiten Kammer auf den Namens der Verfassungskommission von deren Referenten gestellten Antrag ausdrücklich verworfen, in der 57. Sitzung, Verhh. d. II. K., II, S. 453; Siz.-Prot. d. II. K, I, S. 581.

Transitorischer Artikel. Das landesherrliche Kirchenregiment hat die Ueberleitung der evangelischen Kirche zu einer selbständigen Verfassung herbeizuführen, damit sie die ihr im Artikel 12 überwiesenen Rechte übernehmen und ausüben könne.

Artikel 14. Der Verkehr der Religionsgesellschaften mit ihren Oberen ist ungehindert. Die Bekanntmachung kirchlicher Anordnungen ist nur denjenigen Beschränkungen unterworfen, welchen alle übrigen Veröffentlichungen unterliegen.

Artikel 15. Ueber das Kirchenpatronat und die Bedingungen, unter welchen dasselbe aufgehoben werden kann, wird ein besonderes Gesetz ergehen.

Artikel 16. Das Ernennungs-, Vorschlags-, Wahl- und Bestätigungsrecht bei Besetzung kirchlicher Stellen ist, so weit es dem Staate zusteht, und nicht auf dem Patronat oder besonderen Rechtstiteln beruht, aufgehoben.

Auf die Anstellung von Geistlichen beim Militair und an öffentlichen Anstalten findet diese Bestimmung keine Anwendung.

Artikel 17. Die Einführung der Civilehe erfolgt nach Maßgabe eines besonderen Gesetzes, was auch die Führung der Civilstandsregister regelt.[3])

---

[3]) Die oben S. 406 ff. sub N. 36 bis 53 mitgetheilten Amendements wurden, als durch die Annahme dieser Fassung des Artikels erledigt, gar nicht zur Abstimmung gebracht. Hiergegen erhob in der nächsten Sitzung der Abgeordnete vom Ende rücksichtlich der beiden Amendements von Rohden und Brockhausen (S. 406, N. 36 und 37) Einspruch, und der Abgeordnete Rohden glaubte jetzt an Stelle jenes früheren den neuen Antrag stellen zu dürfen:

„Folgenden Vermerk in den beschlossenen Artikel mit aufzunehmen: Die während der Gesetzeskraft der Verfassung vom 5. Dezember 1848 durch kirchliche Trauung geschlossenen Ehen haben volle bürgerliche Giltigkeit."

Die Kammer lehnte es indessen ab, die Verhandlungen über diesen Artikel noch einmal aufzunehmen, und die genannten Amendements kamen daher auch jetzt nicht zur Abstimmung. Verhh. d. II. K., II, S. 388, 406; Sitz.-Prot. d. II. K., I, S. 561, 571.

Indem die Zweite Kammer diese Fassung der Artikel beschloß, folgte sie dem Vorschlage ihrer Kommission[4]) vollständig nur bei Artikel 13, den sie trotz des abweichenden Beschlusses der Ersten Kammer[5]) unverändert aus der Verfassungsurkunde[6]) beibehielt. Bei den Artikeln 14, 15 und 16 dagegen eignete sie sich im Widerspruch mit der Kommission die Beschlüsse der Ersten Kammer an, deren Abweichungen von der Verfassungsurkunde ich schon früher beleuchtet habe.[7]) Bei Artikel 11 aber vermittelte sie zwischen dem Vorschlage ihrer Kommission, dem Beschlusse der Ersten Kammer und der Verfassungsurkunde, indem sie im ersten Satze dem fast unveränderten Texte der letzteren auf den Antrag der Kommission die von der Ersten Kammer aufgenommenen Worte: „häuslichen und" einschaltete, ferner im zweiten Satze gegen den Vorschlag der Kommission dem Beschluß der Ersten Kammer folgend die Worte: „und der Theilnahme an (irgend) einer Religionsgesellschaft" gänzlich beseitigte, und endlich den dritten Satz in Uebereinstimmung mit der Kommission und der Ersten Kammer unverändert aus der Verfassungsurkunde beibehielt. Hatte jene Kammer im weiteren gemeint, letztere durch zwei neue Artikel hinter dem 11ten ergänzen zu müssen, so folgte die Zweite Kammer diesem Vorgange wenigstens so weit, daß sie gegen das Votum ihrer Kommission auf den Antrag des Abgeordneten v. Viebahn einen neuen Artikel 12 beschloß, welcher den einen jener Zusatzartikel zwar nicht schlechtweg, aber doch seinem wesentlichen Inhalte nach wiederholte.[8]) Ganz selbständig verfuhr die Zweite Kammer schließlich in der Aufnahme des von Fubel beantragten transitorischen und in der Fassung des letzten Artikels, bei welchem sie das Amendement Evelt zum Beschluß erhob.[9])

---

[4]) Oben S. 399.

[5]) Oben S. 385, Art. 14.

[6]) Oben S. 333, Art. 12.

[7]) Siehe das oben S. 386 und 364 f. über die Artikel 15, 16, 17, resp. 13, 14, 15 Gesagte.

[8]) Vergl. das bereits oben S. 410 f. über das v. Viebahn'sche Amendement Gesagte.

[9]) Vergl. über diese beiden Artikel oben S. 414 und 419.

D. Die zweite Berathung in der Ersten und in der Zweiten Kammer.

1. Der zweite Bericht des Centralausschusses der Ersten Kammer.

Sobald die Zweite Kammer das Resultat ihrer Verhandlungen der Ersten Kammer mitgetheilt hatte, unterwarf deren Centralausschuß die Artikel mit Berücksichtigung der beiderseitigen Beschlüsse einer abermaligen Berathung und erstattete über das Ergebniß derselben unterm 7. Dezember 1849 einen neuen Bericht an die Kammer. Derselbe lautete, so weit er sich auf unsere Artikel bezog, folgendermaßen:

„Sobald die amtliche Mittheilung der Beschlüsse der Zweiten Kammer über die vorbezeichneten Artikel (unter dem 29. November c.) an die Erste Kammer gelangt war, hat sich der Centralausschuß ungesäumt mit der Vergleichung der beiderseitigen Beschlüsse und der weiter nöthigen Berathung beschäftigt, und ist dabei zu folgenden Resultaten gelangt.

Bei dem

Artikel 11

sind die Abweichungen der Beschlüsse der Zweiten Kammer von denen der Ersten nicht erheblich. Das Wort „gewährleistet" statt „anerkannt" ist, wenn auch vielleicht nicht korrekter, doch im wesentlichen gleichbedeutend. Ebenso ist die wieder eingeschaltete Allegation des Art. 29 nicht von Erheblichkeit.

Außerdem ist der Ausschuß der Ansicht gewesen, daß eine Vereinigung mit den Beschlüssen der Zweiten Kammer wünschenswerth ist, und er hat daher abweichende Fassungen nur da für angemessen erachtet und empfohlen, wo solche nach diesseitiger Ansicht wegen der Erheblichkeit und Bedeutung der betreffenden Bestimmung als unvermeidlich erschienen sind.

Der Centralausschuß empfiehlt daher der Kammer: Den Artikel 11 nach der Fassung der Zweiten Kammer anzunehmen.

Artikel 12

im ersten Absatz beruht auf dem Zusatzvorschlag eines Ausschußmitgliedes, welchen die Erste Kammer zu dem ihrigen gemacht hat, und welcher lautet:

„Jede Gesellschaft, welche als Religionsgesellschaft auf den Schutz des Staates Anspruch macht, ist verpflichtet, ihren Mitgliedern Ehrfurcht gegen Gott, Gehorsam gegen die Gesetze, Treue gegen den Staat und sittlich gute Gesinnungen gegen alle Mitbürger einzuflößen."

Die Zweite Kammer hat diesen Zusatz mit bedeutender Mehrheit (228 gegen 71) verworfen. Bei der Annahme dieses Zusatzes in der Ersten Kammer hat die Ansicht mitgewirkt, daß die Regierung hierin einen Anhalt bei der Ertheilung von

Korporationsrechten an Religionsgesellschaften finden werde. Es kann aber mit Grund und Zuversicht angenommen werden, daß die Regierung den Inhalt dieser Bestimmung ohnehin nie unbeachtet lassen werde, und man kann mit Recht behaupten, daß derselbe sich von selbst versteht. Es ist nicht anzunehmen, daß die Regierung je Religionsgesellschaften besonders schützen werde, deren Grundsätze von dem beregten Inhalt dieses Artikels abweichen. Der Ausschuß empfiehlt daher einstimmig: der Streichung des ersten Absatzes des Artikels 12 beizutreten.

Der zweite Absatz dieses Artikels:

„Die Religionsgesellschaften, sowie die geistlichen Gesellschaften, welche keine Korporationsrechte haben, können diese Rechte nur durch besondere Gesetze erlangen."

ist von größerer praktischer Bedeutung. Bis das im Art. 29 verheißene Gesetz über Ertheilung von Korporationsrechten ergangen ist (ein Gesetz, was eine sehr schwierige Aufgabe zu lösen hat), muß die Regierung die Korporationsrechte an neue oder sich abzweigende Religionsgesellschaften, und an neue oder in den Staat einziehende geistliche Gesellschaften ertheilen. Es ist bei der Berathung der Ersten Kammer gründlich dargethan und vielseitig anerkannt worden, wie es wünschenswerth sei, solche Maßregeln auf das vielseitigste und unbefangenste und bei voller Oeffentlichkeit zu beleuchten, und daß dies sowohl im Interesse der Regierung, als für das Wohl des Staates, am besten durch jedesmalige besondere Gesetze zu erreichen sein werde.

Es erscheint auch erheblich, daß dies gleich jetzt in und durch die Verfassung festgestellt und nicht dem im Artikel 29 verheißenen Gesetze vorbehalten werde, was vielleicht erst nach geraumer Zeit zu Stande kommen wird. Die Verwerfung dieses Absatzes ist in der Zweiten Kammer auch nur mit geringer Mehrheit (154 gegen 144) erfolgt, und eine Einigung hierüber daher wohl zu hoffen.

Der Ausschuß empfiehlt daher der Kammer mit 10 gegen 1 Stimme: den zweiten Absatz des Artikels 12 beizubehalten.

Rücksichtlich des

Artikels 13

ist schon von Mitgliedern der Ersten Kammer geltend gemacht worden, daß die Worte: „religiös-bürgerliche Einrichtungen" zu verschiedener Auslegung Veranlassung geben könnten. Die Fassung der Zweiten Kammer sichert das Wesen dieses Zusatzartikels, und kann für ungeeignet nicht erachtet werden; sie ist außerdem mit großer Mehrheit (200 gegen 93) angenommen. Der Ausschuß empfiehlt daher einstimmig, den Artikel 13 nach der Fassung der Zweiten Kammer:

„Die christliche Religion wird bei denjenigen Einrichtungen des Staats, welche mit der Religionsübung im Zusammenhange stehen, unbeschadet der im Artikel 11 gewährleisteten Religionsfreiheit, zum Grunde gelegt."

anzunehmen.

Der Artikel 14

ist von der Zweiten Kammer so hergestellt worden, wie er sich in der Verfassung fand, und es sind dadurch die Zusätze der Ersten Kammer beseitigt worden. Diese beabsichtigten, das zwischen dem Staat und der Kirche bestehende Band, besonders in Hinsicht der Vermögensangelegenheiten der letzteren, aufrecht zu erhalten. —

Es haben indessen diese Zusätze — wie nicht in Abrede zu stellen — Widerspruch hervorgerufen, indem in denselben hie und da eine Beschränkung der durch die Verfassung gewährten Rechte gefunden worden ist. Es ist ferner hervorgehoben worden, wie die Grenze zwischen inneren und äußeren Angelegenheiten nicht immer leicht zu finden sein werde.

Der Ausschuß empfiehlt daher der Kammer: den Artikel 14 in der von der Zweiten Kammer gewählten Fassung anzunehmen.

Der von der Zweiten Kammer hier eingeschobene transitorische Artikel, welcher lautet:

„Das landesherrliche Kirchenregiment hat die Ueberleitung der evangelischen Kirche zu einer selbständigen Verfassung herbeizuführen, damit sie die ihr im Artikel 12 überwiesenen Rechte übernehmen und ausüben könne."

hat bei dem Ausschuß Bedenken hervorgerufen. Einerseits ist der Ausdruck: „landesherrliches Kirchenregiment" zweifelhaft erschienen, da er so ausgelegt werden könnte, als sei dies Kirchenregiment etwas von der Staatsregierung verschiedenes, womit viele nicht einverstanden sein würden; und andererseits ist anerkannt worden, daß es dieses Artikels nicht bedürfe, da es sich wohl von selbst verstehe, daß der Staat sich nicht ohne weiteres von der evangelischen Kirche lossagen könne, sondern deren selbständige Gestaltung erst vermitteln müsse. Einige fürchten auch, daß dieser Artikel so verstanden werden könne, als solle der Staat allein der evangelischen Kirche eine vollständige Kirchenverfassung geben, was wieder sehr vielen nicht erwünscht sein würde.

Der Ausschuß hat hiernach einstimmig beschlossen: der Kammer die Ablehnung dieses transitorischen Artikels anzuempfehlen.

Die Artikel 15, 16 und 17

hat die Zweite Kammer in der von der Ersten Kammer gewählten Fassung angenommen, und ist daher über dieselben hier nichts zu bemerken. Dagegen hat die Zweite Kammer den

Artikel 18

(früher 16) der Verfassung, welcher von der Civilehe handelt, mit dem Zusatz der Ersten Kammer verworfen, und statt dessen einen Artikel in folgender Fassung:

„Die Einführung der Civilehe erfolgt nach Maßgabe eines besonderen Gesetzes, was auch die Führung der Civilstandsregister regelt."

beschlossen.

Die Gründe für und gegen die allgemeine Einführung der Civilehe sind bei den früheren Berathungen vollständig erörtert worden. Es ist nicht die Aufgabe dieses Berichtes, sie zu wiederholen, und dies um so weniger, als der von der anderen Kammer beliebte Artikel diese so wichtige Frage nicht entscheidet, sondern die Entscheidung derselben nur hinausschiebt.

Der Centralausschuß hat mit 10 Stimmen gegen 1 beschlossen, der Kammer vorzuschlagen: bei der Bestimmung der Verfassung und dem früheren

Beschluß der Ersten Kammer stehen zu bleiben, und sich ebenmäßig mit 6 gegen 5 Stimmen dahin entschieden, der Kammer auch die Beibehaltung des Zusatzes wegen der Civilstandsregister anzuempfehlen.[10])

2. Der zweite Vorschlag des Centralausschusses der Ersten Kammer und die Beschlüsse dieser Kammer.

Die Erste Kammer hatte nun als Grundlage ihrer weiteren Verhandlungen folgenden Vorschlag ihres Centralausschusses:

„Artikel 11. Die Freiheit des religiösen Bekenntnisses, der Vereinigung zu Religionsgesellschaften (Artikel 28 und 29) und der gemeinsamen häuslichen und öffentlichen Religionsübung wird gewährleistet.

Der Genuß der bürgerlichen und staatsbürgerlichen Rechte ist unabhängig von dem religiösen Bekenntnisse. Den bürgerlichen und staatsbürgerlichen Pflichten darf durch die Ausübung der Religionsfreiheit kein Abbruch geschehen.

Artikel 12. Die Religionsgesellschaften, sowie die geistlichen Gesellschaften, welche keine Korporationsrechte haben, können diese Rechte nur durch besondere Gesetze erlangen.

Artikel 13. Die christliche Religion wird bei denjenigen Einrichtungen des Staats, welche mit der Religionsübung im Zusammenhang stehen, unbeschadet der im Artikel 11 gewährleisteten Religionsfreiheit, zum Grunde gelegt.

Artikel 14. Die evangelische und die römisch-katholische Kirche, sowie jede andere Religionsgesellschaft, ordnet und verwaltet ihre Angelegenheiten selbständig und bleibt im Besitz und Genuß der für ihre Kultus-, Unterrichts- und Wohlthätigkeitszwecke bestimmten Anstalten, Stiftungen und Fonds.

Artikel 15. Der Verkehr der Religionsgesellschaften mit ihren Oberen ist ungehindert. Die Bekanntmachung

---

[10]) Datirt ist der Bericht vom 7. Dezember 1849.

kirchlicher Anordnungen ist nur denjenigen Beschränkungen unterworfen, welchen alle übrigen Veröffentlichungen unterliegen.

Artikel 16. Ueber das Kirchenpatronat und die Bedingungen, unter welchen dasselbe aufgehoben werden kann, wird ein besonderes Gesetz ergehen.

Artikel 17. Das Ernennungs-, Vorschlags-, Wahl- und Bestätigungsrecht bei Besetzung kirchlicher Stellen ist, so weit es dem Staate zusteht, und nicht auf dem Patronat oder besonderen Rechtstiteln beruht, aufgehoben.

Auf die Anstellung von Geistlichen beim Militair und an öffentlichen Anstalten findet diese Bestimmung keine Anwendung.

Artikel 18. Die bürgerliche Giltigkeit der Ehe wird durch deren Abschließung vor dem dazu bestimmten Civilstandsbeamten bedingt. Die kirchliche Trauung kann nur nach der Vollziehung des Civilaktes stattfinden.

Die Civilstandsregister werden von der bürgerlichen Behörde geführt."

Rücksichtlich der vorstehenden Artikel 15, 16 und 17 hatte der Centralausschuß keine Differenzen zwischen den Beschlüssen der Ersten und der Zweiten Kammer auszugleichen gehabt, da die letztere sich mit der Fassung einverstanden erklärt hatte, welche die Erste Kammer diesen Artikeln bei der ersten Lesung gegeben. Die Differenzen aber, welche zwischen beiden Kammern über die Artikel 11, 13 und 14 bestanden, rieth der Ausschuß durch die Annahme der von der Zweiten Kammer beliebten Fassung zu beseitigen. Dagegen glaubte er die gleiche Nachgiebigkeit in Betreff dreier anderer Punkte nicht befürworten zu dürfen. Zunächst nämlich fand er sich zwar bereit, aus Rücksicht auf den Beschluß der andern Kammer die Streichung des ersten Alinea des in der Verfassungsurkunde fehlenden, jedoch früher von der Ersten Kammer beschlossenen Artikels 12 zu beantragen; aber er entschloß sich nicht zu einem gleichen Antrage rücksichtlich des zweiten Alinea, sondern schlug vielmehr die unveränderte Beibehaltung desselben vor. Ebenso beantragte er ferner, in dem Artikel von der Civilehe (18) trotz des abweichenden Beschlusses der Zweiten Kammer dem früheren Beschlusse der Ersten gemäß den Text der Verfassungsurkunde unverändert, aber mit dem von den Civilstandsregistern handelnden Zusatz beizubehalten. Und endlich empfahl er die Verwerfung des von der Zweiten Kammer angenommenen Fubel'schen Uebergangsartikels.

Die Erste Kammer absolvirte die zweite Berathung der Artikel in einer einzigen Sitzung, der siebenundachtzigsten, am 13. Dezember 1849.[1]) Neue Anträge waren nicht zu erledigen, und die Debatte konnte sich auf die Erörterung weniger Punkte beschränken. Nur in einem einzigen lehnte die Kammer den Antrag ihres Centralausschusses ab, indem sie sich auch rücksichtlich des Artikels von der Civilehe den Beschluß der Zweiten Kammer aneignete, und also die früher beschlossene Fassung dieses Artikels mit dem Satz vertauschte:

„Die Einführung der Civilehe erfolgt nach Maßgabe eines besonderen Gesetzes, was auch die Führung der Civilstandsregister regelt."

In allen anderen Stücken genehmigte die Erste Kammer lediglich die Vorschläge des Centralausschusses, so daß ihre schließliche Fassung der Artikel von derjenigen, welche die Zweite Kammer beschlossen hatte, nur noch in zwei Punkten abwich: erstens hat die Erste Kammer die dort verworfene Bestimmung, daß Religionsgesellschaften u. s. w. Korporationsrechte nur durch besondere Gesetze erlangen können, beibehalten (Artikel 12); und zum andern hat sie den dort aufgenommenen transitorischen Artikel von der Verpflichtung des landesherrlichen Kirchenregiments in Beziehung auf die Ueberleitung der evangelischen Kirche zu einer selbständigen Verfassung sich nicht angeeignet.

Der Präsident der Ersten Kammer machte dem der Zweiten[2]) noch unterm 12. Dezember 1849 Mittheilung von dem Resultat der zweiten Berathung dieser und der übrigen zu den Titeln I, II, VI und VII der Verfassungsurkunde gehörenden Artikel und bemerkte dabei, daß die

---

[1]) Verhh. d. I. K., N. F. II, S. 729—744; Sitz.-Prot. d. I. K., III, S. 850 ff.

[2]) Präsident der Ersten Kammer war Herr von Auerswald, der Zweiten Graf Schwerin.

Erste Kammer die betreffenden Beschlüsse als die letzten Erklärungen betrachte, welche sie zu denselben zu geben gemeint sei. Sie sei nicht ohne Hoffnung, daß die Zweite Kammer die wenigen in diesen Titeln noch bestehenden Meinungsverschiedenheiten durch Beitritt von ihrer Seite auszugleichen vielleicht geneigt sein werde. Ob dies aber auch geschehen möge oder nicht, so werde ohne Zweifel darin bei der Zweiten Kammer Einverständniß stattfinden, daß das gesammte Ergebniß der übereinstimmend in den Titeln I, II, VI und VII als wünschenswerth anerkannten Veränderungen mit möglichst geringem Verzuge von dort aus der Staatsregierung zur weiteren Erwägung und Veranlassung vorzulegen sein werde.[3])

3. Der zweite Bericht der Verfassungskommission der Zweiten Kammer und die Beschlüsse dieser Kammer.

Die Beschlüsse der Ersten Kammer wurden nun zunächst wieder von der Verfassungskommission der Zweiten Kammer berathen, und schon nach wenigen Tagen erstattete die Kommission einen „Bericht über diejenigen Artikel aus den Titeln I, II, VI und VII der Verfassung vom 5. Dezember 1848, in Betreff deren die Erste Kammer auch bei der zweiten Berathung den Beschlüssen der Zweiten Kammer nicht beigetreten ist.“ Rücksichtlich unserer Artikel aber hieß es in demselben:[1])

„Nachdem die hohe Kammer sich in der Sitzung vom 13. Dezember auf den Vorschlag ihres Präsidenten damit einverstanden erklärt hat, daß die zu den Titeln I, II, VI und VII von der Ersten Kammer bei wiederholter Berathung gefaßten Beschlüsse nur insofern noch einer Cognition von Seiten der Zweiten Kammer zu unterziehen seien, als letztere noch ihre Finalerklärung darüber, ob sie den Beschlüssen der Ersten Kammer bei den bisher differirenden Punkten beizutreten sich entschließen wolle, abzugeben, hiernächst aber die zu den gedachten Titeln gefaßten Abänderungsbeschlüsse, insoweit sie übereinstimmen, der Staatsregierung vorzulegen habe, so ergiebt sich von selbst, daß auch der gegenwärtige Bericht nur die Frage zu erörtern haben kann: ob und in wie weit die Kommission der hohen Kammer den Beitritt zu den Be-

[3]) Verhh. d. II. K., III, S. 127.

[1]) Samml. sämmtl. Drucksachen d. II. K., IV, N. 386; Verhh. d. II. K., III, S. 196.

schlüssen der Ersten Kammer in Betreff der differirenden Punkte empfehlen zu dürfen glaubt.

Von diesem Standpunkte ausgehend und in Berücksichtigung des Umstandes, daß bei Beurtheilung der vorstehenden Frage auch nicht unerwogen bleiben darf, in wie weit die Rückkehr zu dem Texte der Verfassung, die beim Mangel eines übereinstimmenden Abänderungsantrages nothwendig eintreten muß, wünschenswerther erscheint, als der Beitritt zu dem Beschlusse der Ersten Kammer, ist die Kommission in Betreff der in der Anlage spezifizirten Differenzpunkte zu folgenden Anträgen gelangt:

Artikel 12.

Die Zweite Kammer hat den von der Ersten Kammer angenommenen Zusatz:

„Die Religionsgesellschaften und geistlichen Korporationen[2]), welche keine Korporationsrechte haben, können diese Rechte nur durch besondere Gesetze erlangen."

abgelehnt. Die Erste Kammer hingegen ist auch bei der wiederholten Berathung ihrem früheren Beschlusse treu geblieben. Die Kommission glaubt nicht zu irren, wenn sie annimmt, daß für den nur mit 147 gegen 144 Stimmen gefaßten ablehnenden Beschluß der Zweiten Kammer bei vielen Mitgliedern derselben der Umstand von Bedeutung gewesen ist, daß ihrerseits gegen den Beschluß der Ersten Kammer der Artikel 29 der Verfassung aufrecht erhalten war, indem danach angenommen werden durfte, daß die Frage über die Bedingungen, unter denen Korporationsrechte an Religions- und geistliche Gesellschaften zu ertheilen, dem nach Artikel 29 zu erlassenden Gesetze wegen Ertheilung der Korporationsrechte überhaupt vorbehalten sei, ohne damit schon jetzt die Frage entscheiden zu wollen, ob nicht bei Berathung dieses Gesetzes eine Ausnahme in Betreff der Religions- und geistlichen Gesellschaften festzusetzen und die Ertheilung von Korporationsrechten an dieselben in jedem einzelnen Falle der Beschlußnahme der drei gesetzgebenden Gewalten vorzubehalten sei. Gegenwärtig hat sich die Erste Kammer in Bezug auf die Beibehaltung des Art. 29 der Verfassung dem diesseitigen Beschlusse konformirt, gleichwohl aber die Beibehaltung des oben gedachten Zusatzes zu Art. 12 für nothwendig erachtet, um schon jetzt das Prinzip festzustellen, daß rücksichtlich der Religions- und geistlichen Gesellschaften eine Ausnahme von den gewöhnlichen Bedingungen für die Ertheilung der Korporationsrechte eintreten solle. Ist nun gleich nicht zu verkennen, daß im vorliegenden Falle der Nichtbeitritt zu dem Beschlusse der Ersten Kammer, welcher eine neue Bestimmung in die Verfassung aufgenommen wissen will, diesen Zusatz beseitigen würde, so glaubt die Kommission mit 10 gegen 8 Stimmen in Rücksicht auf das oben erwähnte Motiv der früheren Abstimmung, welches ein Einverständniß mit der Intention der Ersten Kammer bei Art. 12 zuläßt, und in Erwägung des Umstandes, daß es gerade bei geistlichen und Religionsgesellschaften sehr schwer, wenn nicht unmöglich sein möchte, allgemeine Bedingungen für die Ertheilung von Korporationsrechten zu fixiren, den Beitritt zu dem Beschlusse der Ersten Kammer empfehlen zu dürfen.

---

[2]) In dem Beschluß der Ersten Kammer heißt es nicht: „und geistlichen Korporationen", sondern: „sowie die geistlichen Gesellschaften". Der Fehler im obigen Citat wurde bei der Verhandlung monirt und verbessert. Verhh. d. II. K., III, S. 198.

Artikel 13.

Bei Berathung des Artikels 13 hat die Zweite Kammer einen transitorischen Artikel folgenden Inhalts beschlossen:

„Das landesherrliche Kirchenregiment hat die Ueberleitung der evangelischen Kirche zu einer selbständigen Verfassung herbeizuführen, damit sie die ihr im Art. 12 überwiesenen Rechte übernehmen und ausüben könne."

Die Erste Kammer ist diesem Beschlusse nicht beigetreten. Da es sich hier wiederum von einer in die Verfassung aufzunehmenden neuen Bestimmung handelt, in Betreff deren eine Abänderung des Beschlusses der Ersten Kammer nach Lage der Verhandlungen schon aus formellen Gründen nicht mehr herbeizuführen sein würde, so schlägt die Kommission der hohen Kammer vor, von dem früheren Beschlusse Abstand zu nehmen."

Die Kommission empfahl der Zweiten Kammer, die beiden Differenzen, welche zwischen dieser und der Ersten Kammer in Betreff unserer Artikel noch bestanden, durch die Zustimmung zu den Beschlüssen der Ersten Kammer zu beseitigen. Dieser Vorschlag kam in der siebenundsiebenzigsten Sitzung der Zweiten Kammer, am 18. Dezember 1849, zur Verhandlung.[3]) Beim Beginn derselben erinnerte der Referent, Abgeordnete Geppert, noch insbesondere daran, daß es sich bei den nunmehrigen Beschlüssen lediglich darum handeln könne, ob der Zweiten Kammer die von der Ersten angenommene oder die in der Verfassungsurkunde enthaltene Fassung der strittigen Artikel wünschenswerther erscheine; denn bei der Unmöglichkeit, noch eine weitere Vereinbarung mit der Ersten Kammer herbeizuführen, würden die Artikel, rücksichtlich deren eine Uebereinstimmung der beiden Kammern nicht erreicht worden, nothwendig nach dem ursprünglichen Texte der Verfassungsurkunde beibehalten werden müssen. Trotzdem stellte der Abgeordnete Schaffraneck-Beuthen zu dem von der andern Kammer verworfenen Fubel'schen Uebergangsartikel noch ein Amendement des Inhalts:

„Die hohe Kammer wolle beschließen, den Satz aufzunehmen: „Ohne Rücksicht hierauf soll die katholische Kirche die ihr im Artikel 12 überwiesenen Rechte nebst Zubehör sofort übernehmen und damit schalten und walten dürfen."[4])

Dieser Antrag fand indessen nicht einmal die erforderliche Unterstützung, und nach ganz kurzer Debatte entschied sich die Kammer, dem

---

[3]) Verhh. d. II. K., III, S. 198 f.; Sitz.-Prot. d. II. K., I, S. 900 f.

[4]) Verhh. d. II. K., III, S. 198; Sitz.-Prot. d. II. K., I, S. 901.

Vorschlage ihrer Kommission gemäß, für Annahme der von der Ersten Kammer beschlossenen Redaktion der fraglichen Artikel. So waren nun auch die letzten Differenzen darüber zwischen diesen beiden gesetzgebenden Faktoren ausgeglichen, und es konnte die von ihnen vereinbarte Fassung ohne Verzug der Staatsregierung übergeben werden.

4. Die Verfassungsurkunde vom 31. Januar 1850 und Vergleichung derselben mit den vorangegangenen Redaktionen.

Die Artikel fanden so, wie sie aus den Verhandlungen der beiden Kammern hervorgegangen, die Zustimmung des Königs, und erhielten daher ohne weitere Veränderung ihre Stelle in der revidirten Verfassungsurkunde, welche unterm 31. Januar 1850 vom Könige vollzogen, auf seine Anordnung durch die Gesetzsammlung publizirt[1]) und am 6. Februar desselben Jahres von ihm, den Ministern und den Mitgliedern beider Kammern im königlichen Schlosse zu Berlin beschworen wurde. Die Artikel lauten in der Verfassungsurkunde also folgendermaßen:

Artikel 12. Die Freiheit des religiösen Bekenntnisses, der Vereinigung zu Religionsgesellschaften (Artikel 30 und 31)[2]) und der gemeinsamen häuslichen und öffentlichen

[1]) A. a. O. 1850 S. 17 ff.; Artikel 12—19 S 18—19. Die Allerhöchste Botschaft vom 31. Januar 1850, durch welche den Kammern die Entschließung des Königs über die Vollziehung und Beeidigung der Verfassung mitgetheilt ward, s. in den Verhh. d. I. K, N. F. III, S. 441; Verhh. d. II. K., III, S. 698.

[2]) Diesen Artikeln, in der Verfassungsurkunde vom 5. Dezember 1848 Art. 28 und 29 (s. oben S. 333 Anm. 2), war bei der Verfassungsrevision folgende Fassung gegeben worden:

„Art. 30. Alle Preußen haben das Recht, sich zu solchen Zwecken, welche den Strafgesetzen nicht zuwiderlaufen, in Gesellschaften zu vereinigen. Das Gesetz regelt, insbesondere zur Aufrechthaltung der öffentlichen Sicherheit, die Ausübung des in diesem und in dem vorstehenden Artikel (29) gewährleisteten Rechts. Politische Vereine können Beschränkungen und vorübergehenden Verboten im Wege der Gesetzgebung unterworfen werden.

Art. 31. Die Bedingungen, unter welchen Korporationsrechte ertheilt oder verweigert werden, bestimmt das Gesetz."

Vergl. v. Rönne, Die Verfassungsurkunde für den preußischen Staat, Berlin 1850, S. 69 ff.

Religionsübung wird gewährleistet. Der Genuß der bürgerlichen und staatsbürgerlichen Rechte ist unabhängig von dem religiösen Bekenntnisse. Den bürgerlichen und staatsbürgerlichen Pflichten darf durch die Ausübung der Religionsfreiheit kein Abbruch geschehen.

Artikel 13. Die Religionsgesellschaften, sowie die geistlichen Gesellschaften, welche keine Korporationsrechte haben, können diese Rechte nur durch besondere Gesetze erlangen.

Artikel 14. Die christliche Religion wird bei denjenigen Einrichtungen des Staats, welche mit der Religionsübung im Zusammenhange stehen, unbeschadet der im Artikel 12 gewährleisteten Religionsfreiheit, zum Grunde gelegt.

Artikel 15. Die evangelische und die römisch-katholische Kirche, sowie jede andere Religionsgesellschaft, ordnet und verwaltet ihre Angelegenheiten selbständig und bleibt im Besitz und Genuß der für ihre Kultus-, Unterrichts- und Wohlthätigkeitszwecke bestimmten Anstalten, Stiftungen und Fonds.

Artikel 16. Der Verkehr der Religionsgesellschaften mit ihren Oberen ist ungehindert. Die Bekanntmachung kirchlicher Anordnungen ist nur denjenigen Beschränkungen unterworfen, welchen alle übrigen Veröffentlichungen unterliegen.

Artikel 17. Ueber das Kirchenpatronat und die Bedingungen, unter welchen dasselbe aufgehoben werden kann, wird ein besonderes Gesetz ergehen.

Artikel 18. Das Ernennungs-, Vorschlags-, Wahl- und Bestätigungsrecht bei Besetzung kirchlicher Stellen ist, so weit es dem Staate zusteht, und nicht auf dem Patronat oder besonderen Rechtstiteln beruht, aufgehoben.

Auf die Anstellung von Geistlichen beim Militair und an öffentlichen Anstalten findet diese Bestimmung keine Anwendung.

Artikel 19. Die Einführung der Civilehe erfolgt nach Maßgabe eines besonderen Gesetzes, was auch die Führung der Civilstandsregister regelt."

Die Vergleichung dieser Artikel mit den entsprechenden der Verfassungsurkunde vom 5. Dezember 1848 ergiebt eine völlige Uebereinstimmung nur bei Artikel 15 (12) während alle anderen Artikel größere oder geringere Abänderungen erfahren haben.

Artikel 12 (11) ist insofern geändert worden, als im ersten Satze der Umfang der gewährleisteten Kultusfreiheit durch Hinzufügung der Worte: „häuslichen und" genauer bestimmt, und am Schluß des zweiten Satzes die Worte: „und der Theilnahme an irgend einer Religionsgesellschaft" gestrichen worden sind. Beide Abweichungen von dem ursprünglichen Texte involviren, wie ich schon früher hervorgehoben, zwar keine Abweichungen von dem Sinne, welchen zweifelsohne auch jener hatte ausdrücken sollen, können aber doch um deßwillen nicht für gleichgültig erachtet werden, weil die erste ein, bei dem ursprünglichen Texte immerhin mögliches, Mißverständniß völlig ausschließt, die zweite dagegen einem vorher unmöglichen Mißverständniß den Zugang öffnet.[3])

Ein anderer ungleich erheblicherer Unterschied zwischen beiden Fassungen des Artikels liegt darin, daß der allegirte Artikel 30 vom 31. Januar 1850 ein anderer ist, als der früher allegirte Artikel 28 vom 5. Dezember 1848. Dieser nämlich gab ohne jeden weitern Zusatz allen Preußen das Recht, sich zu solchen Zwecken, welche den Strafgesetzen nicht zuwiderlaufen, in Gesellschaften zu vereinigen; der nun angezogene Artikel 30 aber fügt dem noch die Bestimmung hinzu, daß das Gesetz, insbesondere zur Aufrechthaltung der öffentlichen Sicherheit, die Ausübung dieses Rechtes regelt. Während also vorher das Recht zur religiösen Vereinigung ganz unbedingt gewährleistet war, nur daß es nicht zu strafrechtswidrigen Zwecken gemißbraucht werden durfte: ist seine Ausübung nun den näheren Bestimmungen der Spezialgesetzgebung unterworfen.

---

[3]) Vergl. oben S. 363; 386.

Artikel 13 und 14 sind bei der Revision der Verfassungsurkunde ganz neu geschaffen worden. Jener enthält nach der schon oben gegebenen Darlegung nicht nur eine Ergänzung, sondern eine sehr bedeutsame materielle Veränderung der Verfassung[4]); dieser bereichert dieselbe um eine Bestimmung, welche zwar eine Bevorzugung der christlichen Religion seitens des Staates in sich schließt, aber doch nur eine solche, wie sie, so lange die christliche Religion die im Staate überwiegende ist, einfach durch die Billigkeit geboten und eigentlich selbstverständlich ist.

Artikel 16 weicht von dem entsprechenden Artikel 13 des früheren Textes nur in einem einzigen Worte ab: die Anordnungen, von deren Bekanntmachung im zweiten Satze die Rede ist, sind als kirchliche bezeichnet, so daß der Inhalt dieses Satzes also genauer ausgedrückt ist als vorher.

Viel bedeutender ist die Differenz zwischen Artikel 17 und dem entsprechenden Arikel 14. Denn während jener ein Gesetz über das Patronat und die Bedingungen, unter welchen das letztere aufgehoben werden kann, in Aussicht stellt, verhieß dieser ein solches über das Patronat und die Bedingungen, unter welchen dasselbe aufzuheben. Es ist also, wie ich schon bemerkt,[5]) an die Stelle der Bestimmung, daß bei dem Vorhandensein gewisser, gesetzlich zu bezeichnender Bedingungen das Patronat aufgehoben werden müsse, die viel weniger durchgreifende getreten, daß durch das Gesetz der Möglichkeit, unter gewissen Bedingungen das Patronat aufzuheben, Raum gegeben werden solle.

Die Veränderungen, welche Artikel 18 gegen den entsprechenden Artikel 15 aufweist, bestehen außer in einer blos redaktionellen Aenderung in der Einschaltung der Kautel für die, auf dem Patronat oder besonderen Rechtstiteln beruhenden Rechte des Staates, und in der Hinzufügung des Satzes über Militär- und Anstaltsgeistliche. In den neu hinzugekommenen Worten ist das ausdrücklich hervorgehoben, was bei der ursprünglichen Fassung zwar als selbstverständlich vorausgesetzt, aber doch nicht mit Sicherheit zu entnehmen war.

---

[4]) Siehe oben S. 364.

[5]) Oben S. 365.

Artikel 19 endlich ersetzt die Bestimmung des früheren Artikels 16, daß die bürgerliche Giltigkeit der Ehe durch deren Abschließung vor dem Civilstandsbeamten bedingt, und die kirchliche Trauung erst nach dem Civilakte zulässig ist, durch die andere, daß die Einführung der Civilehe nach Maßgabe eines besonderen Gesetzes erfolgt, was auch die Führung der Civilstandsregister regelt. Dort also die Civilehe ganz allgemein und als obligatorische durch die Verfassungs-Urkunde selber festgestellt; hier dagegen nicht nur Zeit und Weise ihrer Einführung, sondern auch alle näheren Modalitäten der Civilehe selbst dem Spezialgesetz anheimgegeben, indessen mit der wichtigen Ergänzung, daß dasselbe zugleich auch die Führung der Civilstandsregister zu regeln habe. —

Alle diese Abänderungen, welche unsere Artikel bei der Revision der Verfassungsurkunde erlitten, lassen die Prinzipien der Religionsfreiheit und der kirchlichen Selbständigkeit unangetastet; sie betreffen nicht sowohl diese Prinzipien selbst, als vielmehr die Einzelbestimmungen, welche die Verfassungsurkunde daraus abgeleitet hatte. Und auch bei diesen enthalten sie nicht durchweg Abweichungen von dem mit der früheren Fassung beabsichtigten Sinne, sondern diesen modifiziren sie nur rücksichtlich der Verleihung von Korporationsrechten an Religionsgesellschaften (Art. 13), der Civilehe (Art. 19), und der Aufhebung des Patronats (Art. 17). Außerdem aber fügen sie den vorhandenen Einzelbestimmungen noch eine ganz neue, nämlich die in Art. 14 ausgesprochene, hinzu.

Bei dem Geschäftsgange, welchen die Revisionsverhandlungen über diesen Abschnitt der Verfassungsurkunde nahmen, war es natürlich, daß die meisten Abänderungen aus der Initiative der Ersten Kammer hervorgingen: derjenigen der Zweiten Kammer verdankt nur die neue Fassung des Artikels 19 ihre Entstehung. Wohl aber ist es dem Widerstande dieser Kammer zuzuschreiben, daß Artikel 15 in seiner früheren Fassung beibehalten wurde, wie auch die schließliche Fassung des Artikels 14 das Verdienst derselben Kammer ist.

Eine Einwirkung derjenigen Entwürfe auf die Revisionsarbeit, welche der Verfassungsurkunde vom 5. Dezember 1848 vorangegangen waren, ist bei unsern Artikeln so gut wie gar nicht wahrzunehmen. Denn die einzigen Stücke, in welchen die Revision abweichend von der oktroyirten Verfassungsurkunde jenen früheren Entwürfen gefolgt ist, sind die Bezeichnung der resp. Anordnungen in Artikel 16 als „kirchliche", womit auf den Entwurf der Staatsregierung vom 20. Mai 1848 (Art. 12), und die genauere Bestimmung der Kultusfreiheit durch die Aufnahme der Worte: „häuslichen und" in Artikel 12, womit auf die deutschen Grundrechte (§. 15) zurückgegangen ist. Einen Einfluß dieser letzteren kann man außerdem vielleicht noch darin erkennen, daß in Artikel 19 als Gegenstand des verheißenen Gesetzes mit der Einführung der Civilehe zugleich die Regelung der Civilstandsregister angegeben wird.

Von allen den Bestimmungen, um welche die deutschen Grundrechte reicher waren, als die Verfassungsurkunde vom 5. Dezember[6]), ist derselben bei der Revision keine einzige hinzugefügt, dagegen aber auch von denen, welche die Verfassungsurkunde vor den Grundrechten voraus hatte, keine einzige gestrichen worden, während zu ihnen noch einige neue hinzugekommen sind.

Es fehlen demnach in der Verfassungsurkunde vom 31. Januar folgende Bestimmungen der unterm 27. Dezember 1848 publicirten Grundrechte: daß jeder volle Glaubens- und Gewissensfreiheit hat und niemand verpflichtet ist, seine religiöse Ueberzeugung zu offenbaren (§. 14); daß Verbrechen und Vergehen bei Ausübung der Religionsfreiheit nach dem Gesetze zu bestrafen (§. 15), und daß jede Religionsgesellschaft den allgemeinen Staatsgesetzen unterworfen bleibt, aber keine vor den anderen Vorrechte durch den Staat genießt, auch keine Staatskirche besteht (§. 17); ferner die Sicherung gegen den Zwang zu kirchlichen Handlungen (§. 18), die Feststellung einer allgemeinen Eidesformel (§. 19), die Aufhebung des Ehehindernisses der Religionsverschiedenheit sowie die näheren Festsetzungen über die Civilehe und die Führung der Civilstandsregister (§§. 20, 21).

Dagegen fehlen in den Grundrechten folgende Bestimmungen der preußischen Verfassungsurkunde vom 31. Januar: diejenigen über die Erlangung der Korporationsrechte (Art. 13), über die normative Geltung des Christenthums für die Einrichtungen des Staats, welche mit der

---

[6]) Vergl. oben S. 344 und 331 f.

Religionsübung im Zusammenhange stehn (Art. 14); über den Verkehr mit den geistlichen Obern und die Bekanntmachung ihrer Anordnungen (Art. 16); endlich über das Kirchenpatronat sowie die staatlichen Rechte bei Besetzung geistlicher Stellen (Art. 17 u. 18).

Gemeinsam, doch mit einzelnen kleinen Abweichungen, enthalten die Grundrechte und die Verfassungsurkunde vom 31. Januar nur die Gewährung der Vereinigungs- und der Kultusfreiheit (§§. 17, 15 — Art. 12), die Unabhängigstellung der bürgerlichen und staatsbürgerlichen Rechte vom religiösen Bekenntnisse sammt der entsprechenden Kautel für die Erfüllung der bezüglichen Pflichten (§. 16 — Art. 12), und die Gewährung der kirchlichen Selbständigkeit (§. 17 — Art. 15); während rücksichtlich der von beiden in Betracht gezogenen Civilehe und Führung der Civilstandsregister der große Unterschied obwaltet, daß die Grundrechte diese Stücke selber durch bestimmte Festsetzungen regeln, die Verfassungsurkunde dagegen nur ihre Regelung durch ein Spezialgesetz anordnet (§§. 20, 21 — Art. 19).

In weit größerer Uebereinstimmung, als mit den deutschen Grundrechten, steht die preußische Verfassungsurkunde vom 31. Januar 1850 mit dem von der Centralabtheilung der preußischen Nationalversammlung redigirten Entwurfe, dessen Inhalt ja zum größten Theile, wie wir gesehen haben, in die Verfassungsurkunde vom 5. Dezember 1848 übergegangen war.[7] Die Artikel 13 u. 14 fehlen wie in dieser letzteren so auch in jenem Entwurfe. Artikel 12 weicht von Artikel 18 des Entwurfes dahin ab, daß er der religiösen Vereinigungsfreiheit besondere Erwähnung thut, die freigegebene Religionsübung nicht blos als „öffentliche“, sondern als „gemeinsame häusliche und öffentliche“ charakterisirt, und die Worte: „und der Theilnahme an einer Religionsgesellschaft“ im zweiten Satze nicht enthält. Artikel 15 und 16 unterscheiden sich von dem entsprechenden Artikel 20 auf ganz unerhebliche Weise nur durch die Namhaftmachung der evangelischen und der römisch-katholischen Kirche am Anfang des 15ten, und durch die ausdrückliche Bezeichnung der im zweiten Satze des 16ten Artikels erwähnten Anordnungen als „kirchliche“. Sehr bedeutend dagegen ist die Differenz zwischen Arti-

---

[7]) Vergl. oben S. 342 f.; der Entwurf oben S. 327.

kel 17 und dem ihm entsprechenden ersten Alinea von Artikel 20 der Centralabtheilung. Denn während jener die gesammte Regelung des Patronats und der nur als möglich hingestellten Aufhebung desselben der Spezialgesetzgebung zuweist, enthielt dieser nicht nur die bestimmte Anordnung, daß das Patronat, wo es nicht mit besonderen Verpflichtungen verbunden sei, aufgehoben werde, sondern er stellte auch für dessen Aufhebung im entgegengesetzten Falle bestimmte Normen auf. Der Inhalt des zweiten Alinea von Artikel 20 des Entwurfes findet sich in Artikel 18 der Verfassungsurkunde wieder, ergänzt durch die Erwähnung des Ernennungsrechtes, und im übrigen durch ausdrückliche Hervorhebung einzelner dort als selbstverständlich vorausgesetzter Momente schärfer bestimmt. Artikel 19 endlich weicht von dem entsprechenden Artikel 21 wieder aufs erheblichste ab, indem er statt der von letzterem ausgesprochenen ganz allgemeinen Einführung der Civilehe nur ein Gesetz über Civilehe und Civilstandsregister in Aussicht stellt.

Dieser vergleichende Rückblick läßt uns in der Verfassungsurkunde vom 31. Januar 1850 an sachlich wichtigen Bestimmungen, die von den Volksvertretungen im Jahre 1848 beschlossen worden, nur sehr wenige vermissen: nämlich diejenige, daß keine Religionsgesellschaft Vorrechte durch den Staat genießt[8]), sowie die allgemeine Einführung der Civilehe[9]) und die theilweis geradezu proklamirte, theilweis wenigstens möglich gemachte Aufhebung des Patronates.[10]) Alle die Bestimmungen, um welche außerdem die Grundrechte reicher sind, als die Verfassungsurkunde, enthalten nur solche Stücke, die entweder selbstverständlich sind oder sich aus den in die Verfassungsurkunde aufgenommenen Sätzen als nothwendige Folgerungen ergeben.

So haben die bedeutendsten Ergebnisse der gesetzgeberischen Arbeit von 1848 in der schließlich festgestellten preußischen Verfassungsurkunde ihren Platz behauptet. Die großen Grundsätze der Religionsfreiheit und der kirchlichen Selbständigkeit mit ihren wichtigsten Konsequenzen hatten, einmal ausgesprochen, einen zu tiefen Wiederhall im Volke ge-

---

[8]) Grundrechte §. 17, oben S. 292.

[9]) Grundrechte §. 20, oben S. 292; Entwurf der Centralabtheilung Art. 21, oben S. 328.

[10]) Entwurf der Centralabtheilung Art. 20, oben S. 327.

funden, als daß ihre Gegner vermocht hätten, sie bei den Revisionsverhandlungen wieder zu beseitigen, obgleich es, wie wir gesehen haben, an Versuchen hiezu keinesweges fehlte.

IV. Artikel 15 der Verfassungsurkunde und das landesherrliche Kirchenregiment in der evangelischen Landeskirche.

1. Die Streitfrage. Rückblick auf die Entstehung des Artikels.

Die Verfassungsurkunde vom 31 Januar 1850 gewährleistet, wie die vom 5. Dezember 1848, nicht nur den Einzelnen die Freiheit des religiösen Bekenntnisses, der Vereinigung zu Religionsgesellschaften und der gemeinsamen häuslichen und öffentlichen Religionsübung, sondern sie bestimmt auch in Artikel 15: „die evangelische und die römisch-katholische Kirche, sowie jede andere Religionsgesellschaft, ordnet und verwaltet ihre Angelegenheiten selbständig." Damit aber hat sie staatsgrundgesetzlich festgestellt, daß fortan eine positive Theilnahme von Seiten der Staatsgewalt bei der Anordnung und Verwaltung der eignen Angelegenheiten der Kirchen und der Religionsgesellschaften überhaupt nicht mehr stattfinden, sondern daß die Kirchengewalt ausschließlich an jene zurückkehren und von ihnen selber ausgeübt werden solle.

Diese Bestimmung, wie gewichtig auch für die römisch-katholische Kirche und die übrigen Religionsgesellschaften, hat doch eine ungleich größere praktische Bedeutung, als für diese, für die evangelische Kirche.

Mit dem Ausdruck „die evangelische Kirche" bezeichnet Artikel 15 der Verfassungsurkunde, wie bei den Revisionsverhandlungen auf ganz entgegengesetzten Seiten anerkannt wurde, nichts anderes, als was man bis dahin offiziell „die evangelische Landeskirche" zu nennen gewohnt war: nach der sachgemäßen Erklärung des Abgeordneten Eckstein die Gesammtheit der unter dem staatlichen Kirchenregimente und in anerkannter Kirchengemeinschaft bisher thatsächlich vereinigten Gemeinden.[1])

[1]) Verhh. d. II. K., II, S. 351. Eckstein meinte, den Ausdruck „evangelische Landeskirche" möge man wohl absichtlich in der Verfassung ver-

Während nun die römisch-katholische Kirche bereits vor Emanation der Verfassungsurkunde, nur durch wenige staatliche Beschränkungen gehemmt, eine fast völlige Selbständigkeit besessen, und die sogenannten geduldeten Religionsgesellschaften von jeher ihre Angelegenheiten selbständig geordnet und verwaltet hatten: war diese evangelische Kirche dagegen ganz und gar mit dem Staatswesen verwickelt, und besaß, mit Ausnahme der rheinisch-westfälischen Kirche, gar keine eigenen kirchlichen Verfassungsorgane, sondern lediglich Behörden, die vom Staatsoberhaupte zu ihrer Leitung bestellt waren. Der evangelischen Kirche das Recht und die Pflicht der selbständigen Ordnung und Verwaltung ihrer Angelegenheiten beilegen hieß daher nicht weniger, als ein völlig neues Verhältniß zwischen ihr und dem Staate statuiren und sie in die Nothwendigkeit versetzen, sich eine neue Organisation zu schaffen, vermöge deren sie im Stande wäre, das bisher vom Landesherrn und dessen Organen ausgeübte Kirchenregiment nunmehr selbst durch ihre eigenen Organe auszuüben.[2])

Seitdem dieses durch Artikel 15 der Staatsverfassung geschehen, sind mehr als zwanzig Jahre verflossen, aber noch immer entbehrt die evangelische Kirche solch einer Organisation und der selbständigen Ord-

---

mieden haben, weil Landeskirche, Staatskirche und Kirchenstaat unter den jetzigen Verhältnissen nicht mehr passen wollten. Daß unter der evangelischen Kirche nichts anderes verstanden werden könne, als die evangelische Landeskirche in Preußen, sprach auch der Abgeordnete Wentzel aus (a. dems. O. S. 350), der eben damit seinen oben S. 404, N. 19 mitgetheilten Antrag motivirte. Der Kultusminister v. Ladenberg erklärte sich gegen diesen und die ähnlichen Anträge, indem er (a. dems. O. S. 349) sagte: „Der allgemeine Begriff der evangelischen Kirche schließt jeden Zweifel aus; Subdivisionen aber können Zweifel und Zerwürfnisse hervorrufen, namentlich in einem Punkte, der leider gegenwärtig noch immer zu den streitigen gehört, und von dem man hoffen darf, daß er durch die richtige Behandlung von Seiten der Regierung und von Seiten der Kirche selbst zu einem friedlichen Ausgang werde geführt werden. Ich möchte nicht dafür sein, durch Trennung der Begriffe in der Verfassungsurkunde noch neue Materialien für diesen Streit zu liefern." Vergl. auch die Aeußerungen des Referenten Keller, der sich im wesentlichen dem von Eckstein Gesagten anschloß, a. dems. O. S. 361, sowie diejenigen der Abgeordneten Nitzsch und v. Bethmann-Hollweg in der Ersten Kammer, Verhh. d. I. K., N. F., I, S. 569, 571.

[2]) Vergl v. Rönne, Das Staatsrecht der preußischen Monarchie, 3. Auflage, I, S. 641.

nung und Verwaltung ihrer Angelegenheiten; vielmehr besteht zwischen ihr und dem Staate noch immer dasselbe Verhältniß wie vor Emanation der Verfassungsurkunde. Die Kirchengewalt, anstatt auf die Kirche selber übergegangen zu sein, ruht auch jetzt noch in der Hand des Königs; die Angelegenheiten der Kirche werden, anstatt von dieser selbst und ihren Organen, auch jetzt noch von dem Könige und seinen Behörden geordnet und verwaltet. Und dieses nicht etwa in Folge einer Uebertragung der Kirchengewalt seitens der selbständigen Kirche auf den König, wie solche ja allerdings mit Artikel 15 der Staatsverfassung vereinbar wäre, sondern lediglich in ununterbrochener Kontinuität des vor Emanation der Verfassungsurkunde geschichtlich überlieferten Zustandes. Doch nicht genug, daß dieser Zustand bis jetzt thatsächlich fortbesteht, wird von nicht wenigen sogar behauptet, daß sein Wegfall durch die Staatsverfassung überhaupt nicht geboten sei, und gerade die königlichen Behörden, welchen die Sorge für die Ausführung des Artikels 15 insbesondere anvertraut war, haben zu wiederholten Malen ausgesprochen, daß derselbe das bisherige landesherrliche Kirchenregiment in der evangelischen Kirche keineswegs berühre, geschweige dessen Beseitigung erheische.

Wo es sich um den Beweis für diese Behauptung handelte, begnügte man sich gewöhnlich mit dem Versuche, sie durch eine eigenthümliche Theorie vom landesherrlichen Kirchenregimente zu begründen. Dasselbe werde, so nämlich sagte man, vom Könige nicht als vom Staatsoberhaupte, sondern als vom vornehmsten Gliede der Kirche ausgeübt, und sei mithin nicht eine staatliche Ordnung für die Kirche, sondern eine der Kirche selber angehörende Institution. Artikel 15 des Staatsgrundgesetzes aber, weit entfernt über die inneren Einrichtungen der Kirche etwas zu bestimmen oder auch nur bestimmen zu können, habe es mit dem Verhältnisse der faktisch bestehenden Kirche zu dem Staate zu thun: dieser, also der unter dem Regimente ihres vornehmsten Gliedes verfaßten Kirche, gewähre er die selbständige Ordnung und Verwaltung ihrer Angelegenheiten, und erkläre somit in dieser Beziehung die Kirche sammt dem in ihr bestehenden landesherrlichen Kirchenregimente für selbständig dem Staate gegenüber. Die Aufhebung des landesherrlichen Kirchenregimentes habe der Artikel daher so wenig angeordnet, daß es geradezu juristisch unzulässig sei, sie in ihn hineinzutragen.[3]) Diese Schlußfolgerung beweist indessen schlechterdings nicht was sie beweisen soll. Denn wäre die aufgestellte Theorie vom landesherrlichen Kirchenregimente auch weniger hinfällig, als sie in Wirklichkeit ist,[4]) so würde daraus ja noch keineswegs folgen, daß sie auch von der Gesetzgebung bei der Beschlußfassung über Artikel 15 des Staatsgrundgesetzes als die richtige anerkannt worden, während sie offenbar doch nur in diesem Falle als Norm für die Auslegung des Artikels gebraucht werden dürfte. Wo es gilt, die richtige Auslegung des letzteren in Betreff des überlieferten landesherrlichen Kirchenregimentes zu gewinnen, kommt es nicht darauf an, welche Theorie von diesem an und für sich richtig ist, sondern lediglich darauf, welcher die Gesetzgeber gefolgt sind, und juristisch unzulässig ist es, eine andere als diese in den Artikel hineinzutragen. Die entscheidende Frage ist also einzig und allein die: in welchem Sinne die Gesetzgebung den Artikel 15 beschlossen hat? ob derselbe nach ihrem Verständniß das überlieferte landesherrliche Kirchenregiment besei-

[3]) Dieses letztere behauptet mit Richter auch wieder Dove in der neuesten (siebenten) Auflage des Richter'schen Kirchenrechtes S. 426, aber ohne einen Beweis dafür beizubringen, ja trotz des ausdrücklichen Anerkenntnisses, daß das landesherrliche Kirchenregiment, „so, wie es sich entwickelt hatte zum Staatsregimente in der Kirche, allerdings nicht bleiben durfte" (a. a. O. S. 424). Wie Richter (namentlich auch in dem anonym erschienenen Aufsatz in der „Neuen Evangelischen Kirchenzeitung", 1860, N. 6, S. 82—84), Jacobson (Kirchenrecht S. 119) und andere, vermischt auch Dove die Frage nach der rechtlichen Bedeutung des Artikels 15 in Beziehung auf das bestehende, geschichtlich überlieferte landesherrliche Kirchenregiment, mit der ganz anderen Frage, ob der Artikel eine regimentliche Stellung des Königs überhaupt in der evangelischen Kirche unmöglich mache. Darüber, daß er dieses nicht thut, bin ich mit den Genannten einverstanden. Wenn die selbständig gewordene Kirche in ihrem regimentlichen Organismus dem Könige als ihrem membrum praecipuum eine vorzügliche oder die vorzüglichste Stelle übertragen, und dieser sie übernehmen will, so steht Artikel 15 der Verfassungsurkunde dem nicht im Wege. Denn derselbe richtet sich nicht gegen solche, dem Könige von der selbständigen Kirche zu überweisende Vollmacht, sondern gegen das nach der alten Staatsordnung mit der Krone ganz von selbst verbundene Anrecht des Königs auf die Kirchengewalt. Jene nicht hindern ist doch aber etwas ganz anderes, als dieses bestehen lassen.

[4]) Vergl. hierüber, sowie über die ganze uns hier beschäftigende Frage u. a. namentlich auch den oben S. 20, Anm. 38, erwähnten Vortrag von Achenbach.

tigen, oder aber es unangetastet lassen sollte? Gerade diese Frage wurde aber bei der Behauptung, daß Artikel 15 den Wegfall des bisherigen landesherrlichen Kirchenregimentes nicht erheische, meistens völlig außer Acht gelassen. Doch fehlte es auch nicht an einzelnen, welche, ihr nicht aus dem Wege gehend, meinten, sie in einem jener Behauptung günstigen Sinne beantworten zu dürfen. So berief sich z. B. Herr v. Gerlach für die Ansicht, daß der genannte Artikel der evangelische Kirche mit dem landesherrlichen Kirchenregimente und mit der Konsistorialverfassung dem Staate gegenüber für selbständig erklärt habe, auf die vorgebliche Thatsache, daß der Artikel bei der Verfassungsrevision von der konservativen Partei in diesem Sinne aufgefaßt und befürwortet und so, ohne Widerspruch des damaligen Kultusministers v. Ladenberg, durch übereinstimmenden Beschluß des Königs und der beiden Kammern zu Stande gekommen sei.[5])

Artikel 15 der Verfassungsurkunde vom 30. Januar 1850 stimmt aufs genaueste mit Artikel 12 der Verfassungsurkunde vom 5. Dezember 1848 überein: dieser Artikel ist bei den Revisionsverhandlungen eben ohne jede Abänderung beibehalten worden. Darüber aber, daß er vor den Revisionsverhandlungen die Bedeutung, welche Herr v. Gerlach und viele andere nach denselben darin finden, entschieden nicht gehabt hat, kann nach unsern früheren Untersuchungen kein Zweifel obwalten.

Seit der Reformationszeit, in welcher die Fürsten mit Berufung auf ihre landesherrlichen Pflichten die Kirchengewalt an sich gebracht, war die evangelische Kirche in der engsten Verbindung mit dem Staate durch das Staatsoberhaupt regiert worden, und zwar solcher Weise, daß dessen regimentliche Thätigkeit in der Kirche ganz und gar nur als ein Stück seiner staatlichen Regierungsthätigkeit erschien.[6]) Nach Jahrhunderte langem Bestande dieses Verhältnisses verhieß nun der König im März 1848 eine konstitutionelle Staatsverfassung sammt der vollen politischen Gleichberechtigung aller Glaubensbekenntnisse, und sofort erklärte auch sein Minister, daß demnach von einer staatlichen Leitung

[5]) Evang. Kztg. 1870, N. 56, S. 661 ff.

[6]) Vergl. die Einleitung.

irgend einer Religionsgesellschaft nicht mehr die Rede sein könne, und daß es somit bezüglich der evangelischen Kirche darauf ankomme, ihr durch eine aus ihr selbst hervorgegangene Verfassung die Selbständigkeit zu sichern, die sie befähige, ihre Freiheit nach allen Seiten hin zu wahren.[7]) Die Ueberzeugung, daß das bisherige landesherrliche Kirchenregiment in der evangelischen Kirche nicht länger fortbestehen könne, und daß diese sich deshalb eine neue Verfassung schaffen müsse, vermöge deren sie nunmehr die Kirchengewalt selber auszuüben vermöchte, fand in den weitesten Kreisen und bei allen kirchlichen Parteien den lautesten Wiederhall: die bedeutendsten Theologen und die bewährtesten Kenner des Kirchenrechts gaben ihr beredten Ausdruck und vertheidigten sie mit großem Eifer gegen die ganz wenigen, die sie bestritten.[8]) Während diese Ueberzeugung die öffentliche Meinung so ganz beherrschte, schlug die Verfassungskommission der preußischen Nationalversammlung vor, in dem Staatsgrundgesetze zu bestimmen: „Jede Religionsgesellschaft ist in Betreff ihrer inneren Angelegenheiten und der Verwaltung ihres Vermögens der Staatsgewalt gegenüber frei und selbständig"; und zwar that sie dieses ohne auch nur mit einem einzigen Worte anzudeuten, daß das bisherige landesherrliche Kirchenregiment in der evangelischen Kirche durch diese Bestimmung nicht beseitigt werden solle.[9]) Die Centralabtheilung der Nationalversammlung entlehnte für den vorgeschlagenen Satz sodann aus den soeben vom deutschen Parlamente beschlossenen Grundrechten die knappere Fassung: „Jede Religionsgesellschaft ordnet und verwaltet ihre Angelegenheiten selbständig". Diese Worte aber hatten in den deutschen Grundrechten rücksichtlich der evangelischen Kirche ganz unzweifelhaft den Sinn, daß sie deren Selbständigkeit nicht etwa nur gegenüber dem Staate, sondern insbesondere auch gegenüber dem bisher mit der Kirchengewalt bekleideten Staatsoberhaupte sicher stellen sollten.[10]) Müßte demnach schon an sich als selbstverständlich angesehen werden, daß die Centralabtheilung jene Fassung auch in diesem Sinne übernommen habe: so

---

[7]) Oben S. 57. [8]) Oben S. 89—106. [9]) Oben S. 307 f.
[10]) Vergl. oben S. 278 ff.

hat sie überdem jeder Ungewißheit hierüber dadurch vorgebeugt, daß sie ausdrücklich die tiefe Einwirkung bezeugt hat, welche sie durch die Verhandlungen des deutschen Parlaments erfahren.[11]) In eben der Fassung, welche die Centralabtheilung im Anschluß an die Grundrechte dem Satze gegeben, behielt ihn nun endlich auch die Verfassungsurkunde vom 5. Dezember 1848 bei, und der Kultusminister bemerkte dazu in den Motiven, daß die Verfassungsurkunde in Uebereinstimmung mit dem von der Frankfurter Versammlung gefaßten, auch von der Centralabtheilung angenommenen Beschlusse den praktischen Gesichtspunkt festgehalten und den Religionsgesellschaften das Recht, ihre Angelegenheiten selbständig zu ordnen und zu verwalten, verheißen habe, wonach künftig eine positive Theilnahme von Seiten der Staatsgewalt nicht stattfinden werde. Doch der Minister begnügte sich nicht einmal damit, so auf die Uebereinstimmung der Verfassungsurkunde mit den deutschen Grundrechten hinzuweisen, sondern er sprach auch geradezu aus, daß „die geschichtlich entwickelte, sich an den Staat anlehnende Verfassung" der evangelischen Kirche einem „anderen Rechtszustande" weichen müsse; und zwar fand er das Ende dieser geschichtlich entwickelten Verfassung durch Artikel 12 des Staatsgrundgesetzes auf so gebieterische Weise erfordert, daß er es für nöthig hielt, ausdrücklich daran zu erinnern, wie dieses Ende natürlich nicht ohne weiteres bei Publikation der Verfassungsurkunde, sondern eben erst nach Begründung jenes anderen Rechtszustandes einzutreten, bis dahin also auch die Wirksamkeit der bestehenden königlichen Behörden fortzudauern habe.[12])

Hatten also die Worte: „die evangelische Kirche ordnet und verwaltet ihre Angelegenheiten selbständig" in der Verfassungsurkunde vom 5. Dezember 1848 unzweifelhaft die Bedeutung, daß die bisher vom Landesherrn ausgeübte Kirchengewalt hinfort von diesem auf die Kirche selber übergehen solle: so ist es von vorn herein gewiß höchst unwahrscheinlich, daß die Regierung und die Kammern bei der Verfassungsrevision diesen Satz ganz unverändert würden beibehalten haben, wenn sie der gerade entgegengesetzten Meinung gewesen wären, daß die Kirchengewalt nach wie vor in der Hand des Königs bleiben solle.

---

[11]) Siehe oben S. 316. [12]) Siehe oben S. 337 f.

Hätte diese Meinung bei ihnen wirklich obgewaltet, so hätten sie den allerdringendsten Grund gehabt, entweder jene Worte überhaupt zu vermeiden, oder ihnen doch wenigstens die nähere Bestimmung hinzuzufügen, daß das landesherrliche Kirchenregiment in der evangelischen Kirche dadurch nicht berührt werde. Nun aber haben sie weder dieses noch jenes gethan, und auch sonst haben sie durch die Revisionsverhandlungen nicht den geringsten Grund zu der Annahme geboten, daß sie jene Worte in einem anderen als dem ursprünglichen Sinne beibehalten hätten.

2. Die Revisionsverhandlungen über Artikel 15.

Im Centralausschuß der Ersten Kammer erhoben sich gegen die Selbständigkeit der Religionsgesellschaften manche Bedenken, bei deren Erörterung unter anderm anerkannt wurde, daß für die evangelische Kirche die zu ihrer Auseinandersetzung mit dem Staate nothwendigen Organe allerdings erst theilweis geschaffen werden müßten; trotzdem aber vereinigte sich der Ausschuß zu dem Vorschlage, den Artikel 12 (jetzt 15) ohne Abänderungen oder Zusätze beizubehalten.[1]) Dem entgegen wurde im Plenum mehrfach beantragt, das Prinzip der kirchlichen Selbständigkeit näher zu bestimmen oder seine Anwendung zu begrenzen, ohne daß jedoch ein einziger von diesen Anträgen des landesherrlichen Kirchenregiments in der evangelischen Kirche Erwähnung gethan hätte.[2]) Nur Herr v. Gerlach wollte sich mit solchen maßvollen Nachbesserungen nicht begnügen, sondern verlangte, daß unter Beseitigung des Artikels 12 und der übrigen aufs Religionswesen bezüglichen Artikel in der Verfassungsurkunde nur bestimmt würde, daß das Verhältniß der christlichen Kirche und der übrigen Religionsgesellschaften zum Staate zu ordnen besonderen Gesetzen vorbehalten bleibe.[3])

Zur Begründung dieses Antrages verbreitete sich Herr v. Gerlach am 1. Oktober in einer längeren Rede über die Folgen, welche nach seiner Ansicht die Beibehaltung jener Artikel unausbleiblich nach

---

[1]) Vergl. oben S. 354 ff.

[2]) Siehe die Anträge oben S. 370, N. 21—24; vergl. S. 380.

[3]) Oben S. 367, N 1; vergl. S. 372.

sich ziehen müßten. Er entwarf ein düsteres Bild von dem Zustande, der sich aus der Trennung von Staat und Kirche nothwendig würde ergeben müssen.

„Künftig" so sagte er, „wenn wir einen Kirchthurm vor uns sehen, würden wir nicht mehr wissen, ob dieser Thurm eine christliche Kirche oder einen Versammlungsort von Atheisten ziert. Es würde vielleicht von ihm herab die rothe Hahnenfeder statt des Kreuzes winken. Man würde auf den Lehrstühlen der Universitäten den Atheismus vortragen; es würden vielleicht aus Staatsfonds Prämien ausgesetzt werden für den besten Beweis, daß kein Gott sei." .... „Ja, man könnte noch weiter gehen. Schiller hat schon sehnsüchtig gesungen: Als man deine Tempel noch bekränzte, Venus Amathusia! Wir könnten bald solche Tempel vor Augen sehen. Ich will hier nicht berühren, was im Innern dieser Tempel vorgehen würde." .... „Entschiedene Gottesleugner würden unsere Obrigkeiten sein, würden die Schule und die öffentliche Sitte beaufsichtigen können. Richter, die Gottesleugner von Profession sind, die den Atheismus als ihre Grund- und Lieblingslehre in allen Journalen verkünden, würden uns Eide abnehmen können."

Eine besondere Stelle gab Herr v. Gerlach in diesem phantasievollen Zukunftsgemälde aber weiter dem Nothstande, den jene Artikel, wie er meinte, über die evangelische Kirche herbeiführen müßten:

„Die Auflösung des Verhältnisses zwischen Kirche und Staat hat für die evangelische Kirche die bedenklichsten Folgen, weil sie das innige Band mit Auflösung bedroht, in welchem ihre ganze Verfassung, ihr Gesammtzustand mit der Obrigkeit, als ihrem obersten Gliede, steht." .... „Die evangelische Kirche ist bekanntlich, zwar nicht unter dem Regimente des Staats, wie viele sagen, wohl aber ist sie eng mit der christlichen Obrigkeit verwachsen; nach den Grundsätzen des sechszehnten Jahrhunderts hat sie ihr Regiment zum großen Theile in die Hände der christlichen Obrigkeit, als des vornehmsten Gliedes der Kirche, übergehen lassen. Dies ist ein Verhältniß, was mit den innersten geistigen Substanzen eng zusammenhängt, und welches nicht aufgelöst werden kann, ohne sie der Gefahr auszusetzen, in Sekten zerspalten zu werden. Ich glaube, daß Katholiken, die als solche ihren wahren Vortheil richtig verstehen, ebenso wie die protestantischen Unterthanen nicht wünschen können, daß durch die Märzrevolution die evangelische Kirche in Sekten zerfällt, vermittelst dieser Artikel der Verfassung. Ich hoffe daher, daß nicht bloß die Protestanten, sondern auch die Katholiken diese Gefahr von uns abwenden werden."[4])

Hier hob Herr v. Gerlach also geflissentlich hervor, daß mit der Auflösung des bisherigen Verhältnisses zwischen dem Staate und der Kirche auch das bisherige Verhältniß der Kirche zu der christlichen

---

[4]) Verhh. d. I. K., N. F., I, S. 510 ff.

Obrigkeit hinfällig werden müßte, und daß die letztere das Kirchenregiment, welches sie bis dahin als vornehmstes Glied der Kirche ausgeübt, nicht ferner würde fortführen können. Somit bekannte sich Herr v. Gerlach trotz aller Verschiedenheit der beiderseitigen Standpunkte zu eben der Auffassung von der Bedeutung jener Artikel für das landesherrliche Kirchenregiment, welche in derselben Sitzung der Abgeordnete Nitzsch kundgab, indem er sagte:

„Daß wirklich die evangelische Kirche zu dem Genusse der Kollegialrechte gelangen soll, das halte ich für einen Fortschritt; denn die innere Verwickelung des Kirchenregimentes mit dem obrigkeitlichen hat sich je länger je mehr schädlich erwiesen, und man hat vergeblich Theorien vorgewandt und Künste angewandt, um diesen Schaden von ihr abzuwenden." [5])

Mit den angeführten Aeußerungen stimmte es nun wenig überein, daß Herr v. Gerlach einige Tage später bei der Spezialdiskussion sich ausdrücklich für den Inhalt des Artikels 12 erklärte und hinzufügte, er wünsche nur den Satz: „Die evangelische Kirche ordnet und verwaltet ihre Angelegenheiten selbständig" gegen Mißverständnisse sicher zu stellen und es dahin zu bringen, daß mit demselben Ernst gemacht werde. Zu diesem Behufe aber warf er unter anderm die Frage auf, was das „Selbst" der Kirche sei, auf das ihre Selbständigkeit gegründet werden solle? und beantwortete sie dahin, daß zu diesem „Selbst" wesentlich die Verfassung der Kirche gehöre, und zwar nicht eine eingebildete, die ihr jemand etwa geben möchte, sondern die Verfassung, welche sie gegenwärtig habe. Darauf fuhr er fort:

„Auf diese Verfassung, welche Interna und Externa umfaßt, kommt es wesentlich an, wenn von dem Selbst der Kirche die Rede ist, und daß diese Verfassung aufrecht zu erhalten ist gegen Angriffe von außen und vorzüglich gegen die revolutionären Angriffe dieser Zeit, das ist, glaube ich, der nächste wahre Sinn dieses Artikels. Ein wesentliches Glied der Verfassung der evangelischen Kirche aber ist die christliche Obrigkeit und die mit der Stellung der christlichen Obrigkeit in der evangelischen Kirche bei uns wesentlich zusammenhängende Konsistorialverfassung."

Nachdem der Redner dann weiter nachzuweisen gesucht, daß das Regiment der christlichen Obrigkeit in der evangelischen Kirche ebenso wie das des Papstes in der katholischen eine wesentlich kirchliche Natur habe, zog er hieraus die Folgerung,

---

[5]) Verhh. d. I. K., N. F., I, S. 514.

„daß es auf keine Weise zugelassen werden kann und mit dem Inhalte der Verfassungsurkunde in schneidenden Widerspruch treten würde, wenn die Regierung dieses Band zwischen der christlichen Obrigkeit und der Kirche, zu der diese Obrigkeit als Glied selbst gehört, auflösen wollte. Davon darf nicht die Rede sein und dagegen sichert uns, richtig verstanden, der Artikel 12, wenn nämlich darin das Selbst der Kirche als das aufgefaßt wird, was es in der That ist, nämlich als die Kirche mit Einschluß ihrer Verfassung und des Hauptes derselben."

Ja, Herr v. Gerlach wiederholte endlich auch an dieser Stelle jene Behauptung, die er schon ein Jahr früher auf dem Kirchentage zu Wittenberg ausgesprochen, daß sogar der König nicht das Recht habe, das Regiment der evangelischen Kirche aus der Hand zu geben.[6])

Weit entfernt nun, diesen Ausführungen auch nur stillschweigend zuzustimmen, begegnete ihnen der Kultusminister v. Ladenberg vielmehr damit, daß er am nächsten Tage erklärte:

„Der geehrte Redner hat aber auch in der gestrigen Sitzung Aeußerungen gethan, die ich allenfalls als Provokation ansehen könnte, zu antworten. Diese Aeußerungen waren aber so zarter Natur und, ich muß aufrichtig sagen, so wenig von mir hier erwartet, daß ich der Provokation zur Antwort nicht Folge leisten und sie nur in der Art beachten kann, daß ich auf die gestrige Rede gänzlich schweige."

Und in derselben Rede, in welcher er es so ausdrücklich ablehnte, seine Zustimmung zu der Auffassung des Herrn v. Gerlach auszusprechen, erklärte der Minister noch überdem, daß die evangelische Kirche, um die selbständige Verwaltung ihrer Angelegenheiten übernehmen zu können, erst eine Repräsentation erhalten müsse.

„Die katholische Kirche", so waren seine Worte, „hat in dieser Beziehung ihre Repräsentation, und die erforderlichen Einleitungen ihr gegenüber sind getroffen, die evangelische hat sie noch nicht. Die großen Schwierigkeiten der Ordnung dieser Repräsentationsverhältnisse liegen vor Augen, und es ist hier bereits die Rede davon gewesen. Es wird die Aufgabe der Regierung sein, diese Schwierigkeiten, den Verhältnissen entsprechend, zu lösen, und nicht eher zu unterhandeln, bis die Legitimation gehörig feststeht und der Regierung die nöthigen Garantien gegeben sind."[7])

Noch deutlicher aber sprach sich der Kultusminister einige Wochen später in der Zweiten Kammer aus, der ihre Verfassungskommission die unveränderte Beibehaltung des Artikels 12 empfohlen hatte.[8]) Hier nämlich legte Herr v. Ladenberg gleich beim Beginn

---

[6]) A. dems. O. S. 576 f. — Vergl. oben S. 90.

[7]) A. dems. O. S. 588 f. [8]) Vergl. oben S. 395.

der Verhandlung über die Artikel 11—16 der Verfassungsurkunde das Verhältniß der Regierung zu denselben dar. Die Regierung, so sagte er in der Sitzung vom 9. November 1849, habe beim Erlaß der Verfassungsurkunde geglaubt, den bezüglichen Beschlüssen der Centralabtheilung der Nationalversammlung, so weit es irgend mit ihrer Ehre und dem Staatswohl vereinbar schien, nachgeben, und der Stimme der Nation Rechnung tragen zu müssen, wenngleich dieselbe in einzelnen Theilen sich in maßloser Weise kundgegeben. Und zwar habe sie sich so sehr bestrebt, die ihr vorgelegten Wünsche möglichst zu erfüllen, daß sie an den Vorschlägen der Centralabtheilung, so weit sie darauf eingegangen, wörtlich festgehalten, wenngleich sie sich mit der gewählten Fassung nicht überall einverstanden erklärt habe. Aber sie habe eben, wo über die Materie kein Zweifel gewesen, selbst aus der Abänderung der Fassung keine Beunruhigung entstehen lassen wollen. Nachdem sich Herr v. Ladenberg in dieser Weise aufs neue dazu bekannt, daß die in Rede stehenden Artikel der Verfassungsurkunde da, wo sie dem Wortlaute nach mit den Sätzen der Centralabtheilung übereinstimmten, durchaus auch den gleichen Sinn mit ihnen gemein hätten: sprach er im weiteren davon, wie es die Aufgabe der Regierung gewesen sei, so weit es vor der Revision thunlich gewesen, in einzelnen Punkten mit der Ausführung der Verfassungsurkunde vorzugehen. Und hier nun fuhr er fort:

„Was in dieser Beziehung zunächst die religiösen Verhältnisse betrifft, und zwar zuerst die der evangelischen Kirche, so trat der Regierung in dieser Beziehung eine besondere Schwierigkeit entgegen, nämlich die, daß die Behörden der Kirche bisher nicht eigene kirchliche, sondern Staatsbehörden waren, und daß es nunmehr darauf ankam, den Uebergang derjenigen Rechte und Freiheiten, welche der evangelischen Kirche gewährt werden sollten, in solcher Weise vorzubereiten und zu vollenden, daß der Regierung zugleich die Garantie dafür gegeben würde, daß das Kirchenregiment zunächst in eine Hand gelegt werde, die legitimirt und geeignet ist, das Wohl der Kirche zu wahren, ohne die Zwecke des Staats zu verletzen. Das Nächste, was geschehen mußte, war, daß man den verantwortlichen Minister außer Beziehung setzte zu den inneren evangelischen Kirchenangelegenheiten. Dies geschah durch Schaffung einer besonderen Behörde, die Abtheilung in dem mir anvertrauten Ministerium für die innern evangelischen Angelegenheiten. Dies ist die Behörde, die die Interna zu wahren hat; ich stehe zu ihr in keiner Beziehung mehr. Die fernere Aufgabe, die bis jetzt noch nicht gelöst werden konnte und abhängig gemacht werden mußte von der Feststellung der Verfassung, weil nur aus dieser die erforderlichen Grundlagen entnommen werden können, ist die bereits angedeutete Einreihung der Kirche in ihre Selbständigkeit und in die ihr verliehenen Rechte. Diese Aufgabe wird große Schwierigkeiten darbieten, wie schon die bis jetzt getroffenen Einleitungen zu ihrer Lösung zeigen. Der Legitimationspunkt insbesondere unterliegt großen Bedenken; die Regierung wird aber nichts unversucht lassen, durch das Schaffen einer genügenden Legitimation die Kirche zufrieden zu stellen, während sie auf der andern Seite in ihrem Interesse und in dem der Kirche vor solcher Legitimation Befugnisse nicht aus der Hand geben wird, deren Aufgeben sie sonst nicht rechtfertigen könnte." [9])

In der nächstfolgenden Sitzung begründete sodann der Abgeordnete Fubel seinen Antrag, als transitorischen Artikel in die Verfassungsurkunde die Bestimmung aufzunehmen:

„Das landesherrliche Kirchenregiment hat die Ueberleitung der evangelischen Kirche zu einer selbständigen Verfassung herbeizuführen, damit sie die ihr im Artikel 12 überwiesenen Rechte übernehmen und ausüben könne."

Er wies zunächst auf jene Scheidung hin, welche seit dem Januar 1849 in der obersten Verwaltung der evangelischen Kirche bestand, sofern nämlich die äußeren Angelegenheiten dem Kultusminister belassen, die inneren dagegen der evangelischen Abtheilung des geistlichen Ministeriums zugewiesen waren [10]); und dann knüpfte er hieran den Ausdruck der durch die Folgezeit nur zu sehr gerechtfertigten Besorgniß, daß durch diese Theilung die einheitliche Entwickelung der Kirche eher Gefahr leiden als gefördert werden möchte. Liege bei der Schwierigkeit, das Aeußere und das Innere auseinander zu halten, doch die Befürchtung nahe, daß zwischen jenen höchsten Organen selbst eine Differenz entstehen und die einheitliche Gestaltung der evangelischen Kirche, nach der diese sich verlangend sehne, noch weit hinausschieben könne. Die evangelische Kirche aber dürfe nicht in ihrem gegenwärtigen Zustande sich selbst überlassen werden, denn dann würde sie in Zersplitterung gerathen; das aber wolle er durchaus vermieden wissen, und hier mitzuhelfen sei die Kammer der evangelischen Kirche schuldig. Was er weiter so erklärte:

„Wir, die wir den Staat mit vertreten, haben an die evangelische Kirche die Besitzthümer zu übergeben, welche bisher der Staat verwaltet hat. Kennen Sie die Hand, die sie empfangen darf? Wollen Sie die Güter übergeben, ohne zu fragen:

---

[9]) Verhh. d. II. K., II, S. 289.

[10]) Siehe unten den ersten Abschnitt des fünften Buches.

wer stellt mir eine Quittung darüber aus? Wollen Sie sie hingeben an eine Kirche, die in Gefahr ist, zu zersplittern und so die eigenen positiven inneren und äußeren Besitzthümer, die sie bisher in sich getragen, gänzlich zu verlieren? Das ist eben die Pflicht, die uns obliegt, daß wir nicht eher aus unserer Hand in die Hand der evangelischen Kirche alles das übergehen lassen, was ihr der Staat bisher zu leisten schuldig gewesen, als bis wir wissen, daß sie selbständig ist in ihrer Verfassung; damit sie aber nicht in Sekten auseinanderfalle, ist es unsere Pflicht, dafür zu sorgen, daß sie es bald werde." [11])

Hatte Fubel, wie er ausdrücklich bezeugte, aus diesen Gründen jenen transitorischen Artikel beantragt, so sollte dessen Aufnahme in die Verfassung also einerseits verhüten, daß die evangelische Kirche nicht ohne dazu in gehöriger Weise vorbereitet und organisirt zu sein vom Staat in die Selbständigkeit entlassen, und andrerseits sollte sie bewirken, daß diese Vorbereitung und Organisirung der Kirche ohne unnöthigen Aufschub und möglichst bald vollzogen würde.

Auf diese Ausführungen Fubels antwortete Herr v. Ladenberg mit der abermaligen Versicherung, daß die Staatsbehörden ihr Recht nur in völlig legitimirte Hände übergeben würden, an kirchliche Behörden, denen sie mit Vertrauen das würden geben können, was sie abliefern sollten, und dieser Versicherung fügte er noch folgende Erklärung hinzu:

„Der Minister der geistlichen Angelegenheiten verwaltet zur Zeit noch den Inbegriff dessen, was er der Kirche zu überweisen hat, und hat der Abtheilung für die innern evangelischen Angelegenheiten bereits überwiesen, was er nicht unmittelbar der Kirche, sondern für jetzt, wie ich es bezeichnen zu müssen glaube, dem Kirchenfürsten, dem Oberen der Kirche, zu überweisen hat. In diesem Sinne wird prozedirt werden, und so wird der Minister auch derjenige sein, der das Recht und die Verpflichtung hat, alles dasjenige, was zu verwalten ihm bis jetzt noch als Vertreter der Regierung obliegt, der Kirche zu übertragen. Darüber hinaus darf er nicht gehen; er wird aber auch nicht dulden, daß die Abtheilung seines Ministeriums, welche bloß die Interna zu wahren hat, etwa Theile des Ueberlieferungsgeschäfts übernehme, welche ihm zustehn." [12])

Als einige Tage später, am 14. November, die Spezialdiskussion über Artikel 12 eröffnet wurde, trat vorab Herr v. Ladenberg im Namen der Regierung für dessen unveränderte Beibehaltung ein [13]); dann aber kam der Abgeordnete Eckstein auf den Fubel'schen Antrag zurück und sagte hiebei unter anderm Folgendes:

[11]) Verhh. d. II. K., II, S. 306. [12]) A. dems. O. S 306. [13]) A. dems. O. S. 348.

„Nur äußere Umstände haben dem Landesherrn die Rechte gegeben, mitzusprechen und mitzurichten über Glaubenssachen und Liturgie; der westfälische Friede hat auch dieses Verhältniß bestätigt, aber es widerspricht dies vor allen Dingen der ursprünglichen Verfassung der protestantischen Kirche und selbst den symbolischen Schriften der evangelischen Kirche. Ich erinnere nur daran, daß die Augsburger Konfession ausdrücklich ausspricht: non igitur commiscendae sunt potestas civilis et ecclesiastica. Diese Gewalten trennt der Artikel, das ist die schöne Frucht, die er uns darbietet. Aber die evangelische Kirche empfängt dies theure Geschenk mit einer gewissen Besorgniß. Wer hat jetzt, wenn nun die Kirche selbständig hintritt, in dieser Kirche zu regieren, in welchen Händen wird das Kirchenregiment ruhen? Der König als Landesherr kann und wird die Kirche nicht mehr regieren wollen durch seine Staatsorgane, die nicht ihm allein blos verantwortlich sind, sondern auch der Volksvertretung; die Volksvertretung aber soll doch wahrlich keine Veranlassung erhalten, sich in Kirchenangelegenheiten als solche zu mischen. Wenn also der König als solcher das Kirchenregiment nicht länger behält, so könnte man es ihm als summus episcopus der evangelischen Kirche übertragen; aber ich glaube, es liegt im Interesse der evangelischen Kirche selbst, daß sie endlich die Organisation erhalte, die allein ihr gedeihlich ist, daß die Gesammtheit aller Gemeinden über die Verfassung der Kirche entscheide. Eine solche Organisation ist es, die wir dringend wünschen."

Da dieselbe, so sagte er weiter, in den östlichen Provinzen noch nicht bestehe, sei es nothwendig, die Maßregeln anzubahnen, die deren Eintritt in die Selbständigkeit möglich machten, und zwar müsse zu diesem Behufe die Kirche selbst berufen werden, denn das jetzige Kirchenregiment könne ihr keine Verfassung oktroyiren. Wohl aber sei es nach Artikel 109 der Verfassungsurkunde verpflichtet, die erforderlichen vorläufigen Anordnungen zu treffen, und man müsse wünschen, daß es dieses bald thue, damit die Kirche das ergreifen könne, was ihr jetzt gegeben werde. Diese Forderung aber sei viel bestimmter als in Artikel 109 der Verfassungsurkunde in dem Fubel'schen Amendement ausgesprochen, und deshalb bitte er dringend, dasselbe zu unterstützen.[14])

Durch diese Rede des Abgeordneten Eckstein sah sich nun der Kultusminister v. Ladenberg veranlaßt, zu erklären:

„Der geehrte Redner hat darauf aufmerksam gemacht, daß es eine Verpflichtung für die noch bestehenden kirchlichen Staatsbehörden sei, dafür zu sorgen, daß auf das baldigste die Ueberleitung der Verwaltung in die Selbständigkeit der Kirche stattfinde. Ich habe darauf zu erwidern, daß die Einleitungen, so weit sie überhaupt bis jetzt schon getroffen werden konnten, allerdings in der Arbeit begriffen sind. Mit Sicherheit lassen sich diese Einleitungen jedoch erst dann treffen, wenn die Verfassungs-

[14]) A. dems. O. S. 352.

urkunde durch die Revision festgestellt sein wird; denn die Grundsätze, die aus dieser Feststellung erst hervorgehen werden, sind die Fundamente der Einleitungen. Sobald diese Feststellung erfolgt ist, wird es an dem raschen Fortschritte nicht fehlen; es ist die Pflicht der Regierung, dafür zu sorgen. Es wohnt mir daher auch nicht der mindeste Zweifel gegen die Annahme des in dieser Beziehung vorgebrachten Amendements bei; indem ich aber das, was darin gefordert wird, als eine Verpflichtung der Regierung anerkenne, halte ich es von meinem Standpunkte aus für unnöthig."[15])

Deutlicher als hiemit konnte Herr v. Ladenberg doch in der That nicht zu erkennen geben, daß auch er durch Artikel 12 der Verfassungsurkunde das Ende des bestehenden landesherrlichen Kirchenregiments und der ihm dienenden „kirchlichen Staatsbehörden" angezeigt sah; und es ist schwer begreiflich, wie man es wagen kann, auch solchen Aeußerungen des damaligen Kultusministers gegenüber von einer Uebereinstimmung desselben mit jener v. Gerlach'schen Auffassung der kirchlichen Selbständigkeit und der darauf beruhenden Interpretation des Artikels 15 zu reden.

Trotz der zustimmend ablehnenden Erklärung des Herrn v. Ladenberg beschloß die Zweite Kammer mit 174 gegen 117 Stimmen die Annahme des Fubel'schen Uebergangsartikels; aber der Centralausschuß der Ersten Kammer rieth in seinem zweiten Berichte, ihn wieder zu streichen, und motivirte dies in einer Weise, welche jeden Zweifel darüber ausschließt, daß dem Ausschuß das Kirchenregiment des Landesherrn und das des Staates durchaus ein und dasselbe war. Denn der Ausschuß sagte:

„Einerseits ist der Ausdruck „landesherrliches Kirchenregiment" zweifelhaft erschienen, da er so ausgelegt werden könnte, als sei dies Kirchenregiment etwas von der Staatsregierung verschiedenes, womit viele nicht einverstanden sein würden; und andererseits ist anerkannt worden, daß es dieses Artikels nicht bedürfe, da es sich wohl von selbst verstehe, daß der Staat sich nicht ohne weiteres von der evangelischen Kirche lossagen könne, sondern deren selbständige Gestalt erst vermitteln müsse. Einige fürchteten auch, daß dieser Artikel so verstanden werden könne, als solle der Staat allein der evangelischen Kirche eine vollständige Kirchenverfassung geben, was wieder sehr vielen nicht erwünscht sein würde."[16])

Hiezu machte Herr v. Ladenberg in der Sitzung vom 12. Dezember die nach allem Vorangegangenen allerdings überraschende Bemerkung:

---

[15]) A. dems. O. S. 352.

[16]) Verhh. d. I. K., N. F., II, S. 735; oben S. 425.

„Ich wollte zunächst nur bemerken, daß man mißverständlich angenommen hat, es handle sich hier auch von einer Ueberleitung der innern Angelegenheiten der Kirche. Von diesen kann hier nicht die Rede sein, indem das ein Gegenstand ist, der sowohl außer der Kompetenz der Regierung, als auch außer der Kompetenz der hohen Kammer liegt und lediglich sich auf dem Gebiete der Kirche zu bewegen hat. Es handelt sich hier ganz allein von äußeren Kirchenangelegenheiten in Bezug auf die Verheißungen, die hinsichtlich dieser äußeren Kirchenangelegenheiten gegeben sind. In dieser Beziehung hat die Regierung den transitorischen Artikel nicht für nöthig anerkennen können, und sich von ihrem Standpunkte aus, obgleich sie gegen den Sinn desselben kein Bedenken hatte, dagegen erklärt. Ich kann die in der Zweiten Kammer abgegebene Erklärung hier nur wiederholen: der Zusatz möge aufgenommen werden oder nicht, die Regierung wird sich der Pflicht bewußt bleiben, so schnell und gründlich, wie sie es irgend vermag, die Verheißungen zu erfüllen, die sie gegeben hat."

In der kurzen Debatte, welche dieser Erklärung des Ministers folgte, sprachen sich zuerst die Abgeordneten Graf Helldorf und Graf Rittberg für, und sodann Stahl gegen den Fubel'schen Antrag aus. Jene beiden wiesen unter anderm auch namentlich das Bedenken des Centralausschusses zurück, daß der Ausdruck „landesherrliches Kirchenregiment" fälschlicher Weise so verstanden werden könnte, als ob dasselbe etwas von der Staatsregierung verschiedenes wäre: was unter diesem Ausdruck zu verstehen sei, das könne, so sagten sie, nach dem Sprachgebrauch nicht im mindesten zweifelhaft sein.[17]) Stahl aber betonte vorweg, daß sein Widerspruch gegen den Artikel auf ganz anderen Motiven beruhe als auf denen des Ausschusses. Seine Bedenken gegen den Artikel waren nämlich folgende. Erstlich gebe derselbe Anlaß zu schwerer Mißdeutung, indem er der Auffassung Vorschub leiste, als ob die Kirche bisher noch keine Selbständigkeit dem Staate gegenüber gehabt habe, und jetzt erst in eine selbständige Verfassung als in etwas neues und unerhörtes hinübergeleitet werden müsse. Diese Ansicht aber sei grundfalsch: denn ein wie großer Mißbrauch auch von der Konsistorialverfassung gemacht worden, so habe es doch niemals zu Recht bestanden, daß das landesherrliche Kirchenregiment dasselbe sei mit der Staatsregierung. Doch der Ausdruck des beantragten Uebergangsartikels könne auch so verstanden werden, daß die Kirche die innere Selbständigkeit, d. h. eine Repräsentation getrennt von dem

---

[17]) Verhh. d. I. K., N. F., II, S. 735 f.

Landesherrn erhalten solle, die sie regiere, und insofern könne der Artikel zweitens dem seit einem Jahrzehnte in der evangelischen Kirche mächtigen Drange nach demokratischer oder konstitutioneller Freiheit, in der auch über die heiligsten Lehren des Glaubens nach Stimmenmehrheit entschieden würde, Nahrung geben, und eben dem wolle er, der Redner, vor allem entgegentreten. Zum dritten aber fand Stahl im Fubelschen Artikel eine nicht begründete Einmischung in das Innere der evangelischen Kirche. Er gestand zwar zu, daß die evangelische Kirchenverfassung einer Fortbildung, namentlich einer Betheiligung der Gemeinde an der Kirchenverwaltung, bedürfe, meinte dann aber, daß die gegenwärtige Zeit nicht geeignet sei, eine Synodalverfassung hervorzubringen; wolle man indessen dennoch zur Bildung von Synoden vorschreiten, so werde dabei gewiß der besonnenste Weg zu empfehlen, also mit der Bildung von Presbyterien zu beginnen und erst wenn diese sich erprobt zu den Synoden fortzuschreiten sein. „Und", so fügte Stahl hinzu,

„indem ich die Streitfrage über die Fortdauer des landesherrlichen Kirchenregiments nicht berühre, glaube ich doch das behaupten zu dürfen, daß selbst, wenn man sich gegen dasselbe erklärt, es keineswegs mit Herstellung von Synoden aufhören darf, sondern so lange dauern muß, bis die Synoden sich erst bewährt und ihre Bürgschaft für die Kirche geleistet haben." ..... „Ich finde es angemessen, daß eine einige und starke Kirche die Emanzipation von ihrem bisherigen Schutzherrn fordert; aber ich muß bezweifeln, daß das unter den gegenwärtigen Verhältnissen rathsam ist."

Wie dem aber auch sei, jedenfalls könne die Auflage, daß die evangelische Kirche eine selbständige Kirchenverfassung erhalte, nicht von den Kammern beschlossen werden.

„Wenn Sie der evangelischen Kirche eine Synodalverfassung aus dem Grunde der Selbständigkeit zumuthen, so können Sie auch der katholischen Kirche aus demselben Grunde eine zeitgemäße Verfassung, etwa die Abschaffung des Unterschiedes von Priestern und Laien oder der despotischen Gewalt der Bischöfe, zumuthen. Wenn aber das allgemein als unzulässig erkannt wird, und die katholische Kirche in ihrer Selbständigkeit unantastbar dasteht, soll dann das eine Errungenschaft der evangelischen Kirche sein und die Frucht der Selbständigkeit, die ihr der Artikel 12 verbürgt, daß sie abhängig von den Beschlüssen der Kammern ist, die aus allen Religionsgenossen bestehen?

Endlich aber spreche auch noch das gegen den Zusatzartikel, daß er die Kirche in ihren Rechten so lange suspendire, bis sie selbständig geworden; denn wenn gesagt werde, die evangelische Kirche solle eine selbständige Verfassung erhalten, damit sie die ihr im Artikel 12 zugesicherten Rechte übernehmen und ausüben könne: so liege darin doch, daß sie diese Rechte, sohin auch die Vermögensrechte, nicht ausüben könne, so lange sie eine selbständige Verfassung nicht besitze. Während die katholische Kirche durch Artikel 12 aufs neue und in feierlichster Infundation mit ihrem Besitzthum beliehen werde, würde dagegen die evangelische Kirche auf eine bloße Anwartschaft für die Zukunft gesetzt werden. Sie würde sich in der Folge legitimiren müssen, ob sie hinreichend selbständig sei, und die Entscheidung darüber würde von eben den Kammern in Anspruch genommen werden, die ihr jetzt die Selbständigkeit vorschrieben.[18])

Auf diese Rede Stahl's schwieg der Kultusminister ebenso wenig, als auf jene ähnliche, welche Herr v. Gerlach in der Zweiten Kammer gehalten hatte.

„So interessant", sagte er, „wie die Worte sind, die wir soeben gehört haben, so muß ich doch meinerseits bemerken, daß ich nicht wohl erkennen kann, wo die Veranlassung zu denselben liegt. Ich habe ausdrücklich ausgesprochen, daß die inneren Kirchenangelegenheiten und deren Ueberleitung gänzlich außer der Kompetenz der Regierung und der Kammern liegen. Ich habe bei den Verhandlungen in der Zweiten Kammer nirgendwie zu erkennen gegeben, daß ich eine solche Kompetenz für die Regierung in Anspruch nehme. Ich habe auch über den Zusatzartikel mich lediglich im Hinblick auf die äußeren Angelegenheiten geäußert. Ich glaube daher auch nicht, daß die hohe Kammer in der Lage ist, darüber zu berathen, in welcher Weise die inneren Kirchenangelegenheiten künftig geordnet werden sollen. Die praktische Frage, welche hier vorliegt, ist die, wie die Behörde zu schaffen sein werde, in deren Hände die äußeren Angelegenheiten der Kirche gelegt werden sollen. Und in dieser Beziehung erkenne ich alle die Kautelen, die der geehrte Redner als nothwendige entwickelt hat, ebenfalls als unerläßliche an. Man möge aber der Regierung vertrauen, daß sie die Ueberleitung nicht eher vollenden wird, bis sie in Bezug auf die Legitimation sich vollständig gesichert weiß und die Ueberzeugung hat, daß sie das, was sie überliefert, in eine sichere Hand lege."[19])

Nachdem nun die Erste Kammer den transitorischen Artikel wieder beseitigt hatte, empfahl auch die Verfassungskommission der Zweiten Kammer, von demselben abzustehn. In ihrem bezüglichen Berichte motivirte sie diesen Antrag nur mit dem Umstande, daß eine Abänderung des Beschlusses der Ersten Kammer nach Lage der Verhandlungen schon

---

[18]) A. dems. O. S. 736 f.

[19]) A. dems. O. S. 737.

aus formellen Gründen nicht mehr herbeizuführen sein, und somit ein davon abweichender Beschluß der Zweiten Kammer doch erfolglos bleiben würde.[20]) Bei den Plenarverhandlungen aber ergänzte der Berichterstatter Geppert diese Begründung damit, daß er sagte: das innere Motiv für den Vorschlag der Kommission könne nur eben darin gefunden werden, daß dieselbe jene Ueberleitung der Kirche in ihre Selbständigkeit, welche der Fubel'sche Artikel dem landesherrlichen Kirchenregiment zur Pflicht machte, als etwas selbstverständliches erachtet habe; daß der Kirche die Ausübung der durch Artikel 12 ihr zugewendeten Rechte nicht etwa ohne weiteres überlassen werden könne, ohne daran zu denken, durch welches Organ sie dieselben auszuüben habe, das liege so sehr in dem gegenwärtigen Stande der in Beziehung auf die Organisation der evangelischen Kirche obwaltenden Verhältnisse, daß es nicht bedenklich erscheine, sich der dem Beschlusse der Ersten Kammer zu Grunde liegenden Ansicht anzuschließen.[21]) Erklärte der Referent es somit für sachlich gleichgiltig, ob der transitorische Artikel von der Zweiten Kammer beibehalten würde oder nicht: so sah sich der Abgeordnete v. Kleist-Retzow veranlaßt, gegen diese Auffassung ausdrücklich zu protestiren:

„Es ist", so sagte er, „vielmehr durchaus nothwendig, daß wir gegen den Zusatzartikel stimmen, weil darin supponirt wird, daß die evangelische Kirche als solche noch weder Vermögen habe, noch überhaupt existire, sondern es solle vielmehr erst das Vermögen überwiesen werden, wenn sie angeblich zur Existenz gekommen ist."[22])

Kurz nach dieser Bemerkung aber erinnerte der Kultusminister, durch den oben S. 431 mitgetheilten Antrag des Abgeordneten Schaffraneck dazu bewogen, an die Erklärungen, welche er früher über seine Stellung zu dem Fubel'schen Artikel abgegeben:

„Ich habe schon damals erklärt, daß ich den Zusatz nicht für nöthig halte, weil die Verpflichtung, welche darin ausgesprochen ist, der Regierung ohnehin obliege, daß ich aber der Aufnahme des Artikels nicht entgegentreten wolle, wenngleich ich sie für etwas überflüssiges ansehe. Dasselbe kann ich nur jetzt wiederholen. Es bedarf keines moralischen Zwanges für die Regierung, um ihre Verpflichtungen und Verheißungen zu erfüllen. Der Zusatz möge stehen bleiben oder fallen, die Regierung wird thun, was ihre Pflicht ist."[23])

---

[20]) Siehe oben S. 431.

[21]) Verhh. d. II. K., III, S. 198.

[22]) A. dems. O. S. 199. [23]) A. dems. O. S. 199.

Indem der Minister mithin auch jetzt noch sich mit dem Inhalte des Uebergangsartikels einverstanden erklärte, und ausdrücklich wiederholte, daß er seinerseits der Annahme desselben nicht entgegentreten wolle: gab er dadurch aufs deutlichste zu erkennen, daß er die Anschauungen, welche die Abgeordneten Stahl und v. Kleist-Retzow zum Widerspruch dagegen bestimmt hatten, schlechterdings nicht theile.

Mit dieser Erklärung des Herrn v. Ladenberg fanden die Revisionsverhandlungen über den Artikel 12 der Verfassungsurkunde vom 5. Dezember 1848 ihren Abschluß. Wenn der Artikel nun unverändert und ohne jeglichen Zusatz aus denselben hervorging, so hat uns der aufmerksame Blick auf deren Verlauf auch nicht das Geringste dargeboten, was die Behauptung rechtfertigen könnte, daß der Artikel bei der Revision in einem anderen als seinem ursprünglichen Sinne beibehalten worden.

Allerdings haben die Abgeordneten v. Gerlach und Stahl, und diesem nachsprechend auch ihr Parteigenosse v. Kleist-Retzow, dem Artikel nach einem vergeblichen Versuch des Erstgenannten, ihn aus der Verfassungsurkunde zu entfernen, den neuen Sinn untergelegt, als ob er der im Landesherrn und dessen kirchlichen Behörden als ihren Organen schon bisher selbständig verfaßt gewesenen evangelischen Kirche nun auch die selbständige, vom Staate ungehinderte Bewegung und Bethätigung dieser ihrer bestehenden, sowie ihrer etwa später noch nach freiem Ermessen der Kirche entstehenden Organe garantiren sollte; gerade so, wie er der in ihrer Hierarchie selbständig verfaßten katholischen Kirche nichts weiter als diese Selbständigkeit der Bewegung und Bethätigung brachte. Diese in den Artikel neu hineingelegte Auffassung wurde aber ebensowohl von dem Kultusminister als von einzelnen Abgeordneten aufs unzweideutigste zurückgewiesen. Denn die Abgeordneten Nitzsch, Fubel, Eckstein, Graf Helldorf und Graf Rittberg gaben auf verschiedene Weise zu erkennen, daß nach ihrer Anschauung das landesherrliche Kirchenregiment und die Konsistorialverfassung keineswegs eine selbständige Organisation der evangelischen Kirche, sondern vielmehr nur die hergebrachte Form für deren staatliche Leitung und Verwaltung gewesen sei; daß also der Artikel, welcher der Kirche die selbständige Ordnung und Verwaltung ihrer Angelegenheiten einräumt, den Wegfall des landesherrlichen Kirchenregimentes sammt der Konsistorialverfassung und die Bildung einer neuen, selbständigen Verfassung der Kirche mit Nothwendigkeit bedinge. Und der Kultusminister bekannte sich zu derselben Ueberzeugung, indem er, wenn wir seine bezüglichen Aeußerungen zusammenfassen, die Sachlage in dieser Weise zeichnete:

Bisher wurde das Kirchenregiment vom Staate ausgeübt durch staatliche Behörden, doch muß es nun der Kirche selber ausgehändigt werden. Eine Repräsentation der Kirche, welche es für diese letztere zu empfangen legitimirt wäre, ist indessen zur Zeit noch nicht vorhanden. Der Staat hat deshalb vorläufig das Kirchenregiment noch fortzuführen. Und zwar in Beziehung auf die äußeren Angelegenheiten wie bisher durch den Kultusminister, in Beziehung auf die inneren Angelegenheiten aber durch ein, der Volksvertretung nicht verantwortliches Organ. Während jene daher dem Kultusminister noch verblieben sind, hat derselbe diese für jetzt dem Könige als dem noch immer faktischen Oberhaupte der Kirche übergeben, welcher sie seinerseits, bis die Kirche selber im Stande sein wird, sie zu übernehmen, durch eine unverantwortliche Behörde verwalten läßt. In die Ueberleitung dieser inneren Angelegenheiten von dem Könige auf die Kirche selbst hat die Staatsgesetzgebung nicht drein zu reden, sondern dieselbe ist lediglich auf dem Gebiete der Kirche selber zu vollziehen. Die Ueberleitung der äußeren Angelegenheiten dagegen hat die Staatsgesetzgebung zu vermitteln.

Ich kann nicht leugnen, daß in die Aeußerungen des Herrn v. Ladenberg durch diese, in den Jubel'schen Artikel ganz willkürlich hineingetragene, Unterscheidung zwischen der Ueberleitung der äußeren und derjenigen der inneren Angelegenheiten eine gewisse Unklarheit und Unbestimmtheit gekommen ist. Aber diese berechtigt so wenig, von einer Zustimmung des Ministers zu der v. Gerlach-Stahl'schen Interpretation des Artikels zu reden, daß sie vielmehr auch ein Beweis ist, wie weit Herr v. Ladenberg damals noch von derselben entfernt war. Denn hätte er gewollt, daß der Artikel in der revidirten Verfassung einen andern Sinn haben sollte, als den ursprünglichen und nach des Ministers wiederholtem Zeugniß auch in der Verfassungsurkunde vom 5. Dezember 1848 festgehaltenen: so hätte er eben dieses mit der peinlichsten Vermeidung jeder Unklarheit aufs allerbestimmteste erklären müssen; während er doch im Gegentheil für die unveränderte Beibehaltung des Artikels 12 eintrat und namentlich durch sein Verhalten zu dem Fubel'schen Artikel die v. Gerlach-Stahl'schen Spitzfindigkeiten und Sophismen von sich ablehnte. Selbst wenn man diese nun auch mit Herrn v. Gerlach als den Gesinnungsausdruck der ganzen konservativen Partei betrachten müßte, würde man auf Grund der Verhandlungen doch weitaus kein Recht zu der Annahme haben, daß in ihrem und nicht in seinem ursprünglichen Sinne der Artikel von der Regierung und den Kammern beschlossen worden; vielmehr enthalten auch die Revisionsverhandlungen über diesen Artikel den vollständigen Beweis, daß er die Fortdauer des bestehenden landesherrlichen Kirchenregimentes schlechterdings ausschließt.

Fünftes Buch.

Der Evangelische Oberkirchenrath und die Gemeindeordnung vom 12. Juni 1850.

I. Die Abtheilung für die inneren evangelischen Kirchensachen.

Nachdem Herr v. Ladenberg im Juni 1848 die interimistische Leitung des Kultusministeriums übernommen, beschränkte er seine kirchliche Thätigkeit in den ersten Monaten ganz auf die Fortführung der Verwaltung innerhalb der hergebrachten Ordnungen. Er schien durchaus anzuerkennen, was von verschiedenen Seiten mit so großem Nachdruck geltend gemacht wurde[1]), daß das bestehende Kirchenregiment bei seiner nur noch provisorischen Leitung der kirchlichen Angelegenheiten sich aller Neuerungen zu enthalten habe. Aber schon im Oktober 1848 setzte sich Herr v. Ladenberg über diesen Grundsatz hinweg, indem er, einen Vorschlag der Hengstenberg'schen Kirchenzeitung aufnehmend[2]), bei dem Könige beantragte, daß die innere Kirchenverwaltung von dem Kultusminister auf die evangelische Abtheilung des Kultusministeriums übertragen würde, um von derselben mit Hilfe der bestehenden Behörden so lange selbständig und in kollegialischer Weise fortgeführt zu werden, bis die Kirche selbst sich über ihre Verfassung vereinigt haben würde. Da Herr v. Ladenberg die königliche Entschließung über diesen Antrag nicht vor der staatsgrundgesetzlichen Ent-

[1]) Vergl. oben S. 112. [2]) Siehe oben S. 127

scheidung über die veränderte Stellung der Religionsgesellschaften erwarten zu dürfen glaubte, traf er gleichzeitig die Einrichtung, daß inzwischen in denjenigen Angelegenheiten der kirchlichen Verwaltung, in denen eine Verantwortlichkeit gegen die Volksvertretung nicht stattfand, anstatt der ihm als Ministerialverweser zustehenden alleinigen Entscheidung nach Stimmenmehrheit der Abtheilung entschieden wurde.[3])

Die staatsgrundgesetzliche Sanktion des veränderten Verhältnisses der evangelischen Kirche zum Staate erfolgte früher, als man im Oktober erwarten mochte, durch die Verfassungsurkunde vom 5. Dezember 1848. Kurz nach deren Verkündigung eröffnete Herr v. Ladenberg, der das Kultusministerium nunmehr definitiv übernommen hatte, den königlichen Konsistorien in einer Zirkularverfügung vom 12. Dezember, daß es nicht die Absicht gewesen sei, durch die Bestimmung des Artikels 12 der Verfassungsurkunde die gesetzlich geordnete Verwaltung zu unterbrechen, und daß diese mithin so lange fortdauern müsse, bis die evangelische Kirche über eine neue Verfassung sich vereinigt haben, und es demnach ausführbar sein werde, daß der Staat die Kirche in ihre Selbständigkeit übergehen lasse.[4]) Und dann veranlaßte er durch einen abermaligen Bericht an den König die Genehmigung jener Ressortveränderung, welche er einige Monate vorher für die oberste Kirchenverwaltung beantragt hatte. Die königliche Entschließung über diese Angelegenheit erfolgte durch nachstehende Kabinetsordre vom 26. Januar 1849:[5])

„Auf Ihre Berichte vom 7. Oktober vorigen und 14. Januar d. J. bin Ich damit einverstanden, daß in Folge der eingetretenen Veränderung der Staatsverfassung die oberste Verwaltung der inneren evangelischen Kirchensachen künftig einer von dem Minister der geistlichen Angelegenheiten unabhängigen Behörde zu übertragen ist. Ich bestimme deshalb, daß bis zu dem Zeitpunkte, wann die evangelische Kirche sich über eine selbständige Verfassung vereinigt haben, mithin der Artikel 12 der Verfassungsurkunde vom 5. Dezember v. J. in Vollziehung zu setzen sein wird, die nach der Instruktion vom 23. Oktober 1817, der Ordre vom 31. Dezember 1825 und Meiner Verordnung vom 27. Juni 1845 §. 1 zu dem Ressort der Konsistorien gehörenden Angelegenheiten in der höheren Instanz

[3]) Preuß Staats-Anz. 1848, N. 166, S. 174, Spalte 2.
[4]) Minist.-Blatt 1848, N. 10, S. 374.
[5]) A. dems. O. 1849, N. 1, S. 13; Ges.-Samml. 1849, S. 125.

von der evangelischen Abtheilung Ihres Ministeriums unter dem Vorsitze des Direktors derselben selbständig und kollegialisch bearbeitet werden sollen. Zugleich ertheile Ich dieser Behörde den Auftrag, sich unverzüglich mit der Berathung der zur Vollziehung des Artikels 12 der Verfassungsurkunde erforderlichen Maßregeln zu beschäftigen und Mir darüber, und zwar wegen des gemischten Ressorts in Vereinigung mit Ihnen, Vortrag zu erstatten. In Betreff der, den Regierungen zur Zeit noch zustehenden Befugnisse in Kirchensachen bewendet es dagegen vorläufig bei der gegenwärtigen Einrichtung, während in Fällen gemischten Ressorts Sie des Einverständnisses der evangelischen Abtheilung Ihres Ministeriums Sich zu versichern haben. Berichte dieser Abtheilung des Ministeriums erwarte Ich, so weit sie deren Ressort ausschließlich betreffen, unmittelbar mit der näheren Maßgabe, daß dieselben Ihnen zur Kenntnißnahme und etwanigen Wahrnehmung Ihrer ressortmäßigen Rechte vor der Erstattung vorzutragen sind. In gleicher Art und zu gleichem Zwecke sind Ihnen alle allgemeinen Verfügungen der gedachten Abtheilung und Meine Erlasse an dieselbe zur Kenntnißnahme vorzulegen.

Die gegenwärtige Ordre, zu deren Ausführung Sie die erforderliche Instruktion zu erlassen haben, ist durch die Gesetzsammlung zur allgemeinen Kenntniß zu bringen.

Berlin, den 26. Januar 1849. Friedrich Wilhelm.
v. Ladenberg.

An den Staatsminister v. Ladenberg.

Ueber Veranlassung und Ausführung der angeordneten Maßregel verbreitete sich demnächst der Minister in einem Erlaß an die Konsistorien vom 7. Februar 1849 folgendermaßen:[6])

„Bereits unter dem 12. Oktober v. J. habe ich dem Königlichen Konsistorium eröffnet, daß an des Königs Majestät von mir der Antrag gestellt worden sei, es möge die Verwaltung der inneren evangelischen Kirchensachen auf die evangelische Abtheilung des Ministeriums der geistlichen Angelegenheiten zu selbständiger kollegialischen Ausübung übertragen werden, sobald der Grundsatz der Selbständigkeit der Religionsgemeinschaften gesetzlich festgestellt sein werde. Nachdem dieser Antrag in der in der Gesetzsammlung erscheinenden Allerhöchsten Ordre vom 26. v. M. Gewährung gefunden hat, nehme ich Veranlassung, mich über die Motive der ergangenen Allerhöchsten Anordnung und über die Ausführung der letzteren in Folgendem im Zusammenhange auszusprechen.

Nach dem 12. Artikel der Verfassungsurkunde sollen die evangelische und römisch-katholische Kirche ihre Angelegenheiten selbständig ordnen und verwalten. Hiernach kann die evangelische Kirche, in der engen Verbindung, in welcher sie bisher mit dem Staate gestanden hat, nicht verbleiben, sondern es ist nöthig, daß sie sich diejenige

[6]) Minist.-Blatt, 1849, N. 1, S. 14 ff.; Aktenstücke aus der Verwaltung der Abtheilung des Ministeriums der geistlichen Angelegenheiten für innere evangelische Kirchensachen, Berlin 1850, S. 5 ff.

Verfassungsform aneigne, welche ihr theils eine genügende Vertretung ihrer Rechte und Interessen nach außen, theils eine selbständige Leitung ihrer Angelegenheiten im Innern sichert. Diese Aufgabe ist mit so großen Schwierigkeiten verknüpft, sie ist für die Zukunft der Kirche so bedeutungsvoll, daß es der umsichtigsten und besonnensten Erwägung bedarf, bevor zu ihrer Lösung vorgeschritten wird. Wenn sich jedoch die Ueberzeugung als unabweisbar aufdrängt, daß jede Uebereilung in diesem Gebiete mit schwerer Verantwortlichkeit verbunden sei, so ergiebt sich auf der andern Seite mit ebenso großer Bestimmtheit, daß die fernere Führung der sich tief in die innersten kirchlichen Beziehungen hineinerstreckenden Verwaltung durch den bisher mit ihr beauftragten Staatsminister unter den gegenwärtig gegebenen Verhältnissen mit den gerechten Ansprüchen der Kirche nicht vereinbart werden könne. Ich bin mir bewußt, in der soeben vergangenen Zeit, welche auch im kirchlichen Gebiete so viele einander widersprechende und aufhebende Wünsche erzeugt und der Verwaltung so große, nicht überall mit Gerechtigkeit gewürdigte, Schwierigkeiten bereitet hat, das gethan zu haben, was in meiner Kraft stand. Ich verkenne jedoch nicht, daß die Leitung der Kirche durch den einer konfessionell gemischten Volksvertretung gegenüberstehenden verantwortlichen Minister selbst auch bei dem pflichtmäßigen Bestreben, die Sphären der Kirche und des Staats unvermischt zu erhalten, den Schein des Territorialismus an sich tragen werde, der ein fortdauerndes Mißtrauen rege zu erhalten und jeden Schritt, selbst den gerechtfertigtsten, in seinen Erfolgen zu gefährden geeignet ist. Die evangelische Kirche hat ein Recht darauf, zu wissen, daß ihr Regiment nicht der Gefahr ausgesetzt sei, nach politischen Maximen geführt zu werden. Um nun diesen Anspruch zu Wahrheit werden zu lassen, ist vielfach die sofortige definitive Errichtung einer neuen obersten Kirchenbehörde in Antrag gebracht worden. Hierauf einzugehen erschien jedoch, selbst wenn die Schwierigkeit, die erforderlichen materiellen Mittel zu beschaffen, nicht vorhanden gewesen wäre, schon um des einer sehr verschiedenen Auffassung unterliegenden Rechtspunktes willen, als unzulässig. Vielmehr konnte sich die jetzt zu lösende Aufgabe nur dahin stellen, daß ein Organ geschaffen werden müsse, dessen Beruf es sei, bis zur definitiven Gestaltung des Verfassungsverhältnisses unabhängig die kirchliche Leitung zu führen und zugleich diejenigen Maßregeln zu vermitteln, deren es bedarf, um den 12. Artikel der Verfassungsurkunde auf dem geordneten Wege in Vollziehung zu setzen. Für diesen Zweck war die evangelische Abtheilung des Ministeriums der geistlichen Angelegenheiten, in welcher die erforderliche Arbeitskraft, Sachkenntniß und Erfahrung sich vereinigen, vorzugsweise geeignet, und es ist demgemäß in der Allerhöchsten Ordre derselben der entsprechende Auftrag ertheilt worden.

In Betreff der Attribute, welche der neu zu bildenden besonderen Abtheilung für die inneren Kirchensachen zuzuweisen sind, ist aber folgende Erwägung die entscheidende gewesen. Obwohl der evangelischen Kirche der unbestreitbare Anspruch auf eine von den politischen Institutionen unabhängige Leitung zusteht, wird doch der Staat an vielfachen äußeren Beziehungen der Kirche so lange noch betheiligt bleiben müssen, bis er mit der Kirche sich rechtlich auseinandergesetzt hat, ein Akt, der in der Entwickelung einer selbständigen Kirchenverfassung und somit einer Vertretung der Kirche seine Voraussetzung findet. Bedurfte es also einer Scheidung in dem

Gebiete der kirchlichen Angelegenheiten, so bot sich der Anschluß an die bestehenden Einrichtungen von selbst als das geeignetste Auskunftsmittel dar. Das in der Instruktion vom 23. Oktober 1817, der Allerhöchsten Ordre vom 31. Dezember 1825 und der Verordnung vom 27. Juni 1845 §. 1 bestimmte Ressort der Konsistorien begreift alle diejenigen Verhältnisse, welche mit dem individuellen Zwecke der Kirche in Gemeinschaft stehen, während die Provinzialregierungen wesentlich an der äußeren Kirchenverwaltung betheiligt sind. Es erschien deshalb angemessen, bis zu dem bereits angedeuteten Zeitpunkte das erstere der evangelischen Abtheilung für die inneren Kirchensachen in der höheren Instanz zu überweisen, und dadurch die Besorgniß vor dem Eindringen politischer Rücksichten in die Leitung des inneren Kirchenwesens zu beseitigen, dagegen in zweitem Bezuge es vorläufig bei der bisherigen Einrichtung zu belassen. Von dem Standpunkte der praktischen Erfahrung aus ergab sich aber zugleich, daß durch diese Einrichtung dem Bedürfnisse noch nicht vollständig genügt sein werde, insofern es Angelegenheiten giebt, welche eine doppelte Beziehung haben. Hier konnte vorerst weder der Staat ausgeschlossen werden, so lange es sich um materielle Mittel handelt, welche der Kirche noch nicht von ihm überwiesen sind, noch die Kirche, deren individuelle Lebensbeziehungen durch jene Angelegenheiten berührt werden. Es war mithin eine Versöhnung beider Rücksichten erforderlich, welche nur in der Anordnung des Zusammenwirkens des Ministers mit der gedachten Abtheilung gefunden werden konnte. Von diesen in der Allerhöchsten Ordre festgestellten allgemeinen Standpunkten aus ist das Ressortverhältniß speziell in folgender Weise geordnet worden:

A Auf die evangelisch-geistliche Abtheilung für die inneren Kirchensachen gehen bis zur definitiven Gestaltung der Kirchenverfassung die Attribute über, welche in Betreff:

1. des Synodalwesens;

2. der Aufsicht über den Gottesdienst in dogmatischer und liturgischer Hinsicht, sowie des kirchlichen Religionsunterrichts, der Anordnung kirchlicher Feste, der Einweihung der Kirchen und der Einräumung der Kirchen zu außergottesdienstlichen Zwecken;

3. der Aufsicht über das kirchliche Prüfungswesen und die Vorbereitung zum geistlichen Stande, einschließlich der Aufsicht über das Prediger-Seminar zu Wittenberg;

4. der Beschwerden über versagte Bestätigung der von Privatpatronen berufenen oder von wahlberechtigten Gemeinden gewählten Geistlichen, beziehentlich der Entscheidung über Präsentations- und Wahlrecht, vorbehaltlich des Rechtsweges;

5. der Aufsicht über Ordination, Einführung und Vereidigung der Geistlichen;

6. der Aufsicht und Disziplin über die Geistlichen;

7. der Emeritirungsangelegenheiten, des Sterbequartals und der Gnadenzeit, so weit dabei nicht die Staatsmittel in Anspruch genommen werden, sowie der vikarirten Verwaltung erledigter Aemter;

8. der Beschwerden rücksichtlich pfarramtlicher Handlungen und der Stolgebühren, beziehentlich der Parochialberechtigung;

9. der Bestätigung der nicht für die Vermögensverwaltung bestimmten Kirchenbeamten, beziehentlich der Presbyter und Gemeindevertreter, wo solche erforderlich ist;

10. der Ertheilung der kirchlichen Dispensationen;

11. der Aufrechterhaltung der Kirchenzucht innerhalb der landesgesetzlichen Grenzen;

12. der Kirchenvisitationen und der Beaufsichtigung der Pfarr- und Superintendenturarchive

bisher von dem Minister der geistlichen Angelegenheiten ausgeübt worden sind. In allen diesen Angelegenheiten wird die Abtheilung unter dem Vorsitze ihres Direktors kollegialisch entscheiden. Dieselbe steht mit den übrigen Behörden in direktem Verkehr, berichtet unmittelbar an des Königs Majestät und erläßt die erforderlichen allgemeinen Anweisungen innerhalb der bestehenden Gesetze und Verordnungen. Um jedoch möglichen Konflikten vorzubeugen, werden allgemeine Verfügungen und Immediatberichte von ihr dem Minister zur Kenntnißnahme mitgetheilt werden. Ihre Erlasse werden mit der Unterschrift:

„Ministerium der geistlichen Angelegenheiten, Abtheilung für die inneren evangelischen Kirchensachen"

ergehen. Hiermit ist zugleich die für die Berichte und Eingaben zu wählende Adresse bezeichnet.

B. In Betreff der den Regierungen überwiesenen, die Kirche betreffenden Angelegenheiten verbleibt es bei den jetzt bestehenden Ressortverhältnissen.

C. In folgenden Fällen wird der Minister mit der Abtheilung zusammenwirken:

a. in den nach der Verordnung vom 27. Juni 1847 §. 5 zum gemeinschaftlichen Ressort der Konsistorien und Regierungen gehörenden Angelegenheiten;

b. vor der Berichtserstattung bei Anstellungen und kommissarischen Beschäftigungen in den Konsistorien; der Besetzung erledigter Superintendenturen, und über die Ernennung ordentlicher und außerordentlicher Professoren der Theologie an den Universitäten, sowie bei der Anstellung der Direktoren und der Lehrer an dem Prediger-Seminar zu Wittenberg;

c. — bis zur Vollziehung des §. 15 der Verfassungsurkunde — in den Angelegenheiten des fiskalischen Patronats, so weit es sich nicht um Einwendungen gegen die Qualifikation des designirten Geistlichen handelt, welche der selbständigen Beurtheilung der Abtheilung für die inneren Kirchensachen überlassen bleiben;

d. rücksichtlich der Bewilligung von Unterstützungen aus den dazu bestimmten Fonds und

e. in denjenigen Angelegenheiten, welche auf die Ueberleitung der Kirche in den Zustand der Selbständigkeit sich beziehen (§. 1),

und zwar wird derselbe in den unter a. und c. aufgeführten im Einverständnisse mit der Abtheilung entscheiden, im Falle unter b. das Gutachten der letzteren erfordern. In den von ihm hierauf ergehenden Verfügungen wird des erfolgten Einverständnisses, in den zu erstattenden Immediatberichten des erstatteten Gutachtens gedacht werden. Dagegen ist rücksichtlich des Unterstützungswesens, so weit es sich um Verwendung etatsmäßiger Fonds handelt, zur Vermeidung einer Erschwerung des Geschäftsganges die Einrichtung getroffen worden, daß die Abtheilung allein verfügt und die betreffenden Erlasse von dem den Minister vertretenden Kassenrathe mitgezeichnet werden. Endlich an den Berathungen in Betreff der Ueberleitung der Kirche in den Zustand der Selbständigkeit wird der Minister, so weit es sich um sein Ressort handelt, Antheil nehmen und gemeinschaftlich mit der Abtheilung an des Königs Majestät berichten.[7])

Ich veranlasse das Königliche Konsistorium, Sich nach den vorstehenden Bestimmungen innerhalb Seines Geschäftsbereichs von dem Tage des Empfanges dieser Verfügung an zu richten, und an die Behörden und Geistlichen Seines Bezirkes unverzüglich eine geeignete Mittheilung und Anweisung ergehen zu lassen. Zugleich spreche ich die Hoffnung aus, daß die getroffene Veränderung wesentlich dazu beitragen werde, der Kirche die Lösung der an sie gestellten schwierigen Aufgabe zu erleichtern. Ich muß es der nunmehr an meine Stelle tretenden Behörde überlassen, sich selbst der Kirche gegenüber auszusprechen. Ich bin aber fest davon überzeugt, daß dieselbe der ihr von des Königs Majestät anvertrauten Verpflichtung mit Treue genügen werde, und in gleicher Weise hoffe ich, daß die Behörden, Geistlichen und Gemeinden ihr die Erreichung der schweren, derselben gestellten, Aufgabe durch vertrauensvolles gemeinsames Wirken wesentlich erleichtern werden. Es ist für die evangelische Kirche eine Zeit ernster Prüfung angebrochen, in der es vor allem des festen Aneinanderschließens auf dem gegebenen Grunde und des Ablassens von Sonderbestrebungen bedarf. Vereinigen sich die Glieder der Kirche in dieser Ueberzeugung, so wird ungeachtet der vorhandenen Schwierigkeiten das Ziel erreicht werden, an welchem die Kirche einer gedeihlichen Zukunft gewiß sein kann. Diese Hoffnung ist es, mit welcher ich gegenwärtig aus der inneren Kirchenverwaltung in Folge meiner jetzigen amtlichen Stellung mit um so größerem Bedauern scheiden muß, je dankbarer ich, wie ich dem Königlichen Konsistorium es gern ausspreche, das Vertrauen anerkannt habe, welches unter so schwierigen und zweifelhaften Verhältnissen mir von vielen Seiten entgegengetreten ist.

Berlin, den 7. Februar 1849.

Der Minister der geistlichen, Unterrichts- und Medizinal-Angelegenheiten.

v. Ladenberg.

In Uebereinstimmung mit seinen früheren Aeußerungen erklärte Herr v. Ladenberg auch in dem Erlasse vom 7. Februar, daß die evangelische Kirche vermöge des neuen Rechtszustandes, der durch die

---

[7]) Die ebenfalls unterm 7. Februar 1849 vom Kultusminister erlassene „Instruktion, die Geschäftsführung bei der evangelischen Abtheilung des Ministeriums der geistlichen Angelegenheiten betreffend," enthält im wesentlichen nur eine, zum großen Theile wörtliche, Reproduktion dieser sub A., B. und C. enthaltenen Ressortvertheilung; ihr §. 7 bestimmt ausdrücklich: „Die Mitglieder der bisherigen evangelisch-geistlichen Abtheilung verbleiben sammt dem bei derselben bisher beschäftigt gewesenen Bureaupersonal auch bei der Abtheilung für die inneren Kirchensachen in Wirksamkeit." Die Instruktion ist abgedruckt in den Anm. 6 genannten Aktenstücken, S. 2–5.

Verfassungsurkunde vom 5. Dezember sanktionirt worden, in ihrer bisherigen Verbindung mit dem Staate nicht verbleiben könne, sondern sich eine neue Verfassungsform aneignen müsse, die ihr theils eine genügende Vertretung nach außen, theils eine selbständige Leitung im Innern sichere. Trotzdem aber veranlaßte er den König, für die also nur noch provisorische Ausübung des Kirchenregimentes durch den Staat eine neue Form zu schaffen: bis zu dem Zeitpunkte, wo die evangelische Kirche sich über eine selbständige Verfassung vereinigt haben, mithin der Artikel 12 der Verfassungsurkunde in Vollziehung zu setzen sein würde, sollten die inneren kirchlichen Angelegenheiten von der selbständig und kollegialisch beschließenden evangelischen Abtheilung des geistlichen Ministeriums wahrgenommen werden; ein anderer Theil der Geschäfte, zu dem namentlich auch die Ueberleitung der Kirche in den Zustand der Selbständigkeit gehörte, wurde dieser Abtheilung und dem Kultusminister gemeinsam zugetheilt, und nur in Betreff der den Regierungen überwiesenen äußeren kirchlichen Angelegenheiten verblieb es bei den bestehenden Ressortverhältnissen.

Herr v. Ladenberg begründete diese Einrichtung, durch welche die „Evangelische Kirchenzeitung“ nicht mit Unrecht der Sache nach das aufgelöste Oberkonsistorium wiederhergestellt sah,[8]) nicht etwa so, daß er der von Richter und anderen so entschieden widersprochenen[9]) Meinung, als ob das Verhältniß des Ministers zu den Kammern einen trübenden Einfluß auf seine kirchliche Verwaltung üben müßte, auch seinerseits Recht gegeben hätte; sondern er machte dafür nur den Umstand geltend, daß diese Meinung einen großen Schein des Rechtes habe, und daß die Fortführung des Kirchenregimentes durch den Kultusminister daher geeignet sein würde, ein fortdauerndes Mißtrauen rege zu erhalten und jeden Schritt in seinen Erfolgen zu gefährden. Als das Motiv jener Maßregel bezeichnete also Herr v. Ladenberg weder einen Grund, der sich an und für sich aus der veränderten politischen Stellung des Ministers oder aus dem Prinzip

[8]) A. a. O. 1849, N. 4, S. 31. Ebenso nach der Verwandlung der Abtheilung in den Oberkirchenrath Stahl, a. dems O. 1850, N. 65, S. 637, und Julius Müller, Deutsche Zeitschrift für christl. Leben und Wissenschaft, I, 1850, N. 5, S. 36.

[9]) Vergl. oben S. 122 ff.

der kirchlichen Selbständigkeit ergeben hätte, noch irgend eine andere rechtliche Nothwendigkeit; sondern lediglich die Rücksicht auf diejenigen, welche der Fortführung des Kirchenregiments durch den Minister deshalb widerstrebten, weil sie darin einen bei der neuen Staatsordnung für die Kirche doppelt bedenklichen Territorialismus erblickten. Diese Rücksicht galt thatsächlich nur einem ziemlich eng abgegrenzten Kreise innerhalb der Kirche, sofern fast nur Anhänger der orthodoxen Richtung der Handhabung des Kirchenregiments durch den Minister widerstrebten;[10]) aber auch so war sie wohl geeignet, die getroffene Ressortveränderung zu rechtfertigen. Denn das Mißtraun, welchem der Minister dadurch begegnen wollte, würde dessen kirchenregimentliche Thätigkeit allerdings in hohem Grade geschädigt haben, und konnte überdem auch nicht als unberechtigt angesehen werden. Denn die Gefahr war immerhin vorhanden, daß der Minister, vielleicht unbewußt, der in vielen andern Stücken für ihn maßgebenden Volksvertretung auch auf seine Behandlung der innerkirchlichen Angelegenheiten einen bestimmenden Einfluß einräumen möchte, und darüber, daß ein solcher unter keinen Umständen statthaben dürfe, waren die verschiedensten Richtungen innerhalb der Kirche einig. Diesen Gründen für die neue Ressortvertheilung stand nun allerdings der Umstand gegenüber, daß dieselbe die Einheit der obersten Kirchenverwaltung aufhebend auch deren Einheitlichkeit gefährdete; hierauf aber brauchte man deshalb kein großes Gewicht zu legen, weil es ganz in der Hand des Königs lag, durch eine geeignete Besetzung der beiden Stellen die Uebereinstimmung zwischen ihnen aufrecht zu erhalten. Die verhängnißvolle Bedeutung, welche die Vertheilung der obersten Kirchenverwaltung an zwei koordinirte Organe namentlich für das kirchliche Verfassungswerk wirklich gewonnen hat, war so wenig eine nothwendige Folge dieser Maßregel, daß es unbillig wäre, wenn man die letztere um ihretwillen verurtheilen wollte.

Während die neue Einrichtung von den einen mit der größten Freude begrüßt ward, wurde sie von anderen mit Gleichgiltigkeit und von den dritten gar mit Mißtraun aufgenommen. Dieses aber erfuhr

---

[10]) Vergl. oben S. 118 ff.; 129 Anm. 17.

bei vielen noch eine erhebliche Steigerung durch die Art und Weise, in welcher der Minister und die Abtheilung für die inneren evangelischen Kirchensachen sich gleichzeitig über die Herstellung der kirchlichen Selbständigkeit aussprachen.

Die ministeriellen Kundgebungen vom 14. Juli und vom 17. Oktober 1848 hatten neben anderem auch den Umstand, daß es zunächst noch der gesetzlichen Feststellung des Verhältnisses von Staat und Kirche bedürfe, für die Unmöglichkeit geltend gemacht, die Entwicklung einer selbständigen Kirchenverfassung so schnell, als vielfach gewünscht worden, zum Abschluß zu bringen. Und jetzt, nachdem das Prinzip der kirchlichen Selbständigkeit in der Verfassungsurkunde gesetzlich festgestellt worden, schien der Minister dieser Thatsache für den schnelleren Fortgang des kirchlichen Verfassungswerkes so gut wie gar keine Bedeutung beizumessen. Er erkannte mit keiner Silbe an, daß dadurch die Hauptbedingung für die Inangriffnahme der kirchlichen Verfassungsbildung erfüllt sei, sondern im Gegentheil betonte er mit noch weit stärkerem Nachdruck als früher die großen Schwierigkeiten dieser Aufgabe und machte noch geflissentlicher als vorher darauf aufmerksam, daß es der umsichtigsten und besonnensten Erwägung bedürfe, bevor zu ihrer Lösung geschritten werden dürfe, und daß jede Uebereilung auf diesem Gebiete mit schwerer Verantwortlichkeit verbunden sei. Also anstatt denen zu willfahren, welche nach Erlaß der Verfassungsurkunde mit aller Bestimmtheit aussprachen, daß nun die Kirche die Herstellung ihrer neuen Verfassung in Angriff nehmen, und daß eben deshalb das Kirchenregiment ohne Verzug die verheißene Generalsynode vorbereiten müsse[11]): verwies der Minister die Kirche auch jetzt wieder zum geduldigen Abwarten, und zwar so, daß er sogar den Weg zur Verwirklichung der kirchlichen Selbständigkeit als noch ungewiß erscheinen ließ. Und ebenso wie der Minister that dieses letztere auch die Abtheilung für die inneren evangelischen Kirchensachen. Denn als ob alle die bezüglichen Verhandlungen und Erklärungen aus dem vorigen Jahre für sie gar nicht exi-

[11]) So insbesondere die Herausgeber der Ztschr. f. d. unirte ev. K., Eltester, Jonas, Krause, Pischon und Sydow, im Vorwort der Ztschr. auf 1849, Nr. 3, S. 40.

stirten, that sie derselben in ihrem Antrittsprogramm[12]) schlechthin keine Erwährung; wohl aber erklärte sie darin:

„Wir werden endlich mit all der Sorgfalt, welche unsere Verpflichtung uns auferlegt, unter Mitwirkung der gesetzlichen Organe über den Weg berathen, auf welchem die Kirche durch ihre eigene That in den Zustand der Selbständigkeit eintreten kann."

Noch kurz vorher hatten die Herausgeber der „Zeitschrift für die unirte evangelische Kirche" versichert, sie ließen sich in dem Glauben an die Berufung der verheißenen Generalsynode nicht irre machen durch die Versicherungen aus guter Quelle, die man von gewisser Seite her zu geben anfange, daß das Projekt einer allgemeinen Landessynode bereits aufgegeben sei. Sie hatten sich, die damalige Lage ebenso wahr als kräftig zeichnend, so geäußert:

„Wir haben in Bezug auf solche Versicherungen zu reichliche Erfahrungen, als daß wir auf sie irgend Werth legen sollten. Wir kennen sie als Taktik einiger Stimmführer der Partei, der die Landessynode von Anfang an ein Greuel war. Ihr Widerwille und Widerstand dauert natürlich fort. Nur geben sie ihren Angriffen eine andere Wendung. Früher nämlich, als sie vom Landesherrn her keine Hoffnung des Beistandes hatten: ergossen sie sich in Schmähungen über die neuen Prinzipien und nicht minder über die schwach gewordenen Fürsten; drohten, sich nicht zu betheiligen an der Synode oder gar aus der Kirche zu treten; und fingen an, das Kirchenregiment nicht nur zu schmähen, daß es die Kirche, d. h. sie, im Stich gelassen, und den Staat entchristlicht, d. h. ihnen die Zügel aus der Hand genommen, sondern sogar vom gläubigen Pastor bis zum königlichen Konsistorialpräsidenten den Gehorsam zu verweigern. Seitdem aber die Kanonen wieder in Berlin sind, und sie des guten Glaubens sind, daß ihre Bußtagsgebete dieselben zu den Thoren hineingezogen haben, meinen sie wieder die ungemessensten Hoffnungen haben zu dürfen, und verhehlen es gar nicht, daß sie den Wagen der Geschichte, mit dem die Rosse in diesem Sommer etwas durchgegangen, wieder in die alten Geleise zurück zu zerren gedenken; und knüpfen ihre Hoffnungen und Pläne nun wieder an die Regierungen. Da theilt man denn wieder nach oben hin Rathschläge aus und nach unten Versicherungen aus guter Quelle; da erinnert man die Regierung an die Pflichten einer christlichen Obrigkeit, und ermuntert das christliche Volk zu thatkräftigem Handeln. In diesem Gemüthszustande und bei solchen Aussichten giebt man sich natürlich nicht viel ab mit solcher Kleinigkeit, wie die beregte Landessynode. Man setzt dem Kirchenregiment auseinander, daß es sehr wohl bestehen bleiben könne, und Pflicht habe, die Sache in den Händen zu behalten; man ertheilt ihm den Rath, das langweilige Projekt der Landessynode doch nun wieder fallen zu lassen, und versichert der Kirche, daß das wirklich geschehen sei. Wie es bei so lebendiger Hoffnung, und namentlich wer viel

---

[12]) Erlaß vom 13. Februar 1849, in den Aktenstücken S. 8 ff.

in prophetischer Perspektive gelebt hat, einem wohl beg'gnen kann, daß man Dinge anrathe, die schon geschehen sind, oder Dinge für geschehen hält, wenn man den Rath dazu gegeben hat. So glauben wir denn allerdings der Versicherung, daß die gute Quelle das Projekt der Landessynode längst aufgegeben habe; ja auch das, daß sie das Projekt nie gehabt, und alles dran setzen werde, die Synode zu hintertreiben. Nur muß man uns nicht übel nehmen, wenn wir nicht daran denken, daß diese Quelle das Kirchenregiment sei. Das Kirchenregiment hat die Synode verordnet; das Kirchenregiment hat die Synode nicht aufgegeben, so lange es das nicht offiziell ankündigt." [13])

Solch eine offizielle Ankündigung des Kirchenregiments, daß es die konstituirende Landessynode aufgegeben, war freilich auch jetzt noch nicht vorhanden; wohl aber zeigten die Aeußerungen des Ministers und der Abtheilung für die inneren evangelischen Kirchensachen ganz unverkennbar, daß die Berufung einer Landessynode dem Kirchenregimente durchaus nicht mehr wie früher eine ausgemachte Sache war.

II. Die amtlichen Gutachten.

1. Einleitendes.

In der festen Ueberzeugung, daß das bisherige Verhältniß der evangelischen Kirche zum Staate nothwendig ein Ende nehmen müsse, berief der Graf Schwerin gleich nach seinem Amtsantritt als Kultusminister eine besondere Kommission zur Berathung der Frage, auf welchem Wege die Kirche eine neue, selbständige Verfassung gewinnen könne. Als Referent dieser Kommission verfaßte Professor Richter den „Entwurf einer Verordnung, betreffend die Berufung einer evangelischen Landessynode", und der Graf Schwerin ließ denselben veröffentlichen, damit sich die Glieder der Kirche allseitig darüber äußern und so ihre Ansichten und Wünsche kundgeben möchten. Wir haben gesehen, in wie reichem Maße dieser Aufforderung entsprochen ward. In Zeitschriften und Broschüren, auf freien Versammlungen und amtlichen Konferenzen beschäftigte man sich eifrigst mit der Frage nach der Bildung einer neuen Kirchenverfassung, und neben den Kundgebungen in der Presse vermittelte eine große Anzahl von direkten Eingaben dem

---

[13]) Ztschr. f. d. unirte ev. K. 1849, N. 3, S. 37 f.

Minister die Kenntniß der verschiedenen Ansichten, welche über diese Angelegenheit verbreitet waren. So sammelte sich im Laufe des Jahres 1848 ein sehr reichhaltiges gutachtliches Material über dieselbe, und darunter fehlte es auch nicht an amtlichen Berichten von den meisten königlichen Konsistorien.[1])

All dieses Material erschien Herrn v. Ladenberg indessen nicht genügend, um als Unterlage für die Entscheidung über den Modus der kirchlichen Verfassungsreform zu dienen. Vielmehr meinte er, der Abtheilung für die inneren evangelischen Kirchensachen ihre bevorstehenden Berathungen dadurch erleichtern zu müssen, daß er noch weitere Gutachten von sämmtlichen königlichen Konsistorien und evangelisch-theologischen Fakultäten in Preußen, sowie von den Kirchenrechtslehrern Professoren Stahl, Jacobson, Mejer und Wasserschleben einforderte. Ueber die Gesichtspunkte, welche er dabei im Auge hatte, äußerte er sich in folgender Verfügung an die Konsistorien vom 15. Januar 1849:[2])

„In dem Erlasse vom 12. Oktober v. J. hatte ich dem Königlichen Konsistorium eröffnet, daß es beabsichtigt sei, die Leitung der inneren Angelegenheiten der evangelischen Kirche bis zu der definitiven Gestaltung der Verfassungsverhältnisse auf die evangelische Abtheilung des Ministeriums zu übertragen, sobald der Grundsatz der Selbständigkeit der Religionsgesellschaften festgestellt sein werde. Da dieses nunmehr durch den zwölften Artikel der Verfassungsurkunde vom 5. Dezember v. J. geschehen ist, so habe ich sofort die zur Verwirklichung der angekündigten Einrichtung erforderlichen Einrichtungen getroffen, deren Ergebniß, sobald als es geschehen kann, zur öffentlichen Kenntniß gebracht werden wird. Zugleich halte ich es jedoch im Einverständnisse mit den Mitgliedern der evangelischen Abtheilung des Ministeriums für angemessen, die Lösung der Aufgabe, welche durch den zwölften Artikel der Verfassungsurkunde an die evangelische Kirche gestellt worden, schon jetzt vorzubereiten, damit die gedachte Behörde in den Stand gesetzt werde, sich unverzüglich mit der Berathung der an des Königs Majestät diesfalls zu stellenden Anträge zu beschäftigen. Hiernach veranlasse ich das Königliche Konsistorium, Sich in einem umfassenden Gutachten über die Maßregeln auszusprechen, deren es nach Seiner Ansicht bedarf, um der evangelischen Kirche auf dem rechtlichen Wege zu einer Verfassung zu verhelfen, welche ihr sowohl eine Vertretung ihrer Rechte und ihres Interesses gegenüber dem

---

[1]) Richter nennt in seinem Vortrage, die Berufung einer evangelischen Landessynode betreffend, S. 5 ff., je einen Bericht der Konsistorien zu Koblenz, Münster, Stettin, Magdeburg und Berlin, und zwei Berichte des Konsistoriums zu Breslau.

[2]) Richter, Amtliche Gutachten, Vorwort.

Staate und den übrigen Religionsgesellschaften, als eine selbständige Leitung ihrer Angelegenheiten sichert. Um die Freiheit der Berathung nicht zu beschränken, ziehe ich es vor, die Aufgabe nur im allgemeinen zu bezeichnen. Ich füge jedoch eine Zusammenstellung der bis jetzt in Betreff des fraglichen Gegenstandes an das Ministerium namentlich auch von Seiten vieler Geistlichen gelangten Anträge und Erklärungen bei, welche für die Berathung geeignete Anhaltepunkte darbieten wird. Inwiefern es noch erforderlich sein möchte, die Ansichten der Geistlichen des Bezirks entweder durch Veranlassung freier Zusammenkünfte zum Zwecke der Berathung oder durch Erfordern schriftlicher Aeußerungen zu vernehmen, will ich dem Ermessen des Königlichen Konsistoriums anheimstellen. Zu meinem Bedauern verhindert mich jedoch die große Dringlichkeit der Sache, für die erforderliche gutachtliche Aeußerung eine längere als eine achtwöchentliche, genau festzuhaltende, Frist zu gewähren, weshalb ich dem Königlichen Konsistorium die möglichste Beschleunigung noch besonders anzuempfehlen nicht unterlasse. Sollten sich unter den Mitgliedern desselben abweichende Auffassungen äußern, so wünsche ich, daß auch die Ansichten der Minorität in vollständiger Motivirung hervortreten."

Diese Aufforderung begleitete Herr v. Ladenberg mit einer „Denkschrift, die in Betreff der Einleitungen zur Fortbildung der evangelischen Kirchenverfassung an das Ministerium der geistlichen Angelegenheiten gerichteten Anträge und Erklärungen betreffend". Dieselbe enthielt eine übersichtliche Zusammenstellung des uns bereits bekannten wesentlichen Inhalts der betreffenden Eingaben, und machte am Schluß noch insbesondere auf den Kostenpunkt aufmerksam, der, wie sie sagte, nur in wenigen der eingegangenen Erklärungen in der Kürze berührt, aber nicht näher in das Auge gefaßt worden war. Die Denkschrift bemerkte über diesen Punkt:

„Bisher sind in den östlichen Provinzen die Kosten der Synoden von dem Staate bestritten worden. Schon die dermalige Lage der Finanzen, sowie das Verhältniß, in welches der Staat jetzt zur Kirche getreten ist, werden es aber nicht gestatten, daß der voraussichtlich sehr bedeutende Kostenbetrag für die Berufung der Synoden auf die Staatskassen übernommen werde. Die Kirche wird also darauf angewiesen sein, durch ihre eigene Kraft den Bedarf zu beschaffen." [3])

Nachdem die verlangten Gutachten eingegangen, beauftragte der Kultusminister im Einverständniß mit der Abtheilung für die inneren evangelischen Kirchensachen den Professor Dr. Ludwig Richter, sie nebst den beigefügten Separatvoten durch den Druck zu veröffentlichen. Richter erfüllte diesen Auftrag im Juli 1849, indem er ihnen die er-

---

[3]) A. dems. O. S. XII. Die ganze Denkschrift füllt elf Seiten.

wähnte Denkschrift und ein kurzes, vom 7. Juli 1849 datirtes Vorwort vorausschickte.[4]) Im letzteren gab er unter Mittheilung der Verfügung vom 15. Januar Nachricht von der Aufforderung des Ministers zur Erstattung der Gutachten, und bemerkte dabei, daß die Denkschrift auch den Provinzialsynoden der westlichen Provinzen mitgetheilt worden; die rheinische Synode habe sich jedoch anstatt besonderer Aeußerung lediglich auf ihre Duisburger Beschlüsse vom 17. bis 30. März 1849 bezogen, während von der westfälischen, die übrigens auf ihrer Versammlung zu Dortmund vom 20. bis 28. März ganz ähnliche Sätze angenommen hatte, eine Aeußerung überhaupt noch nicht vorliege.[5])

2. Das landesherrliche Kirchenregiment.

Um den Berathungen der Konsistorien und Fakultäten geeignete Anhaltepunkte darzubieten, hatte Herr v. Ladenberg in der erwähnten Denkschrift die Anträge und Erklärungen zusammenstellen lassen, die bis dahin bezüglich der kirchlichen Verfassungsfrage bei dem Ministerium eingegangen waren. Es entsprach durchaus seiner Auffassung von dem Sinne des Artikels 12 der Verfassungsurkunde vom 5. Dezember, daß in dieser Zusammenstellung den verschiedenen Erklärungen

---

[4]) Amtliche Gutachten, die Verfassung der evangelischen Kirche in Preußen betreffend. Im Auftrage zum Druck befördert durch Dr. Ludwig Richter, ord. Professor der Rechte zu Berlin. Berlin und Leipzig, 1849. XVIII und 446 S. groß Oktav. Ich zitire im Folgenden nach dem zweiten unveränderten Abdruck von 1849.

[5]) Die Beschlüsse der beiden Synoden sind abgedruckt in der Monatsschr. v. Kling, 1849, I, S. 262—267 und 267—274, in der Berl. Allgem. Kztg. 1849, N. 44, S. 433 ff , und N. 46, S. 449 ff. Im wesentlichen eine Wiederholung der oben S. 103 f. erwähnten Dortmunder Resolutionen wichen die Beschlüsse der beiden Synoden im einzelnen doch mehrfach von einander ab. Um eine völlig konforme Redaktion herbeizuführen trat eine gemeinschaftliche Kommission, bestehend aus den Präsides und 11 Mitgliedern beider Provinzialsynoden, am 13. März 1850 in Duisburg zu neuen Verhandlungen zusammen, deren Resultat eine „revidirte Kirchenordnung" war. (Mit den Verhandlungen erschienen bei Velhagen und Klasing, Bielefeld 1850.) Ueber diese und die sich weiter daran anschließenden Verhandlungen s. Heppe, Geschichte der evang. Kirche von Cleve-Mark und der Provinz Westphalen, Iserlohn 1867, S. 416 ff.

für und wider den Fortbestand des landesherrlichen Kirchenregiments keine Beachtung geschenkt und nur ganz einfach gesagt war, nach jenem Artikel könne die evangelische Kirche nicht länger in ihrem geschichtlichen Verhältnisse zur Staatsregierung verbleiben, sondern müsse aus sich selbst eine andere Verfassung erzeugen. Denn damals war es Herrn v. Ladenberg nicht im mindesten zweifelhaft, daß der genannte Artikel den Wegfall des landesherrlichen Kirchenregimentes involvire[1]), und es konnte ihm deshalb nichts ferner liegen, als die Nothwendigkeit dieses Wegfalls erst noch der Berathung der Konsistorien und Fakultäten zu unterbreiten.

Demgemäß ließen sich die Fakultäten von Königsberg, Breslau und Greifswald, die Konsistorien zu Berlin, Stettin und Posen und auch Professor Wasserschleben in ihren Gutachten ebensowenig auf eine Erörterung dieses Punktes ein, als die Provinzialsynoden von Rheinland und Westfalen in ihren Märzbeschlüssen. Wohl aber gaben diese Synoden durch den ganzen Inhalt ihrer Beschlüsse, sowie Wasserschleben, die Greifswalder Fakultät und die Konsistorien zu Stettin und Posen durch mehr oder weniger bestimmte Aeußerungen aufs deutlichste zu erkennen, daß sie das Erlöschen des landesherrlichen Kirchenregiments als völlig gewiß annahmen, während das Berliner Konsistorium die Möglichkeit seines Fortbestandes zum mindesten als eine sehr geringe und ganz fern liegende erscheinen ließ.[2]) Jacobson und Mejer dagegen wiesen mehr oder weniger ausführlich die Nothwendigkeit jener Umwandlung nach[3]), und auch die Berliner Fakultät zeichnete die Gründe auf, aus

[1]) Vergl. oben S. 337, 344 f.

[2]) Gutachten S. 12, 14; 94; 198; 212; 388.

[3]) S. 75, vergl. 78; 345. Mejer sagte zur Auslegung des Art. 12 der Verfassungsurkunde treffend: „man wird gestehen müssen, daß“ .... „der Grundcharakter unserer Kirchenverfassung, die doch noch immer im wesentlichen auf den landrechtlichen Normen ruht, ein territorialistischer geblieben ist. In seinem Sinne also ist es zu verstehen, wenn nunmehr der Staat in Art. 12 der Verfassungsurkunde erklärt, in eine Entwickelungsphase eingetreten zu sein, in welcher er der Kirche überlassen müsse, ihre Angelegenheiten selbständig zu ordnen und zu verwalten.“ S. 345. Und diese Bemerkung wird in nichts entkräftet durch die gleich mitzutheilende entgegengesetzte Aeußerung von Stahl.

denen ihre Mitglieder Nitzsch, Twesten und Neander dieselbe für unvermeidlich hielten.[4])

Ohne solche Motivirung sprach auch das Konsistorium zu Münster seine einhellige Ansicht dahin aus, daß nach der Verfassungsurkunde vom 5. Dezember 1848 eine Fortdauer des landesherrlichen Kirchenregiments in der bisherigen Weise nicht ferner gerechtfertigt zu werden vermöge; doch behaupteten einige seiner Mitglieder, daß darum nicht überhaupt die Unzulässigkeit der von dem evangelischen Landesfürsten in höchster Stelle ausgehenden Kirchenleitung aus der Verfassungsurkunde folge. Einen ähnlichen Standpunkt nahmen auch die Konsistorien in Breslau und in Magdeburg ein. Jenes nämlich meinte, die Kirche habe zu wünschen, daß es dem evangelischen Könige, wenn er bei Gelegenheit der Auseinandersetzung des Staates mit der Kirche sein oberbischöfliches Amt niederlegen werde, gefallen möge, forthin zu ihr in dem aus freier Bewegung ihm anzutragenden Verhältniß eines Patrons der Kirche zu bleiben. Das Magdeburger Konsistorium aber warf die Frage auf: „ob der Artikel 12 jeden Zweifel daran ausschließe, daß die evangelische Kirche es noch angemessen finden könne, dem Könige, nicht als dem Staatsoberhaupte, aber als dem vornehmsten Kirchengliede, das modifizirte Episkopat aus freier Entschließung zu unabhängiger Führung anderweit zu übertragen, resp. bittend anzutragen, falls Allerhöchstderselbe nämlich, was noch nicht öffentlich geschehen, dieser Stellung bereits entsagt haben sollte?“ und glaubte, seinerseits diese Frage verneinen zu können, indem es sich überzeugt hielt, daß die Verfassungsurkunde nicht anzusehen sei als die

4) S. 131. Nachdem die Gutachten bereits im Druck erschienen, gab Nitzsch noch in einem besonderen Aufsatz (Monatsschr. v. Kling, 1849, S. 85—112) sein Votum über die kirchliche Verfassungsfrage ab, weil, wie er sagte, seine Theilnehmung an dem Gutachten der Fakultät in Folge der Zeitumstände und seiner augenblicklichen Verhältnisse eine so beschränkte gewesen, daß seine Ansicht der Sache darin fast nur in einigen negativen Bestimmungen und sonst ganz unentwickelt habe zum Vorschein kommen können. In diesem nachträglichen Separatvotum, durch welches Nitzsch „sein Gewissen retten wollte“, legte er ausführlich dar, daß das bisherige landesherrliche Kirchenregiment ferner nicht mehr fortbestehen dürfe, wenngleich es auch ihm „denkbar“ war, daß „unter Umständen die monarchische Landesobrigkeit in einer Persönlichkeit von evangelischem Bekenntnisse auch ferner einen Faktor der ordnenden Thätigkeit hergebe“, a. a. O. S. 90.

definitive Entschüttung aller Rechte und Pflichten eines vorzüglichen Gliedes der Kirche. Deshalb meinte es auch ebenso wie das Breslauer Konsistorium bei seinen Vorschlägen die Möglichkeit eines längeren Fortbestandes dieses Verhältnisses festhalten zu dürfen, während das Münster'sche, obgleich es vom Wegfall des landesherrlichen Kirchenregiments die allerschlimmsten Folgen für die evangelische Kirche erwartete, in fast einstimmiger Annahme dabei stehen blieb, daß die vorzuschlagenden Maßnahmen auf eine beizubehaltende Fortdauer desselben in einer den veränderten Umständen angemessenen Gestalt zunächst nicht gerichtet werden könnten, die Ausführbarkeit einer solchartigen Einrichtung vielmehr dem Ergebnisse des kirchlichen Umbildungsprozesses selbst überlassen werden müsse.[5])

Stahl glaubte gleichfalls, die Entscheidung über die fernere Möglichkeit des landesherrlichen Kirchenregiments erst von der Zukunft erwarten zu können, aber er ging dabei von wesentlich anderen Gesichtspunkten aus, als das zuletzt genannte Konsistorium. Er sagte, das Kirchenregiment des evangelischen Landesherrn sei in der evangelischen Kirche niemals als eine äußere, sondern vielmehr als eine innere Macht betrachtet worden, und auch nach den staatsrechtlichen Begriffen in Deutschland seien seine Attributionen unter den Rechten des Staates keineswegs mit verstanden. Auf die evangelische Kirche bezogen und nach ihren eigenen Prinzipien könnte daher das Zugeständniß der Selbständigkeit füglich so aufgefaßt werden, daß nur die wirklich blos politischen Elemente und Einflüsse dieses landesherrlichen Kirchenregimentes, wie namentlich der des verantwortlichen Kultusministers, ausgeschieden würden. Sei nun freilich nicht zu leugnen, daß in Folge der Ausbildung des Territorialsystems vielfach die Vorstellung herrschend geworden, als treffe der Landesherr die Anordnungen über die Kirche ebenso wie über andere Verhältnisse blos kraft seiner Staatsgewalt, und als seien die Konsistorien nichts anderes als landesherrliche Behörden, und daß demgemäß auch der Sprachgebrauch vielfach sich bestimmt habe, so sei doch auch das gewiß, daß eine irrige Ansicht nicht vor der richtigen zu Grunde gelegt werden dürfe, und daß

[5]) S. 151 ff.; 116; 300.

in neuerer Zeit der offizielle Sprachgebrauch in Preußen von dieser Verwechslung entschieden zurückgekommen sei. Hienach stehe nun allerdings das Gesetz der neuen Verfassung dem dauernden Fortbestande des landesherrlichen Kirchenregiments nicht entgegen, wohl aber thue dies der Geist derselben, wie er, Stahl, ja bereits in seinem vorjährigen Vortrage gezeigt habe. Die Möglichkeit dieses Fortbestandes werde darum mit davon abhängen, welchen Charakter die bis jetzt nur noch auf dem geschriebenen Gesetz beruhende Staatsverfassung im wirklichen Leben erhalten, ob wirklich die Allgewalt der Volksvertretung über den König eintreten und ob die Volksvertretung wirklich den religiös indifferenten Charakter annehmen werde. Auf jeden Fall aber stehe fest, daß hienach das landesherrliche Kirchenregiment nicht als unmittelbar und von Rechtswegen beseitigt betrachtet werden könne; doch müsse unter den gegebenen Verhältnissen der Hinblick auf eine solche Verfassung der Kirche leiten, bei der sie im Stande sei, wenn es gelte, auch gelöst vom landesherrlichen Kirchenregimente zu bestehen.[6]) Daß das Episkopalrecht des Landesherrn nicht schon ipso jure durch die Staatsverfassung erloschen sei, suchte auch die theologische Fakultät in Halle nachzuweisen, doch waren ihre Argumente um nichts stichhaltiger als diejenige von Stahl. Sie sagte nämlich, das Episkopalrecht des evangelischen Fürsten sei eine Frage der inneren Verfassung der Kirche, nicht blos eine Frage ihrer Relation zum Staate, und könne daher auch durch die Lösung der bisherigen Verbindung zwischen dem Staat als solchem und der Kirche nicht ohne weiteres aufgehoben sein; wenn der Nothstand, dem es seinen Ursprung verdanke, jetzt seinen Fortbestand fordere, könne, so gewiß die Selbständigkeit der Kirche nicht eine bloße Phrase sein solle, keine dritte Gewalt ein Recht haben, dagegen Einspruch zu thun; namentlich könne eine politische Repräsentation des Volkes, welche nicht blos Katholiken wie Protestanten umfasse, sondern auch Nichtchristen und Menschen, welche sich förmlich von aller Religion losgesagt hätten, unmöglich befugt sein, über die inneren Angelegenheiten der evangelischen Kirche und die Art ihrer Leitung Beschlüsse zu fassen. Aber die

---

[6]) S. 407 ff.; 411. Vergl. oben S. 97 f.

Fakultät begnügte sich nicht mit dieser vermeintlichen Beweisführung, sondern sprach auch weiter den Wunsch aus, daß der König seine Entschließungen in Beziehung auf den Fortbestand der landesherrlichen Kirchengewalt über die gegenwärtige Epoche des Uebergangs hinaus sich vorbehalten möchte, bis die Kirche ihrerseits sich erklärt haben würde. Zur Unterstützung dieser Bitte versuchte sie, die Verträglichkeit des landesherrlichen Kirchenregimentes mit der neuen Staatsordnung den Haupteinwänden gegenüber darzuthun, und daneben versäumte sie auch nicht den Hinweis auf die Zweckmäßigkeit seines Fortbestandes, welche sie kleingläubig genug darin erblickte, daß nicht nur die Erhaltung einer evangelischen Landeskirche Preußens wesentlich dadurch bedingt sei, sondern daß auch der Bestand einer Autorität, die schon die Gewohnheit des Gehorsams für sich habe, überhaupt ein mächtiges Bollwerk gegen den Zerfall der deutsch-protestantischen Kirche in Sekten sei. Bei dem allen aber gab die Fakultät doch zu, daß die landesherrliche Kirchengewalt in Folge des veränderten Verhältnisses zwischen Staat und Kirche selbst eine sehr veränderte Stellung erhalte, ja daß es überhaupt zu einer großen Frage der nächsten Zukunft geworden, ob diese Fortdauer in der deutsch-evangelischen Kirche noch ferner möglich sei.[7])

Noch entschiedener als die Halle'sche Fakultät traten Hengstenberg und Strauß in der Berliner für die Fortdauer des landesherrlichen Kirchenregimentes ein. Sie erklärten seine Aufgebung für höchst bedenklich und gefährlich, ja betrachteten sie geradezu als eine tödtliche Verletzung des kirchlichen Organismus, und bemühten sich gleichfalls, zu zeigen, daß den gegnerischen Gründen keine entscheidende Bedeutung beigelegt werden könne. Hierbei wußten sie sich aber mit der Rechtsfrage auf keine bessere Weise abzufinden, als daß sie sagten:[8])

„In Bezug auf die Begründung des landesherrlichen Kirchenregiments haben von jeher verschiedene gleichberechtigte Ansichten in der Kirche stattgefunden. Das Feststehende sei nur die Thatsache selbst, die nicht auf Grund einer Theorie, sondern im Drange der Zeitumstände ins Leben getreten sei, und die man sich nachher auf mannigfache Weise zurecht gelegt habe, und es frage sich, ob diese Thatsache eine Auffassung zulasse, wonach ihr Fortbestehen auch nach der beklagenswerthen Proklamation

---

[7]) S. 282, 288, 292 ff. [8]) S. 132 f.

der Religionslosigkeit des Staates nicht unvernünftig sei. Biete sich eine solche Auffassung dar, so werde dies zur Rechtfertigung hinreichen, wenn sich auch andere Einrichtungen denken lassen, welche der Idee mehr konform seien. Denn „Nothbischöfe", wie die evangelischen Fürsten schon in der Zeit der Reformation genannt worden, seien sie gewiß in keiner Zeit mehr gewesen, wie in der jetzigen. Gehe man nur davon aus, daß der Landesherr nicht als Landesherr, sondern nur weil er Landesherr sei, die Spitze des Kirchenregimentes bilde, ferner, daß er nur als Glied der Kirche diese Würde bekleide und durch die Uebernahme derselben sich verpflichte, die Kirche nach ihren eigenen Grundsätzen regieren zu lassen, so würde zwischen der bürgerlichen und der kirchlichen Stellung um so weniger ein unvereinbarer Widerspruch sein, da auch bei den Unterthanen der Charakter eines Bürgers des religionslosen Staates den eines gläubigen Gliedes der Kirche nicht ausschließe. Die angezogenen Erklärungen der Organe des Königs lassen sich auch in einem andern Sinne deuten, und seien bei weitem nicht klar und bestimmt genug, daß man eine so wichtige Entscheidung als durch sie gegeben annehmen könnte; sie seien zudem nur von den staatlichen Organen des Königs gegeben, denen man auf diesem Gebiete die Kompetenz bestreiten müsse; endlich könne ein solches Verhältniß nicht durch einseitige Erklärung gelöst werden. Es führe nicht bloß Rechte mit sich, sondern auch heilige Pflichten, von deren Erfüllung sich in Zeiten der Noth und Gefahr zu dispensiren sehr unrecht sein würde."

Daß dem Fortbestande des landesherrlichen Kirchenregiments durch die Verfassungsurkunde nicht präjudicirt worden, scheinen auch das Königsberger Konsistorium und die Bonner Fakultät angenommen zu haben. Beide betonten das Recht und die Pflicht des Königs zur obersten Leitung der Kirche, unterschieden sich aber insofern von einander, als das eine ganz einfach die feste Hoffnung aussprach, er werde dieses sein Recht und seine Pflicht auch künftighin nicht völlig aufgeben,[9]) die andere dagegen bei dem dringenden Wunsche, daß er dieselben unbeirrt durch entgegengesetzte Stimmen vorerst behaupten möge, seine regimentlichen Kompetenzen in der Kirche doch von der Bestimmung dieser letzteren abhängen ließ, indem sie sagte, daß das künftige Verhältniß der Landeskirche zum Landesherrn kirchlicherseits erst durch die Landessynode definitiv festgestellt werden könne.[10]) Das Koblenzer Konsistorium endlich behauptete zwar ganz entschieden, daß die Verfassungsurkunde keineswegs das Ende der königlichen Episkopalgewalt bedinge, trat aber doch nicht für deren

[9]) S. 170; vergl. die Separatvoten S. 188, 190.
[10]) S. 225; 263.

Fortbestand ein, sondern erklärte es für feststehend, daß das landesherrliche Episkopalrecht nach seinem ursprünglichen Sinne seine Bedeutung und Zweckmäßigkeit verloren habe, ja daß seine unbeschränkte Ausübung sogar mit dem Begriff der Kirche streite.[11])

Die überwiegend meisten Gutachten vertraten also die Ueberzeugung, daß durch die neue Staatsverfassung das Ende des bisherigen landesherrlichen Kirchenregiments bedingt sei, und nur einige sprachen sich zugleich dafür aus, daß die Kirche freiwillig dem Könige aufs neue eine regimentliche Stellung einräumen möge. Dieser großen Mehrzahl stand eine kleine Minderzahl von solchen Gutachten gegenüber, welche das Recht des landesherrlichen Kirchenregimentes durch die Verfassungsurkunde nicht berührt fanden; aber auch diese waren weit davon entfernt, einen starken Glauben an seine Fortdauer zu bekunden. Vielmehr verzichtete das eine ganz und gar auf dieselbe, das zweite erwartete die Entscheidung darüber von der Entwicklung des staatlichen Verfassungslebens, drei andere von den Entschließungen der Kirche und des Königs selber, nur Hengstenberg und Strauß vertheidigten die Fortdauer des landesherrlichen Kirchenregimentes ohne sie von dem noch ungewissen Eintritt solcher Bedingungen abhängig zu machen.[12]) Aber die Gründe, mit denen sie das Recht des landesherrlichen Kirchenregiments auch für die Zukunft, oder richtiger gesagt seine fernere rechtliche Möglichkeit zu stützen suchten, ermangelten nicht nur, wie die

---

[11]) S. 87 f.

[12]) Uebrigens war Hengstenberg im Vorwort der Evang. Kztg. auf 1849, N. 4, S. 34, der Fortdauer des landesherrlichen Kirchenregiments noch keineswegs gewiß. Denn er sagte: „Die Verlegenheiten, die möglicherweise auf staatlichem Gebiete aus der Fortführung des Amtes in der Kirche entstehen könnten, geben den Fürsten keine Berechtigung, die Kirche aufzuopfern, die sie treuen Händen nicht übergeben können, die sie in die Hände ihrer Feinde überantworten müßten. Solche Opfer gefallen Gott nicht wohl, und auf Seine Kosten sich aus der Verlegenheit zu ziehen, hat noch nie Segen gebracht. „„Fürchtet euch nicht und lasset euch nicht grauen — das gilt auch hier — sondern heiliget den Herrn Zebaoth. Den lasset eure Furcht und Schrecken sein."" Die Menschenfurcht hat schon genug Siege über die Gottesfurcht davongetragen. Fürchten wir, die Grenzen zu überschreiten, wo die Langmuth ein Ende hat! Aber „„ach, der Glaube fehlt auf Erden"", und eine mögliche geringe Gefahr von Menschen wird höher geachtet, als eine große und sichere von Gott."

von Stahl und der Halle'schen Fakultät dafür geltend gemachten, jeglicher Beweiskraft, sondern forderten zugleich durch ihre sittliche Qualität so sehr die gerechteste Mißbilligung heraus, daß sie nur dazu dienen konnten, die Sache des landesherrlichen Kirchenregimentes vor dem öffentlichen Urtheil vollends als eine verlorene erscheinen zu lassen.[13])

3. Die Kompetenz des bestehenden Kirchenregiments; die Union; die Kosten der Reorganisation.

Wenngleich die meisten Gutachten die Fortdauer des bisherigen landesherrlichen Kirchenregimentes durch den neuen staatlichen Rechtszustand ausgeschlossen sahen, kamen doch alle in der bald verschwiegenen bald ausgesprochenen Ansicht überein, daß dasselbe so lange zur Führung der kirchlichen Verwaltung berechtigt und verpflichtet sei, bis die Kirche im Stande sein werde, diese selbst zu übernehmen. Ebenso einstimmig aber waren die Gutachten auch darüber, daß das bestehende Kirchenregiment befugt und verbunden sei, der Kirche zur Gewinnung einer neuen Verfassung behülflich zu sein, und daß eben von ihm, und nur von ihm, die Initiative zu dem kirchlichen Organisationswerk ausgehen müsse. Nicht mindere Uebereinstimmung herrschte darüber, daß diese Initiative nicht in der Berufung einer berathenden Konferenz bestehen solle[1]), wie solche im vorigen Jahre mehrfach vorgeschlagen worden, und es fehlte nicht viel, daß auch die Frage nach dem

---

[13]) Das provisorische Comité der Unionsvereine, in seiner Denkschrift: „Das Recht und die Pflicht des landesherrlichen Kirchenregiments", S. 12, sagte: „Es [das Ministerium] wird die Frömmigkeit zu würdigen wissen, die ihm nun insinuirt, solche Erklärungen der Organe des Königs lassen sich auch in einem andern Sinne deuten und seien bei weitem nicht klar und bestimmt genug, daß man eine so wichtige Entscheidung als durch sie gegeben annehmen könnte", u. s. w. Auch Nitzsch sagte, der König wisse sich nicht unauflöslich verpflichtet, das Kirchenregiment zu tragen, „und wird sich ebenso wenig von denen, welche in ihrer sonstigen Verzagtheit unverzagt genug sind, die Sachen auf einen verlorenen Standort zurückzuführen oder doch ein Wunder abzuwarten, eine dergleichen unerweisliche Pflicht wieder aufreden lassen." Monatschr. v. Kling, 1849, II, S. 98.

[1]) Auch Stahl, der im vorigen Jahre den Gefahren einer aus Urwahlen hervorgehenden konstituirenden Synode durch den Vorschlag einer berathenden Konferenz

Verhalten zur landeskirchlichen Union von allen Votantem auf ein und dieselbe Weise beantwortet wurde. Denn wie verschiedene Ansichten über Werth, Charakter und Zukunft der Union die Gutachten auch zu Tage förderten, so erklärten sie doch fast alle, daß das Kirchenregiment bei den Maßregeln, welche es zur Einleitung des kirchlichen Verfassungswerkes treffen werde, lediglich den faktisch bestehenden Zustand der evangelischen Landeskirche zum Anhalt nehmen und die weitere Entwicklung desselben der künftigen kirchlichen Beschlußnahme überlassen müsse.[2]) Dieser Beschlußnahme präjudizirend wünschte indessen das Posener Konsistorium daß das Kirchenregiment der Landessynode den Entwurf einer Organisation vorlegen möchte, durch welche die lutherische Richtung sowohl als die reformirte und die auf den Konsensus des lutherischen und des reformirten Bekenntnisses haltende unirte Richtung, unbeschadet ihrer Konföderation zu freier Entwicklung gelangten, und daß die kirchenregimentlichen Vorschläge besonders auch darauf gerichtet werden möchten, ein neues Kirchenregiment zu bilden, innerhalb dessen jene vorhandenen Richtungen auf angemessene Weise vertreten wären.[3]) Während aber auch nach diesem Votum die Entscheidung über die fragliche Angelegenheit in die Hand der Kirche selbst gelegt werden sollte, scheint es, als ob Stahl bereits von dem bestehenden Kirchenregimente neue Einrichtungen forderte, die auf dem Prinzip der Konföderation im Unterschiede von dem der Union beruhend im Stande sein möchten, das konfessionelle Bewußtsein zu befriedigen, damit so ein beklagenswerthes Auseinanderfallen der unter dem landesherrlichen Kirchenregimente geeinigten Landeskirche Preußens in eine lutherische, reformirte und unirte, die keinen Zusammenhang mehr unter sich hätten, verhindert würde.[4]) Ein Mit-

---

hatte vorbeugen wollen (s. oben S. 196), zog denselben jetzt zurück, weil nach allen Anzeichen eine solche Synode vom Kirchenregimente nicht beabsichtigt werde, und ein gewaltsamer Eingriff in den Bekenntnißstand der Kirche nicht mehr drohe. Gutachten S. 416.

[2]) Gutachten S. 1; 16 ff.; 85; 95; 115 f.; 139 f.; 160; 174; 199 226 ff.; 278; 302 ff.; 389; 446.

[3]) S. 212.

[4]) S. 414 f.

glied des Stettiner Konsistoriums endlich erachtete nicht einmal solch eine Konföderation für eine brauchbare Grundlage des kirchlichen Verfassungsbaus, sondern meinte, sie dürfe nur dessen Ziel sein, und zwar so, daß dieses nicht weiter als auf eine Verbindung im Kirchenregimente gestellt würde. Die Erreichung dieses Zieles aber und überhaupt ein Erfolg vom kirchlichen Verfassungswerke sei nur dann zu hoffen, wenn von vornherein festgestellt werde, daß es die vorhandenen Bekenntnisse der lutherischen und der reformirten Kirche seien, welche die Grundlage der Verfassung abzugeben haben und an deren Bestande nichts zu ändern sei. Dabei erwartete dieser Votant, daß die lutherische und die reformirte Konfession sich in ihrem vollen Bestande geltend machen und so die Nöthigung zur Klarheit in dem Punkte der Union herbeiführen würden; damit aber werde sich die Bildung einer dritten Kirche herausstellen, in welcher die Freunde der Union ihre Befriedigung finden würden. Inzwischen aber sei denselben alles zuzugestehen, was mit der Vollberechtigung der lutherischen und der reformirten Kirche verträglich sei.[5])

Obgleich die Denkschrift des Ministers ausdrücklich an die Frage nach der Aufbringung der Kosten für die kirchliche Reorganisation erinnert hatte,[6]) gingen die Fakultäten von Berlin, Bonn und Halle, sowie Stahl und das Koblenzer Konsistorium an diesem Punkte stillschweigend vorüber. Unter den übrigen Votanten aber waren nur sehr wenige, die jener Aeußerung des Ministers beistimmten, daß die Kirche darauf angewiesen sein werde, durch ihre eigene Kraft den Bedarf für die Berufung der erforderlichen Synoden zu beschaffen. Denn ohne Einschränkung erklärte sich nur die Breslauer Fakultät, aber auch unter dem Widerspruche eines ihrer Mitglieder, für diese Ansicht.[7]) Professor Mejer betonte zwar, daß der Staat

[5]) S. 68 f. Ziemlich dasselbe, was hier als das Ziel der Entwicklung hingestellt wurde, betrachteten drei Mitglieder der Breslauer Fakultät als den faktischen gesetzlichen Zustand der evangelischen Landeskirche Preußens, von welchem bei der Verfassungsbildung auszugehen sei, indem sie denselben darin erblickten, daß die drei Fraktionen, die lutherische, reformirte und unirte, mit den entsprechenden Lehrtypen zu Einer evangelischen Gesammtgemeinde äußerlich verbunden seien. S. 2.

[6]) Vergl. oben S. 476.

[7]) S. 6.

zweifellos berechtigt und namentlich den Katholiken gegenüber gebunden sei, für jetzt außerordentliche Kostenbewilligungen abzulehnen, aber meinte doch, es sei abzuwarten, was späterhin von den Kammern etwa werde bewilligt werden können.[8]) Etwas dreister war das Magdeburger Konsistorium: die freiwillige Aufbringung der Kosten für unausführbar haltend bezeichnete es als höchst wünschenswerth und auch den noch bestehenden Verhältnissen nicht zuwiderlaufend den bittenden Wunsch, daß der Staat wenigstens einen Theil der Kosten hergeben möge, während es zugleich aussprach, daß die übrigen und eventuell sämmtlichen Kosten nicht anders als mittelst einer, den in den Synoden vertretenen Gemeinden gleichmäßig aufzulegenden, Besteuerung würden beschafft werden können.[9]) Hierin gerade entgegengesetzter Meinung sagte das Posener Konsistorium, daß, wenn auf die einzelnen Gemeinden zurückgegangen werden müßte, es sich nur für freiwillige Sammlungen erklären könnte, da die förmliche Ausschreibung einer Kirchensteuer gewiß sehr widerwillige Aufnahme finden würde. Aber es hielt sich versichert, daß der beregte Fall überhaupt nicht eintreten werde, indem es einerseits erachtete, daß die Kreis- und Provinzialsynoden als reine Wahlversammlungen ohne Entschädigung zusammentreten müßten, und andererseits die Hoffnung hegte, daß auch bei den veränderten Staatsverhältnissen die Regierung Mittel und Wege finden werde, in Erwägung des auch für das Staatsleben bedeutungsvollen Zweckes, der bisher sorgsam von ihr gepflegten evangelischen Kirche helfend beizutreten.[10])

In allen übrigen Gutachten, also denen der Professoren Jacobson und Wasserschleben, sowie der Fakultäten in Königsberg und Greifswald, und der Konsistorien in Stettin, Breslau, Münster, Königsberg und Berlin, wurde mit aller

[8]) S. 359. [9]) S. 334.

[10]) S. 213. In welche Verlegenheit schon damals die Kostenfrage manche versetzte, zeigt am deutlichsten der Vorschlag eines dem Posener Gutachten beigelegten Separatvotums, daß die königliche Freigebigkeit sich entschließen möge, der Landessynode irgendein, wenn auch abgelegenes und sonst nicht benutztes, königliches Schloß mit genügendem Raum für die Unterbringung der Deputirten und mit Einrichtungen zur wenig kostspieligen Beköstigung derselben, zum Aufenthalt und Versammlungslokal anzuweisen. S. 222.

Bestimmtheit die Forderung erhoben, daß der Staat die fraglichen Kosten tragen solle.[11]) Und zwar begründete man dieselbe, bald das eine bald das andere Moment mehr hervorhebend, ebensowohl mit der rechtlichen Verpflichtung des Staates, so lange er das eingezogene Kirchengut noch nicht zurückgegeben, daraus die Bedürfnisse der Kirche zu bestreiten, als auch mit der sittlichen Verpflichtung, ihr die durch seine eigene Umgestaltung nothwendig gewordene Reorganisation nicht durch Versagung der dazu nöthigen Mittel geradezu unmöglich zu machen.

4. Der Reorganisationsplan: erste Gruppe.

Rücksichtlich des Planes, welchen sie für die Reorganisation der Kirche empfahlen, lassen sich die Gutachten in drei verschiedene Gruppen theilen.

Die erste Gruppe, bestehend aus den Gutachten der Konsistorien zu Stettin und Posen, der Greifswalder Fakultät und des Professors Wasserschleben, hielt an dem Grundgedanken des Richter'schen Entwurfes fest, daß aus der evangelischen Landeskirche, wie sie gegenwärtig sei, eine Landessynode gebildet werden und als das konstituirende Organ der Kirche über deren künftige Verfassung Bestimmung treffen müsse.[1]) Als das Vertretungsgebiet dieser Synode bezeichneten sie übereinstimmend alle unter dem bisherigen Kirchenregimente stehenden Gemeinden, mit Einschluß der rheinisch-westfälischen, welche letzteren nach der Ansicht des Stettiner Konsistoriums indessen durch ihre neu zu wählenden Provinzialsynoden selber über ihre Theilnahme an der Landessynode befinden sollten.[2])

---

[11]) 61; 85; 113; 126; 148; 167; 178; 207; 399.

[1]) S. 21 ff.; 209; 199; 99. Diesen Standpunkt vertrat auch mit großer Entschiedenheit das „provisorische Centralcomité der Unionsvereine" (Eltester, Jonas, Krause, Pischon, Schweder, Sydow) in seiner unterm 11. Juni 1849 überreichten Denkschrift: „Das Recht und die Pflicht des landesherrlichen Kirchenregiments in Bezug auf den Artikel 12 der preußischen Verfassungsurkunde vom 5. Dezember 1848." Veröffentlicht in der Ztschr. f. d. unirte ev. K., 1849, N. 25—27, und separat Potsdam 1849.

[2]) S. 25 ff., 28; 99 f.; 200; 211.

Was die Bildung der Landessynode betrifft, schlossen sich die Konsistorien zu Stettin und Posen mit Professor Wasserschleben insofern dem Richter'schen Entwurfe an, als sie die Wahl der rheinisch-westfälischen Abgeordneten in die Hand der dortigen Provinzialsynoden legen wollten, und für die östlichen Provinzen den Modus der indirekten Wahlen in der Stufenfolge von Gemeinden, Kreis- und Provinzialsynoden anempfahlen, welches letztere mit ihnen auch die Fakultät in Greifswald that.[3]) In der näheren Bestimmung dieses Modus wichen sie indessen mehr oder weniger von dem Entwurfe und den späteren Verbesserungsvorschlägen seines Verfassers ab.

In Beziehung auf das aktive Wahlrecht der Gemeindeglieder blieb Wasserschleben ganz bei dem Vorschlage von Richter stehen, indem er dasselbe nur durch die Selbständigkeit, Unbescholtenheit und Volljährigkeit bedingt sein lassen wollte; die Greifswalder Fakultät zog den Kreis der Berechtigten dadurch etwas enger, daß sie den Begriff der Selbständigkeit auf die Führung eines eigenen Haushaltes einschränkte, und das Stettiner Konsistorium forderte außer der Selbständigkeit und Unbescholtenheit 25jähriges Alter und einjährigen Aufenthalt in der Gemeinde.[4]) Dieselben Bedingungen hielten die Genannten auch für die Wählbarkeit fest, fügten ihnen aber, von Richter abweichend, noch das 30jährige Alter hinzu; die Greifswalder Fakultät überdem auch die Bekundung des kirchlichen Interesses, ohne jedoch in ihrer Mehrheit die Theilnahme an Gottesdienst und Sakrament als Kriterium dafür aufzustellen.[5]) Das Posener Konsistorium entfernte sich ebensowohl von diesen dreien als von Richter auf sehr bedeutsame Weise: es wollte einerseits aktives und passives Wahlrecht allen denen einräumen, welche nach dem bestehenden Rechte eine Stimme in Gemeindeangelegenheiten besaßen, andrerseits aber, was die übrigen drei ausdrücklich verwarfen,

---

[3]) S. 29; 101 f.; 201; 210 f. Die Greifswalder Fakultät enthielt sich eines Vorschlages über den Modus für die Abordnung der rheinisch-westfälischen Vertreter; das Stettiner Konsistorium und Wasserschleben wünschten, daß die Provinzialsynoden, ehe sie dieselben wählten, selbst neu gewählt würden.

[4]) S. 105 f; 202; 36.

[5]) S. 106; 203; 36.

die Wahl an eine Vorschlagsliste des Kirchenvorstandes binden.[6]) Mit dem Stettiner und Greifswalder Gutachten stimmte es aber darin überein, daß es die Wählbarkeit innerhalb einer bestimmten Gemeinde durch die Zugehörigkeit zu derselben bedingt sein ließ, während Wasserschleben, dem spätern Vorschlage von Richter folgend, den Gemeinden freistellen wollte, ihre weltlichen Abgeordneten zur Kreissynode aus dem ganzen Kreise zu wählen.[7]) Alle vier Gutachten wollten, wie Richter das beides in seinem Vortrage beantragt hatte, die Anzahl dieser Abgeordneten für jede Gemeinde nach derjenigen der Gemeindegeistlichen normirt und diese letzteren ohne Unterschied zur Kreissynode hinzugezogen wissen.[8]) Ebenso folgten sie Richter darin, daß sie die Mitglieder der Provinzialsynode durch die Kreissynoden aus den Angehörigen der betreffenden Kreise, der Landessynode durch die Provinzialsynoden aus den Angehörigen der betreffenden Provinzen gewählt werden ließen, ohne daß sie indessen, wie Richter in seinem Vortrage, die Anzahl der von Kreis- und Provinzialsynoden zu wählenden Abgeordneten nach derjenigen der Gemeinden regelten.[9]) Die Gutachten von Stettin und Greifswald verzichteten überhaupt darauf, ein gleichmäßiges Verhältniß zwischen dem Umfange der Wahlkreise und der Anzahl ihrer Vertreter herzustellen, sondern gestanden allen Kreis- resp. Provinzialsynoden deren gleich viele zu; Wasserschleben rieth, zur Ausgleichung der auffallendsten Mißverhältnisse zunächst kleinere Kreise in Einer Kreissynode zu vereinigen, und dann die Anzahl der Abgeordneten aus jeder Provinz nach derjenigen der Kreissynoden zu reguliren; das Posener Konsistorium, welches übrigens die Generalsuperintendenten als Vorsitzende der Provinzialsynoden und die von letzteren gewählten weltlichen Synodalassessoren eo ipso Mitglieder der Landessynode sein ließ, stellte zwar die Kreissynoden rücksichtlich der Anzahl ihrer Abgeordneten zur Provinzialsynode einander gleich, schlug aber vor, daß die Anzahl der Deputirten zur Landessynode nach dem Verhältniß der evangelischen Bevölkerung in den verschiedenen Pro-

[6]) S. 210, 213; 33 f.; 104; 202.
[7]) S. 36; 206; 210; 106.
[8]) S. 43, 40; 106, 104; 205, 206; 210.
[9]) S. 46 ff.; 109; 206; 210 f.

vinzen normirt würde, und zwar so, daß die Gesammtzahl aller Mitglieder der Synode nicht über 300 hinausginge.[10])

Die genannten Gutachten schlossen sich weiter damit an Richter an, daß sie für alle Synodalstufen die Gleichzahl der weltlichen und geistlichen Deputirten festhielten[11]), und endlich auch der Landessynode aus jeder theologischen Fakultät je ein Mitglied hinzufügten. Aber trotz der Bedenken, welche Richter dagegen geäußert hatte, wollten sie außerdem je ein des Kirchenrechtes kundiges Mitglied der juristischen Fakultäten zu der Landessynode hinzuziehen, und die Gutachten aus Greifswald und Stettin überdem auch noch je ein Mitglied der Provinzialkonsistorien; ja das Stettiner Gutachten wünschte schon den Provinzialsynoden je ein Mitglied des Provinzialkonsistoriums, sowie ein solches der theologischen und der juristischen Fakultät der in der Provinz oder ihr zunächst gelegenen Universität beigegeben zu sehen. Und zwar sollten diese Männer nach den Greifswalder, Stettiner und Posener Anträgen von den betreffenden Kollegien abgeordnet, nach Wasserschleben aber von den Provinzialsynoden gewählt werden.[12])

Was den Vorsitz auf den verschiedenen Synoden betrifft, so hielt sich von den genannten vier Gutachten nur das Posener ganz an Richters Vorschlag. Denn traten diejenigen aus Stettin und Greifswald demselben auch darin bei, daß den Kreissynoden die Superintendenten und den Provinzialsynoden die Generalsuperintendenten präsidiren sollten: so empfahlen sie doch für die Landessynode nicht die freie Wahl des Vorsitzenden, sondern seine Ernennung durch den König aus drei von der Synode präsentirten Kandidaten; wogegen Wasserschleben nicht nur für die höchste, sondern auch schon für die mittlere und die unterste Synodalstufe die freie Wahl durch die Synoden selbst in Anspruch nahm.[13]) Eben derselbe wiederholte mit den Stettiner und Greifswalder Votanten den Richter'schen Antrag, daß sowohl die Kreis- als Provinzialsynoden die

---

[10]) S. 46; 206; 109 f.; 210 f.

[11]) S. 43 f.; 106, 108; 206 f.; 210 f.

[12]) S. 49; 110 f.; 207; 211.

[13]) S. 210 f.; 44, 48 f.; 206; 107, 110, 111.

Verfassungsangelegenheit nach geeigneten Regierungsvorlagen berathen sollten, ja er erachtete sogar für nothwendig, daß zuvor in Gemeindeversammlungen die Gemeindemitglieder auf die Wichtigkeit und Nothwendigkeit der bevorstehenden Reorganisation hingewiesen, die kirchenregimentlichen Vorlagen besprochen und die verschiedenen Ansichten und Auffassungen geprüft würden. Das Posener Konsistorium dagegen betrachtete die Kreis- und Provinzialsynoden lediglich als Wahlversammlungen, in denen es den Mitgliedern gestattet sein möge, sich über ihre Ansichten auszusprechen, denen aber Vorlagen zu ausführlichen Berathungen nicht zu machen seien.[14]) In dem Wunsche, daß der Landessynode ein Verfassungsentwurf seitens des Kirchenregimentes vorgelegt werden möchte, stimmten alle vier Gutachten mit Richter überein.[15])

5. Der Reorganisationsplan: zweite Gruppe.

Ganz anders gestaltete sich der kirchliche Reorganisationsplan bei der zweiten Gruppe der Gutachten. Zu ihr gehörten diejenigen der Konsistorien zu Breslau, Königsberg, Münster und Koblenz, der Fakultäten von Breslau, Halle und Königsberg, sowie der Professoren Mejer und Jacobson, welchen sich endlich noch die Majorität des Magdeburger Konsistoriums anschloß. Diese alle folgten im wesentlichen dem Prinzipe, welches Jacobson aussprach, indem er sagte:

„Wie alles organische Leben von innen heraus wirksam wird, so muß auch der evangelische kirchliche Organismus aus der Kirche selbst hervorwachsen. Die freiere Verfassung kann nicht als eine bereits vollendete der Kirche gegeben werden, sie hat sich vielmehr selbst in eigenem Fortschreiten eine solche Verfassung anzueignen, zuerst in dem Leben ihrer Glieder, dann mit diesen in ihrer Gesammtheit.“ [1])

Demgemäß forderten diese Gutachten, und zwar zum Theil mit sehr scharfer Betonung ihres Gegensatzes gegen Richter, daß die Kirche in allmählichem Fortschritt von unten nach oben in Gemeinden, Kreisen und Provinzen synodalisch organisirt würde, und daß erst aus diesem, zunächst nur provisorischen, synodalen Unterbau die Lan-

[14]) S. 30; 103, 112; 202; 211. [15]) S. 50; 112; 207; 212.

[1]) S. 77.

dessynode hervorginge, als das Organ der Kirche für ihr letztes Wort über die definitive Gestaltung ihres Organismus[2]); ja die Halle'sche Fakultät gab sich der Hoffnung hin, daß es nicht unmöglich sein dürfte, schon durch Vereinbarung mit den Provinzialsynoden, also ganz ohne Landessynode, die Verfassungsverhältnisse der evangelischen Kirche definitiv zu ordnen.[3])

Hier also sollten die Gemeinden nicht, wie bei Richter und der ersten Gruppe, unmittelbar ihre Vertreter zur Kreissynode wählen, sondern es sollten zunächst Gemeindevorstände oder Presbyterien gebildet, und diesen neben anderer, sofort anzutretender Thätigkeit auch die Wahlen für die Kreissynoden übertragen werden. Die Bildung dieser Gemeindevorstände aber dachten sich die genannten Gutachten übereinstimmend so, daß jede Gemeinde ihren Geistlichen eine Anzahl weltlicher Gemeindeglieder als Vorsteher oder Aelteste beigesellen sollte; und auch darin stimmten sie alle überein, daß das Kirchenregiment die Gemeinden hiezu unter Festsetzung der wesentlichsten Normen aufzufordern hätte. Während, wie es scheint, die meisten von ihnen diese Aufforderung in Form einer Anordnung meinten, hoben mit der Halle'schen Fakultät auch Jacobson und Mejer nachdrücklich hervor, daß die Einführung der Gemeindevorstände schlechterdings nicht erzwungen werden dürfe. Als die Folge von der Weigerung einzelner Gemeinden, sich in der vorgeschlagenen Weise zu organisiren, bezeichneten sie dabei die Unfähigkeit zur Antheilnahme an dem weiteren kirchlichen Organisationswerke durch Beschickung der Synoden, die beiden genannten Professoren auch die schließliche Trennung von der Landeskirche. Die Halle'sche Fakultät hielt übrigens für wahrscheinlich, daß nicht blos einzelne Gemeinden, sondern ganze Gegenden sich gänzlich gleichgiltig und unempfänglich für die neue Institution bezeigen würden, und für diese Fälle rieth sie, die presbyteriale Organisation vorläufig zu suspendiren und zu erwarten, ob der Vorgang anderer Gemeinden und Gemeindekomplexe ein tieferes Interesse für die Sache zu wecken vermöge.[4])

---

[2]) S. 2; 77 ff.; 123; 141 ff.; 155 ff.; 304 ff.; 353; 420, 444 f.

[3]) S. 290.

[4]) S. 81; 289 f; 370.

Rücksichtlich der näheren Modalitäten für die Bildung der Gemeindevorstände verwiesen die genannten Königsberger Professoren sammt dem dortigen Konsistorium, sowie der dortigen und der Halle'schen theologischen Fakultät im wesentlichen auf die bezüglichen Vorschläge der Generalsynode von 1846. Doch wie Fakultät und Konsistorium in Königsberg als selbstverständlich ansahen, daß dasjenige, was bei den veränderten Zeitumständen davon nicht mehr anwendbar sei, auch außer Anwendung bliebe, erinnerte Meier insbesondere daran, daß gegenwärtig nicht nur die Beschränkung des passiven Wahlrechts durch die vorweg aufgestellte Bedingung der fleißigen Theilnahme an Gottesdienst und Sakrament unstatthaft sei, sondern daß auch strenger als in jenen Vorschlägen die numerische Gleichheit der Geistlichen und Laien auf allen Synodalstufen festgehalten werden müsse; und mit ihm verlangte auch Jacobson, daß bei der Ausführung überall den partikulären Bedürfnissen der Lokalgemeinden resp. der Provinzen so weit volle Rechnung getragen würde, als es ohne Verletzung der wesentlichen Grundzüge presbyterialer Verfassung geschehen könnte.[5]) Wogegen die Fakultät in Breslau die Anwendung der Bestimmungen aus dem 1846er Entwurfe oder aus der rheinisch-westfälischen Kirchenordnung schon um deswillen nicht angeordnet sehen wollte, weil auch nicht einmal interimistisch den Gemeinden eine Gemeindeordnung von wesentlich reformirtem Typus aufgedrungen werden dürfe: es müsse — und diese Forderung stellte auch das Breslauer Konsistorium — den Gemeinden selbst anheimgegeben werden, ob sie sich ihre Vertretung nach dem Vorbilde der reformirten Presbyterien oder unter Anschließung an die Einrichtung der lutherischen Kirchenvorstände geben wollten.[6]) Zugleich verlangten diese beiden Breslauer Gutachten für diejenigen Fälle, in denen es hiernach doch zu förmlichen Gemeindewahlen kommen würde, die Aufstellung bestimmter Qualifikationen als Bedingungen des aktiven und des passiven Wahlrechts, und dasselbe thaten auch das Konsistorium in Münster und die Fakultät in Königsberg, nebst

[5]) S. 84 f.; 145; 172; 286, 289; 362 ff.; 366.
[6]) S. 3; 123.

der Majorität des Konsistoriums in Magdeburg, nach welchen allen die Presbyterien durch sonst nicht weiter beschränkte Gemeindewahlen gebildet werden sollten, und auch das Koblenzer Konsistorium, welches die letzteren an eine Vorschlagsliste der Pfarrer und Kirchenvorsteher binden wollte. Die Vorschläge aber, welche diese Gutachten rücksichtlich der Bedingungen für das aktive und das passive Wahlrecht machten, liefen im wesentlichen auf Mündigkeit, Unbescholtenheit und Selbständigkeit für das eine und außerdem 30jähriges Alter für das andere hinaus. Die Theilnahme am öffentlichen Gottesdienst und Abendmahl wollten als ausdrücklich genannte Bedingung der Wählbarkeit nur das Koblenzer und vier Mitglieder des Magdeburger Konsistoriums aufstellen; die Königsberger Fakultät verlangte allgemeiner die Bewährung kirchlichen Interesses, das Münster'sche Konsistorium diejenige kirchlicher Gesinnung.[7])

Auf diesen Gemeindevorständen nun, als der untersten Stufe des synodalen Organismus, sollte sich dieser in der Weise aufbauen, daß erstens die Mitglieder jeder je höheren Stufe zum Theil, und zwar nach den meisten Gutachten zum weitaus größten Theil, von der je niederen gewählt würden, und daß zweitens — worin nur die Majorität des Magdeburger Konsistoriums dissentirte — nur Mitglieder der Gemeindevorstände, Aelteste, in die Synoden abgeordnet werden könnten. Dieses aber bestimmten die meisten dann noch genauer dahin, daß jede niedere Körperschaft die Abgeordneten für die nächsthöhere aus ihrer eigenen Mitte wählen müsse, eine Beschränkung, gegen welche Mejer, wie sehr er ihre Konsequenz und Zweckmäßigkeit auch anerkannte, doch bemerkte, daß das Kirchenrecht es ebenso richtig finden müßte, wenn sie nicht aufgenommen würde.[8])

Was nun insbesondere die Zusammensetzung der Kreissynoden betrifft, so empfahlen die Halle'sche und die Königsberger Fakultät, Mejer und das Königsberger Konsistorium auch hier den

---

[7]) S. 4; 124; 147 f; 161; 321 ff., 329; 425

[8]) S. 4, 5; 82; 123 f.; 141 ff, 146; 161 f.; 172; 286; 330 ff.; 340; 360, 361 f.; 433, 437, 441.

Anschluß an die Vorschläge der Generalsynode von 1846; die übrigen Gutachten mit Ausnahme des Jacobson'schen, das auf derlei genauere Bestimmungen gar nicht einging, riethen die Herbeiziehung aller in den Gemeinden ordentlich angestellten Geistlichen, und das Münster'sche Konsistorium ausgenommen kamen sie auch darin überein, daß weder auf dieser noch auf einer anderen Synodalstufe die Anzahl der Geistlichen die der Laien übersteigen dürfe; wohl aber forderten die Minoritäten im Breslauer Konsistorium und in den Fakultäten von Breslau und Königsberg ein numerisches Uebergewicht der Laien, und die Majorität im Magdeburger Konsistorium gab diesem Zahlenverhältniß wenigstens entschieden den Vorzug vor dem entgegengesetzten.[9])

Die Zusammensetzung der Provinzialsynoden anlangend verwiesen die Halle'sche und die Königsberger Fakultät, sowie Professor Mejer und das Konsistorium in Königsberg wieder auf den Entwurf von 1846, und die Konsistorien in Münster, Magdeburg und Koblenz verlangten — abweichend von dem Konsistorium und der Fakultät in Breslau — ebenso wie dieser die Theilnahme sämmtlicher Superintendenten; doch wollten die Konsistorien in Magdeburg und Koblenz neben denselben nicht, wie mit dem genannten Entwurfe auch das Konsistorium in Münster, je einen Geistlichen und einen Laien, sondern einen Geistlichen und zwei Laien von jeder Kreissynode entsendet wissen. Nach dem Vorschlage des Breslauer Konsistoriums und der Königsberger Fakultät sollten ferner nicht nur, wie jener Entwurf es will, die theologische und die juristische Fakultät der betreffenden Universität, sondern auch das Provinzialkonsistorium je ein Mitglied zur Provinzialsynode deputiren; das Koblenzer Konsistorium aber modifizirte dies dahin, daß es den juristischen Professor wegfallen ließ und dafür zwei Deputirte des Konsistoriums, einen geistlichen und einen weltlichen, forderte, während das Magdeburger Konsistorium überhaupt von Fakultätsdeputirten absah und trotzdem nur einen Abgeordneten des Provinzialkonsistoriums verlangte.[10])

---

[9]) S. 4, 5; 125; 146; 161 f.; 172; 286; 330, 332; 366; 434.

[10]) S. 4 f.; 124; 148; 162; 172; 286; 331; 366; 437 ff.

Was endlich die Zusammensetzung der Landessynode angeht, so war der Hinweis Mejers und des Königsberger Konsistoriums auf den Entwurf von 1846 wohl auch hiefür gemeint; die Königsberger Fakultät sagte, der Modus für die Zusammensetzung dieser Synode möge durch die Provinzialsynoden der obersten Kirchenbehörde mittelbar oder unmittelbar an die Hand gegeben werden, und äußerte zugleich den von dem Breslauer Konsistorium getheilten Wunsch, daß aus jedem Konsistorium und aus jeder theologischen und juristischen Fakultät je ein Mitglied abgeordnet würde. Die Breslauer Fakultät war geneigt, etwa auch noch je einem zweiten Mitgliede jedes Konsistoriums Sitz und Stimme auf der Landessynode einzuräumen, ohne jedoch darüber einig zu sein, ob alle diese Konsistorialräthe und Professoren von ihren Kollegien oder von den Provinzialsynoden zu wählen wären. Das Koblenzer Konsistorium aber, welches übrigens wünschte, daß die Landessynode genau in der von der Mehrheit der Provinzialsynoden beantragten Form einberufen würde, fand auf jener ebenso wenig wie auf diesen einen Platz für juristische Professoren als solche, und achtete auch nicht als rathsam, Vertreter der Konsistorien zu derselben heran zu ziehen; dagegen hielt es nicht nur die Theilnahme der von den Fakultäten zu den Provinzialsynoden deputirten Theologen für selbstverständlich, sondern empfahl auch aufs dringendste, die Ministerialabtheilung für die inneren evangelischen Kirchensachen durch vier Mitglieder vertreten zu lassen, und betrachtete außerdem die Generalsuperintendenten als legati nati zur Synode, jedoch so, daß durch deren Hinzutritt die numerische Gleichheit zwischen den geistlichen und weltlichen Mitgliedern keinen Eintrag leiden sollte. Ohne diese Kautel gab das Magdeburger Konsistorium den Generalsuperintendenten dieselbe Stellung, aber es dachte sich die Landessynode überhaupt in wesentlich anderer Weise zusammengesetzt, als alle vorgenannten Gutachten. Denn während diese die Wahl zur Landessynode den Provinzialsynoden innerhalb ihrer weltlichen und geistlichen Mitglieder völlig frei gaben, sollte nach seinem Vorschlage jede Provinzialsynode neben ihren drei Laiendeputirten einen Superintendenten und zwei Pfarrer abordnen; zu diesen 48 Deputirten sollten außer den Generalsuperintendenten noch hinzukommen je ein Mitglied jedes Konsistoriums nach dessen Wahl, je ein Mitglied jeder theologischen Fakultät, wohl auch nach deren Wahl, und zwei ordentliche Professoren des Kirchenrechtes nach Bestimmung des Königs. Noch viel weiter entfernte sich endlich das Konsistorium in Münster von dem Gedanken einer freigebildeten Repräsentation der Kirche. Nach seinem Vorschlage nämlich hätte die Landessynode zu bestehen gehabt aus sämmtlichen Generalsuperintendenten, den Präsides der Generalsynoden in den westlichen Provinzen, je einem geistlichen Abgeordneten jeder Provinzialsynode, je einem deputirten Mitgliede jeder theologischen Fakultät, und dem Direktor und deputirten Mitgliedern der Ministerialabtheilung für die inneren evangelischen Kirchensachen.[11])

Als das Gebiet, welches in der Landessynode seine centrale Repräsentation haben sollte, verstanden auch die Gutachten dieser Gruppe nur die unter dem gegenwärtigen Kirchenregimente stehenden Gemeinden, einschließlich die rheinisch-westfälischen, welche letzteren übrigens nicht alle ausdrücklich nannten. Demgemäß bezogen sie also ihren Vorschlag einer provisorischen Organisation der Kirche in Presbyterien und Synoden auch nur auf diese Gemeinden, doch gab die Königsberger Fakultät dem Kirchenregimente zu bedenken, ob es nicht trotz der geringen Aussicht auf einen günstigen Erfolg auch die separirten Lutheraner und Reformirten zur Betheiligung an dem gemeinsamen Werke der Kirchenorganisation auffordern wolle, so daß dieselben unter Voraussetzung der bei ihnen eingerichteten Presbyterien die Synoden mit beschicken könnten; die Entscheidung über Zulassung der sog. freien Gemeinden aber wollte diese Fakultät der Landessynode selber anheimgegeben wissen, und dieses erklärte auch Mejer für das „eigentlich" Richtige, während er doch dafür hielt, daß, wenn sie wünschen sollten, schon während des Provisoriums sich der Reorganisation mitwirkend anzuschließen, im Geiste versöhnlicher Milde würde gestattet werden dürfen, daß vorläufig die Kreissynode, in welche sie zunächst einzutreten hätten, über ihr Gesuch entschiede. Für die von vornherein festzusetzende Herbeiziehung der freien Gemeinden erhob sich nur im Magdeburger Konsistorium eine größere Anzahl von Stimmen, doch

---

[11]) S. 6; 124; 145, 148; 162; 331; 336; 440 f.

wollten nur drei davon ihnen auch das Stimmrecht zugestehen. — Ueber den Modus der Beschickung der Landessynode seitens der rheinischen und der westfälischen Provinzialkirche sprachen sich die meisten dieser Gutachten nicht näher aus; wie das Münster'sche Konsistorium sich denselben vorstellte, habe ich schon erwähnt; die Breslauer Fakultät und das Magdeburger Konsistorium meinten, daß seine Feststellung jenen Provinzialkirchen selbst zu überlassen sei.[12])

Die Frage nach dem Vorsitz auf den Synoden finde ich in den Gutachten der Königsberger Fakultät, sowie der dortigen Professoren Jacobson und Mejer nicht berührt; die anderen wichen in ihrer Beantwortung nur wenig von einander ab. Die Konsistorien in Königsberg, Breslau, Münster, Magdeburg und Koblenz, sammt vier Mitgliedern der Breslauer Fakultät, erachteten, daß die Leitung der Kreis- und Provinzialsynoden den Superintendenten und den Generalsuperintendenten gebühre; wogegen die Minderheit der genannten Fakultät schon für diese Stufen das Recht der freien Wahl aus den Synoden selbst beanspruchte. Rücksichtlich der Landessynode aber vereinigten sich nicht nur die Mitglieder der Breslauer Fakultät in der Forderung dieses Rechtes, sondern auch die Konsistorien von Münster und Koblenz, sowie die Majorität des Magdeburger Konsistoriums traten dafür ein; die Minderheit der letztgenannten Behörde, das Königsberger und das Breslauer Konsistorium ertheilten den Rath, den Vorsitzenden der Landessynode durch den König aus drei ihm von derselben präsentirten Synodalmitgliedern ernennen zu lassen.[13])

Den Presbyterien, Kreis- und Provinzialsynoden wäre nach den Gutachten dieser Gruppe zwar gleich bei ihrer Entstehung eine regelmäßige kirchliche Thätigkeit zu übertragen gewesen, aber dennoch sollte, wie ich schon hervorgehoben, dieser ganze synodale Aufbau nicht schon der definitive Organismus der Kirche, sondern vielmehr das Mittel zur Gewinnung eines solchen und insofern selber nur ein Provisorium sein.

---

[12]) S. 3 f.; 115, 123; 145 f.; 161; 175; 309 ff.; 314 f.; 373.

[13]) S. 5, 6; 126; 162; 177 f.; 331, 333; 435, 437, 442.

Ueber die Vorstellung, welche sie von der Art und Weise des einstigen Definitivums hatten, sprachen sich die Gutachten dieser Gruppe nicht näher aus, doch dürften Jacobson und Mejer, sowie die Halle'sche Fakultät und die Konsistorien in Breslau, Königsberg und Koblenz unzweifelhaft die Meinung auch der übrigen kundgegeben haben, indem sie das presbyterial-synodale Element als einen unentbehrlichen Bestandtheil der künftigen Kirchenverfassung bezeichneten. Und ebenso gewiß dürften Jacobson und das Breslauer Konsistorium mit ihren Ansichten über die Stellung dieses Elementes in der künftigen Verfassung zugleich die beiden Grenzpunkte andeuten, zwischen denen sich die anderen mit ihren Vorstellungen bewegen mochten. Jacobson aber betonte, daß die Konsistorien in der bisherigen Bedeutung, als Bevollmächtigte des Landesherrn zur Verwaltung des diesem zustehenden Kirchenregimentes, künftig nicht mehr fortbestehen könnten, und daß daher das konsistoriale Element werde als ein rein kirchliches mit dem presbyterialen Prinzip fundamental verbunden und danach modifizirt werden müssen; das Breslauer Konsistorium dagegen glaubte sich nur dann etwas gutes versprechen zu dürfen, wenn die Konsistorien mit ihrer rechtmäßig empfangenen Gewalt und ihrer bei allen wohlgesinnten Gliedern der Kirche geltenden Autorität unter zweckmäßiger Umbildung in die neue Organisation mit übergingen, und zwar so, daß sie als bleibende und selbständige Behörden ihre amtliche Stellung von dem königlichen Patron empfingen, während die in Presbyterien und Synoden vertretene Gesammtgemeinde Gelegenheit und Anlaß haben würde, durch Erinnerung, Beschwerde und Rath an der kirchlichen Gesetzgebung und Organisation, wie durch die fromme, hingebende Liebe ihrer lebendigen Glieder an den Bestrebungen zur Förderung des sittlichen Lebens und zur Vollendung der gesellschaftlichen Zustände theilzunehmen.[14])

Die Herstellung des definitiven kirchlichen Organismus durch jenen provisorischen dachten sich die Gutachten dieser Gruppe nun in der Weise, daß die verschiedenen Vertretungskörper nach einander in ihrer Reihenfolge von unten nach oben und mit jedesmaliger Berück-

[14]) S. 78 f.; 117 f.; 172 f.; 281 ff.; 348; 418.

sichtigung der von der je niederen gestellten Anträge die künftige Verfassung berathen sollten, damit dieselbe dann von der Landessynode auf Grund all dieser Vorberathungen endgiltig beschlossen werden und endlich im Organismus und im Leben der Kirche ihre Verwirklichung finden könnte.[15]) Bei dem Koblenzer Konsistorium erhielt dieser Plan insofern eine eigenthümliche Modifikation, als es den eigentlichen Schwerpunkt der Entscheidung in die Provinzialsynoden verlegen wollte, und ein hierauf abzielendes Verfahren in Vorschlag brachte[16]); daß die Halle'sche Fakultät aber hoffte, vielleicht ganz ohne Mitwirkung einer Landessynode die Verfassungsverhältnisse definitiv geordnet zu sehen, habe ich schon oben erwähnt. Die Frage, ob den auf einander folgenden Berathungen, welche die meisten Gutachten schon in den Presbyterien beginnen und dann auf jeder höheren Stufe an sachlichem Umfang zunehmen ließen, bestimmte Vorlagen des Kirchenregiments zu unterbreiten seien, wurde von den einen so und von den anderen anders beantwortet; die Ausarbeitung eines vollständigen Verfassungsentwurfes als Vorlage für die Landessynode forderten nur die Konsistorien in Breslau, Königsberg und Magdeburg und Professor Mejer, welcher letztere gerade diese Arbeit als den Kulminationspunkt in der Amtsführung des bisherigen Kirchenregiments betrachtete.[17])

Fragen wir endlich nach der Frist, welche diese Gutachten der Ausführung des kirchlichen Organisationswerkes steckten, so erhalten wir eine ganz bestimmte Antwort nur bei einem einzigen von ihnen. Das Koblenzer Konsistorium nämlich wollte, daß die Landessynode ein Jahr nach den Provinzialsynoden, diese ein halbes Jahr nach den Kreissynoden, und diese ein halbes Jahr nachdem die Presbyterien ihre Funktionen übernommen, zusammentreten sollten. Die Einsetzung der Presbyterien aber erwartete es offenbar in der allernächsten Zeit.[18]) Und hierin wich unter allen Votanten dieser Gruppe nur das Breslauer Konsistorium von ihm ab. Auch dieses verkannte zwar nicht die durch den Drang der Umstände gebotene Pflicht der Behörden, im

[15]) S. 2; 77, 81 ff.; 122; 158, 161 f.; 316, 332; 371 f.; 435 ff.
[16]) S. 36 ff.; 444 ff.
[17]) S. 6; 126; 163; 178; 332; 355; 371 f.; 435.
[18]) S. 433, 436, 440.

Vertrauen auf das gnädige Walten Gottes, der dem Sturm und Wetter gebieten könne, zu unternehmen was unvermeidlich scheine; aber es meinte doch, daß erst nach Erlaß des Gesetzes über das Kirchenpatronat unt nach der rechtlichen Auseinandersetzung seiner gegenwärtigen Inhaber mit den Gemeinden, zur Bildung, ja selbst zur Berathung der kirchlichen Gemeindeverfassung werde geschritten werden können, und hielt überhaupt für das Gerathenste, erst dann mit dem Um- oder Neubau der Kirche zu beginnen, wenn der Boden des Staates wieder befestigt sei. Denn es glaubte unter den damaligen Zeitverhältnissen wohl eine Auflösung auch der guten noch bestehenden Ordnungen fürchten zu müssen, nicht aber eine heilsame, dem Bedürfniß der Kirche wirklich entsprechende Umgestaltung ihrer Verfassung hoffen zu dürfen[19]); ein Urtheil über die Ungunst der Zeit, dem übrigens die Breslauer Fakultät in dem Maße beistimmte, daß sie von vorn herein geneigt war, den status quo der kirchlichen Verfassung, so wenig sie die Unvollkommenheit desselben verkennen mochte, jeder unter den obwaltenden Umständen und Stimmungen möglichen Neugestaltung vorzuziehen, wenngleich sie nichtsdestoweniger die sofortige Inangriffnahme einer solchen für nothwendig hielt.[20])

Mit dem Koblenzer kamen alle Gutachten dieser Gruppe darin überein, daß zwischen dem ersten Zusammentritt jedes niederen und des je höheren Vertretungskörpers einige Zeit verstreichen müsse, und zwar folgten sie hierbei dem Grundsatze, welchen am bestimmtesten Mejer dahin formulirte: daß keine der höheren Synodalordnungen entstehen dürfe, bevor die zunächst niedrigere Stufe wirklich und vollständig ins Leben getreten sei, also nicht blos als Wahlkollegium für die höhere Stufe, sondern auch in ihren übrigen Funktionen.[21]) Ueber die Länge der Zeitabschnitte, welche die einzelnen Vertretungsstufen brauchen würden, um so, wie Mejer sagte, „praktisch zum Leben und zu einigem Bewußtsein ihrer Stellung in der Gemeinde" zu gelangen, sprachen sich die Gutachten, das Koblenzer ausgenommen, nicht in bestimmter Weise aus; doch meinten sie offenbar, daß immer so bald als möglich der einen Stufe des synodalen Organismus die andere

---

19) S. 118 f. 20) S. 1. 21) S. 367.

hinzuzufügen sei.[22]) Dieses „so bald als möglich" aber wird von den Verschiedenen verschieden vorgestellt sein. Daß es wenigstens bei manchen von nicht gerade kurzer Zeitdauer zu verstehen ist, beweist z. B. die Aeußerung von Mejer, daß die ganze Verfassungsangelegenheit möglicherweise erst nach Jahren zur Verhandlung auf der Landessynode reif werden könne; und in kürzerer Zeit erwartete auch das Königsberger Konsistorium schwerlich die Landessynode, wenn es ausdrücklich hervorhob, daß es vorläufig nur den Ausbau der Kirchenverfassung bis zu den Provinzialsynoden hinauf für zweckmäßig halte, und daß jene erst zu berufen sein würde, wenn diese, sowie die Kreissynoden und Presbyterien, Konsistenz gewonnen und sich gehörig eingelebt haben würden. Noch weiter schob vielleicht die Halle'sche Fakultät die endliche Gewinnung des Definitivums hinaus, indem sie verlangte, daß schon vor der Bildung von Provinzialsynoden den Presbyterien einige Jahre Zeit gelassen würde, theils um sich in der treuen und ernsten Verwaltung ihres Berufes zu bewähren und die Gemeinden zur Scheidung der Spreu vom Weizen in Stand zu setzen, theils um in den Kreissynoden sich unter einander über die unmittelbar vorliegenden Bedürfnisse und Aufgaben im engeren Gebiete des kirchlichen Lebens zu verständigen. Daß diese Votanten aber für das Sicheinleben und -Verständigen der niederen Vertretungsstufen so lange Zeit in Anspruch nahmen, hatte seinen Grund in der überaus geringen Vorstellung von der inneren Beschaffenheit der Gemeinden in den östlichen Provinzen, vermöge deren sie mehr oder weniger überzeugt waren, daß, wie das Breslauer Konsistorium sagte, die Mehrzahl der Gemeindeglieder erst allmählich auf dem Gange von der unteren bis zu den höheren Stufen zur ersprießlichen Mitthätigkeit an dem Werke der Verfassungsbildung erzogen werden müsse.[24])

---

[22]) S. 77, 84; 142 f.; 158 f.; 172 f.; 289 f., 308; 337; 367.

[23]) S, 159; 172, 175; 289.

[24]) S. 122, vergl. 118. Wie Mejer über die Gemeinden urtheilte haben wir schon oben S. 161 gehört. Siehe ferner Gutachten S. 142; 305, 317; 422. Die Halle'sche Fakultät bezeichnete geradezu die religiöse Unklarheit und Unreife als das vorherrschende Gepräge der gegenwärtigen Gemeinden in den östlichen Provinzen, S. 284. Beiläufig sei als charakteristisch für die ganze Stellung dieser Fakultät be-

6. Der Reorganisationsplan: dritte Gruppe.

Wenn ich die noch übrigen vier Gutachten der Fakultäten in Bonn und Berlin, des Berliner Konsistoriums und des Professors Stahl als dritte Gruppe zusammenfasse, so berechtigt mich hiezu nur ihr Unterschied von den anderen Gutachten. Denn sie selber weichen auf so erhebliche Weise von einander ab, daß sie eigentlich drei verschiedene Standpunlte repräsentiren.

Am wenigsten weit entfernen sich von den Gutachten der zweiten Gruppe diejenigen der Bonner Fakultät und des Berliner Konsistoriums. Beide halten ebenso wie jene daran fest, daß die Entscheidung über die künftige Kirchenverfassung von einer auf presbyterialer Grundlage gebildeten synodalen Vertretung der Kirche getroffen werden müsse, und verlangen deshalb ebenfalls die allmählich von unten nach oben fortschreitende und in einer Landessynode gipfelnde Organisirung der Kirche in Presbyterien und Synoden. Aber sie unterscheiden sich von jenen anderen Gutachten dadurch, daß es sich bei ihnen hiemit nicht um die Gewinnung provisorischer Organe handelt, durch welche der definitive Verfassungszustand erst berathen und beschlossen werden soll, sondern vielmehr um die Aufrichtung des definitiven Organismus selbst. Diese nämlich denken sie sich so: zunächst werden nach einem von der Kirchenbehörde bestimmten Modus Presbyterien und Kreissynoden gebildet; dann stellen die letzteren die Presbyterial- und Kreissynodalordnung definitiv fest und geben die Normen für die Organisation der Provinzialgemeinden an; die Provinzialsynoden aber ordnen die Angelegenheiten je der eigenen Provinz und entscheiden über die Art und Weise, in der endlich die landeskirchliche Einheit organisch darzustellen und zu bethätigen ist.[1])

Was den Modus für die Bildung der Presbyterien und Synoden betrifft, so enthalten diese beiden Gutachten im wesentlichen nur Vor-

merkt, daß sie sich für verpflichtet erachtete, gegen die Bestimmung des §. 11 der Verfassung vom 5. Dezember, daß die bürgerlichen und staatsbürgerlichen Rechte unabhängig seien von dem religiösen Bekenntnisse, als gegen eine, der wahren Grundlage einer heilsamen Entwicklung unsrer öffentlichen Zustände widerstreitende, zu protestiren. S. 271.

[1]) S. 233, vergl. 262; 393.

schläge, denen wir schon bei der vorigen Gruppe begegnet sind. Ich zähle dieselben deshalb nicht vollständig auf, sondern hebe nur einzelne bemerkenswerthe Punkte hervor.

Nach der Bonner Fakultät sollten die Mitglieder der Presbyterien auf den leitenden, jedoch nicht bindenden Vorschlag der Prediger und Kirchenvorstände von der Gemeinde gewählt werden; die Berechtigung zur aktiven Theilnahme nicht weiter beschränkt, als durch den auszusprechenden Grundsatz, daß sie nicht Personen zukomme, welche sich als unkirchlich oder widerkirchlich dargestellt haben, und daß Einspruch gegen solche Personen offen zu halten sei; wählbar diejenigen, deren Wandel unsträflich, und die namentlich durch Theilnahme am Gottesdienst und heiligen Abendmahl ihre kirchliche Gesinnung bewähren; die Patrone berechtigt, den Kirchmeister im Presbyterium zu bestimmen. Das Berliner Konsistorium hätte die Auswahl der Gemeindevorsteher am liebsten ganz dem Prediger überlassen, als der ja voraussichtlich seine Gemeindeglieder am besten kenne und auf ihr Vertrauen rechnen dürfe, vielleicht auch der einzige sei, der eine klare Vorstellung von dem habe, worauf es hierbei ankomme; in der Erkenntniß aber, daß dieser Modus oder auch der Vorschlag durch Prediger und Kirchenvorsteher den von den Gemeinden erhobenen Ansprüchen schwerlich genügen würde, und daß Kriterien, wie die der Theilnahme an Gottesdienst und Abendmahl aus manchen Gründen nicht wohl anwendbar seien, machte es den Vorschlag, den Gemeindevorstand das erste Mal in einer Versammlung der Kirchengemeinde wählen zu lassen, nach vorgängiger Belehrung über Zweck und Bedeutung der ganzen Angelegenheit durch den Prediger, und unter voller Berechtigung aller derer, die evangelisch getauft und konfirmirt nach den allgemeinen gesetzlichen Bestimmungen zur Parochie gehören, es wäre denn, daß sie sich ausdrücklich von der Gemeinschaft der evangelischen Landeskirche losgesagt hätten.[2])

Für die Mitgliedschaft an den Synoden sollten nach beiden Gutachten nur Aelteste befähigt sein; nach dem des Berliner Konsistoriums wären die Deputirten für jede höhere Stufe durch den Vertretungs-

---

[2]) S. 256 f., 261 f.; 386, 395, 398 f.

körper der je niederen aus seinem eigenen Schooße zu wählen gewesen, während die Bonner Fakultät weder diese Beschränkung der Wahl, noch auch für die Provinzial- und Landessynode die auf die betreffenden Kreise und Provinzen für nothwendig hielt, indessen doch wünschte, die Entscheidung über die Wählbarkeit durch fremde Kreise oder Provinzen der Zukunft vorbehalten zu sehen. Das Zahlenverhältniß der Geistlichen und Laien auf den Synoden angehend empfahl das Berliner Konsistorium, auf allen Stufen den Geistlichen „eine ihnen ungefähr gleichkommende Anzahl" von Laien beizuordnen; die genannte Fakultät entschied sich, obgleich sie für die höheren Synodalstufen ein Ueberwiegen des geistlichen Elementes als angemessen betrachtete, dennoch aus Rücksicht auf das allgemeine Urtheil für die Gleichzahl auf allen Synodalstufen, wünschte aber, daß, um die wichtige fruchtbringende Stellung der Superintendenten zu sichern, aus den geistlichen und weltlichen Vorständen sämmtlicher Kreissynoden und durch sie noch eine Anzahl Superintendenten und ebenso viele Assessoren zu den Provinzialsynoden deputirt würden. Dieselbe Fakultät wollte dann weiter den Superintendenten die Leitung der Kreis- und den Generalsuperintendenten, welche den Provinzialsynoden ipso jure angehören sollten, deren Leitung übertragen, und erklärte sich mit der Ernennung des Präses der ersten Landessynode durch den König auf den Vorschlag der Synode einverstanden; das Berliner Konsistorium dagegen bemerkte, daß es diese Betheiligung des Königs an der Präsidentenwahl mit dem Grundsatz der Scheidung von Staat und Kirche nicht vereinbar finden könne, und begnügte sich im übrigen, darauf hinzuweisen, daß die Stellung der Superintendenten und Generalsuperintendenten zu der Synode von derjenigen abhängen werde, welche ihnen in der zu gründenden Kirchenverfassung überhaupt werde angewiesen werden.[3])

Aehnlich wie fast alle anderen Votanten bezeichnete auch Stahl als das Ziel, dem man zustreben müsse, eine presbyterial-synodale Organisation der Kirche. Eine solche werde, so meinte er, falls das landesherrliche Kirchenregiment fortbestehe, eine schöne Ergänzung, falls es aufhöre, der unentbehrliche Ersatz desselben sein.[4]) Und zwar dachte er sich für den zweiten Fall die Sache so, daß die kirchenregierende Be-

[3]) S. 263 f.; 393 f. [4]) S. 411.

hörde — die Centralbehörde vielleicht mit Zuziehung von Mitgliedern aus den Konsistorien — einerseits und die Kirchen- oder Gemeindevertretung auf der Synode andrerseits gemeinsam das Kirchenregiment führen sollten: Sache der Behörde nicht bloß, die Beschlüsse der Synode auszuführen, sondern sie mit zu beschließen, und gegen jede neue Ordnung ein Recht der Verhinderung zu üben; Sache der Synode dagegen, auf einen Dreivorschlag der Behörde deren Mitglieder zu erwählen, doch mit der Maßgabe, daß die gegenwärtig bestehenden Kirchenbehörden nicht etwa aufhören sollten, um einer völlig neuen Verfassung Platz zu machen, sondern sie sollten vielmehr in der künftigen Verfassung fortdauern, und mit deren neuen Elementen sich zu einem Ganzen zusammenschließen.[5]) Diese neuen Elemente aber wollte auch Stahl nur allmählich hervorgerufen wissen. Er hielt für angemessen, daß vorläufig nur Presbyterien und Kreissynoden gebildet würden, jene durch Gemeindewahlen auf den Vorschlag der Geistlichen, an dessen Stelle später derjenige der Presbyterien zu treten hätte; die Wählbarkeit bedingt durch das allgemeine Bekenntniß zum evangelischen Glauben, das Wahlrecht durch die Theilnahme an Gottesdienst und Sakrament. Die Bildung der Provinzialsynoden und vollends der Landessynode sollte ausgesetzt werden bis das kirchliche Leben in jenen niederen Organen werde Konsistenz und bestimmten Charakter gewonnen haben, wiewohl sich nach Stahl im voraus nicht bestimmen ließ, wie lange dieses dauern werde. Eben deshalb aber lehnte er auch die Erörterung der Fragen über die Bildung der Synoden völlig ab, und bemerkte nur, daß durch die Synode das geistliche Element jedenfalls nicht geringer vertreten werden dürfe, als das weltliche.[6])

Bewegte sich Stahl mit allen diesen Rathschlägen auf demselben Boden, wie manche andere Gutachten, so verließ er ihn doch gänzlich bei Beantwortung der Frage: wie und durch wen die Entscheidung über die künftige Verfassung der Kirche getroffen werden solle. Denn er ließ nicht nur mit keinem Worte merken, daß diese Entscheidung der synodalisch organisirten Kirche selbst gebühre, sondern legte sie,

---

[5]) S. 413; 410 f. [6]) S. 411 f.

wenn ich seine Worte recht verstehe, ausdrücklich in die Hand des noch bestehenden landesherrlichen Kirchenregiments, indem er sagte:

„Es ist aber ebenso das landesherrliche Kirchenregiment, welchem es zukommt, den Uebergang aus dem gegenwärtigen Zustand in einen neuen zu bewirken und zu ermächtigen, die neuen Elemente für die künftige Regierung der Kirche hervorzurufen, und ihnen die Anerkennung als Organe der evangelischen Kirche im Staate vor der Volksvertretung und vor den Gerichten zu verschaffen. Die staatsrechtliche Berechtigung hierzu hat es nach der hier gegebenen Ausführung, die kirchenrechtliche Berechtigung hat es formell darin, daß es nach den neuesten Maßnahmen von dem positiven Einfluß eines der Volksvertretung verantwortlichen Ministeriums befreit ist, und wird es materiell darin haben, daß es bei der Neugestaltung der Verfassung sich an die Prinzipien und die herkömmliche Weise der evangelischen Kirche streng und gewissenhaft bindet."[7])

In diesem Stücke nun nahm die gleiche Stellung wie Stahl die theologische Fakultät in Berlin ein: soweit sie überhaupt von neuen Verfassungsinstitutionen redet, erscheinen dieselben lediglich als ein Werk des bestehenden Kirchenregiments.[8]) Doch unterscheidet sie sich auch von Stahl auf sehr erhebliche Weise dadurch, daß sie in ihrem Gutachten nicht sowohl die Bildung neuer Verfassungselemente, als vielmehr „die Erhaltung des bestehenden Organismus" als die Hauptsache erscheinen läßt. In ihr, so sagte sie,

„In ihr erblicken wir bei allen unleugbaren Mängeln des Bestehenden, welches für ideale und letzte Gestaltung der Kirche zu halten uns nicht beifällt, den schützenden Damm gegen die wilden Wasser der Revolution, die sich sofort auch über die Kirche ergießen würden, wenn man dort einen völligen Neubau versuchen wollte; den schützenden Damm gegen die Wühlereien derjenigen, die dem Geiste der Kirche entfremdet sind, und die sofort von dem politischen Gebiete, auf dem sie jetzt noch beschäftigt sind, auf das kirchliche herübereilen würden, wenn ihnen dort freier Spielraum und Aussicht des Gelingens geboten würde, umsomehr, da sie wohl erkennen, daß sie ohne Auflösung der Kirche, die nie ihres politischen Wahlspruches: „Ein jedermann sei unterthan der Obrigkeit, die Gewalt über ihn hat",-vergessen wird, unmöglich ihr letztes Ziel auf dem politischen Gebiete erreichen können."

Dabei erkannte die Fakultät aber immerhin das Bedürfniß nach einer gewissen Reform der Kirchenverfassung an. Denn sie fuhr fort:

„Indessen kann es keinem Zweifel unterworfen sein, daß im Angesichte des vorliegenden Umschwunges der Dinge das Prinzip der Erhaltung des Bestehenden

---

[7]) S. 410.

[8]) S. 129 ff. Nitzsch bestritt indessen in seiner schon erwähnten Gewissensrettung die Ansicht, daß dem Könige angesonnen werden dürfe, eine Verfassungsveränderung zu oktroyiren. Monatsschr. v. Kling, 1849, II, S. 101.

nur unter Beschränkungen durchgeführt werden kann, und daß ebenso durch die gegenwärtige Lage der Dinge die Bildung gewisser neuer Institutionen verlangt wird." [9])

In Beziehung auf die nothwendig gewordene Umbildung des Bestehenden erklärte die Fakultät einstimmig, daß die bereits erfolgte Erhebung der geistlichen Abtheilung des Kultusministeriums zu der Würde einer selbständigen kirchlichen Oberbehörde durch die in der Verfassung proklamirte Trennung der Kirche vom Staate unbedingt geboten gewesen, und ebenso einstimmig sprach sie den Wunsch aus, „daß baldmöglichst dem hier anerkannten Prinzip noch vollständiger Folge gegeben werde, daß die kirchliche Behörde auch einen kirchlichen Namen erhalte, daß die Betheiligung der Staatsbehörde bei Besetzung der Stellen in derselben wegfalle, daß überhaupt die kirchlichen Angelegenheiten, welche noch von Staatsbehörden verwaltet werden, an die kirchlichen Behörden übergehen." Einverstanden waren die Mitglieder der Fakultät endlich auch in dem Wunsche, „daß die Konsistorien in eine nähere Verbindung mit der obersten kirchlichen Behörde gesetzt, und daß allgemeinere Maßregeln etwa in jährlichen Versammlungen der letzteren berathen werden, an denen außer den Räthen auch Delegirte der Konsistorien theilnehmen." [10])

Rücksichtlich der Hineinbildung neuer Institutionen in den bestehenden Organismus stimmte die Fakultät darin überein, daß es eine durch die Zeit gestellte Aufgabe sei, die Gemeinden zu organisiren, und außerdem erkannte sie als wünschenswerth, daß aus den somit zu bildenden Kirchenvorständen Deputirte zu den bereits bestehenden Kreissynoden abgesandt würden. Doch waren diejenigen Mitglieder der Fakultät, welche sich für den Fortbestand des landesherrlichen Episkopats erklärt hatten, der Ueberzeugung, daß nur unter seiner Voraussetzung die Ausbildung solcher Institutionen gefahrlos und heilsam sein könne. Denn sie meinten: [11])

„Bei den in der Zeit herrschenden demokratischen Tendenzen und bei dem natürlichen Streben, welches jedes Verfassungselement besitze, sich in sich zu vollenden und nicht zufrieden zu sein mit einer einzelnen ihm zugewiesenen Sphäre, endlich bei dem zu erwartenden Drängen ehrgeiziger Charakter auf die Verwirklichung des presbyterialen Prinzips in den höheren Kreisen, welche ihrem Ehrgeize eine reichere Befriedigung verspreche, könne nur ein kräftiges Kirchenregiment der Gefahr ent-

---

[9]) S. 130 f. [10]) S. 131. [11]) S. 135.

gegentreten, daß gar bald das gefährliche Uebel einer konstituirenden Versammlung oder sogenannten Generalsynode aus diesen Anfängen hervorgehe. Werde aber das landesherrliche Kirchenregiment beseitigt, so werde das Bestehende nicht die Kraft haben, diesen Anläufen zu widerstehen, sondern bald haltlos zusammensinken."

Hiemit waren die Reformvorschläge der theologischen Fakultät in Berlin erschöpft.[12]) Ein trauriges Zeichen, wie weit dieselbe von einer richtigen Würdigung der kirchlichen Bedürfnisse entfernt war. Wie sehr sie aber auch mit ihrer Vorstellung von der verlangten Gemeindevertretung hinter denselben zurückblieb, zeigt die Art und Weise, in der sie ihre Forderung begründete. Sie sagte nämlich:

„Bei den mannigfachen Stürmen, welche der Kirche drohen, wird die Vertretung der Gemeinden durch den Geistlichen nicht genügen. Es wird aus den Gemeinden heraus eine schützende Macht gebildet werden müssen, welche mit dem Geistlichen vereint sich allen Versuchen entgegenstellt, der Kirche ihre höheren und niederen Güter zu rauben, Spaltungen in sie einzuführen, die Schule zu verweltlichen. Bei der in Aussicht gestellten Aufhebung des Patronats ist es dringend nothwendig, daß die Gemeinde organisirt werde, um das Wahlrecht ausüben zu können. Endlich, die Zeit fordert dazu auf, daß in der Vorsorge für die Armen und in der Pflege der Kranken die Kirche durch ihre förmlich bestellten Organe sich thätiger beweise als bisher." [13])

Damit, daß sie nichts anderes, als dieses für die Nothwendigkeit einer Gemeindeorganisation geltend machte, bewies die Fakultät aufs deutlichste, wie wenig sie gewillt war, den Gemeinden einen irgendwie erheblichen Antheil an der Ordnung und Verwaltung ihrer Angelegenheiten einzuräumen. Aber wie um jedem auch noch so bescheidenen Streben danach von vornherein entgegen zu treten, hob sie ausdrücklich hervor, daß der Name „Presbyterien" für die verlangten Kirchenvorstände zu vermeiden sein dürfte, weil er einmal als eigenthümlich reformirt gelte, oder, wenn er auf die Schrift zurückgeführt werde, zu unzulässigen Anforderungen und Ansprüchen, namentlich zur Verkennung der Stellung der Geistlichen verleiten könne.[14])

In Bezug auf die Bedingungen der Wählbarkeit für die Kirchen-

---

[12]) Nitzsch, a. a. O. S. 109, sagte aber: „Ein nur irgendwie erbaulicher und erwünschter Erfolg dieser Organisirung der Gemeinden wird es zulassen und erfordern, daß Kreis- und weitere Synoden verhältnißmäßig bald auf dem gelegten Grunde sich aufrichten.

[13]) S. 134 f.

[14]) S. 135. Nitzsch, a. a. O. S. 103 f., legt die Kirchengewalt der Gemeinde bei.

vorstände war die Berliner Fakultät einstimmig der Ansicht, daß außer Selbständigkeit und Unbescholtenheit auch Theilnahme am Gottesdienst und Abendmahl und die Erklärung, daß man im Glauben der evangelischen Kirche stehe, unerläßlich seien; und ebenso stimmte sie darin überein, daß der Idee nach auch die Wahlberechtigung von denselben Bedingungen abhängen müsse. Wohl aber war die eine Seite im Hinblick auf die wirklichen Zustände der Kirche nicht abgeneigt, von diesen ideellen Anforderungen für die Wahlfähigkeit einiges nachzulassen, während die andere erklärte, daß dann auch jedenfalls den zu Erwählenden kein Einfluß auf die inneren Angelegenheiten der Kirche, z. B. die Kirchenzucht zu gestatten, vielmehr der Wirkungskreis der Kirchenvorstände auf das rein Aeußerliche, Verwaltung des Kirchenvermögens, materielle Sorge für die Armen und Kranken u. s. w. zu beschränken sei. [15])

Was endlich den Modus für die Wahl der Kirchenvorstände betrifft, so war die Fakultät der Ansicht, daß hier nicht von vornherein allgemeine bindende Verfügungen zu erlassen seien. Nur das erschien ihr erforderlich, daß eine bestimmte Frist gesetzt werde, bis zu der in jeder Gemeinde ein von derselben anerkannter Kirchenvorstand vorhanden sein müsse, und daß ein Wahlmodus vorgeschrieben werde, der überall da zu befolgen sei, wo man nicht auf andere Weise zum Ziele gelangen könne. Innerhalb dieser Grenzen, so meinte die Fakultät, dürfte allem demjenigen freier Spielraum zu lassen sein, was die Geistlichen nach sorgfältiger Erörterung der Sache auf den Kreissynoden, in Erwägung der besonderen Verhältnisse ihrer Gemeinden und nach ihrer verschiedenen Stellung zu denselben, für heilsam erachten. [16])

III. Die Anträge des Kultusministers und der Abtheilung für die inneren evangelischen Kirchensachen.

1. Die Voraussetzungen.

Die Abtheilung für die inneren evangelischen Kirchensachen hatte zugleich mit der selbständigen Verwaltung der Kirche auch den Auftrag

[15]) S. 135 f. [16]) S. 136.

übernommen, sich unverzüglich mit der Berathung der zur Vollziehung des Artikel 12 der Verfassungsurkunde erforderlichen Maßregeln zu beschäftigen und dem Könige darüber in Vereinigung mit dem Kultusminister Vortrag zu erstatten.[1]) Trotz dieser Mahnung zur Eile und obgleich die fragliche Angelegenheit nachgerade aufs vielseitigste verhandelt war, brauchte die Abtheilung doch noch mehr als ein Jahr, um ihre bezüglichen Berathungen zum Abschluß zu bringen. Die Ergebnisse derselben legte sie in einer Denkschrift nieder, welche sie in Gemeinschaft mit dem Minister dem Könige überreichte. Der wesentliche Inhalt dieser Denkschrift, wie er später zur Motivirung der betreffenden königlichen Entschließungen amtlich veröffentlicht wurde,[2]) zerfiel in drei Theile. Zuerst nämlich wurde unter Erörterung wichtiger Präjudizialfragen im allgemeinen der Standpunkt dargelegt, den die Berichterstatter rücksichtlich der zu lösenden Aufgabe einnahmen; dann wurde ein Antrag auf Umgestaltung der Abtheilung für die inneren evangelischen Kirchensachen und endlich ein solcher auf Organisirung der Gemeinden entwickelt und begründet.

Was nun zunächst den Standpunkt betrifft, von dem aus die Abtheilung in Gemeinschaft mit dem Minister diese Anträge stellte, so äußerte sie sich in ihrer Denkschrift darüber folgendermaßen:

„Der 15te Artikel der Verfassungsurkunde vom 31. Januar 1850 enthält den Grundsatz, daß die Religionsgesellschaften in dem Staate ihre Angelegenheiten selbständig ordnen und verwalten. Hiermit ist die Auflösung der engen Verbindung, in welcher bisher die evangelische Kirchenverwaltung mit dem Organismus des Staatsregiments gestanden hat, ausgesprochen, und der Kirche die Pflicht auferlegt, diejenigen Verfassungs-Elemente aus sich zu entwickeln, deren sie bedarf, um sowohl dem Staate als den anderen Religionsgesellschaften sich als ein selbständiges Gemeinwesen gegenüberzustellen. In der That ist diese neueste Gestaltung des Verhältnisses zwischen Staat und Kirche von vielen als die endliche Befriedigung eines Lebensgesetzes der Kirche und als der Anbruch einer neuen hoffnungsreichen Zeit mit Freuden begrüßt worden. Bei näherer Betrachtung der kirchlichen Zustände der Ge-

---

[1]) S. oben S. 465 die K.-O. v. 26. Januar 1849.

[2]) Allerhöchster Erlaß vom 29. Juni 1850, betreffend die Grundzüge einer Gemeinde-Ordnung für die evangelischen Kirchengemeinden der östlichen Provinzen und die Einsetzung des Evangelischen Ober-Kirchenraths nebst Ressort-Reglement für die evangelische Kirchenverwaltung, nebst den dazu gehörigen Aktenstücken. (Amtlicher Abdruck.) Berlin, 1850. Verlag der Decker'schen Geheimen Ober-Hofbuchdruckerei.

genwart kann es aber nicht verkannt werden, daß sie auch zu nicht geringen Bedenken Veranlassung giebt, weil sie die großen und schweren, von der Vergangenheit offen gelassenen Fragen, welche man noch vor kurzer Zeit langsam und unter unausgesetzter Schonung und Pflege ihrer Lösung entgegenreifen lassen zu müssen glaubte, in eine sehr bewegte Zeit hineintreten läßt. Dennoch verhindert die gebieterische Nothwendigkeit noch länger zu zögern, denn der Staat muß fordern, daß er einer Verwaltung entledigt werde, auf welche er kein Recht mehr hat, und die Kirche kann nicht wollen, daß ein Zustand länger fortdauere, der seit der Verfassungsurkunde keinen anderen Grund mehr hat, als den Territorialismus, und sie selbst dem Einflusse der politischen Bewegungen Preis giebt. Wenn es aber aus diesem Grunde nöthig ist, nunmehr Hand anzulegen, so ergiebt sich eine andere Forderung an die Leiter der Kirche zugleich von selbst: die Forderung, zu jeder Stunde ihrer Verantwortlichkeit eingedenk zu sein und mit Besonnenheit und Klarheit die Wege zu wählen, damit das, was der Kirche zum Heil gereichen kann und soll, nicht in Unheil und Verderben verkehrt werde."

Die Denkschrift erinnerte dann weiter an den so lebhaft geführten Kampf über die Fragen, ob und wie eine konstituirende Landessynode behufs Neugestaltung der Kirchenverfassung zu berufen sei, und meinte, derselbe habe in den amtlichen Gutachten in würdigster Weise einen Ruhepunkt gefunden. Nicht ganz richtig sagte sie:

„daß mit wenigen Ausnahmen sowohl die Behörden, als die Vertreter der Wissenschaft sich theils unter Bezugnahme auf die große Gefährlichkeit eines solchen Experiments und die bitteren Erfahrungen im Gebiete des politischen Lebens, theils mit Hinweisung auf das Recht, gegen die Berufung einer verfassunggebenden Synode erklärt haben;"

und dann fuhr sie fort:

„Wir nun unsererseits haben die Gründe, welche von den Vertretern der im Vorstehenden erwähnten Ansichten geltend gemacht worden sind, uns vollständig und genau vergegenwärtigt und sprechen uns mit vollster Ueberzeugung ebenfalls dahin aus, daß die Berufung einer konstituirenden Synode weder angemessen noch rechtlich nothwendig sei, um die Selbständigkeit der Kirche in Gemäßheit der Verfassungsurkunde zu vermitteln.

Diesen Satz suchte die Denkschrift im weiteren ausführlich zu begründen.

Unangemessen und gefährlich sollte die Berufung einer konstituirenden Synode deshalb sein, weil die Mehrzahl der weltlichen Vertreter willenlos in den Strom der Parteibestrebungen gezogen, und über die wichtigsten und bedenklichsten Fragen nicht durch das wahrhafte Einsehen, sondern durch künstliche oder zufällige Majoritäten entschieden werden, und weil auf diesem Wege nicht nur die Union sondern auch der Grund der Kirche selbst in Gefahr sein würde, in Frage gestellt zu werden. Jene, insofern das Aufeinandertreffen der im Gebiete der Union hervorgetretenen Gegensätze in einer verfassunggebenden Synode nicht ihre Ausgleichung, sondern vielmehr einen offenen Bruch zur Folge haben würden; dieser aber, sofern die zerstörenden Tendenzen, denen im Staate mit Gottes Hilfe gewehrt worden, begonnen hätten, sich wieder in die Kirche zurückzuziehen, und weil im Hinblick auf manche Zeichen der Zeit und bei der gewissen Voraussicht, daß der politische Radikalismus sich sofort der Wahlen bemächtigen würde, nur zu sehr zu besorgen sei, daß eine so gebildete Synode für eine gänzliche Erschütterung der Kirche nicht blos die Form, sondern auch die Mittel darbieten würde.

Dafür aber, daß die Berufung einer konstituirenden Synode auch nicht rechtlich nothwendig sei, machte die Denkschrift folgendes geltend:

„Wie bereits erwähnt worden ist, ging die Ansicht, daß sich in einer verfassunggebenden Synode der Wille der Kirche zu bezeugen habe, von der Voraussetzung aus, daß das bestehende Regiment der Kirche seine Berechtigung verloren habe. Da wir nun im Innern der Kirche vergeblich nach den Thatsachen suchen, durch welche eine Umgestaltung von so tief eingreifenden Folgen bedingt worden sein könnte, so werden wir auf das Gebiet des Staates verwiesen und mit dem allgemeinen Satze vertröstet, das nach der konstitutionellen Theorie die fernere Dauer des landesherrlichen Kirchenregiments nicht zulässig erscheine. In der That ist es jedoch jetzt, nachdem die politische Verfassung festgestellt ist, kaum noch nöthig, auf diese Seite der Betrachtung einzugehen, weil die Entscheidung der hier vorliegenden Frage nicht mehr blos in einer Theorie, welche jeder sich nach seiner Weise zurecht legen konnte, sondern lediglich in dem Gesetz zu suchen ist. Dieses hat aber nirgends die Unzulässigkeit des landesherrlichen Kirchenregimentes ausgesprochen, sondern es hat sich darauf beschränkt und beschränken müssen, der Kirche das Recht auf selbständige Ordnung ihres Lebens zu sichern.

Hiermit würde der Rechtspunkt als erledigt betrachtet werden können, wenn es nicht noch nothwendig wäre, eine Vorstellung zu berichtigen, welche selbst in manchen der Kirche aufrichtig ergebenen Kreisen ihre Vertreter gefunden hat. Es giebt in der evangelischen Kirche eine Richtung, deren Anhänger das landesherrliche Regiment als ein schweres Gebrechen und die Beseitigung desselben als die erste Bedingung der Heilung der erkrankten Kirche betrachten. Diese Auffassung wird von dem Einen auf die Schrift, von dem Anderen aber auf eine naturrechtliche Anschauung gegründet, welche seit dem vorigen Jahrhundert in die Lehre des evangelischen Kirchenrechts eingedrungen ist; ihre Nahrung aber hat sie darin gefunden, daß das Regiment eine lange Zeit in höherem oder geringerem Maße seinen Ursprung vergessen und nach weltlicher Weise sich bethätigt hatte. Wirklich begegnen wir ihr auch jetzt wieder in der Vorstellung, daß mit der Selbständigkeit der Kirche das Regiment des Landesherrn oder, was dasselbe sein soll, das Staats-Kirchen-Regiment nicht vereinbar sei. Hierin liegt aber ein Irrthum, dem gegenüber es nur nöthig ist, an die

33*

Anschauungen der Reformatoren und die auf sie gegründeten geschichtlichen Thatsachen zu erinnern, durch welche das landesherrliche Kirchenregiment zu einem Theil der Verfassung der Kirche geworden ist. Daß wir hiermit diese Institution nicht als eine absolut nothwendige, nicht als einen Theil des Dogma der Kirche bezeichnet haben wollen, wie dies neuerdings wohl auch hin und wieder geschehen ist, versteht sich um so mehr von selbst, als das Prinzip der evangelischen Kirche jede romanisirende Anschauung dieser Art verwirft. Wohl aber wollen wir der Kirche das Recht auf ihre geschichtliche Entwickelung wahren und einer Auffassung entgegentreten, durch deren Verwirklichung sie offenbar in einen Revolutionszustand versetzt werden würde. Dazu bewegt uns vor allem die Ehrfurcht vor dem Recht, in gleichem Maße aber auch die Sorge um die Zukunft der Kirche. Wohl mögen manche sich ein frisches, freies Gemeindeleben denken, das, von dem Geiste des Herrn getragen, die Kirche zu einem Abbilde des göttlichen Reiches werden läßt, und in diesem Gedanken befangen, mögen sie meinen, der landesherrlichen Kirchengewalt entrathen zu können. Wir dagegen haben in dem uns anvertrauten Berufe, der uns täglich die Noth der kirchlichen Zustände vor Augen führt, die Ueberzeugung gewonnen, daß das Aufhören der Kirchengewalt des Landesherrn, also die Vernichtung des äußeren Mittelpunktes, um den sich jetzt noch die Glieder der Kirche mit Ehrfurcht sammeln, zugleich für lange Zeit die Vernichtung des äußeren Bestandes der Kirche sein würde. Diese Ueberzeugung hat sich gegenwärtig, wie aus den uns in großer Anzahl vorliegenden Petitionen hervorgeht, auch in weiteren Kreisen mehr und mehr verbreitet, und wird bei allen denen sich immer tiefer festsetzen, die das Interesse kennen gelernt haben, mit welchem die Feinde der Kirche die hier vorliegende Frage verfolgen. Um so mehr also halten wir uns für verpflichtet, jene Lehre, welche die Kirche, anstatt ihr zu helfen, vielmehr ihren Widersachern überliefern würde, zu verwerfen und die Erhaltung einer mit der Geschichte der Kirche so tief verwachsenen Einrichtung zu fordern. Mit dieser Forderung ist das Zugeständniß, daß es nothwendig sei, von der Verfassung alle aus dem territorialistischen Prinzipe hervorgegangenen Beimischungen abzustreifen und das landesherrliche Regiment auf die Idee der Reformation zurückzuführen, nach welcher es nicht ein Amt der Beherrschung, sondern ein Dienst ist, welcher von dem vornehmsten Gliede der Kirche zu Ehren Gottes durch Schutz und Fürsorge geleistet wird, nicht nur wohl vereinbar, sondern es wird vielmehr gerade darin das Ziel der Verfassungsentwickelung und die Hilfe gegen etwaige Konflikte, welche durch die Vereinigung der Staats- und Kirchengewalt in der Person des Landesherrn, gegenüber der jetzigen Form der Staatsverfassung, allerdings leichter als früher entstehen können, gesucht werden müssen. Die vorhin bezeichnete Stellung des Landesherrn in der Kirche wird nicht ein Hemniß, sondern eine Bürgschaft der Freiheit der Kirche sein."

Nachdem die Denkschrift in dieser Weise das Resultat gewonnen, daß eine konstituirende Synode nicht zu berufen sei, fuhr sie fort:

„Dennoch sind wir nicht der Ansicht, daß die Kirche einer aus ihr selbst hervorgegangenen Gesammtvertretung entbehren könne, vielmehr halten wir die Bildung eines Organs für die Repräsentation nach außen und nach innen schlechthin für eine Bedingung der Selbständigkeit der Kirche. Der Unterschied zwischen dieser und der bisher erörterten Auffassung ist aber der, daß wir die Vertretung nicht blos als ein verfassunggebendes Organ, sondern schon als einen Theil der Verfassung selbst betrachten, daß wir also vor allen Dingen die Schaffung derjenigen Organe für nothwendig halten, aus denen als Schlußpunkt die allgemeine Synode hervorgehen kann. Hierin werden wir uns, wenn wir anders die gegenwärtigen Stimmungen recht beurtheilen, des allgemeineren Beifalles von Seiten der Sachverständigen versichert halten können. Aber auch für die folgende weitere Erklärung hoffen wir Billigung zu finden.

Als sich im Jahre 1848, angeregt durch das Projekt einer verfassunggebenden Synode, eine unabsehbare Fluth von Meinungsäußerungen ergoß, wurde unter anderem auch die Ansicht ausgesprochen, daß bei der dermaligen Lage der Dinge die Aufrichtung der Kirchenverfassung lediglich dem Kirchenregiment zu überlassen sein werde. Diese Auffassung empfiehlt sich dadurch, daß sie am schnellsten zum Ziele führen kann. Bei näherer Prüfung erweist sie sich jedoch so sehr als die Frucht einer nur durch die Umstände bestimmten Betrachtung, daß wir unsererseits keinen Augenblick Anstand nehmen, sie zu verwerfen. Zunächst würden wir es nicht mit unserer Pflicht gegen den erhabenen Träger der Kirchengewalt vereinbar finden, wenn wir demselben die Uebernahme der unermeßlichen Verantwortlichkeit anrathen wollten, welche mit dem Erlaß eines Kirchenverfassungs-Gesetzes verbunden ist. Ferner aber achten wir auch das Recht der Kirche. Zwar wissen wir, daß der kirchenrechtliche Lehrsatz, welcher zu jeder Verfassungsänderung die Zustimmung der Kirche voraussetzt, von jeher mehr nur ein Satz der Theorie, nicht des lebendigen Rechts, gewesen ist, weil es eben keine Form gegeben hat, in der die Kirche als Ganzes zu reden und zu handeln vermocht hätte. Immerhin aber enthält er die unumstößliche Wahrheit, daß keine Verfassung gedeihlichen Erfolg haben wird, welche nicht eine Frucht des Bewußtseins der Kirche ist. Aus diesem Satze ergiebt sich nun das, was zunächst zu thun sein wird, von selbst. Nicht die Verfassung zu schaffen hat das Kirchenregiment, sondern das ist seine Pflicht, die in der Kirche vorhandenen schaffenden Kräfte zu wecken und zu beleben und unter seiner Obhut und Handreichung zum Aufbau der Verfassung zu vereinigen. Wir verhehlen es uns nicht, daß, so gefaßt, die jetzt zu lösende Aufgabe um vieles an Weite und Schwere zunimmt, auch mögen wir es uns nicht verbergen, daß sich diejenigen, die mit so großer Ungeduld eine neue Verfassung herbeiwünschen, nicht ganz befriedigt sehen werden. Allein im ersteren Bezuge sind wir keinen Augenblick im Zweifel, daß die von uns zu empfehlenden Maßregeln nicht nach der Leichtigkeit, sondern nur nach der Sicherheit bemessen werden müssen, und was das letztere Bedenken betrifft, können wir uns mit der Wahrnehmung trösten, daß die Erfahrungen, welche auf dem Boden des politischen Lebens gesammelt worden sind, auch das Eifern in der Kirche sichtbar ermäßigt und die Ueberzeugung befestigt haben, daß eine Verfassung nicht blos durch Aufstellung eines Schema und durch Abstimmen geschaffen werden könne. Um so mehr dürfen wir hoffen, daß, wenn nur mit Ernst und Besonnenheit nach dem bewußten Ziele vorgeschritten wird, auch diejenigen uns zufallen werden, die bisher in Betreff der Mittel und Wege anderer Ansicht gewesen sind.

Indem wir nun zu der positiven Seite der Aufgabe übergehen, müssen wir uns dahin aussprechen, daß das Verfassungswerk an zwei Punkten gleichzeitig zu beginnen sein wird.

Es ist vor allem nöthig, durch die Organisation der Gemeinden den Grund zu schaffen, auf welchem eine Vertretung der Kirche erwachsen kann, und ferner ist es erforderlich, den Mangel, welcher zur Zeit noch der Spitze des Organismus der kirchlichen Behörden anhaftet, die nach dem Territorialismus hin schillernde unklare Natur des dermaligen Organs für die oberste Leitung des inneren kirchlichen Lebens zu beseitigen. Die letztere Maßregel betrachten wir als die wesentliche Voraussetzung des Gelingens der ersteren, weshalb wir sie zuvörderst in nähere Erwägung stellen."

2. Der Antrag auf Umgestaltung der Abtheilung des Ministeriums für die inneren evangelischen Kirchensachen.

Die Erwägung der Forderung, daß „die nach dem Territorialismus hin schillernde unklare Natur des dermaligen Organs für die oberste Leitung des inneren kirchlichen Lebens" beseitigt würde, begann die Denkschrift mit einer Darlegung der Motive, welche zur Ablösung der Abtheilung für die inneren evangelischen Kirchensachen von dem Kultusministerium geführt hatten. Seitdem diese Maßregel ins Leben getreten, seien, so sagte sie dann weiter, mehrfache Erfahrungen gesammelt worden, welche auf das Bedürfniß fernerer Abhilfe hindeuteten:

„Zunächst hat täglich wahrgenommen werden können, daß die neu begründete Einrichtung nicht das volle Verständniß gefunden hat, dessen es zu einem gedeihlichen Erfolge bedurft hätte. Es mochte den Fernerstehenden schwer sein, sich zum Bewußtsein zu bringen, daß eine Abtheilung einer Staatsbehörde ein selbständiges kirchliches Kollegium sein könne, und eine stetige Verwechslung der Ressorts mit allen aus ihr hervorgehenden geschäftlichen Weiterungen und Schwierigkeiten war die nothwendige Folge dieses Mangels an Verständniß. Ferner aber zeigt die Erfahrung, daß auch die materiellen Bestimmungen über die Ressorts, welche zunächst wenigstens zum Theil auf theoretischen Voraussetzungen beruhen, in mehrfacher, obschon das Prinzip selbst nicht berührender Beziehung, bald einer schärferen Abgrenzung, bald einer Vervollständigung bedürfen. Endlich tritt zu diesen mehr die praktische Seite der Frage betreffenden Gründen noch ein anderer von höherer und allgemeinerer Bedeutung.

Wie in dem Leben des Staats hat auch in dem der Kirche die Vorstellung, daß das Alte vergangen sei und alles neu werden müsse, in der jüngsten Zeit eine große Macht über die Gemüther ausgeübt, und sie ist es insbesondere, welche auf den Gedanken einer konstituirenden Synode geführt hat. Bereits oben haben wir aber die Gründe ausführlich dargelegt, aus denen wir nicht in der Berufung einer verfassunggebenden Versammlung, sondern in der Fortbildung und Vervollständigung der bestehenden

Verfassung die Aufgabe der Gegenwart finden. Sollte nun dieser Standpunkt Genehmigung finden, so ergeben sich die nachtheiligen Folgen, von denen die längere Fortdauer des dermaligen Zustandes begleitet sein muß, von selbst. Wie die Verhältnisse liegen, würde die Abtheilung des Ministeriums für die inneren evangelischen Kirchensachen als solche in dem Augenblicke ihre Funktionen niederlegen müssen, wo es gelungen sein wird, eine Repräsentation der Kirche zu vermitteln; es wird also der Organismus der Kirchenbehörden seiner Spitze entbehren, und die Vertretung wird zunächst die Veranlassung haben, die Frage, ob überhaupt eine oberste Kirchenbehörde bestehen oder das Regiment blos einer Synode überlassen werden solle, ihrer Erwägung zu unterwerfen. Von diesem Punkte aus wird die Erörterung alsdann in naturgemäßem Gange auch auf die folgenden Stufen sich erstrecken, und leicht ist es möglich, daß namentlich auch der Gedanke, die bisherigen Organe der Verwaltung ganz zu beseitigen, der sich im Jahre 1848 mehrfach geäußert hat, sich wiederum geltend zu machen versuchte. Es leuchtet ein, daß hiermit eine nicht geringe Gefahr verbunden ist, indem allen den Experimenten, zu denen eine konstituirende Synode sich leicht hätte versucht sehen können, wiederum der Weg geöffnet sein würde. Deshalb ist es nöthig, daß den Gliedern der Kirche die Nothwendigkeit einer kirchlichen Centralbehörde wieder zu vollem Bewußtsein gebracht werde, und dies wird am einfachsten dadurch geschehen, daß der gegenwärtig in der obersten Leitung der Kirche beauftragten Behörde auch äußerlich die Stellung verliehen wird, die ihrer inneren Aufgabe gemäß ist. Das Recht Sr. Majestät des Königs zu einer solchen Maßregel kann und wird nach dem, was im Vorstehenden erörtert ist, nicht bezweifelt werden. Das Recht der Kirche aber wird wenigstens in den Augen derer, die es nicht mit dem Maße des Contrat social und der kirchlichen Volkssouverainetät zu messen gewohnt sind, keine Beeinträchtigung erleiden, denn theils wird nur das äußerlich ausgesprochen werden, was innerlich bereits vorhanden ist, theils sind wir weit davon entfernt, den von uns jetzt gemachten Vorschlag als unwandelbar für alle Zukunft betrachten zu wollen, so weit er nicht das Prinzip, sondern nur einzelne konkrete Einrichtungen berührt.

Schließlich müssen wir noch auf einen Punkt eingehen, der andeutungsweise schon oben erwähnt worden ist. Die Vorschläge, über welche wir uns vereinigt haben und welche in Beziehung auf die Gemeinden demnächst speziell zu entwickeln sein werden, beruhen auf dem Gedanken, daß in der Kirche die Kräfte geweckt und organisirt werden müssen, durch welche die Verfassung selbst entwickelt werden kann. Soll aber diese Idee verstanden werden und soll sie der Keim einer gedeihlichen Entwickelung sein, so ist es unbedingt erforderlich, daß die Behörde, welche die Organisation selbst in letzter Instanz zu leiten hat, auch ihrerseits als ein wahrhaftes Glied der Kirche erscheine. Die zwar auf einem Mißverständniß beruhende, aber mit Bestimmtheit zu erwartende Vorstellung, daß es eine Staatsbehörde sei, welche sich hier einmische, würde an vielen Orten bei Geistlichen und Gemeinden den besten Bestrebungen hinderud entgegentreten, während wir uns entgegengesetzt alsdann Erfolg versprechen zu dürfen glauben, wenn es in jedem Augenblicke fühlbar wird, daß es Brüder und Genossen sind, die zu dem schweren Werke die helfenden Hände reichen. Alle diese Gründe führen zu dem Antrag:

daß der Abtheilung des Ministeriums für die inneren evangelischen Kirchensachen eine Bezeichnung gegeben werden möge, welche dieselbe mehr als eine kirchliche Behörde erscheinen läßt, als dies gegenwärtig der Fall sein kann.

In diesem Bezuge ist der Name „Ober-Kirchenrath" deshalb für angemessen gehalten worden, weil er allgemein verständlich und der späteren Anwendung durch alle Stufen der Verfassung fähig ist, und weil wir es für wünschenswerth erachten, daß Verdächtigungen und ungerechtfertigten Besorgnissen schon durch den Namen vorgebeugt werde. Mit der Gewährung dieses Antrags würde dann fernerweit eine erneuerte Publikation der Bestimmungen über die Ressorts zu verbinden sein, bei welcher die als nothwendig erkannten materiellen Anordnungen zugleich zu berichtigen sein würden."

An diese Erörterungen schloß sich der Entwurf eines „Ressort-Reglements für die evangelische Kirchenverwaltung" an, in dem mit geringen Abweichungen die Bestimmungen wiederholt waren, welche der Erlaß des Ministers vom 7. Februar 1849 rücksichtlich der Ressortvertheilung aufgestellt hatte.[1])

3. Der Antrag auf Organisation der Gemeinden.

Die andere Maßregel, welche die Abtheilung in Gemeinschaft mit dem Minister für nöthig erklärte, war, wie wir gehört haben, die, daß durch die Organisation der Gemeinden der Grund geschaffen würde, auf welchem eine Vertretung der Kirche erwachsen könne. Und hierüber verbreitete sich die Denkschrift des weiteren so:

„Diese Ansicht ergiebt sich so sehr aus der Natur der Sache, und wir befinden uns mit ihr so sehr in Uebereinstimmung, nicht nur mit den von den Konsistorien und Fakultäten ausgesprochenen Ansichten, sondern auch mit dem Entwickelungsgange anderer deutscher Länder, daß wir einer umständlicheren Rechtfertigung des von uns angenommenen Standpunktes nicht zu bedürfen glauben. Die evangelischen Gemeinden sind nicht blos die Pflanzstätten für Wort und Sakrament, sondern sie sind auch die Gliederungen, in denen das Leben der Kirche sich regen und heben soll. Freilich hat die geschichtliche Entwickelung in den Ländern der Konsistorialverfassung diese Ideen nicht zu ihrem vollen Ausdrucke kommen lassen, denn überall hat man sich begnügt, den Organismus nach obenhin in Uebereinstimmung mit den Staatseinrichtungen zu gestalten, während man die Pflege des gemeindlichen Elementes verabsäumt und sich lediglich mit dem aus dem kanonischen Recht ererbten Begriffe der Parochie

---

[1]) Oben S. 467 f. Der letzte Paragraph des Ressort-Reglements lautete:

„Der evangelische Ober-Kirchenrath hat in Vereinigung mit dem Minister die Organisation der Kirchengemeinden anzubahnen, und das zur Begründung einer selbständigen Kirchenverfassung weiter Erforderliche zu beantragen."

begnügt hat. Dennoch würde man irren, wenn man, wie dies auch neuerdings wieder geschehen ist, hierin den Ausdruck eines dogmatischen Prinzips, die Konsequenz der lutherischen Auffassung des geistlichen Amtes sehen wollte. Vielmehr darf mit Entschiedenheit behauptet werden, daß der Mangel einer Organisation der Gemeinden nicht die Folge eines Bewußtseins der Reformation ist. Um dies darzuthun, genügt es, auf die ersten frischen Triebe der Verfassungsbildung und auf die von den Reformatoren, besonders von Melanchthon; entwickelten Anschauungen zu verweisen. Hier wie dort erschienen die Rechtfertigung durch den Glauben und das aus ihr hervorgehende allgemeine Priesterthum als gestaltende Prinzipien, und es ist nur die Folge des Hineintretens politischer Rücksichten und Vorbilder in die Kirchenverfassung gewesen, daß später der gelegte Keim nicht zu Blüthe und Frucht gelangt ist. Die Kirche ihrerseits hat sich unter dieser Entwickelung eine lange Zeit hindurch gebeugt. Später aber erfolgte ein um so heftigerer Rückschlag. Genährt durch die kollegialistische Anschauung, von der auch die allgemeinen Bestimmungen des 11ten Titels des Landrechts Th. II sichtbar berührt sind, trat eine Richtung hervor, welche, weit über das mögliche Maß hinausgreifend, die Gemeinden souverain zu machen suchte, so daß, während früher die Kirche ohne Gemeinden im eigentlichen Sinne bestand, nunmehr durch die ungemessenen Ansprüche auf Erweiterung der Gemeinderechte zu Gunsten der Gemeinden der Begriff der Kirche selbst mit Vernichtung bedroht wurde. Diese Verirrung hat sich jetzt im unmittelbaren Zusammenhange mit den politischen Tendenzen noch mehr verbreitet, und es ist nicht eine der geringsten Aufgaben, ihr zu begegnen.

Keine darauf abzielende Maßregel wird aber von Erfolg begleitet sein, wenn nicht zugleich auch die Wahrheit, welche in dem Irrthum enthalten ist, anerkannt und das Recht der Gemeinden durch die That befriedigt wird. Diese Forderung ist keine Konzession an die demokratischen Tendenzen (wie neuerdings von der Einen Seite her behauptet worden ist); sie ist nicht erst ein Erzeugniß der nach ungebundener Freiheit ringenden Gegenwart, sondern sie ist seit langem schon von allen denen erhoben worden, die durchdrungen sind von der Sehnsucht, daß die Kirche sich als den Leib darstellen möge, „an welchem ein Glied an dem anderen hanget, durch alle Gelenke, dadurch eins dem anderen Handreichung thut, nach dem Werk eines jeglichen Gliedes in seinem Maße, und machet, daß der Leib wächset zu seiner selbst Besserung, und das alles in der Liebe". Indem wir nun unsererseits dasselbe Ziel festhalten, erwarten wir den Einwurf, daß bei dem gegenwärtig so deutlich erkennbaren Verfall des kirchlichen Bewußtseins vieler Gemeinden der Boden fehle, in dem die Gemeindeverfassung allein gedeihen könne. Wir fühlen die volle Schwere dieses Einwandes. Allein wir würden uns ihm gegenüber nur dann zu rechtfertigen haben, wenn wir beabsichtigten, die allgemeine Einführung einer Kirchengemeinde-Ordnung auf dem legislativen Wege zu empfehlen. Hiervon sind wir jedoch weit entfernt; in Gemäßheit des bereits oben entwickelten Grundsatzes haben wir uns vielmehr zu der Ansicht vereinigt, daß gegenwärtig kein anderes Mittel übrig bleibe, als die Gemeinden selbst anzuregen und ihnen dazu die Hand zu bieten, daß sie die Ordnung ihres Lebens aus ihrer eigenen That hervorgehen lassen. Um dieses Ziel zu erreichen, halten wir es für angemessen, den Gemeinden die Grundzüge einer Gemeindeverfassung zur freien

Aneignung vorzulegen, welche auf der einen Seite Weite genug habe, um dem Ausdruck der besonderen Lebensbedingungen Raum zu geben, und auf der anderen diejenigen Grundsätze feststellen, welche geeignet sind, christliches Leben zu fördern und einer weiteren Verfassungsentwickelung zu fester Basis zu dienen. Hierbei wollen wir uns über die Zustände vieler Gemeinden, die uns oft genug zu betrübenden Wahrnehmungen Veranlassung gegeben haben, nicht täuschen. Aber auch die tröstliche Erfahrung wollen wir nicht unbenutzt lassen, daß sich in nicht wenigen Gemeinden durch das treue Wirken der Diener am Wort christliche Gesinnung und Gesittung erhalten haben, und daß selbst da, wo die Ungunst der Verhältnisse zerstörend eingewirkt hat, es immerhin noch Kräfte giebt, die zu befreien und zum Heil der Kirche fruchtbar zu machen sind, während sie jetzt im Stillen verkümmern. Es fehlt mithin, ungeachtet des an vielen Orten schwer danieder liegenden kirchlichen Lebens, nicht an Punkten, an welche eine heilsame Entwickelung sich anknüpfen kann. Wird aber die rechtliche Ordnung als die Frucht der eigenen freien That gefaßt, so ergiebt sich von selbst, daß solchen Gemeinden, welche in Folge ungünstiger Verhältnisse oder abwendig gemachter Stimmungen die von dem Kirchenregiment dargereichte Hand ausschlagen, kein Zwang angethan werden darf, und daß es mithin in solchen hoffentlich nicht zahlreichen Ausnahmefällen bei der bisherigen Verfassung wird belassen werden müssen.

Hieran zugleich die Ausschließung von der Theilnahme an dem Aufbau der Verfassung knüpfen zu wollen, würden weder das Recht noch die Billigkeit gestatten. Wohl aber müssen sich die Gemeinden alsdann gefallen lassen, daß ihnen für ihre Betheiligung später diejenigen Bedingungen gestellt werden, welche von der Kirche die Gefahren ablenken, denen sie bei einer völlig ungebundenen Wahl bloßgestellt sein würde. Hier wird sich als einfaches Mittel der Abhilfe die analoge Anwendung der landrechtlichen Bestimmungen über die Pfarrwahl auf die Wahl der weltlichen Abgeordneten für die höhere synodalische Stufe, also die Anordnung empfehlen, daß in den Gemeinden, welche sich nicht nach der gegebenen Anleitung verfaßt haben, die gedachte Wahl nur aus bestimmten, durch den Pfarrer und Kirchenvorsteher vorgeschlagenen Personen erfolgen werde. Schließlich bedarf es nicht erst der Bemerkung, daß auch diejenigen Gemeindeorganismen, welche aus älterer Zeit her sich erhalten haben oder in neuerer und neuester Zeit entstanden sind, da, wo es gewünscht wird, unverletzt erhalten werden können, falls sie nicht, was hin und wieder der Fall ist, auf einer unstatthaften Vermischung des kirchlichen und politischen Organismus beruhen.

Der bis jetzt dargelegte Gedanke geht von der Voraussetzung aus, daß eine Mannigfaltigkeit gemeindlicher Verfassungsformen bestehen kann, und entspricht dadurch einem wesentlichen Grundsatze der evangelischen Kirche, die, ohne sich selbst zu verletzen, nicht die Gleichheit in adiaphoristischen Dingen zu ihrem Lebensgesetz machen darf. Er nimmt ferner auf die Noth des Lebens, insbesondere auf die eingetretene Spannung der dogmatischen Gegensätze Rücksicht. Endlich macht er das möglich, was mit aller Kraft zu erstreben ist, die Berufung der Kreissynoden, aus denen der höhere Organismus sich entwickeln muß, und zwar wird er hoffentlich zum größeren Theil den Synoden solche Kräfte zuführen, welche bereits in dem Gemeindeamte stehen und dadurch zu lebendigerer Theilnahme angeregt sind. Um so mehr dürfen wir uns der Hoffnung hingeben, daß er Allerhöchsten Orts Genehmigung und bei den Gemeinden Empfänglichkeit finden werde. In dieser Hoffnung gehen wir zu dem letzten Theil unserer Erörterung über, welcher die Gemeindeverfassung, deren Annahme wir wünschen, und die zur Verwirklichung derselben als dienlich erkannten Mittel darzulegen hat. In ersterem Bezuge ist es zweckmäßig erschienen, die prinzipiellen Sätze in möglichster Schärfe übersichtlich zusammenzufassen und jedem Paragraphen die erforderliche Begründung beizufügen, wie dies in den folgenden Grundzügen geschehen ist.[1])

Grundzüge einer Gemeindeordnung für die östlichen Provinzen.

§. 1. Jede evangelische Gemeinde hat die Aufgabe, unter der Leitung und Anregung des in ihr bestehenden geistlichen Amtes sich zu einer Pflanzstätte christlicher Gesinnung und christlichen Lebens zu gestalten. Als Glied der evangelischen Kirche bekennt sie sich zu der Lehre, die in Gottes lauterem und klarem Wort, den prophetischen und apostolischen Schriften Alten und Neuen Testaments, begründet und in den drei Hauptsymbolen und den Bekenntnissen der Reformation bezeugt ist, und unterwirft sich den allgemeinen kirchlichen Gesetzen und Ordnungen.

§. 2. Die Gemeinde verpflichtet ihre Glieder, sich christlichen Wandels zu befleißigen, durch Leistung der erforderlichen Beiträge zur Erhaltung der kirchlichen Gemeindeanstalten Handreichung zu thun, und durch Theilnahme an Wort und Sakrament sich als Glieder der Kirche zu bekennen.

§. 3. Die Gemeindeglieder haben daher geordneten Antheil an den kirchlichen Gnadenmitteln, Anstalten und Einrichtungen in der Gemeinde.

§. 4. Die Gemeindeangehörigkeit wird, soweit es sich nicht um sogenannte Personalgemeinden handelt, nach der allgemeinen gesetzlichen Bestimmung durch den festen Wohnsitz in dem Pfarrbezirke bedingt. Personen, welche von außen her in die Gemeinde einziehen, haben sich darüber, daß sie der evangelischen Kirche angehören, vor der im §. 6 genannten Gemeindebehörde durch mündliche oder schriftliche Zeugnisse glaubhaft auszuweisen, bevor sie an den Rechten der Gemeindeglieder Antheil nehmen.

§. 5. Stimmberechtigt in der Gemeinde sind die selbständigen Familienhäupter und Hausväter, insofern sie das 24. Lebensjahr vollendet haben und im vollen Besitze der bürgerlichen Ehrenrechte sind. Wenn sich unter den Gemeindeangehörigen solche befinden, welche durch lasterhaften Lebenswandel oder durch thatsächlich bekundete Verachtung der Religion oder der Kirche öffentlichen Anstoß gegeben haben und denen die Theilnahme an dem kirchlichen Stimmrecht aus der Gemeinde um dieses Grundes willen bestritten wird, so hat darüber die kirchliche Gemeindebehörde (§. 6) zu befinden, den gedachten Personen aber soll ebenso wie den Urhebern der Einwendung der Rekurs an die höhere Instanz (Kreissynode) vorbehalten sein. Für die erste Wahl der Mitglieder der Gemeindebehörde wird die Beurtheilung erhobener Einwendungen durch die im §. 8 genannten Personen erfolgen. In der höheren Instanz entscheidet bis zur Organisation der kirchlichen Kreise das Konsistorium.

[1]) Die Erläuterungen lasse ich fort.

§. 6. In der Gemeinde wird als Organ für die in §. 12 näher bezeichneten kirchlichen Gemeindeangelegenheiten ein Gemeindekirchenrath gebildet. Derselbe besteht aus dem Pfarrer und aus mindestens vier weltlichen Mitgliedern, welche nach den im Folgenden angegebenen Grundsätzen durch die Wahl der Gemeinde zu diesem Amte berufen sind. Sind mehrere Geistliche bei der Gemeinde in einem ständigen Amte angestellt, so hat jeder derselben in dem Gemeindekirchenrathe Sitz und Stimme. Die Hilfsprediger nehmen an den Geschäften des Gemeindekirchenraths mit berathender Stimme Antheil.

Vereinigte Mutter- und Filialgemeinden stellen zu dem Kirchenrath der Muttergemeinde die der Zahl ihrer stimmfähigen Familien- und Hausväter (§. 5) entsprechende Anzahl von Mitgliedern. Die besonderen Rechtsverhältnisse dieser Gemeinden, namentlich in Betreff des Kirchenvermögens, werden hierdurch nicht geändert.

Die von dem Patronat ernannten Kirchenvorsteher gehen in den Gemeindekirchenrath über.

§. 7. Die Wahl zu dem Gemeindekirchenrath erfolgt durch die stimmberechtigten Mitglieder (§. 5) auf den Vorschlag des Gemeindekirchenraths, welcher mindestens die doppelte Anzahl der zu Wählenden namhaft machen muß. Für das erste Mal wird dieser Vorschlag durch den Pfarrer, den Patron und die Kirchenvorsteher gemeinschaftlich unter der Oberleitung des Superintendenten geschehen. Bei den landesherrlichen Patronaten werden die Konsistorien zur Theilnahme an dieser Designation an geeignete Personen Auftrag ertheilen.

§. 8. Die Mitglieder des Gemeindekirchenraths sollen Familien- oder Hausväter, dreißig Jahre alt und im vollen Besitze der bürgerlichen Ehrenrechte sein. Ferner aber haben die Vorschlagenden nur auf solche Personen ihr Absehen zu richten, welche an den kirchlichen Gnadenmitteln Theil nehmen und sich durch ihr bisheriges sittliches Verhalten des kirchlichen Ehrenamtes in der Gemeinde würdig erwiesen haben. Für die Erfüllung dieser Pflicht sind dieselben der Gemeinde und der Kirche verantwortlich, und es ist deshalb gegen etwaige Verletzungen eine Beschwerde bei der höheren Instanz zulässig.

§. 9. Die Wahl zu dem Gemeindekirchenrath ist in Gemäßheit der für die Konvokation der Kirchengemeinden bestehenden gesetzlichen Bestimmungen an drei auf einander folgenden Sonntagen von der Kanzel abzukündigen. Acht Tage vor dem Wahltermin ist die Liste der vorgeschlagenen Personen durch Anschlag an der Kirchthür zu veröffentlichen. Wo es die örtlichen Verhältnisse als räthlich erscheinen lassen, kann die Wahl abtheilungsweise an verschiedenen Tagen erfolgen.

§. 10. Die Wahlhandlung wird durch den Pfarrer, beziehentlich den ersten oder bei gleicher Berechtigung den ältesten Geistlichen geleitet und in der Kirche vollzogen. Sie wird durch eine Ansprache vom Altar aus eröffnet, in welcher die Gemeindeglieder aufgefordert werden, ihrer Pflicht eingedenk zu sein und zur Fürbitte sich zu vereinigen. Dem Schlußgebet folgt die Wahl durch mündliche Stimmgebung zu Protokoll.

§. 11. Die Wahl wird durch absolute Stimmenmehrheit entschieden. Das Ergebniß derselben wird sofort oder wenigstens am nächsten Sonntage von der Kanzel verkündigt, und es werden hierauf die gewählten Mitglieder vor der Gemeinde am nächstfolgenden sonntäglichen Gottesdienste zu treuer Erfüllung ihrer Obliegenheiten feierlich durch Handschlag verpflichtet.

§. 12. Dem Gemeindekirchenrath liegen folgende Pflichten ob:

1) die Förderung christlicher Gesinnung und Sitte in der Gemeinde durch Ermahnung, Warnung und Anzeige;.

2) die Sorge für Erhaltung der äußeren gottesdienstlichen Ordnung und Heilighaltung des Sonntages, die Mitwirkung bei örtlichen liturgischen Einrichtungen;

3) die Beaufsichtigung und Verwaltung des kirchlichen Vermögens und die Vertretung der Gemeinde in den darauf bezüglichen Rechtsangelegenheiten (§. 14). Derselbe hat aber, wenn ihm nicht durch die Gemeinde besondere erweiterte Vollmachten ertheilt sind, in allen den Fällen den Beschluß der Gemeinde einzuholen, in denen die Gesetze dies erfordern (A. L. R. II. 11. §. 219. 227. 645. 647. 707. 756). Auch in den Verhandlungen über das Patronat, welche nach Maßgabe des durch die Verfassungsurkunde angekündigten Gesetzes erfolgen werden, wird die Gemeinde bis zu dem von ihr selbst zu fassenden Endbeschlusse durch den Kirchenrath vertreten;

4) die Führung einer Liste der Gemeindeglieder (§. 2);

5) die Anzeige eingetretener Pfarrvakanzen und Ausführung der dießfalls ergangenen provisorischen Anordnungen;

6) die Mitwirkung bei der Besetzung des geistlichen Amtes nach Maßgabe der deßfalls bestehenden Berechtigung, so wie der Vorschlag zur Ergänzung des Kirchenrathes (§. 7);

7) die Ernennung der niederen Kirchendiener, soweit nicht dießfalls wohlerworbene Rechte bestehen;

8) die Vertretung der Kirchengemeinde in ihren Beziehungen zu der Schule;

9) die Leitung der kirchlichen Einrichtung für Armen- und Krankenpflege;

10) die Vertretung der Gemeinde auf der Kreissynode.

Die Gemeinde dagegen wird in ihrer Gesammtheit auch ferner wirksam:

1) bei der Besetzung des geistlichen Amtes nach Maßgabe der bestehenden Berechtigung;

2) bei der Wahl der Mitglieder des Kirchenrathes (§. 7 sq) und in den oben unter Nr. 3 genannten Fällen.

§. 13. Den Vorsitz in dem Gemeindekirchenrath führt der Pfarrer, unter mehreren Geistlichen der erste, bei gleicher Berechtigung der älteste.

§. 14. Es bleibt dem Gemeinderath überlassen, unter seine Glieder die Verwaltung der Gemeindeangelegenheiten angemessen zu vertheilen. So lange das Patronat besteht, verbleibt aber die Vermögensverwaltung den vom Patronat ernannten Kirchenvorstehern (§. 6). In vereinigten Mutter- und Filialgemeinden, welche dem Patronat nicht unterworfen sind, wird die Vermögensverwaltung durch die §. 6 genannten Mitglieder geführt.

§. 15. Die nach vorstehenden Grundsätzen angenommene Ordnung und die in Gemäßheit derselben bestellte kirchliche Gemeindebehörde bleiben in Wirksamkeit, bis die Kirche durch ihre Vertretung eine allgemeine Gemeindeordnung begründet haben wird."

Im weiteren Fortgang ihrer Denkschrift gab die Abtheilung nun noch einige Andeutungen über die Art und Weise, in der sie sich die Einführung der Gemeindeordnung dachte. Sie sagte:

„Bei der Aufstellung der vorstehenden Grundzüge sind wir von der Erwägung geleitet worden, daß überall von dem bestehenden Rechte als dem Anknüpfungspunkte ausgegangen, und stets die Grenze des Erreichbaren und dem dermaligen Bewußtsein der Kirche Zugänglichen und Verständlichen inne gehalten werden müsse. Wir hoffen, dieser Forderung genügt zu haben, und hegen die Ueberzeugung, daß ungeachtet der uns solchergestalt auferlegten Beschränkung ein Resultat gewonnen sei, welches theils die nächsten Bedürfnisse der Gemeinden zu befriedigen, theils der weiteren kirchlichen Entwickelung die jetzt überhaupt erreichbare Basis zu gewähren geeignet sein würde. Deshalb wünschen wir lebhaft, daß es uns gestattet sein möge, die Verwirklichung desselben auf dem Wege anzubahnen, der im allgemeinen bereits oben von uns angedeutet worden ist. In dieser Beziehung wird als unwandelbare Norm des Verfahrens festzuhalten sein, daß die Mitwirkung der Behörden nur darin bestehen kann, anzuregen und im Fall entstehenden Zwiespalts vermittelnd einzuschreiten, während die Begründung der Gemeindeordnung selbst der That der Geistlichen und Gemeinden zu überlassen sein wird. In ersterem Bezuge würde also der obersten Kirchenbehörde nur obliegen, durch eine klare und eindringliche Ansprache an die Geistlichen und Gemeinden die Aufgaben der Gegenwart darzulegen und zur Betheiligung an der Lösung derselben aufzufordern, dagegen die weiteren Besorgungen würden um so mehr in die Hand der Konsistorien zu legen sein, als nur so die provinziellen Eigenthümlichkeiten zu ihrem Rechte gelangen und unpraktische Versuche vermieden werden können. Nothwendig aber erscheinen überall folgende Maßregeln. Zunächst kann es nicht verkannt werden, daß die Gemeinden vielfältig nicht auf dem Standpunkte stehen, den das wünschenswerthe bewußte Entgegenkommen allein möglich machen kann, und es erscheint mithin vor allem nöthig, daß sie von Seiten ihrer Geistlichen, sei es in freien Versammlungen, sei es von der Kanzel herab — über die Bedeutung des unter ihrer eigenen Mitwirkung zu begründenden Fortschrittes verständigt werden. Aber auch unter den Geistlichen selbst werden sich vielfach verschiedene Ansichten und Richtungen geltend machen, die wiederum auf die Gemeinden zurückwirken würden. Um den Störungen vorzubeugen, mit denen der Fortgang des Organisationswerkes bedroht ist, halten wir es erforderlich, daß die Konsistorien durch die von ihnen mit Instruktion versehenen Superintendenten zunächst Konferenzen der Geistlichen der einzelnen Kreise berufen lassen. Von diesen erwarten wir eine gute Frucht, weil sie den reichen Schatz von Einsicht und Erfahrung, welcher in der Pfarrgeistlichkeit zu finden ist, dem großen Werke dienstbar machen, vorhandene Differenzen möglichst versöhnen und dadurch die Einheit des Verfahrens in erwünschter Weise fördern werden. Zugleich aber werden sie dazu dienen, schon im voraus die Anzahl derjenigen Gemeinden erkennbar zu machen, von denen sich bereitwilliges Eingehen auf die Vorschläge des Kirchenregiments erwarten läßt, und die mithin demnächst als

Anknüpfungspunkte und dann als Vorbilder der Organisation zu benutzen sein würden. In anderen Fällen wird freilich auf einen gleich günstigen Erfolg nicht gehofft werden dürfen, vielmehr läßt sich mit Bestimmtheit voraussehen, daß es an Zwiespalt innerhalb vieler Gemeinden nicht fehlen, mithin einer höheren Einwirkung bedürfen wird. In Fällen solcher Art werden alsdann die Superintendenten einzutreten haben, um wo möglich auszugleichen und zu vermitteln. Damit aber denselben nicht eine Aufgabe gestellt werde, welche leicht die Kräfte auch eines pflichttreuen Mannes übersteigen möchte, wird es den Konsistorien überlassen werden müssen, erforderlichenfalls den Superintendenten Gehilfen aus der Pfarrgeistlichkeit als Kommissarien beizugeben. Wir hoffen, daß durch diese einfachen, überall an die bestehenden Verhältnisse sich anschließenden Maßregeln, durch welche alle vorhandenen Kräfte je nach ihrer Stellung zur Mitwirkung herangezogen werden, das ersehnte Ziel zu erreichen sein werde, und haben mit ihnen zugleich den wesentlichen Inhalt der im Falle der Genehmigung unserer Anträge den Konsistorien zu ertheilenden Instruktion bezeichnet.

Schließlich fühlen wir uns gedrungen, indem wir das Gebiet der speziellen Vorschläge verlassen, noch die folgenden allgemeineren Bemerkungen anzufügen. Wir haben bereits im Eingange der gegenwärtigen Erörterung die Gründe angedeutet, welche die sofortige Einleitung der zur Verwirklichung des 15ten Artikels der Verfassungsurkunde dienlichen Maßregeln als dringend nothwendig erscheinen lassen. Jetzt unterlassen wir nicht, noch auf einen anderen hinzuweisen, der wohl beachtet zu werden verdient. Wir sind durch die von uns gesammelten Erfahrungen nicht nur davon genau unterrichtet, daß von einem Theil der Kirche die bisherige zurückhaltende Stellung des Kirchenregiments beklagt, von einem anderen wenigstens nunmehr entschlossenes Vorgehen gefordert wird, sondern es ist uns auch bekannt, daß sich die Ungeduld bereits in allerhand Organisationsversuchen offenbart hat, welche leicht zu einer Spaltung der Kirche führen könnten. Im Hinblicke auf diese Thatsachen müssen wir uns also dahin aussprechen, daß in dem Verzuge eine Gefahr liege, für welche die Verantwortung nur schwer zu übernehmen sein würde. Ferner unterlassen wir nicht, noch besonders hervorzuheben, daß wir die von uns vorgeschlagenen Maßregeln als ein untrennbares Ganzes betrachten, und daß wir, wie wir die Organisation der Gemeinden ohne gleichzeitige Befestigung des Mittelpunktes nicht empfehlen könnten, so auch eine veränderte Organisation in der oberen Sphäre ohne Befriedigung des Rechts der Gemeinden für sehr bedenklich erachten müßten, weil sie nur dazu dienen würde, das Mißtrauen eines großen Theiles der Glieder der Kirche zu wecken und jeder späteren Bestrebung ein um so größeres Hemmniß zu bereiten. Deshalb rechtfertigt sich der schließliche Wunsch, daß die Allerhöchste Entscheidung die vorstehenden, in langer reiflicher Erwägung und in stetem Bewußtsein einer heiligen Pflicht gegen des Königs Majestät und die Kirche gestellten Anträge nur in ihrem Zusammenhange genehmigen möge."

IV. Die Einsetzung des Evangelischen Oberkirchenrathes und die Darbietung der Gemeindeordnung.

1. Die Aktenstücke.

Der König ertheilte den Anträgen des Ministers und der Abtheilung für die inneren evangelischen Kirchensachen seine Genehmigung durch folgenden Erlaß vom 29. Juni 1850:[1])

„Auf den, in Gemäßheit Meines Erlasses vom 26. Januar d. J. von Ihnen und der Abtheilung des Ministeriums der geistlichen Angelegenheiten für die inneren evangelischen Kirchensachen erstatteten Bericht, ertheile ich hierdurch dem vorgelegten Entwurfe einer Gemeinde-Ordnung für die evangelischen Kirchengemeinden der östlichen Provinzen und den behufs der Einführung derselben vorgeschlagenen Maßregeln Meine Genehmigung. Hiernächst bestimme Ich, daß die Abtheilung des Ministeriums der geistlichen Angelegenheiten für die inneren evangelischen Kirchensachen, unter Beibehaltung der von ihr bisher ausgeübten und durch das anliegende Ressort-Reglement näher bezeichneten amtlichen Befugnisse, in Zukunft die Bezeichnung „Evangelischer Ober-Kirchenrath“ führen soll. Es ist Mein Wille, daß die Einführung der Gemeindeordnung in den evangelischen Kirchengemeinden der östlichen Provinzen nach den von Mir genehmigten Grundsätzen unverzüglich angebahnt werde, und Ich beauftrage demgemäß den Evangelischen Ober-Kirchenrath, in Vereinigung mit Ihnen, das diesfalls Erforderliche ungesäumt zu bewirken, demnächst aber über die Begründung der weiteren Entwicklungsstufen einer selbständigen evangelischen Kirchenverfassung mit Ihnen ferneren gemeinschaftlichen Bericht zu erstatten. — Der gegenwärtige Erlaß ist nebst dem von mir genehmigten Ressort-Reglement durch die Gesetz-Sammlung zur öffentlichen Kenntniß zu bringen.

Sanssouci, den 29. Juni 1850.

Friedrich Wilhelm.
von Ladenberg.

An den Minister der geistlichen 2c. Angelegenheiten.

Mit diesem Erlaß zugleich wurde auch das vom Minister und der Abtheilung vorgeschlagene „Ressortreglement für die evangelische Kirchenverwaltung“ in der Gesetzsammlung veröffentlicht[1]) und einem separat veranstalteten amtlichen Abdruck dieser beiden Aktenstücke und der Grundzüge wurden die zum größten Theil im vorigen Abschnitte mitgetheilten Ausführungen des Ministers und der Abtheilung als „Motive“ beigegeben.[2])

---

[1]) Ges.-Samml. 1850, S. 343—346.

[2]) Siehe oben S. 513, Anm. 2.

Die angeordnete Verwandlung der Abtheilung für die inneren evangelischen Kirchensachen in den Evangelischen Oberkirchenrath war bald vollzogen: unterm 11. Juli 1850 machte die genannte Behörde, sich dieses neuen Namens bedienend, den königlichen Konsistorien die Mittheilung, daß sie auf Grund des allerhöchsten Erlasses vom 29. Juni mit dem bezeichneten Tage in die ihr angewiesene Stellung als Evangelischer Oberkirchenrath eingetreten sei.[3])

Schwieriger war es, den andern Theil der königlichen Anordnungen, der die Einführung der Gemeindeordnung zum Inhalt hatte, in Vollzug zu setzen. Um so weniger zögerte die damit beauftragte Behörde, das Werk sofort durch die ihr geeignet erscheinenden Schritte anzubahnen. Bereits unterm 2. Juli, also noch ehe sie sich ihren neuen Namen angeeignet, versah die Abtheilung für die inneren evangelischen Kirchensachen die königlichen Konsistorien mit ausführlicher Instruktion über das Verfahren, welches sie in dieser Sache angewendet sehen wollte.[4]) Diese Instruktion enthielt eine längere Auseinandersetzung über die Anwendung der Maßregeln, welche die Abtheilung in dem betreffenden, oben S. 526 f. mitgetheilten Theile ihrer Denkschrift dem Könige empfohlen hatte. Zunächst Konferenzen der Geistlichen, womöglich mit Zuziehung etlicher, besonderes Vertrauen und besonderen Einfluß im Kreise genießender, Männer aus der Zahl der Patrone und anderer würdiger Gemeindeglieder. Diejenigen Gemeinden, deren bereitwilliges Entgegenkommen auf diesem Wege würde ermittelt werden, sollten die geeigneten Anfangspunkte der Organisation bilden, während es bei den übrigen zunächst nur darauf ankommen werde, das Interesse der Gemeinden zu wecken und zu beleben. In dieser Beziehung aber hieß es weiter:

„Wir setzen voraus, daß die Geistlichen schon jetzt keine Gelegenheit versäumt haben werden, ihren Gemeinden vor Augen zu führen, daß die Noth der Gegenwart vorzugsweise durch die Abwendung von dem Evangelium und der Kirche herbeigeführt worden sei. Irren wir hierin nicht, so wird auch der Anknüpfungspunkt für das, was jetzt zu thun ist, schon von selbst gegeben sein. Die Geistlichen werden den Gemeinden darzulegen haben, daß es sich einzig darum handelt, zunächst sie

---

[3]) Aktenstücke aus der Verwaltung des Evangelischen Oberkirchenraths. I, 1, Berlin, 1851, S. 5.

[4]) A. dems. O. S. 14—21.

selber zu einer Pflanzstätte christlicher Gesinnung und That zu gestalten, dadurch aber ferner die Kirche in den Stand zu setzen, daß sie mit erneuerter Kraft und in immer reicherem Maße die Segnungen spenden könne, zu deren Trägerin sie von ihrem göttlichen Herrn und Meister bestellt worden ist."

Unter jeder Bedingung sei es unzulässig, daß etwa Geistliche, vor den Schwierigkeiten, die im ferneren Verlaufe entstehen könnten, zurückschreckend, unter dem Vorwande einer vermeinten Unmöglichkeit auf den Versuch der Bildung eines geordneten Gemeinwesens Verzicht leisteten. Auf der andern Seite werde aber in der geeigneten Weise angedeutet werden müssen, daß es nicht beabsichtigt sei, zunächst mit den Gemeinden über die Grundsätze der Organisation zu verhandeln; vielmehr werde überall der Akt der Wahl zu dem Gemeindekirchenrath zugleich auch als derjenige Akt anzusehen sein, durch welchen die Gemeinde auf dem Boden der neuen Gemeindeverfassung rechtsgiltig konstituirt werde. Ueber diejenigen Zusätze zu dem Statut, welche nach den lokalen Verhältnissen als nothwendig erschienen, namentlich über die der besonderen Festsetzung vorbehaltenen Bestimmungen, hätten die Geistlichen sich mit den Kirchenvorstehern und anderen vertrauenswürdigen Gliedern der Gemeinde, beziehentlich den Patronen, zu verständigen, und sie dann, nachdem sie die Genehmigung des Superintendenten gefunden, sofort in das Statut aufzunehmen. Dagegen, so wurde weiter hervorgehoben,

„Dagegen kann das Statut in seinen wesentlichen Grundsätzen nicht der Disposition der Gemeinden unterworfen werden, weshalb jedem Verlangen, welches z. B. den gemeinsamen Lebensgrund der Kirche zu beschränken, oder das geistliche Amt aus der ihm gebührenden Stellung an der Spitze der Gemeinden zu verdrängen, oder eine Kopfwahl einzuführen bezwecken möchte, von den Geistlichen mit Ernst und Entschiedenheit entgegen getreten werden muß. Schließlich unterlassen wir nicht, an dieser Stelle zu bemerken, daß da, wo Gemeindeverfassungen bereits bestehen, es bei denselben zu belassen sein wird, falls nicht die Gemeinden selbst auf Einführung der neuen Ordnung antragen, und daß nur in den hin und wieder vorkommenden Fällen, wo der kirchliche Organismus mißbräuchlich mit dem politischen verschmolzen worden ist, eine selbständige Darstellung des kirchlichen Gemeindelebens nach den vorliegenden Grundzügen angestrebt werden muß."

Rücksichtlich des Patronates meinte die Abtheilung, es sei unbedingt zu wünschen, daß, wo es nur irgend möglich, sofort diejenige Einrichtung getroffen werde, welche den Kirchenräthen den entsprechenden Einfluß auf die Vermögensverwaltung sichere. Es werde deshalb von den

Superintendenten der Versuch zu machen sein, ob nicht kirchlich gesinnte Patrone zum Verzicht auf die Ernennung der Vorsteher geneigt sein möchten; wo aber eine veränderte Einrichtung in Betreff der Vermögensverwaltung nicht zu erzielen sei, erscheine es als angemessen, daß stets mindestens eben so viele andere Gemeindeglieder in den Kirchenrath gewählt würden, als vom Patron ernannte Vorsteher vorhanden seien.

Nachdem sich die Abtheilung dann über die mancherlei Mittel zur Verhütung unangemessener Wahlen verbreitet, empfahl sie den Konsistorien noch, in den Fällen, wo die einzelnen Superintendenten durch die aus dem Organisationswerk erwachsenden Arbeiten über ihr Vermögen würden in Anspruch genommen werden, im voraus geeignete Kommissarien aus der Pfarrgeistlichkeit zu ernennen, welche mit dem Superintendenten und unter dessen Oberleitung der persönlichen Einwirkung auf das Organisationswerk erforderlichen Falls sich unterziehen könnten. —

2. Beurtheilung.

Die Einsetzung des Evangelischen Oberkirchenrathes und die Darbietung, respektive Einführung der Gemeindeordnung für die östlichen Provinzen war alles, was rücksichtlich der evangelischen Kirche zur Ausführung des Artikels 15 der Staatsverfassung geschah: jene beiden Institutionen das Einzige, was der evangelischen Landeskirche als Angeld der ihr staatsgrundgesetzlich verbürgten Selbständigkeit gegeben ward; das ganze Resultat der ernsten Geistesarbeit, welche die lebendigen Glieder unsrer Landeskirche wieder einmal in hoffnungsreicher Erregung auf die Befriedigung des immer drückender empfundenen Bedürfnisses nach einer neuen Verfassung der Kirche verwendet hatten. [1]) Wie weit aber war dieses Resultat davon entfernt, dasselbe auch nur

[1]) Der Evangelische Oberkirchenrath sprach sich übrigens schon sehr bald nach seiner Einsetzung entschieden für die Begründung einer synodalischen Vertretung in der Kirche aus, seine desfallsigen Aeußerungen hatten aber nur eine ablehnende Eröffnung des Königs zur Folge. Siehe hierüber und über die demnächstigen Erklärungen des Oberkirchenrathes in Betreff derselben Angelegenheit dessen Aktenstücke, III, 1, S. 5 ff.

nach Maßgabe der bescheidensten Ansprüche zu befriedigen! ja wie weit selbst davon, mit seinen Voraussetzungen und Tendenzen auch nur dem rechtlichen Sinne des Artikels 15 der Staatsverfassung zu entsprechen![2])

Die Basis, auf welcher die betreffenden Vorschläge des Ministers und der Abtheilung für die inneren evangelischen Kirchensachen beruhten, war die Meinung, daß die Fortdauer des bestehenden landesherrlichen Kirchenregimentes in der evangelischen Landeskirche nothwendig und rechtlich möglich sei. Nothwendig, weil sein Aufhören zugleich für lange Zeit die Vernichtung des äußeren Bestandes der Kirche sein würde; rechtlich möglich aber, weil die Verfassungsurkunde nirgends seine Unzulässigkeit ausgesprochen, sondern sich darauf beschränkt habe, der Kirche das Recht auf selbständige Ordnung ihres Lebens zu sichern, und weil das landesherrliche Kirchenregiment, welches nur irrthümlich mit dem Staatskirchenregiment identifizirt werde, in Wahrheit aber zu einem Theile der Verfassung der Kirche geworden sei, mit der in Artikel 15 des Staatsgrundgesetzes gewährten Selbständigkeit der Kirche

[2]) Dasselbe Urtheil wurde auch damals vielfach ausgesprochen, am schärfsten wohl von Jonas in einer Denkschrift, welche das Comité der Unionsvereine dem Kultusminister und dem Evangelischen Oberkirchenrathe überreichte: Ztschr. f. d. unirte ev. K. 1850, N. 41—44, und separat: Zwei Zuschriften des Comité der Unionsvereine u. s. w., Berlin, in Kommission der Riegel'schen Buchhandlung in Potsdam. Außerdem vertrat das genannte Comité jenes Urtheil auch in einer populär gehaltenen Broschüre: An die evangelischen Gemeinden Preußens in Stadt und Land. Ein brüderliches Wort u. s. w., Berlin 1850 (in demselben Kommissionsverlage). Vom ganz entgegengesetzten Standpunkte aus bekämpfte u. a. Göschel die Maßregeln vom 29. Juni als gefährliche Neuerungen in der Ev. Kztg. 1850, N. 60, und ähnlich a. dems. O. N. 83 und 84 Herr v. Kleist-Retzow. Unter denjenigen Beurtheilungen, welche den Anordnungen im wesentlichen zustimmten und die ihnen zu Grunde liegenden Prinzipien theilten, ist hervorzuheben die von Prof. Julius Müller in der Deutschen Ztschr. f. christliche Wissenschaft und christliches Leben, II, 1851, N. 1–6 und N. 11—12; eine mittlere Stellung zwischen Müller und Göschel nahm Stahl ein, der das Resultat seiner ausführlichen Beleuchtung dahin zusammenfaßte: „Indem nun das Kirchenregiment die zwei Grundpfeiler unsers kirchlichen Zustandes, das Bekenntniß als Basis der Verfassung und das landesherrliche Kirchenregiment als Mittelpunkt derselben, mit voller Kraft und Entschiedenheit stützt, dürfen die christlich- und kirchlich-Gesinnten sich ihm anschließen in dem Vertrauen, daß eine Verständigung über jene Gefahr drohenden Maßregeln und Prinzipien und eine Beseitigung derselben durch gemeinsame Kräfte wohl erreicht werden möge." Ev. Kztg. 1850, N. 66, S. 653.

durchaus nicht unvereinbar sei. Also nicht das Aufhören des landesherrlichen Kirchenregimentes erheische die Verfassungsurkunde, sondern nur dessen Reinigung von allen aus dem territorialistischen Prinzipe hervorgegangenen Beimischungen und seine Zurückführung auf die Idee der Reformation, nach welcher es nicht ein Amt der Beherrschung sei, sondern ein Dienst, welcher von dem vornehmsten Gliede der Kirche zu Ehren Gottes durch Schutz und Fürsorge geleistet werde. Und eben diese Stellung des Landesherrn in der Kirche bezeichnete die Abtheilung in Gemeinschaft mit dem Minister als das Ziel der Verfassungsentwicklung: sie werde, so sagten sie, nicht sowohl ein Hemmniß, als vielmehr eine Bürgschaft der Freiheit der Kirche sein.[3])

Wenngleich der allerhöchste Erlaß vom 29. Juni 1850 auf diese Gedanken nicht Bezug nahm, so erhielten sie doch durch ihre Aufnahme in die amtlich veröffentlichten „Motive“ zu demselben ein offizielles Gepräge. Und doch stehen sie in so entschiedenem Gegensatze zu Artikel 15 der Verfassungsurkunde, daß man nicht weiß, soll man sich mehr über die Sophistik wundern, welche sie auszuklügeln wußte, oder über die Kühnheit, welche sie vorzutragen wagte? Freilich hat das Staatsgrundgesetz es nirgends für unzulässig erklärt, daß die evangelische Kirche ihr inneres Leben selbständig ordnend das Kirchenregiment durch den Landesherrn ausüben lasse; aber wie ich oben nachgewiesen hat es ganz unzweifelhaft damit, daß es der Kirche das Recht auf selbständige Ordnung ihres inneren Lebens gesichert, ihr auch das Recht auf die Freiheit von dem bestehenden landesherrlichen Kirchenregimente zugesprochen: eben diese Freiheit der Kirche zu gewähren, war ganz wesentlich der Zweck, um dessen willen der Satz: „die evangelische Kirche ordnet und verwaltet ihre Angelegenheiten selbständig“ von den Gesetzgebern beschlossen und beibehalten wurde. Die rechtliche Bedeutung dieser Thatsache ist völlig unabhängig von irgend welcher Theorie über das landesherrliche Kirchenregiment und dessen Verhältniß zur Selbständigkeit der Kirche. Wer sie dadurch beseitigen will, daß er der Interpretation jenes Satzes eine andere Theorie hierüber zu Grunde legt, als der die Gesetzgebung bei seiner Feststellung gefolgt

---

[3]) Siehe oben S. 516.

ist: der treibt mit den Worten des Gesetzes nur ein leeres Spiel. Als die obersten Kirchenbehörden sich darauf einließen, folgten sie zwar einer Anregung, welche ihnen Hengstenberg und Stahl und in gewisser Weise auch die theologische Fakultät in Halle gegeben hatten[4]); aber durch die Autorität dieser falschen Rathgeber durften sie um so weniger sich dazu verleiten lassen, je nachdrücklicher die große Mehrzahl der eingeforderten Gutachten und auch sonst viele gewichtige Stimmen die Unverträglichkeit einer Fortdauer des bestehenden landesherrlichen Kirchenregimentes mit dem durch die Verfassungsurkunde geschaffenen Rechtszustande betont hatten.[5])

Wie die Maßregeln vom 29. Juni nur eine „Fortbildung und Vervollständigung der bestehenden", dem Artikel 15 des Staatsgrundgesetzes nicht entsprechenden, keineswegs aber die Bildung einer neuen, ihm entsprechenden Kirchenverfassung bezweckten: so waren sie nun auch keineswegs geeignet, diese durch den genannten Artikel gestellte Aufgabe in irgendwie erheblicher Weise zu fördern.

Was die von der Berliner Fakultät empfohlene Anordnung betrifft, daß die Abtheilung des Ministeriums der geistlichen Angelegenheiten für die inneren evangelischen Kirchensachen unter Beibehaltung der von ihr bisher ausgeübten amtlichen Befugnisse in Zukunft die Bezeichnung „Evangelischer Oberkirchenrath" führen sollte, so wurde dieselbe zunächst durch den Mangel an Verständniß begründet, welcher es den Fernerstehenden schwer mache, sich zum Bewußtsein zu bringen, daß eine Abtheilung einer Staatsbehörde ein selbständiges kirchliches Kollegium sein könne, und welcher daher nicht nur eine stetige Verwechselung der Ressorts schon jetzt zur nothwendigen Folge gehabt, sondern auch einen hemmenden Einfluß auf die demnächst vorzunehmende Organisation der Gemeinde befürchten

---

[4]) Siehe oben S. 480—483.

[5]) Daß mit dem Minister und mit der Abtheilung auch Professor Richter trotz seiner gegentheiligen Aeußerungen von 1848 (s. oben S. 74, 105 f.) schon damals die Fortdauer des landesherrlichen Kirchenregiments als durch die Verfassungsurkunde nicht beeinträchtigt ansah, ist bekannt; nach Jonas, a. a. O. S. 10, wäre Richter sogar Verfasser der „Motive" gewesen. Zur billigen Beurtheilung dieser befremdlichen Thatsache vergl. Hinschius in der Ztschr. f. Rechtsgeschichte von Rudorff u.s.w., IV, Weimar 1864, S. 368 f., und Dove in seiner Ztschr. f. Kirchenrecht, VII, 1867, S. 345 ff.

lasse, sofern die Vorstellung, als ob es eine Staatsbehörde sei, welche sich in diese Angelegenheit einmische, bei Geistlichen und Gemeinden den besten Bestrebungen hindernd entgegentreten werde. Ferner aber wurde als Motiv für jene Maßregel angeführt, daß, wie die Verhältnisse lägen, die genannte Ministerialabtheilung als solche ihre Funktionen würde niederlegen müssen, sobald es gelungen sein würde, eine Repräsentation der Kirche zu vermitteln, und daß die Vertretung der Kirche also zunächst Veranlassung haben würde, die Frage, ob überhaupt eine oberste Kirchenbehörde bestehen oder das Regiment bloß einer Synode überlassen werden solle, ihrer Erwägung zu unterwerfen; damit aber würde wieder der Weg zu allen Experimenten geöffnet sein, zu denen eine konstituirende Synode sich leicht hätte versucht sehen können. Deshalb sei es nöthig, den Gliedern der Kirche die Nothwendigkeit einer kirchlichen Centralbehörde wieder zu vollem Bewußtsein zu bringen, und dies werde am einfachsten dadurch geschehen, daß der gegenwärtig mit der obersten Leitung der Kirche beauftragten Behörde auch äußerlich die Stellung verliehen werde, die ihrer inneren Aufgabe gemäß sei. Das Recht des Königs zu einer solchen Maßregel, so hatten die Motive dann noch hinzugefügt, könne und werde nicht bezweifelt werden; das Recht der Kirche aber werde keine Beeinträchtigung erleiden, weil nur das äußerlich ausgesprochen werden solle, was innerlich bereits vorhanden sei, und weil der gemachte Vorschlag, soweit er nicht das Prinzip, sondern nur einzelne konkrete Einrichtungen berühre, ja nicht unwandelbar für alle Zukunft sein solle.[6])

Es war Jonas nicht zu verdenken, wenn er dieser Motivirung gegenüber mit dem Prediger Salomo ausrief: „Ich habe gefunden, daß Gott den Menschen hat aufrichtig gemacht; aber sie suchen viele Künste.“ Denn hier waren wirklich, wie Jonas sagte[7]), „viele Künste und recht gesuchte.“

Eine recht gesuchte Kunst war die Behauptung, daß die Ministerialabtheilung für die inneren evangelischen Kirchensachen, seitdem sie diese einzig und allein in Folge königlicher Verordnung selbständig

---

[6]) Siehe oben S. 519.

[7]) A. dem Anm. 2 genannten O. S. 15.

und kollegialisch zu verwalten angefangen, innerlich nicht mehr eine Staatsbehörde, sondern ein selbständiges kirchliches Kollegium sei. Und eine ebenso gesuchte Kunst war das Bestreben, diese Behörde durch eine Umwandlung ihres Namens auch vor denen als eine kirchliche erscheinen zu lassen, denen es ohne solchen Namenwechsel zu schwierig war, sich zu dem Verständniß jener angeblich innerlich vollzogenen Metamorphose zu erheben. Noch gesuchter und künstlicher aber war das Bemühen, die bis dahin nur provisorisch mit dem Kirchenregiment beauftragte Ministerialabtheilung lediglich durch ein Wort des Königs in eine dem Prinzipe nach für alle Zukunft bleibende Centralbehörde eben der Kirche zu verwandeln, der im Staatsgrundgesetze doch ausdrücklich das Recht zum selbständigen Ordnen ihrer Angelegenheiten zugesprochen ist.

Alle diese Künste hatten ihre Stütze einzig und allein an jener Hauptkunst, welche es unternommen hatte, das landesherrliche Kirchenregiment von dem Staatsoberhaupte auf das vornehmste Glied der Kirche zu übertragen, und es dadurch vor dem Ende zu bewahren, welches ihm Artikel 15 der Verfassungsurkunde bestimmt hat. Die Stempelung der Ministerialabtheilung zu einer kirchlichen Behörde und ihre Verwandlung aus einer provisorischen in eine dem Prinzipe nach definitive steht und fällt mit der Fiktion von der bleibenden Rechtsbeständigkeit des überlieferten landesherrlichen Kirchenregiments. Mit der Beseitigung dieser Fiktion verliert die Einsetzung des Evangelischen Oberkirchenraths schlechthin den ihr nur mit Unrecht beigelegten Charakter einer organisatorischen und den früheren Rechtszustand modifizirenden Maßregel: ihr ganzer Inhalt reduzirt sich lediglich auf die Namensveränderung einer Behörde, welche nach wie vor nicht eine kirchliche ist, sondern eine staatliche, deren Bestehen als oberstes kirchenregimentliches Organ nach wie vor nicht eine auch nur dem Prinzipe nach definitive, sondern vielmehr nur eine provisorische Einrichtung ist.

Von größerer Bedeutung als die Umwandlung der Ministerialabtheilung in den „Evangelischen Oberkirchenrath“ war die Anordnung, daß die Einführung der Gemeindeordnung nach den vom Könige genehmigten Grundzügen in den evangelischen Kirchengemeinden der östlichen Provinzen unverzüglich angebahnt werde.

Trotz ihrer Ueberzeugung von der ferneren Nothwendigkeit und Rechtsbeständigkeit des landesherrlichen Kirchenregiments waren der Minister und die Ministerialabtheilung nicht der Ansicht, daß die Kirche einer aus ihr selbst hervorgegangenen Gesammtvertretung entbehren könne; vielmehr hielten sie die Ergänzung der bestehenden Kirchenverfassung durch eine bis zu einer allgemeinen Synode aufsteigende Organisation der Gemeinden schlechthin für eine Bedingung der Selbständigkeit der Kirche.[8]) Und die Bildung einer solchen Organisation würde, nach gesunden Grundsätzen vollzogen, auch bei jener falschen Interpretation des Artikels 15 seiner Ausführung aufs allerwesentlichste gedient haben. Denn diese erheischt unter allen Umständen eine repräsentative Organisation der Kirche, sofern die letztere ohne eine solche gar nicht die Fähigkeit besitzt, ihre Angelegenheiten selbständig zu ordnen und zu verwalten. Leider aber waren die Grundsätze, welchen der Erlaß vom 29. Juni die königliche Sanktion ertheilte, nichts weniger, als gesunde, und schlechthin nicht geeignet, eine wirkliche Repräsentation der Kirche hervorzurufen.

Der Minister und die Abtheilung für die inneren evangelischen Kirchensachen hatten zwar die Ueberzeugung, daß es am schnellsten zum Ziele führen würde, wenn das Kirchenregiment allein die Aufrichtung der Kirchenverfassung übernehmen wollte; aber dennoch mochten sie weder dem Könige die Uebernahme der unermeßlichen Verantwortlichkeit anrathen, welche mit dem Erlaß eines Kirchenverfassungs-Gesetzes verbunden sei, noch auch die unumstößliche Wahrheit mißachten, daß keine Verfassung gedeihlichen Erfolg haben werde, welche nicht eine Frucht des Bewußtseins der Kirche sei. Und hieraus ergab sich ihnen, daß das Kirchenregiment nicht sowohl die Kirchenverfassung zu schaffen habe, als vielmehr die in der Kirche vorhandenen schaffenden Kräfte zu wecken und zu beleben und unter seiner Obhut und Handreichung zum Aufbau der Verfassung zu vereinigen.[9]) Es bleibe, so meinten sie, gegenwärtig

---

[8]) Siehe oben S. 516 f. [9]) Oben S. 517.

kein anderes Mittel übrig, als die Gemeinden selbst anzuregen und ihnen dazu die Handzu bieten, daß sie die Ordnung ihres Lebens aus ihrer eigenen That hervorgehen ließen. Um dieses Ziel zu erreichen hielten sie es für angemessen, den Gemeinden die oben mitgetheilten Grundzüge einer Gemeindeverfassung zur freien Aneignung vorzulegen. Diejenigen Gemeinden, welche dieselbe verweigern würden, sollten nicht dazu gezwungen werden, sondern bei der bisherigen Verfassung verbleiben; so aber, daß sie sich dann für ihre Theilnahme an dem weiteren Aufbau der Verfassung die Bedingungen würden gefallen lassen müssen, welche im Interesse der Kirche nothwendig erscheinen würden. So mit der Organisirung der Einzelgemeinden anfangend hofften die Verfasser der „Motive" die mit aller Kraft zu erstrebende Berufung der Kreissynoden zu ermöglichen, und aus diesen sollte sich dann der höhere Organismus bis zur allgemeinen Synode aufwärts entwickeln.[10]) Die so entstandene Landessynode aber sollte, im Unterschiede von der durch Richter und die Gutachten der ersten, ja mehr oder weniger auch von der durch die Gutachten der zweiten Gruppe empfohlenen[11]), nicht blos ein verfassunggebendes Organ, sondern schon ein Theil der Verfassung selber, d. h. also ebenso wie die Centralbehörde eine wenigstens dem Prinzipe nach definitive Einrichtung sein[12]), während die zuerst eingeführte Gemeindeordnung und die danach bestellten Gemeindekirchenräthe nur so lange in Wirksamkeit bleiben sollten, bis die Kirche durch ihre Gesammtvertretung eine allgemeine Gemeindeordnung würde begründet haben.[13])

Diese Anschauungen waren es, auf Grund deren der Minister und die Abtheilung jene Anordnung beim Könige beantragt hatten, und durch welche sie deren Erlaß demnächst amtlich motivirten.

Der Gedanke nun, daß der synodale Organismus der Kirche zuerst nach gewissen, vom bestehenden Kirchenregimente festgestellten Normen im allmählichen Aufbau von unten nach oben zu bilden, und dann durch die so entstandene Generalsynode definitiv zu regeln sei,

---

[10]) Oben S. 522.

[11]) Vergl. oben S. 498, 493, 500 f

[12]) Vergl. oben S. 517.

[13]) Grundzüge §. 15, oben S. 525.

hatte unzweifelhaft seine gute Berechtigung. Denn ohne eine irgendwie die Normen der vorläufigen Repräsentation bestimmende Initiative des bestehenden Kirchenregiments vermochte die Kirche überhaupt nicht, eine Festsetzung über die definitive Gestaltung ihrer synodalen Organisation zu treffen. Für die Bestimmung dieser Normen aber mußte dem Kirchenregimente die Erwägung maßgebend sein, welche Modalitäten wohl die größte Gewähr für die Gewinnung einer wirklichen Vertretung der Kirche darböten, und man hat gewiß kein Recht, es zu tadeln, weil es, hierin der zweiten Gruppe der Gutachten folgend, der Organisirung der Kirche von unten nach oben den Vorzug vor dem früher von Richter vorgeschlagenen Wege gab. Freilich war das Bild von den Gemeinden, mit welchem die „Motive" die Unangemessenheit des letzteren zu beweisen suchten, ein viel zu düsteres; aber andrerseits beruhte doch auch das Vertrauen, mit welchem Jonas und seine Freunde an jenem Vorschlage festhielten, weit mehr auf theoretischen Erwägungen, als auf einer unbefangenen Würdigung der praktischen Verhältnisse.

Aber so richtig jener Gedanke über den Weg zu einer Repräsentation der Landeskirche in seinem allgemeinsten Inhalte war: so falsch und ungenügend war die Ausführung, welche ihm gegeben wurde.

Daß das Kirchenregiment den Gemeinden die neue Gemeindeordnung, welche den Unterbau für den ganzen synodalen Organismus bilden sollte, nur „zur freien Aneignung" darbot, statt ihre Einführung vielmehr anzuordnen, war an dem Standpunkte der Motive selbst gemessen jedenfalls eine wunderliche Inkonsequenz. Denn in sich widersprechender konnte doch nichts sein, als einerseits im Hinblick auf „den deutlich erkennbaren Verfall des kirchlichen Bewußtseins vieler Gemeinden" sich überzeugt halten, daß „die schaffenden Kräfte" in den Gemeinden erst „geweckt und belebt", überhaupt die Gemeinden erst „zu Pflanzstätten christlicher Gesinnung gestaltet" werden müßten,[14]) und andrerseits doch die Aneignung gerade der Institution, welche eben dieser Weckung und Belebung des Schlafenden und Todten dienen sollte, dem freien Willen der Gemeinden anheimzugeben. Aber abge-

[14]) Oben S. 517; 523, §. 1.

sehen hievon war dieses Verfahren auch an und für sich ein ungeeignetes. Denn erstens fehlte es ja eben noch an den Gemeindeorganen, welche autorisirt gewesen wären, die freie Aneignung jener Ordnung im Namen der Gemeinden zu vollziehen: es war durchaus willkürlich, den Vollzug der Wahlen zum Gemeindekirchenrath durch den Pfarrer und eine beliebige, vielleicht verschwindend kleine, Anzahl von Gemeindegliedern als eine That der Gemeinde zu betrachten. Zweitens aber wurde durch das eingeschlagene Verfahren nicht nur der Zeitpunkt für die endliche Vollendung des kirchlichen Organisationswerkes ins völlig unbestimmte hinausgerückt, sondern auch die Ausführung desselben überhaupt ganz ungewiß gemacht. Das aber durfte unter keinen Umständen geschehen. Schon im allgemeinen ist es ungehörig, organisatorische Maßregeln, welche durch das Interesse des größeren kirchlichen Verbandes gebieterisch erfordert sind, in die Willkür der einzelnen Gemeinden zu stellen; ganz unzulässig ist es mit solchen Maßregeln, die nothwendig sind, um die Ausführung einer Bestimmung des Staatsgrundgesetzes zu ermöglichen. War die Bildung einer allgemeinen Synode einmal als schlechthin nothwendige Bedingung für die Selbständigkeit der Kirche erkannt, wie sie eine solche wirklich war: so durften die dazu erforderlichen Maßregeln nicht dem guten Willen und der Einsicht in den einzelnen Gemeinden anheimgegeben, sondern mußten vielmehr für alle die Gemeinden, welche sich nicht von dem Verbande der Landeskirche trennen wollten, als verbindlich angeordnet werden.

Dem Fehler, daß dieses nicht geschah, reihte sich nun aber noch der andere, ungleich größere an, daß die dargebotene Gemeindeordnung völlig ungeeignet war, als Fundament einer synodalen Organisation der Kirche zu dienen. Anstatt dem Vorbilde der rheinisch-westfälischen Kirchenordnung oder den Vorschlägen der Generalsynode von 1846 und den meisten Gutachten von 1849 zu folgen[15]), beschränkte die Gemeindeordnung die Aeltestenwahlen das erste Mal durch den Vorschlag des Pfarrers, des Patrons und der von letzterem ernannten Kirchenvorsteher, für die Folge durch den Vor-

[15]) Vergl. oben S. 36; 490, 495 f., 506.

schlag des bestehenden Gemeindekirchenraths; diese Beschränkung aber ließ, um mit Jonas[16]) zu reden, die Wahl zur Satire werden auf die Wahl, und nahm den Parteien nur den Kampf, nicht aber auch den Sieg. Die durch solche Wahl entstandenen und ergänzten Gemeindekirchenräthe sind so wenig Vertretungen der Gemeinden, daß eine daraus hervorgegangene Generalsynode nimmermehr eine Vertretung der Landeskirche sein würde. Aber die Gemeindeordnung enthielt auch sonst so gut wie nichts, was ihre Einführung zu einem irgendwie erheblichen Gewinn für unsre Landeskirche machen konnte. Weit entfernt, den Gemeinden eine wirkliche Selbstverwaltung zu gewähren, übertrug sie nicht einmal den unter so engbegrenzter Mitwirkung derselben entstandenen Kirchenräthen einen nennenswerthen Antheil an der Verwaltung der Gemeindeangelegenheiten: die Vermögensverwaltung ließ sie in den Händen der vom Patronat ernannten Kirchenvorsteher (§. 14, oben S. 525) und rücksichtlich der Anstellung von Predigern und Kirchenbeamten hielt sie die bestehenden Berechtigungen aufrecht (§. 12, Nr. 6 und 7). So reduzirte sich der Wirkungskreis der Gemeindekirchenräthe in den meisten Fällen fast ganz auf die im §. 12, Nr. 1 und 9 der Gemeindeordnung ihnen zugewiesene diakonische Thätigkeit; während es ihnen doch vermöge ihrer sonstigen Kompetenzlosigkeit und ihrer Entstehungsart an der autoritätsvollen Stellung in den Gemeinden fehlte, ohne welche gerade eine derartige Thätigkeit nicht in erfolgreicher Weise auszuüben ist. Alles dieses bestimmte die Gemeindekirchenräthe von vornherein zu der Bedeutungslosigkeit, welche ihnen im ganzen angesehen wirklich zu Theil geworden. Und überdem definirte die Gemeindeordnung in ihrem §. 1 das Wesen der Gemeinde sowie deren Verhältniß zum geistlichen Amte und den Bekenntnißschriften in einer Weise, welche, unevangelisch wie sie war, den ungesunden konfessionellen und hierarchischen Bestrebungen der Neuzeit den allergrößesten Vorschub leistete.

---

[16]) A. a. O. S. 22.

Anhang.

Grundzüge eines Reorganisationsplans für die Verfassung der evangelischen Landeskirche.

Die Aufgabe, welche vor zweiundzwanzig Jahren in so ungenügender Weise in Angriff genommen wurde, harrt noch immer ihrer Lösung, und durch die allgemeine Einführung der revidirten Gemeindeordnung[1]) und die Bildung von Kreissynoden[2]) ist sie ihr kaum um weniges näher gerückt. Das Bedürfniß nach Ausführung des Artikels 15 der Staatsverfassung auch für unsere evangelische Kirche hat sich mit immer größerem Nachdruck fühlbar gemacht. Ihm durch eine entsprechende Reorganisation der Kirchenverfassung Befriedigung zu gewähren, gehört zu den dringendsten Erfordernissen der nächsten Zukunft.

Von den weitaus meisten wird heutzutage anerkannt, daß die evangelische Kirche, um die selbständige Ordnung und Verwaltung ihrer Angelegenheiten übernehmen und ihre Aufgaben an dem deutschen Volksleben ferner erfüllen zu können, einer Verfassung von presbyterial-synodalem Charakter bedarf. Auch der Gedanke, daß gewisse kirchenregimentliche Funktionen am besten in die Hand des evangelischen Königs zu legen, dürfte kaum ernstlichen Widerspruch erfahren, sobald nur wirklich mit dem Anerkenntniß Ernst gemacht wird, daß der König dieselben kraft der ordnungsmäßig umgrenzten Vollmacht der neu organisirten Kirche und nicht vermöge einer ihm an und für sich zustehenden Gewalt auszuüben habe. Wenn nicht alles täuscht, darf man endlich auch für die Ansicht vielfacher Zustimmung gewiß sein, daß der neue kirchliche Ver-

[1]) In Folge des allerhöchsten Erlasses vom 27. Februar 1860, Ges.-Samml. 1860, S. 90 f.; Boche-Altmann S. 233 f.

[2]) In Folge der allerhöchsten Erlasse vom 5. Juni 1861 (Ges.-Samml. 1861, S. 273 f.), vom 5. April und vom 21. Juni 1862 (Ges.-Samml. 1862, S. 134 und 223), und vom 13. Juni 1864 (Ges.-Samml. 1864, S. 350), sämmtlich bei Boche-Altmann S. 236—241.

fassungszustand weder durch eine unvermittelte konstituirende Generalsynode noch durch die bloße staatliche Gesetzgebung, sondern vielmehr unter nur theilweiser Mitwirkung dieser letzteren durch das annoch bestehende landesherrliche Kirchenregiment herbeizuführen, und daß er nicht im Bruch mit den vorhandenen kirchenregimentlichen Institutionen, sondern in allmählicher Umbildung und Ergänzung derselben herzustellen sei.[3])

Der wesentlichen Uebereinstimmung in diesen Grundsätzen steht aber die größte Mannigfaltigkeit der Ansichten über Weg und Ziel der Verfassungsbildung im einzelnen zur Seite. Eine gedeihliche Lösung der Aufgabe wird nicht anders möglich sein, als wenn die Verschiedenen, nicht blos die Konsequenz ihres Systems sondern auch das Recht der realen Verhältnisse ins Auge fassend, zu Vermittelungen und Zugeständnissen bereit sind.

Diesen Gesichtspunkten folgt die nachstehende Skizze. Sie möchte einen bescheidenen Beitrag zur Lösung der kirchlichen Verfassungsfrage in besonderer Beziehung auf die alten östlichen Provinzen bieten.

A.

Zunächst wären folgende Reformen zu treffen:

I. Die Ortsgemeinden.

1) Bildung einer größeren Gemeinde-Repräsentation unter Anwendung der §§. 18—33 der rheinisch-westfälischen Kirchenordnung, mit folgenden Modifikationen:

α) §. 22 (Wählbarkeit) wäre zu vertauschen gegen §. 17 der badenschen Kirchenverfassung:

„Wählbar zu Mitgliedern der Kirchengemeinde-Versammlung sind alle stimmberechtigten Mitglieder der Kirchengemeinde, wobei erwartet wird, daß Männer von gutem Ruf und bewährtem kirchlichem Sinn gewählt werden."

---

[3]) Eine radikale Beseitigung der erst kürzlich geschaffenen Gemeindekirchenräthe wäre in hohem Grade bedenklich. Denn solch eine Maßregel würde nicht nur kein Verständniß in den meisten Gemeinden, namentlich auf dem Lande, finden, sondern auch deren Vertrauen zu der Klarheit und Sicherheit der kirchlichen Oberleitung aufs tiefste erschüttern. Das aber muß, wenn irgend möglich, vermieden werden.

β) Denjenigen Gemeinden, welche einen Patron behalten, wäre eine durch die Repräsentation zu übende Betheiligung an der Pfarrbesetzung einzuräumen.

Zu dieser Reform würde von Seiten der staatlichen Gesetzgebung nothwendig sein

ein Staatsgesetz (1), betreffend die anderweite Regelung des Patronatswesens; und ein Staatsgesetz (2), betreffend die Uebertragung der in §. 18 der rhein.-westfäl. K.-Ordnung genannten Funktionen auf die größere Gemeinde-Repräsentation.

2) Rücksichtlich des Gemeindekirchenraths:

a) Einführung der vierjährigen Amtsdauer seiner Mitglieder nach §. 8 Zusatz der rhein.-westfäl. K.-Ordnung. — Bei Beginn der neuen Ordnung hätte die halbe Anzahl der Mitglieder nach Bestimmung durch's Loos aus dem Gemeindekirchenrath auszuscheiden.

b) Befreiung der Wahlen zum Gemeindekirchenrath von der Beschränkung durch die Vorschlagsliste und durch das Verlangen spezifisch-kirchlicher Qualifikationen, statt dessen etwa nach §. 30 der badenschen Kirchenverfassung zu sagen wäre:

„Die Wähler haben ihr Augenmerk auf Männer von gutem Ruf, bewährtem christlichem Sinn, kirchlicher Einsicht und Erfahrung zu richten."

c) Bestimmung des Geschäftskreises nach §§. 14—17 der rhein.-westfäl. K.-Ordnung.

Hiezu würde nothwendig sein

ein Staatsgesetz (3), betreffend die Uebertragung der gegenwärtig den Kirchenvorständen zustehenden Funktionen auf den Gemeindekirchenrath;

und die staatsgesetzliche Feststellung des dem Patronate verbleibenden Antheils an der Vermögensverwaltung durch das schon genannte Staatsgesetz (1), betreffend die anderweite Regelung des Patronatswesens.

II. Die Kreisgemeinden.

Für die Kreissynoden:

a) Mindestens numerische Gleichstellung ihrer weltlichen Mitglieder mit den geistlichen.

b) Bestimmung des Geschäftskreises nach §. 37 der rhein.-westfäl. K.-Ordnung, mit der Modifikation,

daß die Wahl der Superintendenten vorerst den Kreissynoden vorenthalten bliebe.

B.

Nachdem die zweite Ersatzwahl für die Gemeindekirchenräthe stattgefunden, also zwei Jahre nach Einführung der vorbezeichneten Reformen, wäre für

die Provinzialgemeinden

eine Provinzialsynode zu schaffen unter Anwendung der §§. 44—52 der rhein.-westfäl. K.-Ordnung, mit folgenden Modifikationen:

α) Die Anzahl der weltlichen Mitglieder wäre der der geistlichen mindestens gleich zu setzen;

β) Nicht gerade der Vorsitzende, sondern überhaupt nur ein Mitglied des Synodalvorstandes müßte ein Geistlicher sein;

γ) Dem Synodalvorstande wäre die Theilnahme an den Berathungen und Entschließungen des Provinzialkonsistoriums über Entlassung von Kirchenbeamten, Streichung aus der Kandidatenliste und Untersuchung gegen Geistliche wegen der Lehre einzuräumen.

C.

Drei Jahre nach Gründung der Provinzialsynoden würde mit weiteren Reformen und Neuschöpfungen bis zum Abschluß des ganzen Organisationswerkes vorzugehen sein.

I. Die Kreisgemeinden.

Den Kreissynoden wäre die Wahl der Superintendenten einzuräumen, nach §. 36 der rhein.-westfäl. K.-Ordnung.

Hiezu wäre erforderlich

eine staatsgesetzliche Bestimmung (4 a.) über die Wahl der Superintendenten durch die Kreissynoden.

II. Die Provinzialgemeinden.

1) Den Provinzialsynoden wäre eine Betheiligung an der Besetzung der Provinzialkonsistorien in Konkurrenz mit dem Evangelischen Oberkirchenrathe zu geben.

2) Den Provinzialkonsistorien wären auch diejenigen kirchlichen Verwaltungsfunktionen zu übertragen, welche gegenwärtig zum Ressort der Regierungen gehören.

Zu diesen Reformen wäre erforderlich

eine staatsgesetzliche Bestimmung (4 b) über die Besetzung und den Geschäftskreis der Provinzialkonsistorien.

III. Die Landesgemeinde.

1) Bildung einer Landessynode, die aus den Provinzialsynoden und durch deren Wahl mindestens unter numerischer Gleichstellung der weltlichen mit den geistlichen Mitgliedern hervorzugehen hätte, und zu deren Aufgaben neben anderem insbesondere gehören würde:

die Revision und Ratifikation der neuen Kirchenverfassung;

die Ausübung der kirchlichen Gesetzgebung in Gemeinschaft mit der Landeskirchenbehörde, unter suspensivem Veto des evangelischen Königs als membrum praecipuum auch gegen Beschlüsse über Bekenntniß, Lehre, Kultus und sonstige innere Angelegenheiten;

Approbation neuer Agenden, Katechismen, Lehr- und Gesangbücher für den Gebrauch in der Landeskirche;

Theilnahme an der Besetzung des Evangelischen Oberkirchenrathes in Konkurrenz mit diesem selbst und dem Könige als membrum praecipuum;

Theilnahme des Synodalvorstandes an den Verhandlungen und Entschließungen des Oberkirchenrathes über die oben sub B γ genannten Gegenstände.

2) Dem Evangelischen Oberkirchenrathe wären außer der obersten Leitung der sogenannten inneren kirchlichen Angelegenheiten auch diejenigen kirchlichen Verwaltungsfunktionen zu übertragen, welche gegenwärtig zum Ressort des Ministeriums der geistlichen Angelegenheiten gehören.

Diese Reformen würden erfordern

eine staatsgesetzliche Bestimmung (4 c) über die Besetzung und den Geschäftskreis des Oberkirchenrathes.

Bei gleichzeitiger Einführung der sub C. genannten Reformen würden die sub I, II und III angedeuteten gesetzlichen Bestimmungen zusammenzufassen sein in ein einziges

Staatsgesetz (4), betreffend die Zusammensetzung und den Geschäftskreis der evangelischen Kirchenbehörden.

Als selbstverständlich erscheint, daß die Entlassung der evangelischen Kirche zur Selbständigkeit nicht geschehen darf, ohne daß

durch ein Staatsgesetz (5) Umfang und Ausübung des staatlichen Oberaufsichtsrechtes über diese Kirche festgestellt werden.

Dieses Staatsgesetz würde unter anderm festzuhalten haben:

die königliche Bestätigung der Superintendenten, sowie der Mitglieder der Provinzialkonsistorien und des Evangelischen Oberkirchenrathes;

eine staatliche Kontrolle über die kirchliche Vermögensverwaltung,

desgleichen über die gesammte kirchliche Gesetzgebung mit einem näher zu bestimmenden Veto,

und über die wissenschaftliche Qualifikation der Predigtamtskandidaten.

Auch wäre vielleicht mit diesem Gesetze zu verbinden das schon jetzt kaum entbehrliche und durch die kirchliche Reorganisation noch nothwendiger werdende

Staatsgesetz (6), betreffend die Rechtsansprüche ausscheidender Gemeinden resp. Gemeindetheile an das Kirchen- resp. Gemeindevermögen.

Namenverzeichniß.

D.

E.

F.

G.

H.

J.

R.

S.

Urkundenverzeichniß.

FSC
www.fsc.org
MIX
Papier | Fördert gute Waldnutzung
FSC® C083411

Kolibri 360 GmbH
Ferdinand-Jühlke-Straße 7
99095 Erfurt, Deutschland
produktsicherheit@kolibri360.de